KB005898

한국산업인력공단 출제기준 수록!!

승강기기능사

필기 시험문제

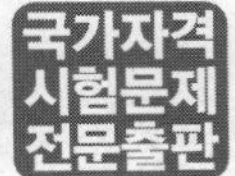

최고의 적중률!! 최고의 합격률!!
크라운출판사
국가자격시험문제 전문출판
http://www.crownbook.com

들어가는 말

요즘 백화점이나 아파트, 지하철 등 많은 건물에서 승강기를 흔히 볼 수 있습니다. 승강기는 고층화된 건물과 바쁘게 살아가는 현대인들의 생활에 있어서 중요한 역할을 해주고 있습니다. 그런 만큼 승강기 사고는 생명에 직결되기 때문에 안전 관리가 중요합니다.

엘리베이터나 에스컬레이터, 무빙워크, 주차용 기계장치 등 승강기는 일단 설치가 끝나면, 지속적인 점검 및 보수작업을 필요로 합니다. 이러한 작업에는 기계, 전자, 전기에 대한 기초적인 지식과 기능이 요구됩니다. 이에 따라 산업현장에서 필요로 하는 기능 인력의 양성을 통해 안전을 도모하고자 만들어진 게 승강기 기능사입니다.

이 책은 승강기 기능사 자격취득을 준비 중인 수험생들을 위하여 만들어졌습니다. 이론과 문제가 자세히 설명되어 있어 쉽게 이해할 수 있고, 정확한 답과 명쾌한 해설을 담았습니다. 이 책과 함께 열심히 공부하시면 분명 멋진 승강기 기술 인력이 될 수 있을 것입니다.

마지막으로 이 책이 출판되기까지 많은 도움을 주신 서울 공과학원 정용근 원장님, 크라운출판사 이상원 회장님 및 기획 편집부 임직원 여러분께 감사의 마음을 전합니다.

저자 **김 인 호**

직무 분야	기계	중직무 분야	기계장비설비·설치	자격 종목	승강기기능사	적용 기간	2017.1.1.~2020.12.31.
○ **직무내용:** 숙련기능을 바탕으로 승강기의 설치, 점검 및 유지·관리하는 직무를 수행							
필기검정방법	객관식	문제수	60	시험시간	1시간		

필기과목명	주요항목	세세항목
승강기개론 안전 관리 승강기보수 기계·전기 기초 이론	1. 승강기 개요	1. 승강기의 종류 2. 승강기의 원리 3. 승강기의 조작방식
	2. 승강기의 구조 및 원리	1. 권상기 2. 로프(벨트포함)(Main rope) 3. 가이드레일(Guide rail) 4. 비상정지장치 5. 조속기 6. 완충기 7. 카(케이지)와 카틀(케이지틀) 8. 균형추 9. 균형체인 및 균형로프
	3. 승강기의 도어시스템	1. 도어시스템(Door system)의 종류 및 원리 2. 도어머신(Door machine) 장치 3. 도어인터록(Door interlock) 및 클로저(Closer) 4. 보호장치
	4. 승강로와 기계실	1. 승강로의 구조 및 깊이 2. 기계실의 제설비
	5. 승강기의 제어	1. 직류승강기의 제어시스템 2. 교류승강기의 제어시스템
	6. 승강기의 부속 장치	1. 안전장치 2. 신호장치 3. 비상전원장치 4. 기타 보조장치

필기과목명	주요항목	세세항목
	7. 유압식 엘리베이터	1. 유압식 엘리베이터의 구조와 원리 2. 유압회로 3. 펌프와 밸브 4. 실린더와 플런저
	8. 에스컬레이터	1. 에스컬레이터의 구조 및 원리 2. 구동장치 3. 스텝과 스텝 체인 및 난간과 핸드레일 4. 안전장치
	9. 특수승강기	1. 입체주차설비 2. 무빙워크 3. 유희시설 4. 덤웨이터 5. 소형엘리베이터 6. 휠체어리프트 7. 기계실이 없는 엘리베이터
	10. 승강기 안전기준 및 취급	1. 승강기 안전기준 2. 승강기 안전수칙 3. 승강기 사용 및 취급
	11. 이상시의 제현상과 재해방지	1. 이상상태의 제 현상 2. 이상 시 발견조치 3. 재해 원인의 분석방법 4. 재해 조사항목과 내용 5. 재해 원인의 분류
	12. 안전점검 제도	1. 안전점검 방법 및 제도 2. 안전진단 3. 안전점검 결과에 따른 시정조치
	13. 기계기구와 그 설비의 안전	1. 기계설비의 위험방지 2. 전기에 의한 위험방지 3. 추락 등에 의한 위험방지 4. 기계 방호장치 5. 방호조치

필기과목명	주요항목	세세항목
	14. 승강기 제작기준	1. 전기식 엘리베이터 2. 유압식 엘리베이터 3. 에스컬레이터
	15. 승강기 검사기준	1. 기계실에서 행하는 검사 2. 카 내에서 행하는 검사 3. 카 상부에서 행하는 검사 4. 피트 내에서 행하는 검사 5. 승강장에서 행하는 검사
	16. 전기식 엘리베이터 주요 부품의 수리 및 조정에 관한 사항	1. 조속기 2. 가이드레일 3. 비상정지장치 4. 카(케이지)와 카틀(케이지틀) 5. 균형추 6. 균형체인, 균형로프 7. 직 · 교류 제어 시스템
	17. 유압식 엘리베이터 주요 부품의 수리 및 조정에 관한 사항	1. 펌프와 밸브 2. 실린더와 플렌저 3. 압력배관 4. 안전장치류 5. 제어장치
	18. 에스컬레이터의 수리 및 조정에 관한 사항	1. 구동장치 2. 스텝 및 스텝체인 3. 난간과 핸드레일 4. 제어장치
	19. 특수승강기의 수리 및 조정에 관한 사항	1. 입체주차설비 2. 무빙워크 3. 유희시설 4. 덤웨이터 5. 소형 엘리베이터 6. 휠체어리프트 7. 리프트 8. 기계실이 없는 엘리베이터

필기과목명	주요항목	세세항목
	20. 승강기 재료의 역학적 성질에 관한 기초	1. 하중 2. 응력 3. 변형율 4. 탄성계수 5. 안전율 6. 힘 7. 강재재료 및 빔
	21. 승강기 주요 기계요소별 구조와 원리	1. 링크기구 2. 운동기구와 캠 3. 도르래(활차)장치 4. 치차 5. 베어링 6. 로프(벨트포함) 7. 기어
	22. 승강기 요소측정 및 시험	1. 측정기기 및 측정장비의 사용방법과 원리 2. 기계요소 계측 및 원리 3. 전기요소 계측 및 원리
	23. 승강기 동력원의 기초전기	1. 정전기와 콘덴서 2. 직류회로 및 교류회로 3. 자기회로 4. 전자력과 전자유도 5. 전기보호기기
	24. 승강기 구동 기계 기구 작동 및 원리	1. 직류전동기 2. 유도전동기 3. 동기전동기

승강기기능사 필기 시험문제

CONTENTS

PART 01 승강기 개론

PART 02 안전관리

CONTENTS

PART 03 승강기보수

PART 04 기계 전기 기초 이론

CONTENTS

PART

05 CBT 시험 실전 대비 기출문제

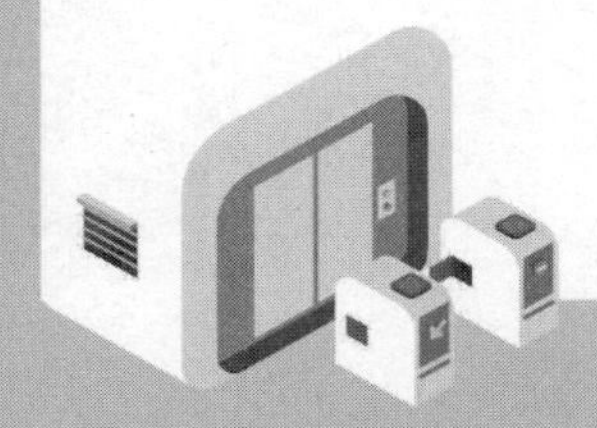

제 1 편

승강기의 개론

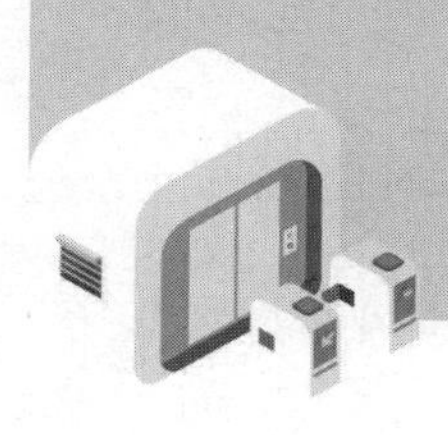

제1장

승강기의 개론

승강기는 건축물, 기타 공작물에 부착해서 일정한 승강로를 통하여 사람이나 화물을 운반하는데 사용하는 시설이며, 엘리베이터, 에스컬레이터 등 행정안전부령으로 정하는 것을 말한다.

제1절 승강기 종류

1 용도와 구동 방식에 의한 분류

(1) 용도에 의한 분류

구분	용도	승강기 종류	분류기준
엘리베이터	승객용	승객용 엘리베이터	사람의 운송에 적합하게 제작된 엘리베이터일 것
		침대용 엘리베이터	병원의 병상 운반에 적합하게 제작된 엘리베이터로서 평상시에는 승객용으로도 사용이 가능할 것
		승객·화물용 엘리베이터	승객·화물 겸용에 적합하게 제작된 엘리베이터일 것
		비상용 엘리베이터	화재 시 소화 및 구조활동에 적합하게 제작된 엘리베이터일 것
		피난용 엘리베이터	평상시에는 승객용으로 사용하는 엘리베이터이나, 화재 등 재난 발생 시 피난활동에 적합하게 제작된 엘리베이터
		장애인용 엘리베이터	장애인이 이용하기에 적합하게 제작된 엘리베이터일 것
		전망용 엘리베이터	엘리베이터 안에서 외부를 전망하기에 적합하게 제작된 엘리베이터일 것

구분	용도	승강기 종류	분류기준
엘리베이터	승객용	소형 엘리베이터	단독주택의 거주자를 운송하기 위한 카를 정해진 승강장으로 운행시키기 위하여 설치되는 승강행정이 12m 이하인 엘리베이터
	화물용	화물용 엘리베이터	화물 운반 전용에 적합하게 제작된 엘리베이터(조작자 또는 화물취급자 1명은 탑승할 수 있음)일 것. 다만, 적재용량이 300kg 미만인 것으로서 사람이 탑승하지 않는 엘리베이터는 제외한다.
		덤웨이터	사람이 탑승하지 않으면서 적재용량이 300kg 이하인 것으로서 소형화물(서적, 음식물 등) 운반에 적합하게 제작된 엘리베이터일 것. 다만, 바닥면적이 $0.5m^2$ 이하이고 높이가 0.6m 이하인 엘리베이터는 제외한다.
		자동차용 엘리베이터	주차장의 자동차 운반에 적합하게 제작된 엘리베이터일 것
에스컬레이터	승객 및 화물용	에스컬레이터	계단형의 디딤판을 동력으로 오르내리게 한 것
		무빙워크	평면의 디딤판을 동력으로 이동시키게 한 것
휠체어 리프트	승객용	장애인용 경사형 리프트	장애인이 이용하기에 적합하게 제작된 것으로서 경사진 승강로를 따라 동력으로 오르내리게 한 것. 다만, 「교통약자의 이동편의 증진법」 제2조 제2호에 따른 교통수단에 설치된 휠체어리프트는 제외한다.
		장애인용 수직형 리프트	장애인이 이용하기에 적합하게 제작된 것으로서 수직인 승강로를 따라 동력으로 오르내리게 한 것. 다만, 「교통약자의 이동편의 증진법」 제2조 제2호에 따른 교통수단에 설치된 휠체어리프트는 제외한다.

비고
운행방식에 따라 전기식·유압식 등으로 구분할 수 있다.

(2) 구동 방식에 의한 분류

① 로프(Rope)식 엘리베이터

㉠ **권상 구동식(트랙션식)** : 로프에 카(Car)를 매달아 전동기의 동력에 전달되는 방식이다. 중, 저속에 사용되는 기어드(Geared) 방식과 고속용에 사용되는 기어레스(Gearless) 방식이 있다.

㉡ **포지티브식(권동식)** : 로프를 권동(드럼)에 감거나 또는 풀거나 하여 카를 상승·하강시키는 방식이다. 최근에는 간편성에 의해 저속·저(低) 양정의 소용량 엘리베이터나 홈 엘리베이터 등에 사용되고 있다.

② 유압식 엘리베이터

㉠ 직접식 : 카 하부에 플런저(Plunger)를 직접 결합하여 플런저의 움직임이 카에 직접 전달되는 방식이다.

㉡ 간접식 : 카는 와이어로프 또는 체인에 매달려 있고 플런저의 움직임을 플런저의 끝단에 설치된 쉬브(스프 로켓)에 걸려 있는 와이어로프 또는 체인에 의하여 간접적으로 카에 전달되는 방식이다.

㉢ 팬터그래프식 : 유압잭에 의해 팬터그래프를 개폐하여 카를 상승시키는 방식이다.

③ 리니어 모터식 엘리베이터

균형 추측에 리니어 모터를 설치하여 카를 승강시키는 방식이다.

④ 스크루(Screw)식 엘리베이터

나사형의 홈을 판 긴 기둥에 너트에 상당하는 슬리브를 카에 설치 슬리브를 회전시켜 카를 승강시키는 방식이다.

⑤ 랙·피니언식

레일에 랙을 케이지에 피니언을 만들어 카를 상승시키는 방식이다.

2 속도 및 제어방식에 의한 분류

(1) 속도에 의한 분류

① 저속 : 45m/min 이하의 엘리베이터(저층 및 화물용, 침대용-부하가 많은 장소)

② 중속 : 60m/min~105m/min의 엘리베이터(중·저층 아파트-주거용)

③ 고속 : 120m/min 이상의 엘리베이터(고층 아파트, 오피스텔, 빌딩)

④ 초고속 : 360m/min 이상의 엘리베이터(100m 이상 고층)

(2) 제어방식에 의한 분류

① 전기식(로프식)

㉠ 교류 엘리베이터

- 교류 1단 속도제어방식
- 교류 2단 속도제어방식
- 교류 귀한 전압 제어방식
- 가변 전압 가변 주파수(VVVF) 제어방식

㉡ 직류 엘리베이터

- 워드 레오나드 방식(M.G 방식)
- 정지(싸이리스터) 레오나드 방식

② 유압식

㉠ 인버터(VVVF) 제어 : 전동기의 회전수를 VVVF 방식으로 제어하여 소정의 상승속도에 해당하는 펌프의 회전수가 되도록 제어하여 펌프에서 토출되는 작동유의 양을 제어하는 방식

㉡ 유량제어밸브 제어 : 회전수가 일정한 전동기를 부착한 펌프는 일정량의 작동유를 토출한다. 토출된 작동유를 유량제어밸브로 소정의 상승속도에 해당하도록 유량을 제어하는 방식

(3) 조작방식별 분류

① 자동운전방식

㉠ 단식 자동방식

㉡ 하강승합 전자동방식

㉢ 승합 전자동방식

㉣ 군승합 전자동방식

㉤ 군관리 방식

② 운전자 탑승 운전방식

㉠ 카 스위치식

㉡ 시그널 식

③ 운전자 탑승 운전 병용방식

자동운전 방식의 것에 운전자 탑승운전도 할 수 있도록 한 방식

(4) 감속기 구조별 분류

① 기어식(Geared) 엘리베이터

전동기의 회전을 기어로 감속하여 엘리베이터를 구동하며 저속, 중속용 엘리베이터에 사용된다. 감속기에 사용되는 기어는 주로 웜 기어(worm gear)가 사용되나, 웜 기어에 비하여 기계효율이 높기 때문에 헬리컬 기어(helical gear)가 중저속 기종에 적용되었으며, 헬리컬기어 감속기는 고속 엘리베이터(120~240m/min)에 주로 사용되고 있으나, 최근 동기모터에 의한 무기어식 권상기가 중저속에도 사용되면서 헬리컬 기어의 사용이 감소하고 있다.

② 무기어식(Gearless) 엘리베이터

감속기를 사용하지 않고 권상 전동기 축에 구동하며 고속용 및 초고속용 엘리베이터에 사용되고 있다.

(5) 기계실 위치별 분류

① 상부형 엘리베이터

승강로 상부에 기계실이 위치한 엘리베이터로 전기식(로프식)이 이에 속한다.

② 하부형 엘리베이터

승강로 하부에 기계실이 위치한 엘리베이터로 유압식과 전기식(로프식)에 사용되며 베이스먼트 타입(basement type)이라고도 한다.

③ 측부형 엘리베이터

승강로 측면에 기계실이 위치한 엘리베이터로 전기식(로프식)에 사용되며 베이스먼트 타입과 사이드 머신타입이 있다.

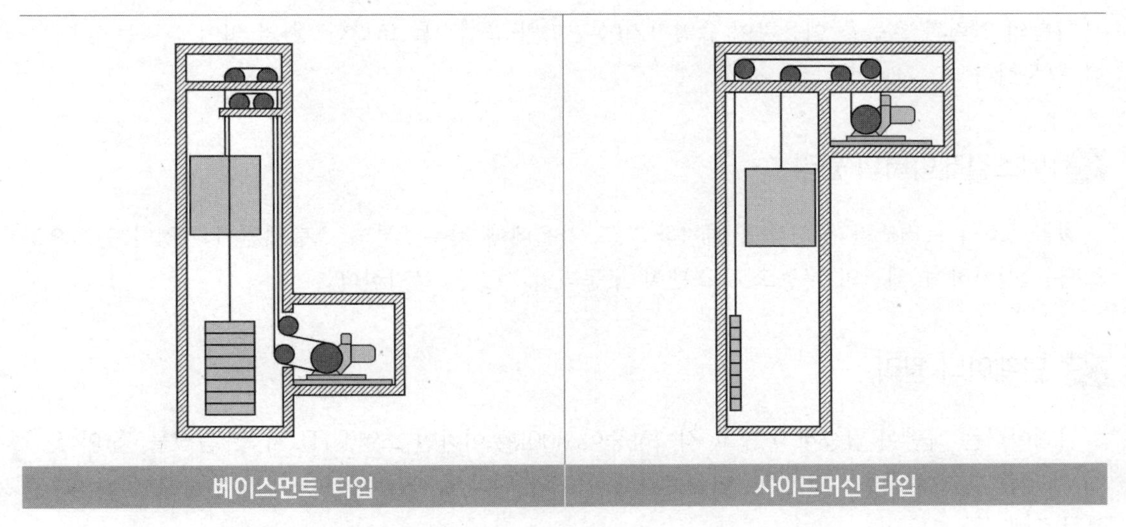

베이스먼트 타입	사이드머신 타입

(6) 기계실 위치 및 조작 방법에 의한 분류

기계실 위치에 따라 정상부형, 하부형, 측부형, 기계실 없는 엘리베이터로 분류되며, 조작 방식에 따라 수동식, 자동식, 병용방식이 있다.

참고 조작방식에 의한 분류

① 수동식 : 전임 운전자에 의해 조작되는 엘리베이터이다.
② 자동식 : 승객 자신에 의해 조작된다.
③ 병용 방식 : 운전원과 승객이 조작할 수 있도록 겸용이 가능하다.

제2절 승강기의 원리

1 전기식(로프식) 및 유압식승강기의 원리

(1) 로프식

모터의 회전력을 감속기를 통해 시브에 전달한다. 한 쪽에는 카, 다른 쪽에는 균형추를 매달아 와이어로프를 권상기의 시브에 연결하여 와이어로프와 시브 사이의 마찰력에 의해 구동된다.

(2) 유압식

기름의 압력과 흐름을 이용하여 유압자키(실린더와 플런저를 조립한 것)의 밀어 올리는 힘에 카를 구동한다.

2 에스컬레이터의 원리

철골구조의 트러스를 상하층에 설치하고 그 가운데에 좌우 2본의 스텝체인에 일정한 간격으로 스텝을 설치하여 체인의 구동으로 스텝이 구동되어 사람을 운반한다.

3 덤웨이터 원리

덤웨이터는 사람이 탑승하지 않고 적재하중이 300kg 이하인 소형 화물(서적, 음식물 등)의 운반에 제작된 엘리베이터를 말한다. 덤웨이터 출입구의 위치에 따라 테이블 타입과 플로어 타입으로 분류된다.

제3절 승강기의 조작 방식

1 반자동식 및 전자동식

(1) 반자동식

① 카 스위치 방식
카의 모든 기동정지는 운전자에 의해 카 스위치의 조작이 직접 이루어진다.

② 신호 방식
카의 문 개폐만이 운전자의 레버나 누름 버튼의 조작에 의해 이루어진다.

(2) 전자동식

① 단식자동식(Single Automatic)

하나의 호출에만 응답하므로 먼저 눌려져 있는 호출에는 응답하고, 운전이 완료될 때까지는 다른 호출을 일절 받지 않는다. 화물용 및 소형 엘리베이터에 많이 사용된다.

② 하강 승합 전자동식(Down Collective)

2층 혹은 그 위층의 승강장에서는 하강방향버튼만 있어서, 중간층에서 위로 가는 경우에는 일단 1층으로 하강하지 않으면 안 된다. 아파트용 등에 사용된다.

③ 승합 전자동식(Selective Collective)

승강장의 누름버튼은 상승용, 하강용 모두 동작이 가능하다. 승용엘리베이터가 이 방식을 채용하고 있다.

④ 반자동식과 전자동식의 병용방식

단식자동식(Single Automatic), 하강 승합 전자동식(Down Collective)의 것 중에 한 개씩을 조합시킬 수가 있지만, 신호방식과 승합자동방식을 대부분 사용한다.

2 양방향 승합 전자동식(Selective Collective)

승강장의 누름버튼은 상승용, 하강용의 양쪽 모두 동작이 가능하다. 카는 그 진행방향의 카 한 대의 버튼과 승강장 버튼에 응답하면서 승강한다. 승용엘리베이터가 이 방식을 채용하고 있다.

3 복수 엘리베이터 조작방식

(1) 군 승합 자동식(2CAR, 3CAR)

두 대에서 세 대가 병설되었을 때 사용되는 조작방식으로 한 개의 승강장 버튼의 부름에 대하여 한 대의 카만 응답하게 하여 정지를 줄이고, 일반적으로 부름이 없을 때에는 다음 부름에 대비하여 분산 대기한다. 운전의 내용이 교통수요의 변동에 대하여 변하지 않는 점이 군관리 방식과 다르다.

(2) 군관리방식(Supervisory Control)

엘리베이터를 3~8대 병설할 때 각 카를 불필요한 동작 없이 합리적으로 운행 관리하는 조작방식이다. 출·퇴근 시의 피크 수요, 점심식사 시간 및 회의 종례 시 등 특정 층의 혼잡 등을 자동적으로 판단하고 서비스 층을 분할하거나 집중적으로 카를 배차하여 능률적으로 운전하는 것이다.

참고 홀 랜턴

엘리베이터 승강장에 설치하여 카의 도착을 램프의 점등으로 예보하는 것

제2장

승강기의 구조 및 원리

승강기는 제어반 등이 설치되어 있는 '기계실', 타거나 물건을 적재하여 운반하는 '카', 움직이는 통로인 '승강로'와 승객이 타고 내리는 '승강장', 하부구조인 피트로 구분되어 있다.

제1절 권상기

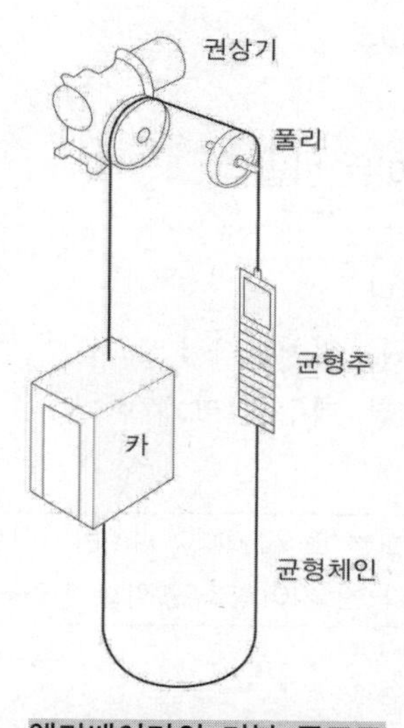

엘리베이터의 기본 구조도

권상기는 와이어로프를 드럼에 감거나 풀게 하여 카를 승강시키는 장치로 전동기, 제동기, 감속기, 메인시브, 기계대, 속도 검출부 등으로 이루어져 있다.

1 권상기의 종류 및 특징

(1) 권상(트랙션)식

권상(트랙션)식은 로프와 도르래 사이의 마찰력을 이용하여 카 또는 균형추를 움직이는 것이다. 로프의 미끄러짐과 로프 및 도르래의 마모가 발생한다.

① 특징

㉠ 균형추를 사용하지 않기 때문에 소요 동력이 작다.

㉡ 도르래를 사용하기 때문에 승강 행정에 제한이 없다.

㉢ 로프와 도르래의 마찰력을 이용하므로 지나치게 감길 위험이 없다.

② 트랙션 능력

㉠ 로프의 감기는 각도가 작을수록 미끄러지기 쉽다.

㉡ 카의 가속도와 감속도가 클수록 미끄러지기 쉽고 긴급정지 시에도 동일하다.

㉢ 카 측과 균형추 측의 로프에 걸리는 중량비가 클수록 미끄러지기 쉽다.

㉣ 로프와 도르래 사이의 마찰계수가 작을수록 미끄러지기 쉽다.

③ 미끄러짐을 결정하는 요소

㉠ 카와 균형추의 로프에 걸리는 장력(중량)의 비

㉡ 가속도와 감속도

㉢ 로프와 도르래의 마찰 계수

㉣ 로프가 감기는 각도

④ 로프의 미끄러짐 현상을 줄이는 방법

㉠ 권부각을 크게 한다.

㉡ 가감 속도를 완만하게 한다.

㉢ 균형 체인이나 균형 로프를 설치한다.

㉣ 로프와 도르래 사이의 마찰 계수를 크게 한다.

참고 마찰 계수의 크기는 U홈 〈 언더컷 홈 〈 V홈 순서이다.
기어식은 감속기의 종류에 따라 웜 기어식과 헬리컬 기어식이 있다.

---

⑤ 종류

권상(트랙션)식은 엘리베이터의 속도·용량 및 제어 방식에 따라 기어 방식(감속기 유, 105m/min 이하), 무기어 방식(감속기 무, 120m/min 이상)이 있다.

㉠ 기어식 권상기

권상 모터의 고속 회전을 감속기에서 감속시켜 규정 속도를 얻은 후 구동 시브에 걸린 로프에 의하여 운행하는 방식 감속기에는 소음 감소를 위하여 합금강제의 인청동 등 동 합금제의 조합시킨 감속기 및 효율이 높은 감속기가 사용되고 있다.

㉡ 무기어식 권상기

감속기가 없어 진동 소음이 적고 효율이 높다. 전동기의 속도를 그대로 사용하므로 전동기의 회전 속도를 적절히 조절하는 것이 중요하다. 저속 회전의 경우 종전에는 저속 회전이 가능한 직류 모터에 의한 방식만 사용하였으나, 현재는 기계가 크고 비싼 직류 방식은 쇠퇴하고, 최근에는 인버터제어(VVVF) 방식의 개발로 교류 유도 전동기에서도 저속 회전 및 고속 회전이 가능하여 인버터제어 방식을 이용한 교류 무기어식 권상기 사용된다.

(2) 포지티브식(권동식)

권동식은 로프를 권동(드럼)에 감거나 또는 풀거나 하여 카를 상승시키는 방식이다.

① 저속, 소용량 엘리베이터에 사용 가능하다.
② 미끄러짐은 트랙션식 보다 작다.
③ 소요 동력이 크다(균형추 미사용).
④ 지나치게 로프를 감거나 풀면 위험하다.

2 권상기의 구성

(1) 전동기(Motor)

전동기는 권상기를 구동하여 동력을 제공하는 기계 장치이다.

① 엘리베이터용 전동기가 구비해야 할 특성

㉠ 고기동·감속·정지에 의한 발열에 대해 고려해야 한다.
㉡ 카의 정격 속도를 만족하는 회전 특성을 가져야 한다(오차범위 ±5~10%).
㉢ 역구동하는 경우도 많기 때문에 충분한 제동력을 가져야 한다.
㉣ 운전 상태가 정숙하고 진동과 소음이 적어야 한다.

② 전동기의 구비 조건

㉠ 기동 토크가 클 것
㉡ 기동 전류가 작을 것
㉢ 회전 부분의 관성 모멘트가 적을 것
㉣ 잦은 기동 빈도에 대해 열적으로 견딜 것

③ 엘리베이터용 전동기의 용량(P)

$$P=\frac{LVS}{6120\eta}=\frac{LV(1-F)}{6120\eta}\,(\text{kW})$$

L : 정격하중(kg)
V : 정격속도(m/min)
F : 오버밸런스율(%)=1−OB
S : 균형추 불평형률
η : 종합효율

오버밸런스(OB)
균형추의 총중량은 빈 카의 자중에 사용 용도에 따라 정격하중의 35~50%의 중량을 적용한다.

3 권상능력에 영향을 미치는 요소

트랙션식은 와이어로프와 도르래의 마찰력을 이용하는 것으로 일반적으로 도르래에 걸리는 카측의 전중량과 균형추 측의 전중량은 다르기 때문에 미끄러짐이 있고 오랜 사용으로 마모가 생기게 된다. 와이어로프의 장력비(또는 중량비)가 일정한도를 넘으면 로프가 미끄럼을 일으키는데 미끄럼을 일으키는 한계 장력비의 값을 트랙션 능력(트랙션비)이라고 말한다.

(1) 트랙션 능력과 도르래 홈의 형상

트랙션 능력 r은 도르래와 와이어로프 사이의 마찰계수, 도르래에 감기는 와이어로프의 권부각 등에 의해 결정된다.

$$r=e^{\mu(\theta)}$$

r : 트랙션 능력 ≥ 1
e : 자연대수의 밑수(=2.7183)
μ : 도르래의 홈과 와이어로프사이에 마찰계수
θ : 권부각(rad)

마찰계수 μ의 값은 도르래의 재질이나 와이어로프 홈의 형상에 따라 다르다. 도르래 홈의 형상은 3종류이지만, 마찰계수의 크기는 재질이 같다고 하면 U홈 〈 언더컷홈 〈 V홈의 순이다. 따라서 권부각이 같다고 하면 트랙션 능력의 크기도 위와 같은 순서로 된다.

4 권상기용 전동기의 구비요건

(1) 트랙션식 권상기의 특징

① 소요 동력이 작다.

균형추를 사용하기 때문에 소요동력은 카의 적재하중의 50% 정도를 승강시킬 수 있다.

② 행정거리의 제한이 없다.

포지티브 구동식(권동식)과 비교하여 와이어로프와 도르래가 기계적으로 연결되지 않기 때문에 이론적으로는 와이어로프의 안전율이 확보되면 승강 행정에는 제한이 없다.

③ 지나치게 감기는 현상이 일어나지 않는다.

카 측과 균형추 측의 장력비가 급증하여 로프가 미끄러지기 때문에 지나치게 감기는 현상을 일으키지 않는다.

(2) 트랙션 권상기의 종류

① 기어식 권상기(기어드 머신) : 전동기의 회전을 감속기로 감속하여 도르래를 구동하는 것

② 무기어식 권상기(기어레스 머신) : 감속하지 않고 직접 전동기의 축에 도르래를 설치한 것

5 권상기용 전동기의 소요동력

(1) 제동기(Brake)

① 제동 능력

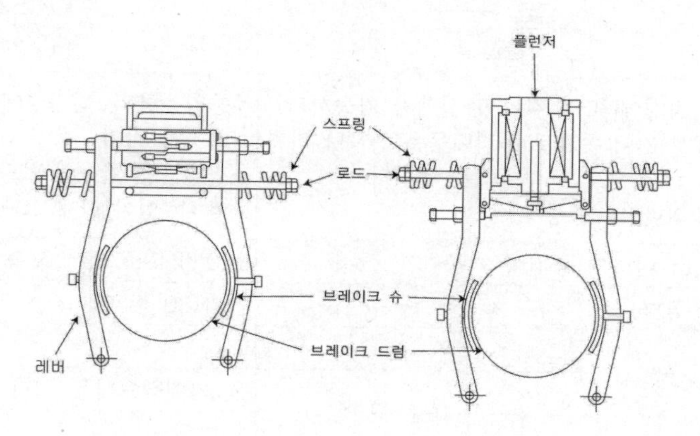

전동기의 관성력과 카, 균형추 등 모든 장치의 관성을 제지하는 능력을 가져야 된다. 승객용, 화물용 엘리베이터는 125%의 부하로 전속력 하강 중인 카를 안전하게 감속, 정지시킬 수 있어야 한다. 일반적으로 제동 능력은 승차감 및 안전상의 문제를 일으킬 수 있어 감속도는 보통 0.1G 정도로 하고 있다.

② 제동 시간(t)

$$t = \frac{120 \cdot S}{V}(\text{sec})$$

S : 엘리베이터가 제동을 건 뒤 이동한 정지거리(m)
V : 정격 속도(m/min)

참고 역구동이란, 전동기 측으로부터의 구동에 대응하는 말로서, 부하 측 힘으로 구동되는 것

(2) 감속기

감속비가 크고, 소음이 작고, 역구동이 잘 안 되는 특징으로 종래에는 웜 기어만 사용하였으나 기계 가공 기술의 발달로 진동과 소음을 줄이면서 효율이 좋은 헬리컬 기어의 적용이 최근 급격히 증가하고 있다.

① 웜 기어와 헬리컬 기어의 특징

구 분	웜 기어	헬리컬 기어
구 조	웜 웜 기어	
특 징	• 기어의 직경에 따라 감속비 설계가 가능하다. • 웜 쪽에서 기어 쪽으로 동력이동은 쉬우나 기어 쪽에서 웜 쪽으로 동력이동은 어렵다. • 마찰에 의한 열 발생	• 동일용량의 웜기어에 비하여 감속기의 크기가 작다. • 정밀가공 기술의 발달로 소음을 크게 줄일 수 있어 현재 크게 각광받고 있다.
적 용	105m/min 이하의 중저속 기종	120~240m/min 고속 기종
효 율	낮다(50~70%)	높다(80~85%)
소 음	작다	크다
역구동	어렵다	웜 기어식보다는 쉽다

② 감속기 상자(Gear Housing)

감속기 상자에 감속기를 내장하고 있다. 감속기 오일이 들어 있으므로 가스켓(gasket)에 의하여 밀폐되어 있어야 한다. 웜 기어의 경우에는 기어의 마찰에 의하여 열이 발생되고 이 열에 의하여 가스켓이 열화 되어 사용 도중에 오일이 새는 수가 있으므로 자주 점검하여 교환하여야 한다.

(3) 메인 시브(Main Sheave)

메인 시브는 감속기의 축과 연결되어, 전동기의 회전을 감속기에 감속된 속도로 회전시킨다.

① 메인 시브의 크기

메인 시브의 직경은 걸리는 로프 직경의 40배 이상으로 하여 로프의 손상을 최소화 하도록 하여야 한다. 메인 시브에는 엘리베이터의 모든 하중이 로프를 통하여 걸려 있으므로 이를 견디어 낼 수 있는 충분한 강도로 설계 제작되어야 한다.

참고 모든 하중

카의 자중 균형추의 무게 정격 적재량, 로프의 무게 및 이동 케이블 무게 등을 모두 더한 하중

② 시브의 직경 비율

구 분	시브의 직경 비율	
메인시브	로프 직경의 40배 이상(단, 메인시브의 직경에 접하는 부분의 길이가 그 둘레길의 1/4 이하면 36배 이상)	
	로프직경(mm)	도르레 최소직경(mm)
	8	320
	10	400
	12	480
	14	560
균형도르래	균형로프(Compensation Rope)에 사용되는 도르래는 32배 이상	

③ 로프홈 : 엘리베이터에서 견인 능력을 결정하는 주요한 인자이다.

㉠ 홈 형상 : 마찰력이 큰 것이 바람직하지만 마찰력이 큰 형상은 접촉면의 면압이 높게 되므로 와이어로프나 시브의 마모가 되기 쉽다.

홈	U 홈	언더컷 홈	V홈
홈 의 형 상	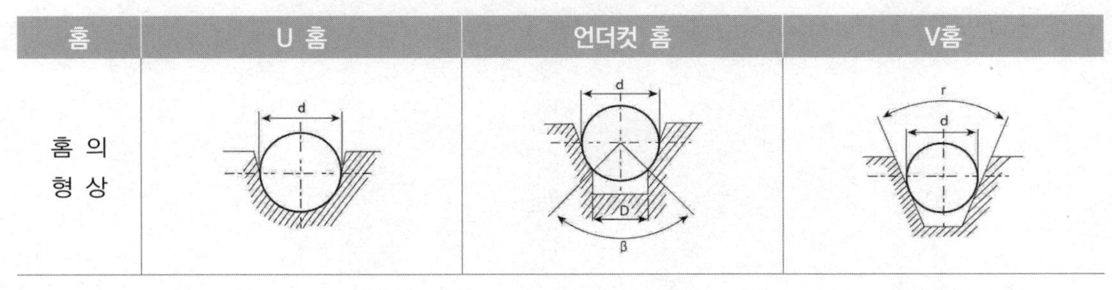		

㉡ 로프홈 별 특징

로프 홈	특징
U홈	로프와의 면압이 적으므로 로프의 수명은 길어지지만 마찰력이 적어 와이어로프가 메인 시브에 감기는 권부각을 크게 할 수 있는 더블랩 방식의 고속 기종 권상기에 많이 사용된다.
언더컷형 (Under-cut)	U홈과 V홈의 장점을 가지며 트랙션 능력이 커서 일반적으로 가장 많이 엘리베이터에 적용된다. 언더컷 중심각 β가 크면 트랙션 능력이 크다(일반적으로 105°≤β≤90° 적용). 초기 가공은 어려우나 시브의 마모가 어느 한계까지 가더라도 마찰력이 유지되는 장점을 가진다.
V홈	쐐기작용에 의해 마찰력은 크지만 면압이 높아 와이어로프나 시브가 마모되기 쉽다.

㉢ 로프의 미끄러짐

균형추 방식의 엘리베이터에 있어서 메인 쉬브와 로프 사이의 미끄러짐은 엘리베이터의 견인 능력을 결정하는 중요한 요인이다 시브와 로프의 미끄러짐은 메인 쉬브와 로프가 감기는 각도(권부각), 속도 변화율(가·감속도), 시브의 마찰력, 카와 균형추의 무게 비에 의하여 결정된다.

(4) 속도 검출부(Encoder)

권상 모터의 회전 속도 및 가속도를 측정하여 디지털 신호로 변환해주는 장치이다.

(5) 기계대(Machine Beam)

① 권상기를 지지하는 보로서 기계실 옹벽에 견고하게 설치해야 한다.
② 카 자중, 균형추 및 카 용량에 충분히 견딜 수 있어야 한다.
③ 권상기의 소음 및 진동이 카와 건축물에 전달되지 않고 엘리베이터의 주행 및 착상 시 발생하는 충격 진동을 건물과 카 내의 승객에게 전달되지 않도록 기계대에 방진 고무를 설치해야 한다.

제2절 와이어로프(Wire Rope)

1 로프의 구조 및 종류별 특징

로프는 권상기 시브의 회전력을 카에 전달하는 중요 부품으로 카와 균형추를 매달아 지탱하고 도르래의 회전을 카의 운동으로 바꾸어 움직이게 하는 것이다.

(1) 규격 및 구성

① 강선의 탄소 함유량이 적어 유연성이 있어야 한다.

② 안전율은 12 이상이어야 하고 로프는 공칭직경 8mm 이상의 로프를 3가닥 이상 사용하며 권상 도르래와 현수로프의 직경의 비는 40 이상이어야 한다.

③ 소선의 파단강도는 일반 로프보다 낮아 파단 강도는 135kg/mm^{2}이지만 초고속용 엘리베이터는 150kg/mm^{2}정도 사용한다.

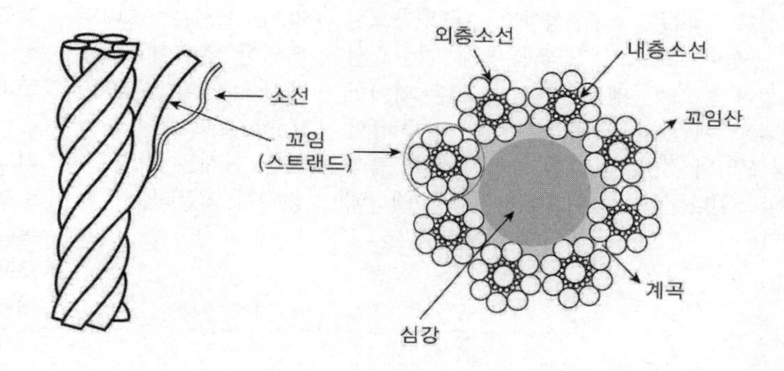

(2) 와이어로프 구성

① 소선

스트랜드를 구성하는 각각의 강선을 소선이라 한다. 스트랜드의 표면에 배열시킨 것을 외층소선, 내측에 있는 것을 내층소선이라 한다.

② 스트랜드

다수의 소선을 서로 꼬은 것으로 소선의 배열방법에 따라 여러 가지 로프의 종류가 있다.

③ 심강

천연 마 등 천연섬유와 합성섬유로 로프의 중심을 구성한 것으로 그리스를 함유하여 소선의 방청과 로프의 굴곡 시 소선간의 윤활을 돕는 역할을 한다.

(3) 와이어로프의 분류

① 구성에 의한 분류

스트랜드를 구성하는 소선의 배열 방법과 소선수에 따른 분류

구분	실형	필러형	워링톤형	형명이 없는것
구분				
구성기호	8×S(19)	8×Fi(25)	8×W(19)	6×24
호칭	실형 19개선 8꼬임	필러형 25개선 8꼬임	워링톤형 19개선 8꼬임	24개선 6꼬임
설명	스트랜드의 외층소선을 내층소선보다 굵은 소선으로 구성한 로프 내마모성이 높으며, 엘리베이터용 메인 로프로 실형 꼬임의 것이 가장 많이 쓰인다.	스트랜드의 외층·내층 소선을 같은 직경으로 구성하고 내·외층소선 간의 틈새에 가는 소선(필러선)을 넣은 와이어로프 실형에 비해 유연성이 높으며 굽힘 특성이 좋아 고층용 엘리베이터에 사용한다.	• 외층소선에 2종류 직경의 소선을 교대로 배열한 와이어로프 • 예전에는 주로프(Main Rope)로도 사용되었지만 현재는 거의 사용되지 않는다.	• 내층·외층소선을 모두 동일한 직경의 소선으로 구성한 와이어로프 • 강도는 높지만 유연성이나 굽힘 특성은 좋지 않아 일반 산업용으로만 주로 사용되고 엘리베이터의 주로프로는 사용되지 않는다. 덤웨이터의 주로프나 조속기용 와이어로프로 쓰인다.

② 꼬임 방법에 의한 분류

㉠ 보통 꼬임은 스트랜드 즉 소선을 꼰 밧줄가락의 꼬는 방향과 로프의 꼬는 방향이 반대인 것으로 일반적으로 이 꼬임 방식을 사용한다.

㉡ 랭 꼬임은 스트랜드의 꼬는 방향과 로프의 꼬는 방향이 동일한 것이다.

㉢ 꼬임 방향에는 Z꼬임과 S꼬임이 있는데 일반적으로 Z꼬임을 사용한다.

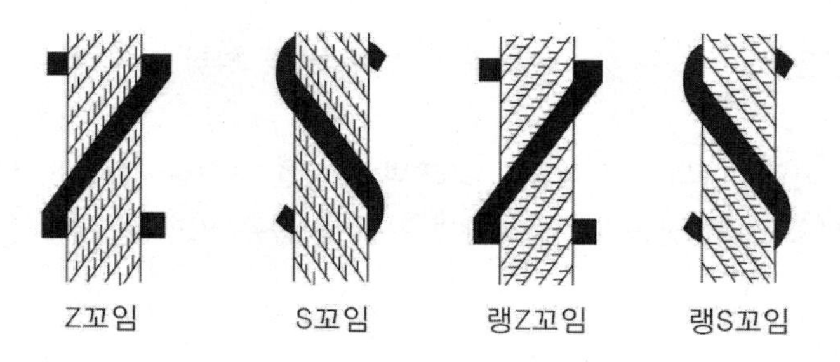

③ 소선 강도에 의한 분류

구분	파단하중	특 징
E종	135	엘리베이터용으로 특성상 와이어로프의 반복되는 굴곡 횟수가 많으며, 쉬브와의 마찰력에 의해 구동되기 때문에 강도는 다소 낮더라도 유연성을 좋게 하여 소선이 잘 파단되지 않고 쉬브의 마모가 적게 되도록 한 것이다.
G종	150	소선의 표면에 아연도금을 한 것으로서, 녹이 쉽게 나지 않기 때문에 습기가 많은 장소에 적합하다.
A종	165	파단강도가 높기 때문에 초고층용 엘리베이터나 로프 본수를 적제하고자 할 때 사용되는 경우가 있다. E종보다 경도가 높기 때문에 쉬브의 마모에 대한 대책이 필요하다.
B종	180	강도와 경도가 A종보다 높아 엘리베이터용으로는 거의 사용되지 않는다.

2 로프의 단말 처리

(1) 로프 단말 처리

로프 단말 처리에는 바빗트 메탈식, CLIP 체결, 쐐기식이 있으며 로프를 결속하는 방법은 주로 로프 소켓에 배빗메탈을 녹여 채우는 방식인 바빗트 메탈식이 많이 사용된다.

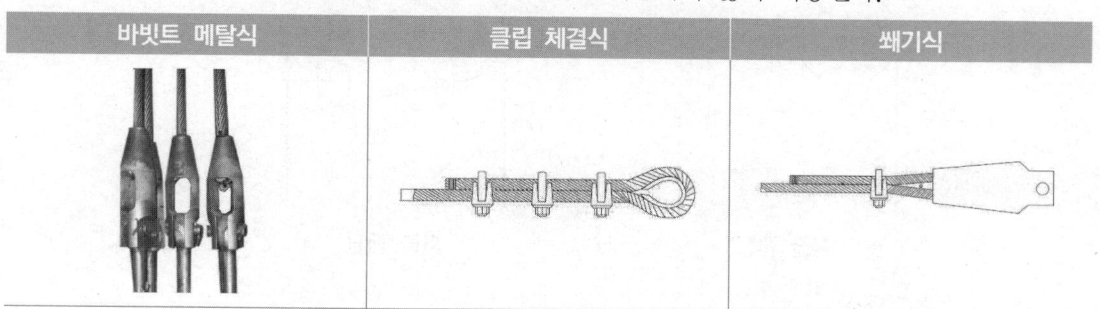

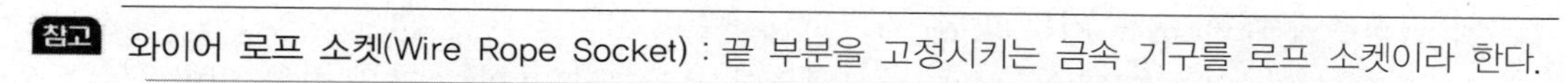
참고 와이어 로프 소켓(Wire Rope Socket) : 끝 부분을 고정시키는 금속 기구를 로프 소켓이라 한다.

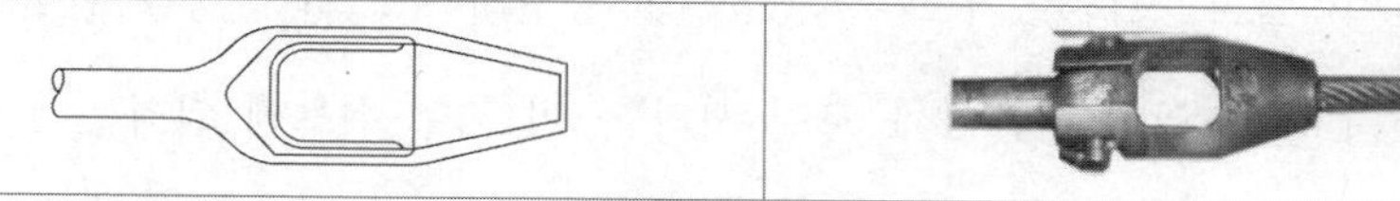

(2) 와이어로프 직경 측정 방법

① 로프 직경을 측정할 때는 1m 이상 떨어진 2개의 각 지점에서 측정해야 하고, 올바른 각도에서 각 점마다 두 번 측정해서 이들 네 점의 평균값을 로프 직경으로 한다.

② 측정기구는 버니어 캘리퍼스를 사용하며, 로프의 끝단 최고값을 측정한다.

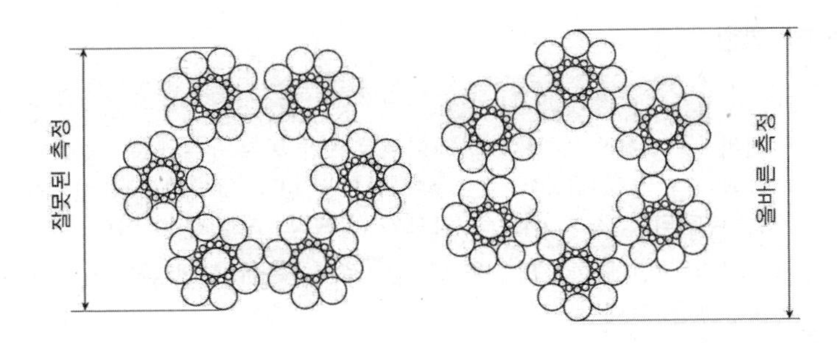

3 로프와 도르래의 관계

(1) 도르래에 로프를 감는 방법(랩핑)

① 싱글랩(Single Wrap) : 구동 도르래에 로프가 한 번만 걸리게 하는 방식이다(중저속 엘리베이터).

② 더블 랩(Double Wrap) : 구동 시브와 조정 시브를 완전히 둘러싸게 감는 방식이다(고속).

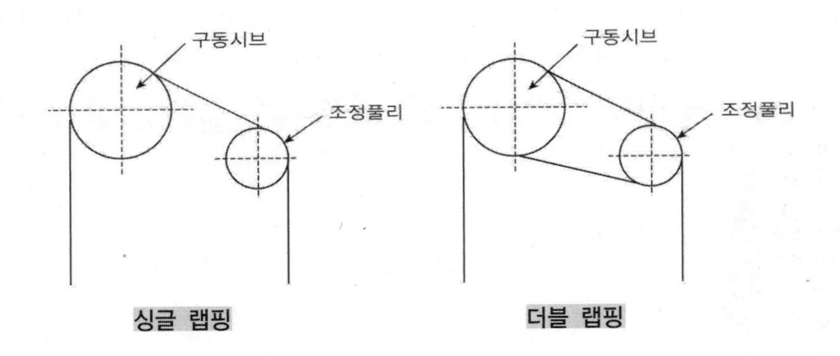

싱글 랩핑 더블 랩핑

(2) 로프 거는 방법(로핑)

카와 균형추에 대한 로프 거는 방법

① 1:1 로핑 : 로프 장력은 카 또는 균형추의 중량과 로프의 중량을 합한 것이다(승객용).

② 2:1 로핑 : 로프의 장력은 1:1 로핑 시의 $\frac{1}{2}$이 되고 쉬브에 걸리는 부하도 $\frac{1}{2}$이 된다. 그러나 로프가 풀리는 속도는 1:1 로핑 시의 2배가 된다(화물용).

③ 3:1 로핑 이상(4:1 로핑, 6:1 로핑) : 대용량 저속 화물용 엘리베이터에 사용한다.

㉠ 와이어로프 수명이 짧고 1본의 로프 길이가 매우 길다.

㉡ 종합 효율이 저하된다.

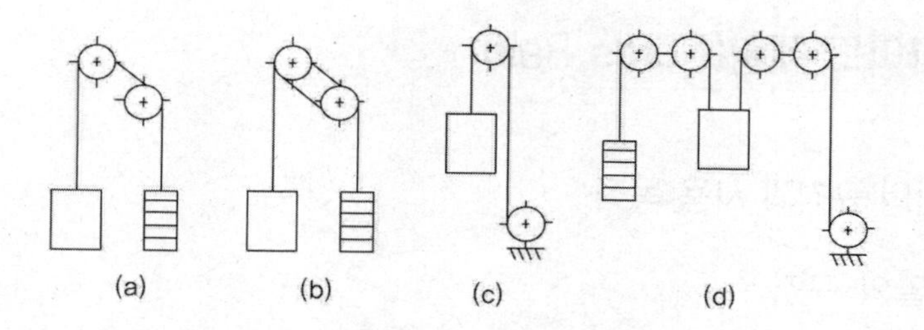

그림	로핑	WRAP방식	적용
a	1:1	Single Wrap	중·저속용 엘리베이터
b	1:1	Double Wrap	고속용 엘리베이터
c	1:1	Double Winding	홈 엘리베이터
d	1:1	Drum Winding	소형·저속 엘리베이터

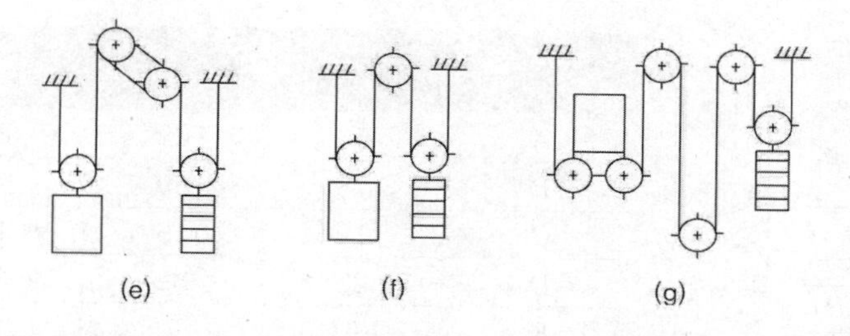

그림	로핑	WRAP방식	적용
e	2:1	Double Wrap	고속 엘리베이터
f	2:1	Single Wrap	화물용 엘리베이터
g	2:1	Single Wrap	MRL 엘리베이터

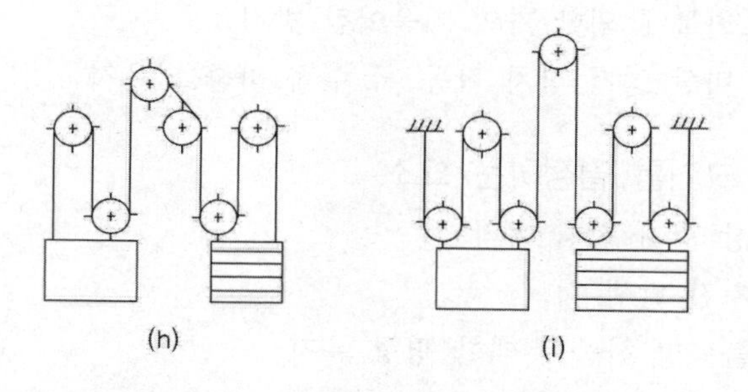

그림	로핑	WRAP방식	적용
h	3:1	Single Wrap	대형 화물용 엘리베이터
i	4:1	Single Wrap	대형 화물용 엘리베이터

제3절 가이드 레일(Guide Rail)

1 가이드레일의 규격과 사용 목적

(1) 가이드레일의 규격

① **레일의 표준 길이** : 5m(특수 제작된 T형 레일)

② **레일 규격의 호칭** : 소재의 1m당 중량을 라운드 번호로 하여 K 레일을 붙여서 사용된다. 일반적으로 사용하고 있는 T형 레일은 공칭 8, 13, 18 및 24K, 30K 레일이지만 대용량의 엘리베이터는 37K, 50K 레일 등도 사용된다.
또한 소용량 엘리베이터의 균형추 레일에서 비상정지장치가 없는 것이나, 간접식 유압 엘리베이터의 램(RAM)을 안내하는 레일에는 강판을 성형한 레일이 사용되고 있다.

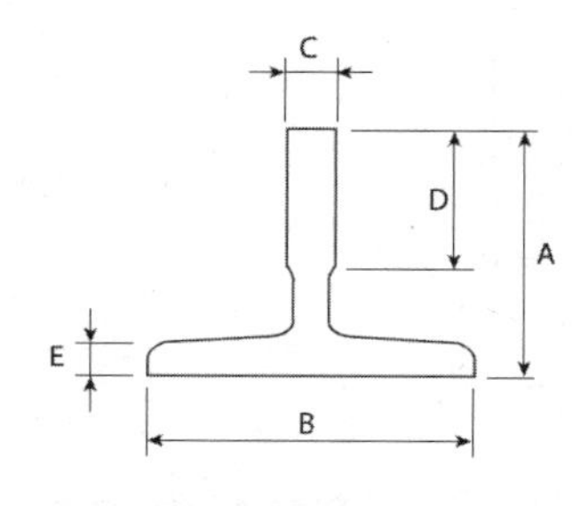

T형 레일의 단면

구분 \ 호칭	8k	13k	18k	24k
A	56	62	89	89
B	78	89	114	127
C	10	16	16	16
D	26	32	38	50
E	6	7	8	12

T형 레일의 단면과 치수

(2) 사용 목적

① 카와 균형추의 승강로 내 위치 규제

② 카의 자중이나 화물에 의한 카의 기울어짐 방지

③ 집중 하중이나 비상 정지 장치 작동 시 수직 하중을 유지

(3) 가이드 레일의 크기를 결정하는 요소

① **좌굴 하중** : 비상 정지 장치 동작 시

② **수평 진동력** : 지진 발생 시

③ **회전 모멘트** : 불평형 하중에 대한 평형 유지

(4) 가이드 슈(Guide Shoe)와 가이드 롤러(Guide Roller)

가이드 슈와 가이드 롤러는 카가 레일을 타고 이동 시 안내 바퀴 역할을 하며, 카 틀 네 귀퉁이에 위치하여 가이드 레일에서 이탈하지 않도록 한다.

제4절 비상 정지 장치

1 비상정지 장치 사용 목적

주 로프(Main Rope)가 끊어지거나 기타 이유로 카가 규정 속도 이상이 되었을 때 설치한다.

2 비상정지장치에 대한 사용조건

(1) 카의 비상정지장치

엘리베이터의 정격속도가 1m/s를 초과하는 경우 점차 작동형이어야 한다.

다음과 같은 속도 미만에서 작동되어야 한다.

① 고정된 롤러 형식을 제외한 즉시 작동형 비상정지장치 : 0.8m/s

② 고정된 롤러 형식의 비상정지장치 : 1m/s

③ 완충효과가 있는 즉시 작동형 비상정지장치 및 정격속도가 1m/s 이하의 엘리베이터에 사용되는 점차 작동형 비상정지장치 : 1.5m/s

④ 정격속도가 1m/s를 초과하는 엘리베이터에 사용되는 점차 작동형 비상정지장치 : $1.25V + \frac{0.25}{v}$ (m/s)

비고 정격속도가 1m/s를 초과하는 엘리베이터에 대해, 가능한 위의 ④에 요구된 값에 가까운 작동속도의 선택을 추천한다.

- 정격속도가 1m/s를 초과하지 않는 경우 : 완충효과가 있는 즉시 작동형
- 정격속도가 0.63m/s를 초과하지 않는 경우 : 즉시 작동형

– 카에 여러 개의 비상정지장치가 설치된 경우에는 모두 점차 작동형이어야 한다.

(2) 균형추 또는 평형추의 비상정지장치

균형추 또는 평형추의 비상정지장치는 정격속도가 1m/s를 초과하는 경우 점차 작동형이어야 한다. 다만, 정격속도가 1m/s 이하인 경우에는 즉시 작동형으로 할 수 있다.

3 비상정지장치 작동방법

(1) 카, 균형추 또는 평형추의 비상정지장치는 자체 조속기에 의해 각각 작동되어야 한다. 다만, 정격속도가 1m/s 이하인 경우, 균형추 또는 평형추의 비상정지장치는 현수수단(기어)의 파손 또는 안전로프에 의해 작동 될 수 있다.

(2) 비상정지장치는 전기식, 유압식 또는 공압식으로 동작되는 장치에 의해 작동되지 않아야 한다.

4 비상정지장치 감속도

점차 작동형 비상정지장치의 경우 정격하중의 카가 자유 낙하할 때 작동하는 평균 감속도는 0.2gn과 1gn 사이에 있어야 한다.

5 비상정지장치 복귀

(1) 비상정지장치가 작동된 후 정상 복귀는 전문가(유지보수업자 등)에 의해 복귀되어야 한다.

(2) 카, 균형추 또는 평형추의 비상정지장치의 복귀 및 자동 재설정은 카, 균형추(평형추)를 들어 올리는 것에 의해서만 가능하여야 한다.

6 비상정지장치 구조적 조건

(1) 비상정지장치의 죠 또는 블록은 가이드 슈로 사용되지 않아야 한다.

(2) 완충효과가 있는 즉시 작동형 비상정지장치의 경우, 완충된 복귀동작을 갖는 에너지 축적형 또는 에너지 분산형으로 되어야 한다.

(3) 비상정지장치가 조정 가능한 경우, 최종 설정은 봉인(표시)되어야 한다.

7 비상정지장치 작동 시 카 바닥의 기울기

카 비상정지장치가 작동될 때, 부하가 없거나 부하가 균일하게 분포된 카의 바닥은 정상적인 위치에서 5%를 초과하여 기울어지지 않아야 한다.

8 비상정지장치 작동 전기적 확인

카 비상정지장치가 작동될 때, 카에 설치된 전기안전장치에 의해 비상정지장치가 작동하기 전 또는 작동순간에 구동기의 정지가 시작되어야 한다.

9 비상정지장치의 종류 및 구조

(1) 점차작동형 비상정지장치

점차작동형 비상정지장치의 작동으로 카가 정지할 때까지 레일을 죄는 힘은 동작 시부터 정지 시까지 일정한 것과, 처음에는 약하게, 그리고 하강함에 따라서 강해지다가 얼마 후 일정치로 도달하는 두 종류가 있다. 전자는 플랙시블 가이드 클램프(Flexible Guide Clamp : F.G.C 형), 후자는 플랙시블 웨지클램프(Flexible Wedge Clamp : F.W.C 형)이라 한다.

① F.G.C 형(Flexible Guide Clamp)

㉠ F.G.C 형은 레일을 죄는 힘이 동작 시부터 정지 시까지 일정하다.

㉡ 구조가 간단하고 복구가 용이하기 때문이다.

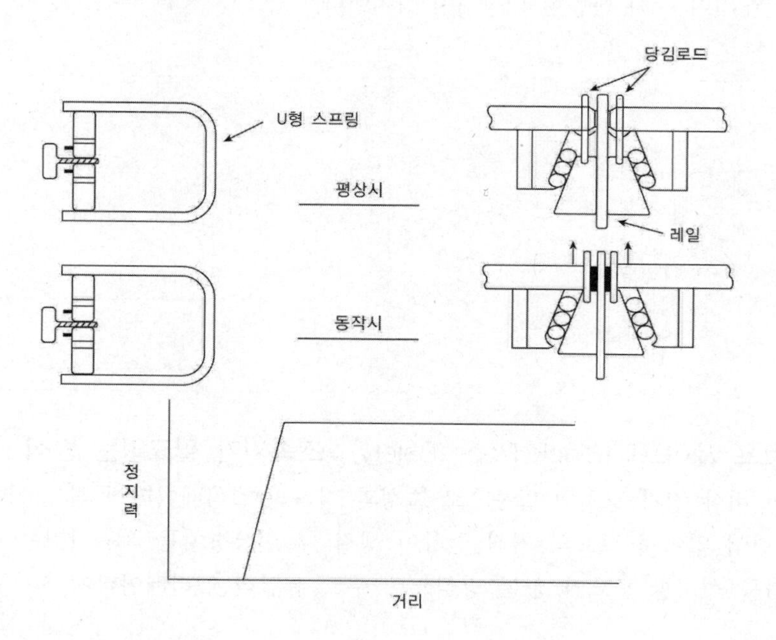

② F.W.C 형(Flexible Wedge Clamp)

동작 후 일정 거리까지는 정지력이 거리에 비례하여 커진다. 그 후 정지력이 완만하게 상승, 정지 근처에서 완만해진다.

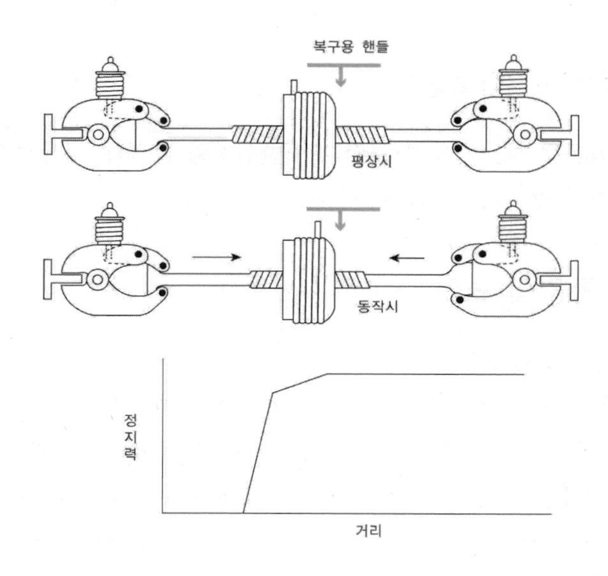

(2) 즉시 작동형

레일을 싸고 있는 모양의 클램프와 레일 사이에 강체와 가까이 표면을 거칠게 처리한 롤러를 물려서 정지시키는 것이 즉시 작동형 비상정지 장치이다.

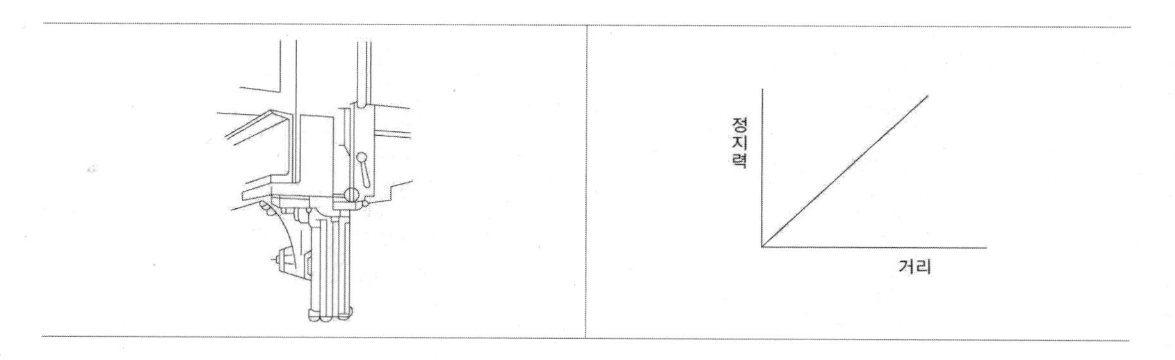

(3) 슬랙 로프 세이프티(Slack Rope Safety) : 조속기가 필요없는 방식

① 순간식 비상 정지 장치의 일종으로 소형과 저속의 엘리베이터에 적용하며 로프에 걸리는 장력이 없어져 로프의 처짐 현상이 생길 때 비상장치를 작동시키는 것이다.

② 조속기를 설치할 필요가 없는 방식으로 주로 유압식 엘리베이터에 사용한다.

제5절 조속기(Governor)

1 조속기의 동작

(1) 카 비상정지장치의 작동을 위한 조속기는 정격속도의 115% 이상의 속도 그리고 다음과 같은 속도 미만에서 작동되어야 한다.

① 고정된 롤러 형식을 제외한 즉시 작동형 비상정지장치 : 0.8m/s

② 고정된 롤러 형식의 비상정지장치 : 1m/s

③ 완충효과가 있는 즉시 작동형 비상정지장치 및 정격속도가 1m/s 이하의 엘리베이터에 사용되는 점차 작동형 비상정지장치 : 1.5m/s

④ 정격속도가 1m/s를 초과하는 엘리베이터에 사용되는 점차 작동형 비상정지장치 : $1.25V + \frac{0.25}{v}$ (m/s)

비고 정격속도가 1m/s를 초과하는 엘리베이터에 대해, 가능한 위의 ④에 요구된 값에 가까운 작동속도의 선택을 추천한다.

(2) 균형추 또는 평형추 비상정지장치에 대한 조속기의 작동속도는 카 비상정지장치에 대한 작동속도보다 더 높아야 하나 그 속도는 10%를 넘게 초과하지 않아야 한다.

(3) 조속기가 작동될 때, 조속기에 의해 생성되는 조속기 로프의 인장력은 다음 두 값 중 큰 값 이상이어야 한다.

① 최소한 비상정지장치가 물리는데 필요한 값의 2배

② 300N

(4) 인장력을 생성하기 위해 견인에만 의존하는 조속기는 다음과 같은 홈이 있어야 한다.

① 추가적인 경화공정을 거친 홈

② 부속서 Ⅷ.2.2.1에 따른 언더컷이 있는 홈

2 조속기의 종류 및 구조

(1) 디스크(Disk)형

진자가 조속기의 로프 캐치(로프 잡이)를 작동시켜 정지시키는 장치이다. 조속기 도르래의 속도가 빠르면 원심력에 의해 웨이트가 벌어지는데, 이 때 과속스위치가 작동하여 전원이 차단, 브레이크가 걸린다. 저속·중속용에 적합하다.

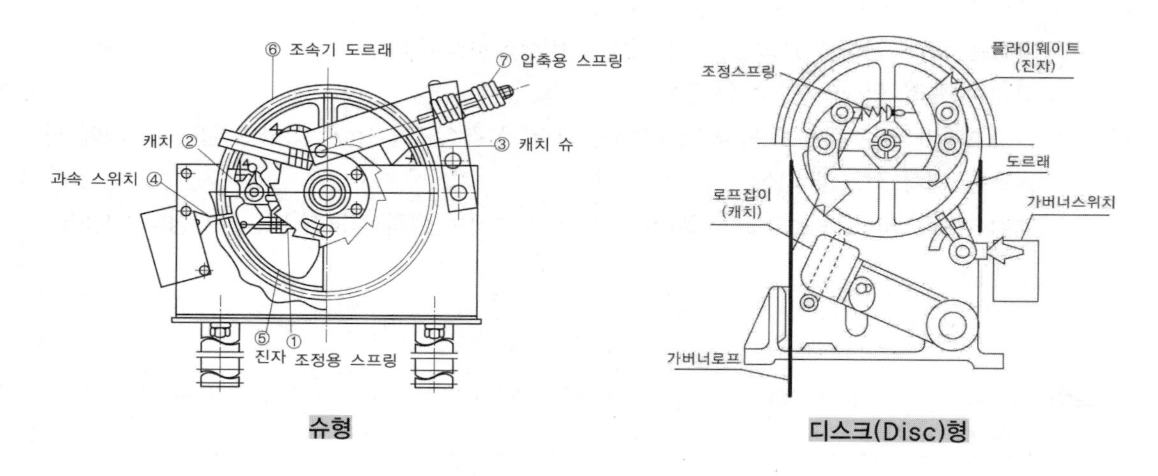

슈형　　　　디스크(Disc)형

(2) 플라이볼(Fly Ball)형

진자(Fly Weight) 대신에 플라이 볼(Fly Ball)을 사용하여 볼이 링크기구에 있는 로프캐치를 작동시키면, 캐치가 조속기 로프를 잡아 비상정지 장치를 작동시키는 구조로 되어 있다. 고속용에 적합하다.

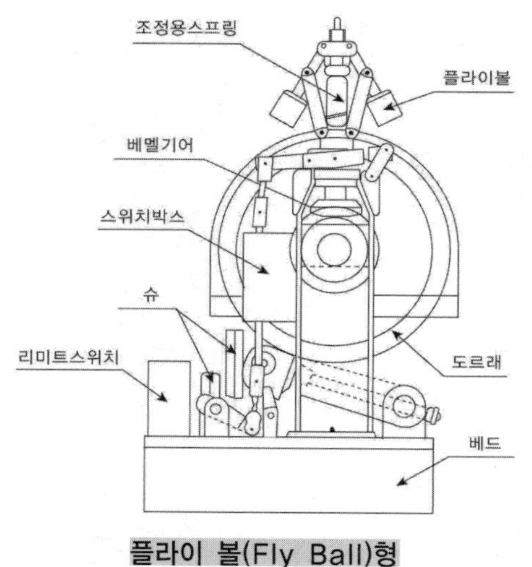

플라이 볼(Fly Ball)형

(3) 롤 세이프티(Roll Safety)형

도르래 홈과 로프의 마찰력을 이용한 장치로 진자(Fly Weight)가 과속 스위치를 작동시켜 브레이크를 동작 시키는 구조로 되어있다.

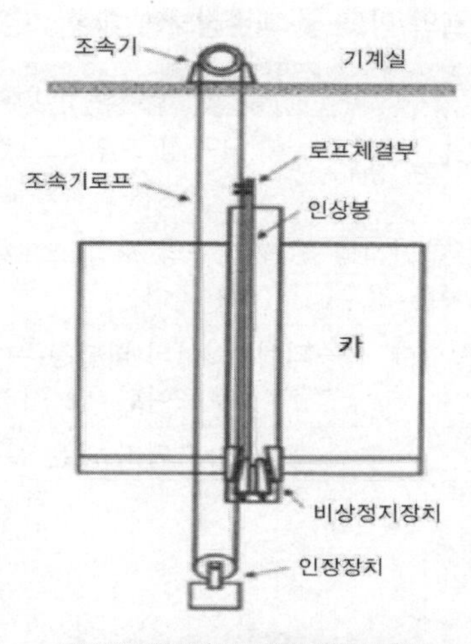

조속기와 비상정지장치 연결

> 참고 캐치(Catch) : 과속 스위치가 동작한 후에도 카가 계속 과속하여 미리 정해진 속도에 도달하였을 때 비상 정지 장치를 작동시켜 카를 안전하게 정지시키는 장치

3 조속기로프

(1) 조속기로프의 최소 파단하중은 조속기가 작동될 때 권상 형식의 조속기에 대해 마찰계수 μ_{max}가 0.2와 동등하게 고려되어 8 이상의 안전율로 조속기로프에 생성되는 인장력에 관계되어야 한다.

(2) 조속기로프의 공칭 직경은 6mm 이상이어야 한다.

(3) 조속기로프 풀리의 피치 직경과 조속기로프의 공칭 직경 사이의 비는 30 이상이어야 한다.

(4) 조속기로프는 인장 풀리에 의해 인장되어야 한다. 이 풀리(또는 인장추)는 안내되어야 한다.

(5) 조속기로프 및 관련 부속부품은 비상정지장치가 작동하는 동안 제동거리가 정상적일 때보다 더 길더라도 손상되지 않아야 한다.

(6) 조속기로프는 비상정지장치로부터 쉽게 분리될 수 있어야 한다.

(7) 조속기로프의 마모 및 파손상태는 부속서 XI의 규정에 적합하여야 한다.

로프의 마모 및 파손상태에 대한 기준

마모 및 파손상태	기 준
소선의 파단이 균등하게 분포되어 있는 경우	1구성 꼬임(스트랜드)의 1꼬임 피치 내에서 파단 수 4 이하
파단 소선의 단면적이 원래의 소선 단면적의 70% 이하로 되어 있는 경우 또는 녹이 심한 경우	1구성 꼬임(스트랜드)의 1꼬임 피치 내에서 파단 수 2 이하
소선의 파단이 1개소 또는 특정의 꼬임에 집중되어 있는 경우	소선의 파단총수가 1꼬임 피치 내에서 6꼬임 와이어로프이면 12 이하, 8꼬임 와이어로프이면 16 이하
마모부분의 와이어로프의 지름	마모되지 않은 부분의 와이어로프 직경의 90% 이상

제6절 완충기

카가 어떤 원인으로 최하층을 통과하여 피트로 떨어졌을 때 충격을 완화하기 위하여 완충기를 설치한다. 반대로 카가 최상층을 통과하여 상승할 때를 대비하여 균형추의 바로 아래에도 완충기를 설치한다. 그러나 이 완충기는 카나 균형추의 자유낙하를 완충하기 위한 것은 아니다(자유낙하의 경우에는 비상정지장치가 작동한다). 완충기에는 에너지 축적형(스프링식, 우레탄고무식) 완충기와 에너지 분산형(유입식) 2종류가 있다.

1 완충기 적용

(1) 에너지 축적형 완충기

① 선형(스프링식) 또는 비선형(우레탄고무식) 특성을 갖는 에너지 축적형 완충기는 엘리베이터의 정격속도가 1m/s 이하인 경우에만 사용

② 완충된 복귀 움직임을 갖는 에너지 축적형 완충기는 엘리베이터의 정격속도가 1.6m/s 이하인 경우에만 사용되어야 한다.

(2) 에너지 분산형 완충기

① 에너지 분산형 완충기는 엘리베이터 정격속도와 상관없이 어떤 경우에도 사용할 수 있다.

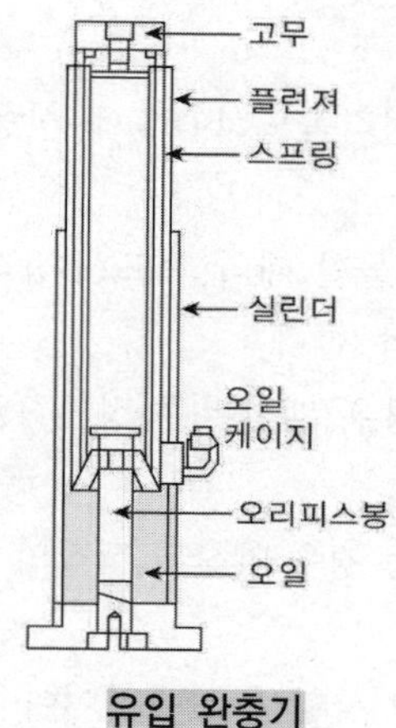

유입 완충기

2 카 및 균형추 완충기의 행정

(1) 에너지 축적형 완충기(완충된 복귀 움직임을 갖는 에너지 축적형 완충기)

① 선형 특성을 갖는 완충기

㉠ 완충기의 가능한 총 행정은 정격속도의 115%에 상응하는 중력 정지거리의 2배[$0.135v^2$(m)] 이상이어야 한다.
다만, 행정은 65mm 이상이어야 한다.

$0.135v^2$은 $\dfrac{2(1.15v)^2}{2g_n}=0.1348v^2$의 값을 반올림한 값

㉡ 완충기는 카 자중과 정격하중(또는 균형추의 무게)을 더한 값의 2.5배와 4배 사이의 정하중으로 규정된 행정이 적용되도록 설계되어야 한다.

② 비선형 특성을 갖는 완충기

㉠ 비선형 특성을 갖는 에너지 축적형 완충기는 다음 사항에 적합하여야 한다.
- 카에 정격하중을 싣고 정격속도의 115%의 속도로 자유 낙하하여 카 완충기에 충돌할 때의 평균 감속도는 1gn 이하이어야 한다.
- 2.5gn를 초과하는 감속도는 0.04초보다 길지 않아야 한다.
- 카의 복귀속도는 1m/s 이하이어야 한다.
- 작동 후에는 영구적인 변형이 없어야 한다.

(2) 에너지 분산형 완충기

① 완충기의 가능한 총 행정은 정격속도 115%에 상응하는 중력 정지거리[$0.0674v^2$(m)] 이상이어야 한다.

② 카(또는 균형추)가 완충기와 충돌할 때의 속도가 정격속도 대신에 사용될 수 있다. 그러나 그 행정은 다음 값 이상이어야 한다.

㉠ 정격속도가 4m/s 이하인 경우 계산된 행정의 1/2, 어떤 경우에도 그 행정은 0.42m 이상이어야 한다.

㉡ 정격속도가 4m/s를 초과하는 경우 계산된 행정의 1/3, 어떤 경우에도 그 행정은 0.54m 이상이어야 한다.

③ 에너지 분산형 완충기는 다음 사항을 만족하여야 한다.

㉠ 카에 정격하중을 싣고 정격속도의 115%의 속도로 자유 낙하하여 완충기에 충돌할 때, 평균 감속도는 1gn 이하이어야 한다.

㉡ 2.5gn를 초과하는 감속도는 0.04초보다 길지 않아야 한다.

㉢ 작동 후에는 영구적인 변형이 없어야 한다.

제7절 카 실(케이지 실)과 카 틀(케이지 틀)

1 카의 구조 및 주요 구성부품

(1) 카 실

카 내는 출입구의 문과 카 바닥에 고정된 벽과 천정 그리고 비상구로 구성되어 있다. 카 실은 사람 또는 물건의 보호가 주목적이다.

(2) 재질

두께는 1.2mm 이상의 강판을 사용하고 표면처리를 도장하는데, 경미한 부분을 제외하고는 불연재료로 만들거나 씌워야 한다.

(3) 비상구출구 스위치

카의 비상구 출구를 열었을 때 전원이 차단되어 카가 동작되지 않도록 하는 장치이다(카 상부 안전 스위치). 카 내에서는 열리지 않고 외부에서 열리는 구조이다.

(4) 도어

승객용, 인화물용 엘리베이터는 2개 이상의 문을 설치하는 것은 금지되고 있으며 화물용, 자동차용, 침대용 엘리베이터는 2개의 문을 설치할 수도 있다. 이때 두 개의 문이 동시에 열려 통로로 사용해서는 안 된다.

(5) 카 바닥(Plat From)

직접 하중을 받은 부분으로 형강이나 구형강으로 틀을 만든다. 그 위에 비닐 타일이나 강판을 덮고 바닥용 마감재로 마감한다. 다만 틀 위에 목재를 사용할 때는 방화용 강판을 덮을 필요가 있다.

2 카 틀의 구조 및 주요 구성부품

(1) **상부 체대(Cross Head)** : 카 틀에 로프를 매단 장치이다.

(2) **하부 체대(Plank)** : 틀을 지지 한다.

(3) **카 주(Stile)** : 상부 체대와 카 바닥을 연결하는 2개의 지지대이다.

(4) **가이드 슈(Guide Shoe)** : 틀이 레일로부터 이탈하는 것을 방지하기 위해 설치한다.

(5) **브레이스 로드(Brace Rod)** : 카 바닥이 수평을 유지하도록 카 주와 비스듬히 설치하는 것이다.

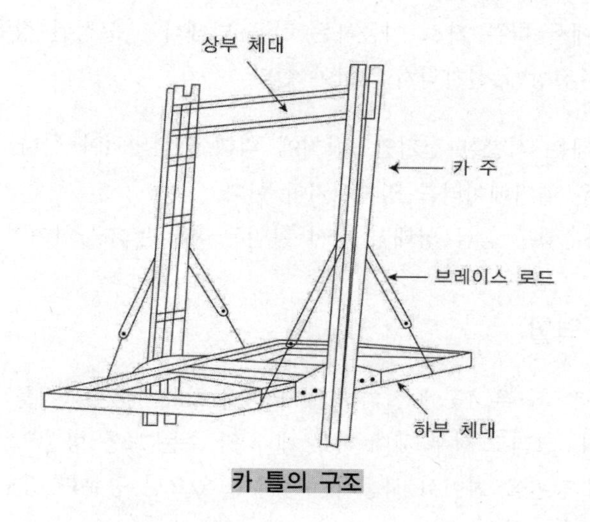

카 틀의 구조

3 비상구 출구의 요건

(1) 비상구출 운전 시, 카 내 승객의 구출은 항상 카 밖에서 이루어져야 한다.

(2) 비상구 출구의 크기는 0.35m×0.5m 이상이어야 한다.

(3) 2대 이상의 엘리베이터가 동일 승강로에 설치되어 인접한 카에서 구출할 수 있도록 카 벽에 비상구출문이 설치될 수 있다. 다만, 서로 다른 카사이의 수평거리는 0.75m 이하이어야 한다. 이 비상구출문의 크기는 폭 0.35m 이상, 높이 1.8m 이상이어야 한다.

(4) 비상구출문은 손으로 조작 가능한 잠금장치가 있어야 한다.

(5) 카 천장에 설치된 비상구출문은 열쇠 등을 사용하지 않고 카 외부에서 간단한 조작으로 열 수 있어야 하고 카 내부에서는 부속서 Ⅱ에서 규정한 열쇠를 사용하지 않으면 열 수 없는 구조이어야 한다.
카 천장에 설치된 비상구출문은 카 내부 방향으로 열리지 않아야 하며, 비상구출문이 완전히 열렸을 때 카 천장의 가장자리를 넘어 돌출되지 않아야 한다.

(6) 카 벽에 설치된 비상구출문은 열쇠 등을 사용하지 않고 카 외부에서 간단한 조작으로 열 수 있어야 하고 카 내부에서는 부속서 Ⅱ에서 규정한 열쇠를 사용하지 않으면 열 수 없는 구조이어야 한다.
카 벽에 설치된 비상구출문은 카 외부 방향으로 열리지 않아야 하며 균형추나 평형추의 주행로 또는 카에서 다른 카로 이동하는 것을 방해하는 고정된 장애물(카를 분리하는 중간 빔은 제외)의 전방에 설치되지 않아야 한다.

(7) 규정된 잠금 상태는 적합한 전기안전장치에 의해 확인되어야 한다. 이 장치는 잠금이 이뤄지지 않을 경우 엘리베이터를 정지시켜야 한다.
엘리베이터의 재운행은 잠금 상태가 다시 확인된 후에만 가능하여야 한다.

4 브레이스로드의 역할

브레이스 로드는 전·후·좌·우 4곳에 설치하면 카 바닥 하중의 3/8까지를 균등하게 카 틀의 상부에서 하부까지 전달한다. 그리고 상부 체대 하부 체대 카 주는 보통 형강으로 만들어지지만 최근에는 카의 경량화를 위해 강판을 접어서 사용하는 경우도 있으나 충분한 강도를 계산하여 적용해야 한다.

제8절 균형추(Counter Weight)

1 균형추의 역할

균형추는, 이동 케이블과 로프의 이동에 따라 변화하는 하중을 보상하기 위하여 카의 반대편 또는 측면에 설치하여 권상기(전동기)의 부하를 줄이는 장치이다.

2 오버 밸런스(Over Balance)율의 계산

균형추의 총 중량은 카의 자중에 그 엘리베이터의 사용 용도에 따라 적재 하중의 35~55%의 중량을 더한 값으로 하는데, 이를 오버밸런스율이라 한다.

> 균형추의 무게 = 카 자중 + 적재하중·(OB)
> OB : 오버밸런스율(0.35~0.55)

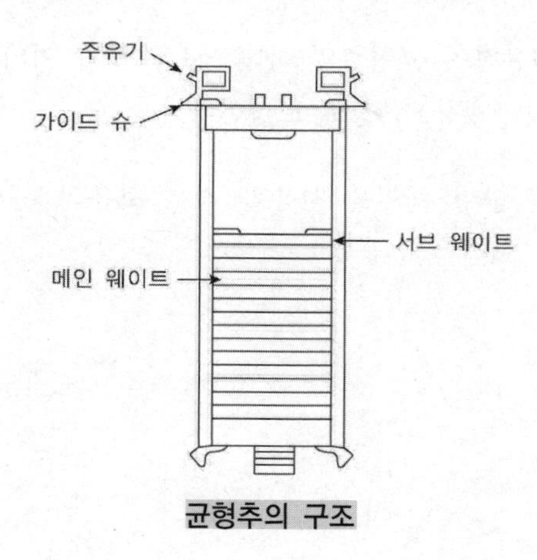

균형추의 구조

3 견인(Traction) 비

(1) 카 측 로프에 걸려 있는 중량과 균형추 측 로프에 걸려 있는 중량의 비를 권상비(트랙션 비)라 한다.

(2) 무부하 및 전부하의 상승과 하강 방향을 체크하여 1에 가깝게 하고 두 값의 차가 작게 되어야 로프와 도르래 사이의 견인비 능력, 즉 마찰력이 작아야 로프의 수명이 길게 되고 전동기의 출력을 작게 한다.

계산 예제

적재하중 1,600kg, 카자중 2,500kg, 승강행정 50m, 1kg/m의 로프 6본 적용, 오버밸런스율 45%

① 빈 카가 최상층에 있는 경우의 견인비

$$T = \frac{2{,}500 + 1{,}600 \times 0.45 + 50 \times 6}{2{,}500} = 1.408$$

② 만원인 카가 최하층에 있는 경우의 견인비

$$T = \frac{2{,}500 + 1{,}600 + 50 \times 6}{2{,}500 + 1{,}600 \times 0.45} = 1.366$$

제9절 균형 체인(Compensation Chain) 및 균형 로프(Compensation Rope)

1 균형체인 및 균형 로프의 기능

(1) 이동케이블과 로프의 이동에 따라 변화되는 하중을 보상하기 위하여 설치한다.

(2) 카 하단에서 피트를 경유하여 균형추의 하단으로 로프와 거의 같은 단위길이의 균형 체인이나 균형 로프를 사용하여 90% 정도 보상한다.

(3) 고층용 엘리베이터에는 균형 체인을 사용할 경우 소음의 문제가 있어 균형 로프를 사용한다.

제3장

승강기 도어시스템

제1절 도어시스템(Door System)의 종류 및 원리

1 도어시스템

도어시스템의 형식을 분류하면 다음과 같다. 숫자는 도어의 문짝 수, S는 측면개폐, CO는 중앙개폐를 나타낸다.

(1) 수평 개폐도어

① 측면개폐도어 : 1매 측면개폐(1S), 2매 측면개폐(2S), 3매 측면개폐(3S)
② 중앙개폐도어 : 2매 중앙개폐(2CO), 4매 중앙개폐(4CO)

(2) 수직 개폐도어

① 상승개폐도어 : 1매 상승개폐, 2매 상승개폐, 3매 상승개폐
② 상하개폐도어 : 2매 상하개폐

(3) 여닫이도어

① 측면스윙개폐도어 : 1매 스윙개폐
② 중앙스윙개폐도어 : 2매 스윙개폐

2 도어시스템 종류

(1) S(Side Open) 가로 열기 : 1S, 2S, 3S – 한 쪽 끝에서 양쪽으로 열림

(2) CO(Center Open) 중앙 열기 : 2CO, 4CO(숫자는 문짝 수) – 가운데에서 양쪽으로 열림

(3) **상승 작동 방식** : 2매 업 슬라이딩 도어, 2매 상하 열림식 – 위로 열림

(4) **상하 작동 방식** : 2UD, 4UD – 수동으로 상하 개폐(덤웨이터)

(5) **스윙 도어(Swing Door)** : 1쪽 스윙, 2쪽 스윙 – 여닫이 방식으로 한 쪽 지지(앞뒤로 회전)
① **승객용 엘리베이터** : 센터 오픈 방식
② **자동차용이나 대형 화물용 엘리베이터** : 상하 작동 방식(2UD, 4UD)
③ **화물용, 침대용** : 사이드 오픈 방식

3 도어 시스템의 구성 및 원리

구동장치, 전달장치, 도어 판넬로 구성되어 있으며, 승강장 도어는 카 도어와 동시에 개폐할 필요가 있으므로 일반적으로 카 도어만 구동장치에서 개폐하고 승강장 도어는 카 도어와 기계적으로 맞물려 동시에 개폐된다.

제2절 도어 머신(Door Machine) 장치

1 도어머신의 구조 및 성능

도어 머신은 모터의 회전을 감속하고 암과 로프 등을 구동시켜서 도어를 개폐시키는 장치이다.

2 도어머신의 구성부품

감속장치는 웜 감속기가 주류를 이루었지만, 최근에는 체인이나 벨트를 설치하는 방법이 증가하고 있다.

카 도어 구동부

3 도어 머신의 구비 조건

(1) 동작이 원활할 것

(2) 소형 경량일 것

(3) 유지보수가 용이할 것

(4) 경제적일 것

제3절 도어 인터록(Door Interlock)

1 도어인터록의 구조 및 원리

(1) **구조** : 도어 록과 도어 스위치

(2) **원리** : 시건 장치가 확실히 걸린 후 도어스위치가 들어가고, 도어 스위치가 끊어진 후에 도어 록이 열리는 구조이다. 외부에서 도어 록을 풀 경우에는 특수한 전용키를 사용해야 한다. 또한 전 층의 도어가 닫혀 있지 않으면 운전이 되지 않아야 한다.

도어 록

2 도어 클로저(Door Closer)의 구조 및 원리

(1) **구조** : 레버 시스템, 코일 스프링, 도어 체크(스프링식, 중력식)

(2) **원리** : 승강장의 도어가 열린 상태에서 모든 제약이 해제되면 자동적으로 닫히게 하는 장치이다.

제4절 보호 장치

1 문닫힘 안전장치

도어의 선단에 이물질 검출 장치를 설치하여 그 작동에 의해 닫히는 문을 멈추게 하는 장치

(1) **세이프티 슈(Safety Shoe)** : 카 도어 앞에 설치하여 물체 접촉 시 동작하는 장치

(2) **광전 장치(Photo Electric Device)** : 광선 빔을 이용한 비접촉식 장치

(3) **초음파 장치(Ultrasonic Door Sensor)** : 초음파의 감지 각도를 이용한 장치

제4장

승강로와 기계실

제1절 승강로의 구조와 깊이

승객 또는 화물을 싣고 오르내리는 카(Car)의 통로로써 카를 가이드 해 주는 가이드레일(Guide Rail), 이를 지지해 주는 브래킷(Bracket), 균형추(Counter Weight), 와이어로프(Wire Rope) 및 각종 스위치류와 카의 각 정지층에 출입구가 설치되어 있으며, 피트(Pit)라 불리는 승강로 하부에는 완충기, 조속기 로프 인장도르래(Governor Tension Pulley), 안전스위치 등이 설치된다.

1 승강로의 구조

엘리베이터의 균형추 또는 평형추는 카와 동일한 승강로에 있어야 하며, 승강로 내에 설치되는 돌출물은 안전상 지장이 없어야 한다. 각 층을 나타내는 표기가 있어야 하며 승강로는 누수가 없고 청결상태가 유지되어야 한다.

2 상부공간 및 피트

(1) 권상 구동식 엘리베이터의 상부틈새

① 균형추가 완전히 압축된 완충기 위에 있을 때 카 가이드 레일의 길이는 $0.1+0.035v^2$m 이상

비고 $0.035v^2$는 정격속도의 115%에 상응하는 중력 정지거리의 1/2를 나타낸다.

$1/2\times\frac{(1.15v)^2}{2g_n}\approx 0.0337v^2$, 따라서 대략 $0.035v^2$이다.

② 감속이 감지되는 경우 $0.035v^2$ 값은 다음과 같이 감소될 수 있다.
  ㉠ 정격속도 4m/s 이하의 엘리베이터에 대해 1/2까지. 다만, 이 값은 0.25m 이상이어야 한다.
  ㉡ 정격속도 4m/s 초과의 엘리베이터에 대해 1/3까지. 다만, 이 값은 0.28m 이상이어야 한다.

③ 튀어오름 방지장치가 설치된 엘리베이터의 경우, $0.035v^2$ 값
  ㉠ 튀어오름 방지장치(제동 또는 록다운 장치)가 장착된 인장 도르래가 있는 균형로프가 설치된 엘리베이터의 경우, $0.035v^2$ 값을 도르래의 이동 가능한 거리(사용된 로프에 따라)에 카의 주행거리의 1/500을 더한 값(로프의 탄성을 고려하여 0.2m 이상)으로 틈새 계산을 대신할 수 있다.

권상 구동식/ 포지티브 구동식 엘리베이터의 승강로 상부 수직거리

구 분	권상 구동식	포지티브 구동식
사람이 서 있을 수 있는 부분의 틈새	$\geq$ 1.0+$0.035v^2$[m]	$\geq$ 1.0[m]
카 위 고정설비의 틈새	$\geq$ 0.3+$0.035v^2$[m]	$\geq$ 0.3[m]
가이드 슈·롤러·로프 연결부 및 수직 개폐식 문 헤더의 틈새	$\geq$ 0.1+$0.035v^2$[m]	$\geq$ 0.1[m]
작업자 피난공간(장방형 블록을 수용할 수 있는 공간) • 직접 현수방식의 엘리베이터에 있어서 로프의 중심선이 블록의 수직 표면으로 부터 0.15m 이내에 있는 경우, 현수로프 및 그 부착물은 이 공간 내에 있을 수 있다.	$\geq$ 0.5m×0.6m×0.8m	

틈새 : 가장 높은 부분과 승강로 천장 아래의 빔 등 돌출물을 포함하여 가장 낮은 부분 사이의 거리

(2) 포지티브 구동식 엘리베이터의 상부틈새

① 카가 상승방향으로 상부 완충기에 충돌하기 전까지 안내되는 카의 주행거리는 최상층 승강장 바닥에서부터 0.5m 이상이어야 한다. 카는 완충기 행정의 한계까지 주행되어야 한다.

② 평형추가 있는 경우, 카가 완전히 압축된 완충기 위에 있을 때 평형추의 가이드 레일의 길이는 0.3m 이상 연장되어야 한다.

(3) 피트

① 피트 출입문은 피트 깊이가 2.5m를 초과하는 경우에 설치되어야 한다.
  ㉠ 피트 깊이가 2.5 m 이하인 경우에는 피트 출입문 또는 점검자 등 사람이 승강장문에서 쉽게 진입할 수 있는 피트 사다리가 설치되어야 한다.

3 엘리베이터 승강로의 사용 제한

승강로는 엘리베이터 전용으로 사용되어야 한다. 엘리베이터와 관계없는 배관, 전선 또는 장치 등이 있어서는 안 된다. 다만, 다음과 같은 설비는 포함될 수 있으나 엘리베이터의 안전한 운행에 지장을 주지 않아야 한다.

(1) 증기난방 및 고압 온수난방을 제외한 엘리베이터 승강로를 위한 냉·난방설비, 다만, 냉·난방설비의 제어장치 또는 조절장치는 승강로 외부에 있어야 한다.

(2) 소방 관련 법령에 따른 화재감지기 본체 및 비상방송용 스피커

(3) 카 내에 설치되는 CCTV의 전선 등 관련 설비

(4) 카 내에 설치되는 모니터의 전선 등 관련 설비

4 승강로 조명

승강로에는 모든 문이 닫혀있을 때 카 지붕 및 피트 바닥 위로 1m 위치에서 조도 50lx 이상의 영구적으로 설치된 전기조명이 있어야 한다. 이 조명은 승강로의 천장 및 피트바닥에서 약 0.5m에 중간 전구(들)와 함께 각각 1개의 전구로 구성되어야 한다. 다만, 카 지붕에 조도 50lx 이상의 조명장치(전구 포함)가 설치될 경우 중간 전구는 제외될 수 있다.

5 비상통화장치

승강로에서 작업하는 사람이 갇히게 되어 카 또는 승강로를 통해서 빠져나올 방법이 없는 경우, 이러한 위험이 존재하는 장소에는 비상통화장치가 설치되어야 한다.

제2절 기계실의 제설비

1 기계실의 설치 금지설비

구동기 및 관련 설비가 기계실에 있는 경우, 기계실은 견고한 벽, 천장, 바닥 및 출입문으로 구획되어야 한다. 기계실은 엘리베이터 이외의 목적으로 사용되지 않아야 한다. 또한, 기계실에는 엘리베이터 이외 용도의 덕트, 케이블 또는 장치가 설치되지 않아야 한다. 다만, 다음과 같은 설비 및 장치는 설치될 수 있다.

(1) 덤웨이터 또는 에스컬레이터 등 승강기의 구동기

(2) 증기난방 및 고압 온수난방을 제외한 기계실의 공조기 또는 냉·난방을 위한 설비

(3) 환기를 위한 덕트

(4) 소방 관련 법령에 따라 기계실 천장에 설치되는 화재감지기 본체, 비상용 스피커 및 가스계 소화설비(제어장치는 제외)

2 기계실의 구조

(1) 기계적 강도 및 재질

① 기계실은 필요로 하는 하중 및 힘에 견디도록 시공되어야 하며 먼지 등이 발생되지 않는 내구성의 재질이어야 한다.

② 기계실 바닥은 콘크리트 또는 체크 플레이트 등의 미끄러지지 않은 재질로 마감되어야 한다.

③ 기계실은 당해 건축물의 다른 부분과 내화구조 또는 방화구조로 구획하고 기계실의 내장은 준불연재료 이상으로 마감되어야 한다. 다만, 기계실 벽면이 외기에 직접 접하는 등 건축물 구조상 내화구조 또는 방화구조로 구획할 필요가 없는 경우에는 불연재료를 사용하여 구획할 수 있다.

(2) 치수

① 기계실 크기는 설비, 특히 전기설비의 작업이 쉽고 안전하도록 충분하여야 한다. 작업구역에서 유효 높이는 2m 이상이어야 하고 다음 사항에 적합하여야 한다.

㉠ 제어 패널 및 캐비닛 전면의 유효 수평면적은 아래와 같아야 한다.

- 폭은 0.5m 또는 제어 패널·캐비닛의 전체 폭 중에서 큰 값 이상
- 깊이는 외함의 표면에서 측정하여 0.7m 이상

㉡ 수동 비상운전 수단이 필요하다면, 움직이는 부품의 유지보수 및 점검을 위한 유효 수평면적은 0.5m×0.6m 이상이어야 한다.

② 유효 공간으로 접근하는 통로의 폭은 0.5m 이상이어야 한다. 다만, 움직이는 부품이 없는 경우에는 0.4m로 줄일 수 있다. 이동을 위한 공간의 유효 높이는 바닥에서부터 천장의 빔 하부까지 측정하여 1.8m 이상이어야 한다.

③ 구동기의 회전부품 위로 0.3m 이상의 유효 수직거리가 있어야 한다.

④ 기계실 바닥에 0.5m를 초과하는 단차가 있을 경우에는 보호난간이 있는 계단 또는 발판이 있어야 한다.

⑤ 기계실 작업구역의 바닥 또는 작업구역 간 이동 통로의 바닥에 폭이 0.05m 이상이고 0.5m 미만이며, 깊이가 0.05m를 초과하는 함몰이 있거나 덕트가 있는 경우, 그 함몰 부분 및 덕트는 방호되어야 한다. 폭이 0.5m를 초과하는 함몰은 6.3.3.4에 따른 단차로 고려되어야 한다.

(3) 출입문

① 출입문은 폭 0.7m 이상, 높이 1.8m 이상의 금속제 문이어야 하며 기계실 외부로 완전히 열리는 구조이어야 한다. 기계실 내부로는 열리지 않아야 한다.
② 출입문은 열쇠로 조작되는 잠금장치가 있어야 하며, 기계실 내부에서 열쇠를 사용하지 않고 열릴 수 있어야 한다.
③ 출입문이 외기에 접하는 경우에는 빗물이 침입하지 않는 구조이어야 한다.

(4) 환기

기계실은 적절하게 환기되어야 한다. 기계실을 통한 승강로의 환기도 고려되어야 한다. 건축물의 다른 부분으로부터 신선하지 않은 공기가 기계실로 직접 유입되지 않아야 한다. 전동기, 설비 및 전선 등은 성능에 지장이 없도록 먼지, 유해한 연기 및 습도로부터 보호되어야 한다. 기계실은 눈·비가 유입되거나 동절기에 실온이 내려가지 않도록 조치되어야 하며 실온은 +5℃에서 +40℃ 사이에서 유지되어야 한다.

(5) 조명 및 콘센트

기계실에는 바닥 면에서 200lx 이상을 비출 수 있는 영구적으로 설치된 전기 조명이 있어야 한다. 이 조명의 전원공급은 13.6.1에 적합하여야 한다.

조명스위치는 쉽게 조명을 점멸할 수 있도록 기계실 출입문 가까이에 적절한 높이로 설치되어야 한다. 1개 이상의 콘센트가 있어야 한다.

제5장

승강기 제어

제1절 직류 승강기의 제어 시스템

1 워드-레오나드 제어 방식의 원리(승강기 속도 제어)

(1) 직류 전동기의 속도를 연속으로 광범위하게 제어한다.

(2) 직류 전동기는 계자 전류를 제어하는 방식이다.

(3) 속도 제어는 저항을 변화시켜 발전기의 자계를 조절하고 발전기 직류 전압 제어이다.

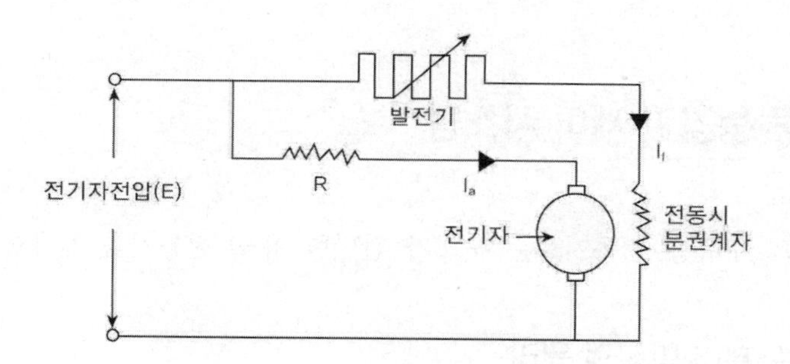

비고 직류 전동기의 회전수는 전기자 전압에 비례하고 계자 전류에 반비례하므로

$$N = K\frac{E - I_a(r_a + R_a)}{I_f}$$

N : 회전수 I_a : 전기자 전류 K_a : 전동기 정수 r_a : 전기자 전항 I_f : 계자 전류로 표시할 수 있다. 즉 직류 전동기는 계자 전류가 일정하면 전기자에 주어진 직류 전원에 비례하여 회전수가 변화하게 된다. 전동기에 직류 전압을 공급하기 위하여 인버터로 직류발전기(M·G : Motor-Generator)를 회전시켜 여기에서 나오는 직류를 직접 직류 전동기 전기자에 연결시키고 직류 발전기의 계자 전

류를 강하게 하거나 약하게 하여 발전기에서 발생되는 전압을 임의로 연속적으로 변화시켜 직류 전동기의 속도를 연속으로 광범위하게 제어한다. 발전기의 계자에 소요량을 연결하여 대전력을 제어할 수 있기 때문에 손실이 작은 것이 특징이다.

2 정지 레오나드 방식의 원리

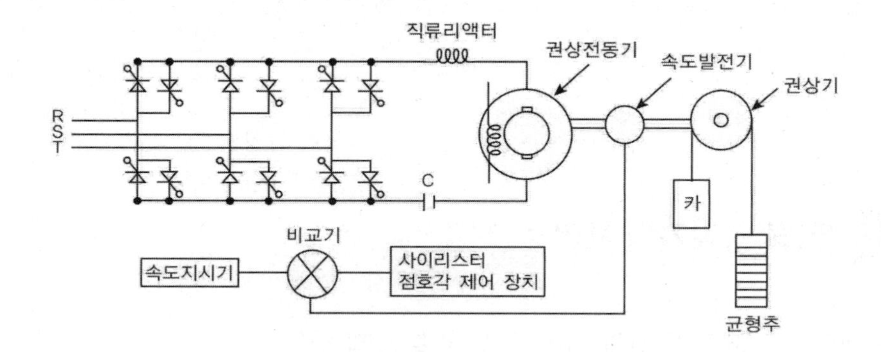

싸이리스터를 사용하여 교류를 직류로 변화하여 전동기에 공급하고 싸이리스터의 점호각을 바꿈으로서 직류전압을 바꿔 직류전동기의 회전수를 변경하는 방식이다. 변화 시의 손실이 워드-레오나드 방식에 비하여 적고 보수가 쉽다는 장점이 있다. 속도 제어는 엘리베이터의 실제속도를 속도지령 값으로부터 신호와 비교하여 그 값의 차이가 있으면 싸이리스터의 점호각을 바꿔 속도를 바꾼다.

제2절 교류 승강기 제어 시스템

교류 엘리베이터의 구동용 전동기로는 구조가 간단한 유도 전동기를 사용한다.

1 교류 1단 속도 제어 방식의 원리

(1) 30m/min 이하의 저속용 엘리베이터에 적용한다.

(2) 정지는 전원을 차단 후 제동기에 의해 기계적 브레이크를 거는 방식으로 정지한다.

(3) 기계적 브레이크 사용으로 착상 오차가 크다.

2 교류 2단 속도 제어 방식의 원리

(1) 고속 권선은 가동 및 주행, 저속 권선은 정지 및 감속을 한다.

(2) 고속 저속 비율이 4:1로 착상 오차를 줄일 수 있다.

(3) 전동기 내에 고속용 권선과 저속용 권선이 감겨져 있는 교류 2단 속도 전동기를 사용하여 기동과 주행은 고속 권선으로 하고, 감속과 착상은 저속 권선으로 하는 제어 방식이다.

(4) 고속과 저속은 4:1의 속도 비율로 감속시켜 착상지점에 근접해지면 전동기에 가해지는 모든 연결 접점을 끊고 동시에 브레이크를 걸게 하여 정지시킨다.

(5) 교류 2단 전동기의 속도 비는 착상 오차 이외의 감속도, 감속 시의 저어크(감속도의 변화 비율), 저속 주행 시간, 전력 회생의 균형으로 인하여 4:1이 가장 많이 사용된다. 속도 60m/min까지 적용 가능하다.

3 교류 귀환 제어 방식의 원리

(1) 유동 전동기 1차 측 각 상에 사이리스터와 다이오드를 역병렬로 접속하여 전원을 가하여 토크를 변화시키는 방식으로 기동 및 주행을 하고 감속 시에는 유도 전동기 직류를 흐르게 함으로서 제동 토크를 발생시킨다.

(2) 가속 및 감속 시에 카의 실제 속도를 속도 발전기에서 검출하여 그 전압과 비교하여 지령값보다 카의 속도가 작을 경우는 사이리스터의 점호각을 높여 가속시키고, 반대로 지령값보다 카의 속도가 큰 경우에는 제동용 사이리스터를 점호하여 직류를 흐르게 함으로써 감속시킨다.

(3) 카의 실제 속도와 속도 지령 장치의 지령 속도를 비교하여 사이리스터의 점호각을 바꿔 유도 전동기의 속도를 제어하는 방식을 교류 귀한 제어라 하여 45m/min에서 105m/min까지의 엘리베이터에 주로 이용된다.

4 VVVF 제어 방식의 원리(가변전압 가변 주파수 : 전압과 주파수를 동시에 제어)

(1) 특징

① 광범위한 속도 제어 방식으로 인버터를 사용하여 유도 전동기의 속도를 제어하는 방식

② 유지 보수가 용이하며 승차감 향상 및 소비전력이 적다.
③ 컨버터(교류를 직류로 변환), 인버터(직류를 교류로 변환)가 사용된다.
④ PAM 제어 방식과 PWM 제어 방식이 있다.

(2) 원리

① 3상 교류 컨버터로 교류 전원을 직류 전원으로 변환하고 다시 인버터로로 재차 가변 전압 가변 주파수의 3상 교류로 변화되어 전동기에 가해지게 된다. 이때 인버터는 정현파 PWM(펄스폭 변조) 제어에 따라 정현파에 근접된 임의의 전압과 주파수를 출력한다. 상기와 같이 회생 전력이 비교적 작은 속도 105m/min 이하의 중저속 엘리베이터에는 컨버터로서 전력용 다이오드 모듈을 사용하고 있으며, 엘리베이터 부하 측으로부터 되돌려진 회생 전력은 전원에 반환되지 않고 일반적으로 직류 회로에 접속된 저항기(제동 저항)로 보내져 열로써 소모된다.

② 부하 토크가 큰 경우나 급속한 제동을 걸 필요가 없는 경우는 전동기 및 인버터의 열손실만으로 제동, 정지하는 것이 가능하고(이때 전동기 및 인버터의 열손실은 15~20%의 제동토크에 상당함), 급속 제동을 할 경우에는 인버터의 중간 회로에 에너지가 회생되어 중간 회로의 콘덴서에 충전하여 전압을 상승시킨다. 이것을 방전하기 위하여 제동 저항 및 제동용 트랜지스터가 적용된다. 이러한 가변 전압 가변 주파수 제업 방식은 승차감 성능을 크게 향상시킴과 동시에 저속 영역에서의 손실을 줄여 종래의 교류제어 방식에 비하여 소비 전력을 약 반으로 줄였으며 승차감 향상도 및 유도 전동기를 적용함으로 인한 보수의 용이성 때문에 고속 엘리베이터에서도 직류 전동기 대신 가변전압 가변주파수 제어 방식을 확대 사용하고 있다.

제6장

승강기의 부속 장치

제1절 안전장치

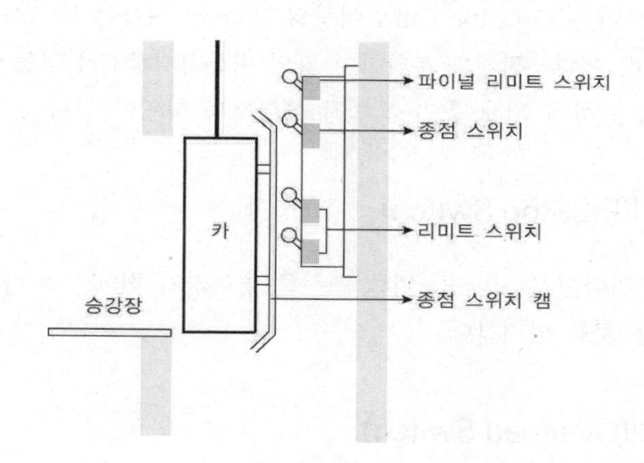

1 리미트 스위치(Limit Switch)

엘리베이터가 운행 시 최상·최하층을 지나치지 않도록 하는 장치로서 카를 감속제어하여 정지시킬 수 있도록 배치되어 있다. 또한, 리미트 스위치가 작동되지 않을 경우에 대비하여 리미트 스위치를 지난 적당한 위치에 카가 현저히 지나치는 것을 방지하는 파이널 리미트 스위치(Final Limit Switch)를 설치해야 한다.

(1) 파이널 리미트 스위치

파이널 리미트 스위치는 승강로 내부에 설치되며, 카에 부착된 캠(Cam)으로 조작된다. 작동 캠(Operating Cam)은 금속제로 만든 것이어야 하며, 스위치 접촉(Switch Contact)은 기계적으로 조작되어야 하고, 직접 기계적으로 열려야 한다.

2 슬로다운 스위치(Slow Down Switch)

리미트 스위치(Limit Switch) 전에 설치하는 스위치로 카가 감속되지 못하여 최상·최하층을 지나칠 경우 이를 검출하여 강제적으로 감속, 정지시키는 장치이다.

3 종단층 강제감속장치(Emergency Terminal Slow Down Switch)

종단층 강제감속장치는 카 상단, 승강로 내부 또는 기계실 내부에 위치하여야 하고 카의 움직임에 의하여 조작되어야 한다. 슬로다운 스위치의 작동과 별도로 작동하며, 슬로다운 스위치가 카의 속도를 감속시키는데 실패하면 종단층 강제감속 장치를 작동시켜야 한다.

4 튀어오름 방지장치[록 다운(Lock Down)]

순간 정지식이어야 하며, 속도 240m/min 이상의 엘리베이터에는 반드시 설치되어야 한다. 고층건물의 경우 설치하며, 록다운장치를 부착하여 카의 비상정지장치가 작동 시 이 장치에 의해 균형추, 와이어로프 등이 관성에 의해 튀어 오르지 못하도록 하여야 한다.

5 피트 정지스위치(Pit Stop Switch)

보수점검 및 검사를 위하여 설치하며, 피트 내부로 들어가기 전에 스위치를 '정지' 위치로 하여 작업 중 카가 움직이는 것을 방지한다.

6 과부하 감지장치(Overload Switch)

카 내부의 승차인원 또는 적재하중을 감지하는 장치로 경보음을 울려 카 내에 적재하중이 초과되었음을 알려 주고, 출입구 도어의 닫힘을 저지하여 카를 출발시키지 않도록 하는 장치이다. 정격하중의 110%에서 동작하는 장치이다.

7 역 결상 검출장치

동력전원의 상이 바뀌어 결상이 되는 경우 검출하여 이를 전동기 및 브레이크의 전원을 차단하는 장치이다.

8 로프이탈 방지장치

어떤 장애물(지진 또는 진동)에 의해 로프가 이완되는 경우 감지하여 카의 동력을 차단하고 안전하게 정지시키는 안전장치로 로핑 방식에 따라 카 상부 또는 하부에 설치된다.

제2절 신호장치

1 신호 장치의 종류와 용도

(1) 인디게이터(Indicator)

① 승강장이나 카 내에서 현재 카의 위치를 알려주는 장치이다.

② 홀 랜턴(Hall Lantern)을 설치하여 해당 층에 정지할 카는 점등과 차임(Chime)이 들어오고, 통과하는 카는 동작하지 않는다.

(2) 카 내부 위치 표시기

카 내 승객에게 카의 현재 위치를 표시하는 것으로서 카도어 상부나 카 조작반 상부에 설치한다. 아날로그와 디지털식이 있다.

(3) 통화 장치–인터폰

① 고장, 정전 및 화재 등의 비상 시에 카 내부에서 외부 관계자와 연락이 되고 또 반대로 구출작업 시 외부에서 카 내의 사람에게 당황하지 않도록 적절한 지시를 하는데 사용된다.

② 정전 중에도 사용 가능하도록 충전 배터리를 사용하고 있다.

③ 엘리베이터의 카 내부와 기계실, 경비실 또는 건물의 중앙 감시반과 통화가 가능하다.

④ 보수 전문 회사와 통신 설비가 설치되어 통화가 가능하다.

제3절 비상 전원 장치

정전이 되었을 때 비상전원을 공급하여 기준층으로 복귀시켜 승객을 구출하기 위하여 설치하고 일정규모 이상의 건물에는 반드시 비상용 엘리베이터를 설치하여 화재 시 소방활동 등에 사용한다.

1 비상전원장치의 구성 및 요건

(1) 구성

주 전원공급장치 및 보조 전원공급장치

(2) 요건

보조 전원공급장치는 주 전원이 차단된 후 60초 이내에 자동으로 전원 투입이 되어 비상용 승강기의 운행이 2시간 이상 가능하여야 한다.

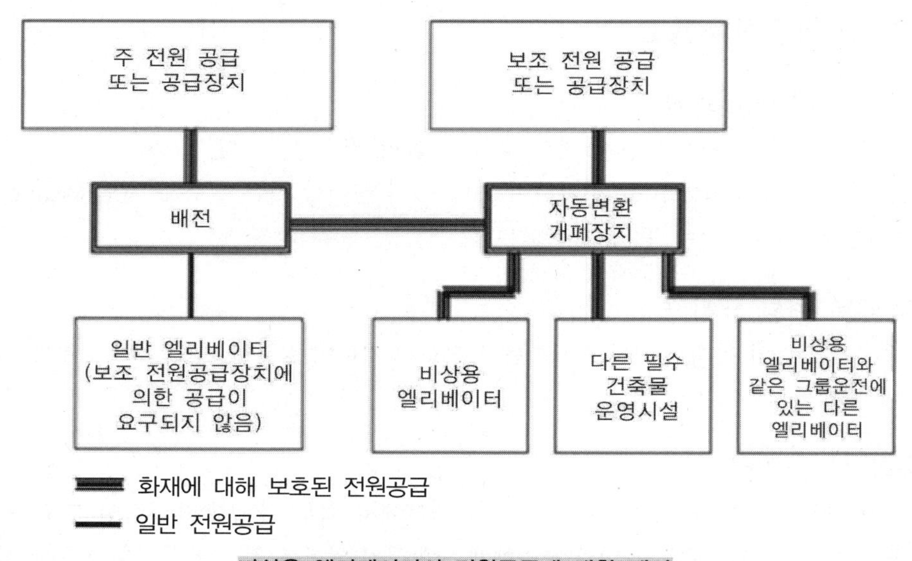

비상용 엘리베이터의 전원공급에 대한 예시

2 기타 보조장치

(1) 정전 시 구출 운전 장치

정전 시 카가 층 중간에 정지하여 승객이 카에 갇히는 사고에 대비하여 배터리를 사용하여 다음 층까지 저속으로 운전하여 착상 후 도어를 열어 승객을 구출시키는 방법이다.

(2) 정전등(비상등)

정전 시 카 내부에 비상등을 설치하여 그 밝기는 2lux 이상으로 1시간 이상 유지한다.

(3) B.G.M(Back Ground Music) 장치

카 내부에 음악을 틀어주어 승객이나 운전자의 마음을 편안하게 해주는 장치이다.

(4) 각 층 강제정지운전 스위치

① 각 층 강제정지 운전

아파트 등에서 카 안의 범죄활동을 방지하기 위하여 설치되며, 스위치를 ON 시키면 각 층에 정지하면서 목적 층까지 주행한다.

② 파킹(Parking) 스위치

카를 휴지시키기 위해 설치된 스위치로 주로 기준층의 승강장에 키 스위치를 설치하여 승강장에서 카를 휴지 또는 재가동시킬 수 있는 스위치

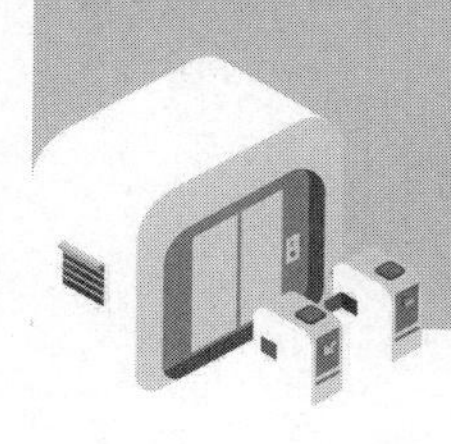

제7장

유압식 엘리베이터

유압식 엘리베이터는 기름의 압력과 흐름을 이용하여 유압 자키(실린더와 플런저를 조립한 것)를 밀어 올리는 힘에 의하여 카를 상승시키는 구조로 카와 유압자키의 조립법에 따라 직접식, 간접식, 팬터그래프식이 있다.

제1절 유압식 엘리베이터의 구조와 원리

1 유압식 엘리베이터의 구조

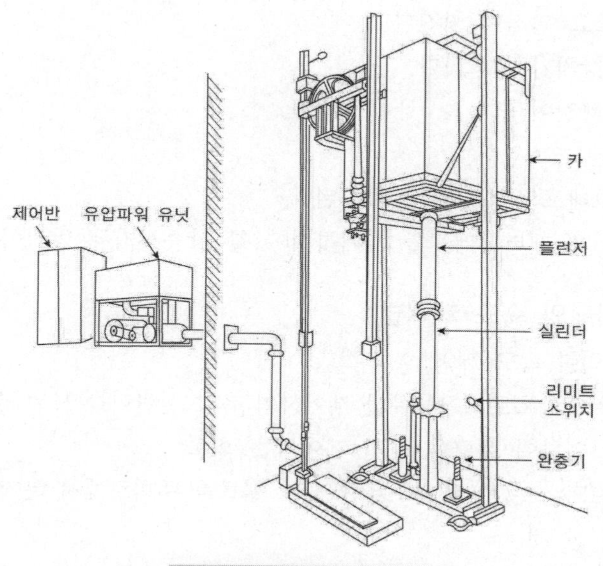

유압식 엘리베이터의 구조

펌프에서 토출된 작동유로 램(RAM)을 작동시켜 카를 승강시키는 것을 유압식 엘리베이터라 한다.

(1) 유압 엘리베이터의 특징

① 기계실의 배치가 자유롭다.

② 건물 꼭대기 부분에 하중이 작용하지 않는다.

③ 승강로 꼭대기 틈새가 작아도 된다.

④ 실린더를 사용하기 때문에 행정 거리와 속도에 한계가 있다.

⑤ 균형추를 사용하지 않아 전동기 소요 동력이 커진다.

⑥ 7층 이하, 정격 속도 60m/min 이하에 적용한다.

(2) 유압 엘리베이터의 종류와 특징

① **직접식** : 플런저 끝에 카를 설치한 방식

㉠ 승강로 소요 평면 치수가 작고 구조가 간단하다.

㉡ 비상 정지 장치가 필요 없다.

㉢ 부하에 의한 카 바닥의 빠짐이 작다.

㉣ 실린더를 설치하기 위한 보호관을 지중에 설치해야 한다.

㉤ 실린더 점검이 곤란하다.

② **간접식** : 플런저의 동력을 로프를 통하여 카에 전달하는 방식

㉠ 실린더를 설치할 보호관이 불필요하며 설치가 간단하다.

㉡ 실린더의 점검이 용이하다.

㉢ 승강로의 소요 면적이 커진다.

㉣ 비상 정지 장치가 필요하다.

㉤ 카 바닥의 빠짐이 크다.

③ **팬터그래프식**

㉠ 카는 팬터그래프의 직상부에 설치된다.

㉡ 플런저에 의해 팬터그래프를 개폐하여 카를 상승시키는 방식이다.

(3) 유압 엘리베이터의 속도 제어법

① **유량 밸브에 의한 속도 제어**

㉠ **미터인(Meter In) 회로** : 작동유를 제어하여 유압 실린더를 보낼 경우 유량 제어 밸브를 주회로에 삽입하여 유량을 직접 제어하는 회로

㉡ **블리드 오프(Bleed Off) 회로** : 유량 제어 밸브를 주회로에서 분기된 바이패스(Bypass) 회로에 삽입한 것

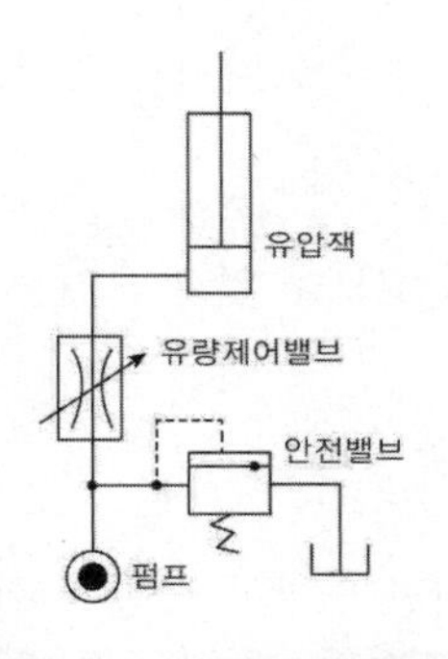

미터인(Meter in) 회로의 기본형

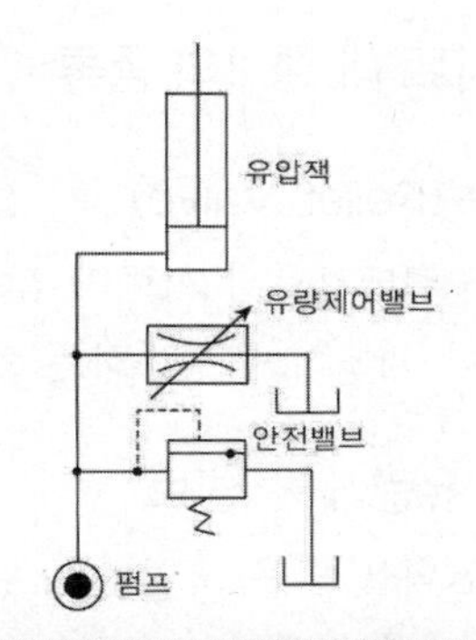

블리드 오프(Bleed Off) 회로의 기본형

② 인버터(VVVF) 제어 방식
전동기를 VVVF 방식으로 제어하는 것으로서 펌프의 회전수를 소정의 상승 속도에 상당하는 회전수로 가변 제어하여 펌프에서 가압되어 토출되는 작동유를 제어하는 방식

제2절 펌프와 밸브

1 펌프와 전동기

(1) 일반적으로 압력 맥동이 작고 진동과 소음이 적은 스크루 펌프가 널리 사용된다.

(2) 전동기는 3상 유도전동기 사용한다.

2 필터(Filter)와 스트레이너(Strainer)

(1) 유압 장치에 쇳가루, 모래 등 불순물 제거하기 위한 여과 장치

(2) 펌프의 흡입 측에 붙는 것을 스트레너라 하고 배관 도중에 취부하는 것을 라인 필터라고 한다.

3 사일런서(Silencer)

작동유의 압력맥동을 흡수하여 진동소음을 저감시키기 위해 사용한다.

4 파워 유니트 내 밸브의 종류

(1) 안전밸브(Relief Valve)

일종의 압력조절밸브로서 회로의 압력이 설정 값에 도달하면 밸브를 열고 오일을 탱크로 돌려보냄으로써 압력이 과도하게 상승하는 것을 방지한다.

(2) 상승용 유량제어 밸브

펌프로부터 압력을 받은 오일이 대부분은 실린더로 올라가지만 일부는 상승용 전자밸브에 의해서 조정되는 유량제어 밸브를 통하여 탱크에 되돌아온다. 탱크에 되돌아오는 유량을 제어하여 실린더 측의 유량을 간접적으로 제어하는 밸브이다.

(3) 역저지 밸브(Check Valve)

체크 밸브라고도 하며 한쪽 방향으로만 오일이 흐르도록 하는 밸브이다. 펌프의 토출 압력이 떨어져서 실린더 내의 오일이 역류하여 카가 자유낙하 하는 것을 방지할 목적으로 설치한 것으로 기능은 로프식 엘리베이터의 전자브레이크와 유사하다.

(4) 하강용 유량 제어밸브

하강용 전자 밸브에 의해 열림 정도가 제어되는 밸브로서 실린더에서 탱크에 되돌아오는 유량을 제어한다. 정전이나 다른 원인으로 카가 층 중간에 정지하였을 경우 이 밸브를 열어 안전하게 카를 하강시켜 승객을 구출할 수 있다.

(5) 스톱 밸브(Stop Valve)

유압 파워유니트에서 실린더로 통하는 배관 도중에 설치되는 수동조작 밸브. 밸브를 닫으면 실린더의 오일이 탱크로 역류하는 것을 방지한다. 유압 장치의 보수, 점검, 수리할 때에 사용되며 게이트 밸브(Gate Valve)라고도 한다.

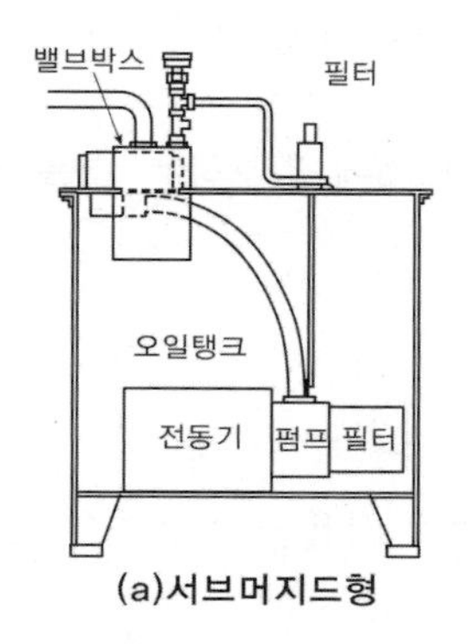

(a)서브머지드형

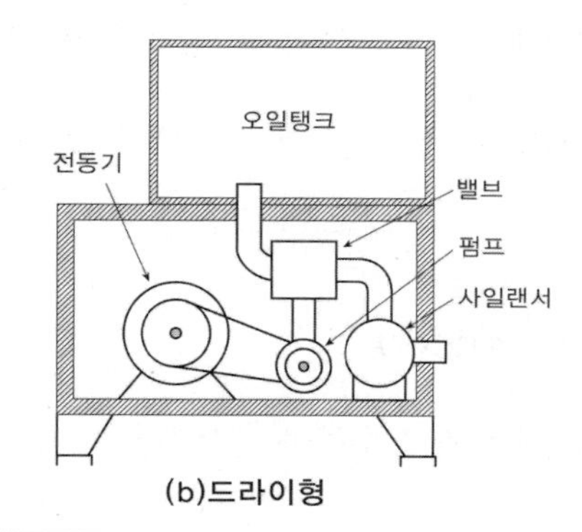

(b)드라이형

파워유니트

5 펌프의 종류 및 요건

일반적으로 스크루 펌프가 많이 쓰인다. 펌프의 출력은 유압과 토출량에 비례한다. 따라서 같은 플런저라면 유압이 높으면 큰 하중에 견디며 토출량이 많으면 속도가 빨라진다.

(1) **유압** : 10~60kg/cm^2

(2) **토출량** : 50~1500l/min

(3) **모터 용량** : 2~50kW

(4) **펌프 종류** : 원심식, 가변 토출량식, 강제 송류식(기어 펌프, 밴 펌프, 스크루 펌프)

제3절 잭(Jack)

1 정의 및 특징

유압에 의해 작동하는 방식으로 실린더와 램의 조합체를 잭(Jack)이라고 한다. 잭은 램(RAM)부가 1개인 단단식과 복수개로 되어 있는 다단식이 있다.

2 실린더의 구조

(1) 길이 : 직접식 엘리베이터에서는 카의 행정 길이+여유 길이(500mm)

(2) 간접식에서는 로핑 방법(1 : 2, 1 : 4 등)에 따라서 승강로 행정의 1/2, 1/4 등이 필요하다.

3 실린더의 상부구조

실린더 상부에는 더스트와이퍼(스크레이퍼), 패킹이 설치되어 있다.

4 램(RAM)의 구조

사용 유량의 경제성과 재질의 향상을 위해서 작동 압력이 높아지고 플런저에 걸리는 총 하중이 크면 클수록 그 단면적은 커진다. 일반적으로 플런저의 재질은 강관이 사용되며 높은 압력을 견디기 위해 두께가 두꺼운 것을 사용한다.

(1) 유압 엘리베이터에 일반적으로 이용되는 단동식 실린더 램형 로드이다.

(2) 유입 완충기에서 플런저가 압축 상태에서 완전 복귀할 때까지 요하는 시간은 90초 이하이다.

(3) 램 이탈 방지 장치(Stopper)

램이 실린더의 행정 한도를 지나쳐 진행하는 것을 방지하기 위하여 금속 멈춤장치 또는 기타 수단을 램의 한쪽 끝에 마련하여야 한다. 또한 금속 멈춤장치 또는 제동수단은 종점 스위치(Terminal Limit Switch)가 작동하지 않을 경우에 대비하여 전부하 압력에서 최대속도(Maximum Speed)로 상승 방향으로 진행하는 램(RAM)을 멈출 수 있도록 설계 및 제작되어야 한다.

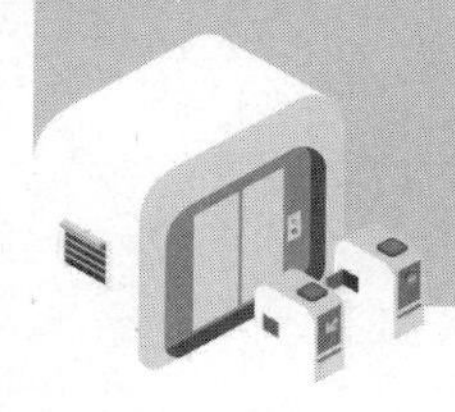

제8장 에스컬레이터

제1절 에스컬레이터의 구조 및 원리

1 에스컬레이터의 구조

트러스, 스텝, 난간, 핸드레일, 구동 장치, 제어반 등으로 이루어진다.

2 에스컬레이터의 최대 수용능력 및 종류

(1) 최대 수용능력

최대 수용력

스텝/팔레트 폭 z_1 m	공칭 속도 v m/s		
	0.5	0.65	0.75
0.6	3,600명/h	4,400명/h	4,900명/h
0.8	4,800명/h	5,900명/h	6,600명/h
1	6,000명/h	7,300명/h	8,200명/h

비고 1 쇼핑용 손수레와 화물용 카트의 사용은 대략 수용력의 80%가 감소한다.
비고 2 1m를 초과하는 팔레트 폭을 가진 무빙워크에서 이용자가 핸드레일을 잡아야 하기 때문에 수용능력은 증가하지 않는다.

(2) 난간 의장에 의한 분류

① 투명 형 에스컬레이터

난간 내측판 전면이 투명(강화유리 또는 접합강화유리)이며, 난간조명(slim line)은 핸드레일(handrail) 밑에 설치한다.

② 불투명형 에스컬레이터

난간 내측판 전면이 불투명(Stainless판)하고, 천정 조명으로 마감으로 하는 경우가 많다.

(3) 속도에 의한 분류

① 경사도 α가 30° 이하인 에스컬레이터는 0.75m/s 이하

② 경사도 α가 30°를 초과하고 35° 이하인 에스컬레이터는 0.5m/s 이하

* **공칭속도** : 무부하 조건에서 장치를 운전할 때 디딤판 속도

(4) 경사각과 층 높이

경사도는 30° 이하이며 층 높이가 6m 이하이고, 공칭속도가 0.5m/s 이하인 경우에는 높이에는 35°까지 허용된다(경사도 α는 현장 설치여건 등을 감안하여 최대 1°까지 초과될 수 있다).

(5) 에스컬레이터의 정지거리

무부하 상태의 에스컬레이터 및 하강 방향으로 움직이는 제동부하 상태의 에스컬레이터에 대한 정지거리는 다음 표에 따라야 한다.

에스컬레이터의 정지거리

공칭속도 V	정지거리
0.50m/s	0.20m에서 1.00m 사이
0.65m/s	0.30m에서 1.30m 사이
0.75m/s	0.40m에서 1.50m 사이

공칭속도 사이에 있는 속도의 정지거리는 보간법으로 결정되어야 한다.
정지거리는 전기적 정지장치가 작동된 시간부터 측정되어야 한다.

(6) 양정에 의한 분류

10m 정도까지를 중양정, 그 이상의 것을 고양정이라고 한다.

(7) 설치장소에 의한 분류

① 옥내형 에스컬레이터

건물 내부에 설치되는 일반적인 에스컬레이터로 대부분을 차지한다.

② 옥외형 에스컬레이터

설치조건이 건물 내외의 연결부 또는 완전 옥외 등에 설치되는 에스컬레이터를 말하며 비바람에 대한 대책, 추위나 눈에 대한 대책들이 필요하다.

참고 강수에 대한 보호

에스컬레이터 및 무빙워크의 수평 투영면적 바로 위에 보호 덮개가 설치되어야 한다. 이 덮개는 덮개 끝부분에서 핸드레일 중심선까지 수직으로부터 15° 이상의 각도를 갖는 형상으로 핸드레일 중심선으로부터 외부방향으로 연장되어야 한다.

제2절 에스컬레이터의 구동 장치

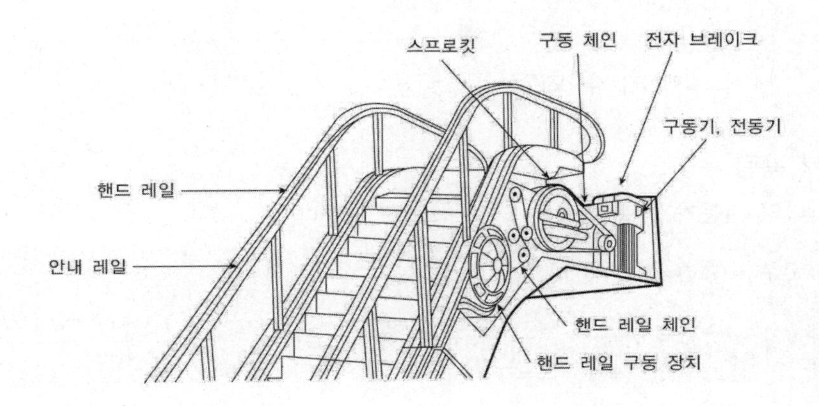

1 구동장치

- 스텝을 구동시키는 메인 구동장치이다.
- 핸드레일을 구동시키는 핸드레일 구동장치이다.
- 구동장치는 서로 연동되어 같은 속도로 이동하여야 한다.
- 기계실은 일반적으로 상부승장 하부에 설치되어 있다.
- 트러스의 하부에는 스텝체인의 파단감지 장치가 설치되어 있어 체인이 끊어지거나 이완된 경우에 전력을 차단시킨다.

(1) 구동기 구성

주 구동장치, 핸드레일 구동장치, 전동기, 감속기, 브레이크

(2) 소요동력 및 적재하중[G]

$$\text{소용 동력} = \frac{\text{1분간수송인원} \times \text{1명의 중량} \times \text{층 높이}}{6120 \times \eta} \text{(kW)}$$

η : 에스컬레이터 총 효율

적재하중[G] : 정격하중(510kg/m^2) × H(m^2)

A : 부하운송면적($Z_1 \times H/\tan\theta$)(m^2)

Z_1 : 공칭폭(m)

H : 층고(m)

θ : 에스컬레이터 경사도(°)

(3) 전동기 용량

에스컬레이터의 전동기 용량 산출은 다음 식으로 정한다.

$$Pm\text{(kW)} = \text{하중에 따른 용량}$$
$$= \frac{G \times V \times (\sin\theta + \mu\cos\theta)}{102\eta} \times \beta + \frac{G_h \times V \times (\sin\theta + \mu_h\cos\theta)}{102}$$

Pm : 전동기 용량(kW)

G : 정격하중(510kg/m^2) × A(m^2)

A : 부하운송면적($Z_1 \times H/\tan\theta$)(m^2)

H : 층고(m)

Z_1 : 공칭폭(m)

V : 속도(m/s)

μ : 스텝롤러 마찰계수

η : 총 효율(제조사별 차이 있으나 대체적으로 웜은 60~80%, 헬리컬 95~96%, 웜-헬리컬 85~91%)

θ : 에스컬레이터 경사도(°)

β : 승입율(제조사 설계기준)

G_h : 핸드레일 중량($M_h \times H/\sin\theta$)(kg)

M_h : 핸드레일 단위 중량(kg/m)

μh : 핸드레일 마찰계수(제조사 설계기준)

참고 : 2017. 1. 26까지 적용

에스컬레이터 전동기 용량[P]

$$P = \frac{GV\sin\theta}{6,120\eta}\beta\,[\mathrm{kW}]$$

G : 적재하중[kg], V : 정격 속도[m/min], θ : 경사도, η : 효율, β : 승객 승입율

2 감속기기어

웜 기어(Worm Gear)와 헬리컬 기어(Helical Gear)가 사용되며, 최근에는 헬리컬 기어가 많이 사용되고 있다.

3 제동기

정격 하중으로 하강 시 감속도 0.1G 이하로 감속 정지하여야 한다.

제3절 스텝과 스텝 체인

1 스텝(step)의 규격

에스컬레이터 및 무빙워크의 공칭 폭 Z_1은 0.58m 이상, 1.1m 이하이어야 한다.

(1) 스텝 트레드 및 팔레트(그림 2, 상세도 X 및 그림 5 참조)

(2) 스텝 높이 x_1은 0.24m 이하이어야 한다.

(3) 스텝 깊이 y_1은 0.38m 이상이어야 한다.

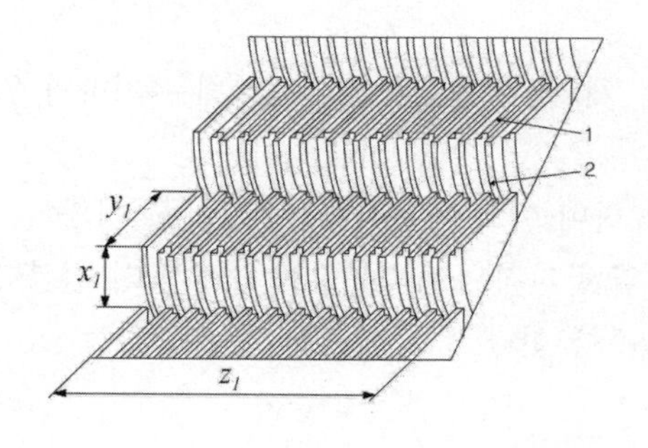

Key
1. 스텝 트레드
2. 스텝 라이저

주요치수	
x_1	≤ 0.24m
y_1	≥ 0.38m
z_1	0.58m에서 1.1m

스텝, 주요 치수

스텝은 밟는 면에서 미끄러지지 않도록 하고, 내리는 부분에서는 끼어 들어가지 않도록 줄홈(클리트)이 있는 알루미늄의 다이캐스팅 또는 스테인리스 강판을 접어 구부린 것으로 제작된다. 홈은 상하의 내리는 부분에서 콤과 서로 물려서 이물질을 강제적으로 밀어 올리는 역할을 한다.

2 계단 둥근 부위(Step Riser)의 홈(Slotting)

계단의 둥근 부위를 스텝 라이저라 하고 수평으로 진행할 때 인접한 계단 디딤판의 홈과 맞물려야 한다.

3 데마케이션

계단의 좌우와 전방 끝에는 경고색이 황색으로 도장을 하거나 플라스틱을 끼워 테두리를 데마케이션이라 한다.

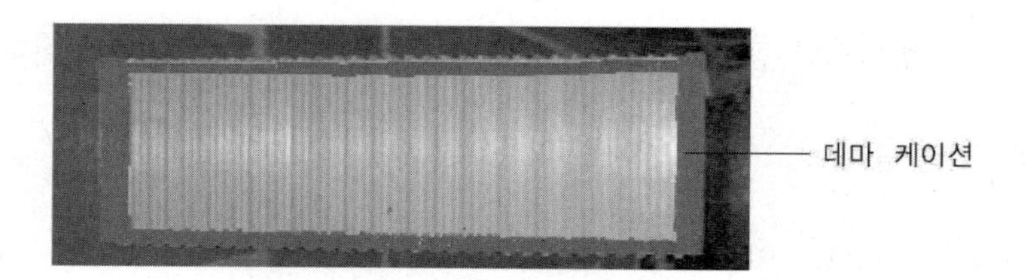

4 스텝 체인

스텝 체인은 일종의 롤러 체인으로 좌우 체인의 링 간격을 일정하게 유지하기 위하여 일정 간격으로 롤러가 연결된 구조이다.

스텝 체인은 스텝을 주행시키는 역할을 하며 에스컬레이터의 좌우에 설치되어 있다. 스텝 체인의 링 간격을 일정 하게 유지하기 위하여 일정 간격으로 환봉강을 연결하고, 환봉강 좌우에 스템의 전륜이 설치되며, 구동 가이드 레일상을 주행 한다.

제4절 난간과 핸드레일

에스컬레이터 스텝 좌우에 승객이 좌우로 떨어지지 않게 설치된 측면벽을 난간이라 하며, 그 윗면에 헨드레일(Hand Rail)이 설치되어 있다.

1 난간

에스컬레이터의 계단이 움직임에 따라 승객이 추락하지 않도록 설치한 측면의 벽이다.

2 핸드레일

난간상부의 이동손잡이를 핸드레일이라고 한다. 핸드레일은 천연고무 혹은 합성 고무를 주재료로 하여 몇 층의 무명 천을 보강 성형시킨다. 최근에는 오랜 시간 사용에 의해 늘어나는 것을 방지하기 위해 가는 와이어를 삽입하여 사용하는 경우도 있다.

3 난간과 핸드레일의 구조

(1) 판넬형 에스컬레이터의 내측 판넬은 스테인리스로 제작하며 하부의 계단과 접하는 부분을 스커트 판넬이라고 한다.

(2) 난간의 상부는 데크 보드라 한다.

(3) 투명형은 내외측 판넬 모두 강화 유리로 설치한다.

(4) 외측 판은 내열 방화 재료를 사용한다.

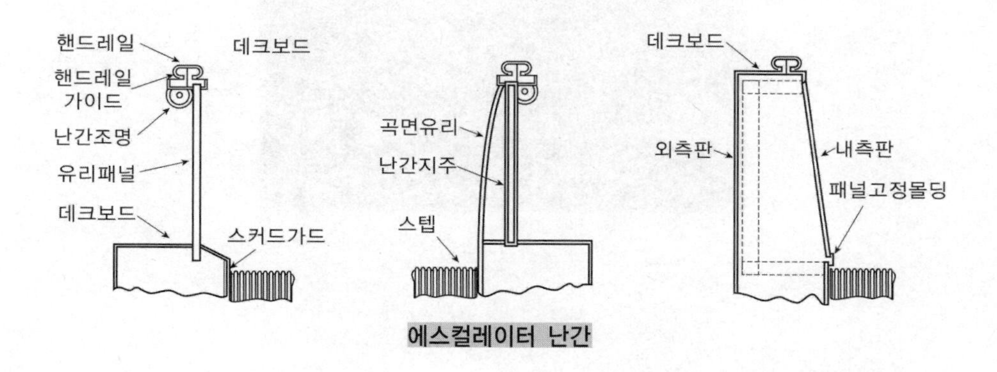

에스컬레이터 난간

제5절 에스컬레이터 안전장치

1 구동체인 및 스텝체인 안전장치

(1) 구동 체인 안정장치(D.C.S)

상부 기계실에 설치되어 있으며 구동체인이 절단되거나 과다하게 늘어났을 경우 스위치를 작동시켜 전원을 차단하여 에스컬레이터를 정지시키는 장치이다.

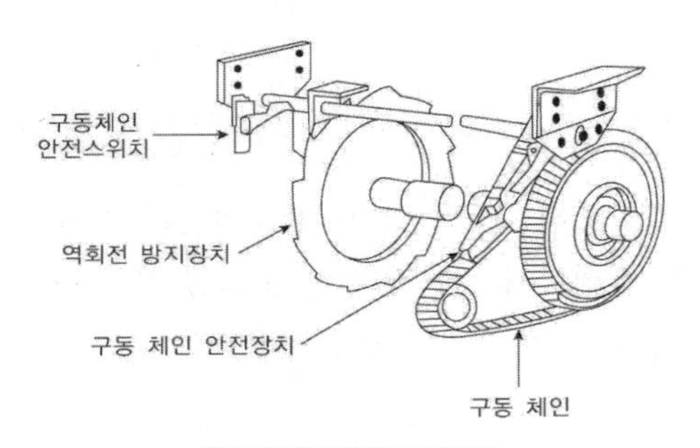

구동 체인 안전 장치

(2) 스텝체인 안전장치(T.C.S)

하부 기계실에 설치되어 있으며(좌,우 1개씩) 스텝 체인이 절단되거나 과다하게 늘어났을 경우 안전하게 정지시키는 장치이다.

2 비상정지 스위치(E. Stop)

에스컬레이터를 운행시키거나 즉시 정지시켜야 할 경우에 사용한다. 장난으로 이 스위치를 작동시키면 급히 정지하여 승객이 넘어지기 때문에 이를 방지하기 위해 스위치 커버를 설치한다.

3 스커트가드 안전 스위치(S.G.S)

스텝과 스커트가드 사이에 손이나, 신발이 끼었을 때 그 압력에 의해 에스컬레이터를 정지시키는 장치로서 스커트가드 상, 하 부근의 좌, 우에 2개씩 설치한다. 스텝과 스커트가드 간격은 양면 포함 7mm 이내로 한다.

4 머신 브레이크

머신 브레이크는 구동기의 검사나 보수 시 혹은 전원을 차단시킨 상태에서 에스컬레이터가 관성으로 움직이는 것을 방지하기 위하여 설치하는 기계적인 안전장치이다.

5 조속기

모터 축에 조속기를 연결하고 결상인 경우는 전기 스위치를 연결, 검출하여 조속기 및 결상 스위치가 동작하면 전원을 차단하고 머신 브레이크가 걸린다.

6 핸드레일 안전장치

핸드레일이 늘어남을 감지하여 에스컬레이터의 운전을 중지시키는 안전장치이다.

7 핸드레일 인입구 안전장치(인레트 스위치)

핸드레일 인입구에 손 또는 이물질이 끼었을 때 즉시 작동되어 에스컬레이터를 정지시키는 안전장치이다.

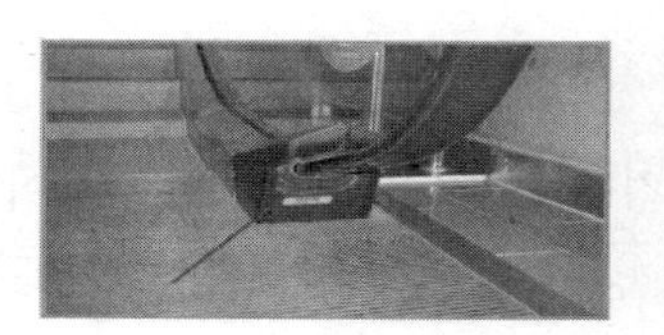
설치 장소

안전 스위치 구조

8 콤브

콤은 이용자의 이동을 용이하게 하기 위해 양 승강장에 설치되어야 하며, 쉽게 교체되어야 한다.

(1) 콤이 홈에 맞물리는 깊이

트레드 홈에 맞물리는 콤 깊이는 4mm 이상이어야 하고, 틈새는 4mm 이하이어야 한다.

(2) 콤(Comb) 정지스위치

디딤판과 콤(Comb)이 맞물리는 지점에 물체가 끼었을 때 디딤판의 승강을 자동적으로 정지시키는 장치이다.

9 보조 브레이크

(1) 에스컬레이터 및 경사형 무빙워크에는 보조 브레이크가 설치되어야 한다.

(2) 보조 브레이크 시스템은 제동부하를 갖고 하강 운행하는 에스컬레이터 및 무빙워크를 효과적인 감속에 의해 정지시키고 정지 상태를 유지할 수 있는 방법으로 설계되어야 한다. 감속도는 $1m/s^2$ 이하이어야 한다.

(3) 보조 브레이크는 기계적(마찰) 형식이어야 한다.

(4) 보조 브레이크는 다음 사항 중 어느 조건에서도 작동되어야 한다.

① 속도가 공칭속도의 1.4배의 값을 초과하기 전

② 스텝 및 팔레트 또는 벨트가 현 운행 방향에서 바뀔 때

10 과속 및 의도되지 않은 운행 방향의 역전의 위험에 대한 보호

(1) 에스컬레이터 및 무빙워크는 공칭 속도의 1.2배 값을 초과하기 전에 자동으로 정지되는 방법으로 설치되어야 한다. 속도 제어장치가 이 목적을 위해 사용된 경우에는 속도가 공칭속도의 1.2배의 값을 초과하기 전에 에스컬레이터 또는 무빙워크에 전원이 차단되어야 한다.

(2) 에스컬레이터 및 경사형($\alpha \geq 6°$) 무빙워크는 미리 설정된 운행방향이 변할 때 스텝 및 팔레트 또는 벨트가 자동으로 정지되는 방법으로 설치되어야 한다.

11 핸드레일 시스템

이동식 핸드레일의 경우, 운행 전 구간에서 디딤 판과 핸드레일의 속도 차는 0~ 2% 이하이어야 한다.

핸드레일의 경우 속도감지장치가 설치되어야 하고 에스컬레이터 또는 무빙 워크가 운행하는 동안 핸드레일 속도가 15초 이상 동안 실제 속도보다 −15% 이상 차이가 발생(느려지는 경우)하면 에스컬레이터 및 무빙워크의 운행을 정지시켜야 한다.

12 비상정지스위치, 수동운전

(1) 비상정지스위치는 비상시 에스컬레이터 또는 무빙워크를 정지시키기 위해 설치되어야 하고 에스컬레이터 또는 무빙워크의 각 승강장 또는 승강장 근처에 눈이 뛰고 쉽게 접근할 수 있는 위치에 있어야 한다.
비상정지스위치 사이의 거리는 다음과 같아야 한다.
① 에스컬레이터의 경우에는 30m 이하이어야 한다.
② 무빙워크의 경우에는 40m 이하이어야 한다.
필요할 경우 추가적인 정지스위치는 거리를 유지하도록 설치되어야 한다.

(2) 비상정지스위치는 전기안전장치이어야 한다.

(3) 비상정지스위치에는 정상운행 중에 임의로 조작하는 것을 방지하기 위해 보호 덮개가 설치되어야 한다. 그 보호 덮개는 비상 시에는 쉽게 열리는 구조이어야 한다.

13 기타 안전장치

(1) 방화 셔터 연동 안전장치

에스컬레이터의 승강구가 화재 시 수신반과 연동되어 방화 셔터가 동작하면 에스컬레이터가 운행할 때 승객이 넘어지고 계단 위에서 충돌하여 대형사고가 일어날 가능성이 높다. 그래서 방화 셔터가 닫히는 경우에는 에스컬레이터의 운전을 차단해야 한다.

(2) 안전 보호판(삼각부)

에스컬레이터와 건물 층 바닥이 교차하는 곳에 삼각 판을 설치하여 사람의 신체 일부가 끼이는 사고를 예방하기 위해 설치한다.

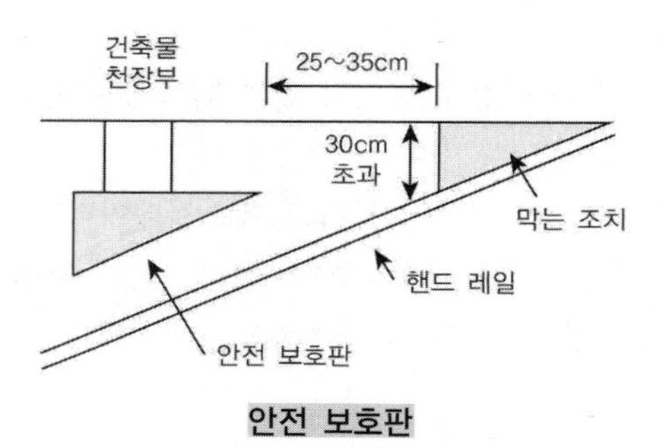

안전 보호판

참고 모든 구동부품의 안전율은 정적 계산으로 5 이상이어야 한다.

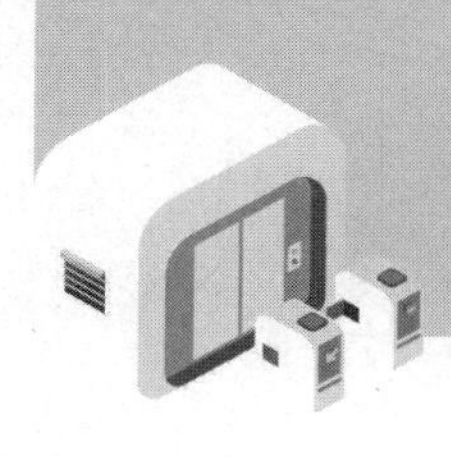

제9장

특수 승강기

제1절 입체주차설비

1 입체주차설비의 종류별 특징

(1) 수직 순환식 주차 장치

수직으로 배열된 다수의 운반기가 순환 이동하는 구조의 주차 장치. 종류는 하부, 중간, 상부 승입식이 있다.

(2) 수평 순환식 주차 장치

다수의 운반기를 2열 또는 그 이상으로 배열하여 수평으로 순환 이동시키는 구조의 주차 장치이다. 운반기의 이동 형태에 따라 원형 순환식, 각형 순환식 등으로 세분할 수 있다.

(3) 다층 순환식 주차 장치

다수의 운반기를 2층 또는 그 이상으로 배치하여 위·아래 또는 수평으로 순환 이동시키는 구조의 주차 장치이다. 운반기의 이동 형태에 따라 원형 순환식, 각형 순환식 등으로 세분할 수 있다.

(4) 2단식 주차 장치

주차 구획이 2단으로 배치되어 있고 출입구가 있는 층의 모든 부분을 주차 장치 출입구로 사용할 수 있는 구조의 주차 장치이다. 승강식, 승강 횡행식 등으로 세분할 수 있다.

(5) 다단식 주차 장치

주차 구획이 3단 이상으로 배치되어 있고 출입구가 있는 층의 모든 부분을 주차 장치 출입구로 사용할 수 있는 구조의 주차 장치이다.

(6) 승강기(엘리베이터)식 주차 장치

여러 층으로 배치되어 있는 고정된 주차 구획에 자동차용 승강기를 운반기로 조합한 주차 장치. 주차 구획의 배치 위치에 따라 종식, 횡식 등으로 세분하기도 한다.

(7) 승강기 슬라이드식 주차 장치

승강기식 주차 장치와 같은 형식이지만, 승강기(운반기)가 승강 및 수평이동을 동시에 할 수 있는 구조로 되어 있다.

(8) 평면 왕복식 주차 장치

평면으로 배치되어 있는 고정된 주차 구획에 운반기가 왕복 이동하여 주차하도록 한 주차 장치이다.

(9) 특수 형식 주차 장치

위의 글 (1)~(8) 이외의 형식으로 설계한 주차 장치이다.

제2절 무빙워크

무빙워크는 수평이나 약간 경사진 통로에 설치하여 많은 승객의 보행을 돕는 용도로 사용되고 있다.

1 구조

무빙 워크는 스텝이 금속제의 팔레트식과 스텝이 고무벨트로 만들어진 고무벨트식이 있다. 스텝의 좌우에는 핸드레일과 난간을 설치하여야 한다.

2 무빙워크의 정지거리

무부하 상태의 무빙워크 및 수평 또는 하강 방향으로 움직이는 제동부하 상태의 무빙워크에 대한 정지거리는 다음 표에 따라야 한다.

무빙워크의 정지거리

공칭속도 V	정지거리
0.50m/s	0.20m에서 1.00m 사이
0.65m/s	0.30m에서 1.30m 사이
0.75m/s	0.40m에서 1.50m 사이
0.90m/s	0.55m에서 1.70m 사이

공칭속도 사이에 있는 속도의 정지거리는 보간법으로 결정되어야 한다.
정지거리는 전기적 정지장치가 작동된 시간부터 측정되어야 한다.

3 무빙워크의 공칭속도는 0.75m/s 이하이어야 한다.

팔레트 또는 벨트의 폭이 1.1m 이하이고, 승강장에서 팔레트 또는 벨트가 콤에 들어가기 전 1.6m 이상의 수평주행구간이 있는 경우 공칭속도는 0.9m/s까지 허용된다. 다만, 가속구간이 있거나 무빙워크를 다른 속도로 직접 전환시키는 시스템이 있는 무빙워크에는 적용되지 않는다.

4 경사도

무빙워크의 경사도는 12° 이하이어야 한다.

제3절 유희시설

오락을 목적으로 기타 여러 가지 형태의 운동을 하여 이용자에게 제공하는 시설

1 유희시설의 분류

(1) 고가의 유희시설

① **모노레일** : 높이가 2m 이상으로 고저차가 2m 미만의 궤도를 주행하는 것
② **어린이 기차** : 높이가 2m 이하로 고저차가 2m 미만의 궤도를 주행하는 것(지표면을 주행하는 것은 대상에서 제외)
③ **매트 마우스** : 높이가 2m 이상의 궤도를 주행하는 것
④ **워터슈트** : 궤조가 없으며 고저차가 2m 이상의 궤도를 주행하는 것
⑤ **코스터** : 고저차가 2m 이상의 궤도를 주행하는 것

(2) 회전운동을 하는 유희시설

① **회전그네** : 팔목 끝에 1인승 의자형의 탑승물이 로프에 의해 매달려 수직축의 주위를 회전하도록 한 것

② **비행탑** : 곤도라 형상으로 주 로프 등에 의해 매달려 수직축의 주위를 회전하는 구조

④ **회전목마(메리고라운드)** : 탑승물이 수직축의 주위를 회전하도록 한 것

⑤ **관람차** : 객석부분이 수평축의 주위를 회전하는 것

⑥ **문로켓트** : 객석부분이 고정된 경사축의 주위를 회전하는 것

⑦ **로터** : 원주 속도가 크고 객석부분에 작용하는 원심력이 크다는 것이 특징이며, 객석부분이 가변축의 주위를 회전하는 것

⑧ **옥토퍼스** : 객석부분이 가변축의 주위를 회전하는 것

⑨ **해적선** : 회전운동의 일부를 반복하는 구조로 객석부분이 수직평면내 원주선상의 중심보다 낮은 부분임

제4절 덤웨이터

사람이 출입할 수 없도록 정격하중이 300kg 이하이고, 정격속도가 1m/s 이하인 소형 화물(서적이나 음식물 등)의 운반에 적합하게 제작된 엘리베이터이다.

1 구동방식

덤웨이터의 구동방식은 일반적으로 권상구동식 또는 포지티브 구동식으로 권상도르래, 풀리 또는 드럼과 현수 로프의 공칭 직경사이의 비는 스트랜드의 수와 관계없이 30 이상이어야 한다.

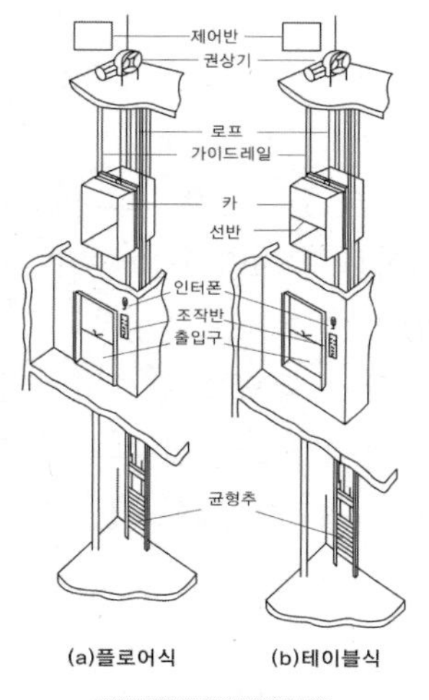

덤웨이터의 구조

2 카의 구조

(1) 카 치수는 카에 접근할 수 없는 조건을 만족하기 위해 다음과 같아야 한다.

① 바닥 면적은 $1m^2$ 이하이어야 한다.

② 깊이는 1m 이하이어야 한다.

③ 높이는 1.2m 이하이어야 한다. 1.2m의 높이는 카가 여러 갱의 영구적인 칸막이 공간으로 구성되어 상기의 규정을 각각 만족하는 경우에는 제한되지 않아야 한다. 특히, 카의 치수가 상기의 규정 중 어느 하나라도 초과하면 덤 웨이터의 범주에 포함되지 않아야 한다.

(2) 카의 유효 면적은 $1m^2$ 이하로 제한되어야 하며, 정격하중은 300kg 이하이어야 한다.

3 출입구

(1) 운행하는 동안 운반되는 화물이 승강로의 벽과 충돌되는 것을 방지하기 위해 적절한 수단(리테이너, 방벽, 롤러 블라인드 또는 카 문 등)이 카 출입구에 설치되어야 한다.

(2) 움직일 수 있는 수단에는 닫힘 상태를 확인하는 14.1.2에 적합한 전기안전장치가 있어야 한다.

(3) 카의 출입구 반대편이나 인접한 측면에 개구부가 있는 경우에는 화물이 카 밖으로 돌출되는 것을 방지하기 위한 특별한 조치가 카에 있어야 된다(부속서 Ⅱ의 예시 참조).

4 현수 수단

(1) 현수 로프 또는 체인의 안전율은 8 이상이어야 한다.

(2) 로프는 KS D ISO 4344, 체인은 KS B 1407에 적합하거나 동등 이상이어야 한다.

(3) 로프 또는 체인은 2가닥 이상이어야 한다.

제5절 소형 엘리베이터

수직에 대해 15° 이하로 경사진 가이드 레일 사이에서 권상이나 포지티브 구동장치 또는 유압장치에 의해 로프 또는 체인으로 현수되는 단독주택의 거주자를 운송하기 위한 카를 정해진 승강장으로 운행시키기 위하여 설치되는 전기식 또는 유압식 소형 엘리베이터이다.

1 정격하중과 정원

(1) 정격 하중

소형 엘리베이터 카의 유효 면적은 $1.4m^2$ 이하이어야 하며, 카의 과부하를 방지하기 위해 표 1의 정격하중과 최대 카의 유효 면적 사이의 관계에 따라 제한되어야 한다. 또한, 14.2.5에 따른 카의 과부하가 감지되어야 한다.

표 1

구분	정격하중
유효면적이 $1.1m^2$ 이하인 것	$1m^2$당 195kg으로 계산한 수치(최소 159kg)
유효면적이 $1.1m^2$ 초과인 것	$1m^2$당 305kg으로 계산한 수치

(2) 정원

정원은 정격하중을 65로 나눈 값에 소숫점 이하를 버림 한 가장 가까운 정수로 하여야 한다.

2 정격속도 및 승강행정

소형 엘리베이터의 정격 속도는 0.25m/s 이하, 승강행정은 12m 이하이어야 한다.

3 구조 및 안전장치

(1) 로프, 체인, 도르래

① 로프의 공칭 직경은 8mm 이상이어야 하며 KS D ISO 4344에 적합하거나 동등 이상이어야 한다. 체인은 KS B 1407에 적합하거나 동등 이상이어야 한다.

② 로프(또는 체인)은 3가닥 이상이어야 한다. 다만, 포지티브 구동식 소형 엘리베이터 또는 유압식 소형 엘리베이터는 2가닥 이상으로 할 수 있다. 로프 또는 체인은 독립적이어야 한다.

③ 현수 로프의 안전율은 12 이상이어야 한다.

(2) 카

키의 내부 유효높이 및 카 출입구의 유효높이는 1.8m 이상이어야 한다.

(3) 승강로

카의 문턱과 승강장문의 문턱 사이의 수평 거리는 35mm 이하, 카 문과 닫힌 승강장문 사이의 수평 거리 또는 문이 정상 작동하는 동안 문 사이의 접근거리는 0.12m 이하이어야 한다.

(4) 기계실

기계실의 유효높이는 1.8m 이상, 기계실에는 바닥면에서 200lx이 상을 비출 수 있는 영구조명이 있어야 한다.

제6절 휠체어리프트

1 경사형 휠체어리프트

(1) 카의 종류

① 좌석식 카

② 입석식 카

③ 휠체어식 카

(2) 의자

카의 의자는 사용자를 안전하게 지지하기 위하여 의자, 등받이, 팔걸이(편수나 양수 또는 손잡이) 그리고 발 받침대로 구성된다. 등받이의 최상단은 의자 위로 300mm 이상이어야 한다. 발 받침대는 접을 수 있어야 한다.

(3) 정격속도

경사형 휠체어리프트의 정격속도는 9m/min 이하이어야 한다.

(4) 정격하중

① 경사형 휠체어리프트가 1인용일 경우에는 정격하중을 115kg 이상으로 하고 휠체어 사용자용일 경우 150kg 이상으로 설계한다.

② 탑재하중이 결정되지 않은 경우(예 : 공공건물), 휠체어용 경사형 휠체어리프트는 정격하중을 225kg 이상으로 한다.

③ 최대 정격하중은 350kg이다.

(5) 구조

① 카는 한 개 이상의 레일에 의하여 유지, 지지 및 유도되는 이동 트롤리(mobile trolley)로 구성되어야 한다.
② 이용자를 이동시키기 위해 이동 트롤리 위에 설치되는 좌석, 플랫폼 또는 기타 개조물은 이동 트롤리에 지지되고 확실하게 부착되어야 한다.
③ 손잡이 지지대로 사용하기 위한 카의 일부 또는 모서리는 카의 전 행정에 걸쳐 손이 끼이지 않도록 고정 설치물로부터 80mm 이상의 틈새가 있어야 한다.

(6) 안전장치

① **감지날** : 전단 또는 협착의 위험을 방지하기 위한 안전장치
② **감지면** : 플랫폼의 하부 전면과 같은 넓은 면을 보호하기 위한 안전장치
③ **전기안전장치**
㉠ 현수 로프 또는 현수 체인의 이완 감지 안전스위치
㉡ 카 내 비상정지스위치
㉢ 감지날 또는 감지면에 의해 동작되는 스위치
㉣ 파이널 리미트 스위치
㉤ 비상정지장치 스위치
㉥ 보호대 위치스위치
㉦ 스크류·너트 구동 고장스위치
㉧ 경사로 안전스위치
㉨ 좌석 회전 또는 이동스위치

(7) 비상경보장치

공공건물에 설치되는 휠체어식 경사형 휠체어리프트에는 비상경보장치가 설치되어야 한다. 설치자는 구매자 또는 사용자와 비상경보신호기의 위치를 협의하여야 한다. 또한, 각 승강장에서 관리자와 통화할 수 있는 비상통화장치가 설치되어야 한다.

2 수직형 휠체어리프트

(1) 적용범위

① 지정된 층 사이를 운행
② 비-밀폐식 승강로에 설치된 경우 승강장을 관통하지 않음

㉠ 행정은 2m 이하

㉡ 개인 주거용 건물 즉, 단독주택에 설치된 경우 행정은 4m 이하

③ 밀폐식 승강로에 설치된 경우 행정은 4m 이하

④ 정격속도는 0.15m/s 이하

⑤ 주행로의 경사도는 수직에 대해 15° 이하

⑥ 정격하중은 250kg 이상

(2) 정격속도

수직형 휠체어리프트의 정격속도는 전 행정방향에서 0.15m/s 이하이어야 한다.

(3) 정격하중

정격하중은 250kg 이상이어야 한다. 수직형 휠체어리프트는 카 바닥면적에 대하여 $210kg/m^2$ 이상으로 설계되어야 한다.

(4) 일반 안전율

이 기준에서 별도로 명시하고 있지 아니한 안전율은 장비의 모든 부품에 대하여 항복하중과 최대 동하중을 기준으로 1.6 이상이어야 한다. 이 안전율은 강재와 같은 연성재료를 기준으로 한 것으로 다른 재료의 경우에는 안전율을 적절히 높여야 한다.

(5) 로프

① 모든 로프는 KS D ISO 4344에 적합하거나 동등 이상이어야 한다. 로프의 안전율은 12 이상이어야 한다. 이 안전율은 로프의 최소 파단하중(N)과 전 부하 카에 인가되는 연속 부하의 비이다.

② 로프의 끝 부분은 카, 균형추 또는 현수되는 지점에 금속 또는 수지로 채워진 소켓, 자체 조임 쐐기형식의 소켓, 3개 이상의 적절한 로프 조임 쇠가 있는 심장모양의 심블, 수동분리형 고리, 금속테두리로 강된 고리 또는 안전상 이와 동등한 기타 시스템에 의해 고정되어야 한다.

③ 로프 체결부위 등의 안전율은 10 이상이어야 한다.

④ 로프의 직경은 5mm 이상이어야 한다.

⑤ 로프 현수식 수직형 휠체어리프트는 2가닥 이상의 로프가 사용되어야 한다. 이 규정은 구속 장치와 지지계통을 갖는 유도 로프와 볼 구동방식에는 적용되지 않는다.

⑥ 로프의 장력을 자동으로 균등하게 하는 장치가 있어야 한다.

⑦ 로프 마찰 구동방식은 허용되지 않는다.

(6) 체인

① 모든 체인은 KS B 1407에 적합하거나 동등 이상이어야 한다.

② 체인의 안전율은 최대인장강도 기준으로 10 이상이어야 한다. 안전율은 체인의 최소 파단하중(N)과 정격최대부하로 상승하는 하중에 걸리는 연속부하와의 비로 정의한다.

③ 연결링크와 체인 고정부위는 체인의 강도 이상이어야 한다.

④ 최소 2열 이상의 체인이 사용되어야 하며 장력을 균등하게 하는 장치가 있어야 한다.

⑤ 종단처리와 중간체인 연결은 확실하여야 하고 잘못 연결되지 않아야 한다.

(7) 안전장치

① 전기안전장치

㉠ 승강장문 잠금장치

- 승강장문 잠금 위치확인 및 비-밀폐식 수직형 휠체어리프트의 방호울
- 잠금해제구간의 극한에서 승강장문의 잠금 및 비-밀폐식 수직형 휠체어리프트의 방호울

㉡ 현수로프 또는 체인의 이완감지용 안전스위치

㉢ 비상정지 버튼

㉣ 감지날 또는 감지면에 의하여 작동하는 스위치(비-밀폐식 수직형 휠체어리프트)

㉤ 종단스위치

㉥ 비상정지장치 스위치

㉦ 방호울 잠금 확인 스위치

㉧ 감지날

㉨ 스크루·너트 구동 파손 스위치

㉩ 안전 날개판 접점

② 회전감지장치

㉠ 조속기는 마찰 구동식인 경우 제어계통에 전 행정에 걸쳐 조속기 구동수단의 회전을 감시하는 회로가 있어야 한다. 회전이 중단되는 때에는 10초 이내 또는 1m 이내의 주행거리에서 구동기와 브레이크의 전원이 차단되어야 한다.

㉡ 이 장치는 정상운행 시 1회 이상 동작하여 확인하는 방식이어야 한다.

㉢ 마찰에 의해 회전 장치를 구동하는 경우, 마찰력은 비상정지장치를 작동시키는데 필요한 힘의 2배 이상이어야 한다.

제 2 편

안전관리

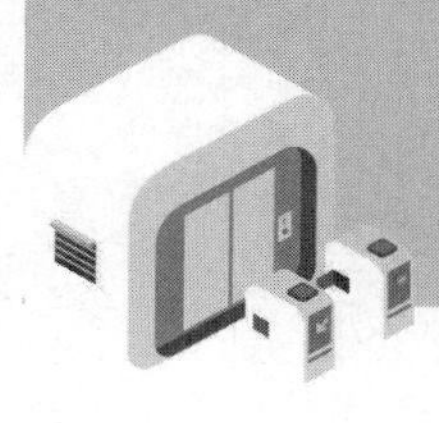

제10장 이상 시의 제현상과 재해방지

제1절 이상상태의 제현상

1 재해 조사의 목적

재해의 원인분석을 통한 동종재해나, 유사재해 발생 방지

2 재해 발생 형태

추락, 전도, 충돌, 낙하, 협착(물건이 끼워진 상태)

3 사고예방 원칙과 대책

(1) 사고예방의 4원칙

① 손실 우연의 원칙
② 원인 계기의 원칙
③ 예방 가능의 원칙
④ 대책 선정의 원칙

(2) 사고예방 대책의 기본원리 5단계

① 1단계 : 안전조직편성(안전관리조직과 책임부여, 안전관리조직과 규정제정, 계획수립)
② 2단계 – 사실발견(현상파악) : 자료 수집, 작업 공정분석(위험확인), 정기 검사 조사 실시
③ 3단계 – 분석 및 평가 : 재해조사분석, 안전성진단평가, 작업환경측정

④ 4단계 – 시정책선정 : 기술적, 교육적, 관리적, 개선안(Engineering, Education, Enforcement)
⑤ 5단계 – 시정책의 적용 : 3E 적용(Engineering, Education, Enforcement), 재평가·후속조치

제2절 이상 시 발견 조치

1 이상상태의 파악

재해 발생 형태(추락, 전도, 충돌, 낙하, 협착)를 정확히 파악한다.

2 이상상태 해소를 위한 긴급조치

(1) 재해발생 시 조치순서

① 제1단계 : 긴급처리(기계정지 → 응급처치 → 관계자 통보 → 2차 재해방지 → 현장보존)
② 제2단계 : 재해조사
③ 제3단계 : 원인강구
④ 제4단계 : 대책수립(이유 : 동종 및 유사재해의 예방)
⑤ 제5단계 : 대책실시 계획
⑥ 제6단계 : 대책실시
⑦ 제7단계 : 평가

3 상급자 보고 및 근본 원인 규명

(1) 승강기 안전관리법 시행령

제20조의2 (보고 등)

① 제20조에 따라 권한을 위임받은 시·도지사나 업무를 위탁받은 공단의 장 및 검사기관은 행정안전부령으로 정하는 바에 따라 위임·위탁 업무의 처리 결과를 행정안전부장관에게 보고하여야 한다.
② 행정안전부장관은 공단의 장 및 검사기관이 제20조제2항 또는 제3항에 따라 위탁받은 업무를 법 또는 이 영을 위반하여 처리하였을 때에는 그 시정을 명할 수 있다.
③ 제2항에 따른 시정명령을 받은 공단의 장 및 검사기관은 지체 없이 그 위반사항을 시정하고 그 결과를 행정안전부장관에게 보고하여야 한다.

(2) 승강기 안전관리법 시행규칙

제24조의5 (사고 및 고장 보고)

① 법 제16조의 4 제1항 전단에서 "행정안전부령으로 정하는 중대한 사고가 발생하거나 승강기 내에 이용자가 갇히는 등의 중대한 고장"이란 다음 각 호의 사고 또는 고장을 말한다.

1. 다음 각 목의 어느 하나에 해당하는 사람이 생긴 사고(정전 또는 천재지변으로 인한 경우, 이용자의 고의 또는 과실로 인한 경우 및 엘리베이터·휠체어리프트의 정지로 인한 경우는 제외한다)
   가. 사망자
   나. 사고 발생일부터 7일 이내에 실시된 의사의 최초 진단결과 1주 이상의 입원치료 또는 3주 이상의 치료가 필요한 상해를 입은 사람
2. 다음 각 목의 구분에 따른 고장(정전 또는 천재지변으로 인한 고장의 경우는 제외한다)
   가. 엘리베이터 및 휠체어리프트 : 다음 중 어느 하나의 경우에 해당하는 고장
      1) 정상적으로 문이 열려야 하는 구간에서 멈추지 않거나, 해당 구간에서 멈추었으나 문이 열리지 않은 경우
      2) 문이 열린 상태에서 운행된 경우
      3) 호출층 또는 지시층으로 운행되지 않은 경우
      4) 최상층 또는 최하층을 지나 계속 운행된 경우
      5) 승강장문의 조립체가 이탈된 경우
   나. 에스컬레이터 : 다음 중 어느 하나의 경우에 해당하는 고장
      1) 핸드레일의 속도와 디딤판의 속도가 현저히 다른 경우
      2) 운행 과정에서 운행 반대 방향으로 디딤판이 움직인 경우
      3) 주 브레이크 또는 보조 브레이크가 정상적으로 작동하지 않은 경우
      4) 운행 과정에서 디딤판이 이탈 또는 파손된 경우

② 승강기 관리주체는 법 제16조의 4 제1항 전단에 따라 제1항 제1호의 승강기 사고가 발생한 사실을 알게 된 경우에는 지체 없이 건물명, 소재지, 사고 발생 장소, 사고 발생 일시 및 피해 정도를 공단의 장에게 알려야 하고, 제1항 제2호의 승강기 고장이 발생한 사실을 알게 된 경우에는 3일 이내에 건물명, 소재지, 고장 발생 장소, 고장 발생 일시, 고장 내용, 피해 내용{제1항 제2호 가목1)에 해당하는 경우로서 사람이 갇힌 경우에는 갇힌 사람의 수 및 구출기관의 종류를 포함한다} 및 응급조치 내용을 공단의 장에게 알려야 한다.

③ 승강기 관리주체는 제2항에 따른 통보를 할 때 승강기안전종합정보망, 인터넷 홈페이지, 전자우편 등 전자적 방식을 사용할 수 있다.

④ 공단의 장은 제2항에 따른 통보 중 사고에 관한 통보를 받은 경우에는 법 제16조의 4 제1항 후단에 따라 지체 없이 별지 제22호 서식의 승강기 사고 현황보고서를 행정안전부장관 시·도지사 및 법 제16조의 4 제5항에 따른 사고조사판정위원회(이하 "사고조사판정위원회"라 한다)에 보고하여야 한다.

⑤ 공단의 장은 매월 승강기 사고 현황을 분석하여 다음달 15일까지 사고조사판정위원회에 보고하여야 한다.

제3절 재해 원인의 분석방법

1 개별적 분석방법

재해를 하나씩 분석하는 방법으로, 재해 건 수가 적은 사업장이나 특수 또는 중대 재해 분석 방법이다.

2 통계적 분석

재해 발생을 통계적으로 분석하는 방법으로, 재해 분포상태 및 유형을 파악하는 분석방법이다.

3 재해 조사항목과 내용

(1) 항목

재해조사는 재해 발생 직후에 실시하며, 현장의 물리적 증거를 수집하고, 사진촬영 및 사고 시 상황을 관계자에게 파악하고 특수재해나 중대재해는 전문가에게 조사 의뢰한다.

(2) 내용

① 기인물 및 가해물
② 사고의 형태 및 피해자 상해 정도
③ 피해자의 인적 사항
④ 발생시간 및 장소 등

4 사고조사반의 구성

(1) 사고발생지역을 관할하는 공단 지역사무소에 설치되는 초동조사반과 공단 본부에 설치되는 전문조사반으로 구분하여 구성한다.

(2) 초동조사반은 2명 이내의 사고조사관으로 구성하고, 사고에 관한 통보를 받은 후 24시간 이내에 다음 각 호의 사항을 조사한다.
① 사고의 개략적 규모 및 원인
② 법 제16조의 4 제2항에 따른 사고현장 보전의 필요성

(3) 전문조사반(이하 “전문조사반”이라 한다)은 조사반장 1명을 포함한 3명 이내의 사고조사관으로 구성하되, 조사반장 및 사고조사관은 공단 소속 직원, 검사기관 소속 직원

또는 승강기에 관한 전문지식을 갖춘 민간 전문가 중에서 공단의 장이 지명하거나 위촉하는 사람으로 한다. 이 경우 다음 각 호의 어느 하나에 해당하는 사람이 1명 이상은 포함되어야 한다.

① 사고 승강기의 최종 검사기관이 아닌 검사기관 소속 직원
② 민간 전문가

(4) 전문조사반은 통보된 사고에 관하여 다음 각 호의 사항을 조사한다.

① 피해 현황 및 응급조치에 관한 사항
② 사고 원인에 관한 사항
③ 그 밖에 조사반장이 사고 원인을 파악하기 위하여 필요하다고 인정하는 사항

(5) 전문조사반은 다음 각 호의 사항을 적은 사고보고서를 사고조사판정위원회에 제출하여야 한다.

① 사고 조사의 경위에 관한 사항
② 사고와 관련하여 조사·확인된 사항
③ 사고 원인의 분석에 관한 사항
④ 사고 재발 방지에 관한 사항

제4절 재해원인의 분류

1 물적요인 및 인적요인

(1) 직접원인

불안전 행동(인적원인)	불안전한 상태(물적원인)
① 개인 보호구를 미착용 ② 불안전한 자세 및 위치 ③ 위험장소 접근 ④ 운전 중인 기계장치를 수리 ⑤ 정리정돈 불량 ⑥ 안전장치를 무효화 ⑦ 불안전한 적재 및 배치 ⑧ 결함있는 공구 사용	① 복장, 보호구 결함 ② 안전보호 장치의 결함 ③ 작업 환경 및 생산공정 결함 ④ 경계표시 설비 결함 ⑤ 물자체의 결함

2 기술적요인 및 관리적 요인

(1) 간접원인

관리적, 정신적, 신체적, 교육적, 기술적 원인

① **기술적 원인(Engineering)** : 건물, 기계 장치 설계불량, 구조, 재료의 부적합, 생산공정 부적당, 점검, 정비, 보존불량

② **교육적 원인(Education)** : 안전의식 부족, 안전수칙 오해, 경험훈련 미숙, 교육 불충분

③ **관리적 원인(Enforcement)** : 안전관리 조직결함, 안전수칙 미제정, 작업준비 불충분, 작업지시 부적당

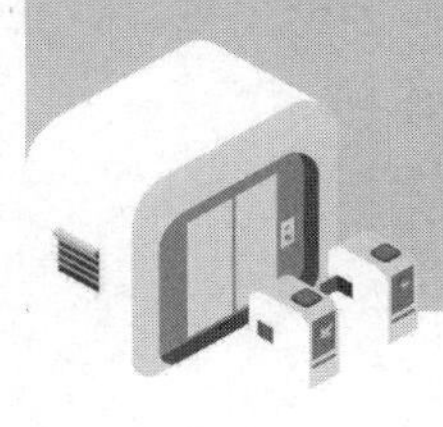

제11장

안전 점검 제도

제1절 안전점검 방법 및 제도

1 안전점검 방법 및 제도

- 일상관리
- 일상점검
- 정밀점검 및 자체점검

(1) 일상관리

매일 승강기의 운행상태를 확인하는 일상점검과 승강기운행과 관련된 일상적인 업무를 말한다.

① 엘리베이터

㉠ 운행휴지 요령

- 엘리베이터를 휴지하고자 하는 층에 부른다.
- 카 내 운전조작반 커버를 열고 운전/정지스위치를 정지로 한다(이때 도어가 닫히지 않도록 도어 열림 버튼을 손으로 누르고 실시한다).
- 조명스위치를 끈다.
- 카 내 운전조작반 커버를 반드시 닫는다.
- 문은 연 채로 나온다.
- 운행을 중지한다는 표지를 엘리베이터 입구에 막아 출입을 못하게 한다.

㉡ 운행재개 요령

- 엘리베이터 문이 열려 있는 경우
- 카 내의 운전조작반 커버를 열고 조명스위치를 켠다.

- 운전/정지스위치를 운전으로 한다.
- 엘리베이터 문이 닫혀 있는 경우 감시반 등에서 카의 위치를 확인한다.
- 비상키로 카가 있는 층의 승장도어를 반쯤 열고 카가 있는지 확인 후 개방 (※ 이때 도어가 쉽게 열리면 엘리베이터가 그 위치에 없으므로 주의)
- 카 내의 운전조작반 커버를 열고 조명스위치를 켠다.
- 운전/정지스위치를 운전으로 한다.

㉢ 파킹스위치(휴지스위치)가 있는 경우의 운행휴지 및 재개

- 휴지 시키려면 휴지스위치를 켠다.
- 자동으로 승강장의 모든 호출신호는 소거되고, 카 내의 행선신호만 서비스한 후 휴지층으로 돌아와서 문을 열고 조명을 끄고 운행을 중지한다.
- 재개시키려면 휴지스위치를 끈다.

② 에스컬레이터

㉠ 운전준비

- 전원의 투입을 확인한다.
- 디딤판(스텝) 상부에 물건이나 이물질 또는 탑승자가 있는지를 확인한다.
- 난간조명, 발판조명을 점등한다.
- 입구 및 출구 부근에 방해물이 있는지를 확인한다.

㉡ 운전개시

- 조작반에 경보 부저를 울려 주위에 에스컬레이터의 운전시작을 알린다.
- 키 스위치를 꽂고 움직이고자 하는 방향으로 키를 돌린다.
- 디딤판 또는 핸드레일이 정상적으로 움직이는지 확인한다.
- 만약 움직임이 정상이 아닌 경우, 즉시 비상정지 버튼을 눌러 정지시킨 뒤 그 원인을 조사한다.
- 정상적으로 움직이면 키를 빼낸다.

㉢ 운전중지

- 에스컬레이터의 입구를 차단한다.
- 디딤판(스텝) 위에 사람이 없음을 확인한다.
- 정지버튼을 눌러 정지시킨다.
- 난간, 발판조명을 소등한다.
- 출구를 차단한다.

㉣ 비상정지

- 긴급히 정지시켜야 할 경우에는 아래 중 한 가지 방법을 택하여 조치한다.
- 상하 승강장 운전조작반의 비상정지버튼을 누른다.

- 출입구 부근의 스커트를 발로 찬다.
- 전원을 차단한다.

(2) 일상점검

매일 승강기의 운행상태를 확인하는 점검

① 엘리베이터

㉠ 운전상태의 확인

- 표시장치의 상태
- 층 표시
- 호출 버튼의 점등 확인
- 카의 비상연락장치(인터폰) 확인

㉡ 운전방향 표시

- 카의 행선 버튼 동작 확인
- 엘리베이터 문이 닫혀 있는 경우
- 도어의 열림동작 확인
- 도어의 닫힘동작 확인

㉢ 안전장치의 확인

- 문닫힘 안전장치
  a. 문닫힘 안전장치는 카도어와 승강도어 사이에 위치
  b. 사람이나 물건이 도어 사이에 끼이게 되면 장치가 작동
  c. 장치를 작동시키면 즉시 도어의 닫힘동작이 멈춤
  d. 닫힘동작이 멈춘 후 즉시 열림동작에 의하여 도어가 열림
- 카 내 도어 열림버튼
  a. 닫히는 중에 있거나 닫혀있는 도어를 강제로 열어 주는 안전스위치
  b. 엘리베이터가 정지해 있는 경우에는 언제든지 도어를 열 수 있어야 함
  c. 도어가 닫히는 도중 닫힘 동작이 즉시 멈추고, 열림 동작으로 즉시 반전
  d. 엘리베이터가 주행 중일 때는 버튼을 눌러도 도어가 열리지 않아야 함
  e. 도어 열림 구간이 아닌 위치에 정지한 경우에는 도어가 열리지 않아야 함
- 승강장호출버튼 기능
  a. 카 내의 도어 열림 버튼과 동일한 역할을 하는 것
  b. 다만, 엘리베이터의 운전방향과 동일한 방향의 호출버튼을 누르는 경우만 가능
- 운전조작반 잠금장치
  a. 사고의 위험성이 높으므로 항상 잠겨 있어야 하고, 일반 이용자가 임의로 사용하는 일이 없도록 하여야 함

b. 사용한 후에는 반드시 운전조작반의 커버를 닫고 확실하게 잠가야 함

- 비상연락장치(인터폰)
  a. 비상연락장치(인터폰)은 관리인이 상주하는 곳과 항상 통화가 가능하도록 되어 있어야 함
  b. 비상연락장치(인터폰)은 매일 그 동작 상태를 확인

> **참고** 관리인이 인터폰을 받지 못하는 경우를 대비하여 사람의 출입이 잦아 쉽게 인식할 수 있는 장소에 카 내의 비상연락버튼에 의하여 작동되는 부저와 경광등을 설치하거나 경비실, 유지관리업체 사무실 등에 이중으로 설치하여야 하고, 해당 유지관리업체와의 직접 통화 장치를 설치하여 카 내에 갇힌 승객이 외부와 쉽게 연락할 수 있도록 하여야 함

- 기계실 잠금장치
  a. 기계실은 사용 중인 엘리베이터를 급정지, 층간정지 등의 조작이 가능한 곳이므로 관계자 이외에는 누구도 출입할 수 없도록 철저히 관리
  b. 전자회로 기판의 도난사고로 이용자의 불편과 함께 재산상의 손실을 초래하는 경우도 있으므로 기계실 잠금장치의 역할은 의외로 중요
  c. 성능의 확인
- 도어장치
  a. 움직임에 걸림이 없는가를 확인
  b. 속도는 적당한가를 확인

> **참고** 도어장치의 속도는 제조회사에 따라 차이가 있으나 일반적으로 다음과 같이 사용하는 예가 많다. (*도어열림시간 : 2~4초 / *도어대기시간 : 2~7초 / *도어닫힘시간 : 2~4초)

  c. 동작 중 소음은 없는지를 확인
- 착상 정밀도
  a. 아파트 등 일반적으로 ±10mm
  b. 재 착상의 정확도는 ±20mm로 유지
- 일반적인 기동, 감속, 정지 시 진동 수준
  a. 아파트 등 보급형 엘리베이터는 기동, 감속, 정지시의 쇼크가 50g 이하
  b. 오피스 빌딩 등의 고급형 엘리베이터는 30g 이하로 설계 제작하는 경우가 대부분
- 주행 중 진동 수준
  a. 일반적으로 아파트 등 보급형 엘리베이터는 주행 중 진동이 20gal 이하
  b. 오피스 빌딩 등의 고급형 엘리베이터는 15gal 이하로 설계 제작하는 경우가 대부분
- 소음수준
  a. 엘리베이터는 움직이는 장치이므로 소음이 발생

b. 일반적으로 엘리베이터 카 내와 승강장의 소음 수준은 다음과 같음

구분	카내	승강장
보급형	60dB	55dB
고급형	55dB	50dB

② 에스컬레이터

㉠ 운전전 점검

• 디딤판(스텝) 및 콤

a. 디딤판이 깨어지거나 금이 간 곳이 있는지를 확인

b. 디딤판이나 콤에 작은 돌, 단추, 담배꽁초, 종이 등 이물질이 끼여 있는지 확인하고 끼여 있으면 제거

c. 디딤판이나 콤의 빗살이 빠져있는지 확인하고 1개 이상이 빠져있는 경우 유지관리업체에 연락하여 교체

> • 콤 플레이트(디딤판의 이물질 걸르는 빗 모양의 판)
> • 콤(디딤판에 떨어진 이물질이 구동부가 설치되어 있는 기계실 또는 승강로 안으로 들어오지 못하도록 저지)
> • 디딤판(디딤판 상부와 라이저로 구성되는 디딤판 전체)

• 스커트

디딤판 양측의 스커트 및 데크의 연결부분의 어긋남 또는 조임 나사의 풀림 등을 확인

• 틈새

a. 디딤판과 스커트 사이의 틈새가 정상(한쪽이 4mm 이하, 양쪽을 합쳐서 7mm 이하)인지를 확인

b. 디딤판 상호간의 틈새는 승강로 총 길이에 걸쳐서 6mm 이하 인지를 확인

• 핸드레일

a. 핸드레일이 찢어지거나 심하게 긁힌 자국이 있는지 확인

b. 핸드레일에 기름, 구리스 등의 오물이 있는지 확인

• 조명

난간조명이나 발판조명의 점등 및 밝기를 확인

㉡ 운전 중 점검

• 소음 및 진동

a. 운행 중 평소와 다른 이상음이 나는지 확인

b. 운행 중 평소와 다른 이상 진동이 있는지 확인

- 핸드레일의 속도
  a. 핸드레일의 속도가 스텝의 속도와 동일한지 확인
- 디딤판의 인입
  a. 출구에서 디딤판의 클리트와 콤의 빗살이 정확히 맞추어 들어가는지 확인

2 안전진단

(1) 목적

재해의 잠재적 위험성, 안전관리상의 문제점을 발견해 산업재해방지에 도움이 되게 하는 것을 목적으로 실시하는 것을 말한다.

(2) 안전진단 방법

① 객관적이며 표준적인 진단결과를 얻기 위해 외부 전문기관에 의뢰한다.

② 작업장 내부 사람이 실시하는 상세한 진단이 있다.

③ 사망재해 등의 중대재해가 발생한 사업장에서, 스스로 정확한 재발방지대책을 수립하기가 곤란한 중소기업 사업장 등에 대해서는 국가가 비용을 부담하여 안전진단을 실시하는 산업재해방지 특별안전진단사업도 실시하고 있다.

④ 안전진단은 안전관련 물적, 인적인 잠재 위험성을 발견하고 이에 대한 개선대책을 수립하는 것이 목적이지만, 객관적이고 표준적인 안전진단이 필요하다.

(3) 안전점검을 위한 준비사항

① 검사원의 임명

② 연간 종합 검사계획 작성

③ 검사용 체크리스트 작성

④ 검사방법 결정

(4) 안전점검 결과에 따른 시정조치

① 결과에 대한 조치

지정된 검사기관이 실시한 안전점검 결과에 대하여 조치결과 자료를 제출하게 하거나 보고하게 할 수 있다.

② 시정의 확인

안전점검의 기술수준을 향상시키고 부실검사를 방지하기 위하여 지정된 검사기관이 실시한 안전점검 결과에 대하여 조치결과가 시정되었는지 확인한다.

제12장 기계·기구와 그 설비안전

제1절 기계설비의 위험방지

1 기계 안전사고의 인적 원인

(1) **작업방법** : 기계취급의 부적정, 운반 작업의 불량

(2) **근로조건** : 장시간 노동, 휴식 및 휴양 불충분

(3) **신체조건** : 피로, 수면부족, 병약자 및 신체조건의 부적격자 작업

(4) **개성 및 심리** : 난폭, 둔감, 우울, 다혈질, 배타성 등

(5) **적재적소** : 미성숙자, 무경험자의 배치

(6) **복장** : 작업복, 모자, 안전화의 불이행

(7) **안전교육** : 안전기준의 미비, 안전의식 부족

(8) **작업규율** : 안전 규칙의 불이행

2 기계 안전사고의 물리적 원인

(1) **건물 작업장** : 건물의 배치, 비상구의 불비, 작업면적 협소

(2) **기계 및 설비** : 배치불량, 덮개 결함, 비상 정지 장치 미비

(3) **공구류 및 보호구류** : 공구관리 불량, 유지관리 불량

(4) **안전표지, 안전 게시판** : 미설치 혹은 부족

(5) **작업환경** : 환기, 채광, 조명, 온도 등

제2절 기계·기구 기타 설비에 의한 위험 예방

1 원동기, 회전축 등의 위험 방지

(1) 기계의 원동기, 회전축, 기어, 풀리, 벨트 등 근로자에게 위험을 줄 수 있는 부위에는 덮개, 울, 슬리브 및 건널 다리 등을 설치한다.

(2) 건널다리에는 높이 90cm 이상인 손잡이 및 미끄러지지 않는 구조의 발판을 설치해야 한다.

(3) 회전축, 기어, 풀리, 벨트 등에 부속하는 키 및 핀 등의 고정구는 묻힘형이나 덮개를 설치하여야 한다.

(4) 벨트의 이음 부분에는 돌출된 고정구를 사용해서는 안 된다.

2 기계의 동력 차단 장치

동력으로 작동되는 기계에는 스위치, 클러치 및 벨트 이동 장치 등 동력 차단 장치를 설치하여야 한다.

3 운전시작 신호

기계의 운전을 시작함에 있어 근로자에게 위험을 미칠 우려가 있을 때에는 일정한 신호 방법과 당해 근로자에게 신호할 자를 정하고 당해 근로자에게 신호하도록 해야 한다.

4 출입의 금지

기계 기구의 덤프, 램 리프트 포트, 아암 등 불사에 하강 가능성이 있는 장소에서는 방책을 설치하여 근로자가 못하도록 조치한다(다만, 수리·점검은 예외).

5 복장

(1) 동작되는 기계에 두발 또는 피복이 물려 들어가지 않도록 모자를 착용해야 한다.

(2) 기계의 회전하는 날 부분에 작업 중인 근로자의 손이 빨려 들어가지 않도록 하고 장갑은 벗는다.

제3절 전기에 의한 위험방지

1 감전예방을 위한 주의사항

감전사고 요인이 되는 것은 다음과 같으므로 이에 대하여 특별히 주의를 하여 충분한 준비를 하고 작업하여야 한다.

(1) 충전부에 직접 접촉될 경우나 안전거리 이내로 접근하였을 경우

(2) 전기 기계·기구나 공구 등의 절연열화, 손상, 파손 등에 의한 표면누설로 인하여 누전되어 있는 것에 접촉, 인체가 통로로 되었을 경우

(3) 콘덴서나 고압케이블 등의 잔류전하에 의할 경우

(4) 전기기계나 공구 등의 외함과 권선간 또는 외함과 대지간의 정전 용량에 의한 분압전압에 의할 경우

(5) 지락전류 등이 흐르고 있는 전극 부근에 발생하는 전위경도에 의할 경우

(6) 송전선 등의 정전유도 또는 유도전압에 의할 경우

(7) 오조작 및 자가용 발전기 운전으로 인한 역송전의 경우

(8) 낙뢰 진행파에 의할 경우

2 접지공사의 시설

접지의 목적은 기기 절연물이 열화 또는 손상되었을 때 흐르는 누설전류로 인한 인체 감전을 방지하기 위해 시설한다.

참고 옥외철대 및 외함접지공사

사용기기의 전압	접지공사
400v 미만 저전압용	제 3종 접지공사
400v 이상 저전압용	특별 제 3종 접지공사
고압 · 특별고압	제 1종 접지공사

3 전기화재의 원인

(1) 과전류에 의한 발화
(2) 단락(합선)에 의한 발화
(3) 지락에 의한 발화
(4) 누전에 의한 발화
(5) 접촉부의 과열에 의한 발화
(6) 스파크에 의한 발화
(7) 절연열화 또는 탄화에 의한 발화
(8) 열적경과에 의한 발화
(9) 정전기에 의한 발화
(10) 낙뢰에 의한 발화

4 정전기 발생 방지대책

접지, 가습, 방지도장, 보호구 착용, 대전방지제 사용

5 전선 선정 시 고려사항

허용전류, 전압강하, 기계적 강도

제4절 추락 및 붕괴에 의한 위험 방지

1. 승강로 내 작업 시는 작업공구, 부품 등이 낙하하여 다른 사람을 해하지 않도록 할 것
2. 승강장 도어 키를 사용하여 도어를 개방할 때는 몸의 중심을 뒤에 두고 개방하여 반드시 카 유무를 확인하고 탑승할 것
3. 카 상부 작업 시 중간층에서는 균형추의 움직임에 주의하여 충돌하지 않도록 할 것
4. 카 상부 작업 시에는 신체가 카 상부 가이드를 넘지 않도록 하며 로프를 잡지 않을 것
5. 작업 중에는 전층 승강장 도어는 반드시 잠그고 '작업 중'이라는 표시를 반드시 할 것

제5절 기계 방호 장치 및 보호 장비

1 기계 방호 장치

(1) 원동기·회전축 등의 위험방지

① 사업주는 기계의 원동기·회전축·기어·풀리·플라이휠·벨트 및 체인 등 근로자에게 위험을 미칠 우려가 있는 부위에는 덮개·울·슬리브 및 건널 다리 등을 설치하여야 한다.

② 사업주는 회전축·기어·풀리 및 플라이휠 등에 부속하는 키·핀 등의 기계요소는 묻힘형으로 하거나 해당 부분에 덮개를 설치하여야 한다.

③ 사업주는 벨트의 이음부분에 돌출된 고정구를 사용하여서는 아니 된다.

④ 사업주는 제1항의 건널 다리에는 안전난간 및 미끄러지지 아니하는 구조의 발판을 설치하여야 한다.

(2) 기계의 동력 차단 장치

① 사업주는 동력으로 작동되는 기계에는 스위치·클러치 및 벨트 이동 장치 등 동력 차단 장치를 설치하여야 한다. 다만, 연속하여 하나의 집단을 이루는 기계로써 공통의 동력 차단 장치가 있거나 공정 도중에 인력에 의한 원재료의 송급과 인출 등이 필요 없는 때에는 그러하지 아니한다.

② 사업주는 제1항의 규정에 따라 동력 차단 장치를 설치하여야 하는 기계 중 절단·인발(引拔)·압축·꼬임·타발(打拔) 또는 굽힘 등의 가공을 하는 기계에는 그 동력 차단 장치를 근로자가 작업위치를 이동하지 아니하고 조작할 수 있는 위치에 설치하여야 한다.

③ 제1항의 동력 차단 장치는 조작이 쉽고 접촉 또는 진동 등에 의하여 갑자기 기계가 움직일 우려가 없는 것이어야 한다.

(3) 출입의 금지

사업주는 유압(流壓), 체인 또는 로프 등에 의하여 지지되어 있는 기계·기구의 덤프·램(ram)·리프트·포크 및 암(arm) 등이 갑자기 작동함으로써 근로자에게 위험을 미칠 우려가 있는 장소에는 방책을 설치하는 등 근로자가 출입하지 아니하도록 조치하여야 한다.

다만, 수리 또는 점검 등을 위하여 암 등의 움직임에 의한 하중에 충분히 견딜 수 있는 안전지주 또는 안전블록 등을 사용하도록 한 때에는 그러하지 아니한다.

(4) 방호 장치의 해체금지

① 사업주는 위험한 기계·기구 또는 설비에 설치한 방호 장치를 해체하거나 사용을 정지하여서는 아니 된다. 다만, 방호 장치의 수리·조정 및 교체 등의 작업을 하는 때에는 그러하지 아니한다.

② 제1항의 방호 장치에 대하여 수리·조정 또는 교체 등의 작업을 완료한 후에는 즉시 방호 장치를 원상태로 하여야 한다.

(5) 사다리식 통로의 구조 안전 수칙

① 견고한 구조로 할 것
② 발판의 간격은 동일하게 할 것
③ 발판과 벽과의 사이는 15센티미터 이상의 간격을 유지할 것
④ 사다리가 넘어지거나 미끄러지는 것을 방지하기 위한 조치를 할 것
⑤ 사다리의 상단은 걸쳐놓은 지점으로부터 60센티미터 이상 올라가도록 할 것
⑥ 사다리식 통로의 길이가 10미터 이상인 때에는 5미터 이내마다 계단참을 설치할 것
⑦ 이동식 사다리식 통로의 기울기는 75도 이하로 할 것
⑧ 고정식 사다리식 통로의 기울기는 90도 이하로 하고 높이 7미터 이상인 경우 바닥으로부터 높이가 2.5미터 되는 지점부터 등받이 울을 설치할 것

2 보호 장비

① **안전모** : 물체가 떨어지거나 날아올 위험 또는 근로자가 감전되거나 추락할 위험이 있는 작업

② **안전대** : 높이 또는 깊이 2미터 이상의 추락할 위험이 있는 장소에서의 작업

③ **안전화** : 물체의 낙하·충격, 물체에의 끼임, 감전 또는 정전기의 대전(帶電)에 의한 위험이 있는 작업
④ **보안경** : 물체가 날아 흩어질 위험이 있는 작업
⑤ **보안면** : 용접 시 불꽃 또는 물체가 날아 흩어질 위험이 있는 작업
⑥ **안전장갑** : 감전의 위험이 있는 작업
⑦ **방열복** : 고열에 의한 화상 등의 위험이 있는 작업

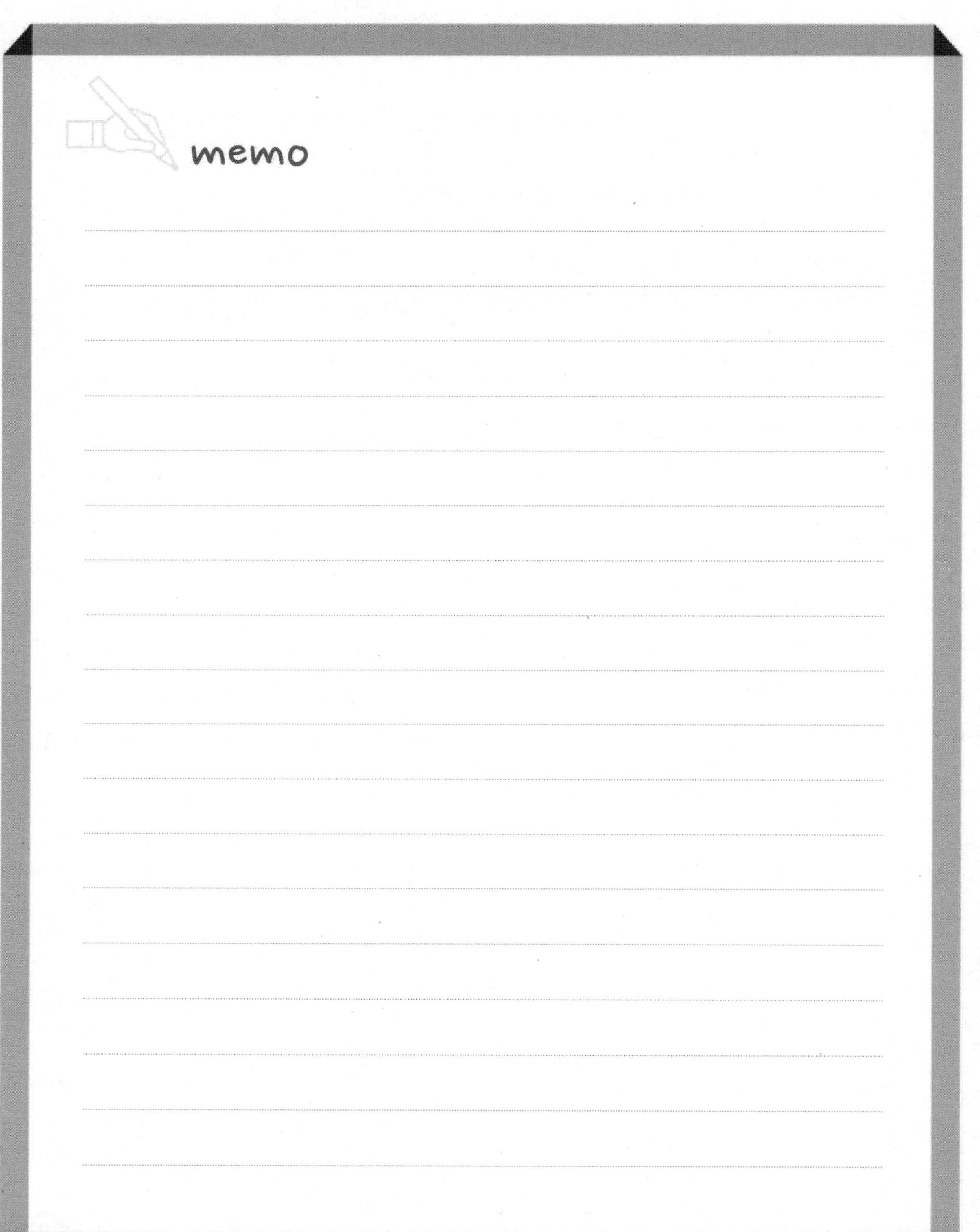
memo

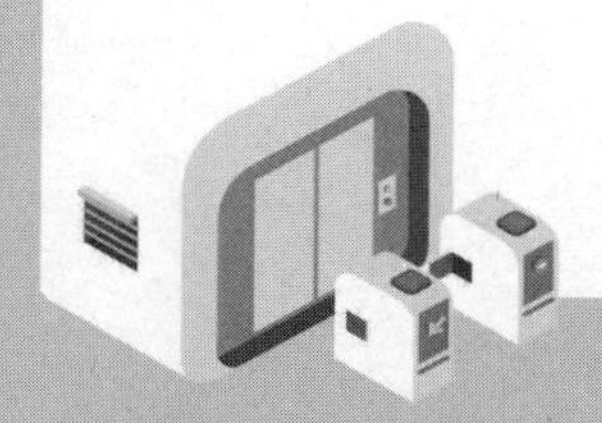

제 3 편

승강기보수

제13장 승강기 검사 및 제작기준

제1절 전기식 엘리베이터의 구조(제3조 관련)

[별표 1]

1 적용범위

수직에 대해 15° 이하의 경사진 가이드 레일 사이에서 권상 또는 포지티브 구동장치에 의해 로프 또는 체인으로 현수되는 승객이나 화물을 수송하기 위한 카를 정해진 승강장으로 운행시키기 위하여 설치되는 전기식 엘리베이터의 구조 및 「승강기시설 안전관리법」 제13조 제1항에 따른 검사의 판정기준에 적용한다.

2 인용규격

한국산업표준(KS) 및 국제표준(ISO, IEC, EN) 등은 가장 최근에 고시되거나 발행된 표준을 적용한다.

3 용어의 정의

「승강기시설 안전관리법」 및 「승강기검사기준」에서 사용하는 정의와 같다.

4 단위 및 기호

4.1 단위

단위는 국제단위(SI)를 사용한다.

5 엘리베이터 승강로

5.1 일반사항

5.1.1 이 항목의 규정은 1대 이상의 엘리베이터 카가 있는 승강로에 관련된다.

5.1.2 엘리베이터의 균형추 또는 평형추는 카와 동일한 승강로에 있어야 한다.

5.1.3 승강로 내에 설치되는 돌출물은 안전상 지장이 없어야 한다.

5.1.4 승강로 내에는 각 층을 나타내는 표기가 있어야 한다.

5.1.5 승강로는 누수가 없는 구조이어야 한다.

5.1.6 승강로는 청결상태가 유지되어야 한다.

5.2 승강로의 구획

5.2.1 엘리베이터는 다음 중 어느 하나에 의해 주위와 구분되어야 한다.

가) 불연재료 또는 내화구조의 벽, 바닥 및 천장

나) 충분한 공간

5.2.1.1 밀폐식 승강로

승강로는 구멍이 없는 벽, 바닥 및 천장으로 완전히 둘러싸인 구조이어야 한다. 다만, 다음과 같은 개구부는 허용된다.

가) 승강장문을 설치하기 위한 개구부

나) 승강로의 점검문 및 비상문을 설치하기 위한 개구부

다) 화재 시 가스 및 연기의 배출을 위한 통풍구

라) 환기구

마) 엘리베이터 성능을 위한 승강로와 기계실 또는 풀리실 사이의 개구부

바) 5.6에 따른 엘리베이터와 다른 엘리베이터 사이에 설치된 칸막이의 개구부

5.2.1.2 반-밀폐식 승강로

방화구조 또는 내화구조가 요구되지 않은 승강로(갤러리, 중앙 홀, 타워 등에 설치된 엘리베이터의 승강로 또는 외기에 접하는 승강로 등)는 다음 사항을 모두 만족하는 경우 완전히 둘러싸인 구조일 필요는 없다.

가) 사람이 일반적으로 접근할 수 있는 곳의 승강로 벽은 아래와 같은 상황에 처한 사람이 충분히 보호될 수 있는 높이로 시공되어야 한다.

- 엘리베이터의 움직이는 부품에 의한 위험한 상황
- 승강로 내의 엘리베이터 설비에 직접 손이 닿거나 손에 있는 물건이 닿아 엘리베이터의 안전운행이 방해되는 상황 높이는 그림 1 및 그림 2에 적합하여야 한다. 즉, 다음과 같다.

1) 승강장문 측 : 3.5m 이상

2) 다른 측면 및 움직이는 부품까지 수평거리가 0.5m 이하인 장소 : 2.5m 이상 움직이는 부품까지 거리가 0.5m를 초과하는 경우, 2.5m의 값을 순차적으로 줄일 수 있으며 2.0m의 거리에서는 최소 1.1m까지 높이를 줄일 수 있다.

나) 승강로 벽은 구멍이 없어야 한다.

다) 승강로 벽은 복도, 계단 또는 플랫폼의 가장자리로부터 최대 0.15m 이내에 시공되어야 한다. [그림 1 참조]

라) 타 설비에 의해 엘리베이터의 운행이 간섭받지 않도록 방지대책이 마련되어야 한다. [5.8의 비고 2 참조]

마) 외기에 노출된 엘리베이터(건축물 외벽에 설치된 엘리베이터 등)에는 특별한 예방조치가 마련되어야 한다.

비고 반-밀폐식 승강로를 갖는 엘리베이터는 기후적 및 위치적인 환경을 충분히 고려한 후에 설치되어야 한다.

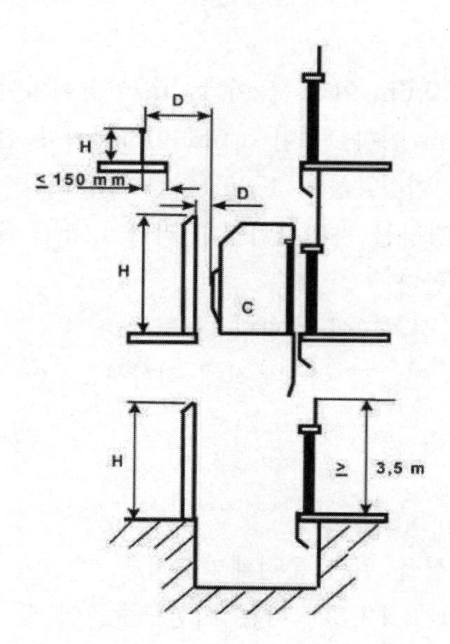

C 카
H 둘러싸인 높이
D 엘리베이터의 움직이는 부분까지의 거리
(그림 2 참조)

반-밀폐식 승강로

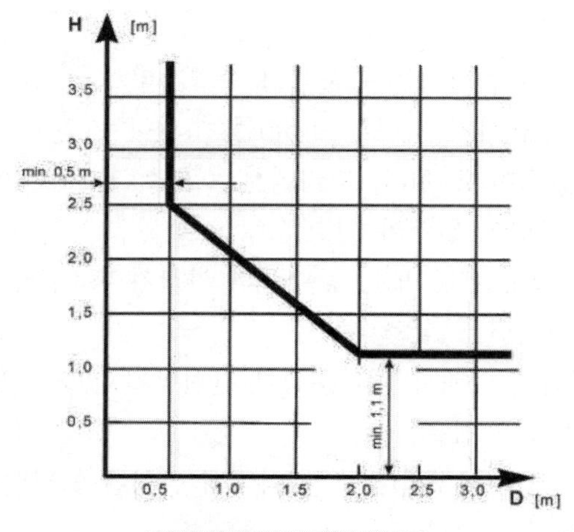

반-밀폐식 승강로-거리

5.2.2 점검문 및 비상문

5.2.2.1 승강로의 점검문 및 비상문은 이용자의 안전 또는 유지보수를 위한 용도 외에는 사용되지 않아야 한다.

5.2.2.1.1 점검문은 폭 0.6m 이상, 높이 1.4m 이상이어야 한다. 다만, 트랩 방식의 문일 경우에는 폭 0.5m 이하, 높이 0.5m 이하이어야 한다.
비상문은 폭 0.35m 이상, 높이 1.8m 이상이어야 한다.

5.2.2.1.2 연속되는 승강장문 문턱사이의 거리가 11m를 초과할 경우에는 다음 중 어느 하나에 적합하여야 한다.

가) 중간에 비상문이 설치되어야 한다.

나) 14.2.1.4에 따른 전기적 비상운전에 적합하고, 이 수단은 관련된 공간에 있어야 한다.
  - 기계실(6.3)
  - 구동기 캐비닛(6.5.2)
  - 비상 및 작동시험을 위한 운전패널(6.6)

다) 서로 인접한 카에 8.12.3에 따른 비상구출문이 설치되어야 한다.

5.2.2.2 점검문 및 비상문은 승강로 내부로 열리지 않아야 한다.

5.2.2.2.1 문에는 열쇠로 조작되는 잠금장치가 있어야 하며, 열쇠 없이 다시 닫히고 잠길 수 있어야 한다. 점검문 및 비상문은 문이 잠겨있더라도 승강로 내부에서 열쇠를 사용하지 않고 열릴 수 있어야 한다.

5.2.2.2.2 엘리베이터의 운행은 점검문 및 비상문이 닫힘 위치에 있을 때 자동으로 가능하여야 한다. 이 목적을 위해 14.1.2에 적합한 전기안전장치가 사용되어야 한다.

피트 출입문과 연결된 통로가 위험구역이 아닌 경우에는 전기안전장치가 요구되지 않는다. 위험구역이 아닌 경우라 함은 정상운행 중 가이드 슈, 에이프런 등을 포함한 카, 균형추 또는 평형추의 최하부와 피트 바닥 사이의 수직거리가 2m 이상인 경우를 말한다. 이동 케이블, 균형 로프·체인 및 관련 설비, 조속기 인장 풀리 및 이와 유사한 설치물은 위험한 것이 아닌 것으로 간주된다.

5.2.2.3 점검문 및 비상문은 구멍이 없어야 하고 승강장문과 동일한 기계적 강도를 만족하여야 한다.

비고 방화등급이 요구되는 경우 관련 법령에 따라야 한다.

5.2.3 승강로의 환기

승강로는 적절하게 환기되어야 하며 엘리베이터 이외 용도의 환기실로는 사용되지 않아야 한다.

비고 환기구는 승강로 수평단면의 1% 이상 면적으로 승강로 꼭대기에 두는 것을 권장하다.

5.3 승강로의 벽, 바닥 및 천장

승강로 구조는 건축 관련 법령에 적합하여야 하고, 최소한 구동기에 의한 하중, 비상정지장치 작동 순간의 가이드 레일, 카 내의 편심하중, 완충기의 작용, 튀어오름 방지장치의 작용, 카에 출입 또는 하역 등으로 인한 부하를 지지할 수 있어야 한다.

5.3.1 벽 강도

5.3.1.1 엘리베이터의 안전운행을 위하여, 0.3m×0.3m 면적의 원형이나 사각의 단면에 1,000N의 힘을 균등하게 분산하여 벽의 어느 지점에 수직으로 가할 때, 승강로 벽은 다음과 같은 기계적 강도를 가져야 한다.

5.3.1.2 일반적으로 사람이 접근 가능한 승강로 벽이 평면 또는 성형 유리판인 경우, 5.2.1.2에서 요구하는 높이까지는 KS L 2004에 적합하거나 동등 이상의 접합유리이어야 한다. 다만, 그 이외의 부분은 KS L 2002에 적합하거나 동등 이상의 강화유리, KS L 2003에 적합하거나 동등 이상의 복층유리(16mm 이상) 또는 KS L 2006에 적합하거나 동등 이상의 망유리가 사용될 수 있다.

5.3.2 피트 바닥 강도

5.3.2.1 피트 바닥은 매달린 가이드 레일을 제외하고 각 가이드 레일의 하부에 작용하는 힘 즉, 가이드 레일의 중량과 비상정지장치가 작동하는 순간의 반작용력을 더한 힘(N)을 지지할 수 있어야 한다. [부속서 Ⅲ.2.3 및 Ⅲ.2.4 참조]

5.3.2.2 피트 바닥은 전 부하 상태의 카가 완충기에 작용하였을 때 완충기 지지대 아래에 부과되는 정하중의 4배를 지지할 수 있어야 한다.

$$4 \cdot gn \cdot (P+Q)$$

여기서, P : 카 자중 및 이동케이블, 균형 로프/체인 등 카에 의해 지지되는 부품의 중량(kg)
Q : 정격하중(kg)
gn : 중력 가속도(9.81m/s²)

5.3.2.3 피트 바닥은 균형추 또는 평형추의 무게에 의해 균형추 완충기 지지대 또는 평형추 주행구간 아래에 부과되는 정하중의 4배를 지지할 수 있어야 한다.

$$4 \cdot gn \cdot (P+q \cdot Q) : \text{균형추}$$
$$4 \cdot gn \cdot q \cdot P^{*} : \text{평형추}$$

여기서, P : 카 자중 및 이동케이블, 균형 로프/체인 등 카에 의해 지지되는 부품의 중량(kg)
Q : 정격하중(kg)
gn : 중력가속도(9.81m/s²)
q : 밸런스율 [부속서 Ⅲ.2.4 참조]

5.3.3 천장 강도

6.3.2 및 6.7.1.1의 규정에도 불구하고, 매달림 가이드 레일의 경우 현수되는 부분은 최소한 부속서 Ⅲ.5.1에 따른 부하 및 힘에 견딜 수 있어야 한다.

5.4 카 출입구와 마주하는 승강로 벽 및 승강장문의 구조

5.4.1 카 출입구와 마주하는 승강장문 및 벽이나 벽의 일부분에 관련된 다음 사항은 승강로 전체 높이에 걸쳐 적용되어야 한다.
카 출입구와 마주하는 승강로 벽과 카사이의 틈새는 11의 규정을 참조한다.

5.4.2 카 출입구와 마주하는 승강장문 및 벽이나 벽의 일부분은 문이 작동하는 틈새를 제외하고 카 출입구 전체 폭에 걸쳐 구멍이 없는 표면으로 이루어져야 한다.

5.4.3 각 승강장문의 문턱 아랫부분은 다음 사항에 적합하여야 한다.

가) 수직면은 승강장문의 문턱에 직접 연결되어야 한다. 수직면의 폭은 카 출입구 폭에다 양쪽 모두 25mm를 더한 값 이상이어야 하며, 높이는 잠금 해제 구간의 1/2에 50mm를 더한 값 이상이어야 한다.

나) 수직면의 표면은 연속적이고 금속판과 같이 매끈하고 견고한 재질이어야 한다. 또한, 5cm² 면적의 원형이나 사각의 단면에 300N의 힘을 균등하게 분산하여 면의 어느 지점에 수직으로 가할 때, 수직면의 기계적 강도는 아래와 같아야 한다.

1) 영구적인 변형이 없어야 한다.
2) 10mm를 초과하는 탄성변형이 없어야 한다.

다) 어떠한 돌출도 5mm를 초과하지 않아야 한다. 2mm를 초과하는 돌출물은 수평면에 75° 이상으로 모 따기가 되어야 한다.

라) 추가로 다음 중 어느 하나에 적합하여야 한다.

1) 연속되는 다음 문의 상인방에 연결되어야 한다.
2) 수평면에 60° 이상으로 견고하고 매끄럽게 모 따기가 된 것을 사용하여 아랫방향으로 연장되어야 한다. 수평면에 대한 이 모 따기의 투영은 20mm 이상이어야 한다.

5.5 승강로 하부에 위치한 공간의 보호

승강로 하부에 접근할 수 있는 공간이 있는 경우, 피트의 기초는 5,000N/m^2 이상의 부하가 걸리는 것으로 설계되어야 하고, 균형추 또는 평형추에 비상정지장치가 설치되어야 한다.

5.6 승강로 내에서 보호

5.6.1 균형추 또는 평형추의 주행구간은 엘리베이터 피트 바닥으로부터 0.3m 이하(균형체인·로프 간섭 등 부득이한 경우에는 완충기의 최저 이동 높이 이하로 한다)부터 2.0m 이상의 높이까지 연장된 견고한 칸막이로 보호되어야 한다.

칸막이의 폭은 균형추 또는 평형추의 폭에 각각 0.1m를 더한 값 이상이어야 한다.

5.6.2 2대 이상의 엘리베이터가 있는 승강로에는 서로 다른 엘리베이터의 움직이는 부품 사이에 칸막이가 설치되어야 한다.

칸막이에 구멍이 있는 경우에는 KS B 6947, 4.5.1에 따라야 한다.

5.6.2.1 칸막이는 카, 균형추 또는 평형추 주행로의 가장 낮은 지점에서부터 최하층 승강장 바닥 위로 2.5m 이상으로 설치되어야 한다. 칸막이의 폭은 5.2.2.2.2의 규정을 만족하는 경우를 제외하고, 서로 다른 피트에서 피트로의 접근을 방지할 수 있어야 한다.

5.6.2.2 칸막이는 카 지붕의 모서리와 인접한 엘리베이터의 움직이는 부품(카, 균형추 또는 평형추) 사이의 수평거리가 0.5m 미만인 경우에는 승강로 전체 높이까지 설치되어야 한다.

칸막이의 폭은 움직이는 부품의 폭에 양쪽 모두 각각 0.1m를 더한 값 이상이어야 한다.

5.7 상부공간 및 피트

5.7.1 권상 구동식 엘리베이터의 상부틈새

권상 구동식 엘리베이터의 상부틈새는 다음 사항 및 부속서 Ⅵ에 적합하여야 한다.

5.7.1.1 균형추가 완전히 압축된 완충기 위에 있을 때 다음 4가지 사항이 동시에 만족되어야 한다.

가) 카 가이드 레일의 길이는 $0.1+0.035v^2$m 이상 연장되어야 한다.

비고 $0.035v^2$는 정격속도의 115%에 상응하는 중력 정지거리의 1/2를 나타낸다.
$1/2 \times \frac{(1.15v)^2}{2g_n} \approx 0.0337v^2$, 따라서 대략 $0.035v^2$이다.

나) 8.13.2[5.7.1.1 다)의 해당부분 제외]에 적합한 면적의 카 지붕에서 가장 높은 부분과 승강로 천장의 가장 낮은 부분(천장 아래 위치한 빔 및 부품 포함) 사이의 수직거리는 $1.0+0.035v^2$m 이상이어야 한다.

다) 승강로 천장의 가장 낮은 부분과 아래에서 설명하는 설비 또는 부품 사이의 수직거리는 다음과 같다.

1) 카 지붕에 고정된 설비의 가장 높은 부분[5.7.1.1 다) 2)에 포함된 것 제외] 사이의 수직거리는 $0.3+0.035v^2$m 이상이어야 한다.

2) 가이드 슈 또는 롤러, 로프 연결부 및 수직 개폐식 문의 헤더 또는 부품의 가장 높은 부분(있는 경우) 사이의 수직거리는 $0.1+0.035v^2$m 이상이어야 한다.

비고 8.13.3에 따른 보호난간의 바깥 부분은 5.7.1.1 다) 2)의 규정을 적용한다.

라) 카 위에는 0.5m×0.6m×0.8m 이상의 장방형 블록을 수용할 수 있는 충분한 공간이 있어야 한다. 직접 현수방식의 엘리베이터에 있어서 로프의 중심선이 블록의 수직 표면으로부터 0.15m 이내에 있는 경우, 현수로프 및 그 부착물은 이 공간내에 있을 수 있다.

5.7.1.2 카가 완전히 압축된 완충기 위에 있을 때, 균형추 가이드 레일의 길이는 $0.1+0.035v^2$m 이상 연장되어야 한다.

5.7.1.3 엘리베이터의 감속이 12.8에 따라 감지되는 경우, 5.7.1.1 및 5.7.1.2의 $0.035v^2$ 값은 다음과 같이 감소될 수 있다.

가) 정격속도 4m/s 이하의 엘리베이터에 대해 1/2까지. 다만, 이 값은 0.25m 이상이어야 한다.

나) 정격속도 4m/s 초과의 엘리베이터에 대해 1/3까지. 다만, 이 값은 0.28m 이상이어야 한다.

5.7.1.4 튀어오름방지장치(제동 또는 록다운 장치)가 장착된 인장 도르래가 있는 균형로

프가 설치된 엘리베이터의 경우, $0.035v^2$ 값을 도르래의 이동 가능한 거리(사용된 로프에 따라)에 카의 주행거리의 1/500을 더한 값(로프의 탄성을 고려하여 0.2m 이상)으로 틈새 계산을 대신할 수 있다.

5.7.2 포지티브 구동식 엘리베이터의 상부틈새

5.7.2.1 카가 상승방향으로 상부 완충기에 충돌하기 전까지 안내되는 카의 주행거리는 최상층 승강장 바닥에서부터 0.5m 이상이어야 한다. 카는 완충기 행정의 한계까지 주행되어야 한다.

5.7.2.2 카에 의해 상부 완충기가 완전히 압축될 때, 다음 3가지 사항이 동시에 만족되어야 한다.

가) 8.13.2[5.7.2.2 나)의 해당부분 제외]에 적합한 면적의 카 지붕에서 가장 높은 부분과 승강로 천장의 가장 낮은 부분(천장 아래 위치한 빔 및 부품 포함) 사이의 수직거리는 1.0m 이상이어야 한다.

나) 승강로 천장의 가장 낮은 부분과 아래에서 설명하는 설비 또는 부품 사이의 수직거리는 다음과 같다.

1) 카 지붕에 고정된 설비의 가장 높은 부분[5.7.2.2. 나) 2)에 포함된 것 제외] 사이의 수직거리는 0.3m 이상이어야 한다.

2) 가이드 슈 또는 롤러, 로프 연결부 및 수직 개폐식 문의 헤더 또는 부품의 가장 높은 부분(있는 경우) 사이의 수직거리는 0.1m 이상이어야 한다.

비고 8.13.3에 따른 보호난간의 바깥 부분은 5.7.2.2 나) 2)의 규정을 적용한다.

다) 카 위에는 0.5m×0.6m×0.8m 이상의 장방형 블록을 수용할 수 있는 충분한 공간이 있어야 한다. 직접 현수방식의 엘리베이터에 있어서 로프 또는 체인의 중심선이 블록의 수직 표면으로부터 0.15m 이내에 있는 경우, 현수로프 또는 체인 및 그 부속부품은 이 공간 내에 있을 수 있다.

5.7.2.3 평형추가 있는 경우, 카가 완전히 압축된 완충기 위에 있을 때 평형추의 가이드 레일의 길이는 0.3m 이상 연장되어야 한다.

5.7.3 피트

5.7.3.1 승강로 하부는 피트로 구성되어야 하고, 피트 바닥은 완충기, 가이드 레일 기초 및 배수장치를 위한 부분을 제외하고 매끄럽고 평탄하여야 한다.

가이드 레일 고정설비, 완충기, 시설망 등의 설치완료 후에는 피트에 물이 침투되지 않아야 하며 누수도 없어야 한다.

5.7.3.2 피트에 출입하는 수단은 다음과 같아야 한다.

가) 피트 깊이가 2.5m를 초과하는 경우에는 피트 출입문이 설치되어야 한다.

나) 피트 깊이가 2.5m 이하인 경우에는 피트 출입문 또는 점검자 등 사람이 승강장문에서 쉽게 진입할 수 있는 피트 사다리가 설치되어야 한다.

피트 출입문은 점검문의 규정에 적합하여야 한다. [5.2.2 참조]

피트 사다리는 부속서 XⅣ에 적합하여야 한다.

피트 사다리가 펼쳐진 위치에서 엘리베이터의 움직이는 부품과 충돌할 위험이 있는 경우에는 사다리가 보관위치에 있지 않을 때 엘리베이터의 운행을 막는 14.1.2에 적합한 전기안전장치가 있어야 한다.

피트 사다리가 피트 바닥에 보관되는 경우에는 사다리가 보관위치에 있을 때 피트의 모든 대피 공간이 유지되어야 한다.

5.7.3.3 카가 완전히 압축된 완충기 위에 있을 때, 다음 3가지 사항이 동시에 만족되어야 한다.

가) 피트에는 0.5m×0.6m×1.0m 이상의 장방형 블록을 수용할 수 있는 충분한 공간이 있어야 한다.

나) 피트 바닥과 카의 가장 낮은 부품 사이의 수직거리는 0.5m 이상이어야 한다. 이 거리는 아래에 해당되는 수평거리가 0.15m 이내인 경우 최소 0.1m까지 감소될 수 있다.

1) 에이프런 또는 수직 개폐식 카문과 인접한 벽 사이

2) 카의 가장 낮은 부품과 가이드 레일 사이

다) 피트에 고정된 가장 높은 부품[5.7.3.3 나)의 1)과 2)에서 설명한 것을 제외한 균형로프 인장장치 등]과 카의 가장 낮은 부품 사이의 수직거리는 0.3m 이상이어야 한다.

5.7.3.4 피트에는 다음과 같은 장치가 있어야 한다.

가) 14.2.2 및 15.7의 규정에 적합하고 피트 출입문 및 피트 바닥에서 조작할 수 있는 정지장치

나) 콘센트[13.6.2]

다) 피트 출입문을 열고 쉽게 조작할 수 있는 승강로 조명[5.9]을 점멸할 수 있는 수단

5.8 엘리베이터 승강로의 사용 제한

승강로는 엘리베이터 전용으로 사용되어야 한다. 엘리베이터와 관계없는 배관, 전선 또는 장치 등이 있어서는 안 된다. 다만, 다음과 같은 설비는 포함될 수 있으나 엘리베이터의 안전한 운행에 지장을 주지 않아야 한다.

가) 증기난방 및 고압 온수난방을 제외한 엘리베이터 승강로를 위한 냉·난방설비, 다만,

냉·난방설비의 제어장치 또는 조절장치는 승강로 외부에 있어야 한다.

나) 소방 관련 법령에 따른 화재감지기 본체 및 비상방송용 스피커

다) 카 내에 설치되는 CCTV의 전선 등 관련 설비

라) 카 내에 설치되는 모니터의 전선 등 관련 설비

5.9 승강로 조명

승강로에는 모든 문이 닫혀있을 때 카 지붕 및 피트 바닥 위로 1m 위치에서 조도 50lx 이상의 영구적으로 설치된 전기조명이 있어야 한다. 이 조명은 승강로의 천장 및 피트바닥에서 약 0.5m에 중간전구(들)와 함께 각각 1개의 전구로 구성되어야 한다. 다만, 카 지붕에 조도 50lx 이상의 조명장치(전구 포함)가 설치될 경우 중간전구는 제외될 수 있다.

5.2.1.2에 따라 승강로 벽이 일부 없는 경우, 이러한 조명은 승강로 주변에 충분한 전기조명이 있다면 생략될 수 있다.

5.10 비상통화장치

승강로에서 작업하는 사람이 갇히게 되어 카 또는 승강로를 통해서 빠져나올 방법이 없는 경우, 이러한 위험이 존재하는 장소에는 비상통화장치가 설치되어야 한다.

비상통화장치는 14.2.3.2 및 14.2.3.3의 규정을 만족하여야 한다.

6 구동기 공간 및 풀리 공간

6.1 일반사항

6.1.1 구동기 및 풀리는 전용 공간에 설치되어야 한다. 이러한 공간 및 관련 작업구역은 접근이 가능하여야 한다. 이 공간의 출입 또는 접근은 권한이 부여된 사람(유지보수, 점검 및 구출)에게만 허용되어야 한다. 이 공간 및 관련 작업구역은 환경적인 영향을 고려하여 적절하게 보호되어야 하고, 유지보수, 점검 및 비상운전을 위해 적절한 공간이 확보되어야 한다. [부속서 X 참조]

6.1.2 구동기 공간 및 풀리 공간은 청결상태가 유지되어야 한다.

6.2 출입 통로

6.2.1 구동기 공간 및 풀리 공간의 출입문에 인접한 출입 통로는 다음과 같아야 한다.

가) 영구적인 전기 조명장치에 의해 적절히 조명되어야 한다.

나) 개인적인 공간에 들어갈 필요 없이 어떠한 조건에서도 안전하게 이용되어야 한다.

6.2.2 구동기 공간 및 풀리 공간에 사람이 안전하게 출입할 수 있는 계단 등의 통로가 있어

야 한다. 계단을 포함한 통로는 출입문의 폭과 높이 이상이어야 하며, 계단에는 높이 0.85m 이상의 견고한 난간이 설치되어야 한다.

계단의 설치가 불가능한 경우에는 다음 사항에 적합한 사다리가 사용되어야 한다. 다만, 사다리를 설치할 수 있는 수직높이는 4m 이하이다.

가) 사다리는 영구적으로 설치되어야 한다.

나) 출입문까지 수직 높이가 1.5m를 초과하는 경우에 설치하는 사다리는 수평면에 대해 65°와 75° 사이의 각도로 설치되고 쉽게 미끄러지거나 전도되지 않아야 한다. 다만, 수직높이가 1.5m 미만의 경우에는 수직 사다리를 설치할 수 있다.

다) 사다리의 폭은 0.35m 이상이어야 하고, 발판의 깊이는 25mm 이상이어야 한다. 수직 사다리의 경우 발판과 벽 사이의 거리는 0.15m 이상이어야 한다.
사다리의 발판은 1,500N의 하중을 견디도록 설계되어야 한다.

라) 수평거리로 1.5m 이내의 사다리 주위는 사다리 높이 이상까지 추락의 위험으로부터 보호되어야 한다.

6.3 기계실 내부의 구동기

6.3.1 일반사항

6.3.1.1 구동기 및 관련 설비가 기계실에 있는 경우, 기계실은 견고한 벽, 천장, 바닥 및 출입문으로 구획되어야 한다.

기계실은 엘리베이터 이외의 목적으로 사용되지 않아야 한다.

또한, 기계실에는 엘리베이터 이외 용도의 덕트, 케이블 또는 장치가 설치되지 않아야 한다. 다만, 다음과 같은 설비 및 장치는 설치될 수 있다.

가) 덤웨이터 또는 에스컬레이터 등 승강기의 구동기

나) 증기난방 및 고압 온수난방을 제외한 기계실의 공조기 또는 냉·난방을 위한 설비

다) 환기를 위한 덕트

라) 소방 관련 법령에 따라 기계실 천장에 설치되는 화재감지기 본체, 비상용 스피커 및 가스계 소화설비(제어장치는 제외)

6.3.1.2 권상 도르래는 다음과 같을 경우 승강로에 설치될 수 있다.

가) 유지보수 및 점검이 기계실에서부터 수행될 수 있는 경우

나) 기계실과 승강로 사이의 개구부가 가능한 작은 경우

6.3.2 기계적 강도 및 재질

6.3.2.1 기계실은 필요로 하는 하중 및 힘에 견디도록 시공되어야 하며 먼지 등이 발생되지 않는 내구성의 재질이어야 한다.

6.3.2.2 기계실 바닥은 콘크리트 또는 체크 플레이트 등의 미끄러지지 않은 재질로 마감

되어야 한다.

6.3.2.3 기계실은 당해 건축물의 다른 부분과 내화구조 또는 방화구조로 구획하고 기계실의 내장은 준불연재료 이상으로 마감되어야 한다. 다만, 기계실 벽면이 외기에 직접 접하는 등 건축물 구조상 내화구조 또는 방화구조로 구획할 필요가 없는 경우에는 불연재료를 사용하여 구획할 수 있다.

6.3.3 치수

6.3.3.1 기계실 크기는 설비, 특히 전기설비의 작업이 쉽고 안전하도록 충분하여야 한다. 작업구역에서 유효 높이는 2m 이상이어야 하고 다음 사항에 적합하여야 한다.

가) 제어 패널 및 캐비닛 전면의 유효 수평면적은 아래와 같아야 한다.

1) 폭은 0.5m 또는 제어 패널·캐비닛의 전체 폭 중에서 큰 값 이상

2) 깊이는 외함의 표면에서 측정하여 0.7m 이상

나) 수동 비상운전 수단[12.5.1]이 필요하다면, 움직이는 부품의 유지보수 및 점검을 위한 유효 수평면적은 0.5m×0.6m 이상이어야 한다.

6.3.3.2 6.3.3.1에서 기술된 유효 공간으로 접근하는 통로의 폭은 0.5m 이상이어야 한다. 다만, 움직이는 부품이 없는 경우에는 0.4m로 줄일 수 있다.

이동을 위한 공간의 유효 높이는 바닥에서부터 천장의 빔 하부까지 측정하여 1.8m 이상이어야 한다.

6.3.3.3 구동기의 회전부품 위로 0.3m 이상의 유효 수직거리가 있어야 한다.

6.3.3.4 기계실 바닥에 0.5m를 초과하는 단차가 있을 경우에는 보호난간이 있는 계단 또는 발판이 있어야 한다.

6.3.3.5 기계실 작업구역의 바닥 또는 작업구역 간 이동 통로의 바닥에 폭이 0.05m 이상이고 0.5m 미만이며, 깊이가 0.05m를 초과하는 함몰이 있거나 덕트가 있는 경우, 그 함몰부분 및 덕트는 방호되어야 한다.

폭이 0.5m를 초과하는 함몰은 6.3.3.4에 따른 단차로 고려되어야 한다.

6.3.4 출입문

6.3.4.1 출입문은 폭 0.7m 이상, 높이 1.8m 이상의 금속제 문이어야 하며 기계실 외부로 완전히 열리는 구조이어야 한다. 기계실 내부로는 열리지 않아야 한다.

6.3.4.2 출입문은 열쇠로 조작되는 잠금장치가 있어야 하며, 기계실 내부에서 열쇠를 사용하지 않고 열릴 수 있어야 한다.

6.3.4.3 출입문이 외기에 접하는 경우에는 빗물이 침입하지 않는 구조이어야 한다.

6.3.5 기타 개구부

슬라브 및 바닥의 구멍은 그 목적을 위해 치수를 최소로 줄여야 한다. 승강로 위에 위치한 개구부를 통해 전선을 포함한 물건이 떨어지는 위험이 없도록 금속 또는 플라스틱으로

된 덮개가 사용되어야 하며, 이러한 덮개는 슬라브 또는 마감된 바닥 위로 50mm 이상 돌출되어야 한다.

6.3.6 환기

기계실은 적절하게 환기되어야 한다. 기계실을 통한 승강로의 환기도 고려되어야 한다. 건축물의 다른 부분으로부터 신선하지 않은 공기가 기계실로 직접 유입되지 않아야 한다. 전동기, 설비 및 전선 등은 성능에 지장이 없도록 먼지, 유해한 연기 및 습도로부터 보호되어야 한다. 기계실은 눈·비가 유입되거나 동절기에 실온이 내려가지 않도록 조치되어야 하며 실온은 +5℃에서 +40℃ 사이에서 유지되어야 한다.

6.3.7 조명 및 콘센트

기계실에는 바닥 면에서 200lx 이상을 비출 수 있는 영구적으로 설치된 전기 조명이 있어야 한다. 이 조명의 전원공급은 13.6.1에 적합하여야 한다.

조명스위치는 쉽게 조명을 점멸할 수 있도록 기계실 출입문 가까이에 적절한 높이로 설치되어야 한다.

1개 이상의 콘센트[13.6.2]가 있어야 한다.

6.3.8 설비의 취급(양중 지지대 또는 고리)

안전한 양중하중[15.4.5]이 적정하게 표시된 양중용 금속 지지대 또는 고리는 무거운 설비를 편리한 위치에서 양중할 수 있도록 기계실 내의 천장 또는 보의 알맞은 위치에 1개 이상 있어야 한다.

6.4 승강로 내부의 구동기

6.4.1 일반사항

6.4.1.1 승강로 내부의 구동기 지지대 및 작업구역은 필요로 하는 하중 및 힘에 견디도록 시공되어야 한다.

6.4.1.2 건축물 외부에 부분적으로 둘러싸인 승강로 즉, 반-밀폐식 승강로의 경우, 구동기는 환경적인 영향에 대비하여 적절하게 보호되어야 한다.

6.4.1.3 승강로 내부의 작업구역에서 다른 작업구역으로 이동하는 공간의 유효 높이는 1.8m 이상이어야 한다.

6.4.2 승강로 내부 작업구역의 치수

6.4.2.1 승강로 내부의 구동기 작업구역의 치수는 설비의 작업이 쉽고 안전하도록 충분하여야 한다.

특히, 작업구역의 유효 높이는 2m 이상이어야 하고 다음 사항에 적합하여야 한다.

가) 유지보수 및 점검을 위한 유효 수평면적은 0.5m×0.6m 이상이어야 한다.

나) 제어 패널 및 캐비닛 앞의 유효 수평공간은 아래와 같아야 한다.

6.4.2.2 구동기의 보호되지 않은 회전 부품 위로 0.3m 이상의 유효 수직거리가 있어야 한다. 수직거리가 0.3m 미만일 경우에는 9.7.1 가)에 따라 보호되어야 한다. 또한, 5.7.1.1 또는 5.7.2.2에 적합하여야 한다.

6.4.3 카 내부 또는 카 지붕의 작업구역

6.4.3.1 구동기의 유지보수 또는 점검을 카 내부 또는 카 지붕에서 수행하는 경우 및 유지보수 또는 점검의 결과로 제어되지 않거나 예상하지 못한 카의 움직임이 사람을 위험하게 만들 수 있는 경우에는 다음 사항에 적합하여야 한다.

가) 기계적인 장치에 의해 카의 위험스러운 움직임은 보호되어야 한다.

나) 기계적인 장치가 작동위치에 있는 경우에는 14.1.2에 적합한 전기안전장치에 의해 카의 모든 움직임이 보호되어야 한다.

다) 이 장치가 작동하고 있을 때 안전하게 유지보수 또는 점검을 수행할 수 있어야 한다.

6.4.3.2 비상운전 및 작동시험(브레이크 시험, 권상 시험, 비상정지장치 시험, 완충기 시험 또는 카의 상승과속방지수단의 시험 같은)을 위해 필요한 장치는 6.6에 따라 승강로 외부에서 비상운전 및 작동시험이 가능하도록 배치되어야 한다.

6.4.3.3 점검문 또는 점검 트랩문이 카 벽에 설치된 경우에는 다음 사항에 적합하여야 한다.

가) 점검문 및 점검 트랩문을 통해서 요구된 작업을 수행하도록 크기는 충분하여야 한다.

나) 승강로 아래로 추락을 방지하기 위해 가능한 작아야 한다.

다) 카 외부 방향으로 열리지 않아야 한다.

라) 열쇠로 조작되는 잠금장치가 있어야 하며, 열쇠 없이 다시 닫히고 잠길 수 있어야 한다.

마) 잠금 상태를 확인하는 14.1.2에 적합한 전기안전장치가 있어야 한다.

바) 구멍이 없어야 하고 카 벽과 동일한 기계적 강도를 가져야 한다.

6.4.3.4 점검문이 열린 상태로 카 내부에서 카를 움직일 필요가 있는 경우에는 다음 사항에 적합하여야 한다.

가) 14.2.1.3에 따른 점검운전 제어장치는 점검문 근처에서 이용할 수 있는 위치에 있어야 한다.

나) 카의 점검운전 제어장치는 6.4.3.3 마)에 따른 전기안전장치를 무효화 시켜야 한다.

다) 카 내부의 점검운전 제어장치는 권한이 있는 사람만이 접근 가능(점검문의 뒤편에 두는 것에 의해 등)하도록 하고 카 상부의 점검운전 시에는 카 내부의 점검운전이 무효화되어야 한다.

라) 개부구의 작은 치수가 0.2m를 초과하는 경우, 카 벽 개구부의 외측 끝 부분과 열린 개부구의 전면 승강로에 설치된 설비 사이의 수평거리는 0.3m 이상이어야 한다.

6.4.4 피트 내부의 작업구역

6.4.4.1 피트에서 구동기를 유지보수하거나 점검하는 경우 및 이러한 작업이 카를 움직이는데 필요한 경우 또는 제어되지 않거나 예상하지 못한 카의 움직임이 발생할 경우에는 다음 사항에 적합하여야 한다.

가) 5.7.3.3 나)의 1) 및 2)에서 기술된 것을 제외하고, 작업구역의 바닥과 카의 가장 낮은 부품 사이의 수직거리를 2m 이상으로 하기 위해 정격하중을 실은 카를 정격속도까지의 어떤 속도에서 기계적으로 정지시킬 수 있는 영구적인 장치가 설치되어야 한다. 비상정지장치 이외의 다른 기계적인 장치의 감속도는 완충기에 의한 감속도[10.4]를 초과하지 않아야 한다.

나) 기계적인 장치는 카의 정지 상태를 유지할 수 있어야 한다.

다) 기계적인 장치는 수동 또는 자동으로 작동되어야 한다.

라) 피트에서 카를 움직일 필요가 있는 경우, 14.2.1.3에 따른 점검운전 제어장치가 피트에서 사용될 수 있어야 한다.

마) 열쇠를 사용한 피트 출입문의 개방은 엘리베이터가 더 이상 움직이지 않도록 방지하는 14.1.2에 따른 전기안전장치에 의해 확인되어야 한다.

바) 기계적인 장치가 작동위치에 있을 때 14.1.2에 적합한 전기안전장치에 의해 카의 모든 움직임이 보호되어야 한다.

사) 14.1.2에 적합한 전기안전장치에 의해 확인되는 것과 같이 기계적인 장치가 작동위치에 있을 때 전기적으로 구동되는 카의 움직임은 점검운전 제어장치로만 가능하여야 한다.

아) 전기적인 복귀장치의 작동에 의해서만 엘리베이터가 정상운행으로 복귀가 가능하여야 한다. 이 장치는 승강로 외부에 설치되어 권한이 있는 사람만이 접근(잠김 캐비닛의 내부에 설치되어 있는 경우) 할 수 있어야 한다.

6.4.4.2 카가 6.4.4.1 가)에 따른 위치에 있을 때, 작업구역에 안전하게 있을 수 있어야 한다.

6.4.4.3 비상운전 및 작동시험(브레이크, 권상능력, 비상정지장치, 완충기 또는 카의 상승과속방지수단의 시험)을 위해 필요한 장치는 6.6에 따라 승강로 외부에서 비상운전 및 작동시험이 가능하도록 배치되어야 한다.

6.4.5 플랫폼 위의 작업구역

6.4.5.1 구동기의 유지보수 또는 점검을 플랫폼에서 수행하는 경우, 다음 사항에 적합하여야 한다.

가) 플랫폼은 영구적으로 설치되어야 하고,

나) 플랫폼이 카 또는 균형추의 주행로에 있는 경우에는 집어넣을 수 있어야 한다.

6.4.5.2 카, 균형추 또는 평형추의 주행로에 위치한 플랫폼에서 구동기의 유지보수 또는 점검이 수행되는 경우에는 다음과 같아야 한다.

가) 카는 6.4.3.1의 가) 및 나)에 적합한 기계적인 장치를 사용하여 정지되어야 한다.

나) 카를 움직일 필요가 있는 경우에는 움직이는 멈춤 쇄기에 의해 아래와 같이 카의 주행로가 제한되어야 한다.

1) 카가 플랫폼을 향해 아랫방향으로 운행되는 경우, 플랫폼 위로 2m 이상 정지

2) 카가 플랫폼을 향해 위 방향으로 운행되는 경우, 5.7.1.1의 나), 다) 및 라)에 적합하게 플랫폼 아래에 정지

6.4.5.3 플랫폼은 다음과 같아야 한다.

가) 어떤 지점에서 0.2m×0.2m의 면적에 1,000N으로 각각 계산한 두 사람 이상의 무게를 영구적인 변형 없이 견딜 수 있어야 한다.

나) 8.13.3의 규정에 적합한 보호난간이 설치되어야 한다.

다) 아래와 같은 조건을 입증할 수 있는 수단이 설치되어야 한다.

1) 플랫폼 바닥과 출입문 바닥 사이의 발판 높이는 0.5m를 초과하지 않아야 한다.

2) 플랫폼과 출입문의 문턱사이의 틈새를 통해 지름 0.15m의 구가 통과되지 않아야 한다.

3) 승강로 아래로 추락을 방지하는 추가적인 대비가 없다면, 완전히 열린 승강장문 문짝과 플랫폼 가장자리 사이를 수평으로 측정한 틈새는 0.15m를 초과하지 않아야 한다.

6.4.5.4 6.4.5.3에 추가하여, 집어넣을 수 있는 플랫폼은 다음과 같아야 한다.

가) 완전히 집어넣은 위치를 확인하는 14.1.2에 적합한 전기안전장치가 설치되어야 한다.

나) 작업위치에서 집어넣거나 뺄 수 있는 수단이 있어야 한다. 이 수단은 피트에서 접근 할 수 있거나 승강로 외부에 위치한 수단에 의해 작동되어야 하며 권한이 있는 사람만 접근 가능하여야 한다. 승강장문을 통해 플랫폼에 접근할 수 없는 경우, 출입문은 플랫폼이 작업위치에 있지 않을 때 열리지 않아야 한다. 또는 다른 방법으로 사람이 승강로 아래로 추락하는 것을 방지하는 수단이 설치되어야 한다.

6.4.6 승강로 외부의 작업구역

6.1과 달리 구동기는 승강로에 있고 승강로 외부에서 유지보수 또는 점검을 수행하는 경우, 6.3.3.1 및 6.3.3.2에 따른 작업구역은 승강로 외부에 있을 수 있다. 이 설비는 6.4.7.2에 적합한 문에 의해서만 접근이 가능하여야 한다.

6.4.7 문

6.4.7.1 승강로 내부의 작업구역은 승강로 벽을 통해 접근할 수 있어야 한다. 문은 승강장문 또는 다음 사항을 만족하는 문이어야 한다.

가) 폭은 0.6m 이상, 높이는 1.8m 이상이어야 한다.
나) 승강로 내부 방향으로 열리지 않아야 한다.
다) 열쇠로 조작되는 잠금장치가 있어야 하며, 열쇠 없이 다시 닫히고 잠길 수 있어야 한다.
라) 잠겨있더라도 승강로 내부에서 열쇠를 사용하지 않고 열릴 수 있어야 한다.
마) 닫힌 상태를 확인하는 14.1.2에 적합한 전기안전장치가 있어야 한다.
바) 구멍이 없어야 하고 승강장문과 동일한 기계적 강도이어야 한다.

6.4.7.2 승강로 외부의 작업구역에서 승강로 내부의 구동기 공간에 출입은 다음과 같아야 한다.

가) 문을 통해 요구된 작업을 수행할 수 있는 충분한 크기를 가져야 한다.
나) 승강로 추락을 막을 수 있도록 가능한 작아야 한다.
다) 승강로 내부 방향으로 열리지 않아야 한다.
라) 열쇠로 조작되는 잠금장치가 있어야 하며 열쇠 없이 다시 닫히고 잠길 수 있어야 한다.
마) 잠겨있더라도 승강로 내부에서 열쇠를 사용하지 않고 열릴 수 있어야 한다.
바) 닫힌 상태를 확인하는 14.1.2에 적합한 전기안전장치가 있어야 한다.
사) 구멍이 없어야 하고 승강장문과 동일한 기계적 강도이어야 한다.

6.4.8 환기

구동기 공간은 적절하게 환기되어야 한다. 구동기의 전기설비는 성능에 지장이 없도록 먼지, 유해한 연기 및 습도로부터 보호되어야 한다.

6.4.9 조명 및 콘센트

작업구역 및 구동기 공간은 바닥 면에 200lx 이상을 비출 수 있는 영구적으로 설치된 전기 조명이 있어야 한다. 이 조명의 전원공급은 13.6.1에 적합하여야 한다.

권한이 있는 사람만이 접근할 수 있고 적절한 높이로 출입지점에 가까이 설치된 조명스위치는 작업구역 및 공간의 조명을 점멸할 수 있어야 한다.

6.4.10 설비의 취급(양중 지지대 또는 고리)

안전하게 양중할 수 있는 하중[15.4.5]이 표시된 금속 지지대 또는 고리가 무거운 설비를 편리한 위치에서 양중할 수 있도록 구동기 공간의 알맞은 위치에 1개 이상 있어야 한다.

6.5 승강로 외부의 구동기

6.5.1 일반사항

승강로 외부에 있고 구획된 기계실에 위치하지 않은 구동기 공간은 필요로 하는 하중 및 힘에 견디도록 시공되어야 한다.

6.5.2 구동기 캐비닛

6.5.2.1 엘리베이터 구동기는 엘리베이터 전용 캐비닛 내부에 위치하여야 한다. 캐비닛에는 엘리베이터 이외 용도의 덕트, 케이블 또는 장치가 포함되지 않아야 한다.

6.5.2.2 구동기 캐비닛은 구멍이 없는 벽, 바닥, 지붕 및 문으로 구획되어야 한다. 다만, 다음과 같은 개구부는 허용될 수 있다.

가) 환기구

나) 엘리베이터 성능을 위한 승강로와 구동기 캐비닛 사이의 필요 개구부

다) 화재 시 가스 및 연기의 배출을 위한 통풍구

권한이 없는 사람이 접근할 때 이러한 개구부는 다음 사항에 적합하여야 한다.

1) 위험한 지역에 접촉을 방지하는 KS B 6947, 표 5에 따른 보호

2) 전기설비의 접촉을 막는 IP 2X 이상의 보호 등급

6.5.2.3 문은 다음 사항에 적합하여야 한다.

가) 문을 통해 요구된 작업을 수행할 수 있는 충분한 크기를 가져야 한다.

나) 캐비닛 내부 방향으로 열리지 않아야 한다.

다) 열쇠로 조작되는 잠금장치가 있어야 하며, 열쇠 없이 다시 닫히고 잠길 수 있어야 한다.

6.5.3 작업구역

구동기 캐비닛 전면의 작업구역 치수는 6.4.2의 규정에 적합하여야 한다.

6.5.4 환기

구동기 캐비닛은 적절하게 환기되어야 한다. 구동기의 전기설비는 성능에 지장이 없도록 먼지, 유해한 연기 및 습도로부터 보호되어야 한다.

6.5.5 조명 및 콘센트

구동기 캐비닛은 바닥 면에 200lx 이상을 비출 수 있는 영구적으로 설치된 전기 조명이 있어야 한다. 이 조명의 전원공급은 13.6.1에 적합하여야 한다.

적절한 높이로 문 가까이에 설치된 조명스위치는 캐비닛의 조명을 점멸할 수 있어야 한다.

1개 이상의 콘센트[13.6.2]가 있어야 한다.

6.6 비상 및 작동시험을 위한 운전

6.6.1 '6.4.3, 6.4.4 및 6.4.5'의 경우, 비상운전 및 작동시험을 위한 필요장치는 승강로 외부에서 모든 비상운전 및 엘리베이터의 필요한 작동시험을 수행하기 위해 적합한 패널에 있어야 한다. 이 패널에는 권한이 있는 사람만이 접근할 수 있어야 한다. 또한, 이것은 유지보수 절차상 카의 움직임이 요구되고 승강로 내부에 있는 작업구역에서 안전하게 작업을 수행할 수 없을 경우 유지보수를 위한 수단에 적용한다.

비상운전 및 작동시험 장치가 구동기 캐비닛 내부에서 보호되지 못할 경우, 이 장치는 다음과 같은 적절한 덮개로 둘러싸여야 한다.

가) 승강로 내부 방향으로 열리지 않아야 한다.

나) 열쇠로 조작되는 잠금장치가 있어야 하며, 열쇠 없이 다시 닫히고 잠길 수 있어야 한다.

6.6.2 패널에는 다음 사항을 만족하는 장치 또는 설비가 있어야 한다.

가) 14.2.3.4에 적합한 내부통화 시스템과 함께, 12.5에 따른 비상운전

나) 작동시험을 수행할 수 있는 제어설비[6.4.3.2, 6.4.4.3, 6.4.5.7]

다) 아래와 같은 내용을 나타내는 구동기의 방향 감시 또는 표시장치

- 카의 운행 방향
- 잠금 해제 구간의 도착
- 엘리베이터 카 속도

6.6.3 패널에 설치되어 있는 장치를 50lx 이상으로 비출 수 있는 영구적인 전기 조명이 설치되어야 한다.

패널 위 또는 근처에 설치된 스위치는 패널의 조명을 점멸할 수 있어야 한다.

이 조명의 전원공급은 13.6.1에 적합하여야 한다.

6.6.4 비상운전 및 시험운전을 위한 패널은 6.3.3.1에 따른 작업구역이 유용한 경우에만 설치되어야 한다.

6.7 풀리 공간의 구조 및 설비

6.7.1 풀리실

승강로 외부의 풀리는 풀리실에 위치하여야 한다.

6.7.1.1 기계적 강도 및 재질

6.7.1.1.1 풀리실은 필요로 하는 하중 및 힘에 견디도록 시공되어야 한다. 풀리실은 먼지를 일으키지 않는 내구성이 있는 재질이어야 한다.

6.7.1.1.2 풀리실의 바닥은 미끄러지지 않은 재질(콘크리트 마감 또는 체크 플레이트의 금속판 등)이어야 한다.

6.7.1.2 치수

6.7.1.2.1 풀리실의 크기는 유지보수 점검자가 모든 설비에 쉽고 안전한 출입을 위하여 충분하여야 하며 다음 사항에 적합하여야 한다.

가) 움직이는 부품의 유지보수 및 점검을 위한 유효 수평면적은 0.5m×0.6m 이상이어야 한다.

나) 유효 공간으로의 접근 통로의 폭은 0.5m 이상이어야 한다. 다만, 움직이는 부품이 없는 경우에는 0.4m로 줄일 수 있다.

6.7.1.2.2 천장 아래의 높이는 1.5m 이상이어야 한다.

6.7.1.2.3 풀리 위로 0.3m 이상의 유효 공간이 있어야 한다.

6.7.1.2.4 풀리실에 제어 패널 및 캐비닛이 있을 경우, 6.3.3.1 및 6.3.3.2의 규정이 적용된다.

6.7.1.3 문 및 트랩문

6.7.1.3.1 출입문은 폭 0.6m 이상, 높이 1.4m 이상이어야 하고 풀리실 내부 방향으로 열리지 않아야 한다.

6.7.1.3.2 사람을 위한 출입 트랩문은 0.8m×0.8m 이상의 유효 통로가 있어야 하고, 반대 방향으로 균형이 이루어져야 한다.

트랩문이 닫혀 있을 때, 모든 트랩문은 어느 지점에서나 0.2m×0.2m의 면적에 1,000N으로 각각 계산한 두 사람의 무게를 영구적인 변형 없이 견딜 수 있어야 한다.

6.7.1.3.3 문 또는 트랩문은 열쇠로 조작되는 잠금장치가 있어야 하며, 열쇠 없이 풀리실 내부에서 열릴 수 있어야 한다.

6.7.1.4 기타 개구부

슬라브 및 풀리실 바닥의 구멍은 그 목적을 위해 최소의 크기로 줄여야 한다. 승강로 위에 위치한 개구부를 통해 전선을 포함한 물건이 떨어지는 위험이 없도록 금속이나 플라스틱으로 된 덮개가 사용되어야 하며 그 덮개는 슬라브 또는 마감된 바닥 위로 50mm 이상 돌출되어야 한다.

6.7.1.5 정지장치

14.2.2 및 15.4.4에 적합한 정지장치는 풀리실 내부의 출입문 가까운 곳에 설치되어야 한다.

6.7.1.6 온도

풀리실에 서리가 끼고 물방울이 맺힐 위험이 있다면 설비를 보호할 수 있는 조치가 구비되어야 한다.

풀리실에 전기설비가 포함된 경우, 주위 온도는 기계실의 온도와 비슷해야 한다.

6.7.1.7 조명 및 콘센트

풀리실에는 도르래에 100lx 이상을 비출 수 있는 영구적으로 설치된 전기 조명이 있어야 한다. 이 조명의 전원공급은 13.6.1에 적합하여야 한다.

적절한 높이로 출입지점에 가까이 설치된 조명스위치는 풀리실의 조명을 점멸할 수 있어야 한다.

1개 이상의 콘센트[13.6.2]가 있어야 한다. 6.7.1.2.4 참조

제어 패널 및 캐비닛이 풀리실에 있는 경우에는 6.3.7의 규정이 적용된다.

6.7.2 승강로 내부의 풀리

카 지붕의 투영면적 외부에 편향 풀리가 위치하고 카 지붕, 카 내부[6.4.3], 플랫폼[6.4.5] 또는 승강로 외부에서 유지보수, 점검운전 및 작동시험이 안전하게 수행될 수 있는 경우, 편향 풀리는 승강로 상부공간에 설치될 수 있다. 다만, 안전한 상태에서 카 지붕이나 플랫폼[6.4.5]으로부터 편향 풀리의 샤프트에 닿을 수 있다면 균형추 방향으로 바꾸기 위해 싱글 또는 더블 랩 방식의 편향 풀리가 카 지붕 위에 설치될 수 있다.

7 승강장문

7.1 일반사항

7.1.1 엘리베이터의 카로 출입할 수 있는 승강로 개구부에는 구멍이 없는 승강장문이 설치되어야 한다.

7.1.2 승강장문이 닫혀 있을 때 문짝사이의 틈새 또는 문짝과 문설주, 인방 또는 문턱 사이의 틈새는 6mm 이하로 가능한 작아야 한다. 다만, 마모될 경우에는 10mm까지 허용될 수 있다. 이 틈새는 움푹 들어간 부분이 있다면 그 부분의 안쪽을 측정한다.

수직 개폐식 승강장문인 경우에는 상기의 틈새 규정을 10mm까지(마모된 경우에는 14mm) 완화하여 적용할 수 있다.

7.1.3 자동 동력작동 수평 개폐식 승강장문에는 어린이의 손이 틈새에 끼이거나 끌려 들어가는 위험을 방지하기 위해 다음과 같은 수단 중 하나 이상이 조치되어야 한다.

가) 7.1.2 전단에 따른 틈새 중 문짝과 문설주 사이의 틈새를 5mm 이하로 설치

나) 손가락 감지수단

다) 틈새 보완(고무 등 부드럽고 유연한 재질)

라) 기타 동등이상의 수단

7.2 승강장문 및 문틀의 강도

7.2.1 승강장문 및 문틀은 시간이 경과되어도 변형되지 않는 방법으로 설치되어야 한다.

승강장문 및 문틀은 이 기준을 만족하기 위해 금속으로 하는 것을 권장한다.

7.2.2 방화 등급

건축법령에서 방화등급이 요구되는 경우에는 관련 규정에 적합한 승강장문이 설치되어야 한다.

7.2.3 기계적 강도

7.2.3.1 잠금장치가 있는 승강장문이 잠긴 상태에서 $5cm^2$ 면적의 원형이나 사각의 단면에 300N의 힘을 균등하게 분산하여 문짝의 어느 지점에 수직으로 가할 때, 승강장문의 기계적 강도는 다음과 같아야 한다.

가) 1mm를 초과하는 영구변형이 없어야 한다.

나) 15mm를 초과하는 탄성변형이 없어야 한다.

다) 시험 중이거나 시험이 끝난 후에 문의 안전성능은 영향을 받지 않아야 한다.

7.2.3.2 수평 개폐식 및 접이식 문의 선행 문짝을 열리는 방향에서 가장 취약한 지점에 장비를 사용하지 않고 손으로 약 150N의 힘을 가했을 때, 7.1에 규정된 틈새는 6mm를 초과할 수 있으나 다음에서 규정한 수치는 초과할 수 없다.

가) 측면 개폐식 문 : 30mm

나) 중앙 개폐식 문 : 45mm

7.2.3.3 유리로 된 문짝은 이 기준에 의해 요구되는 힘이 유리에 가해질 때 유리의 고정설비에 손상을 가하지 않고 전달되는 방법으로 고정되어야 하며, KS L 2004에 적합하거나 동등 이상의 접합유리가 사용되어야 한다. 다만, 승강장문 및 승강기문 표면에 인테리어용으로 유리를 덧붙이는 경우에는 KS L 2002에 적합하거나 동등 이상의 강화유리가 사용되고 비산방지 필름 등이 부착되어야 하며, 부속서 Ⅴ에 따른 경질진자 충격시험 후 유리 조각이 비산되지 않아야 한다.

7.2.3.7 승강장문의 조립체는 450J의 운동에너지(유효 출입구 면적의 50% 이상이 유리로 된 경우 308J 적용)로 충격을 가했을 때 승강장문의 이탈 없이 견뎌야 한다. 다만, 수직개폐식 승강장문은 제외한다.

1. 진자 충격시험은 부속서 Ⅴ 또는 KS B 8301을 참조한다.
2. 시험 중이거나 시험이 끝난 후의 문은 안전성능에 영향을 받지 않아야 한다.

7.3 출입문의 높이 및 폭

7.3.1 높이

승강장문의 유효 출입구 높이는 2m 이상이어야 한다. 다만, 자동차용 엘리베이터는 제외한다.

7.3.2 폭

승강장문의 유효 출입구 폭은 카 출입구의 폭 이상으로 하되, 양쪽 측면 모두 카 출입구 측면의 폭보다 50mm를 초과하지 않아야 한다.

7.4 문턱, 가이드 및 문의 현수

7.4.1 문턱

모든 승강장의 출입구에는 카에 들어가는 하중을 견디도록 충분한 강도의 문턱이 있어야 한다.

비고 물청소, 스프링클러의 작동 등으로 물이 승강로에 들어가지 않도록 각 승강장 문턱 앞의 바닥을 약간 경사지도록 마감하는 것이 좋다.

7.4.2 가이드

7.4.2.1 승강장문은 정상운행 중에 이탈, 기계적 끼임 또는 작동 경로의 끝단에서 벗어나는 것이 방지되도록 설계되어야 한다.

수평 개폐식 승강장문에는 가이드가 마모, 부식 또는 화재로 인하여 사용되지 못하게 될 경우 승강장문이 제 위치에 유지되도록 하는 비상 가이드 장치가 있어야 한다.

7.4.2.2 수평 개폐식 승강장문은 상·하부에서 안내되어야 한다.

7.4.2.3 수직 개폐식 승강장문은 양 측면에서 안내되어야 한다.

7.4.3 수직 개폐식 문의 현수

7.4.3.1 수직 개폐식 문의 문짝은 2개의 독립된 현수부품에 고정되어야 한다.

7.4.3.2 현수 로프, 체인 및 벨트의 안전율은 8 이상이어야 한다.

7.4.3.3 현수 로프 풀리의 피치 직경은 로프 직경의 25배 이상이어야 한다.

7.4.3.4 현수 로프 및 체인은 풀리 홈 또는 스프라켓으로부터 이탈되지 않도록 보호되어야 한다.

7.5 문 작동과 관련된 보호

7.5.1 일반사항

문 및 문 주위는 인체의 일부, 옷 또는 기타 물체가 끼여 발생하는 손상 또는 부상의 위험을 최소화시키는 방법으로 설계되어야 한다.

자동 동력 작동식 문의 외부표면은 작동하는 동안 전단의 위험을 방지하기 위해 3mm를 초과하여 함몰되거나 돌출되지 않아야 한다. 이러한 문의 모서리는 열림 동작 방향으로 둥글게 처리되어야 한다. 다만, 부속서 Ⅱ에서 규정한 잠금해제장치를 사용하기 위한 부분은 적용되지 않는다.

7.5.2 동력 작동식 문

동력 작동식 문은 사람이 문짝과 충돌하여 입게 되는 유해한 결과를 최소로 줄일 수 있게 설계되어야 한다. 이 목적을 위해 다음 사항을 만족하여야 한다.

7.5.2.1 수평 개폐식 문

7.5.2.1.1 자동 동력 작동식 문

7.5.2.1.1.1 문 닫힘을 저지하는데 필요한 힘은 150N 이하이어야 한다. 이 힘은 문 닫힘 행정의 최초 1/3 구간에서는 측정되지 않아야 한다.

7.5.2.1.1.2 승강장문 및 문에 견고하게 연결된 기계부품의 운동에너지는 평균 닫힘 속도에서 계산되거나 측정되어 10J 이하이어야 한다. 문의 평균 닫힘 속도는 문의 작동구간 전체에 대해 계산한다.

7.5.2.1.1.3 문이 닫히는 동안 사람이 끼이거나 끼려고 할 때 자동으로 문이 반전되어 열리는 문닫힘안전장치가 있어야 한다.

문닫힘안전장치는 카문에 있을 수 있다. [8.7.2.1.1.3 참조]

문이 닫히는 마지막 15mm 구간에서는 무효화 될 수 있다.

문 닫힘을 지속적으로 방해하는 것을 방지하기 위해 미리 설정된 시간이 지나면 문닫힘안전장치가 무효화되는 즉, 문이 닫히도록 하는 시스템이 있는 경우에는 문닫힘안전장치가 무효화되어 문이 닫히는 동안 7.5.2.1.1.2에서 규정된 운동에너지는 4J 이하이어야 한다.

7.5.2.1.1.4 카문과 승강장문이 연동되어 동시에 작동되는 경우, 7.5.2.1.1.1 및 7.5.2.1.1.2의 규정은 결합된 문의 메커니즘에 대해 유효하다.

7.5.2.1.1.5 접힌 문이 열리는 것을 방지하기 위해 필요한 힘은 150N 이하이어야 한다.

이 힘은 접힌 문짝의 인접한 외측 모서리 또는 동등한 곳(문 틀에서 100mm 떨어진 접힌 문 등)에서 측정되어야 한다.

7.5.2.1.2 반자동 동력 작동식 문

버튼을 지속적으로 누르고 있거나 이와 유사한 방법(hold-to-run control)으로 사용자의 지속적인 관리 하에 문이 닫히는 경우, 7.5.2.1.1.2에서 기술된 것과 같이 계산되거나 측정된 운동에너지가 10J를 초과할 때 가장 빠른 문짝의 평균 닫힘 속도는 0.3m/s까지 제한되어야 한다.

7.5.2.2 수직 개폐식 문

수직 개폐식 문은 화물용에만 적용되어야 한다. 동력 닫힘은 다음 3가지 사항을 동시에 만족하는 경우에만 이루어져야 한다.

가) 문짝의 평균 닫힘 속도는 0.3m/s까지 제한되어야 한다.

나) 카문은 8.6.1에 규정된 것과 같은 구조이어야 한다.

다) 문이 닫히는 동안 사람이나 물건이 끼이거나 끼려고 할 때 자동으로 문이 반전되어 열리는 문닫힘안전장치가 있어야 한다. 다만, 반자동 동력 작동식 문인 경우에는

제외한다.

7.5.2.3 다른 형식의 문

다른 형식의 문(동력 작동 회전문이 사용되는 경우 등)이 개폐될 때 사람이 부딪힐 위험이 있는 곳에는 동력 작동 개폐식에서 기술된 것과 유사한 예방조치가 취해져야 한다.

7.6 승강장 조명 및 《카 있음》 신호 표시

7.6.1 승강장 조명

승강장에는 카 조명이 없더라도 이용자가 승강장문을 열고 엘리베이터에 탑승할 때 앞을 볼 수 있도록 50lx 이상(바닥에서 측정)의 자연 또는 인공조명이 있어야 한다.

7.7 잠금 및 닫힌 승강장문의 확인

7.7.1 추락 위험에 대한 보호

엘리베이터가 정상적으로 운행하는 중에 카가 문의 잠금 해제 구간에서 정지하고 있지 않거나 정지 시점이 아닌 경우에는 승강장문(또는 여러 문짝이 있는 경우 어떤 문짝이라도)의 개방은 가능하지 않아야 한다.

잠금 해제 구간은 승강장 바닥의 위·아래로 0.2m 이하이어야 한다. 다만, 기계적으로 작동되는 카문과 승강장문이 동시에 작동되는 경우의 잠금 해제 구간은 승강장 바닥의 위·아래로 최대 0.35m까지 연장될 수 있다.

7.7.2 전단에 대한 보호

7.7.2.1 엘리베이터가 정상적으로 운행하는 중에 7.7.2.2를 제외하고 승강장문 또는 여러 문짝이 있는 승강장문의 어떤 문짝이 열린 경우에는 엘리베이터가 출발하거나 계속 움직일 가능성은 없어야 한다. 다만, 카의 운행을 위한 예비 운전은 가능할 수 있다.

7.7.2.2 문이 열린 상태로 운행되는 경우는 다음과 같은 구간에서 허용된다.

가) 14.2.1.2의 규정을 만족하는 경우, 해당 층에서 착상 또는 재 착상이 허용되는 잠금 해제 구간

나) 8.4.3, 8.14 및 14.2.1.5의 규정 및 다음 사항을 만족하는 경우, 카에 타고 내리는 것(또는 하역작업)이 허용되는 승강장 바닥 위로 최대 1.65m 높이까지 연장된 구간

1) 승강장문 헤더와 카 바닥 사이의 유효높이가 2m 이상이어야 하고,
2) 카가 이 구간에 있을지라도, 특별한 조작 없이 승강장문을 완전히 닫을 수 있어야 한다.

7.7.3 잠금 및 비상 잠금해제

각 승강장문에는 7.7.1의 규정을 만족하는 잠금장치가 있어야 한다.

이 장치는 고의적인 오용에 대해 보호되어야 한다.

7.7.3.1 잠금

닫힌 위치에서 승강장문의 확실한 잠금이 카의 움직임보다 우선되어야 한다. 다만, 카의 운행을 위한 예비운전은 발생될 수 있다. 잠금은 14.1.2에 적합한 전기안전장치에 의해 입증되어야 한다.

7.7.3.1.1 잠금 부품이 7mm 이상 물려지기 전에는 카가 출발되지 않아야 한다. [그림 3 참조]

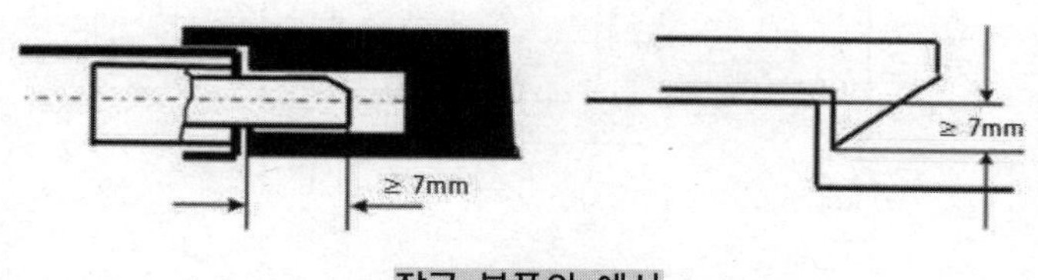

잠금 부품의 예시

7.7.3.1.2 문짝의 잠금 상태를 입증하는 전기안전장치의 부품은 잠금 부품에 의해 어떤 중간 메커니즘 없이 확실하게 작동되어야 한다. 이것은 필요한 경우의 조정을 제외하고 잘못될 수가 없어야 한다.

특별한 사례 : 습기 또는 폭발의 위험에 대비한 특별한 보호가 요구되는 엘리베이터에 사용되는 잠금장치의 경우, 기계적인 잠금과 잠금 상태를 입증하는 전기안전장치 부품 사이의 연계가 확실하다면 잠금장치를 의도적으로 파손할 경우에만 그 연계의 차단이 가능할 수 있다.

7.7.3.1.3 경첩이 있는 문의 경우, 문이 닫히는 수직방향 모서리에 가능한 가까이에서 잠금이 이뤄져야하고 잠금 상태는 문짝이 처지더라도 유지되어야 한다.

7.7.3.1.4 잠금 부품 및 잠금 부품의 고정설비는 충격에 견딜 수 있어야 하며 금속 또는 강화금속이어야 한다.

7.7.3.1.5 잠금 부품은 문이 열리는 방향으로 300N의 힘을 가할 때 잠금 효력이 감소되지 않는 방법으로 물려야 한다.

7.7.3.1.6 잠금장치는 문이 열리는 방향으로 다음과 같은 힘을 가할 때 영구변형 없이 견뎌야 한다.

가) 수직 수평 개폐식 문 : 1,000N

나) 경첩이 있는 문 : 3,000N

7.7.3.2 비상 잠금 해제

7.7.3.2.1 각 승강장문은 승강로 밖(승강장)에서 열쇠로 잠금이 해제되어야 한다. 이 열쇠는 별표 1의 부속서 Ⅱ에서 규정한 열쇠구멍에 맞는 것이어 한다.

부속서 Ⅱ

비상 잠금 해제 열쇠 구멍

[치수 : mm]

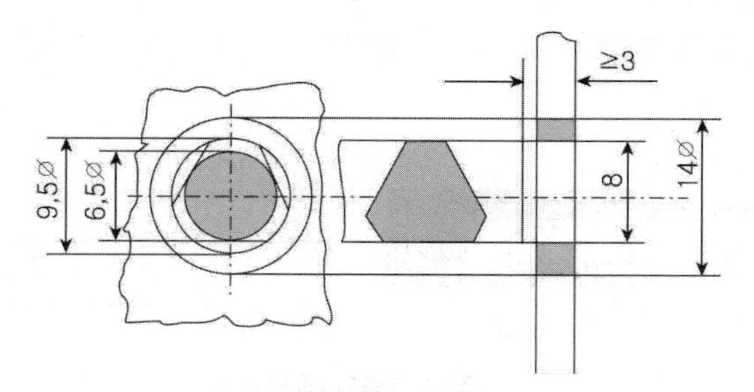

비상 잠금 해제를 위한 열쇠구멍

7.7.3.2.2 잠금 해제 열쇠구멍은 승강장 바닥에서부터 수직으로 2.0m를 초과하지 않은 승강장문의 문짝이나 문틀에 위치되어야 한다.

비상 잠금 해제는 의자, 사다리 등 오를 수 있는 수단의 사용 없이 가능하여야 한다.

7.7.3.2.3 비상 잠금 해제이후, 잠금장치는 승강장문의 닫힘과 함께 다시 작동하여 잠겨야 한다.

7.7.3.2.4 승강장문이 카문에 의해 작동되는 경우, 카가 잠금 해제 구간 밖에 있을 때에는 어떤 이유라도 승강장문을 자동으로 닫히게 보장하는 장치(추 또는 스프링)가 있어야 한다.

7.7.3.2.5 승강장문을 통해 피트에 출입하는 경우에는 피트에 있는 사람이 5.7.3.2에 따른 사다리를 통해 수직거리 1.8m와 수평거리 0.8m 이내에서 승강장문 잠금장치에 안전하게 접근하여 직접 또는 어떤 수단에 의해 승강장문을 개방할 수 있어야 한다.

7.7.3.2.6 비상 잠금 해제 열쇠는 책임 있는 사람에게만 주어져야 한다. 이 열쇠에는 확실하게 잠기지 않아 발생할 수 있는 사고를 예방하기 위해 필수 주의사항이 문자로 상세하게 설명된 지침이 부착되거나 표기되어야 한다.

7.7.4 승강장문의 닫힘을 입증하는 전기장치

7.7.4.1 각 승강장문에는 7.7.2에 의한 규정을 만족하고 닫힘 상태를 입증하기 위해 14.1.2에 적합한 전기안전장치가 있어야 한다.

7.7.5 승강장문의 잠금 및 닫힘 상태를 입증하기 위한 장치에 대한 공통 요건

7.7.5.1 사람이 일반적으로 접근할 수 있는 위치에서 정상운행 시퀀스를 구성하지 못한 어떤 하나의 동작 후에는 엘리베이터가 승강장문이 열린 상태 또는 잠기지 않은 상태로 운행되는 것은 불가능하여야 한다.

7.7.6 여러 문짝이 기계적으로 연결된 개폐식 문

7.8 자동으로 작동하는 문의 닫힘

정상운행 중 자동으로 작동되는 승강장문은 필요한 시간 후에 닫혀야 하며 그 시간은 카의 운행 호출이 없는 상태에서 엘리베이터의 사용량 즉, 운행량에 따라 정해질 수 있다.

8 카, 균형추 및 평형추

8.1 카의 높이

8.1.1 카 내부의 유효 높이는 2m 이상이어야 한다. 다만, 자동차용 엘리베이터는 제외한다.

8.1.2 카 출입구의 유효 높이는 2m 이상이어야 한다. 다만, 자동차용 엘리베이터는 제외한다.

8.2 카의 유효 면적, 정격하중 및 정원

8.2.1 일반사항

카의 과부하를 방지하기 위해 카의 유효 면적은 제한되어야 한다. 표 1.1은 정격하중과 최대 카의 유효 면적 사이의 관계를 나타낸다.

카의 별도 공간 및 기타 확장부분은 분리용 문에 의해 막혀 있고 높이가 1m 이하일지라도 이 공간은 최대 카의 유효 면적 계산에 고려될 경우에만 인정된다.

문이 닫혀 있을 때 출입구의 이용 가능한 면적 또한 고려되어야 한다.

또한, 14.2.5에 따른 장치에 의해 카의 과부하가 감지되어야 한다.

[표 1.1]

정격하중, 질량 kg	최대 카의 유효 면적 m^2	정격하중, 질량 kg	최대 카의 유효 면적 m^2
100[1)]	0.37	900	2.20
180[2)]	0.58	975	2.35
225	0.70	1,000	2.40
300	0.90	1,050	2.50

정격하중, 질량 kg	최대 카의 유효 면적 m^2	정격하중, 질량 kg	최대 카의 유효 면적 m^2
375	1.10	1,125	2.65
400	1.17	1,200	2.80
450	1.30	1,250	2.90
525	1.45	1,275	2.95
600	1.60	1,350	3.10
630	1.66	1,425	3.25
675	1.75	1,500	3.40
750	1.90	1,600	3.56
800	2.00	2,000	4.20
825	2.05	2,500[3]	5.00

비고 1

[1] 1인승 엘리베이터에 대한 최소

[2] 2인승 엘리베이터에 대한 최소

[3] 2,500kg을 초과 시에는 추가되는 각 100kg에 대하여 0.16m^2의 면적을 더한다.

비고 2 수치 사이의 중간 하중에 대한 면적은 보간법으로 계산한다.

8.2.2 화물용

화물용 엘리베이터의 정격하중은 카의 면적 1m2 당 250kg으로 계산한 값 이상으로 하고 자동차용 엘리베이터의 정격하중은 카의 면적 1m2 당 150kg으로 계산한 값 이상으로 한다.

8.2.3 정원

정원은 다음 식에서 계산된 값을 가장 가까운 정수로 버림 한 값이어야 하며, 최소 카의 유효 면적은 표 1.2에 적합하여야 한다.

$$= \frac{\text{정격하중}}{65}$$

[표 1.2]

정원	최소 카의 유효 면적 m^2	정원	최소 카의 유효 면적 m^2
1	0.24	11	1.62
2	0.42	12	1.74
3	0.52	13	1.86
4	0.68	14	1.99

정원	최소 카의 유효 면적 m^2	정원	최소 카의 유효 면적 m^2
5	0.85	15	2.11
6	1.01	16	2.23
7	1.14	17	2.34
8	1.26	18	2.47
9	1.38	19	2.59
10	1.50	20	2.71

정원이 20명을 초과하는 경우에는 추가 승객 당 0.10m^2의 면적을 더한다.

8.3 카의 벽, 바닥 및 지붕

8.3.1 카는 벽, 바닥 및 지붕에 의해 완전히 둘러싸여야 한다. 다만, 다음 개구부는 허용된다.

가) 이용자의 정상적인 출입을 위한 출입구

나) 비상구출구

다) 환기구

8.3.2 카의 벽, 바닥 및 지붕은 충분한 기계적 강도를 가져야 한다. 가이드 슈, 카의 벽, 바닥 및 지붕으로 구성된 조립체는 엘리베이터의 정상운행 뿐만 아니라 비상정지장치의 작동 또는 카가 완충기에 충돌 시 가해지는 힘을 견딜 수 있는 충분한 기계적 강도를 가져야 한다.

8.4 에이프런

8.4.1 카 문턱에는 승강장 유효 출입구 전폭에 걸쳐 에이프런이 설치되어야 한다. 수직면의 아랫부분은 수평면에 대해 60° 이상으로 아랫방향을 향하여 구부러져야 한다. 구부러진 곳의 수평면에 대한 투영길이는 20mm 이상이어야 한다.

8.4.2 수직 부분의 높이는 0.75m 이상이어야 한다.

8.5 카 출입구

8.5.1 카 출입구에는 문이 설치되어야 한다.

8.5.2 카에는 2개 이상의 출입구가 설치될 수 있으나 2개 이상의 문이 동시에 열려 통로로 사용되는 구조가 아니어야 한다.

8.6 카 문

8.6.1 카 문에는 구멍이 없어야 한다. 다만, 반자동 동력 작동 또는 수동 작동의 수직 개폐

식 카 문을 사용하는 화물용은 수평으로 10mm 이하, 수직으로 60mm 이하 크기의 구멍이 있을 수 있다.

8.6.2 카 문은 닫혔을 때 필수적인 틈새를 제외하고 카 출입구를 완전히 막아야 한다.

8.6.6 문턱, 가이드 및 문의 현수

카 문과 관련하여 7.4의 규정이 준수되어야 한다.

8.6.7 기계적 강도

8.6.7.1 카 문이 닫힌 상태에서 $5cm^2$ 면적의 원형이나 사각의 단면에 300N의 힘을 균등하게 분산하여 문짝의 어느 지점에 수직으로 가할 때, 카 문의 기계적 강도는 다음과 같아야 한다.

가) 1mm를 초과하는 영구변형이 없어야 한다.

나) 15mm를 초과하는 탄성변형이 없어야 한다.

다) 시험 중이거나 시험이 끝난 후에 문의 안전성능은 영향을 받지 않아야 한다.

8.7 문의 작동과 관련된 보호

8.7.1 일반사항

문 및 문 주위는 인체의 일부, 옷 또는 기타 물체가 끼여 발생하는 손상 또는 부상의 위험을 최소화시키는 방법으로 설계되어야 한다.

작동하는 동안 전단의 위험을 방지하기 위해, 자동 동력 작동식 문의 외부표면은 3mm를 초과하여 함몰되거나 돌출되지 않아야 한다. 이러한 문의 모서리는 열림 동작 방향으로 둥글게 처리되어야 한다. 다만, 8.6.1에 따른 구멍이 있는 문에는 적용하지 않는다.

8.7.2 동력 작동식 문

동력 작동식 문은 사람이 문짝과 충돌하여 입게 되는 유해한 결과를 최소로 줄일 수 있도록 설계되어야 한다. 이 목적을 위해 다음 규정에 적합하여야 한다.

카 문과 승강장문이 연동되어 동시에 작동하는 경우, 다음 규정은 결합된 문의 메커니즘에 대해 유효하다.

8.7.2.1 수평 개폐식 문

8.7.2.1.1 자동 동력 작동식 문

8.7.2.1.1.1 문 닫힘을 저지하는데 필요한 힘은 150N 이하이어야 한다. 이 힘은 문 닫힘 행정의 최초 1/3 구간에서는 측정되지 않아야 한다.

8.7.2.1.1.2 카문 및 문에 견고하게 연결된 기계부품의 운동에너지는 평균 닫힘 속도에서 계산되거나 측정되어 10J 이하이어야 한다.

8.7.2.1.1.3 문이 닫히는 동안 사람이 끼이거나 끼려고 할 때 자동으로 문이 반전되어 열리는 문닫힘안전장치가 있어야 한다.

문닫힘안전장치의 기능은 문이 닫히는 마지막 15mm 구간에서는 무효화 될 수 있다. 문 닫힘을 지속적으로 방해하는 것을 방지하기 위해 미리 설정된 시간이 지나면 문닫힘안전장치가 무효화되는 즉, 문이 닫히도록 하는 시스템이 있는 경우에는 문닫힘안전장치가 무효화되어 문이 닫히는 동안 8.7.2.1.1.2에서 규정된 운동에너지는 4J 이하이야 한다.

8.7.2.1.1.4 접힌 문이 열리는 것을 방지하기 위해 필요한 힘은 150N 이하이어야 한다.

이 힘은 접힌 문짝의 인접한 외측 모서리 또는 동등한 곳(문 틀에서 100mm 떨어진 접힌 문 등)에서 측정되어야 한다.

8.7.2.2 수직 개폐식 문

이 형식의 개폐문은 화물용에만 적용되어야 한다.

동력 닫힘은 다음 3가지 사항을 동시에 만족하는 경우에만 이루어져야 한다.

가) 문짝의 평균 닫힘 속도는 0.3m/s까지 제한되어야 한다.

나) 카문은 8.6.1에 규정된 것과 같은 구조이어야 한다.

다) 문이 닫히는 동안 사람이나 물건이 끼이거나 끼려고 할 때 자동으로 문이 반전되어 열리는 문닫힘안전장치가 있어야 한다. 다만, 반자동 동력 작동식 문인 경우에는 제외한다.

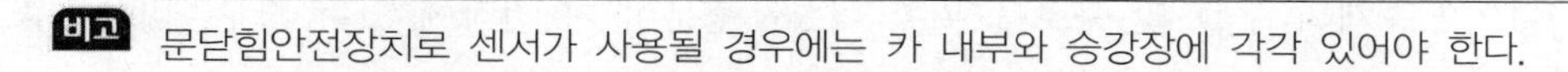

비고 문닫힘안전장치로 센서가 사용될 경우에는 카 내부와 승강장에 각각 있어야 한다.

8.8 문닫힘 동작의 반전

자동 동력 작동식 문의 닫힘 동작을 반전시키는 장치는 카의 다른 제어장치와 함께 위치되어야 한다.

8.9 카문의 닫힘을 입증하는 장치

8.9.1 엘리베이터의 정상 운전상태 중에 7.7.2.2를 제외하고 카 문(또는 여러 문짝이 있는 경우 어떤 하나의 문짝)이 열리면 정지상태의 엘리베이터는 기동되지 않아야 하며, 운행 중인 엘리베이터는 정지되어야 한다. 다만, 카의 운행을 위한 예비 운전은 가능할 수 있다.

8.10 여러 문짝이 기계적으로 연결된 개폐식 문

8.10.1 기계적으로 직접 연결된 여러 개의 문짝으로 이뤄진 문은 다음과 같이 할 수 있다.

가) 전기안전장치[8.9.2]를 하나의 문짝(겹침 문의 경우 빠른 문짝) 또는 문의 구동기

부품(문의 구동기 부품과 문짝이 직접 기계적으로 연결된 경우)에 설치한다.

나) 11.2.1 다)에 규정된 조건에서, 하나의 문짝에만 있는 잠금장치가 문짝 간의 걸림에 의해 다른 문짝의 열림을 막을 수 있다면 하나의 문짝에만 잠금장치를 설치한다.

8.11 카문의 개방

8.11.1 엘리베이터가 어떤 이유로 승강장 근처에서 정지한 경우, 승객이 카에서 빠져나오기 위해 다음과 같이 행동한다면 카는 정지되고 도어개폐장치의 전원은 차단되어야 한다.

8.11.2 8.11.1에 규정된 카문의 개방은 잠금 해제 구간에서만 가능하여야 한다.

문을 개방하는데 필요한 힘은 300N을 초과하지 않아야 한다.

11.2.1 다)에 의해 적용받는 카문에 잠금장치가 있는 엘리베이터의 경우, 카 내에서 카문의 개방은 카가 잠금 해제 구간에 있을 때에만 가능하여야 한다.

8.11.3 정격속도 1m/s를 초과하여 운행 중인 엘리베이터 카문의 개방은 50N 이상의 힘이 요구되어야 한다. 다만, 잠금 해제 구간에서는 제외한다.

8.12 비상구출문

8.12.1 12.5에서 기술된 비상구출 운전 시, 카 내 승객의 구출은 항상 카 밖에서 이루어져야 한다.

8.12.2 승객의 구출 및 구조를 위한 비상구출문이 카 천장에 있는 경우, 비상구출구의 크기는 0.35m×0.5m 이상이어야 한다.

8.12.3 2대 이상의 엘리베이터가 동일 승강로에 설치되어 인접한 카에서 구출할 수 있도록 카 벽에 비상구출문이 설치될 수 있다. 다만, 서로 다른 카사이의 수평거리는 0.75 m 이하이어야 한다.[5.2.2.1.2 참조]

이 비상구출문의 크기는 폭 0.35m 이상, 높이 1.8m 이상이어야 한다.

8.12.4 비상구출문은 8.3.2 및 8.3.3에 적합하여야 한다. 또한, 다음 사항에 적합하여야 한다.

8.12.4.1 비상구출문은 손으로 조작 가능한 잠금장치가 있어야 한다.

8.12.4.1.1 카 천장에 설치된 비상구출문은 열쇠 등을 사용하지 않고 카 외부에서 간단한 조작으로 열 수 있어야 하고 카 내부에서는 부속서 Ⅱ에서 규정한 열쇠를 사용하지 않으면 열 수 없는 구조이어야 한다.

카 천장에 설치된 비상구출문은 카 내부 방향으로 열리지 않아야 한다.

카 천장에 설치된 비상구출문이 완전히 열렸을 때 카 천장의 가장자리를 넘어 돌출되지 않아야 한다.

8.13 카 지붕

8.3에 추가하여, 카 지붕은 다음 사항을 만족하여야 한다.

8.13.1 카 지붕은 어떤 위치에서든지 0.2m×0.2m의 면적에 1,000N으로 각각 계산한 두 사람의 무게를 영구적인 변형 없이 견딜 수 있어야 한다.

8.13.2 카 지붕은 사람이 서 있을 수 있는 $0.12m^2$ 이상의 유효 면적이 확보되어야 하고, 작은 변의 길이는 0.25m 이상이어야 한다.

8.13.3 카 지붕에는 다음과 같은 보호수단이 설치되어야 한다.

가) 발보호판 : 카 지붕의 가장자리 또는 보호난간이 있는 경우에는 카 지붕의 가장자리와 보호난간 사이에 높이 0.1m 이상으로 설치되어야 한다.

나) 보호난간 : 카 지붕의 바깥쪽 가장자리에서 승강로 벽까지의 수평거리가 0.3m를 초과하는 경우에 설치되어야 한다. 이 수평거리는 승강로 내의 벽면까지 측정한다. 다만, 움푹 들어간 부분의 폭이나 높이가 0.3m 이하인 경우에는 측정부분에서 제외될 수 있다.

8.13.3.1 보호난간은 손잡이 및 보호난간의 1/2 높이 지점의 중간봉으로 구성되어야 한다.

8.13.3.2 보호난간의 손잡이 바깥쪽 끝 면과 승강로 벽 사이의 수평거리를 고려하여 보호난간의 높이는 다음과 같아야 한다.

가) 수평거리가 0.3m를 초과하고 0.5m 이하인 경우 : 0.7m 이상

나) 수평거리가 0.5m를 초과하는 경우 : 1.1m 이상

8.13.3.3 손잡이의 바깥쪽 모서리와 승강로의 어떤 부품(균형추 또는 평형추, 스위치, 레일, 브라켓 등) 사이의 수평거리는 0.1m 이상이어야 한다.

8.14 카 헤더

승강장문이 열렸을 때 카 지붕과 승강장문의 헤더 사이에 틈새가 있는 경우에는 이 틈새를 채우기 위해 카 출입구의 윗부분에 승강장문의 전체 폭에 걸쳐 위로 연장되는 견고한 금속판이 설치되어야 한다.

비고 이러한 가능성은 도킹 운전[14.2.1.5]이 있는 엘리베이터의 경우 특히 예상되어야 한다.

8.15 카 상부의 설비

카 상부에는 다음과 같은 설비가 설치되어야 한다.

가) 14.2.1.3에 적합한 제어장치(점검운전)

나) 14.2.2 및 15.3에 적합한 정지장치

다) 13.6.2에 적합한 콘센트

8.16 환기

8.16.1 구멍이 없는 문이 설치된 카에는 카의 위·아랫부분에 자연 환기구가 있어야 한다.

8.16.2 카 윗부분에 위치한 자연 환기구의 유효면적은 카의 허용면적의 1% 이상이어야 한다. 카 아랫부분의 환기구 또한 동일하게 적용된다.

카문 주위에 있는 개구부 또는 틈새는 규정된 유효면적의 50%까지 환기구의 면적에 계산될 수 있다.

8.16.3 자연 환기구는 직경 10mm의 곧은 강체 막대 봉이 카 내부에서 카 벽을 통해 통과될 수 없는 구조이어야 한다.

8.17 조명

8.17.1 카에는 카 바닥 및 조작 장치를 50lx 이상의 조도로 비출 수 있는 영구적인 전기조명이 설치되어야 한다.

8.17.2 조명이 백열등 형태일 경우에는 2개 이상의 등이 병렬로 연결되어야 한다.

8.17.3 엘리베이터가 사용 중일 때, 카는 지속적으로 조명되어야 한다.

자동 동력 작동식 문의 경우, 7.8에 따라 카가 문이 닫힌 채로 승강장에 정지하고 있을 때 조명은 차단될 수 있다.

8.17.4 정상 조명전원이 차단될 경우에는 2lx 이상의 조도로 1시간 동안 전원이 공급될 수 있는 자동 재충전 예비전원공급장치가 있어야 하며, 이 조명은 정상 조명전원이 차단되면 자동으로 즉시 점등되어야 한다. 측정은 다음과 같은 곳에서 이루어져야 한다.

가) 호출버튼 및 비상통화장치 표시

나) 램프중심부로부터 2m 떨어진 수직면상

8.17.5 8.17.4에서 기술된 예비전원이 14.2.3에서 규정된 비상통화장치를 작동하는데 또한 사용될 경우에는 충분한 전원용량을 확보하여 동시에 작동될 수 있어야 한다.

9 현수, 보상, 카의 상승과속 및 의도되지 않은 움직임의 보호

9.1 현수 수단

9.1.1 카, 균형추 또는 평형추는 와이어로프, 롤러체인 또는 기타 수단에 의해 현수되어야 한다.

9.1.2 로프 또는 체인은 다음 사항에 적합하여야 한다.

가) 로프는 공칭 직경이 8mm 이상이어야 하며 KS D ISO 4344에 적합하거나 동등 이상이어야 한다.

나) 체인은 KS B 1407에 적합하거나 동등 이상이어야 한다.

9.1.3 로프는 3가닥 이상이어야 한다. 다만, 포지티브 구동식 엘리베이터의 경우에는 로프 및 체인을 2가닥 이상으로 할 수 있다.
로프 또는 체인은 독립적이어야 한다.

9.1.4 구멍에 꿰어 매는 방식이 사용되는 경우, 고려되는 수는 내려지는 수가 아니라 로프 또는 체인의 수이다.

9.1.5 로프의 마모 및 파손상태는 부속서 XI의 규정에 적합하여야 한다.

부속서 XI
로프의 마모 및 파손상태

현수로프와 조속기로프 등 로프의 마모 및 파손상태는 가장 심한 부분에서 확인·측정하여 표 XI.1에 적합하여야 한다.

로프의 마모 및 파손상태에 대한 기준

마모 및 파손상태	기 준
소선의 파단이 균등하게 분포되어 있는 경우	1구성 꼬임(스트랜드)의 1꼬임 피치 내에서 파단 수 4 이하
파단 소선의 단면적이 원래의 소선 단면적의 70% 이하로 되어 있는 경우 또는 녹이 심한 경우	1구성 꼬임(스트랜드)의 1꼬임 피치 내에서 파단 수 2 이하
소선의 파단이 1개소 또는 특정의 꼬임에 집중되어 있는 경우	소선의 파단총수가 1꼬임 피치 내에서 6꼬임 와이어로프이면 12 이하, 8꼬임 와이어로프이면 16 이하
마모부분의 와이어로프의 지름	마모되지 않은 부분의 와이어로프 직경의 90% 이상

비고 파단 소선의 단면적이 70% 이하인지 여부는 다음 그림 XI.1의 l1의 마모길이를 측정하여 표 XI.2의 수치 이상인 것으로 판정할 수 있다.

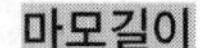
마모길이

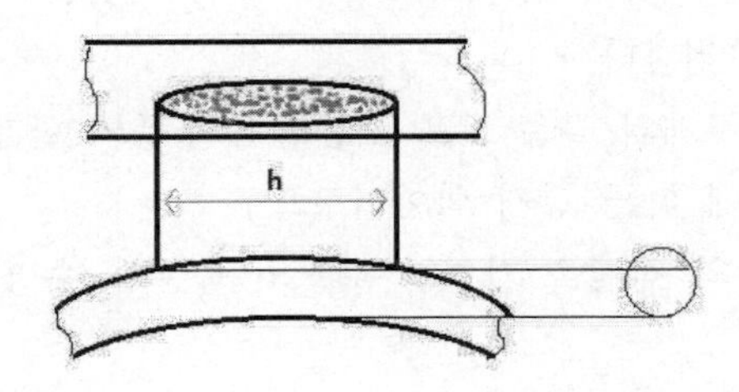

주로프 직경	로프의 구성기호 및 마모길이(l1), 단위(mm)		
	8 × S (19)	6 × W (19)	8 × Fi (25)
8	2.8	3.2	2.6
10	3.6	4.0	3.3
12	4.2	4.8	4.0
14	4.9	5.6	4.4
16	5.6	6.3	5.4
18	6.3	7.2	6.2
20	7.1	8.1	6.5

9.2 권상도르래, 풀리 또는 드럼과 로프의 직경 비율, 로프/체인의 단말처리

9.2.1 권상도르래, 풀리 또는 드럼과 현수로프의 공칭 직경사이의 비는 스트랜드의 수와 관계없이 40 이상이어야 한다.

9.2.2 현수로프의 안전율은 부속서 Ⅸ에 따라 계산되어야 한다. 어떠한 경우라도 안전율은 12 이상이어야 한다.

안전율은 카가 정격하중을 싣고 최하층에 정지하고 있을 때 로프 1가닥의 최소 파단하중(N)과 이 로프에 걸리는 최대 힘(N) 사이의 비율이다.

승강기 설계시에는 현수로프의 수명을 충분히 고려하여 안전율을 계산하여야 한다.

부속서 Ⅸ
현수로프에 대한 안전율 평가

Ⅸ.1 일반사항

9.2.2를 참고하여, 이 부속서 Ⅸ은 현수로프에 대한 안전율 "S_f"의 평가방법을 기술한다. 그 방법은 다음을 고려한다.

- 강철/주철 권상 도르래와 같은 로프 구동장치 부품의 설계에 사용되는 통례적인 재료
- KS(한국산업표준)에 따른 강재 와이어로프
- 정기적인 유지보수와 점검을 가정한 로프의 충분한 수명

Ⅸ.2 도르래의 등가번호 N_{equiv}

굽힘의 수 및 각 굽힘의 가혹한 정도가 로프 손상을 일으킨다. 이것은 홈(U 또는 V홈)의 타입 및 굽힘이 거꾸로 되느냐 또는 아니냐에 의해 영향을 받는다.

각 굽힘의 가혹한 정도는 단순한 굽힘의 수로 동일하게 할 수 있다.

단순한 굽힘은 홈의 반경이 공칭 로프 반경보다 대략 5%에서 6% 더 큰 곳에서 반원 홈을 넘어가는 것으로 정의된다.

단순한 굽힘의 수는 다음으로부터 산출될 수 있는 동등한 도르래의 등가번호 N_{equiv}와 일치한다.

$$N_{equiv} = N_{equiv(t)} + N_{equiv(p)}$$

여기서, $N_{equiv(t)}$=권상 도르래의 등가번호

$N_{equiv(p)}$=편향 도르래의 등가번호이다.

Ⅸ.2.1 $N_{equiv(t)}$의 평가

$N_{equiv(t)}$는 표 부속서 Ⅹ의 1에서 얻어질 수 있다.

언더컷이 없는 U-홈에 대해서 : $N_{equiv(t)}$=1

Ⅸ.1

V-홈	V-각도(γ)	-	35°	36°	38°	40°	42°	45°
	$N_{equiv(t)}$	-	18.5	15.2	10.5	7.1	5.6	4.0
U-/V-언더컷 홈	U-각도(β)	75°	80°	85°	90°	95°	100°	105°
	$N_{equiv(t)}$	2.5	3.0	3.8	5.0	6.7	10.0	15.2

Ⅸ.2.2 $N_{equiv(p)}$의 평가

역 방향 굽힘은 연속적인 2개의 고정된 도르래 상에 로프가 접촉한 점으로부터의 거리가 로프 직경의 200배를 초과하지 않는 경우에만 고려된다.

$$N_{equiv} = K_p(N_{ps} + 4N_{pr})$$

여기서, N_{ps}=단순한 굽힘을 가진 도르래의 수

N_{pr}=역방향 굽힘을 가진 도르래의 수

K_p=권상 도르래와 도르래 직경사이에 비율의 계수

즉, $K_p = \left(\frac{D_t}{D_p}\right)^4$

여기서, D_t=권상 도르래의 직경

D_p=권상 도르래를 제외한 모든 도르래의 평균직경

Ⅸ.3 안전율

로프 구동장치의 주어진 설계에 대해 안전율의 최소값은 D_t/d_r의 정확한 비율 및 계산된 N_{equiv}를 고려하여 그림 Ⅸ.1에서 선택될 수 있다.

그림 Ⅹ.1의 곡선은 다음의 공식에 근거한다.

$$S_f = 10^{\left(2,6834 - \frac{\log\left(\frac{695,85.10^6 N_{equi}}{\left(\frac{D_t}{d_r}\right)^{8,567}}\right)}{\log\left(77,09\left(\frac{D_t}{d_r}\right)^{-2,894}\right)}\right)}$$

여기서, S_f=안전율
N_{equiv}=도르래의 등가번호
D_t=권상 도르래의 직경
d_r=로프의 직경

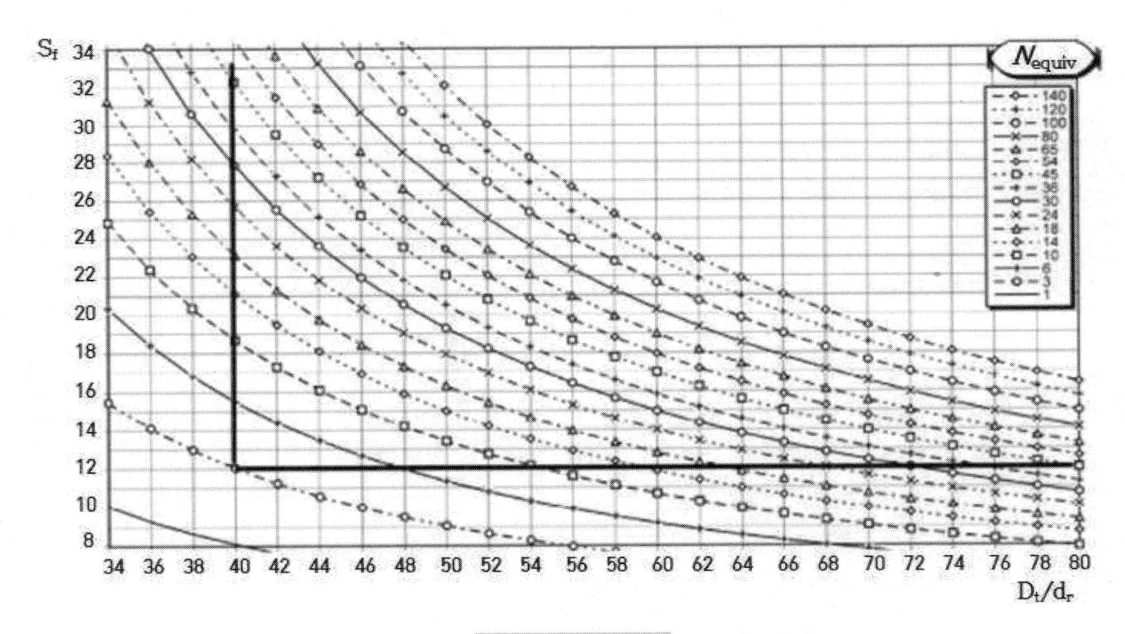

최소 안전율의 평가

Ⅸ.4 예시

도르래의 등가번호 N_{equiv}에 대한 계산의 예시는 그림 Ⅸ.2에 주어졌다.

보기 1

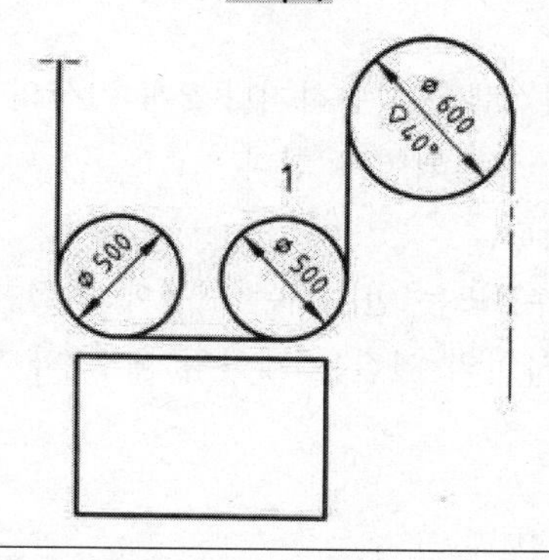

V_{groove}, $\gamma=40°$

$N_{equiv(t)}=7.1$

$K_p=2.07$

$N_{equiv(p)}=2\times2.07=4.1$

$N_{equiv}=11.2$

비고 움직이는 도르래로 인해 반대로 감지 않음 (카 측)

보기 2

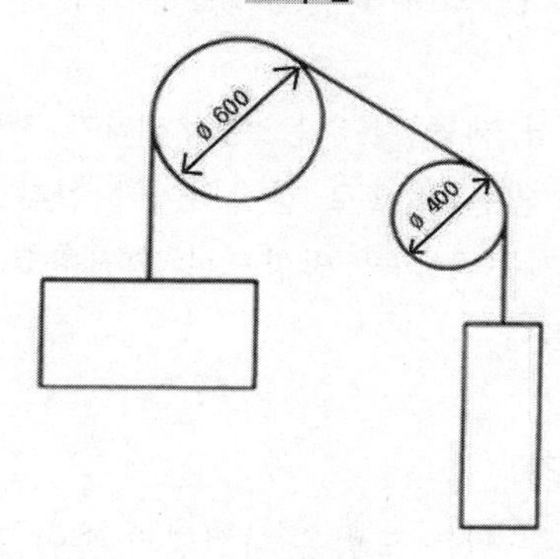

언더컷 V_{groove}, $\gamma=40°$, $\beta=90°$

$N_{equiv(t)}=5$

$K_p=5.06$

$N_{equiv(p)}=5.06$

$N_{equiv}=10.06$

보기 3

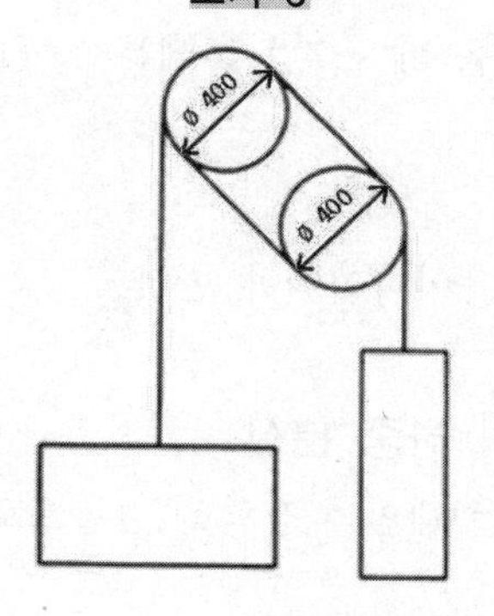

U_{groove}

$N_{equiv(t)}=1+1$(더블랩)

$K_p=1$

$N_{equiv}=4$

도르래의 등가번호에 대한 계산의 예시

9.2.3 9.2.3.1에 따른 로프와 로프 단말 사이의 연결은 로프의 최소 파단하중의 80% 이상을 견뎌야 한다.

9.2.3.1 로프의 끝 부분은 카, 균형추(또는 평형추) 또는 현수되는 지점에 금속 또는 수지로 채워진 소켓, 자체 조임 쐐기형식의 소켓 또는 안전상 이와 동등한 기타 시스템에 의해 고정되어야 한다.

9.2.3.2 드럼에 있는 로프는 쐐기로 막는 시스템을 사용하거나 2개 이상의 클램프 또는 안전상 이와 동등한 기타 시스템에 의해 고정되어야 한다.

9.2.4 현수체인의 안전율은 10 이상이어야 한다.

9.2.5 체인의 끝 부분은 카, 균형추(또는 평형추) 또는 현수되는 지점에 적절한 단말처리에 의해 고정되어야 한다. 체인과 체인 단말 사이의 연결은 체인의 최소 파단하중의 80% 이상을 견뎌야 한다.

9.3 로프 권상

로프 권상은 다음 3가지 사항에 적합하여야 한다. 설계에 고려되는 사항은 부속서 Ⅷ를 참조한다.

가) 8.2.1 및 8.2.2에서와 같이 카에 정격하중의 125%까지 실었을 때 카는 승강장 바닥 높이에서 미끄러짐 없이 유지되어야 한다.

나) 무부하 또는 정격하중이 실려 있더라도, 비상 제동 시 카는 행정거리가 작아진 완충기를 포함하여 완충기의 설정 값을 초과하지 않는 값으로 감속되어야 한다.

다) 균형추가 완충기 위에 정지하고 있고 구동기는 "상승" 방향으로 회전하고 있을 때 빈 카를 들어 올리는 것이 가능하지 않아야 한다.

9.4 포지티브 구동식 엘리베이터의 로프 감김

9.4.1 12.2.1 나)에서 규정된 조건에서 사용될 수 있는 드럼은 나선형의 홈이 있어야 하고, 그 홈은 사용되는 로프에 적합하여야 한다.

9.4.2 카가 완전히 압축된 완충기에 정지하고 있을 때, 드럼 홈에는 1+(1/2)권의 로프가 남아야 한다.

9.4.3 로프는 드럼에 한 겹으로만 감겨야 된다.

9.4.4 홈에 연관된 로프의 편향 각(후미 각)은 4° 이하이어야 한다.

9.5 로프와 로프 사이 또는 체인과 체인 사이의 하중 분산

9.5.1 로프 또는 체인의 끝부분에는 현수로프 또는 체인의 장력을 자동으로 균등하게 하는 장치가 있어야 한다.

9.5.1.1 스프라켓에 연결하는 체인의 경우, 카에 고정된 끝부분뿐만 아니라 평형추에 고

정된 끝부분에도 장력을 자동으로 균등하게 하는 장치가 있어야 한다.

9.5.1.2 동일 축에 여러 개의 회전 스프라켓이 있는 경우에 체인이 있다면, 이 스프라켓은 독립적으로 회전이 가능하여야 한다.

9.6 보상수단

9.6.1 권상능력 또는 승강시키는 전동기의 힘을 충분히 확보하기 위해 현수로프의 무게를 보상하는 수단이 사용될 경우에는 다음 사항이 적용되어야 한다.

가) 정격속도가 3.0m/s 이하인 경우에는 균형체인, 균형로프 또는 균형벨트 등이 보상수단으로 사용될 수 있다.

나) 정격속도가 3.0m/s를 초과하는 경우에는 균형로프만 보상수단으로 사용되어야 한다.

다) 정격속도가 3.5m/s를 초과하는 경우에는 추가로 튀어오름방지장치가 설치되어야 한다. 튀어오름방지장치가 작동되면 14.1.2에 적합한 전기안전장치에 의해 구동기의 정지가 시작되어야 한다.

라) 정격속도가 1.75m/s를 초과하는 경우, 인장장치가 없는 보상수단은 회전하는 부근의 근처에서 가이드 봉 등으로 안내되어야 한다.

9.6.2 균형로프가 보상수단으로 사용될 경우에는 다음 사항에 적합하여야 한다.

가) 균형로프는 KS D ISO 4344에 적합하여야 한다.

나) 인장 풀리가 사용되어야 한다.

다) 인장 풀리의 피치직경과 균형로프의 공칭직경 사이의 비는 30 이상이어야 한다.

라) 인장 풀리는 9.7에 따라 보호되어야 한다.

마) 중력에 의해 인장되어야 한다.

바) 14.1.2에 적합한 전기안전장치에 의해 최소 인장이 확인되어야 한다.

9.6.3 균형로프, 균형체인 또는 균형벨트와 같은 보상수단 및 보상수단의 부속품은 영향을 받는 모든 정적인 힘에 대해 5 이상의 안전율을 가지고 견딜 수 있어야 한다.
카 또는 균형추가 운행구간의 최상부에 있을 때 보상수단의 최대 현수무게 및 인장 풀리 조립체(있는 경우) 전체 무게의 1/2의 무게가 포함되어야 한다.

9.7 권상도르래, 풀리 및 스프라켓의 보호 수단

9.7.1 권상도르래, 풀리 및 스프라켓에 대해, 다음과 같은 위험을 방지하기 위해 다음 표에 따라야 한다.

가) 인체의 부상

나) 로프/체인이 느슨해질 경우, 로프/체인이 풀리/스프라켓에서 벗어남

다) 로프와 풀리/체인과 스프라켓 사이에 물체의 유입

표

권상도르래, 풀리 및 스프라켓의 위치			9.7.1에 따른 위험		
			가)	나)	다)
카	카 지붕		X	X	X
	카 바닥 아래			X	X
균형추/평형추				X	X
기계실			X [2]	X	X [1]
풀리실				X	
승강로	상부공간	카 위	X	X	
		카 옆		X	
	피트와 상부공간 사이			X	X [1]
	피트		X	X	X
조속기 및 조속기 인장 풀리				X	X [1]

X 고려되는 위험
1) 로프/체인이 권상도르래 또는 풀리/스프라켓에 수평 또는 최대 90°까지 수평의 어떤 각도로 들어가고 있는 경우에만 요구
2) 최소한 물려 들어가는 것에 대한 보호

9.8 비상정지장치

9.8.1 일반사항

9.8.1.1 카에는 현수수단의 파손, 즉 현수로프가 끊어지더라도 조속기 작동속도에서 하강방향으로 작동하여 가이드 레일을 잡아 정격하중의 카를 정지시킬 수 있는 비상정지장치가 설치되어야 한다.

상승방향으로 작동되는 비상정지장치는 9.10에 따라 사용될 수 있다.

비상정지장치의 작동장치는 가급적 카의 하부에 위치하여야 한다.

9.8.1.2 균형추 또는 평형추에 비상정지장치가 설치되는 경우, 균형추 또는 평형추에는 조속기 작동속도에서(또는 9.8.3.1에 기술된 현수수단이 파손될 경우) 하강방향으로 작동하여 가이드 레일을 잡아 균형추 또는 평형추를 정지시키는 비상정지장치가 있어야 한다.

9.8.2 다른 형식의 비상정지장치에 대한 사용조건

9.8.2.1 카의 비상정지장치는 엘리베이터의 정격속도가 1m/s를 초과하는 경우 점차 작동형이어야 한다. 다만, 다음과 같은 경우에는 그러하지 아니한다.

가) 정격속도가 1m/s를 초과하지 않는 경우 : 완충효과가 있는 즉시 작동형
나) 정격속도가 0.63m/s를 초과하지 않는 경우 : 즉시 작동형

9.8.2.2 카에 여러 개의 비상정지장치가 설치된 경우에는 모두 점차 작동형이어야 한다.

9.8.2.3 균형추 또는 평형추의 비상정지장치는 정격속도가 1m/s를 초과하는 경우 점차 작동형이어야 한다. 다만, 정격속도가 1m/s 이하인 경우에는 즉시 작동형으로 할 수 있다.

9.8.3 작동방법

9.8.3.1 카, 균형추 또는 평형추의 비상정지장치는 자체 조속기에 의해 각각 작동되어야 한다.

다만, 정격속도가 1m/s 이하인 경우, 균형추 또는 평형추의 비상정지장치는 현수수단(기어)의 파손 또는 안전로프에 의해 작동 될 수 있다.

9.8.3.2 비상정지장치는 전기식, 유압식 또는 공압식으로 동작되는 장치에 의해 작동되지 않아야 한다.

9.8.4 감속도

점차 작동형 비상정지장치의 경우 정격하중의 카가 자유 낙하할 때 작동하는 평균 감속도는 0.2gn과 1gn 사이에 있어야 한다.

9.8.5 복귀

9.8.5.1 비상정지장치가 작동된 후 정상 복귀는 전문가(유지보수업자 등)의 개입이 요구되어야 한다.

9.8.5.2 카, 균형추 또는 평형추의 비상정지장치의 복귀 및 자동 재설정은 카, 균형추 또는 평형추를 들어 올리는 것에 의해서만 가능하여야 한다.

9.8.6 구조적 조건

9.8.6.1 비상정지장치의 죠 또는 블록은 가이드 슈로 사용되지 않아야 한다.

9.8.6.2 완충효과가 있는 즉시 작동형 비상정지장치의 경우, 완충 시스템의 설계는 10.4.2 또는 10.4.3의 규정을 만족하는 완충된 복귀동작을 갖는 에너지 축적형 또는 에너지 분산형으로 되어야 한다.

9.8.6.3 비상정지장치가 조정 가능한 경우, 최종 설정은 봉인(표시)되어야 한다.

9.8.7 카 바닥의 기울기

카 비상정지장치가 작동될 때, 부하가 없거나 부하가 균일하게 분포된 카의 바닥은 정상적인 위치에서 5%를 초과하여 기울어지지 않아야 한다.

9.8.8 전기적 확인

카 비상정지장치가 작동될 때, 카에 설치된 14.1.2에 적합한 전기안전장치에 의해 비상정지장치가 작동하기 전 또는 작동순간에 구동기의 정지가 시작되어야 한다.

9.9 조속기

9.9.1 카 비상정지장치의 작동을 위한 조속기는 정격속도의 115% 이상의 속도 그리고 다음과 같은 속도 미만에서 작동되어야 한다.

가) 고정된 롤러 형식을 제외한 즉시 작동형 비상정지장치 : 0.8m/s

나) 고정된 롤러 형식의 비상정지장치 : 1m/s

다) 완충효과가 있는 즉시 작동형 비상정지장치 및 정격속도가 1m/s 이하의 엘리베이터에 사용되는 점차 작동형 비상정지장치 : 1.5m/s

라) 정격속도가 1m/s를 초과하는 엘리베이터에 사용되는 점차 작동형 비상정지장치 : (1.25V+0.25/V)m/s

비고 정격속도가 1m/s를 초과하는 엘리베이터에 대해, 가능한 상기 라)에 요구된 값에 가까운 작동속도의 선택을 추천한다.

9.9.2 매우 무거운 정격하중 및 낮은 정격속도를 갖는 엘리베이터의 경우, 조속기는 특별하게 설계되어야 한다.

비고 9.9.1에 규정된 더 낮은 한계 값에 가능한 가까운 작동속도를 선택하도록 추천한다.

9.9.3 균형추 또는 평형추 비상정지장치에 대한 조속기의 작동속도는 9.9.1에 따른 카 비상정지장치에 대한 작동속도보다 더 높아야 하나 그 속도는 10%를 넘게 초과하지 않아야 한다.

9.9.4 조속기가 작동될 때, 조속기에 의해 생성되는 조속기 로프의 인장력은 다음 두 값 중 큰 값 이상이어야 한다.

가) 최소한 비상정지장치가 물리는데 필요한 값의 2배

나) 300N

인장력을 생성하기 위해 견인에만 의존하는 조속기는 다음과 같은 홈이 있어야 한다.

가) 추가적인 경화공정을 거친 홈, 또는

나) 부속서 Ⅷ.2.2.1에 따른 언더컷이 있는 홈

9.9.5 조속기에는 비상정지장치의 작동과 일치하는 회전방향이 표시되어야 한다.

9.9.6 조속기로프

9.9.6.1 조속기는 조속기 용도로 설계된 와이어로프에 의해 구동되어야 한다.

9.9.6.2 조속기로프의 최소 파단하중은 조속기가 작동될 때 권상 형식의 조속기에 대해 마찰계수 μmax가 0.2와 동등하게 고려되어 8 이상의 안전율로 조속기로프에 생성되는

인장력에 관계되어야 한다.

9.9.6.3 조속기로프의 공칭 직경은 6mm 이상이어야 한다.

9.9.6.4 조속기로프 풀리의 피치 직경과 조속기로프의 공칭 직경 사이의 비는 30 이상이어야 한다.

9.9.6.5 조속기로프는 인장 풀리에 의해 인장되어야 한다. 이 풀리(또는 인장추)는 안내되어야 한다.

9.9.6.6 조속기로프 및 관련 부속부품은 비상정지장치가 작동하는 동안 제동거리가 정상적일 때보다 더 길더라도 손상되지 않아야 한다.

9.9.6.7 조속기로프는 비상정지장치로부터 쉽게 분리될 수 있어야 한다.

9.9.6.8 조속기로프의 마모 및 파손상태는 부속서 XI의 규정에 적합하여야 한다.

9.9.7 반응시간

작동 전 조속기의 반응시간은 비상정지장치가 작동되기 전에 위험속도에 도달하지 않도록 충분히 짧아야 한다.

9.9.8 접근성

9.9.8.1 조속기는 유지보수 및 점검을 위해 접근이 가능하고 닿을 수 있어야 한다.

9.9.8.2 조속기가 승강로에 위치한 경우, 조속기는 승강로 밖에서 접근 가능하고 닿을 수 있어야 한다.

9.9.8.3 다음 3가지 사항을 만족하는 경우, 9.9.8.2의 규정은 적용되지 않는다.

가) 9.9.9에 따라 조속기는 의도되지 않은 작동에 영향을 받지 않고 작동을 위한 조작장치에 권한이 없는 사람이 접근할 수 없는 경우 승강로 밖에서 무선방식을 제외한 원격 제어수단에 의해 작동된다.

나) 유지보수 및 점검을 위해 카 지붕 또는 피트로부터 조속기에 접근이 가능하다.

다) 조속기 작동 후에는 카, 균형추 또는 평형추를 상승방향으로 움직여서 조속기가 자동으로 정상 위치로 복귀된다.

전기적인 부품은 승강로 밖의 원격제어에 의해 정상적인 위치로 복귀되더라도 조속기의 정상적인 기능에 영향을 주지 않아야 한다.

9.9.9 조속기 작동 시험

점검 또는 시험 중 9.9.1에서 규정하는 속도보다 작은 속도에서 안전한 방법으로 조속기를 작동시켜 비상정지장치를 작동하는 것이 가능하여야 한다.

9.9.10 조속기가 조정 가능할 경우, 최종 설정은 봉인(표시)되어야 한다.

9.9.11 전기적 확인

9.9.11.1 조속기 또는 다른 장치는 14.1.2에 적합한 전기안전장치에 의해 상승 또는 하강하는 카의 속도가 조속기의 작동속도에 도달하기 전에 구동기의 정지를 시작하여야 한다.

다만, 정격속도가 1m/s 이하인 경우 이 장치는 늦어도 조속기 작동속도에 도달하는 순간에 작동될 수 있다.

9.9.11.2 비상정지장치의 복귀[9.8.5.2] 후에 조속기가 자동으로 재설정되지 않을 경우, 14.1.2에 적합한 전기안전장치는 조속기가 재설정 위치에 있지 않는 동안 엘리베이터의 출발을 방지하여야 한다. 다만, 14.2.1.4 다)의 2)에 해당되는 경우 이 장치는 작동불능 상태가 되어야 한다.

9.9.11.3 조속기로프가 파손되거나 과도하게 늘어나면 14.1.2에 적합한 전기안전장치에 의해 구동기를 정지시키는 장치가 설치되어야 한다.

9.10 카의 상승과속방지수단

권상 구동식 엘리베이터에는 다음 사항에 적합한 카의 상승과속방지수단이 설치되어야 한다.

9.10.1 속도 감지 및 감속 부품으로 구성된 이 수단은 최소 정격속도의 115%, 최대 9.9.3에서 규정된 속도에서 상승하는 카의 제어되지 않은 움직임을 감지하여야 한다. 그리고 카를 정지시키거나 균형추 완충기에 대하여 설계된 속도로 감속시켜야 한다.

9.11 카의 의도되지 않은 움직임에 대한 보호

9.11.1 엘리베이터에는 현수로프 또는 체인 그리고 권상 도르래나 드럼 또는 구동기 스프라켓을 제외하고 카의 안전한 운행이 좌우되는 구동기 또는 제어시스템의 어떤 하나의 부품고장의 결과로 승강장문이 잠기지 않고 카문이 닫히지 않은 상태로 카가 승강장으로부터 벗어나는 의도되지 않은 움직임을 정지시킬 수 있는 수단이 설치되어야 한다.

9.11.2 이 수단은 카의 의도되지 않은 움직임을 감지하고, 카를 정지시켜야 하며 정지를 유지하여야 한다.

9.11.4 이 수단의 정지부품은 다음과 같은 곳 중 어느 하나에 작동되어야 한다.

가) 카

나) 균형추

다) 로프시스템(현수 또는 보상)

라) 권상도르래(도르래에 직접 또는 도르래의 바로 인접한 동일 축 등)

이 수단의 정지부품 또는 정지된 카를 유지하는 수단은 아래와 같이 사용되는 것과 공용으로 사용될 수 있다.

- 하강 방향의 과속 방지
- 카의 상승과속 방지[9.10]

9.11.5 이 수단은 다음과 같은 거리에서 카를 정지시켜야 한다. [그림 4 참조]

- 카의 의도되지 않은 움직임이 감지되는 경우, 승강장으로부터 1.2m 이하

- 승강장문 문턱과 카 에이프런의 가장 낮은 부분 사이의 수직거리는 200mm 이하
- 카 문턱에서 승강장문 인방까지 또는 승장장문 문턱에서 카문 인방까지의 수직거리는 1m 이상

이 값은 정격하중의 100%까지 카에 어떤 하중을 싣고 얻어져야 한다.

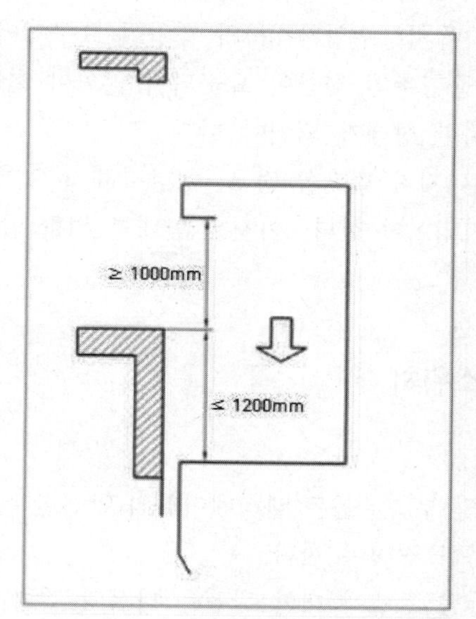

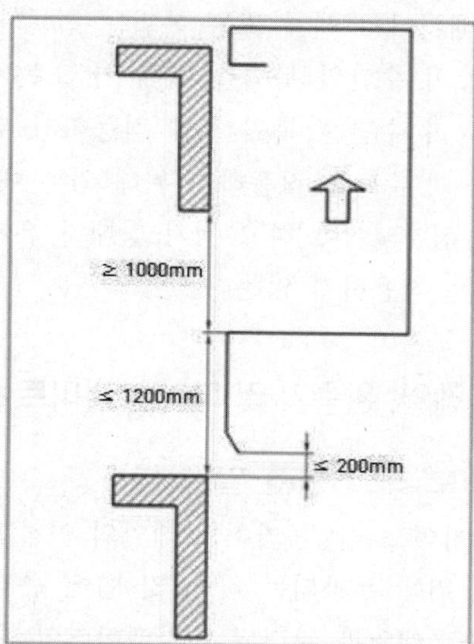

의도되지 않은 카의 움직임

9.11.6 정지단계 동안, 이 수단의 정지부품은 카의 감속도가 아래의 값을 초과하는 것을 허용하지 않아야 한다.

- 상승방향으로 의도되지 않은 움직임에 대하여 1gn
- 하강방향으로 비상정지장치에 대하여 인정된 값

이 값은 정격하중의 100%까지 카에 어떤 하중을 싣고 승강장 바닥의 정지 위치에서 벗어나는 움직임으로 얻어져야 한다.

9.11.7 카의 의도되지 않은 움직임은 늦어도 카가 잠금 해제 구간을 벗어날 때 1개 이상의 스위치에 의해 감지되어야 한다.

이 스위치 장치는 아래와 같아야 한다.

- 14.1.2.2에 적합한 안전 접점이거나
- 14.1.2.3의 안전회로에 대한 규정을 만족하는 방법으로 연결되거나
- 14.1.2.6의 규정을 만족하여야 한다.

9.11.8 이 수단이 작동되면 14.1.2에 적합한 전기안전장치가 작동되어야 한다.

비고 이 수단은 9.11.7의 스위치 장치와 공용일 수 있다.

9.11.9 이 수단이 작동되거나 자체-감지 수단이 이 수단의 정지부품의 고장을 표시할 때 엘리베이터의 해제 또는 복귀는 전문가(유지보수업자 등)의 개입이 요구되어야 한다.

9.11.10 이 수단의 복귀를 위해 카 또는 균형추의 접근이 요구되지 않아야 한다.

9.11.11 이 수단은 복귀 후에 작동하기 위한 상태가 되어야 한다.

9.11.12 이 수단을 작동하기 위해 외부 에너지가 필요할 경우, 에너지가 없으면 엘리베이터는 정지되어야 하고 정지 상태가 유지되어야 한다. 이것은 안내를 위한 압축된 스프링에는 적용하지 않는다.

10 가이드 레일, 완충기 및 파이널 리미트 스위치

10.1 가이드 레일 관련 일반사항

10.1.1 가이드 레일, 가이드 레일의 연결 및 부속부품은 엘리베이터의 안전한 운행을 보장하기 위해 부과되는 하중 및 힘에 충분히 견뎌야 한다.

가이드 레일과 관련된 엘리베이터의 안전 운행에 대한 관점은 다음과 같다.

가) 카, 균형추 또는 평형추의 안내는 보증되어야 한다.

나) 휨은 다음 사항에 의해 기인되는 범위까지 제한되어야 한다.

1) 의도되지 않게 문의 잠금이 해제되지 않아야 한다.

2) 안전장치의 작동에 영향을 주지 않아야 한다.

3) 움직이는 부품이 다른 부품과 충돌할 가능성이 없어야 한다.

응력은 부속서 Ⅲ.2, Ⅲ.3 및 Ⅲ.4에서 주어진 것과 같이 또는 승강기 설치자와 소유자간의 협의를 통해 특별한 사용조건(상호 계약 등)에 따라 정격하중의 분포를 고려하여 제한되어야 한다.

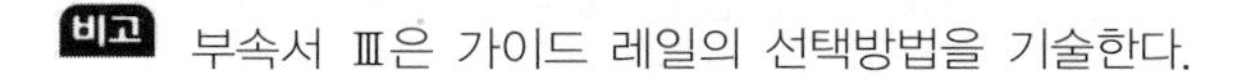
비고 부속서 Ⅲ은 가이드 레일의 선택방법을 기술한다.

10.1.2 허용 응력 및 휨

10.1.2.1 허용 응력은 다음 식에 의해 결정되어야 한다.

$$\sigma_{perm} = \frac{R_m}{S_t}$$

여기서, σ_{perm}=허용응력(N/mm^2)

R_m=인장강도(N/mm^2)

S_t=안전율

안전율은 다음 표에서 얻어진다.

가이드 레일에 대한 안전율

하중	연신율(A5)	안전율
정상 사용 하중	A5 ≥ 12%	2.25
	8% ≤ A5 ≤ 12%	3.75
비상정지장치 작동	A5 ≥ 12%	1.8
	8% ≤ A5 ≤ 12%	3.0

8% 미만의 연신율을 갖는 재료는 취약성이 너무 높은 것으로 간주되므로 사용되지 않아야 한다.

KS B ISO 7465에 따른 가이드 레일의 경우, 아래 표에 주어진 σ_{perm}의 값은 사용 가능하다.

가이드 레일에 대한 안전율

(단위 : N/mm^2)

하중	Rm		
	370	440	520
정상 사용 하중	165	195	230
비상정지장치 작동	205	244	290

10.1.2.2 T형 가이드 레일에 대해 계산된 최대 허용 휨은 다음과 같다.

가) 비상정지장치가 작동하는 카, 균형추 또는 평형추의 가이드 레일 : 양방향으로 5mm

나) 비상정지장치가 없는 균형추 또는 평형추의 가이드 레일 : 양방향으로 10mm

10.1.3 가이드 레일 브래킷 및 건축물에 가이드 레일의 고정은 자동으로 또는 단순 조정에 의해 건축물의 정상적인 정착 또는 콘크리트의 수축에 기인한 효과의 보상이 허용되어야 한다.

가이드 레일이 해제되는 것에 의해 부속부품의 회전은 방지되어야 한다.

10.2 카, 균형추 또는 평형추의 가이드

10.2.1 카, 균형추 또는 평형추는 2개 이상의 견고한 금속제 가이드 레일에 의해 각각 안내되어야 한다.

10.2.2 가이드 레일은 다음과 같은 경우에 압연강으로 만들어지거나 마찰 면이 기계 가공되어야 한다.

가) 정격속도가 0.4m/s를 초과한다.

나) 속도에 관계없이 점자 작동형 비상정지장치가 사용된다.

10.2.3 비상정지장치가 없는 균형추 또는 평형추의 가이드 레일은 성형된 금속판으로 만들 수 있다. 이 가이드 레일은 부식에 보호되어야 한다.

10.3 카 및 균형추 완충기

10.3.1 엘리베이터에는 카 및 균형추의 주행로 하부 끝에 완충기가 설치되어야 한다.
카 투영면적 아래 완충기의 작용점은 5.7.3.3에 적합하기 위해 어떤 높이의 장애물(받침대)에 의해 확실하게 작용하여야 한다. 승강로 벽을 제외한 가이드 레일 및 이와 유사한 고정된 장치로부터 0.15m 이내의 작용면적의 중심이 있는 완충기에 대하여 이 장치는 장애물로 간주된다.

10.3.2 10.3.1의 규정에 추가하여, 포지티브 구동식 엘리베이터는 주행로 상부 끝단에서 작용하도록 카 상부에 완충기가 설치되어야 한다.

10.3.3 선형 또는 비선형 특성을 갖는 에너지 축적형 완충기는 엘리베이터의 정격속도가 1m/s 이하인 경우에만 사용되어야 한다.

10.3.4 완충된 복귀 움직임을 갖는 에너지 축적형 완충기는 엘리베이터의 정격속도가 1.6m/s 이하인 경우에만 사용되어야 한다.

10.3.5 에너지 분산형 완충기는 엘리베이터 정격속도와 상관없이 어떤 경우에도 사용될 수 있다.

10.4 카 및 균형추 완충기의 행정

다음과 같이 요구되는 완충기의 행정은 부속서 Ⅶ에서 보여준다.

부속서 Ⅷ
권상 평가

Ⅷ.1 개요

권상은 항상 다음이 고려되도록 보장되어야 한다.

- 정상운행
- 층 높이에서 카에 적재
- 및 비상정지에 기인한 감속

그래도, 어떤 이유 때문에 승강로 내부에 카가 정지되는 경우 발생될 미끄러짐은 허용하도록 고려되어야 한다.

다음의 치수 부여 절차는 강철 와이어로프 및 승강로 상부에 있는 강철/주철로 된 도르래 및 구동기를 포함하는 통상적인 적용에 있어 권상 평가를 위해 사용될 수 있는 하나의 지침이다.

그 결과는 경험에서 보는 것과 같이 내장된 추가적인 안전 때문에 안전하다. 그러므로 다음과 같은 요소는 상세하게 고려될 필요는 없다.

- 로프 구조
- 윤활의 종류 및 양
- 권상도르래 및 로프의 재질
- 제조 공차

Ⅷ.2 권상 계산

다음의 공식이 적용되어야 한다.

$\frac{T_1}{T_2} \leq e^{fa}$ 카에 부하 및 비상제동 조건에 대하여

$\frac{T_1}{T_2} \geq e^{fa}$ 카가 정지된 조건에 대하여(완충기 위에 정지하고 있는 균형추 및 "UP" 방향으로 회전하는 구동기)

여기서, f=마찰계수

a=권상도르래의 로프 접촉각

T_1, T_2=권상도르래 양쪽 로프에 걸리는 힘

Ⅷ.2.1 T_1 / T_2의 평가

Ⅷ.2.1.1 카 적재 조건

정적비율 T_1 / T_2은 승강로 내부에서 정격하중의 125%를 싣고 있는 카의 위치가 가장 나쁜 경우에 대해 평가되어야 한다. 부하 계수 1.25가 적용되지 않는 경우에는 8.2.2는 특별한 취급을 요한다.

Ⅷ.2.1.2 비상제동 조건

동적비율 T_1 / T_2은 승강로 내부에서 카의 위치 및 부하조건(빈 카 또는 정격하중)이 가장 나쁜 경우에 대해 평가되어야 한다.

각각의 움직이는 부품은 설치 시 구멍을 꿰는 비율을 고려하여 그것의 적절한 가속 비율과 함께 고려하는 것이 바람직하다.

어떤 경우라도 고려될 가속 비율은 아래 속도 이상이어야 한다.

- 정상적 경우에 대해 0.5m/s^2
- 감소된 행정의 완충기가 사용될 때 0.8m/s^2

Ⅷ.2.1.3 정지된 카 조건

정적 비율 T_1 / T_2은 승강로 내부에서 카의 위치 및 부하조건(빈 카 또는 정격하중)에 기초하여 가장 나쁜 경우에 대해 평가되어야 한다.

Ⅷ.2.2 마찰율의 평가

Ⅷ.2.2.1 홈 가공 고려사항들

Ⅷ.2.2.1.1 반원 및 반원 언더컷 홈

비고
β : 언더컷 홈
γ : 홈 각도

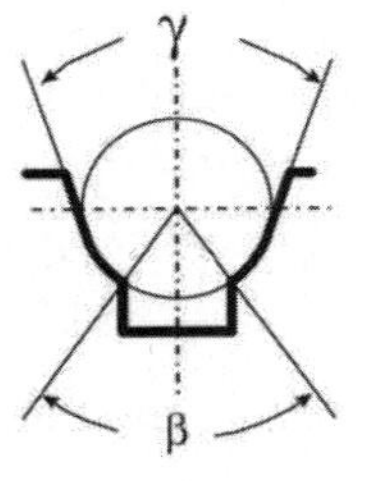

반원 언더컷 홈

다음 공식이 사용된다.

$$f=\mu\frac{4\left(\cos\frac{\gamma}{2}-\sin\frac{\beta}{2}\right)}{\pi-\beta-\gamma-\sin\beta+\sin\gamma}$$

여기서, β=언더컷 각도의 값 γ=홈 각도의 값
μ=마찰계수 f=마찰율

언더컷 각도 β의 최대값은 106°(1.83rad.)을 초과하지 않아야 하며, 언더컷의 80%와 일치한다.

홈 각도의 값은 홈 가공 설계에 따라서 제조업체에 의해 주어지는 것이 바람직하다. 어떤 경우에도 25°(0.43 rad.) 이상이여야 한다.

Ⅷ.2.2.1.2 V-홈

홈이 추가적인 경화공정을 거치지 않는 곳에서, 마모로 인한 권상의 악화를 제한하기 위해 언더컷이 필요하다.

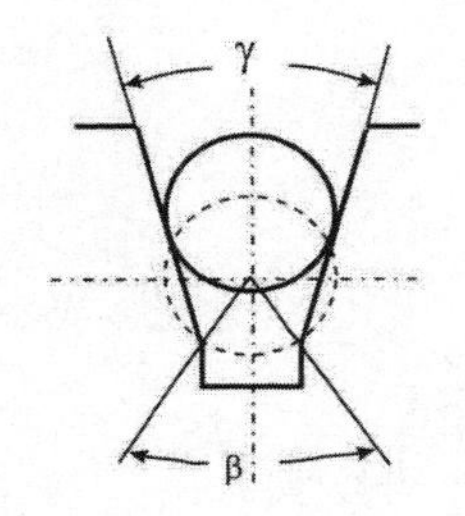

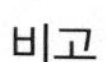
비고
β : 언더컷 홈
γ : 홈 각도

V-홈

다음의 공식을 적용한다.

- 카 적재 및 비상 제동의 경우

$$f = \mu \frac{4\left(1 - \sin\frac{\beta}{2}\right)}{\pi - \beta - \sin\beta}$$ 비-경화된 홈에 대해

$$f = \mu \frac{1}{\sin\frac{\gamma}{2}}$$ 경화된 홈에 대해

- 정지된 카 조건의 경우

$$f = \mu \frac{1}{\sin\frac{\gamma}{2}}$$ 경화된 홈 및 비-경화된 홈에 대해

여기서, β=언더컷 각도의 값 γ=홈 각도의 값
μ=마찰계수 f =마찰인수

언더컷 각도 β의 최대값은 106°(1.83 rad.)을 초과하지 않아야 하며, 언더컷의 80%와 일치한다.

어떤 경우에도 각도 γ는 엘리베이터에 대해 35° 이상이어야 한다.

Ⅷ.2.2.2 마찰계수 고려사항

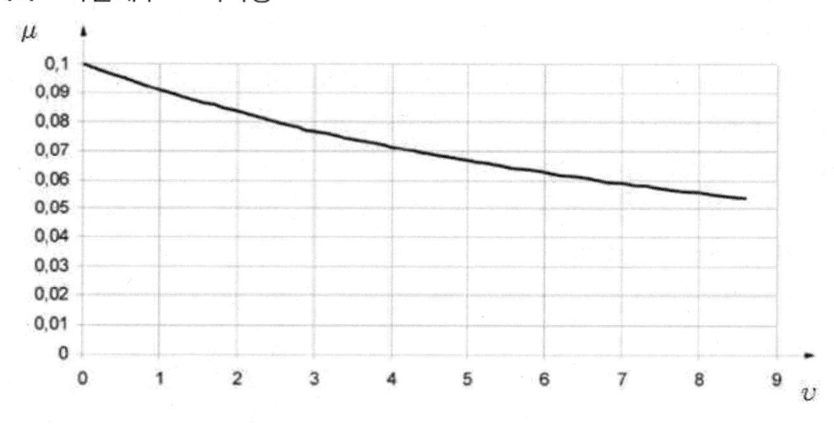

최소 마찰계수

다음 값을 적용한다.

- 적재조건 $\mu = 0.1$
- 비상 제동조건 $\mu = \dfrac{0.1}{1 + \dfrac{v}{10}}$
- 정지된 카 조건 $\mu = 0.2$

여기서, μ=마찰계수

v=카의 정격속도에서 로프 속도

10.4.1 에너지 축적형 완충기

10.4.1.1 선형 특성을 갖는 완충기

10.4.1.1.1 완충기의 가능한 총 행정은 정격속도의 115%에 상응하는 중력 정지거리의 2배[$0.135v^2$(m)] 이상이어야 한다.

다만, 행정은 65mm 이상이어야 한다.

비고 $0.135v^2$은 $\dfrac{2(1.15v)^2}{2g_n} = 0.1348v^2$의 값을 반올림한 값

10.4.1.1.2 완충기는 카 자중과 정격하중(또는 균형추의 무게)을 더한 값의 2.5배와 4배 사이의 정하중으로 10.4.1.1.1에 규정된 행정이 적용되도록 설계되어야 한다.

10.4.1.2 비선형 특성을 갖는 완충기

10.4.1.2.1 비선형 특성을 갖는 에너지 축적형 완충기는 다음 사항에 적합하여야 한다.

가) 카에 정격하중을 싣고 정격속도의 115%의 속도로 자유 낙하하여 카 완충기에

충돌할 때의 평균 감속도는 1gn 이하이어야 한다.

나) 2.5gn를 초과하는 감속도는 0.04초 보다 길지 않아야 한다.

다) 카의 복귀속도는 1m/s 이하이어야 한다.

라) 작동 후에는 영구적인 변형이 없어야 한다.

10.4.1.2.2 5.7.1.1, 5.7.1.2, 5.7.2.2, 5.7.2.3 및 5.7.3.3에서 기술된 "완전히 압축된" 용어는 설치된 완충기 높이의 90% 압축을 의미한다.

10.4.2 완충된 복귀 움직임을 갖는 에너지 축적형 완충기

이 형식의 완충기에는 10.4.1의 규정이 적용된다.

10.4.3 에너지 분산형 완충기

10.4.3.1 완충기의 가능한 총 행정은 정격속도 115%에 상응하는 중력 정지거리[0.0674 v^2(m)] 이상이어야 한다.

10.4.3.2 엘리베이터 주행로 끝에서 12.8에 따라 감지될 때, 10.4.3.1에 따라 완충기 행정이 계산될 경우 카(또는 균형추)가 완충기와 충돌할 때의 속도가 정격속도 대신에 사용될 수 있다. 그러나 그 행정은 다음 값 이상이어야 한다.

가) 정격속도가 4m/s 이하인 경우 10.4.3.1에 따라 계산된 행정의 1/2, 어떤 경우에도 그 행정은 0.42m 이상이어야 한다.

나) 정격속도가 4m/s를 초과하는 경우 10.4.3.1에 따라 계산된 행정의 1/3, 어떤 경우에도 그 행정은 0.54m 이상이어야 한다.

10.4.3.3 에너지 분산형 완충기는 다음 사항을 만족하여야 한다.

가) 카에 정격하중을 싣고 정격속도의 115%의 속도로 자유 낙하하여 완충기에 충돌할 때, 평균 감속도는 1gn 이하이어야 한다.

나) 2.5gn를 초과하는 감속도는 0.04초보다 길지 않아야 한다.

다) 작동 후에는 영구적인 변형이 없어야 한다.

10.4.3.4 엘리베이터는 작동 후 정상 위치에 완충기가 복귀되어야만 정상적으로 운행되어야 한다. 이러한 완충기의 정상적인 복귀를 확인하는 장치는 14.1.2에 적합한 전기안전장치이어야 한다.

10.4.3.5 유압식 완충기는 유체의 바닥 수준이 쉽게 확인될 수 있는 구조이어야 한다.

10.5 파이널 리미트 스위치

10.5.1 일반사항

파이널 리미트 스위치는 우발적인 작동의 위험 없이 가능한 최상층 및 최하층에 근접하여 작동하도록 설치되어야 한다.

이 파이널 리미트 스위치는 카(또는 균형추)가 완충기에 충돌하기 전에 작동되어야 한다. 파이널 리미트 스위치의 작동은 완충기가 압축되어 있는 동안 유지되어야 한다.

10.5.2 파이널 리미트 스위치의 작동

10.5.2.1 파이널 리미트 스위치와 일반 종단정지장치는 독립적으로 작동되어야 한다.

10.5.2.2 포지티브 구동식 엘리베이터의 경우, 파이널 리미트 스위치는 다음과 같이 작동되어야 한다.

가) 구동기의 움직임에 연결된 장치에 의해, 또는

나) 평형추가 있는 경우, 승강로 상부에서 카 및 평형추에 의해, 또는

다) 평형추가 없는 경우, 승강로 상부 및 하부에서 카에 의해,

10.5.2.3 권상 구동식 엘리베이터의 경우, 파이널 리미트 스위치는 다음과 같이 작동하여야 한다.

가) 승강로 상부 및 하부에서 직접 카에 의해, 또는

나) 카에 간접적으로 연결된 장치(로프, 벨트 또는 체인 등)에 의해
이러한 간접 연결이 파손되거나 늘어나면 14.1.2에 적합한 전기안전장치에 의해 구동기가 정지되어야 한다.

10.5.3 파이널 리미트 스위치의 작동방법

10.5.3.1 파이널 리미트 스위치는 다음과 같아야 한다.

가) 포지티브 구동식 엘리베이터의 경우, 12.4.2.3.2에 따라 전동기 및 브레이크에 공급되는 전원회로의 확실한 기계적 분리에 의해 직접 개방되어야 한다.

나) 1단 또는 2단 속도의 권상 구동식 엘리베이터의 경우, 다음 중 어느 하나에 적합하여야 한다.

1) 상기의 가)에 따라 회로를 개방하거나

2) 12.4.2.3.1, 12.7.1 및 13.2.1.1에 따라 2개의 접촉기 코일에 직접 전원을 공급하는 14.1.2에 적합한 전기안전장치에 의해 개방되어야 한다.

다) 가변전압 또는 가변속도의 엘리베이터의 경우, 구동기를 신속하게 정지시킬 수 있어야 한다.

10.5.3.2 파이널 리미트 스위치의 작동 후에는 엘리베이터의 정상운행을 위해 자동으로 복귀되지 않아야 한다.

11 카와 카 출입구를 마주하는 벽 사이 및 카와 균형추 또는 평형추 사이의 틈새

11.1 일반사항

이 기준에서 규정된 운행상의 틈새는 엘리베이터 사용 전의 검사뿐만 아니라 엘리베이터의 전체 수명에 걸쳐 유지되어야 한다.

11.2 카와 카 출입구를 마주하는 벽 사이의 틈새

다음 사항은 그림 5 및 6에서 설명된다.

11.2.1 승강로의 내측면과 카 문턱, 카 문틀 또는 카문의 닫히는 모서리 사이의 수평거리는 0.125m 이하이어야 한다. 다만, 0.125m 이하의 수평거리는 각각의 조건에 따라 다음과 같이 적용될 수 있다.

가) 수직 높이가 0.5m 이하인 경우에는 0.15m까지 연장될 수 있다.

나) 수직 개폐식 승강장문이 설치된 화물용인 경우, 주행로 전체에 걸쳐 0.15m까지 연장될 수 있다.

다) 잠금 해제 구간에서만 열리는 기계적 잠금장치가 카문에 설치된 경우에는 제한하지 않는다. 엘리베이터는 7.7.2.2에 적용되는 경우를 제외하고 카문이 잠겨야만 자동으로 운행되어야 한다. 이 잠금은 14.1.2에 적합한 전기안전장치에 의해 입증되어야 한다.

11.2.2 카 문턱과 승강장문 문턱 사이의 수평거리는 35mm 이하이어야 한다.

11.2.3 카 문과 닫힌 승강장문 사이의 수평거리 또는 문이 정상 작동하는 동안 문 사이의 접근거리는 0.12m 이하이어야 한다.

11.2.4 경첩이 있는 승강장문과 접히는 카문의 조합인 경우에는 닫힌 문 사이의 어떤 틈새에도 직경 0.15m의 구가 통과되지 않아야 한다.

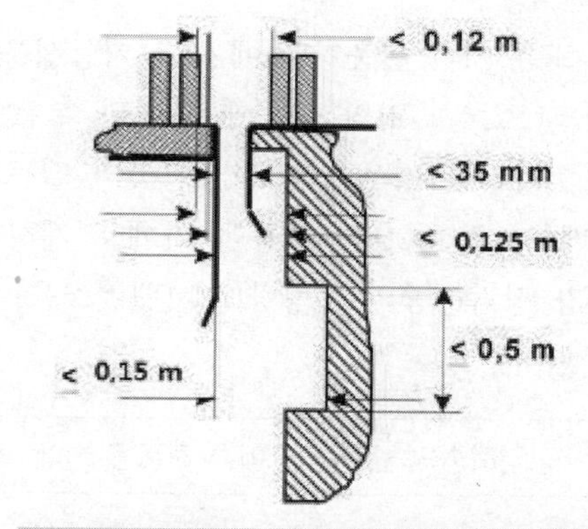

카와 카 출입구를 마주하는 벽 사이의 틈새

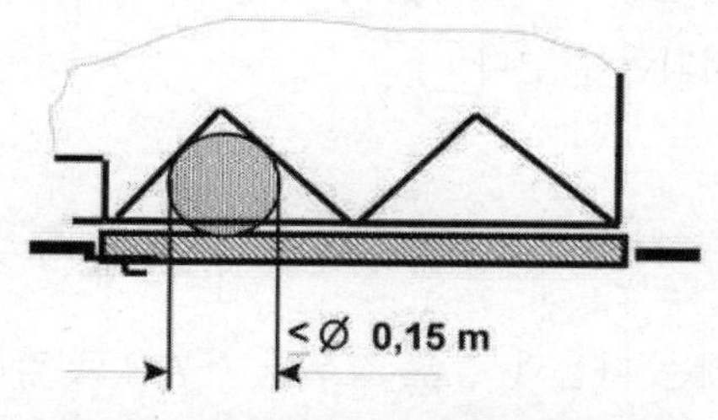

경첩달린 승강장문과 접힌 카문의 틈새

11.3 카, 균형추 또는 평형추 사이의 틈새

카 및 카의 관련 부품은 균형추 또는 평형추 및 이와 관련된 부품으로부터 50mm 이상의 거리가 있어야 한다.

12 엘리베이터 구동기

12.1 일반사항

각 엘리베이터에는 1개 이상의 자체 구동기가 있어야 한다.

12.2 카 및 균형추 또는 평형추의 구동

12.2.1 구동방식은 다음과 같이 2가지가 허용된다.

가) 권상 (도르래와 로프의 사용)

나) 포지티브, 즉

1) 드럼과 로프 또는

2) 스프라켓과 체인

정격속도는 0.63m/s 이하이어야 하며 균형추는 사용되지 않아야 한다. 다만, 평형추의 사용은 허용된다.

구동부품은 균형추 또는 카가 완충기 위에 있을 가능성을 고려하여 계산되어야 한다.

12.2.2 전자-기계 브레이크(12.4.1.2)의 작동에 관련된 부품에 전동기를 연결하기 위해 벨트가 사용될 수 있다. 이러한 경우에는 2개 이상의 벨트가 사용되어야 한다.

12.2.3 권상 구동식 엘리베이터는 50%의 하중을 카에 적재하고 정격속도로 상승할 때와 하강할 때의 전류 차이가 정격하중의 균형량(오버밸런스율)에 따른 설계치의 범위 이내가 되도록 설치되어야 한다.

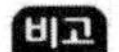
비고 설계자가 제공하는 정격하중의 균형량에 따른 하중을 카에 적재하고 전류를 측정할 수 있다.

12.3 상부에 매단 도르래 또는 스프라켓의 이용

9.7에 따른 보호수단이 설치되어야 한다.

12.4 브레이크 시스템

12.4.1 일반사항

12.4.1.1 엘리베이터에는 다음과 같은 경우에 자동으로 작동하는 브레이크 시스템이 있어야 한다.

가) 주동력 전원공급이 차단되는 경우

나) 제어회로에 전원공급이 차단되는 경우

12.4.1.2 브레이크 시스템은 전자-기계 브레이크(마찰 형식)가 있어야 한다. 다만, 추가로 다른 브레이크 수단(전기적 방식 등)이 있을 수 있다.

12.4.2 전자-기계 브레이크

12.4.2.1 이 브레이크는 자체적으로 카가 정격속도로 정격하중의 125%를 싣고 하강방향으로 운행될 때 구동기를 정지시킬 수 있어야 한다. 이 조건에서, 카의 감속도는 비상정지장치의 작동 또는 카가 완충기에 정지할 때 발생되는 감속도를 초과하지 않아야 한다.

드럼 또는 디스크 제동 작용에 관여하는 브레이크의 모든 기계적 부품은 2세트로 설치되어야 한다. 하나의 부품이 정격하중을 싣고 정격속도로 하강하는 카를 감속하는데 충분한 제동력을 발휘하지 못하면 나머지 하나가 작동되어 계속 제동되어야 한다. 솔레노이드 플런저는 기계적인 부품으로 간주되지만, 솔레노이드 코일은 그렇지 않다.

12.4.2.2 브레이크 작동과 관련된 부품은 권상도르래, 드럼 또는 스프라켓에 직접적이고 확실한 수단에 의해 연결되어야 한다.

12.4.2.3 정상운행에서 브레이크의 개방은 지속적인 전류의 공급이 요구되어야 한다.

12.4.2.3.1 이 전류는 2개 이상의 독립적인 전기장치에 의해 차단되어야 한다.

엘리베이터가 정지하고 있는 동안, 접촉기 중의 하나가 주 접점을 개방하지 않으면 늦어도 다음 운전 지시에 카는 더 이상 운행되지 않아야 한다.

12.4.2.3.2 엘리베이터의 전동기가 발전기로 기능을 할 때, 구동 전동기에 의한 회생전력은 브레이크를 작동하는 전기장치에 공급되지 않아야 한다.

12.4.2.3.3 브레이크 제동은 개방 회로의 차단 후에 추가적인 지연 없이 유효하여야 한다.

비고 브레이크 코일단말에 직접 연결된 다이오드 또는 캐패시터의 사용은 지연수단으로 간주하지 않는다.

12.4.2.3.4 수동 비상운전장치[12.5.1]가 있는 구동기는 손으로 브레이크의 개방이 가능하여야 하며, 브레이크의 개방을 유지하기 위해서는 일정한 힘이 요구되어야 한다.

12.4.2.3.5 브레이크슈 또는 패드 압력은 압축 스프링 또는 추에 의해 발휘되어야 한다.

12.4.2.3.6 밴드 브레이크는 사용되지 않아야 한다.

12.4.2.3.7 브레이크 라이닝은 불연성이어야 한다.

12.5 비상운전

12.5.1 정격하중의 카를 상승방향으로 움직이는데 요구되는 인력이 400N을 초과하지 않을 경우, 구동기에는 카를 승강장으로 움직일 수 있는 수동방식의 비상운전 수단이 있어야 한다. 다만, 이 수단이 엘리베이터의 움직임으로 작동되는 경우에는 부드럽고 바퀴살이 없는 휠이어야 한다.

12.5.1.1 이 수단을 제거할 수 있는 경우에는 구동기 공간에 쉽게 접근할 수 있는 장소에 위치되어야 한다.

구동기 용도에 대한 혼란의 위험이 있다면 적절하게 용도 표시되어야 한다.

이 수단이 구동기에서 제거되거나 연결이 풀리면 14.1.2에 적합한 전기안전장치가 늦어도 이 수단이 구동기에 연결될 때까지는 작동되어야 한다.

12.5.1.2 카가 잠금 해제 구간에 있는지 쉽게 확인(현수로프 또는 조속기로프에 표시하는 수단으로 확인 등)이 가능하여야 한다.

12.5.2 12.5.1에서 규정하는 정격하중의 카를 상승방향으로 움직이는데 요구되는 인력이 400N을 초과할 경우에는 전기적인 비상운전 수단이 14.2.1.4에 따라 있어야 한다. 이 수단은 관련된 구동기 공간에 위치하여야 한다.

- 기계실[6.3]
- 구동기 캐비닛[6.5.2]
- 비상 및 작동시험을 위한 운전 패널[6.6]

12.5.3 정전 등으로 인해 정상 운행 중인 엘리베이터가 갑자기 정지(부속서 Ⅰ에 따른 전기안전장치의 작동으로 인한 정지는 제외한다)되면 자동으로 카를 가장 가까운 승강장으로 운행시키는 수단(자동구출운전 등)이 있어야 하며, 다음 사항을 만족하여야 한다. 다만, 수직 개폐식 문이 설치된 엘리베이터의 경우에는 그러하지 아니하다.

가) 카가 승강장에 도착하면 카문 및 승강장문이 자동으로 열려야 한다.

나) 승객이 안전하게 빠져나가면(10초 이상) 카문 및 승강장문은 자동으로 닫히고 이후 정지상태가 유지되어야 한다. 이 경우 승강장 호출 버튼의 작동은 무효화 되어야 한다.

다) 나)에 따른 정지 상태에서 카 내부 열림 버튼을 누르면 카문 및 승강장문은 열려야 하고, 승객이 안전하게 빠져나가면(10초 이상) 카문 및 승강장문은 자동으로 다시 닫히고, 이후 정지 상태가 유지되어야 한다.

라) 정상 운행으로의 복귀는 전문가의 개입에 의해 이뤄져야 한다. 다만, 정전으로 인한 정지는 전원이 복구되면 정상 운행으로 자동 복귀될 수 있다.

마) 배터리 등 비상전원은 충분한 용량을 갖춰야 하며, 방전이나 단선 또는 누전되지 않도록 유지·관리되어야 한다. 비상전원으로 배터리를 사용하는 경우에는 잔여용량을 확인할 수 있는 수단이 있어야 한다.

12.6 속도

정격 주파수로 전원이 공급되고, 전동기 전압이 엘리베이터의 정격전압과 같을 때 모든 가속 및 감속구간을 제외하고 카의 주행로 중간에서 정격하중의 50%를 실고 하강하는 카의 속도는 정격속도의 92% 이상 105% 이하이어야 한다.

이 공차는 또한 다음과 같은 경우의 속도에 적용할 수 있다.

가) 착상 [14.2.1.2 나)]

나) 재 착상 [14.2.1.2 다)]

다) 점검운전 [14.2.1.3 라)]

라) 전기적 비상운전 [14.2.1.4 마)]

마) 도킹운전 [14.2.1.5 다)]

12.7 구동기 정지 및 정지 상태 확인

14.1.2에 적합한 전기안전장치에 의한 구동기의 정지는 다음과 같이 제어되어야 한다.

12.7.1 교류 또는 직류 전동기

전원공급은 2개의 독립된 접촉기에 의해 차단되어야 하며, 접점은 공급회로에서 직렬로 연결되어야 한다. 엘리베이터가 정지하고 있는 동안 접촉기 중 어느 하나가 주 접점을 개방하지 않으면 늦어도 카의 운전방향 전환 시 더 이상의 운전을 방지하여야 한다.

12.7.2 "워드 레오나드" 방식을 사용하는 구동

12.7.2.1 고전 소자에 의해 공급되는 발전기의 여자

2개의 독립된 접촉기는 다음 중 하나를 차단하여야 한다.

가) 전동발전기 폐회로

나) 발전기의 여자

다) 발전기의 폐회로 및 발전기의 여자

엘리베이터가 정지하고 있는 동안 접촉기 중의 하나가 주 접점을 개방하지 않으면 늦어도 카의 운전방향 전환 시 더 이상의 운전을 방지하여야 한다.

나)와 다)의 경우, 발전기 내에 잔류장이 있는 경우(자기감쇄 회로 등)에 전동기 회전을 방지하는 효과적인 예방조치가 취해져야 한다.

12.7.2.2 정지 소자에 의해 공급되고 제어되는 발전기의 여자

다음 방법 중 어느 하나가 사용되어야 한다.

가) 12.7.2.1에 규정된 것과 동일한 방법

나) 다음과 같이 구성된 시스템

1) 발전기의 여자 또는 전동발전기 폐회로를 차단하는 접촉기

접촉기의 코일은 최소한 각 운전지시의 변경 전에 개방되어야 한다.

접촉기가 개방되지 않을 경우에는 엘리베이터가 더 이상 움직이지 않아야 한다.

2) 정지소자 내의 에너지 흐름을 막는 제어장치

3) 엘리베이터가 정지하는 각 시간에 에너지 흐름을 막는 것을 검증하는 감시 장치
정상 정지구간 중, 정지소자에 의해 에너지 흐름을 막지 않는다면 감시 장치는 접촉기를 개방하여 엘리베이터가 더 이상 움직이지 않도록 방지하여야 한다.
발전기 내에 잔류장이 있는 경우(자기감쇄 회로 등)에는 전동기 회전을 막는 효과적인 예방조치가 취해져야 한다.

12.7.3 정지소자에 의해 공급되고 제어되는 교류 또는 직류 전동기

다음 방법 중 어느 하나가 사용되어야 한다.

가) 전동기의 전류를 차단하는 2개의 독립적인 접촉기
엘리베이터가 정지하고 있는 동안, 접촉기 중의 하나가 주 접점을 개방하지 않으면 늦어도 다음 운전 지시에 카는 더 이상 운행되지 않아야 한다.

나) 다음과 같이 구성된 시스템

1) 모든 극에 전류를 차단하는 접촉기
접촉기의 코일은 최소한 각 운전지시의 변경 전에 개방되어야 한다. 접촉기가 개방되지 않을 경우에는 엘리베이터가 더 이상 움직이지 않아야 한다.

2) 정지소자 내의 에너지 흐름을 막는 제어장치

3) 엘리베이터가 정지하는 각 시간에 에너지 흐름을 막는 것을 검증하는 감시 장치
정상적인 정지구간 중, 정지소자에 의해 에너지 흐름을 막지 않는다면 감시 장치는 접촉기를 개방하여 엘리베이터가 더 이상 움직이지 않도록 방지하여야 한다.

12.7.4 12.7.2.2 나) 2) 또는 12.7.3 나) 2)에 따른 제어장치 및 12.7.2.2 나) 3) 또는 12.7.3 나) 3)에 따른 감시 장치는 14.1.2.3에 따른 안전회로에 구성될 필요는 없다. 이러한 장치는 14.1.1의 규정이 12.7.3 가)와 비교하여 충족되는 경우에만 사용되어야 한다.

12.8 감소된 완충기 행정의 경우에 구동기의 정상 감속 감시

12.8.1 10.4.3.2의 경우에, 최하층 및 최상층에 도착하기 전에 감속이 되는지를 확인하는 장치가 있어야 한다.

12.8.2 감속이 되지 않을 경우, 이 장치는 카 또는 균형추가 충돌할 경우의 속도가 설계된 완충기의 충돌속도를 초과하지 않도록 카 속도를 줄여야 한다.

12.8.3 감속을 확인하는 장치가 운행 방향에 대해 독립적이지 않을 경우, 카의 움직임이 의도된 방향에 있는지를 확인하는 장치가 있어야 한다.

12.8.4 이 장치 또는 이 장치의 일부가 기계실에 있는 경우에는 다음과 같아야 한다.

가) 이 장치는 카에 직접 연결된 장치에 의해 작동되어야 한다.

나) 카 위치에 관련된 정보는 권상, 마찰에 의해 구동되는 장치 또는 동기식 전동기에 의해 구동되는 장치에 의존하지 않아야 한다.

다) 테이프, 체인 또는 로프에 의한 연결이 카의 위치를 기계실에 전달하는데 사용되는 경우, 이러한 연결의 파손 또는 늘어짐은 14.1.2에 적합한 전기안전장치의 작동에 의해 구동기를 정지시켜야 한다.

12.8.5 이러한 장치의 제어 및 기능은 14.1.2의 규정을 만족하는 감속제어시스템의 결과로 나타나는 정상 속도조절시스템과 함께 설계되어야 한다.

12.9 로프이완 또는 체인이완 안전장치

포지티브 구동식 엘리베이터에는 14.1.2에 적합한 전기안전장치를 작동시키는 로프 또는 체인 이완장치가 있어야 한다. 이 장치는 9.5.3에서 요구된 것과 같을 수 있다.

12.10 전동기 구동시간 제한장치

12.10.1 권상 구동식 엘리베이터에는 다음과 같은 경우에 구동기의 동력을 차단하고 차단 상태를 유지하는 전동기 구동시간 제한장치가 있어야 한다.

가) 기동하는 시점에서 구동기가 회전하지 않을 경우

나) 로프가 권상 도르래에서 미끄러짐으로 인해 카 또는 균형추가 하강방향 운행상태로 정지할 경우

12.10.2 전동기 구동시간 제한장치는 다음과 같이 작동되어야 한다.

가) 12.10.1 가)의 경우에는 45초 이내

나) 12.10.1 나)의 경우에는 전체 주행로를 운행하는 데 걸리는 시간에 10초를 더한 시간 이내 다만, 전체 운행시간이 10초보다 작을 경우에는 최소 20초 이상

12.10.3 정상운행의 복귀는 수동 재설정에 의해서만 가능하여야 한다. 전원공급 차단 후 동력이 복원될 때 구동기가 정지된 위치를 유지할 필요는 없다.

12.10.4 전동기 구동시간 제한장치는 점검운전 또는 전기적 비상운전 시 카의 움직임에 영향을 주지 않아야 한다.

12.11 구동기의 보호

위험할 수 있는 접근 가능한 회전부품에 대하여 효과적인 보호수단이 있어야 한다. 위험할 수 있는 부품은 특히 다음과 같다.

가) 샤프트에 있는 키 및 스크류

나) 테이프, 체인, 벨트

다) 기어, 스프라켓

라) 돌출된 전동기 샤프트

마) 플라이-볼 형식의 조속기

9.7에 따라 보호되는 권상도르래, 수동핸들, 브레이크 드럼 및 이와 유사한 매끄럽고 둥근 부품은 보호수단이 요구되지 않는다. 다만, 노란색으로 페인트칠이 되어야 한다.

12.12 카의 정상 착상 및 재-착상의 정확성

가) 착상 정확도는 ±10mm이어야 한다.

나) 재-착상 정확도는 ±20mm로 유지되어야 한다. 승객이 출입하거나 하역하는 동안 20mm의 값이 초과될 경우에는 보정되어야 한다.

13 전기설비 및 전기기구

13.1 일반사항

13.1.1 적용 제한

13.1.1.1 전기설비의 설치 및 구성부품에 관련된 이 기준은 다음 사항에 적용한다.

가) 동력회로의 주전원 스위치 및 관련 회로

나) 카 조명 스위치 및 관련 회로

엘리베이터는 구동기에 전기설비가 내장된 하나의 전체 시스템으로 간주되어야 한다.

> **비고** 전원공급회로에 관련된 규정은 스위치 입력단자까지 적용한다. 전원공급회로는 구동기 공간, 풀리 공간, 승강로 및 피트의 전체 조명 및 콘센트에 적용한다.

13.1.1.2 13.1.1.1에서 기술된 스위치와 관련된 회로에 대한 이 기준은 가능한 엘리베이터의 특수성을 참작하여 한국산업표준(KS) 또는 국제전기표준(IEC)을 근거로 한다. 다만, KS 또는 IEC 표준이 제정되어 있지 않을 경우에는 유럽전기표준(CENELEC)을 참조한다.

13.1.1.3 전자기적 적합성은 KS B 6945 및 KS B 6955에 적합하거나 동등 이상이어야 한다.

13.1.2 구동기 공간 및 풀리 공간에서 직접적인 접촉에 대비한 전기설비는 IP 2X 이상의 보호등급으로 마련되어야 한다.

13.1.3 전기설비의 절연저항

절연저항은 각각의 전기가 통하는 전도체와 접지 사이에서 측정되어야 한다.

절연저항 값은 다음 표에 적합하여야 한다.

표

공칭 회로전압 V	시험전압(직류) V	절연 저항 MΩ
SELV	250	0.25 이상
≤ 500	500	0.5 이상
> 500	1,000	1.0 이상

회로가 전자부품을 포함하고 있을 경우, 상 및 중성선은 측정하는 동안 함께 연결되어야 한다.

13.1.4 제어회로 및 안전회로의 경우, 전도체와 전도체 사이 또는 전도체와 접지 사이의 직류 전압 평균값 및 교류 전압 실효값은 250V 이하이어야 한다.

13.1.5 중성선과 접지선은 항상 분리되어야 한다.

13.2 접촉기, 릴레이-접촉기 및 안전회로 부품

13.2.1 접촉기 및 릴레이-접촉기

13.2.1.1 주 접촉기, 즉 12.7에 따라 구동기를 정지시키는데 필요한 접촉기는 KS C IEC 60947-4-1에 규정한 대로 다음과 같은 범주에 속해야 한다.

가) 교류 전동기용 접촉기 : AC-3

나) 직류 동력용 접촉기 : DC-3

이러한 접촉기는 추가로 기동 운전의 10%를 조금씩 움직이도록 허용되어야 한다.

13.2.1.2 릴레이-접촉기가 주 접촉기의 작동을 위해 동력을 전달하는 것으로 사용된 경우, 그 릴레이-접촉기는 KS C IEC 60947-5-1에 규정한 대로 다음과 같은 범주에 속해야 한다.

가) 교류 전자석 제어 : AC-15

나) 직류 전자석 제어 : DC-13

13.2.1.3 13.2.1.1에서 기술된 주 접촉기 및 13.2.1.2에서 기술된 릴레이-접촉기 모두는 14.1.1.1에 적합하기 위해 취해진 수단에서 다음과 같아야 한다.

가) 브레이크 접점(B 접점) 중 1개가 닫히면, 모든 메이크 접점(A 접점)은 개방

나) 메이크 접점(A 접점) 중 1개가 닫히면, 모든 브레이크 접점(B 접점)은 개방

13.2.2 안전회로 부품

13.2.2.1 13.2.1.2에 따른 릴레이-접촉기가 안전회로에 계전기로 사용될 때 13.2.1.3의 규정이 또한 적용되어야 한다.

13.2.2.2 어떤 전기자의 위치에서 브레이크 접점과 메이크 접점이 동시에 닫히지 않는 릴레이가 사용될 경우, 전기자의 부분적인 당김력의 가능성[14.1.1.1 바)]은 무시될 수 있다.

13.2.2.3 전기안전장치 뒤에 연결된 장치가 있는 경우, 그 장치는 연면거리 및 공극(분리거리가 아님)에 대해 14.1.2.2.3의 규정을 만족하여야 한다.

다만, 13.2.1.1, 13.2.1.2 및 13.2.2.1에서 기술된 장치 그리고 KS C IEC 60947-4-1 및 KS C IEC 60947-5-1에 적합한 것은 이 규정을 적용하지 않는다.

인쇄회로기판에 대해서는 부속서 Ⅳ에서 기술된 규정을 적용한다.

13.3 전동기 및 다른 전기설비의 보호

13.3.1 주 전원에 직접 연결된 전동기는 단락에 대해 보호되어야 한다.

13.3.2 자동 회로차단기는 모든 전도체에서 전동기에 공급되는 전원을 차단시켜야 한다(13.3.3의 수동 재설정 수단에 의해 과부하로부터 보호되어야 하는 주 전원에 직접 연결된 전동기는 제외).

13.3.3 엘리베이터 전동기의 과부하 감지장치가 전동기 권선의 온도상승에 의해 작동될 때, 전동기에 공급되는 전원은 13.3.6에 따라서만 차단되어야 한다.

13.3.4 13.3.2 및 13.3.3의 규정은 다른 회로에 의해 전원을 공급받는 권선이 있는 전동기의 경우에는 각 권선에 적용된다.

13.3.5 엘리베이터 전동기가 전동기에 의해 구동되는 직류 발전기로부터 전원을 공급받을 때, 엘리베이터 전동기는 과부하에 대해 보호되어야 한다.

13.3.6 카는 온도감지장치가 설치된 전기설비의 설계온도가 초과되어 엘리베이터가 계속 운행하지 못하면 승객이 카에서 내릴 수 있도록 승강장에 정지되어야 한다. 엘리베이터의 정상운행으로의 자동 복귀는 충분한 냉각이 이루어진 후에만 가능하여야 한다.

13.4 주 개폐기

13.4.1 각 엘리베이터에는 엘리베이터에 공급되는 모든 전도체의 전원을 차단할 수 있는 주 개폐기가 있어야 한다. 이 개폐기는 엘리베이터의 정상적인 사용조건에 포함된 가장 높은 전류를 차단할 수 있어야 한다.

13.4.1.1 이 개폐기는 다음 장치에 공급되는 회로를 차단하지 않아야 한다.

가) 카 조명 또는 환기장치(있는 경우)

나) 카 지붕의 콘센트

다) 구동기 공간 및 풀리 공간의 조명

라) 구동기 공간, 풀리 공간 및 피트의 콘센트

마) 엘리베이터 승강로 조명

바) 비상통화장치

13.4.1.2 이 개폐기는 다음과 같은 장소에 위치하여야 한다.

가) 기계실이 있는 경우, 기계실

나) 기계실이 없는 경우, 제어 캐비닛(승강로에 위치할 경우는 제외)

다) 제어 캐비닛이 승강로에 위치할 경우, 비상 및 작동시험을 위한 패널 [6.6]

비상운전을 위한 패널이 작동시험을 위한 패널과 떨어져 있을 경우, 주 개폐기는 비상운전을 위한 패널에 있어야 한다.

제어 캐비닛에서 주 개폐기에 접근이 쉽지 않을 경우, 캐비닛에는 13.4.2에서 요구하는 구분개폐기가 있어야 한다.

비고 구분개폐기 – 전기회로를 구분하기 위해 사용하는 개폐기

13.4.2 13.4.1에 규정된 주 개폐기는 안전하게 개폐되어야 하며, 의도되지 않은 조작이 없도록 잠금장치를 사용하여 개방 위치에서 잠길 수 있어야 한다.

주 개폐기 조작 장치는 기계실 출입구로부터 쉽고 신속히 접근할 수 있는 위치에 있어야 한다. 기계실에 여러 대의 엘리베이터가 있는 경우, 주 개폐기 조작 장치에는 해당되는 엘리베이터를 쉽게 구분할 수 있도록 표시되어야 한다.

기계실에 여러 개의 출입문이 있는 경우 또는 동일한 엘리베이터에 출입문이 각각 있는 여러 개의 기계실이 있는 경우에는 하나의 회로차단기가 사용될 수 있다. 회로차단기의 개방은 회로차단기 코일의 전원 공급회로에 삽입된 14.1.2에 적합한 전기안전장치에 의해 제어되어야 한다.

회로차단기를 개방시키는 장치에 의한 것을 제외하고, 회로차단기의 재-물림은 없어야 하며 가능성 또한 없어야 한다. 회로차단기는 수동으로 조작되는 구분개폐기와 함께 사용되어야 한다.

13.4.3 군 관리 엘리베이터에서 한 대의 엘리베이터에 대한 주 개폐기의 개방 후 운전회로의 부품이 여전히 통전될 경우, 이러한 운전회로는 군 관리 내의 모든 엘리베이터에 공급되는 전원을 각각 차단할 수 있어야 하며, 필요한 경우에는 동시에 차단할 수 있어야 한다.

13.4.4 역률향상을 위한 캐패시터는 동력회로의 주 개폐기 앞에 연결되어야 한다.

과전압의 위험(매우 긴 케이블에 의해 전동기가 연결될 때 등)이 있는 경우, 동력회로의 개폐기 또한 캐패시터의 연결을 차단하여야 한다.

13.5 전기배선

13.5.1 기계실, 풀리실 및 엘리베이터 승강로의 전도체 및 케이블(이동케이블 제외)은 한국산업표준에 의해 표준화된 것을 사용하거나 KS C IEC 60227-3 또는 KS C IEC 60245-4에 적합하거나 동등 이상의 것이 선택되어야 한다.

13.5.1.1 KS C IEC 60227-3에 적합하거나 동등 이상의 케이블은 금속이나 플라스틱 재질의 전선관에 설치되거나 기타 동등한 방법으로 설치되어야 한다.

13.5.1.2 KS C IEC 60245-4에 적합하거나 동등 이상의 단단한 케이블은 승강로벽(또는 기계실)에 고정된 보이는 설치대에 사용되거나 덕트, 플라스틱 케이스 또는 유사한 고정설비에 설치되어야 한다.

13.5.1.3 KS C IEC 60245-4 및 KS C IEC 60227-5에 적합하거나 동등 이상의 보통의 가요성 케이블은 덕트, 플라스틱 케이스 또는 동등한 고정설비에 사용되어야 한다. KS C IEC 60245-4에 적합하거나 동등 이상의 두꺼운 가요성 케이블은 13.5.1.2에 규정된 조건 및 움직이는 기구(카에 연결된 이동케이블은 제외)를 위해 또는 가요성 케이블이 진동을 받을 경우에 단단한 케이블처럼 사용될 수 있다.

KS B 6948 및 KS B 6949에 적합하거나 동등 이상인 이동케이블이 카에 연결을 위한 케이블로 사용되어야 한다. 선택된 이동 케이블은 모든 경우에 동등 이상의 품질이어야 한다. 다만, 5.8의 단서규정에 따른 설비의 이동케이블은 KS B 6948의 표 6의 8.1과 8.2 및 부속서 A의 A.6과 A.7에 적합하거나 동등 이상이어야 한다.

13.5.1.4 '13.5.1.1, 13.5.1.2 및 13.5.1.3'의 규정은 다음 사항에 적용될 필요는 없다.

가) 아래와 같은 승강장문의 전기안전장치에 연결되지 않은 전도체 또는 케이블
  1) 전도체 또는 케이블이 100VA를 초과하는 정격출력을 받지 않는다.
  2) 극과 극 사이(또는 상과 상 사이) 또는 극(또는 상의 하나)과 접지 사이에서 정상적으로 받는 전압이 50V를 초과하지 않는다.

나) 아래와 같은 캐비닛 또는 패널의 작동 또는 배전장치의 배선
  1) 전기설비의 서로 다른 부품 사이 또는,
  2) 이러한 설비의 부품과 연결 단자 사이

13.5.2 전도체의 단면적

문의 전기안전장치에 연결된 전도체의 단면적은 기계적 강도를 제공하기 위해 0.75mm^2 이상이어야 한다.

13.5.3 설치 방법

13.5.3.1 전기설비에는 설치작업을 쉽게 이해하는데 필요한 지침서가 배치되어야 한다.

13.5.3.2 13.1.2에서 규정된 것을 제외하고 결선(부), 결선단자 및 결선장치는 캐비닛, 박스 또는 패널에 위치하여야 한다.

13.5.3.3 엘리베이터의 주 개폐기 또는 차단기의 개방 후, 결선단자에 여전히 전류가 통하는 단자는 통하지 않은 단자와 확실하게 분리되어야 한다. 전압이 50V를 초과하면 적절하게 표시되어야 한다.

13.5.3.4 오결선으로 인해 엘리베이터의 위험한 움직임을 초래할 수 있는 결선단자는 이러한 위험을 제거하는 방법이 없는 경우 확실하게 분리되어야 한다.

13.5.3.5 전도체 및 케이블의 보호 피복은 기계적인 보호의 연속성을 보장하기 위해 스위치 및 기구의 케이스에 완전히 들어가거나 적절하게 만들어진 마개에 단말처리 되어야 한다.

다만, 부품의 움직임 또는 프레임 자체의 날카로운 모서리 때문에 기계적인 손상의 위험이 있다면, 전기안전장치에 연결된 전도체는 기계적으로 보호되어야 한다.

비고 승강장문 및 카문의 둘러싸인 프레임은 기구의 케이스로 간주된다.

13.5.3.6 동일한 덕트 또는 케이블이 서로 다른 전압을 갖는 전도체를 포함하는 경우, 모든 전도체 또는 케이블은 가장 높은 전압에 대하여 특별한 절연을 가져야 한다.

13.5.4 결선장치

안전회로에 있는 플러그 형식의 결선장치는 오결선으로 인해 엘리베이터의 위험한 오동작을 유발하거나 결선장치의 분리에 도구가 불필요한 경우, 플러그를 재결합할 때 오결선되지 않도록 설계되고 배치되어야 한다.

13.6 조명 및 콘센트

13.6.1 카, 승강로, 구동기 공간, 풀리 공간 및 비상운전 및 작동시험을 위한 패널[6.6]에 공급되는 전기조명은 구동기에 공급되는 전원과는 독립적이어야 한다. 이 방법은 다음과 같다.

가) 다른 회로를 통해 또는

나) 구동기의 주 개폐기 또는 13.4에 있는 주 개폐기의 전원공급 측에 연결을 통해

13.6.2 카 지붕, 구동기 공간, 풀리 공간 및 피트에 요구되는 콘센트의 전원은 13.6.1에 기술된 회로에서 공급되어야 한다.

이 콘센트는 다음 중 어느 하나와 같이 공급되어야 한다.

가) 2P+PE, 250V로 직접 공급, 또는

나) KS C IEC 60364-4-41에 따른 안전 초저전압(SELV)으로 공급

상기 콘센트의 사용은 전원공급 케이블 콘센트가 정격전류에 상응하는 단면적을 갖는다는 것을 의미하지 않는다. 전도체의 단면적은 전도체가 과전류에 대비하여 정확하게 보호될 경우 더 작을 수 있다.

13.6.3 조명 및 콘센트의 전원공급 제어

13.6.3.1 차단기는 엘리베이터 카의 조명 및 콘센트의 회로에 전원공급을 제어하여야 한다. 기계실에 여러 대의 구동기가 있으면 카마다 차단기가 필요하다.
이 차단기는 주 개폐기의 가까운 곳에 위치하여야 한다.

13.6.3.2 구동기 공간의 조명전원 공급을 조작하는 차단기 또는 유사한 장치는 출입구 가까이에 위치하여야 한다. 6.3.7. 6.4.9 및 6.5.5를 참조한다.
승강로 조명 차단기는 피트 및 주 개폐기 근처에 설치되어 각 설치된 위치에서 승강로 조명이 작동되어야 한다.

13.6.3.3 '13.6.3.1 및 13.6.3.2'에 있는 차단기에 의해 조작되는 각 회로는 자체적으로 단락이 보호되어야 한다.

14 전기고장에 대한 보호 ; 제어 ; 우선순위

14.1 고장 분석 및 전기안전장치

14.1.1 고장분석

엘리베이터 전기설비에 14.1.1.1에 열거된 어떤 하나의 고장은 14.1.1.2 및 부속서 Ⅳ에 기술된 상황에서 배제될 수 없다면 그 자체로 인해 엘리베이터의 위험한 오동작의 원인이 되지 않아야 한다. 안전회로에 대해서는 14.1.2.3을 참조한다.

14.1.1.1 예상되는 고장

가) 전압부재
나) 전압강하
다) 단선
라) 누전
마) 단락 또는 회로개방, 저항, 캐패시터, 트랜지스터, 램프 등과 같은 전기부품의 값 및 기능의 변화
바) 접촉기 또는 릴레이의 움직이는 전기자의 접점력 부재 또는 불완전한 접점력
사) 접촉기 또는 릴레이의 움직이는 전기자의 미분리
아) 접점의 개로 불능
자) 접점의 폐로 불능
차) 역상

14.1.1.2 접점의 개로 불능은 14.1.2.2에 적합한 안전접점에 관해서 고려될 필요는 없다.

14.1.1.3 전기안전장치의 금속부분이나 회로접지에 지락이 발생하면 다음과 같이 동작하도록 설계되어야 한다.

가) 구동기를 즉시 정지시키거나

나) 첫 번째 정상 정지 후 구동기의 재-기동을 방지하여야 한다.

정상 운행으로 복귀는 인력을 요하는 재-조정에 의해서만 가능하여야 한다.

14.1.2 전기안전장치

14.1.2.1 일반사항

14.1.2.1.1 여러 항목에서 요구되는 전기안전장치 중에 어느 하나가 작동하는 동안에는 구동기의 움직임을 방지하거나 14.1.2.4에 기술된 것과 같이 구동기를 즉시 정지시켜야 한다.

전기안전장치의 목록은 부속서 Ⅰ의 표 Ⅰ.1과 같다.

전기안전장치는 다음과 같이 구성되어야 한다.

가) 12.7에서 기술된 접촉기 또는 릴레이-접촉기에 전원을 직접 차단하는 14.1.2.2를 만족하는 1개 이상의 안전접점

나) 또는, 다음 중 1개 또는 조합으로 구성된 14.1.2.3을 만족하는 안전회로

1) 12.7에서 기술된 접촉기 또는 릴레이-접촉기에 전원공급을 직접 차단하지 않은 14.1.2.2를 만족하는 1개 이상의 안전접점

2) 14.1.2.2의 규정을 만족하지 않는 접점

3) 부속서 Ⅳ에 따른 부품

4) 14.1.2.6에 따른 안전관련 응용 프로그램 작동 전자시스템

14.1.2.1.3 이 기준에 허용되는 것[14.2.1.2, 14.2.1.4 및 14.2.1.5 참조]을 제외하고, 모든 전기설비는 전기안전장치와 병렬로 연결되지 않아야 한다.

전기안전회로의 다른 접점에 연결은 정보가 모이는 경우에만 허용된다. 그 목적을 위해 사용되는 장치는 14.1.2.3에 따른 안전회로에 대한 규정을 만족하여야 한다.

14.1.2.1.4 내·외부의 유도작용 또는 축전효과는 전기안전장치의 고장 원인이 되지 않아야 한다.

14.1.2.1.5 전기안전장치로부터 나오는 출력신호는 다른 전기장치로부터 나오는 외부신호에 의해 교란되어 위험한 상황이 초래되지 않아야 한다.

14.1.2.1.6 2개 이상의 병렬 채널로 구성된 안전회로에서 패리티 검사를 위해 요구되는 것을 제외한 모든 정보는 1개의 채널에서만 받아야 한다.

비고 **패리티 검사** – 데이터의 저장과 전송의 정확성을 유지하기 위하여 검사 비트를 이용하는 자동 오류 검사 방법

14.1.2.1.7 신호를 저장하거나 지연시키는 회로는 고장이 발생하더라도 전기안전장치의 작동을 통한 구동기의 정지를 방해하거나 상당한 지연이 없어야 한다. 즉, 시스템

에 적합한 가장 짧은 정지시간에 정지되어야 한다.

14.1.2.1.8 내부 전원공급장치의 구조 및 설치는 스위칭 효과로 인하여 전기안전장치의 출력에 잘못된 신호의 출현을 막는 것이어야 한다.

14.1.2.2 안전접점

14.1.2.2.1 안전접점은 회로차단장치의 확실한 분리에 의해 작동되어야 한다. 이 분리는 접점이 서로 용착되는 경우에도 이뤄져야 한다.

안전접점은 부품 고장으로 인한 단락의 위험을 최소로 하는 것으로 설계되어야 한다.

비고 **모든 접점** – 차단 부품이 개방위치가 되었을 때 및 운행의 중요한 부품의 가동접점과 작동력이 작용하는 액추에이터 부품 사이에 탄성부품(스프링 등)이 없을 때 확실한 개방이 이루어진다.

14.1.2.2.2 안전접점은 외함이 IP 4X 이상의 보호등급인 경우에는 정격 절연전압이 250V 이상이어야 하고, 외함이 IP 4X 미만의 보호등급인 경우에는 정격 절연전압이 500V 이상이어야 한다.

안전접점은 KS C IEC 60947-5-1에 규정한 대로 다음과 같은 범주에 포함되어야 한다.

가) 교류회로에 있는 안전접점 : AC-15

나) 직류회로에 있는 안전접점 : DC-13

14.1.2.2.3 보호 등급이 IP 4X 미만인 경우, 접점이 분리된 후 공극은 3mm 이상이고 연면거리는 4mm 이상이어야 하며 접점(B 접점)의 분리된 거리는 4mm 이상이어야 한다. 보호등급이 IP 4X를 이상인 경우 연면거리는 3mm까지 감소될 수 있다.

14.1.2.2.4 다수의 브레이크 접점의 경우, 접점이 분리된 후 접점 사이의 거리는 2mm 이상이어야 한다.

14.1.2.2.5 전도체 재질이 마모되어도 접점의 단락이 발생되지 않아야 한다.

14.1.2.3 안전회로

14.1.2.3.1 안전회로는 고장 발생에 관하여 14.1.1의 규정을 준수하여야 한다.

14.1.2.3.2 뿐만 아니라, 그림 7에서 설명된 것과 같이 다음 사항이 적용되어야 한다.

14.1.2.3.2.1 2차 고장과 결합된 1개의 고장이 위험한 상황을 초래할 수 있는 경우, 엘리베이터는 늦어도 1차 고장요소가 관여된 다음 작동 순서에서 정지되어야 한다. 엘리베이터의 모든 추가적인 운행은 이 고장이 지속되는 동안에는 불가능하여야 한다.

1차 고장 후, 엘리베이터가 상기에 기술된 순서에 의해 정지되기 전까지 2차 고장 발생의 가능성은 고려되지 않는다.

14.2 제어

14.2.1 엘리베이터 운전제어

제어는 전기적으로 유효하여야 한다.

14.2.1.1 정상운전의 제어

이 제어는 버튼 또는 접촉조작, 마그네틱 카드 등과 같이 유사한 장치에 의해 이뤄져야 한다. 이러한 것들은 박스 내에 위치하여야 하고, 사람이 접근할 수 있는 전기가 통하는 부품은 없어야 한다.

14.2.2 정지장치

14.2.2.1 동력 작동식 문을 포함하여 엘리베이터를 정지시키고 움직이지 않도록 하는 정지장치는 다음과 같은 장소에 설치되어야 한다.

가) 피트[5.7.3.4 가)]

나) 풀리실[6.7.1.5]

다) 카 지붕[8.15]

점검자 및 유지보수업자가 쉽게 접근할 수 있고 입구로부터 1m 이내. 이 장치가 입구로부터 1m 이내에 있는 경우에는 점검운전 제어장치 옆에 설치될 수 있다.

라) 점검운전 장치[14.2.1.3 다)]

마) 도킹운전이 있는 엘리베이터의 카 내[14.2.1.5 자)]

정지장치는 도킹운전이 있는 출입구의 1m 이내에 위치하여야 하고 분명하게 표시되어야 한다.[15.2.3.1]

바) 구동기 공간

이 장치는 주개폐기 또는 다른 정지장치가 근처에 없다면 1m 이내에서 직접 접근이 가능하여야 한다.

사) 작동시험을 위한 패널[6.6]

주개폐기 또는 다른 정지장치가 근처에 없다면 이 장치는 1m 이내에서 직접 접근이 가능하여야 한다.

14.2.2.2 정지장치는 14.1.2에 적합한 전기안전장치로 구성되어야 한다. 양방향 모두 정지되어야 하고 의도되지 않은 작동으로부터 정상운전으로 복귀될 수 없어야 한다.

14.2.2.3 카 내의 정지장치는 도킹운전의 카를 제외하고 사용되지 않아야 한다.

14.2.3 비상통화장치

14.2.3.1 승객이 외부의 도움을 요청하기 위하여 쉽게 식별 가능하고 접근이 가능한 비상통화장치가 있어야 한다.

14.2.3.2 이 장치는 8.17.4에서 요구된 비상 조명 전원공급 장치 또는 동등한 전원공급 장치로부터 전원이 공급되어야 한다.

14.2.3.3 이 장치는 구출활동 중에 지속적으로 통화할 수 있는 양방향 음성통신이어야 한다. 통신시스템이 연결된 후에는 갇힘 승객이 추가로 조작하지 않아도 통화가 가능하여야 한다.

14.2.3.4 기계실 또는 비상구출운전을 위한 장소에는 카 내와 통화할 수 있도록 8.17.4에서 기술된 비상 전원공급 장치에 의해 전원을 공급받는 내부통화 시스템 또는 유사한 장치가 설치되어야 한다.

14.2.3.5 카 내와 외부의 소정의 장소를 연결하는 통화장치는 당해 시설물의 관리인력이 상주하는 장소(경비실, 전기실, 중앙관리실 등)에 이중으로 설치되어야 한다. 다만, 관리인력이 상주하는 별도의 장소가 2개소 미만인 시설물의 경우에는 하나만 설치될 수 있다. 또한, 이와 별도로 시설물 내부 통화가 연결되지 않을 경우를 대비하여 승강기 유지관리업체 또는 자체 점검자 등 해당 시설물 외부로 자동 통화 연결되어 신속한 구조 요청이 이루어질 수 있는 통화장치를 갖추어야 한다.

14.2.4 우선순위 및 표시

14.2.4.1 수동 작동식 문이 있는 엘리베이터의 경우, 정지 후 2초 이상 동안 카가 승강장을 출발하는 것을 방지하는 장치가 있어야 한다.

14.2.4.2 문이 닫힌 후 2초 이내에 외부 호출 버튼이 등록되더라도 엘리베이터는 운행되지 않아야 한다. 다만, 집중제어(collective control) 엘리베이터의 경우에는 적용이 필요하지 않다.

14.2.4.3 집중제어(collective control) 엘리베이터의 경우, 승강장에서 분명하게 보이는 조명된 신호는 해당 승강장에서 기다리는 이용자에게 카의 다음 운행방향을 알려주어야 한다.

비고 여러 대의 엘리베이터가 있는 경우에는 가청신호에 의해 카의 도착을 예고하는 것이 바람직하다. 승강장에 있는 위치표시기는 부적절하다.

14.2.5 부하제어

14.2.5.1 카에 과부하가 발생할 경우에는 재-착상을 포함한 정상운행을 방지하는 장치가 설치되어야 한다.

14.2.5.2 과부하는 최소 65kg으로 계산하여 정격하중의 10%를 초과하기 전에 검출되어야 한다.

14.2.5.3 과부하의 경우에는 다음과 같아야 한다.

가) 가청이나 시각적인 신호에 의해 카 내 이용자에게 알려야 한다.

나) 자동 동력 작동식 문은 완전히 개방되어야 한다.

다) 수동 작동식 문은 잠금해제상태를 유지하여야 한다.

라) 7.7.2.1 및 7.7.3.1에 따른 예비운전은 무효화되어야 한다.

14.2.6 파킹운전

엘리베이터를 주기적으로 사용·정지하기 위해 파킹운전 장치가 설치된 경우에는 다음 사항에 적합하여야 한다.

가) 파킹스위치는 승강장 및 중앙관리실 또는 경비실 등에 설치되어 엘리베이터 운전의 휴지 조작과 재-운행 조작이 가능하여야 한다.

나) 파킹스위치를 "휴지" 상태로 작동시키면 카가 자동으로 지정된 층으로 움직이고 지정된 층에 도착하면 카의 정상운전 제어장치는 무효화되어야 한다.

14.2.7 결함확인장치 등

엘리베이터의 결함 등을 확인하는 장치가 패널에 설치되어야 하며, 다음 기능을 수행할 수 있어야 한다.

가) 고장분석 및 전기안전장치의 결함확인 기능

나) 결함 초기화 및 정상 운행 복귀 기능

다) 유지관리를 위한 조정 및 설정기능

라) 점검 및 검사를 위한 조정 기능

마) 월간 기동횟수 및 운행시간 적산 기록·표시 기능

또한, 이 장치의 기능에 대한 사용설명서가 패널 내부에 보관되어야 한다.

15 경고 및 표시

15.1 일반사항

모든 경고, 표시 및 라벨 등은 지울 수 없고 읽기 쉬우며 손쉽게 이해(필요할 경우 표지 또는 기호에 의해 지원)할 수 있어야 한다. 이러한 것은 찢어질 수 없고 내구성이 있는 재질로 잘 보이는 곳에 있어야 하며 한글(필요 시 다른 언어 병기 가능)로 기재되어야 한다.

15.2 카

15.2.1 카 내부에는 kg으로 표시된 엘리베이터의 정격하중 및 정원이 표기되어야 한다.

정원은 8.2.3의 규정에 의해 결정되어야 하며 "…kg …인승"으로 표기되어야 하며 사용되는 글자 크기의 높이는 다음과 같아야 한다.

가) 한글, 영문대문자 및 숫자는 10mm 이상

나) 영문소문자는 7mm 이상

16 장애인용 및 비상용 엘리베이터의 추가요건

16.1 장애인용 엘리베이터에 대한 추가요건

16.1.1 「장애인·노인·임산부 등의 편의증진보장에 관한 법률」, 「교통약자의 이동편의 증진법」 등 개별법령에서 규정하고 있는 시설기준을 충족하여야 한다.

16.1.2 장애인용 엘리베이터는 호출버튼 또는 등록버튼에 의하여 카가 정지하면 10초 이상 문이 열린 채로 대기하여야 한다.

16.2 비상용 엘리베이터에 대한 추가요건

16.2.1 환경/건축물 요건

16.2.1.1 비상용 엘리베이터는 모든 승강장문 전면에 방화 구획된 로비를 포함한 승강로 내에 설치되어야 한다. 각각의 방화 구획된 로비 구역은 그림 8.1, 그림 8.2, 그림 8.3 및 그림 9를 참조한다.

비고 주변 환경의 벽 및 문의 내화수준은 건축법령에 의해 규정된다.

동일 승강로 내에 다른 엘리베이터가 있다면 전체적인 공용 승강로는 비상용 엘리베이터의 내화 규정을 만족하여야 한다. 이 내화 수준은 방화 구획된 로비 문 및 기계실에도 적용되어야 한다. 공용 승강로에 비상용 엘리베이터를 다른 엘리베이터와 구분시키기 위한 중간 방화벽(내화구조)이 없는 경우에는 비상용 엘리베이터의 정확한 기능을 수행하기 위해 모든 엘리베이터 및 전기장치는 비상용 엘리베이터와 같은 방화조치가 되어야 한다.

16.2.1.2 비상용 엘리베이터는 다음 조건에 따라 정확하게 운전되도록 설계되어야 한다.

가) 전기/전자적 조작 장치 및 표시기는 구조물에 요구되는 기간 동안(2시간 이상) 0℃에서 65℃까지의 주위 온도 범위에서 작동될 때 카가 위치한 곳을 감지할 수 있도록 기능이 지속되어야 한다.

나) 방화구획 된 로비가 아닌 곳에서 비상용 엘리베이터의 모든 다른 전기/전자 부품은 0℃에서 40℃까지의 주위 온도 범위에서 정확하게 기능하도록 설계되어야 한다.

다) 엘리베이터 제어의 정확한 기능은 건축물에 요구되는 기간 동안(2시간 이상) 연기가 가득 찬 승강로 및 기계실에서 보장되어야 한다.

16.2.1.3 방화 목적으로 사용된 각 승강장 출입구에는 방화구획 된 로비가 있어야 한다.

16.2.1.4 비상용 엘리베이터에 2개의 카 출입구가 있는 경우, 소방관이 사용하지 않은 비상용 엘리베이터의 승강장문은 65℃를 초과하는 온도에 노출되지 않도록 보호되어야 한다. [그림 8.3 참조]

16.2.1.5 보조 전원공급장치는 방화구획 된 장소에 설치되어야 한다.

16.2.1.6 비상용 엘리베이터의 주 전원공급과 보조 전원공급의 전선은 방화구획 되어야 하고 서로 구분되어야 하며, 다른 전원공급장치와도 구분되어야 한다.

16.2.2 비상용 엘리베이터의 기본요건

16.2.2.1 비상용 엘리베이터는 16.2.1에서 16.2.11까지의 규정에 적합하여야 하고 비상용 엘리베이터에 필요한 보호조치, 제어 및 신호가 추가되어야 한다.

 비상용 엘리베이터는 화재 발생 시 소방관의 직접적인 조작 아래에서 사용된다.

16.2.2.2 비상용 엘리베이터는 소방운전 시 모든 승강장의 출입구마다 정지할 수 있어야 한다.

16.2.2.3 비상용 엘리베이터의 크기는 KS B ISO 4190-1에 따라 630kg의 정격하중을 갖는 폭 1,100mm, 깊이 1,400mm 이상이어야 하며, 출입구 유효 폭은 800mm 이상이어야 한다.

침대 등을 수용하거나 같은 층에 승강장의 출입구가 2개로 설계된 경우 또는 피난용도로 의도된 경우, 정격하중은 1,000kg 이상이어야 하고 카의 크기는 폭 1,100mm, 깊이 2,100mm 이상이어야 한다.

16.2.2.4 비상용 엘리베이터는 소방관이 조작하여 엘리베이터 문이 닫힌 이후부터 60초 이내에 가장 먼 층에 도착하여야 된다. 다만, 운행속도는 1m/s 이상이어야 한다.

16.2.3 전기장치의 물에 대한 보호

16.2.3.1 승강장문을 포함한 승강로 벽으로부터 1m 이내에 위치한 비상용 엘리베이터의 승강로 내부 및 카 상부의 전기장치는 떨어지는 물과 튀는 물로부터 보호되거나 IP X3 이상의 등급으로 보호되어야 한다. [그림 10 참조]

16.2.3.2 피트 바닥 위로 1m 이내에 위치한 전기장치는 IP 67로 보호되어야 한다. 콘센트 및 승강로에서 가장 낮은 조명 전구의 위치는 허용 가능한 피트 내부의 최대 누수 수준 위로 0.5m 이상이어야 한다.

16.2.3.3 승강로 외부 구동기 공간 및 피트에 있는 전기장치는 물로 인한 고장으로부터 보호되어야 한다.

16.2.3.4 완전히 압축된 카 완충기 위로 물이 올라가지 않도록 하는 적절한 보호수단이 설치되어야 한다.

16.2.3.5 물이 피트 누수 수준까지 침수되어 비상용 엘리베이터의 고장을 유발하는 설비에 도달을 막는 수단이 설치되어야 한다.

16.2.4 엘리베이터 카에 갇힌 소방관의 구출

16.2.4.1 카 지붕에 0.5m×0.7m 이상의 비상구출문이 있어야 한다. 다만, 정격용량이 630kg인 엘리베이터의 비상구출문은 0.4m×0.5m 이상으로 할 수 있다.

16.2.4.2 비상구출문은 8.12에 적합하여야 한다.

비상구출문을 통해 카 내부로 출입은 영구적인 고정설비 또는 조명장치에 의해 방해받지 않아야 한다. 특별한 도구의 사용 없이 쉽게 열리거나 제거될 수 있어야 한다. 열리는 지점은 카 내부에서 분명하게 식별되어야 한다.

16.2.4.3 카 외부로부터 구출

다음과 같은 수단 중 어느 하나가 사용되어야 한다.

가) 승강장 출입구 위의 문턱에서부터 0.75m 이내에 위치되고, 꼭대기 끝부분 근처에 쉽게 닿을 수 있는 1개 이상의 손잡이가 있는 영구적인 고정 사다리

나) 휴대용 사다리

다) 로프 사다리

라) 안전 로프 시스템

나)에서 라)까지의 경우 각 승강장 근처에 안전하게 고정할 수 있는 고정수단이 있어야 한다.

접근할 수 있는 가장 가까운 승강장 문턱에서부터 구출수단을 통해 카 지붕에 안전하게 도달할 수 있어야 한다.

16.2.4.4 카 내부에서 자체-구출(탈출)

카 내부에서 비상구출문을 완전히 열어 출입(카 내부에 최대 0.4m의 높이를 가진 적절한 발판에 의해 등)이 가능하여야 한다. 발판은 1,200N의 하중을 견딜 수 있어야 한다.

사다리가 사용된 경우에는 안전하게 배치될 수 있는 장소에 위치되어야 한다. 발판과 수직 벽 사이의 유효거리는 0.1m 이상이어야 한다.

사다리와 결합된 비상구출문의 크기 및 위치는 소방관이 통과될 수 있어야 한다.

승강로 내부의 각 승강장 출입구 잠금장치 근처에는 승강장문 해제방법을 분명하게 보여주는 간단한 다이어그램 또는 심볼이 있어야 한다.

16.2.5 카문 및 승강장문

카문과 승강장문이 연동되는 자동 수평 개폐식 문이 설치되어야 한다.

16.2.6 엘리베이터 구동기 및 관련 설비

구동기 및 관련설비의 설치공간은 내화구조로 보호되어야 한다.

16.2.7 제어시스템

16.2.7.1 소방운전 스위치는 소방관이 접근할 수 있는 지정된 로비에 위치되어야 한다. 이 스위치는 승강장문 끝 부분에서 수평으로 2m 이내에 위치되고, 승강장 바닥 위로 1.8m부터 2.1m 이내에 위치되어야 한다. 그림 12에 따른 비상용 엘리베이터 알림표지가 부착되어야 한다.

구분		기준
색상	바탕	적색
	그림	흰색
크기	카 조작 반	20mm×20mm
	승강장	100mm×100mm 이상

비고 출입구가 2개 있는 엘리베이터의 경우 비상용 운전으로 사용되는 카 조작반에 표시

비상용 엘리베이터의 알림표지

16.2.7.2 소방운전 스위치는 7.7.3.2 및 부속서 Ⅱ에서 규정된 비상 잠금 해제 열쇠구멍에 적합하여야 한다. 이 스위치의 조작위치는 쌍안정이어야 하고 '1'과 '0'이 되도록 명확하게 표시되어야 한다. '1'의 위치에서 소방운전이 시작된다.

이 소방운전은 2단계를 갖는다 : 1단계 기능은 16.2.7.7을 참조하고 2단계 기능은 16.2.7.8 참조한다.

추가적인 외부 제어 또는 입력은 비상용 엘리베이터가 자동으로 소방관 접근 지정 층으로 복귀하고 그 층에서 문이 열린 상태로 있는 경우에만 사용될 수 있다. 소방운전 스위치는 1단계 운전을 완료하기 위해 '1' 위치에서 계속 작동되어야 한다.

16.2.7.3 소방운전 스위치가 작동하는 동안, 1단계 및 2단계 조건하에서 16.2.7.7 다) 및 16.2.7.8 바)에 기술된 문닫힘안전장치를 제외하고 모든 엘리베이터의 안전장치(전기적 및 기계적)는 유효상태이어야 한다.

16.2.7.4 소방운전 스위치는 점검운전 제어[14.2.1.3], 정지장치[14.2.2] 또는 전기적 비상운전 제어[14.2.1.4]보다 우선되지 않아야 한다.

16.2.7.5 소방운전 중일 때 엘리베이터의 기능은 승강장 호출 제어 또는 승강로 외부에 위치한 엘리베이터 제어시스템의 다른 부품의 전기적 고장에 의해 영향을 받지 않아야 한다.

비상용 엘리베이터와 같은 그룹운전에 있는 다른 엘리베이터의 전기적 고장이 비상용 엘리베이터의 운전에 영향을 주지 않아야 한다.

16.2.7.6 소방관의 엘리베이터 조작이 과도하게 지연되지 않도록 보장하기 위해 작동 문의 휴지시간이 2분을 초과할 때 카 내부에서 경보음이 울려야 한다. 이 시간 후에는 문이 감소된 동력 조건 아래에서 닫히기 시작하고 경보음은 문이 완전히 닫힐 때 취소된다. 경보음은 35와 65dB 사이에서 조정되어야하고 55dB(A)에 설정한다. 그리고 다른 엘리베이터의 가청신호와는 구별되어야 한다. 이 특징은 1단계에서만 작동되어야 한다.

16.2.7.7 1단계 : 비상용 엘리베이터에 대한 우선 호출

이 단계는 수동 또는 자동으로 시작이 가능하다.

이 시작은 다음 사항을 보장하여야 한다.

가) 모든 승강장 제어 및 비상용 엘리베이터 카 내의 제어는 작동되지 않아야 하고 미리 등록된 호출은 취소되어야 한다.

나) 문 열림 및 비상 경고 버튼은 작동이 가능한 상태이어야 한다.

다) 연기나 열에 의해 영향을 받을 수 있는 비상용 엘리베이터의 문닫힘안전장치는 문이 닫히도록 허용하기 위해 무효화되어야 한다.

라) 그룹운전에서 비상용 엘리베이터는 다른 모든 엘리베이터와 독립적으로 기능되어야 한다.

마) 소방관 접근 지정 층에 있는 비상용 엘리베이터의 카문 및 승강장문은 열린 상태로 계속 유지하고 있어야 한다.

바) 16.2.11에 기술된 소방 활동 통화시스템은 작동되어야 한다.

사) 16.2.7.6에서 요구된 경보음은 엘리베이터가 점검운전 제어 조건하에 있을 때 1단계 시작과 동시에 울려야 한다. 14.2.3.4에서 기술된 내부통화시스템이 설치된 경우에는 내부통화 시스템이 작동되어야 한다. 경보음은 비상용 엘리베이터가 '점검운전 제어'로부터 해제될 때 멈춰야 한다.

아) 소방관 접근 지정 층을 벗어나 운행 중인 비상용 엘리베이터는 가장 가까운 정지 가능한 층에 정지한 후 문을 개방하지 않고 지정 층으로 복귀하여야 한다.

자) 승강로 및 기계실 조명은 소방운전 스위치가 조작되면 자동으로 조명되어야 한다.

16.2.7.8 2단계 : 소방운전 제어 조건아래에서 엘리베이터의 이용

비상용 엘리베이터가 문이 열린 상태로 소방관 접근 지정 층에 정지하고 있는 후에는 비상용 엘리베이터는 카 조작반에서만 운전되어야 하고 다음 사항을 보장하여야 한다.

가) 1단계가 외부 신호에 의해 시작되는 경우에는 소방운전 스위치가 조작되기 전까지 비상용 엘리베이터는 운전되지 않아야 한다.

나) 2개 이상의 카 운행 층이 동시에 등록되는 것은 가능하지 않아야 한다.

다) 카가 움직이고 있는 동안에는 카 내부에서 새로운 층 등록이 가능하여야 한다. 미

리 등록된 층은 취소되어야 한다. 카는 새롭게 등록된 층으로 빠른 시간에 운행되어야 한다.

라) 카 운전등록은 엘리베이터 카를 등록된 층으로 운행시키고 등록된 층에 문이 닫힌 상태로 정지시켜야 한다.

마) 카가 승강장에 정지하고 있다면 카 내의 '문 열림' 버튼에 지속적인 압력이 가해질 때만 문이 열려야 한다. 문이 완전히 열리기 전에 카 내의 '문 열림' 버튼에 압력을 가하지 않으면 문은 자동으로 다시 닫혀야 한다. 문이 완전히 열리면 카 조작반에 새로운 층이 등록되기 전까지는 문이 열린 상태로 있어야 한다.

바) 카 문닫힘안전장치 및 문 열림 버튼[16.2.7.7 다) 제외]은 1단계와 같이 무효화되어야 한다.

사) 비상용 엘리베이터는 소방운전 스위치의 '1'에서 '0'으로 전환(최대 5초 동안)에 의해 소방관 접근 지정 층으로 복귀되어야 한다. 그리고 다시 '1'로 전환되면 1단계가 반복되어야 한다. 다만 이 규정은 소방운전 스위치가 아래의 아)에서 기술된 것처럼 카에 있는 경우에는 적용하지 않는다.

아) 추가적으로 소방운전용 키 스위치가 카에 설치된 경우, '0' 및 '1'이 명확하게 표시되어야 한다. 이 스위치는 '0'의 위치에서만 제거되어야 한다.
이 스위치의 조작은 다음과 같아야 한다.
  1) 엘리베이터가 소방관 접근 지정 층에 있는 소방운전 스위치에 의해 소방운전 제어조건 아래에 있을 때 카에 있는 키 스위치는 카를 움직이기 위해서 '1' 위치로 전환되어야 한다.
  2) 엘리베이터가 소방관 접근 지정 층이 아닌 다른 층에 있고 카에 있는 키 스위치가 '0' 위치로 전환되면 카는 더 이상 움직이지 않고 문은 열린 상태로 있어야 된다.

자) 등록된 카의 운행은 카 조작반에만 시각적으로 표시되어야 한다.

차) 정상 또는 비상 전원공급이 유효할 때 카 내부 및 소방관 접근 지정 층에 카의 위치가 표시되어 보여야 한다.

카) 엘리베이터는 카 운행 층이 더 등록되기 전까지 지정 층에 남아 있어야 한다.

타) 16.2.11에 기술된 소방 활동 통화시스템은 2단계 동안 작동 상태이어야 한다.

파) 소방운전 스위치가 '0'으로 다시 전환되면 비상용 엘리베이터 제어시스템은 엘리베이터가 소방관 접근 지정 층에 복귀될 때에만 정상운전 상태로 되돌아 갈 수 있어야 한다.

16.2.7.9 비상용 엘리베이터가 2개의 출입구를 갖고 보호된 경우 비상용 엘리베이터 로비는 소방관 접근 층의 로비와 같은 측면에 모두 위치된다. 그리고 다음과 같은 추가 사항에 따라야 된다.

가) 카 조작반은 앞·뒤 카문 근처에 각각 있어야 한다.
- 이러한 조작반 중 하나는 승객용으로 사용된다.
- 방화구획된 로비에 인접한 화재 비상용 조작반은 소방관만 사용하고 그림 12의 비상용 엘리베이터 알림 표시가 있어야 한다.

나) 승객용 조작반의 버튼은 1단계가 시작될 때 문 열림 및 경고 버튼을 제외하고 모두 무효화되어야 한다.

다) 보호된 비상용 엘리베이터에 인접한 비상용 조작반은 2단계 시작과 동시에 작동된다.

라) 비상용으로 의도되지 않은 승강장문은 엘리베이터가 정상 운전으로 복귀되기 전까지 모든 층에서 닫힌 상태로 있어야 한다.

마) 보호된 비상용 엘리베이터 로비의 승강장문은 엘리베이터가 정상 운전으로 복귀되기 전까지 모든 층에서 작동상태가 되어야 한다.

16.2.8 비상용 엘리베이터의 전원공급

16.2.8.1 엘리베이터 및 조명의 전원공급시스템은 주 전원공급장치 및 보조(비상, 대기 또는 대체) 전원공급장치로 구성되어야 한다. 방화등급은 엘리베이터 승강로에 주어진 등급과 동등 이상이어야 한다. [그림 13 참조]

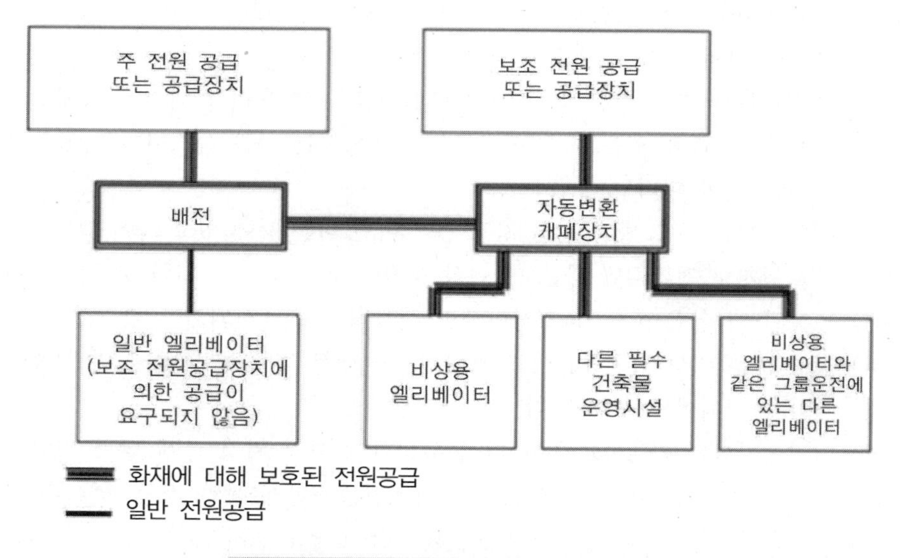

비상용 엘리베이터의 전원공급에 대한 예시

16.2.8.2. 3 정전 시에는 보조 전원공급장치에 의하여 엘리베이터를 다음과 같이 운행시킬 수 있어야 하다.

가) 60초 이내에 엘리베이터 운행에 필요한 전력용량을 자동으로 발생시키도록 하되 수동으로 전원을 작동시킬 수 있어야 한다.

나) 2시간 이상 운행시킬 수 있어야 한다.

16.2.10 카 및 승강장 제어

16.2.10.1 카와 승강장의 제어 및 관련 제어시스템은 열, 연기 및 습기의 영향으로부터 잘못된 신호가 등록되지 않아야 한다.

16.2.10.2 카와 승강장의 제어, 카와 승강장의 표시기 패널 및 소방운전 스위치는 IP X3 이상으로 보호되어야 한다.

승강장 조작반은 전기적으로 소방운전 스위치의 시작에 전기적으로 연결되어 있다면 IP X3 이상으로 등급으로 보호되어야 한다.

16.2.10.3 2단계 소방운전 중에 비상용 엘리베이터의 운전은 카에 있는 모든 푸시 버튼에 의해 이루어져야 한다. 다른 운전시스템은 무효화되어야 한다.

16.2.10.4 비상용 엘리베이터 카 내부 등록버튼 위 또는 근처에 그림 12의 비상용 엘리베이터 알림 표지를 이용하여 선명하게 표시되어야 한다.

16.2.11 소방 활동 통화시스템

16.2.11.1 비상용 엘리베이터에는 1단계 및 2단계 소방운전 중일 때 비상용 엘리베이터 카와 소방관 접근 지정 층 및 기계실이나 비상운전 패널(기계실 없는 엘리베이터) 사이에서 양방향 음성 통화를 위한 내부통화 시스템 또는 이와 유사한 장치가 있어야 한다.

기계실에 있는 통화 장치는 조작 버튼을 눌러야만 작동되는 마이크로폰이어야 한다.

16.2.11.2 엘리베이터 카와 소방관 접근 지정 층에 있는 통화 장치는 마이크로 폰 및 스피커가 내장되어 있어야하고, 전화 송수화기로 되어서는 안 된다.

16.2.11.3 통신시스템 배선은 엘리베이터 승강로에 설치되어야 한다.

16.3 피난용 엘리베이터의 추가요건

비고 피난용 엘리베이터의 기계실 구조, 승강로 구조, 승강장 구조 및 전용 예비전원의 설치기준은 「건축물의 피난·방화구조 등의 기준에 관한 규칙」 제30조를 참조한다.

16.3.1 피난용 엘리베이터의 기본요건

16.3.1.1 피난용 엘리베이터에 필요한 보호조치, 제어 및 신호가 추가되어야 한다.

비고 피난용 엘리베이터[3.39]는 화재 등 재난발생시 통제자[3.40]의 직접적인 조작아래에서 사용된다.

16.3.1.2 구동기 및 제어 패널·캐비닛은 최상층 승강장보다 위에 위치되어야 한다.

16.3.1.3 카 문과 승강장문이 연동되는 자동 수평 개폐식 문이 설치되어야 한다.

16.3.1.4 피난용 엘리베이터의 카는 다음과 같아야 한다.

가) 출입문의 유효 폭은 900mm 이상, 정격하중은 1,000kg 이상이어야 한다.

나) 다만, 의료시설(침상 미사용 시설 제외)의 경우에는 들것 또는 침상의 이동을 위해 출입문 폭 1,100mm, 카 폭 1,200mm, 카 깊이 2,300mm 이상이어야 한다.

비고 출입문 및 카는 사용되는 최대 침상의 출입, 이동이 가능한 크기 이상이어야 한다.

16.3.1.5 승강로 내부는 연기가 침투되지 않는 구조이어야 한다.

비고 승강장의 모든 문이 닫힌 상태에서 승강로 이외 구역보다 기압을 높게 유지하여 연기가 침투되지 않도록 할 경우, 승강로의 기압은 승강장의 기압과 동등이상이거나 승강장 이외 구역보다 최소 40Pa 이상으로 하여야 한다.

16.3.1.6 피난용 엘리베이터의 전기/전자적 조작 장치 및 표시기는 건축물에 요구되는 시간 동안(2시간 이상) 0℃에서 65℃까지의 주위 온도 범위에서 카가 위치한 곳을 감지할 수 있는 기능이 지속되도록 설계되어야 한다.

16.3.1.7 피난용 엘리베이터에 2개의 카 출입구가 있는 경우, 피난운전 시 사용되지 않도록 의도된 승강장문은 65℃를 초과하는 온도 및 연기에 노출되지 않도록 보호되어야 한다.

16.3.2 전기장치의 물에 대한 보호

16.3.2.1 피난용 엘리베이터 승강로 내부 및 승강장문을 포함한 승강로 벽으로부터 1m 이내에 위치한 카 위의 전기장치는 떨어지는 물과 튀는 물로부터 보호되도록 IPX3 이상의 등급으로 보호되어야 한다. [그림 10 참조]

16.3.2.2 피트 바닥 위로 1m 이내에 위치한 전기장치는 IP67 이상의 등급으로 보호되어야 한다. 콘센트 및 승강로에서 가장 낮은 조명의 전구의 위치는 허용 가능한 피트 내부의 최대 누수 수준 위로 0.5m 이상이어야 한다.

16.3.2.3 피트에 있는 전기장치는 물로 인한 고장으로부터 보호되어야 한다.

16.3.2.4 물이 완전히 압축된 카 완충기 위로 올라가지 않도록 하는 적절한 보호수단이 설치되어야 하며, 보호수단이 동력에 의한 경우 예비전원으로 작동이 가능하여야 한다.

16.3.2.5 피트의 누수 수준이 피난용 엘리베이터의 고장을 유발시키는 장치에 도달하는 것을 방지하는 수단이 설치되어야 한다.

16.3.3 엘리베이터 카에 갇힌 승객의 구출

16.3.3.1 피난운전 중 고장이나 결함으로 인해 피난용 엘리베이터가 승강로 중간에 정지한 경우, 카에 갇힌 이용자의 구출 및 탈출은 16.2.4에 따라야 한다. 다만, 인접한

다른 피난용 엘리베이터 카에 8.12.3에 따른 비상문이 설치된 경우에는 예외로 한다.

16.3.3.2 주 전원 및 예비전원 공급이 동시에 실패할 경우를 대비하여 다음 사항을 만족하는 수단이 제공되어야 한다.

가) 정격하중의 카를 피난 층 또는 가장 가까운 피난안전구역까지 저속으로 운행시킬 수 있는 충분한 용량의 보조전원이 제공되어야 한다. 이 경우, 예비전원은 보조전원으로 간주하지 않는다.

나) 피난용 엘리베이터는 피난 층 또는 피난안전구역 도착 후 주 전원 또는 예비전원이 정상적으로 공급되기 전까지 출입문을 열고 대기하여야 한다.

16.3.4 제어시스템

16.3.4.1 "피난용 호출"이라고 명확히 표시된 피난용 스위치가 지정된 피난 층에 위치되어야 한다. 이 피난용 스위치는 바닥 위로 높이 1.8m에서 2.1m 사이 및 피난용 엘리베이터에서 수평으로 2m 이내에 위치되어야 한다.

16.3.4.2 피난용 스위치는 전면이 보이는 재질(유리 또는 투명한 아크릴 등)로 된 박스로 보호되어야 한다.

16.3.4.3 피난용 엘리베이터가 2개의 출입구를 갖고 보호된 경우, 피난용 엘리베이터 로비는 피난 층의 로비와 같은 측면에 모두 위치되어야 하고, 피난용 스위치는 방화 구획된 로비 측면에 위치되어야 한다.

16.3.4.4 피난용 엘리베이터 운전 중에 모든 엘리베이터 안전장치(전기적 및 기계적)는 모두 작동상태이어야 한다. 다만, 문닫힘안전장치는 제외한다.

16.3.4.5 16.4.1에 따른 스위치는 14.2.1.3에 따른 점검운전 제어, 14.2.2에 따른 정지장치 또는 14.2.1.4에 따른 전기적 비상운전 제어보다 우선되지 않아야 한다.

16.3.4.6 피난운전 중일 때 피난용 엘리베이터의 기능은 승강장 호출 제어 또는 승강로 외부에 위치한 제어 시스템의 다른 부품의 전기적 고장에 의해 영향을 받지 않아야 한다. 피난용 엘리베이터와 같은 그룹운전에 있는 다른 엘리베이터의 전기적 고장이 피난용 엘리베이터의 운전에 영향을 주지 않아야 한다.

16.3.4.7 피난용 엘리베이터에 대한 우선 호출

피난용 엘리베이터의 호출은 16.3.4.1에 따른 피난용 스위치의 조작 또는 건축물의 방재시스템에서 발동하는 화재경보신호에 의해 자동으로 다음 각 호와 같이 시작되어야 한다.

가) 모든 승강장 호출 및 카 내의 등록버튼은 작동되지 않아야 하고, 미리 등록된 호출은 취소되어야 하다.

나) 문 열림 버튼 및 비상호출 버튼은 작동이 가능한 상태이어야 한다.

다) 문닫힘안전장치의 작동은 무효화되어야 한다.

라) 그룹운전에서 피난용 엘리베이터는 다른 모든 엘리베이터와 독립적으로 기능되어야 한다.

마) 지정된 피난 층에 있는 피난용 엘리베이터의 카 문 및 승강장 문은 열린 상태로 계속 유지되어야 한다.

바) 지정된 피난 층에서 멀어지는 방향으로 운행 중인 피난용 엘리베이터는 정지할 수 있는 가장 가까운 층에 정상적으로 정지한 후 출입문을 열지 않고 지정된 피난 층으로 복귀되어야 한다.

사) 지정된 피난 층으로 운행 중인 피난용 엘리베이터는 정지 하지 않고 지정된 피난 층으로 계속 운행되어야 한다.

아) 안전장치의 작동으로 인해 정지된 피난용 엘리베이터는 계속 움직이지 않아야 한다.

자) 16.6에 따른 피난 활동 통화시스템은 작동되어야 한다.

차) 승강로와 기계실의 조명은 16.3.4.1에 따른 피난용 스위치가 조작되면 자동으로 조명되어야 한다.

16.3.4.8 통제자의 피난용 엘리베이터 운전

피난용 엘리베이터가 출입문이 열린 상태로 지정 피난 층에 정지하고 있는 경우, 피난용 엘리베이터는 카 내 조작패널에서만 운전되어야 하고, 다음 사항이 보장되어야 한다.

가) 카는 통제자가 제어할 수 있도록 카 내에서 피난운전으로 전환되어야 하며, 이 전환은 7.7.3.2 및 부속서 Ⅱ에 따른 삼각 열쇠(피난운전 스위치)에 의해서 이루어져야 한다.

나) 16.3.4.7에 따른 호출이 외부 신호에 의해 시작되는 경우, 피난용 엘리베이터는 카 내의 피난운전 스위치가 조작되기 전까지 운행되지 않아야 한다.

다) 카 내의 피난운전 스위치가 "피난" 위치로 전환되었을 때에 키 스위치는 그 위치가 계속 유지되어야 하며, 해제는 오직 "해제" 위치에서만 가능하여야 한다.

라) 피난운전 중일 때 승강장 호출은 가능하지 않아야 하고 카 내 등록만 가능하여야 한다.

마) 카 내에서 피난운전으로 전환되면 카 내, 승강장 위치표시기 및 종합 방재실에는 "피난운전 중" 표시가 명확히 나타나야 한다.

바) 해당 층에 도착하면 장애인, 노인 및 임산부 등을 포함한 피난용 엘리베이터 이용자에게 적절한 탑승시간을 제공할 수 있도록 출입문이 개방되어 있어야 한다.

사) 피난용 엘리베이터 이용자가 탑승하는 동안 문 열림 버튼 및 과부하감지장치는 작동상태가 정상 유지되어야 하나 문닫힘안전장치의 작동상태는 무효화되어야 한다.

아) 바)에 따른 탑승시간이 종료되면 카의 부하가 정격하중의 100%에 이르지 않더라

도 피난용 엘리베이터는 즉시 문을 닫고 피난 층으로 복귀되어야 한다. 이 때 대피 신호를 받아놓은 다른 층에 추가로 정지하는 것은 허용된다.

자) 카가 피난 층에 도착하면 출입문이 열리고 약 15초 동안 열려있어야 한다.

차) 카가 지정된 피난 층이 아닌 다른 층에 정지하고 있을 때 피난운전 키 스위치가 "해제" 위치로 전환되면, 카는 즉시 문을 닫고 자동적으로 지정된 피난 층으로 복귀하여야 한다.

카) 카가 지정된 피난 층에 접근이 불가능하거나 어떤 이유로 정지할 수 없을 경우 지정된 피난 층에서 가장 가까운 층 또는 미리 지정된 다른 층에 정상적으로 정지되어야 한다.

타) 이 피난운전은 초고층 건축물의 경우에는 2시간 이상, 준초고층 건축물의 경우에는 1시간 이상 가능하여야 한다.

16.3.4.9 피난 운행의 중지

피난용 엘리베이터가 어떤 이유로 운행이 중단되는 경우에는 승강장(피난안전구역)에서 대기하는 사람들에게 해당 상황을 알려주는 시각적 및 청각적 장치가 각 층 승강장에 제공되어야 한다.

청각적 장치는 음성신호장치이어야 하며 소리는 35db(A)와 80db(A) 사이에서 조정이 가능하여야 하고 최초 설정은 75db(A)로 하여야 한다. 이 장치의 접근 및 조정은 기술자 또는 인가된 관리자만 가능하도록 하여야 한다.

비고 피난용 엘리베이터의 운행이 중단된 경우에는 비상피난계단을 이용하도록 시각적 및 청각적으로 안내하는 것이 필요하다.

16.3.5 카 및 승강장 제어

16.3.5.1 카 및 승강장 제어 및 관련 제어시스템은 열, 연기 및 습기의 영향으로부터 잘못된 신호가 등록되지 않아야 한다.

16.3.5.2 카 및 승강장 제어(조작), 카 및 승강장 표시기 패널 및 피난용 스위치는 IPX3 이상으로 보호되어야 한다.

승강장 조작패널은 피난운전 스위치의 시작에 전기적으로 연결되어 있다면 IPX3 이상 등급으로 보호되어야 한다.

16.3.6 피난 활동 통화시스템

16.3.6.1 피난용 엘리베이터에는 피난운전 중일 때 카와 종합방재실 및 기계실 사이에서 양방향 음성 통화를 위한 내부통화 시스템 또는 이와 유사한 장치가 있어야 한다.

기계실에 있는 통화 장치는 조작 버튼을 눌러야만 작동되는 마이크로폰이어야 한다.

16.3.6.2 엘리베이터 카와 종합방재실에 있는 통화 장치는 마이크로 폰 및 스피커가 내장되어 있어야 하고, 전화 송수화기로 되어서는 안 된다.

16.3.6.3 통신시스템의 배선은 엘리베이터 승강로에 설치되어야 한다.

16.3.7 사용자를 위한 정보

피난용 엘리베이터의 제조업자 또는 설치업자는 최소한 다음 사항을 포함한 사용 설명서 또는 매뉴얼을 승강기 관리주체에게 제공하여야 한다.

가) 피난용 엘리베이터를 조작하는 통제자의 필요성
나) 피난용 엘리베이터를 조작하는 통제자를 위한 조작방법·절차 등의 매뉴얼 및 주의사항
다) 피난용 엘리베이터의 제어시스템과 부품의 고장 시 조치사항 및 점검주기
라) 카 내 및 승강장 비상통화장치 조작 요령
마) 카 내 갇힘 시 구출 및 탈출 절차
바) 피난용 엘리베이터를 조작하는 통제자를 위한 훈련의 필요성

[별표 8]
검사항목 및 판정기준(제4조, 제6조, 제8조, 제10조, 제12조, 제14조 및 제16조 관련)

1. 전기식 엘리베이터

승강기검사기준 제4조에 따라 전기식 엘리베이터의 검사항목은 아래와 같으며 판정기준은 [별표 1]의 관련 규정에 따른다.

1.1 완성검사

1.1.1 설치 및 작동상태 확인 항목

(1) 비상 및 작동시험을 위한 운전 및 내부통화시스템
(2) 문닫힘 안전장치
(3) 승강장문 잠금장치
(4) 상승과속방지수단
(5) 완충기
(6) 파이널 리미트 스위치
(7) 전동기 구동시간 제한장치
(8) 비상운전
(9) 비상통화장치

(10) 정상운전 제어
(11) 문이 개방된 상태의 착상 및 재 착상의 제어
(12) 점검운전 제어
(13) 도킹운전 제어
(14) 정지장치
(15) 파킹운전
(16) 전기안전장치
(17) 경고 및 표시

1.1.2 계측장비를 사용한 측정 항목

(1) 승강로 조도
(2) 기계실 조도
(3) 승강로 내부에 있는 구동기의 승강로 외부 작업구역의 조도
(4) 승강로 외부에 있는 구동기의 캐비닛 조도
(5) 비상운전 및 작동시험을 위한 패널의 조도
(6) 풀리실의 조도
(7) 승강장문 및 카문의 운동에너지
(8) 승강장 조도
(9) 카 내 조도
(10) 현수부품(로프, 체인 또는 케이블) 및 그 부속품
(11) 조속기 작동속도
(12) 개문출발방지수단 정지거리
(13) 카의 착상 정확도 및 재 착상 범위
(14) 전기 배선
가) 절연저항
나) 엘리베이터의 부품 사이의 전기적 연속성
다) 전도체간 또는 전도체와 접지 사이의 직류 전압 평균값 및 교류 전압 실효값

1.1.3 하중시험 항목

(1) 로프 권상
(2) 비상정지장치
(3) 브레이크 시스템
(4) 속도 및 전류

비고 전류는 제조업자 또는 설치업자가 제공한 균형추에 의한 정격하중의 균형량(오버밸런스율)에 따른 하중을 카에 적재하고 검사한다. 이 경우 판정기준은 제조업자 또는 설치업자가 제공한 설계값으로 한다.

(5) 기타 현장에서 하중시험이 필요한 구조 및 설비

1.1.4 **장애인용 엘리베이터 항목**

(1) 점멸등 및 음성 안내시스템

(2) 출입구, 승강대, 조작기의 조도

(3) 장애인용 엘리베이터 호출버튼 및 등록버튼

1.1.5 **비상용 엘리베이터 항목**

(1) 소방운전 제어시스템

(2) 1단계 : 소방용 엘리베이터에 대한 우선 호출

(3) 2단계 : 소방운전 제어 조건아래에서 엘리베이터의 이용

1.1.6 **피난용 엘리베이터 추가사항**

(1) 피난운전 제어시스템

(2) 피난용 엘리베이터에 대한 우선 호출

(3) 통제자의 피난용 엘리베이터 운전

(4) 피난활동 통화시스템

1.1.7 **그 밖에 전기식 엘리베이터의 기술서류 항목**

기술서류 항목에 대한 검사는 [별표 9]의 1에 따른 기술서류에 기재된 내용과 동일하게 설치되었는지 확인하는 것으로 계산·성능평가 및 증명 등의 현장 확인이 불가한 항목은 제외한다.

1.2 정기검사

1.2.1 전기식 엘리베이터의 정기검사 항목은 1.1.1부터 1.1.6까지에 따른다. 다만, 하중시험은 무부하 상태에서 이루어져야 한다.

1.2.2 전기식 엘리베이터의 모든 장치 및 부품 등의 설치상태는 양호하여야 하며 심한 변형, 부식, 마모 및 훼손은 없어야 한다.

1.2.3 「승강기시설 안전관리법」 제17조에 따른 자체점검의 실시상태를 점검한다.

1.3 수시검사

전기식 엘리베이터의 수시검사 항목은 1.1에 따른다.

1.4 정밀안전검사

전기식 엘리베이터의 정밀안전검사 항목은 1.1.1-1.1.6에 따르고, 추가로 다음 항목에 대해서는 정밀 검사장비를 사용하여 검사한다.

(1) 제어반(열화상태)
(2) 구동기(권상능력)
(3) 전동기(운전 및 절연상태)
(4) 브레이크(제동력 및 감속도)
(5) 비상정지장치(제동력 및 감속도)
(6) 상승과속방지장치(제동력 및 감속도)
(7) 개문출발방지장치(제동력 및 감속도)
(8) 카문 및 승강장문(문닫힘 속도 및 운동에너지)

현장여건에 따라 정밀 검사장비를 사용하여 (6)에 따른 상승과속방지장치에 대한 검사가 불가한 경우에는 작동상태만으로 그 검사를 갈음할 수 있다.

2. 유압식 엘리베이터

승강기검사기준 제6조에 따라 유압식 엘리베이터의 검사항목은 아래와 같으며 판정기준은 [별표 2]의 관련 규정에 따른다.

2.1 완성검사

2.1.1 설치 및 작동상태 확인 항목

(1) 비상 및 작동시험을 위한 운전 및 내부통화시스템
(2) 문닫힘 안전장치
(3) 승강장문 잠금장치
(4) 완충기
(5) 파이널 리미트 스위치
(6) 구동기 정지 및 정지상태
(7) 유압 제어 및 안전장치
(8) 카의 하강·상승 비상운전 및 카의 위치
(9) 전동기 구동시간 제한장치
(10) 정상운전 제어

(11) 문이 개방된 상태의 착상 및 재 착상의 제어
(12) 점검운전 제어
(13) 도킹운전 제어
(14) 전기적 크리핑 방지시스템
(15) 정지장치
(16) 비상통화장치
(17) 파킹운전
(18) 전기안전장치
(19) 경고 및 표시

2.1.2 계측장비를 사용한 측정 항목

(1) 승강로 조도
(2) 기계실 조도
(3) 승강로 내부에 있는 구동기의 승강로 외부 작업구역의 조도
(4) 승강로 외부에 있는 구동기의 캐비닛 조도
(5) 비상운전 및 작동시험을 위한 패널의 조도
(6) 풀리실의 조도
(7) 승강장문 및 카문의 운동에너지
(8) 승강장 조도
(9) 카 내 조도
(10) 현수부품(로프, 체인 또는 케이블) 및 그 부속품
(11) 조속기
(12) 개문출발방지수단
(13) 카의 착상 정확도 및 재 착상
(14) 전기 배선
  가) 절연저항
  나) 엘리베이터의 부품 사이의 전기적 연속성
  다) 전도체간 또는 전도체와 접지 사이의 직류 전압 평균값 및 교류 전압 실효값
(15) 멈춤 쇠 장치

2.1.3 하중시험 항목

(1) 비상정지장치 또는 클램프장치
(2) 멈춤 쇠 장치
(3) 압력 릴리프 밸브
(4) 럽처밸브

(5) 속도

(6) 기타 현장에서 하중시험이 필요한 구조 및 설비

2.1.4 장애인용 엘리베이터 항목

(1) 점멸등 및 음성 안내시스템

(2) 출입구, 승강대, 조작기의 조도

(3) 장애인용 엘리베이터 호출버튼 및 등록버튼

2.1.5 그 밖에 유압식 엘리베이터의 기술서류 항목

기술서류 항목에 대한 검사는 [별표 9]의 2에 따른 기술서류에 기재된 내용과 동일하게 설치되었는지 확인하는 것으로 계산·성능평가 및 증명 등의 현장 확인이 불가한 항목은 제외한다.

2.2 정기검사

2.2.1 유압식 엘리베이터의 정기검사 항목은 2.1.1부터 2.1.4까지에 따른다. 다만, 하중시험은 무부하 상태에서 이루어져야 한다.

2.2.2 유압식 엘리베이터의 모든 장치 및 부품 등의 설치상태는 양호하여 하며 심한 변형, 부식, 마모 및 훼손은 없어야 한다.

2.2.3 「승강기시설 안전관리법」 제17조에 따른 자체점검의 실시상태를 점검한다.

2.3 수시검사

유압식 엘리베이터의 수시검사 항목은 2.1에 따른다.

2.4 정밀안전검사

유압식 엘리베이터의 정밀안전검사 항목은 2.1.1-2.1.4에 따르고, 추가로 다음 항목에 대해서는 정밀 검사장비를 사용하여 검사한다.

(1) 제어반(열화상태)

(2) 유압유니트(운전상태)

(3) 비상정지장치(제동력 및 감속도)

(4) 럽처밸브(제동력 및 감속도)

(5) 개문출발방지장치(제동력 및 감속도)

(6) 릴리프밸브(압력)

(7) 카문 및 승강장문(문닫힘 속도 및 운동에너지)

3. 에스컬레이터 및 무빙워크

승강기검사기준 제8조에 따라 에스컬레이터 및 무빙워크의 검사항목은 아래와 같으며 판정기준은 [별표 3]의 관련 규정에 따른다.

3.1 완성검사

3.1.1 설치 및 작동상태 확인 항목

(1) 수동 권취 장치
(2) 구동기 정지 및 정지 상태 확인
(3) 보조 브레이크 작동
(4) 과속 방지수단 및 의도되지 않은 역전 운행방지수단
(5) 핸드레일의 장력
(6) 주 개폐기
(7) 수동 정지장치 및 재기동
(8) 점검운전 제어
(9) 감시장치 및 전기안전장치
(10) 경고 및 표시

3.1.2 계측장비를 사용한 측정 항목

(1) 경사도
(2) 공칭속도의 공차
(3) 브레이크 정지거리
(4) 핸드레일 속도의 공차
(5) 핸드레일 속도 감시장치
(6) 작업구역의 전기조명 조도
(7) 전기설비의 절연저항
(8) 제어회로 및 안전회로의 전압
(9) 자동 정지 및 재-기동
(10) 자동 재-기동의 재개

3.1.3 그 밖에 에스컬레이터 및 무빙워크의 기술서류 항목

기술서류 항목에 대한 검사는 [별표 9]의 3에 따른 기술서류에 기재된 내용과 동일하게 설치되었는지 확인하는 것으로 계산·성능평가 및 증명 등의 현장 확인이 불가한 항목은 제외한다.

3.2 정기검사

3.2.1 에스컬레이터 및 무빙워크의 정기검사 항목은 3.1.1 및 3.1.2에 따른다.

3.2.2 에스컬레이터 및 무빙워크의 모든 장치 및 부품 등의 설치상태는 양호하여 하며 심한 변형, 부식, 마모 및 훼손은 없어야 한다.

3.2.3 「승강기시설 안전관리법」 제17조에 따른 자체점검의 실시상태를 점검한다.

3.3 수시검사

에스컬레이터 및 무빙워크의 수시검사 항목은 3.1에 따른다.

3.4 정밀안전검사

에스컬레이터 및 무빙워크의 정밀안전검사 항목은 3.1.1 및 3.1.2에 따르고, 추가로 다음 항목에 대해서는 정밀 검사장비를 사용하여 검사한다.

(1) 제어반(열화상태)

(2) 전동기(운전 및 절연상태)

(3) 브레이크(제동력 및 감속도)

(4) 보조브레이크(제동력 및 감속도)

(5) 핸드레일(디딤판과의 공차속도 및 장력상태)

제2절 유압식 엘리베이터의 구조(제5조 관련)

1 적용범위

수직에 대해 15° 이하의 경사진 가이드 레일 사이에서 유압잭에 의해 로프 또는 체인으로 현수되는 승객이나 화물을 수송하기 위한 카를 정해진 승강장으로 운행시키기 위하여 설치되는 유압식 엘리베이터의 구조 및 「승강기시설 안전관리법」 제13조 제1항에 따른 검사의 판정기준에 적용한다.

2 인용규격

한국산업표준(KS) 및 국제표준(ISO, IEC, EN) 등은 가장 최근에 고시되거나 발행된 표준을 적용한다.

3 용어의 정의

「승강기시설 안전관리법」 및 「승강기검사기준」에서 사용하는 정의와 같다.

4 단위 및 기호

4.1 단위

단위는 국제단위(SI)를 사용한다.

4.2 기호

기호는 사용된 공식과의 관계를 설명한다.

8.18 평형추

8.18.1 평형추 틀에 무게추가 채워지는 경우에는 무게추의 이동 또는 이탈을 방지하기 위해 다음과 같은 필요한 조치가 이루어져야 한다.

가) 틀에 무게추를 안전하게 고정하거나

나) 무게추가 금속으로 만들어지고 엘리베이터의 정격속도가 1m/s 이하인 경우에는 2개 이상의 고정봉을 사용하여 무게추를 안전하게 고정한다.

8.18.2 평형추에 풀리 또는 스프라켓이 있는 경우에는 9.4에 따라 보호되어야 한다.

9 현수, 카의 자유낙하, 과속 하강, 크리핑 및 의도되지 않은 움직임의 보호

간접식 엘리베이터의 카와 평형추 사이의 연결을 위한 현수 수단은 9.1에서 9.4까지의 규정에 적합하여야 한다.

9.1 현수 수단

9.1.1 카와 평형추는 와이어로프, 롤러체인 또는 기타 수단에 의해 현수되어야 한다.

9.1.2 로프 또는 체인은 다음 사항에 적합하여야 한다.

가) 로프는 공칭 직경이 8mm 이상이어야 하며 KS D ISO 4344에 적합하거나 동등 이상이어야 한다.

나) 체인은 KS B 1407에 적합하거나 동등 이상이어야 한다.

9.1.3 로프 또는 체인의 최소 가닥은 다음과 같아야 한다.

가) 간접식 엘리베이터의 경우 : 잭 당 2가닥

나) 카와 평형추 사이의 연결의 경우 : 잭 당 2가닥

로프 또는 체인은 독립적이어야 한다.

9.1.4 구멍에 꿰어 매는 방식이 사용되는 경우, 고려되는 수는 내려지는 수가 아니라 로프 또는 체인의 수이다.

9.1.5 로프의 마모 및 파손상태는 별표 1의 부속서 XI의 규정에 적합하여야 한다.

9.2 풀리와 로프의 직경 비율, 로프/체인의 단말처리

9.2.1 풀리와 현수 로프의 공칭 직경사이의 비는 스트랜드의 수와 관계없이 40 이상이어야 한다.

9.2.2 현수로프의 안전율은 12 이상이어야 한다.

안전율은 카가 정격하중을 싣고 최하층에 정지하고 있을 때 로프 1가닥의 최소 파단하중(N)과 이 로프에 걸리는 최대 힘(N) 사이의 비율이다.

평형추 로프 또는 체인의 최대 힘은 유추에 의해 계산되어야 한다.

비고 승강기 설계 시에는 현수로프의 수명을 충분히 고려하여 안전율을 계산하여야 한다.

9.2.3 9.2.4에 따른 로프와 로프 단말 사이의 연결은 로프의 최소 파단하중의 80% 이상을 견뎌야 한다.

9.2.4 로프의 끝 부분은 카, 평형추 또는 현수되는 지점에 금속 또는 수지로 채워진 소켓, 자체 조임 쐐기형식의 소켓 또는 안전상 이와 동등한 기타 시스템에 의해 고정되어야 한다.

9.2.5 현수체인의 안전율은 10 이상이어야 한다.

9.2.6 체인의 끝 부분은 카, 평형추 또는 현수되는 지점에 적절한 단말처리에 의해 고정되어야 한다. 체인과 체인 단말 사이의 연결은 체인의 최소 파단하중의 80% 이상을 견뎌야 한다.

9.3 로프와 로프 사이 또는 체인과 체인 사이의 하중 분산

9.3.1 로프 또는 체인의 끝부분에는 현수로프 또는 체인의 장력을 자동으로 균등하게 하는 장치가 있어야 한다. 동일 축에 여러 개의 회전 스프라켓이 있는 경우에 체인이 있다면, 이 스프라켓은 독립적으로 회전이 가능하여야 한다.

9.3.2 스프링이 장력을 균등하게 하는데 사용되는 경우에는 이 스프링이 압축되어 작용되어야 한다.

9.3.3 카에 2가닥의 로프 또는 체인이 있는 경우, 1가닥의 로프 또는 체인이 비정상적으로 늘어나면 14.1.2에 적합한 전기안전장치가 엘리베이터를 정지시켜야 한다. 2개 이상의 잭이 있는 엘리베이터에 대해 이 규정은 각 현수 세트에 적용한다.

9.3.4 로프 또는 체인의 길이를 조정하는 장치는 조정 후 이 장치가 자체적으로 로프 또는 체인을 느슨하게 만들지 못하도록 하는 방법으로 제작되어야 한다.

9.4 풀리 및 스프라켓의 보호

9.4.1 풀리 및 스프라켓에 대해, 다음과 같은 위험을 방지하기 위해 표 2에 따라야 한다.

가) 인체의 부상

나) 로프/체인이 느슨해질 경우, 로프/체인이 풀리/스프라켓에서 벗어남

다) 로프와 풀리/체인과 스프라켓 사이에 물체의 유입

9.4.2 사용되는 보호 수단은 회전하는 부품이 보이는 구조이어야 하고, 작동시험 및 유지보수 작업에 방해가 되지 않아야 한다. 이 보호 수단에 구멍이 있는 경우에는 KS B 6947, 표 4에 따라야 한다. 다음과 같이 필요한 경우에 떼어낼 수 있어야 한다.

가) 로프/체인의 교체

나) 풀리/스프라켓의 교체

다) 홈의 재-가공

라) 점검 등 유지관리에 필요한 경우

9.5 카의 자유낙하, 과속 하강 및 크리핑에 대한 예방조치

9.5.1 표 3에 따른 장치 또는 장치의 조합 및 이러한 장치의 작동이 카를 다음과 같은 상황이 방지되도록 설치되어야 한다.

가) 자유낙하 또는 과속 하강

나) 승강장 바닥으로부터 0.12m까지 크리핑. 마찬가지로, 잠금 해제 구간의 하부 끝부분 아래로 크리핑

9.5.2 기타 다른 장치 또는 장치의 조합 및 이러한 장치의 작동은 표 3의 장치에 의해 실행되는 것과 동등 이상인 경우에만 사용되어야 한다.

9.6 평형추의 자유낙하에 대한 예방조치

9.6.1 5.5 나)에 해당하는 평형추에는 비상정지장치가 설치되어야 한다.

9.6.2 평형추의 비상정지장치는 다음 중 어느 하나에 의해 작동되어야 한다.

가) 조속기[9.10.2]

나) 현수수단의 파단[9.10.3]

다) 안전로프[9.10.4]

9.7 (공란)

9.8 비상정지장치

9.5 및 9.6에 의해 비상정지장치가 요구될 때, 비상정지장치는 다음 사항에 적합하게 설치되어야 한다.

9.8.1 일반사항

9.8.1.1 직접식 엘리베이터의 카 비상정지장치는 하강방향에서만 작동되어야 하고 조속기 작동속도에서 정격하중의 카를 정지시킬 수 있어야 한다. 그리고 카를 정지 상태로 유지시킬 수 있어야 한다.

비고 비상정지장치의 작동장치는 카의 하부에 위치하는 것이 바람직하다.

9.8.1.2 간접식 엘리베이터의 카 비상정지장치는 하강방향에서만 작동되어야 하고, 다음과 같을 때 현수 수단이 파손되더라도 정격하중의 카를 정지시킬 수 있어야 한다.

가) 조속기 작동속도에서 조속기에 의해 작동될 때, 또는

나) 9.8.1.4에서 규정된 속도에서 현수기어 또는 안전로프의 파손에 의해 작동될 때 그리고 카를 정지 상태로 유지시킬 수 있어야 한다.

9.8.1.3 평형추 비상정지장치는 평형추가 하강하는 동안에만 작동되어야 하고, 다음과 같을 때 현수 수단이 파손되더라도 평형추를 정지시켜야 한다.

가) 조속기 작동속도에서 조속기에 의해 작동될 때, 또는

나) 9.8.1.4에서 규정된 속도에서 현수기어 또는 안전로프의 파손에 의해 작동될 때 그리고 평형추를 정지 상태로 유지시킬 수 있어야 한다.

9.8.1.4 비상정지장치가 현수기어 또는 안전로프에 의해 작동될 때, 비상정지장치는 적절한 조속기 작동속도에 상응하는 속도에서 작동되도록 고려되어야 한다.

9.8.2 다른 형식의 비상정지장치에 대한 사용조건

9.8.2.1 비상정지장치는 다음 형식일 수 있다.

가) 점차 작동형

나) 완충효과가 있는 즉시 작동형

다) 카의 하강 정격속도(V)가 0.63m/s 이하일 경우, 즉시 작동형 카 비상정지장치

라) 카의 상승 정격속도(V)가 0.63m/s 이하일 경우, 즉시 작동형 평형추 비상정지장치 조속기에 의해 작동되지 않는 롤러로 잡는 형식 이외의 즉시 작동형 비상정지장치는 럽처밸브의 작동속도 또는 유량제한장치(또는 일방 유량제한장치)의 최대속도가 0.8m/s 이하일 경우에만 사용되어야 한다.

9.8.2.2 카에 여러 개의 비상정지장치가 설치된 경우에는 모두 점차 작동형이어야 한다.

9.8.3 작동방법

9.8.3.1 비상정지장치는 9.10에 따른 수단에 의해 작동되어야 한다.

9.8.3.2 비상정지장치는 전기식, 유압식 또는 공압식으로 동작되는 장치에 의해 작동되지 않아야 한다.

9.8.4 감속도

점차 작동형 비상정지장치의 경우 정격하중의 카가 자유낙하 할 때 작동하는 평균 감속도는 0.2gn과 1gn 사이에 있어야 한다.

9.8.5 복귀

9.8.5.1 비상정지장치가 작동된 후 정상 복귀는 전문가(유지보수업자 등)의 개입이 요구되어야 한다.

9.8.5.2 카 또는 평형추의 비상정지장치의 복귀 및 자동 재설정은 카 또는 평형추를 들어 올리는 것에 의해서만 가능하여야 한다.

9.8.6 구조적 조건

9.8.6.1 비상정지장치의 죠 또는 블록은 가이드 슈로 사용되지 않아야 한다.

9.8.6.2 완충효과가 있는 즉시 작동형 비상정지장치의 경우, 완충 시스템의 설계는 10.4.2 또는 10.4.3의 규정을 만족하는 완충된 복귀동작을 갖는 에너지 축적형 또는 에너지 분산형으로 되어야 한다.

9.8.6.3 비상정지장치가 조정 가능한 경우, 최종 설정은 봉인(표시)되어야 한다.

9.8.7 카 바닥의 기울기

카 비상정지장치가 작동될 때, 부하가 없거나 부하가 균일하게 분포된 카의 바닥은 정상적인 위치에서 5%를 초과하여 기울어지지 않아야 한다.

9.8.8 전기적 확인

카 비상정지장치가 작동될 때, 카에 설치된 14.1.2에 적합한 전기안전장치에 의해 비상정지장치가 작동하기 전 또는 작동순간에 구동기의 정지가 시작되어야 한다.

9.8.9 (공란)

9.9 클램핑 장치

9.5에 의해 클램핑 장치가 요구되는 경우, 클램핑 장치는 다음 사항에 적합하도록 설치되어야 한다.

9.9.1 일반사항

클램핑 장치는 하강방향에서만 작동되어야 하고, 다음과 같은 속도에서 정격하중의 카를 정지 시킬 수 있어야 하며, 정지 상태로 유지시킬 수 있어야 한다.

가) 엘리베이터에 유량제한장치(또는 일방 유량제한장치)가 있는 경우, V+0.3m/s의 속도

나) 엘리베이터에 럽처밸브가 있는 경우, 하강 정격속도(V)의 115% 속도

9.9.2 다른 형식의 클램핑 장치의 사용 조건

9.9.2.1 클램핑 장치는 다음 형식일 수 있다.

가) 점차 작동형

나) 완충효과가 있는 즉시 작동형

다) 하강 정격속도(V)가 0.63m/s 이하일 경우, 즉시 작동형

롤러로 잡는 형식 이외의 즉시 작동형 클램핑 장치는 럽처밸브의 작동속도가 0.8m/s 이하일 경우에만 사용되어야 한다.

9.9.2.2 카에 여러 개의 클램핑 장치가 설치된 경우에는 모두 점차 작동형이어야 한다.

9.9.3 작동방법

9.9.3.1 클램핑 장치는 9.10에 따른 수단에 의해 작동되어야 한다.

9.9.3.2 클램핑 장치는 전기식, 유압식 또는 공압식으로 동작되는 장치에 의해 작동되지 않아야 한다.

9.9.4 감속도

점차 작동형 클램핑 장치의 경우 정격하중의 카가 하강할 때 작동하는 평균 감속도는 0.2gn과 1gn 사이에 있어야 한다.

9.9.5 복귀

9.9.5.1 클램핑 장치가 작동된 후 정상 복귀는 전문가의 개입이 요구되어야 한다.

9.9.5.2 클램핑 장치의 복귀 및 자동 재설정은 카를 올리는 것에 의해서만 가능하여야 한다.

9.9.6 구조적 조건

9.8.6의 규정과 유사하게 적용한다.

9.9.7 클램핑 장치가 작동하는 경우 카 바닥의 기울기

9.8.7의 규정과 유사하게 적용한다.

9.9.8 전기적 확인

클램핑 장치가 작동될 때, 14.1.2.2 또는 14.1.2.3의 규정에 적합하게 작동되는 전기적 장치는 카가 하강방향으로 주행할 경우 즉시 구동기를 정지시키고 하강 방향으로 구동기의 출발을 방지하여야 한다. 전원 공급은 12.4.2의 규정에 따라 차단되어야 한다.

9.10 비상정지장치 및 클램핑 장치의 작동수단

비상정지장치 및 클램핑 장치의 작동수단은 9.5 및 9.6의 규정에 따라 설치되어야 한다.

9.10.1 일반사항

비상정지장치 또는 클램핑 장치의 작동을 위한 작동수단에 의해 발생되는 인장력은 비상정지장치 또는 클램핑 장치가 작동하는 데 필요한 힘의 2배 또는 300N 보다 커야 한다.

인장력을 생성하기 위해 견인에만 의존하는 조속기는 다음과 같은 홈이 있어야 한다.

가) 추가 경화공정을 거친 홈 또는

나) 언더컷이 있는 홈

9.10.2 조속기에 의한 작동

9.10.2.1 카 비상정지장치의 작동을 위한 조속기는 정격속도의 115% 이상의 속도 그리고 다음과 같은 속도 미만에서 작동되어야 한다.

가) 고정된 롤러형식을 제외한 즉시 작동형 비상정지장치 : 0.8m/s

나) 고정된 롤러형식의 비상정지장치 : 1m/s

다) 완충효과가 있는 즉시 작동형 비상정지장치 및 점차 작동형 비상정지장치 : 1.5m/s

9.10.2.2 매우 무거운 정격하중 및 낮은 정격속도를 갖는 엘리베이터의 경우, 조속기는 특별하게 설계되어야 한다.

비고 9.10.2.1에 규정된 더 낮은 한계값에 가능한 가까운 작동속도를 선택하도록 추천한다.

9.10.2.3 평형추 비상정지장치에 대한 조속기의 작동속도는 9.10.2.1에 따른 카 비상정지장치에 대한 작동속도보다 더 높아야 하나 그 속도는 10%를 넘게 초과하지 않아야 한다.

9.10.2.4 조속기에는 비상정지장치의 작동과 일치하는 회전방향이 표시되어야 한다.

9.10.2.5 조속기의 구동

9.10.2.5.1 조속기는 9.10.6에 적합한 와이어로프에 의해 구동되어야 한다.

9.10.2.5.2 조속기로프는 인장 풀리에 의해 인장되어야 한다. 이 풀리(또는 인장추)는 안내되어야 한다.

9.10.2.5.3 조속기로프 및 관련 부속부품은 비상정지장치가 작동하는 동안 제동거리가 정상적일 때보다 더 길더라도 손상되지 않아야 한다.

9.10.2.5.4 조속기로프는 비상정지장치로부터 쉽게 분리될 수 있어야 한다.

9.10.2.6 반응시간

작동 전 조속기의 반응시간은 비상정지장치가 작동되기 전에 위험속도에 도달하지 않도록 충분히 짧아야 한다.

9.10.2.7 접근성

9.10.2.7.1 조속기는 유지보수 및 점검을 위해 접근이 가능하고 닿을 수 있어야 한다.

9.10.2.7.2 조속기가 승강로에 위치한 경우, 조속기는 승강로 밖에서 접근 가능하고 닿을 수 있어야 한다.

9.10.2.7.3 다음 3가지 사항을 만족하는 경우, 9.10.2.7.2의 규정은 적용되지 않는다.

가) 9.10.2.8에 따른 조속기는 의도되지 않은 작동에 영향을 받지 않고 작동을 위한 조작 장치에 권한이 없는 사람이 접근할 수 없는 경우 승강로 밖에서 무선방식을 제외한 원격 제어수단에 의해 작동된다.

나) 유지보수 및 점검을 위해 카 지붕 또는 피트로부터 조속기에 접근이 가능하다.

다) 조속기 작동 후에는 카 또는 평형추를 상승방향으로 움직여서 조속기가 자동으로 정상 위치로 복귀된다.

전기적인 부품은 승강로 밖의 원격제어에 의해 정상적인 위치로 복귀되더라도 조속기의 정상적인 기능에 영향을 주지 않아야 한다.

9.10.2.8 조속기 작동 시험

점검 또는 시험 중 9.10.2.1에서 규정하는 속도보다 작은 속도에서 안전한 방법으로 조속기를 작동시켜 비상정지장치를 작동하는 것이 가능하여야 한다.

9.10.2.9 조속기가 조정 가능할 경우, 최종 설정은 봉인(표시)되어야 한다.

9.10.2.10 전기적 확인

9.10.2.10.1 조속기 또는 다른 장치는 14.1.2에 적합한 전기안전장치에 의해 늦어도 조속기 작동속도에 도달하기 전에 구동기의 정지를 시작하여야 한다.

9.10.2.10.2 비상정지장치의 복귀(9.8.5.2) 후에 조속기가 자동으로 재설정되지 않을 경우, 14.1.2에 적합한 전기안전장치는 조속기가 재설정 위치에 있지 않는 동안 엘리베이터의 출발을 방지하여야 한다.

9.10.2.10.3 조속기로프가 파손되거나 과도하게 늘어나면 14.1.2에 적합한 전기안전 장치에 의해 구동기를 정지시키는 장치가 설치되어야 한다.

9.10.2.11 (공란)

9.10.3 현수 수단의 파손에 의한 작동

9.10.3.1 비상정지장치의 작동에 스프링이 사용될 때, 그 스프링은 안내되는 압축 형식이어야 한다.

9.10.3.2 승강로 외부에서 조작하여 현수수단의 파손으로 비상정지장치가 작동되는 것을 확인하는 시험이 가능하여야 한다.

9.10.3.3 여러 개의 잭이 있는 간접식 엘리베이터의 경우, 잭 중 어느 하나라도 현수 수단이 파손되면 비상정지장치가 작동되어야 한다.

9.10.4 안전로프에 의한 작동

9.10.4.1 안전로프는 9.10.6에 적합하여야 한다.

9.10.4.2 안전로프는 중력이나 1개 이상의 안내된 압축 스프링에 의해 인장되어야 한다.

9.10.4.3 안전로프 및 관련 부속부품은 비상정지장치가 작동하는 동안 제동거리가 정상적일 때보다 더 길더라도 손상되지 않아야 한다.

9.10.4.4 안전로프가 파손되거나 이완되면 14.1.2에 적합한 전기안전장치에 의해 구동기가 정지되어야 한다.

9.10.4.5 안전로프의 풀리는 현수로프나 체인의 샤프트 또는 도르래 부품과는 독립적으로 설치되어야 하며, 9.4.1에 따른 보호 장치가 설치되어야 한다.

9.10.5 카의 하강 움직임으로 인한 작동

9.10.5.1 로프에 의한 작동

비상정지장치 또는 클램핑 장치의 로프에 의한 작동은 다음 조건하에서 이루어져야 한다.

가) 정상적인 정지 후, 비상정지장치 또는 클램핑 장치에 부착된 9.10.6을 만족하는 로프는 9.10.1에서 규정된 힘으로 차단되어야 한다(조속기로프 등).

나) 로프 차단 메커니즘은 카가 정상 운행하는 동안 느슨하여야 한다.

다) 로프 차단 메커니즘의 작동은 안내된 압축 스프링 또는 중력에 의해 이루어져야 한다.

라) 구출 운전은 모든 상황에서 가능하여야 한다.

마) 로프 차단 메커니즘과 관련된 전기적 장치는 늦어도 로프 차단 순간에 구동기를 정지시켜야 하며, 카는 더 이상 정상적인 하강운행이 되지 않도록 방지되어야 한다.

바) 카가 하강 운행하는 동안 전원이 차단되면 로프에 의한 비상정지장치 또는 클램핑 장치의 의도되지 않은 작동을 막는 예방조치가 취해져야 한다.

사) 로프 시스템 및 로프 차단 메커니즘은 비상정지장치 또는 클램핑 장치가 작동하는 동안 아무런 손상이 없도록 설계되어야 한다.

아) 로프 시스템 및 로프 차단 메커니즘은 카가 상승 운행하는 동안에는 아무런 손상이 없도록 설계되어야 한다.

9.10.5.2 레버에 의한 작동

비상정지장치 또는 클램핑 장치의 레버에 의한 작동은 다음 조건하에서 이루어져야 한다.

가) 정상적인 정지 후, 비상정지장치 또는 클램핑 장치에 부착된 레버는 각 층에 위치한 고정된 멈춤 쐐기에 걸리는 위치까지 펼쳐져야 한다.

나) 레버는 카가 정상 운행하는 동안에는 안으로 집어넣어져야 한다.

다) 레버의 작동은 압축 스프링 또는 중력에 의해 이루어져야 한다.

라) 비상 운전은 모든 상황에서 가능하여야 한다.

마) 레버와 관련된 전기적 장치는 늦어도 레버가 펼쳐진 순간에 구동기를 정지시켜야 하며, 카는 더 이상 정상적인 하강운행이 되지 않도록 방지되어야 한다.

바) 카가 하강 운행하는 동안 전원이 차단되면 레버에 의한 비상정지장치 또는 클램핑 장치의 의도되지 않은 작동을 막는 예방조치가 취해져야 한다.

사) 레버 및 멈춤 쇄기는 비상정지장치 또는 클램핑 장치가 작동하는 동안 아무런 손상이 없도록 설계되어야 한다.

아) 레버 및 멈춤 쐐기 시스템은 카가 상승 운행하는 동안 아무런 손상이 없도록 설계되어야 한다.

9.10.6 조속기로프 및 안전로프

9.10.6.1 로프는 이 목적을 위해 설계된 와이어로프이어야 한다.

9.10.6.2 로프의 최소 파단하중은 8 이상의 안전율로 다음 사항과 관련되어야 한다.

가) 마찰식 조속기의 경우, 마찰계수 μmax를 0.2로 계산하여 작동될 때 조속기로프 또는 안전로프에 발생되는 인장력

나) 안전로프의 경우, 비상정지장치 또는 클램핑 장치를 작동시키는데 필요한 힘

9.10.6.3 로프의 공칭 직경은 6mm 이상이어야 한다.

9.10.6.4 조속기로프 풀리의 피치 직경과 조속기로프의 공칭 직경 사이의 비는 30 이상이어야 한다.

9.10.6.5 조속기로프 및 안전로프의 마모 및 파손상태는 별표 1의 부속서 XI의 규정에 적합하여야 한다.

9.11 멈춤 쇠 장치

9.5의 규정에 따라 멈춤 쇠 장치가 요구되는 경우, 다음 사항에 적합한 멈춤 쇠 장치가 설치되어야 한다.

9.11.1 멈춤 쇠 장치는 하강 방향에서만 작동되어야 하며, 다음과 같은 속도에서 정격하중의 카를 정지시킬 수 있어야 하고 고정된 멈춤 쐐기에 정지 상태로 유지시킬 수 있어야 한다.

가) 유량제한장치 또는 일방 유량제한장치가 설치된 엘리베이터의 경우, V+0.3m/s의 속도

나) 다른 모든 엘리베이터의 경우, 하강 정격속도의 115%의 속도

9.11.2 멈춤 쇠가 펼쳐진 위치에서 하강 운행하는 카를 고정된 지지대에 정지시키도록 설계된, 전기적으로 쑥 들어가게 할 수 있는 멈춤 쇠가 1개 이상 설치되어야 한다.

9.11.3 지지대는 다음 사항 모두에 적합하도록 각 승강장마다 설치되어야 한다.

가) 카가 승강장 바닥 아래로 0.12m 이상으로 내려가는 것을 방지

나) 잠금 해제 구간의 하부 끝부분에서 카를 정지

9.11.4 멈춤 쇠의 동작은 압축 스프링 또는 중력에 의해 이루어져야 한다.

9.11.5 전기적 복귀 장치에 공급되는 전원은 구동기가 정지될 때 차단되어야 한다.

9.11.6 멈춤 쇠 및 지지대는 멈춤 쇠의 위치에 관계없이 카가 상승하는 동안에는 정지되지 않고 어떠한 손상이 없도록 설계되어야 한다.

9.11.7 멈춤 쇠 장치(또는 고정된 지지대)에는 완충 시스템이 갖춰져야 한다.

9.11.7.1 완충기는 다음과 같은 형식이어야 한다.

가) 에너지 축적형 또는

나) 완충 복귀 움직임이 있는 에너지 축적형 또는

다) 에너지 분산형

9.11.7.2 10.4의 규정을 적용한다.

추가로, 완충기는 정격하중을 실은 카를 승강장 바닥 아래로 0.12m를 초과하지 않는 거리에서 정지 상태로 유지하여야 한다.

9.11.8 여러 개의 멈춤 쇠가 설치된 경우, 카가 하강 운행하는 동안 전원 공급이 차단되는 경우라도 모든 멈춤 쇠는 각 지지대에서 작동되는 것을 보장하는 예방조치가 구비되어야 한다.

9.11.9 멈춤 쇠가 복귀 위치에 있지 않을 때 14.1.2.2 또는 14.1.2.3의 규정에 적합한 전기장치는 카가 정상적으로 하강 운행하는 것을 방지하여야 한다.

9.11.10 에너지 분산형 완충기[9.11.7.1]가 사용되는 경우, 14.1.2.2 또는 14.1.2.3의 규정에 적합한 전기장치는 완충기가 정상 위치로 복귀되지 않을 때 카가 하강 운행되면 즉시 구동기를 정지시켜야 하고 구동기의 하강방향 기동을 방지하여야 한다.

9.11.11 멈춤 쇠 장치가 작동되는 경우 카 바닥의 기울기

9.8.7의 규정을 적용한다.

9.12 전기적 크리핑 방지 시스템

전기적 크리핑 방지 시스템은 14.2.1.2 및 14.2.1.5에 따른다.

9.13 카의 의도되지 않은 움직임에 대한 보호

9.13.1 유압식 엘리베이터에는 현수 로프, 가요성 호스, 강철 파이프 및 실린더의 고장을 제외하고 카의 안전한 운행을 좌우하는 유압 또는 구동 제어시스템의 어떤 하나의 부품 고장의 결과로 승강장문이 잠기지 않고 카 문이 닫히지 않은 상태로 카가 승강장으로부터 벗어나는 의도되지 않은 움직임을 정지시킬 수 있는 수단이 설치되어야 한다.

9.13.2 이 수단은 카의 의도되지 않은 움직임을 감지하고, 카를 정지시켜야 하며 정지 상태를 유지하여야 한다.

9.13.3 이 수단은 본래 이중의 부품이 아니고 정확한 작동을 자체적으로 감시하지 않는다면 정상운행 동안 속도를 제어하거나 감속, 카를 정지시키거나 정지 상태를 유지시키는 어떠한 엘리베이터 부품의 지원 없이 요구된 것과 같이 수행할 수 있어야 한다.

직렬로 연결된 2개의 전기적으로 작동되는 유압 밸브가 사용되는 경우, 자체-감지는 정압 조건하에 각 밸브의 정확한 개방 또는 닫힘을 각각 입증하여야 한다. 고장이 감지되면 다음 엘리베이터의 정상적인 출발은 방지되어야 한다.

9.13.4 이 수단의 정지부품은 다음과 같은 곳 중 어느 하나에 작동하여야 한다.

가) 카

나) 로프 시스템(현수)

다) 유압 시스템(상승 방향의 전동기/펌프 포함)

이 수단의 정지부품은 하강 방향 과속방지 제동부품(예를 들면, 비상정지장치)과 공용으로 사용될 수 있다.

9.13.5 이 수단은 다음과 같은 거리에서 카를 정지시켜야 한다. [그림 4 참조]

- 카의 의도되지 않은 움직임이 감지되는 경우, 승강장으로부터 1.2m 이하
- 승강장문 문턱과 카 에이프런의 가장 낮은 부분 사이의 수직거리는 200mm 이하
- 카 문턱에서 승강장문 인방까지 또는 승장장 문턱에서 카문 인방까지의 수직거리는 1m 이상

이 값은 정격하중의 100%까지 카에 어떤 하중을 싣고 얻어져야 한다.

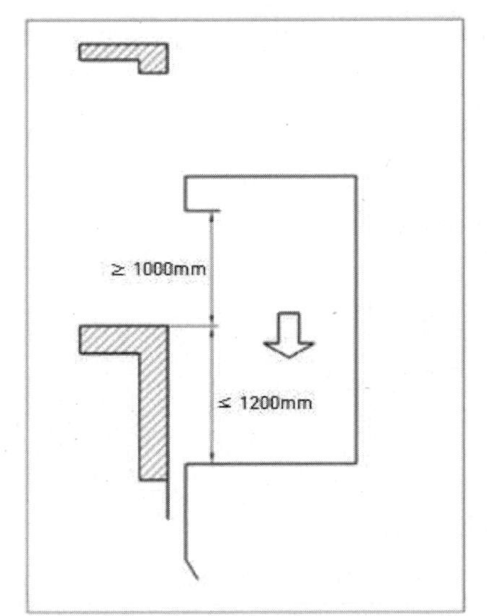

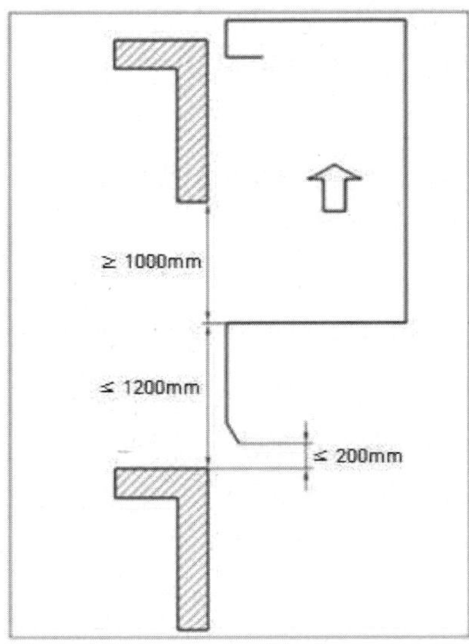

카의 의도되지 않은 움직임

9.13.6 정지단계 동안, 이 수단의 정지부품은 카의 감속도가 자유낙하에 대한 장치에 인정된 값을 초과하는 것을 허용하지 않아야 한다.

이 값은 정격하중의 100%까지 카에 어떤 하중을 싣고 승강장 바닥의 정지 위치에서 벗어나는 움직임으로 얻어져야 한다.

9.13.7 카의 의도되지 않은 움직임은 늦어도 카가 잠금 해제 구간을 벗어날 때 1개 이상의 스위치에 의해 감지되어야 한다.

이 스위치 장치는 아래와 같아야 한다.

- 14.1.2.2에 적합한 안전 접점이거나
- 14.1.2.3의 안전회로에 대한 요건을 만족하는 방법으로 연결되거나
- 14.1.2.6의 규정에 적합하여야 한다.

9.13.8 이 수단이 작동되면 14.1.2에 적합한 전기안전장치가 작동되어야 한다.

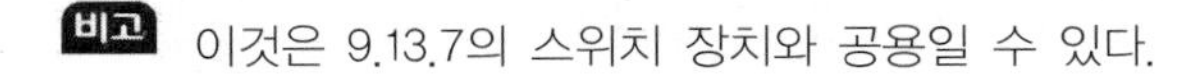

비고 이것은 9.13.7의 스위치 장치와 공용일 수 있다.

9.13.9 이 수단이 작동되거나 자체-감지 수단이 이 수단의 정지부품의 고장을 표시할 때, 엘리베이터의 해제 또는 복귀는 전문가(유지보수업자 등)의 개입이 요구되어야 한다.

9.13.10 이 수단의 복귀를 위해 카 또는 평형추의 접근이 요구되지 않아야 한다.

9.13.11 이 수단은 복귀 후에 작동하기 위한 상태가 되어야 한다.

9.13.12 이 수단을 작동하기 위해 외부 에너지가 필요할 경우, 에너지가 없으면 엘리베이터는 정지되어야 하고 정지 상태가 유지되어야 한다. 이것은 안내를 위한 압축된 스프링에는 적용하지 않는다.

9.13.13 (공란)

10 가이드 레일, 완충기 및 파이널 리미트 스위치

10.1 가이드 레일 관련 일반사항

10.1.1 가이드 레일, 가이드 레일의 연결 및 부속부품은 엘리베이터의 안전한 운행을 보장하기 위해 부과되는 하중 및 힘에 충분히 견뎌야 한다.

가이드 레일과 관련된 엘리베이터의 안전 운행에 대한 관점은 다음과 같다.

가) 카와 평형추의 안내는 보증되어야 한다.

나) 휨은 다음 사항에 의해 기인되는 범위까지 제한되어야 한다.

1) 의도되지 않게 문의 잠금이 해제되지 않아야 한다.

2) 안전장치의 작동에 영향을 주지 않아야 한다.

3) 움직이는 부품이 다른 부품과 충돌할 가능성이 없어야 한다.

응력은 별표 1의 부속서 Ⅲ.2, Ⅲ.3 및 Ⅲ.4에서 주어진 것과 같이 또는 승강기 설치자와 소유자간의 협의를 통해 특별한 사용조건(상호 계약 등)에 따라 정격하중의 분포를 고려하여 제한되어야 한다.

비고 별표 1의 부속서 Ⅲ은 가이드 레일의 선택방법을 기술한다.

10.1.2 허용 응력 및 휨

10.1.2.1 허용 응력은 다음 식에 의해 결정되어야 한다.

$$\sigma_{perm} = \frac{R_m}{S_t}$$

여기서, σ_{perm} = 허용응력(N/mm²)

R_m = 인장강도(N/mm²)

S_t = 안전율

안전율은 다음 표에서 얻어진다.

가이드 레일에 대한 안전율

하중	연신율(A5)	안전율
정상 사용 하중	A5 ≥ 12%	2.25
	8% ≤ A5 ≤ 12%	3.75
비상정지장치 작동	A5 ≥ 12%	1.8
	8% ≤ A5 ≤ 12%	3.0

8% 미만의 연신율은 갖는 재료는 취약성이 너무 높은 것으로 간주되므로 사용되지 않아야 한다.

KS B ISO 7465에 따른 가이드 레일의 경우, 아래 표에 주어진 σ_{perm}의 값은 사용 가능하다.

가이드 레일에 대한 안전율

(단위 : N/mm2)

하중	Rm		
	370	440	520
정상 사용 하중	165	195	230
비상정지장치 작동	205	244	290

10.1.2.2 T형 가이드 레일에 대해 계산된 최대 허용 휨은 다음과 같다.

가) 비상정지장치가 작동하는 카 또는 평형추의 가이드 레일 : 양방향으로 5mm

나) 비상정지장치가 없는 평형추의 가이드 레일 : 양방향으로 10mm

10.1.3 가이드 레일 브래킷 및 건축물에 가이드 레일의 고정은 자동으로 또는 단순 조정에 의해 건축물의 정상적인 정착 또는 콘크리트의 수축에 기인한 효과의 보상이 허용되어야 한다.

가이드 레일이 해제되는 것에 의해 부속부품의 회전은 방지되어야 한다.

10.2 카 및 평형추의 가이드

10.2.1 카 또는 평형추는 2개 이상의 견고한 금속제 가이드 레일에 의해 각각 안내되어야 한다.

10.2.2 가이드 레일은 다음과 같은 경우에 압연강으로 만들어지거나 마찰 면이 기계 가공되어야 한다.

가) 정격속도가 0.4m/s를 초과한다.

나) 속도에 관계없이 점자 작동형 비상정지장치가 사용된다.

10.2.3 비상정지장치가 없는 평형추의 가이드 레일은 성형된 금속판으로 만들 수 있다. 이 가이드 레일은 부식에 보호되어야 한다.

10.3 카 완충기

10.3.1 엘리베이터는 카의 주행로의 하부 끝에 완충기가 설치되어야 한다.
카 투영면적 아래 완충기의 작용점은 5.7.2.3에 적합하기 위해 어떤 높이의 장애물(받침대)에 의해 확실하게 작용하여야 한다. 승강로 벽을 제외한 가이드 레일 및 이와 유사한 고정된 장치로부터 0.15m 이내에 작용면적의 중심이 있는 완충기에 대하여 이 장치는 장애물로 간주된다.

10.3.2 멈춤 쇠 장치의 완충기가 하부에서 카의 운행을 제한하는데 사용될 때, 이 받침대는 멈춤 쇠 장치의 고정된 멈춤 쇄기가 카 가이드 레일에 설치되지 않을 경우에 또한 요구되고 멈춤 쇠가 복귀된 상태에서는 통과할 수 없다.

10.3.3 멈춤 쇠 장치의 완충기는 최하층 승강장 바닥 아래로 0.12m를 초과하지 않은 거리에서 정격하중을 실은 카를 정지 상태로 유지하여야 한다.

10.3.4 완충기가 완전히 압축될 때, 램은 실린더의 바닥과 충돌되지 않아야 한다.
이것은 재-동기화를 보장하는 장치에는 적용하지 않는다.

10.3.5 완충기는 다음과 같은 형식이어야 한다.

가) 에너지 축적형 또는

나) 완충 복귀 움직임이 있는 에너지 축적형 또는

다) 에너지 분산형

10.3.6 선형 또는 비선형 특성을 갖는 에너지 축적형 완충기는 엘리베이터의 정격속도가 1m/s 이하인 경우에만 사용되어야 한다.

10.3.7 에너지 분산형 완충기는 엘리베이터 정격속도와 상관없이 어떤 경우에도 사용될 수 있다.

10.3.8 (공란)

10.4 카 완충기 행정

10.4.1 에너지 축적형 완충기

10.4.1.1 선형 특성을 갖는 완충기

10.4.1.1.1 완충기의 가능한 총 행정은 다음과 같아야 한다.

가) 유량제한장치(또는 일방 유량제한장치)가 있는 엘리베이터
V+0.3m/s에서 주어진 속도 값과 상응하는 중력 정지거리의 2배 이상

즉, $2 \times \dfrac{(\nu+0.3)^2}{2g_n} = 0.102(\nu+0.3)^2$[m]

나) 기타 다른 모든 엘리베이터

정격속도의 115%에 상응하는 중력 정지거리의 2배 [$0.135v^2$ (m)] 이상이어야 한다.

다만, 행정은 65mm 이상이어야 한다.

$0.135v^2$은 $\dfrac{2(1.15v)^2}{2g_n} = 0.1348v^2$의 값을 반올림한 값

10.4.1.1.2 완충기는 카 자중과 정격하중을 더한 값의 2.5배와 4배 사이의 정하중으로 10.4.1.1.1에 규정된 행정이 적용되도록 설계되어야 한다.

10.4.1.2 비선형 특성을 갖는 완충기

10.4.1.2.1 비선형 특성을 갖는 에너지 축적형 완충기는 다음 사항에 적합하여야 한다.

가) 카에 정격하중을 싣고 10.4.1.1.1에 따른 속도로 자유 낙하하여 카 완충기에 충돌할 때의 평균 감속도는 1gn 이하이어야 한다.

나) 2.5gn를 초과하는 감속도는 0.04초보다 길지 않아야 한다.

다) 카의 복귀속도는 1m/s 이하이어야 한다.

라) 작동 후에는 영구적인 변형이 없어야 한다.

10.4.1.2.2 '5.7.1.2, 5.7.2.3, 10.3.4, 12.2.5.2'에서 기술된 "완전히 압축된" 용어는 설치된 완충기 높이의 90% 압축을 의미한다.

10.4.2 완충된 복귀 움직임을 갖는 에너지 축적형 완충기

이 형식의 완충기에는 10.4.1의 규정이 적용된다.

10.4.3 에너지 분산형 완충기

10.4.3.1 완충기의 가능한 총 행정은 다음과 같아야 한다.

가) 유량제한장치(또는 일방 유량제한장치)가 있는 엘리베이터 :

V+0.3m/s에서 주어진 속도 값과 상응하는 중력 정지거리 이상

즉, $\dfrac{(\nu+0.3)^2}{2g_n} = 0.051(\nu+0.3)^2$[m]

나) 기타 다른 모든 엘리베이터 : 정격속도의 115%에 상응하는 중력 정지거리[$0.067v^2$(m)] 이상이어야 한다.

10.4.3.2 에너지 분산형 완충기는 다음 사항에 적합하여야 한다.

가) 카에 정격하중을 싣고 정격속도의 115%의 속도로 자유 낙하하여 완충기에 충돌할 때의 평균 감속도는 1gn 이하이어야 한다.

나) 2.5gn를 초과하는 감속도는 0.04초보다 길지 않아야 한다.

다) 작동 후에는 영구적인 변형이 없어야 한다.

10.4.3.3 엘리베이터는 작동 후 정상 위치에 완충기가 복귀되어야만 정상적으로 운행되어야 한다. 이러한 완충기의 정상적인 복귀를 확인하는 장치는 14.1.2에 적합한 전기안전장치이어야 한다.

10.4.3.4 유압식 완충기는 액체의 바닥 수준이 쉽게 확인될 수 있는 구조이어야 한다.

10.5 파이널 리미트 스위치

10.5.1 일반사항

파이널 리미트 스위치는 카의 주행로 상부 끝단에 상응하는 램의 위치에 설치되어야 한다. 이 스위치는 다음과 같아야 한다.

가) 우발적인 작동의 위험 없이 가능한 최상층에 근접하여 작동하도록 설치되어야 한다.

나) 램이 완충 정지장치[12.2.3]에 접촉하기 전에 작동되어야 한다.

파이널 리미트 스위치의 작동은 램이 완충 정지장치의 구역에 있는 동안 유지되어야 한다.

10.5.2 파이널 리미트 스위치의 작동

10.5.2.1 파이널 리미트 스위치와 일반 종단정지장치는 독립적으로 작동되어야 한다.

10.5.2.2 직접식 엘리베이터의 경우, 파이널 리미트 스위치는 다음과 같이 작동되어야 한다.

가) 카 또는 램에 의해 직접, 또는

나) 카에 간접적으로 연결된 장치에 의해(로프, 벨트 또는 체인 등에 의해)

이러한 간접 연결이 파손되거나 늘어지면 14.1.2에 적합한 전기안전장치에 의해 구동기가 정지되어야 한다.

10.5.2.3 간접식 엘리베이터의 경우, 파이널 리미트 스위치는 다음과 같이 작동되어야 한다.

가) 램에 의해 직접, 또는

나) 카에 간접적으로 연결된 장치에 의해(로프, 벨트 또는 체인 등에 의해)

이러한 간접 연결이 파손되거나 늘어지면 14.1.2에 적합한 전기안전장치에 의해 구동기가 정지되어야 한다.

10.5.3 파이널 리미트 스위치의 작동방법

10.5.3.1 파이널 리미트 스위치는 14.1.2에 적합한 전기안전장치이어야 하며 작동될 때 구동기를 정지시키고 정지 상태로 유지시켜야 한다. 파이널 리미트 스위치는 카가 작동구간을 벗어날 때 자동으로 닫혀야 한다.

10.5.3.2 파이널 리미트 스위치 작동 후에는 카가 크리핑에 의해 작동구간을 벗어날 경우라도 카의 등록 및 승강장의 호출에 반응하는 카의 움직임은 더 이상 가능하지 않아야 한다. 엘리베이터의 정상운행을 위해 자동으로 복귀되지 않아야 한다.

11 카와 카 출입구를 마주하는 벽 사이 및 카와 평형추 사이의 틈새

11.1 일반사항

이 기준에서 규정된 운행상의 틈새는 엘리베이터 사용 전의 검사뿐만 아니라 엘리베이터의 전체 수명에 걸쳐 유지되어야 한다.

11.2 카와 카 출입구를 마주하는 벽 사이의 틈새

다음 사항은 그림 5 및 6에서 설명된다.

11.2.1 승강로의 내측면과 카 문턱, 카 문틀 또는 카 문의 닫히는 모서리 사이의 수평거리는 0.125m 이하이어야 한다. 다만, 0.125m 이하의 수평거리는 각각의 조건에 따라 다음과 같이 적용될 수 있다.

가) 수직 높이가 0.5m 이하인 경우에는 0.15m까지 연장될 수 있다.

나) 수직 개폐식 승강장문이 설치된 화물용인 경우, 주행로 전체에 걸쳐 0.15m 까지 연장될 수 있다.

다) 잠금 해제 구간에서만 열리는 기계적 잠금장치가 카 문에 설치된 경우에는 제한하지 않는다.

엘리베이터는 7.7.2.2에 적용되는 경우를 제외하고 카 문이 잠겨야만 자동으로 운행되어야 한다. 이 잠금은 14.1.2에 적합한 전기안전장치에 의해 입증되어야 한다.

11.2.2 카 문턱과 승강장문 문턱 사이의 수평거리는 35mm 이하이어야 한다.

11.2.3 카 문과 닫힌 승강장문 사이의 수평거리 또는 문이 정상 작동하는 동안 문 사이의 접근거리는 0.12m 이하이어야 한다.

11.2.4 경첩이 있는 승강장문과 접히는 카 문의 조합인 경우에는 닫힌 문 사이의 어떤 틈새에도 직경 0.15m의 구가 통과되지 않아야 한다.

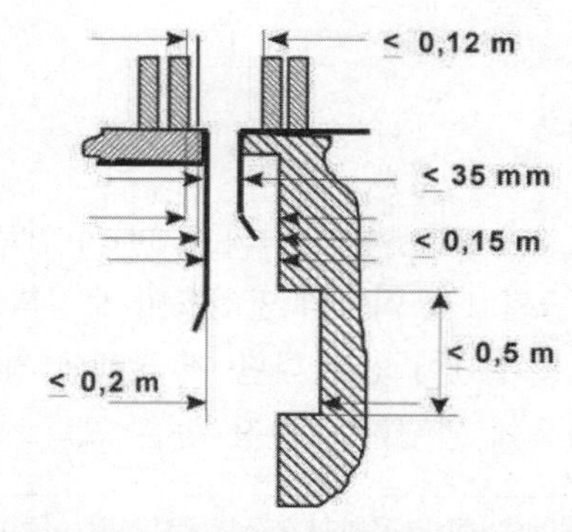

카와 카 출입구를 마주하는 벽 사이의 틈새

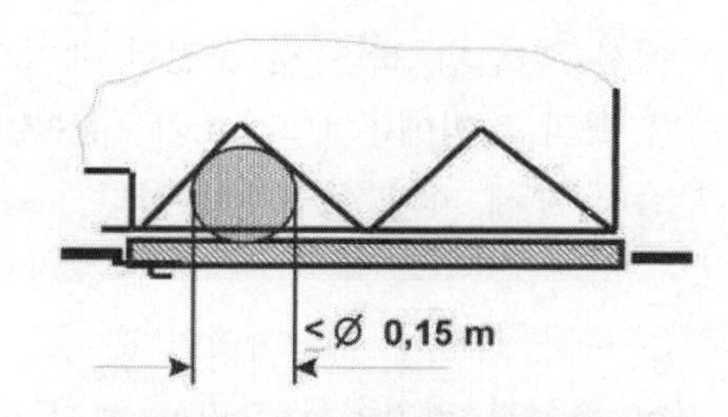

경첩달린 승강장문과 접힌 카문의 틈새

11.3 카와 평형추 사이의 틈새

카 및 카의 관련 부품은 평형추 및 평형추의 관련 부품으로부터 50mm 이상의 거리가 있어야 한다.

12 엘리베이터 구동기

12.1 일반사항

12.1.1 각 엘리베이터에는 1개 이상의 자체 구동기가 있어야 한다.
다음과 같은 2가지 방식이 허용된다.

가) 직접식

나) 간접식

12.1.2 여러 개의 잭이 카를 상승시키기 위해 사용되는 경우, 잭은 압력 균형 상태를 보장하기 위해 유압으로 연결되어야 한다.

12.1.3 평형추가 있는 경우, 평형추의 무게는 현수기어(카/평형추)가 파열되면 유압 시스템의 압력이 전 부하 압력의 2배를 초과하지 않게 계산되어야 한다.
여러 개의 평형추가 있는 경우에는 1개의 현수기어의 파열에 대해서만 계산에 고려되어야 한다.

12.2 잭

12.2.1 실린더 및 램의 계산

12.2.1.1 압력 계산

12.2.1.1.1 실린더 및 램은 전 부하 압력의 2.3배의 압력에서 발생되는 힘의 조건하에서 내력 Rp0.2에 기술된 1.7 이상의 안전율이 보장되는 방법으로 설계되어야 한다.

12.2.1.1.2 유압 동기화 수단이 있는 다단 잭 부품의 경우, 전 부하 압력은 유압 동기화 수단으로 인해 부품에 발생하는 가장 높은 압력으로 바꾸어 계산되어야 한다.

> **비고** 유압 동기화 수단에 대해 부정확한 조정으로 인해 설치하는 동안 비정상적으로 높은 압력 상태가 발생될 가능성이 있을 수 있다. 이러한 것을 고려하여 계산되어야 한다.

12.2.1.1.3 두께 계산에서, 실린더 표면 및 실린더 베이스에는 1mm 그리고 1단 및 다단 잭의 속이 텅 빈 램의 표면에는 0.5mm가 더해져야 한다.

12.2.1.1.4 계산은 부속서 Ⅱ에 따라 이뤄져야 한다.

12.2.1.2 좌굴 계산

압축 하중을 받는 잭은 다음 사항에 적합하여야 한다.

12.2.1.2.1 잭은 완전히 펼쳐진 위치에서 그리고 전 부하 압력의 1.4배의 압력에서 발생되는 힘의 조건하에서 좌굴에 대해 2 이상의 안전율이 보장되는 방법으로 설계되어야 한다.

12.2.1.2.2 계산은 부속서 Ⅱ에 따라 이루어져야 한다.

12.2.1.2.3 12.2.1.2.2와 달리, 더 복잡한 계산 방법은 동등 이상의 안전율이 보장되는 경우에 사용될 수 있다.

12.2.1.3 인장응력 계산

인장하중을 받는 잭은 전 부하 압력의 1.4배의 압력에서 발생되는 힘의 조건하에서 내력 Rp0.2에 기술된 2 이상의 안전율이 보장되는 방법으로 설계되어야 한다.

12.2.2 카와 램(실린더) 사이의 연결

12.2.2.1 직접식 엘리베이터인 경우, 카와 램(실린더) 사이의 연결은 탄력적이어야 한다.

12.2.2.2 카와 램(실린더) 사이의 연결은 램(실린더)의 무게 및 추가로 동하중을 지지하도록 설치되어야 한다. 연결 수단은 견고하고 안전하여야 한다.

12.2.2.3 2개 이상의 부분이 있는 램의 경우, 각 부분 사이의 연결은 현수되는 램 부분의 무게와 추가로 동 하중을 지지하도록 설치되어야 한다.

12.2.2.4 간접식 엘리베이터인 경우, 램(실린더)의 헤드는 안내되어야 한다.

다만, 끌어당기는 장치가 램에 작용하는 굽힘 하중을 방지하는 경우의 견인 잭에는 이 규정을 적용하지 않는다.

12.2.2.5 간접식 엘리베이터의 경우, 카 지붕의 수직 투영면 내에 편입되는 램 헤드 가이드 시스템의 부품은 없어야 한다.

12.2.3 램 행정의 제한

12.2.3.1 5.7.1.1을 만족하는 위치에 완충 효과가 있는 램을 정지시키는 수단이 설치되어야 한다.

12.2.3.2 다음 중 어느 하나에 의해 행정이 제한되어야 한다.

가) 완충 정지장치에 의해

나) 잭과 유압밸브 사이의 기계적인 연결 수단에 의해 잭에 공급되는 유압을 차단하는 것에 의해 : 12.2.3.3.2에서 규정된 값을 초과하는 카의 감속의 결과로 이러한 연결의 파손 또는 이완이 발생하지 않아야 하다.

12.2.3.3 완충 정지장치

12.2.3.3.1 이 정지장치는 다음 중 어느 하나이어야 한다.

가) 잭의 구성부품이어야 한다.

나) 카의 투영면적 외부에 1개 이상의 외부 장치로 구성되어야 한다. 결과로 생긴 힘은 잭의 중심선에 가해진다.

12.2.3.3.2 완충 정지장치는 카의 평균 감속도가 1gn 이하이어야 한다. 그리고 간접식 엘리베이터인 경우 감속은 로프 또는 체인을 이완시키지 않아야 한다.

12.2.3.4 12.2.3.2 나) 및 12.2.3.3.1 나)의 경우, 램이 실린더로부터 이탈되는 것을 방지하는 정지장치는 잭 내부에 설치되어야 한다.

12.2.3.2 나)의 경우, 이 정지장치는 또한 5.7.1.1의 규정을 만족하도록 위치되어야 한다.

12.2.4 보호수단

12.2.4.1 잭이 지면의 내부로 연장되는 경우에는 보호관에 설치되어야 한다. 잭이 다른 공간의 내부로 연장되는 경우에는 적절하게 보호되어야 한다.

같은 방법으로 다음과 같은 장치도 보호되어야 한다.

가) 럽처밸브/유량제한장치

나) 럽처밸브/유량제한장치와 실린더를 연결하는 단단한 파이프

다) 럽처밸브/유량제한장치 상호간에 연결하는 단단한 파이프

12.2.4.2 실린더 헤드로부터 새어 나오는 유체는 모아져야 한다.

12.2.4.3 잭에는 공기 배출장치가 있어야 있다.

12.2.5 다단 잭

다음 사항이 추가로 적용된다.

12.2.5.1 램이 각각의 실린더로부터 이탈하는 것을 방지하기 위한 장치가 연속되는 부분

사이에 설치되어야 한다.

12.2.5.2 직접식 엘리베이터의 카 하부에 있는 잭의 경우, 다음과 같은 조건에서 수직거리는 완전히 압축된 완충기에 카가 정지하고 있을 때 0.3m 이상이어야 한다.

가) 연속되는 가이드 이음쇠 사이, 그리고

나) 가장 높은 가이드 이음쇠와 카의 가장 낮은 부품[5.7.2.3 나) 2)에서 기술된 부분은 제외] 사이

12.2.5.3 외부 가이드가 없는 다단 잭의 각 지지부분의 길이는 각 램 지름의 2배 이상이어야 한다.

12.2.5.4 이러한 잭에는 기계식 또는 유압식 동기화 수단이 있어야 한다.

12.2.5.5 유압식 동기화 수단이 있는 잭이 사용될 때, 압력이 전 부하 압력의 20%를 초과하면 정상 운행을 방지하는 전기 장치가 설치되어야 한다.

12.2.5.6 로프 또는 체인이 동기화 수단으로 사용될 때, 다음 사항이 적용된다.

가) 2개 이상의 독립된 로프 또는 체인이 있어야 한다.

나) 9.4.1의 규정을 적용한다.

다) 안전율은 다음과 같다.

1) 로프는 12 이상

2) 체인은 10 이상

비고 안전율은 로프(또는 체인) 1가닥의 최소 파단하중(N)과 이 로프(또는 체인)에 걸리는 최대 힘(N) 사이의 비율이다.

최대 힘은 다음 사항을 고려하여 계산되어야 한다.

- 전 부하 압력에서 발생하는 힘
- 로프(또는 체인)의 수

라) 동기화 수단이 파손된 경우, 카의 하강 운행속도가 정격속도보다 0.3m/s를 초과하는 것을 방지하는 장치가 있어야 한다.

12.3 배관

12.3.1 일반사항

12.3.1.1 배관 및 모든 유압 시스템의 부품으로서 일반적으로 압력을 받는 이음 부속품(연결부품, 밸브 등)은 다음과 같아야 한다.

가) 사용되는 유압유에 적절하여야 한다.

나) 고정, 비틀림 또는 진동으로 인한 비정상적인 응력을 피하는 방법으로 설계되어야 한다.

다) 특히, 기계적인 요인으로 인한 손상으로부터 보호되어야 한다.

12.3.1.2 배관 및 이음 부속품은 적절하게 고정되어야 하고 점검을 위해 접근할 수 있어야한다.

배관(단단하거나 탄력적인)이 벽 또는 바닥을 통과하여 지나가는 경우, 배관은 페룰(ferrules)에 의해 보호되어야 한다. 배관의 면적은 점검을 위해 필요할 경우 배관의 분해를 허용한다.

어떠한 연결 장치(커플링)도 페룰 안쪽에 위치되지 않아야 한다.

12.3.2 단단한 배관

12.3.2.1 단단한 배관 및 실린더와 체크밸브 또는 하강밸브 사이의 이음 부속품은 전 부하 압력의 2.3배의 압력으로부터 발생하는 힘의 조건하에서 내력 Rp0.2에 기술된 1.7 이상의 안전율이 보장되는 방법으로 설계되어야 한다.

두께 계산에서, 실린더와 럽처밸브 사이의 연결에는 1mm 그리고 다른 견고한 배관에는 0.5mm가 더해져야 한다.

계산은 부속서 Ⅱ.1.1에 따라 이루어져야 한다.

12.3.2.2 2단계 이상 및 유압식 동기화 수단이 있는 다단 잭이 사용될 때, 1.3의 안전율이 배관 및 럽처밸브와 체크밸브 또는 하강밸브 사이의 이음 부속품의 계산에 추가로 고려되어야 한다.

배관 및 실린더와 럽처밸브 사이의 이음 부속품(있는 경우)은 실린더와 동일 압력 조건에서 계산되어야 한다.

12.3.3 가요성 호스

12.3.3.1 실린더와 체크밸브 또는 하강밸브 사이의 가요성 호스는 전 부하 압력 및 파열압력과 관련하여 안전율이 8 이상이어야 한다.

12.3.3.2 가요성 호스 및 실린더와 체크밸브 또는 하강밸브 사이의 가요성 호스 연결장치는 전 부하 압력의 5배의 압력을 손상 없이 견뎌야 한다. 호스 조립부품의 제조업체에 의해 시험되어야 한다.

12.3.3.3 가요성 호스는 다음과 같은 정보가 지워지지 않도록 표시되어야 한다.

가) 제조업체명(또는 로고)

나) 호스 안전율, 시험압력 및 시험결과 등의 정보

12.3.3.4 가요성 호스는 호스 제조업체에 의해 제시된 굽힘 반지름 이상으로 고정되어야 한다.

12.4 구동기 정지 및 정지 상태 확인

14.1.2에 적합한 전기안전장치에 의한 구동기의 정지는 다음과 같이 제어되어야 한다.

12.4.1 상승 운행

상승 운행에 대해, 전동기의 전원 공급은 다음 중 어느 하나와 같아야 한다.

가) 2개 이상의 독립적인 접촉기에 의해 차단되어야 한다. 전동기의 주 접점은 전원공급 회로에서 직렬이어야 한다.

나) 1개의 접촉기에 의해 차단되어야 하고, 바이패스 밸브[12.5.4.2에 따른]의 전원공급은 이러한 밸브의 전원공급회로에서 직렬로 연결된 2개 이상의 독립적인 전기장치에 의해 차단되어야 한다.

12.4.2 하강 운행

하강 운행에 대해, 하강밸브의 전원공급은 다음 중 어느 하나에 의해 차단되어야 한다.

가) 직렬로 연결된 2개 이상의 독립적인 전기장치에 의해

나) 전기안전장치(전기적으로 적절하게 평가될 경우)에 의해 직접

12.4.3 엘리베이터가 정지하고 있는 동안, 접촉기 중 어느 하나가 주 접점을 개방하지 않거나 전기장치 중 어느 하나가 개방되지 않으면 늦어도 카의 운전방향 전환 시 더 이상의 운전을 방지하여야 한다.

12.5 유압 제어 및 안전장치

12.5.1 차단밸브

12.5.1.1 차단밸브가 설치되어야 하며, 이 차단밸브는 실린더에 체크밸브와 하강밸브를 연결하는 회로에 설치되어야 한다.

12.5.1.2 차단밸브는 엘리베이터 구동기의 다른 밸브와 가까이 위치되어야 한다.

12.5.2 체크밸브

12.5.2.1 체크밸브가 설치되어야 하며, 이 체크밸브는 펌프와 차단밸브 사이의 회로에 설치되어야 한다.

12.5.2.2 체크밸브는 공급압력이 최소 작동 압력 아래로 떨어질 때 정격하중을 실은 카를 어떤 위치에서 유지할 수 있어야 한다.

12.5.2.3 체크밸브는 잭에서 발생하는 유압 및 1개 이상의 안내된 압축 스프링이나 중력에 의해 닫혀야 한다.

12.5.3 압력 릴리프 밸브

12.5.3.1 압력 릴리프 밸브가 설치되어야 하며, 이 압력 릴리프 밸브는 펌프와 체크밸브 사이의 회로에 연결되어야 한다. 유압유는 탱크로 복귀되어야 한다.

12.5.3.2 압력 릴리프 밸브는 압력을 전 부하 압력의 140%까지 제한하도록 맞추어 조절되어야 한다.

12.5.3.3 높은 내부손실(압력 손실, 마찰)로 인해 압력 릴리프 밸브를 조절할 필요가 있

을 경우에는 전 부하 압력의 170%를 초과하지 않는 범위 내에서 더 큰 값으로 설정될 수 있다. 이러한 경우, 유압설비(잭 포함) 계산에서 가상의 전 부하 압력은 다음 식이 사용되어야 한다.

$$\frac{\text{선택된 설정 압력}}{1.4}$$

좌굴 계산에서, 1.4의 초과 압력 계수는 압력 릴리프 밸브의 증가되는 설정 압력에 따른 계수로 대체되어야 한다.

12.5.4 방향밸브

12.5.4.1 하강밸브

하강밸브는 전기적으로 개회로 상태로 유지되어야 하며, 잭에서 발생하는 유압 및 밸브 당 1개 이상의 안내된 압축 스프링에 의해 닫혀야 한다.

12.5.4.2 상승밸브

구동기의 정지가 12.4.1 나)에 따라 영향을 받는 경우, 바이패스 밸브만이 상승밸브로 사용되어야 한다. 바이패스 밸브는 전기적으로 폐회로이어야 하며, 잭에서 발생하는 압력 및 밸브당 1개 이상의 안내된 압축 스프링에 의해 개방되어야 한다.

12.5.5 럽처밸브

9.5에 의해 럽처밸브가 요구되는 경우, 럽처밸브는 다음 사항에 적합하도록 설치되어야 한다.

12.5.5.1 럽처밸브는 하강하는 정격하중의 카를 정지시키고, 카의 정지 상태를 유지할 수 있어야 한다. 럽처밸브는 늦어도 하강속도가 정격속도에 0.3m/s를 더한 속도에 도달할 때 작동되어야 한다.

럽처밸브는 평균 감속도(a)가 0.2gn과 1gn 사이가 되도록 선택되어야 한다.

2.5gn 이상의 감속도는 0.04초 이상 지속되지 않아야 한다.

평균 감속도(a)는 다음 식에 의해 구해질 수 있다.

$$a = \frac{Q_{\max} r}{6Ant_d}$$

여기서, $Q_{\max}$=분당 최대 유량(ℓ)

γ=통과계수

A=압력 작동 잭의 면적(cm^2)

n=1개 럽처밸브가 있는 병렬작동 잭의 수

t_d=제동시간(s)

이 값은 기술서류 및 형식시험 인증으로 대체할 수 있다.

12.5.5.2 럽처밸브는 조정 및 점검을 위해 접근이 가능하여야 한다.

럽처밸브는 다음 중 어느 하나이어야 한다.

가) 실린더의 구성 부품이어야 한다.

나) 직접 및 견고하게 플랜지에 설치되어야 한다.

다) 실린더 근처에 짧고 단단한 배관으로 용접되고 플랜지 또는 나사 체결되어야 한다.

라) 실린더에 직접 나사 체결하여 연결되어야 한다.

럽처밸브는 숄더가 있는 나사 마감부분에 설치되어야 하며 실린더 위로 돌출되어야 한다.

압축 이음 또는 플레어 이음과 같은 다른 형태의 연결은 실린더와 럽처밸브 사이에 허용되지 않는다.

12.5.5.3 병렬로 작동하는 여러 개의 잭이 있는 엘리베이터에는 1개의 럽처밸브가 공용으로 사용될 수 있다. 그렇지 않다면, 럽처밸브는 카 바닥이 정상 위치에서 5% 이상 기울어지는 것을 막기 위해 동시에 닫힐 수 있도록 상호 연결되어야 한다.

12.5.5.4 럽처밸브는 실린더와 같은 정도로 계산되어야 한다.

12.5.5.5 럽처밸브의 닫힘 속도가 유량제한장치에 의해 제어되는 경우, 필터는 가능한 유량제한장치 앞에 위치되어야 한다.

12.5.5.6 기계실에는 카의 과부하 없이 럽처밸브의 작동을 허용하는 수동 조작수단이 있어야 한다. 이 수단은 의도되지 않은 작동에 대해 보호되어야 하며, 잭에 인접한 안전장치를 무효화시키지 않아야 한다.

12.5.5.7 (공란)

12.5.6 유량제한장치 및 일방 유량제한장치

9.5에 의해 유량제한장치/일방 유량제한장치가 요구되는 경우, 이 유량제한장치/일방 유량제한장치는 다음 사항에 적합하도록 설치되어야 한다.

12.5.6.1 유압 시스템에서 다량의 누출이 있는 경우, 유량제한장치는 정격하중을 실은 카의 하강속도가 정격속도보다 0.3m/s를 초과하는 것을 방지하여야 한다.

12.5.6.2 유량제한장치는 점검을 위해 접근이 가능하여야 한다.

12.5.6.3 유량제한장치는 다음 중 어느 하나이어야 한다.

가) 실린더의 구성 부품이어야 한다.

나) 직접 및 견고하게 플랜지에 설치되어야 한다.

다) 실린더 근처에 짧고 단단한 배관으로 용접되고 플랜지 또는 나사 체결되어야 한다.

라) 실린더에 직접 나사 체결하여 연결되어야 한다.

유량제한장치는 숄더가 있는 나사 마감부분에 설치되어야 하며 실린더 위로 돌출되어야 한다.

압축 이음 또는 플레어 이음과 같은 다른 형태의 연결은 실린더와 유량제한장치 사이에 허용되지 않는다.

12.5.6.4 유량제한장치는 실린더와 같은 정도로 계산되어야 한다.

12.5.6.5 기계실에는 카의 과부하 없이 유량제한장치의 작동을 허용하는 수동 조작수단이 있어야 한다. 이 수단은 의도되지 않은 작동에 대해 보호되어야 하며 잭에 인접한 안전장치를 무효화시키지 않아야 한다.

12.5.6.6 (공란)

12.5.7 필터

필터 또는 유사한 장치는 탱크와 펌프 사이의 회로 및 차단밸브와 하강밸브 사이의 회로에 설치되어야 한다. 차단밸브와 하강밸브 사이의 필터 또는 유사한 장치는 점검 및 유지보수를 위해 접근할 수 있어야 한다.

12.6 압력 확인

12.6.1 압력 게이지가 설치되어야 하며, 이 압력 게이지는 차단밸브와 체크밸브 또는 하강밸브 사이의 회로에 연결되어야 한다.

12.6.2 차단밸브 게이지는 주 회로와 압력 게이지 연결부 사이에 설치되어야 한다.

12.6.3 연결은 M 20×1.5 또는 G 1/2″ 중 어느 하나의 암 나사로 체결되어야 한다.

12.7 탱크

탱크는 다음과 같이 설계되고 설치되어야 한다.

가) 탱크 속 유압유 수준이 쉽게 확인되어야 한다.

나) 쉽게 채워지고 배출되어야 한다.

12.8 속도

12.8.1 상승 또는 하강 정격속도는 1m/s 이하이어야 한다.

12.8.2 빈 카의 상승 속도는 상승 정격속도의 8%를 초과하지 않아야 하고 정격하중을 실은 카의 하강 속도는 하강 정격속도의 8%를 초과하지 않아야 한다. 각각의 경우에 이것은 유압유의 정상작동 온도와 관계된다.

상승 운행하는 동안, 전류는 정격 주파수에서의 전류이고 전동기 전압은 엘리베이터의 정격전압과 동일한 것으로 가정한다.

제3절 에스컬레이터 및 무빙워크의 구조(제7조 관련)

1 적용범위

일정한 통로에 승객을 수송하기 위해 설치되는 경사지게 연속으로 움직이는 계단형 에스컬레이터와 평행하게 연속으로 움직이는 표면형 무빙워크의 구조 및 「승강기시설 안전관리법」 제13조 제1항에 따른 검사의 판정기준에 적용한다.

2 인용규격

한국산업표준(KS) 및 국제표준(ISO, IEC, EN) 등은 가장 최근에 고시되거나 발행된 표준을 적용한다.

3 용어의 정의

「승강기시설 안전관리법」 및 「승강기검사기준」에서 사용하는 정의와 같다.

4 단위 및 기호

4.1 단위

단위는 국제단위(SI 단위)를 사용한다.

4.2 기호

기호는 사용된 공식과의 관계를 설명한다.

5 안전요건 및 보호대책

5.1 일반사항

에스컬레이터 및 무빙워크는 이 기준의 안전요건 및 보호대책에 따라야 한다. 또한, 에스컬레이터 및 무빙워크는 KS B ISO 12100-2의 규정 중 관련 있는 항목에 따라 설계되어야 한다. 다만, 중요하지 않은 위험은 이 기준에서 다루지 않는다.

5.2 지지 구조물(트러스) 및 보호벽

5.2.1 일반사항

5.2.1.1 에스컬레이터 또는 무빙워크의 기계적으로 움직이는 모든 부품은 구멍이 없는 패널이나 벽으로 완전히 둘러싸여야 한다. 다만, 이용자가 접근할 수 있는 스텝·팔레트·벨트 및 핸드레일의 부품은 제외한다. 환기를 위한 틈은 허용된다. [5.2.1.5 참조]

5.2.1.2 외부 패널은 $25cm^2$의 면적의 어느 지점에서나 수직으로 250N의 힘을 가할 때 파손 또는 편향으로 인해 틈이 발생하지 않도록 견뎌야 한다.
고정은 보호벽(패널) 정하중의 2배 이상을 견디는 방법으로 설계되어야 한다.

5.2.1.3 일반인의 위험을 예방할 수 있는 다른 조치(권한이 있는 사람만이 접근 가능한 잠금장치가 있는 방 등)가 있는 경우에는 기계적으로 움직이는 부품에 대한 둘러싸인 보호벽은 생략될 수 있다.

5.2.1.4 그리스, 오일, 먼지 또는 종이 등이 쌓이는 것은 화재의 위험을 의미하므로 에스컬레이터 및 무빙워크의 내부는 청소가 가능한 구조이어야 한다.

5.2.1.5 환기구는 ISO 13857, 표 5에 따른 방법으로 설계되어야 한다. 다만, 보호벽을 통해 지름 10mm의 곧은 단단한 막대기가 통과되는 것이 가능하지 않아야 하고 환기구를 통해 어떤 움직이는 부품에 접촉되지 않아야 한다.

5.2.1.6 열리도록 설계된 외부패널(청소 목적 등)에는 표 5의 하)에 적합한 전기안전장치가 설치되어야 한다.

5.2.2 경사도

5.2.2.1 에스컬레이터의 경사도 α는 30°를 초과하지 않아야 한다. 다만, 높이(h13)가 6m 이하이고 공칭속도가 0.5m/s 이하인 경우에는 경사도를 35°까지 증가시킬 수 있다. [그림 2의 α 참조]

비고 경사도 α는 현장 설치여건 등을 감안하여 최대 1°까지 초과될 수 있다.

5.2.2.2 무빙워크의 경사도는 12° 이하이어야 한다.

5.2.3 내부 출입

지지 구조물(트러스) 내부의 구동기 공간은 열쇠 등에 의해 권한이 있는 사람만이 출입할 수 있어야 한다.

5.2.4 점검용 덮개 및 바닥 플레이트

점검용 덮개 및 바닥 플레이트는 다음 사항에 적합하여야 한다.

가) 표 5의 하)에 따른 제어장치가 설치되어야 한다.

나) 열쇠 또는 도구에 의해서만 열려야 한다.

다) 잠겨 있다면 내부에서 열쇠 또는 도구를 사용하지 않고 열려야 한다.

라) 구멍이 없어야 한다.

> **비고** 점검용 덮개는 설치되는 장소에서 요구되는 조건(상호 계약 등)에 적합하여야 한다.

5.2.5 구조설계

5.2.5.1 지지 구조물(트러스)은 에스컬레이터 또는 무빙워크의 자중에 5,000N/m^2의 정격하중을 더한 부하를 견딜 수 있는 방법으로 설계되어야 하며 EN 1993-1-1에 따라 계산되어야 한다.

> **비고** 부하운송면적=에스컬레이터 또는 무빙워크의 공칭폭 z1(그림 4)×지지물 사이의 거리 l1 [그림 2 참조]
> 정격하중에 근거하여, 계산되거나 측정된 최대 편향은 지지물 사이의 거리 l1의 1/750 이하이어야 한다.

5.2.5.2 구동기 및 그 지지 구조물은 필요로 하는 하중 및 힘에 견디도록 설계되어야 한다.

5.3 스텝, 팔레트 및 벨트

5.3.1 일반사항

에스컬레이터의 이용자 운송구역에서, 스텝 트레드는 운행방향에 ±1°의 공차로 수평해야 한다.

에스컬레이터 및 무빙워크의 트레드 표면에는 안전한 발판이 있어야 한다.

> **비고** 2개의 연속적인 스텝 사이의 최대 허용 높이는 5.3.4 및 5.7.2.1에서 규정한다.

5.3.2 치수

5.3.2.1 일반사항

에스컬레이터 및 무빙워크의 공칭 폭 Z1은 0.58m 이상, 1.1m 이하이어야 한다. 경사도가 6° 이하인 무빙워크의 폭은 1.65m까지 허용된다.

5.3.2.2 스텝 트레드 및 팔레트 [그림 2, 상세도 X 및 그림 5 참조]

5.3.2.2.1 스텝 높이 x1은 0.24m 이하이어야 한다.

5.3.2.2.2 스텝 깊이 y1은 0.38m 이상이어야 한다.

5.3.2.2.3 스텝 트레드 및 팔레트의 표면은 진행방향으로 콤의 빗살과 맞물리는 홈이 있어야 한다.

5.3.2.2.4 스텝 라이저는 클리트 되어야 하고, 클리트 표면은 매끄러워야 한다. 스텝 트레드의 끝부분은 연속되는 다음 스텝 라이저의 클리트와 맞물려야 한다.

5.3.2.2.5 홈의 폭 b7은 5mm 이상, 7mm 이하이어야 한다.

5.3.2.2.6 홈의 깊이 h7은 10mm 이상이어야 한다.

5.3.2.2.7 웹의 폭 b8은 2.5mm 이상, 5mm 이하이어야 한다.

5.3.2.2.8 스텝 트레드와 스텝 라이저 또는 팔레트는 모서리 부분에서 홈 형태로 마감되지 않아야 한다.

5.3.2.2.9 스텝 트레드 표면과 스텝 라이저 사이의 모서리는 날카로운 부분이 없어야 한다.

5.3.2.3 벨트 [그림 2, 상세도 X 참조]

5.3.2.3.1 벨트는 진행방향으로 콤의 빗살과 맞물리는 홈이 있어야 한다.

5.3.2.3.2 홈의 폭 b7은 벨트의 트레드 표면에서 측정되어 4.5mm 이상, 7mm 이하이어야 한다.

5.3.2.3.3 홈의 깊이 h7는 5mm 이상이어야 한다.

5.3.2.3.4 웹의 폭 b8은 벨트의 트레드 표면에서 측정되어 4.5mm 이상, 8mm 이하이어야 한다.

5.3.2.3.5 벨트는 벨트의 측면 모서리에서 홈 형태로 마감되지 않아야 한다.

트레드웨이(treadway) 벨트의 접합부는 파손되지 않은 연속적인 트레드웨이 표면과 같아야 한다.

5.3.3 구조 설계

5.3.3.1 일반사항

재질은 구체적인 수명주기 동안에 환경적인 조건(온도, 자외선, 습도 및 부식 등)을 고려한 강도 특성을 유지하여야 한다.

스텝, 팔레트 및 벨트는 정상운행 동안에 트랙킹(tracking), 가이드 및 구동 시스템에 의해 부과될 수 있는 모든 가능한 하중 및 변형 작용에 견디도록 설계되어야 하고 6,000N/m^2에 상응하는 균일하게 분포된 하중을 견디도록 설계되어야 한다.

비고 6,000N/m^2는 5,000N/m^2의 정하중[5.2.5 참조]에 1.2의 충격계수를 더한 값으로부터 유도된다.

벨트 및 벨트의 지지시스템의 치수를 정하기 위해, 유효 폭×길이 1m의 면적은 상기의 상응하는 부하의 기초로 채택되어야 한다. 또한, 5.3.3.1.4의 규정에 적합하여야 한다.

조립되는 스텝 및 팔레트의 모든 구성 부품(삽입부품 또는 고정부품 등)은 안전하게 부착되어야 하고 수명주기 동안 느슨해지지 않아야 한다. 삽입부품 및 고정부품은 콤·콤 플레이트 전기안전장치[표 5 사)]의 작동에 대한 반력을 견뎌야 한다.

5.3.3.2 정적 시험

5.3.3.2.1 스텝

스텝은 두께 25mm 이상이고 크기 0.2m×0.3m의 강판 위에 트레드 표면의 중앙에 수직으로 3,000N(강판무게 포함)의 단일 힘을 가하여 휨에 대해 시험되어야 한다. 길이 0.2m인 강판의 끝부분은 스텝 앞면의 끝부분과 평행하게, 길이 0.3m인 강판의 끝부분은 스텝 앞면의 끝부분과 직각으로 배열되어야 한다.

이 시험동안, 트레드 표면에서 측정되는 휨은 4mm 이하이어야 하며, 영구적인 변형이 없어야 한다(최초 설정 공차는 허용된다).

스텝은 수평 위치(수평 지지대) 및 적용되는 스텝의 최대 경사(경사진 지지대)에서 롤러(회전하지 않은), 축 또는 스터브 샤프트(stub shafts)와 함께 전체적으로 시험되어야 한다.

허용된 최대 경사보다 작은 경사에 대해서는 새로운 시험이 요구되지 않는다. 설치된 스텝의 시험 즉, 에스컬레이터의 가이드 레일 및 지지구조물과 함께 설치된 스텝의 시험 또한 필요하지 않다.

5.3.3.2.2 스텝 라이저

스텝 라이저는 라이저 곡선에 적합한 모양의 두께 25mm 이상의 사각이나 원형의 강판을 사용하여 25cm^{2}의 면적 표면에 1,500N의 단일 하중을 가할 때 휨은 4mm 이하이어야 한다. 이 하중은 라이저의 폭을 중앙선으로 가로질러, 중간 및 양 끝의 세 지점에 적용하여야 한다. 영구적인 변형은 없어야 한다.

5.3.3.2.3 팔레트

팔레트는 1m^{2}의 팔레트 면적에 7,500N(강판 무게 포함)의 단일 힘을 가하여 휨에 대해 시험되어야 한다. 그 힘은 트레드 표면 중앙에 수직으로 두께 25mm 이상이고, 크기 0.3m×0.45m인 강판 위에 적용되어야 한다. 그리고 길이 0.45m인 강판의 끝부분은 팔레트의 옆면 끝부분과 평행하게 배열되어야 한다.

더 작거나 더 큰 면적을 갖는 팔레트에 대해, 그 힘 및 부하면적은 비례적으로 변경되어야 하고, 이에 따라 부하면적에 대한 끝 부분 길이의 비율은 1:1.5 이어야 한다. 다만, 그 힘은 두께 25mm 이상, 크기 0.2m×0.3m 이상인 강판의 무게를 포함하여 3,000N 보다 작지 않아야 한다.

깊이 0.3m 이하인 팔레트의 폭은 0.2m이어야 하고, 길이는 팔레트 깊이이어야 한다.

이 시험동안, 트레드 표면에서 측정되는 휨은 4mm 이하이어야 하며, 영구적인 변형이 없어야 한다(최초 설정 공차는 허용된다).

팔레트는 수평 위치(수평 지지대)에서 롤러(회전하지 않은), 축 또는 스터브 샤프트와 함께 전체적으로 시험되어야 한다. 설치된 팔레트의 시험 즉, 무빙워크의 가이드 레일 및 지지 구조물과 함께 설치된 팔레트의 시험은 요구되지 않는다.

5.3.3.2.4 벨트

운행조건에 적합하게 인장된 벨트에 대해, 750N의 단일 힘(강판무게 포함)이 크기 0.15m×0.25m×0.025m인 강판에 적용되어야 한다. 강판은 강판의 세로축이 벨트의 세로축과 평행한 방법으로 끝부분 지지롤러 사이 중앙에 위치되어야 한다. 중심에서 처짐은 $0.01 \times Z_3$ 이하이어야 한다. 여기서 Z_3는 지지롤러 사이의 가로 거리이다. [그림 8, Z_3 참조]

5.3.3.3 동적 시험

5.3.3.3.1 스텝

5.3.3.3.1.1 하중시험

스텝은 적용되는 최대 경사(경사진 지지물)에서 롤러(회전하지 않은), 축 또는 스터브 샤프트와 함께 모두 시험되어야 한다. 이것은 영향을 받지 않는 사인파 곡선의 힘의 흐름이 이뤄지는 5×10^6 이상의 주기 동안 5Hz와 20Hz 사이의 한 주파수에서 500N과 3,000N 사이의 맥동하중이어야 한다. 하중은 5.3.3.2.1에서 규정된 것과 같은 트레드 표면의 중앙에서 트레드 표면에 대해 수직으로 두께 25mm 이상, 크기 0.2m×0.3m의 강판 위에 적용되어야 한다.

시험 후에는 스텝에 균열이 생길 조짐이 보이지 않아야 한다.

트레드 표면에서 측정되어 4mm를 초과하는 영구적인 변형은 없어야 한다. 스텝 또는 스텝 구성부품(삽입부품 또는 고정부품 등)은 견고하게 부착되어야 하고 느슨해지지 않아야 한다.

시험하는 동안 롤러가 손상되면 롤러의 교체는 허용된다.

5.3.3.3.1.2 스텝 설계

스텝 설계는 중심이 체인 휠의 중심인 아크에서 움직이는 트레일러 휠 중심의 ±2mm의 변위와 동등한 비틀기 하중을 수용할 수 있는 구조이어야 한다. ±2mm의 변위는 트레일러 휠에서 체인 휠 중심까지의 거리 400mm에 비례한다. 이 비율은 400mm의 치수가 변할 때 유지되어야 한다. [부속서 Ⅲ 참조]

동적시험은 시험도중에 상기의 규정된 힘이 이뤄지는 것을 보장하도록 조정이 가능하여야 한다. 이것은 영향을 받지 않은 사인파 곡선의 힘의 흐름이 이뤄지는 5×10^6 이상의 주기 동안 5Hz와 20Hz 사이의 한 주파수로 적용되어야 한다.

시험 후에는 스텝에 균열이 생길 조짐이 보이지 않아야 한다.

트레드 표면에서 측정되어 4mm를 초과하는 영구적인 변형은 없어야 한다. 스텝 또는 스텝 구성부품(삽입부품 또는 고정부품 등)은 안전하게 부착되어야 하고 느슨해지지 않아야 한다.

5.3.3.3.2 팔레트

5.3.3.3.2.2 비틀림 시험

비틀림 시험은 팔레트에 트레일러 롤러가 설치된 경우에만 요구된다.

팔레트 설계는 중심이 체인 휠의 중심인 아크에서 움직이는 트레일러 휠 중심의 ±2mm의 변위와 동등한 비틀기 하중을 수용할 수 있는 구조이어야 한다. ±2mm의 변위는 트레일러 휠에서 체인 휠 중심까지의 거리 400mm에 비례한다. 이 비율은 400mm의 치수가 변할 때 유지되어야 한다. [부속서 Ⅲ 참조]

동적 하중은 시험도중에 편향이 −5%의 공차로 이뤄지도록 조정이 가능하여야 한다. 이것은 영향을 받지 않은 사인파 곡선 힘의 흐름이 이뤄지는 5×10^6 이상의 주기 동안 5Hz와 20Hz 사이의 한 주파수로 적용되어야 한다.

시험 후에는 스텝에 균열이 생길 조짐이 보이지 않아야 한다.

트레드 표면에서 측정되어 4mm를 초과하는 영구적인 변형은 없어야 한다. 스텝 또는 스텝 구성부품(삽입부품 또는 고정부품 등)은 안전하게 부착되어야 하고 느슨해지지 않아야 한다.

5.3.4 스텝, 팔레트 및 벨트의 가이드

스텝 또는 팔레트의 가이드 시스템에서 스텝 또는 팔레트의 측면 변위는 각각 4mm 이하이어야 하고 양쪽 측면에서 측정된 틈새의 합은 7mm 이하이어야 한다. 그리고 스텝 및 팔레트의 수직 변위는 4mm 이하이고 벨트의 수직 변위는 6mm 이하이어야 한다.

이 규정은 스텝, 팔레트 또는 벨트의 이용 가능한 구역에만 적용한다.

벨트의 경우 트레드웨이 지지대는 디딤판의 중앙선을 따라 2m 이하의 간격으로 설치되어야 한다. 이러한 지지대는 5.3.3.2.4에서 요구되는 조건하에 하중이 부과될 때 트레드웨이의 하부 아래로 50mm를 초과하지 않은 위치에 설치되어야 한다.

5.3.5 스텝과 스텝 또는 팔레트와 팔레트 사이의 틈새

트레드 표면에서 측정된 이용 가능한 모든 위치의 연속되는 2개의 스텝 또는 팔레트 사이의 틈새는 6mm 이하이어야 한다. [그림 2 상세도 Y 및 Z, 그림 6 상세도 S 및 그림 7 상세도 U 참조]

데마케이션(스텝 트레드에 있는 홈 등)은 승강장에서 스텝 뒤쪽 끝부분을 황색 등으로 표시하여 설치되어야 한다.

팔레트의 맞물리는 전면 끝 부분과 후면 끝부분이 있는 무빙워크의 변환 곡선부에서는 이 틈새가 8mm까지 증가되는 것은 허용된다. [그림 7 상세도 V 참조]

5.3.6 빠진 스텝 또는 팔레트 장치

빠진 스텝 또는 팔레트[표 5카) 참조]는 콤으로부터 틈(빠진 스텝 또는 팔레트로부터 발

생한 결과)이 나타나기 전에 감지되어야 하고 에스컬레이터 또는 무빙워크는 정지되어야 한다. 이것은 각 구동 및 순환 장소에 설치된 어떤 장치에 의해 보장되어야 한다.

5.4 구동 장치

5.4.1 구동기

5.4.1.1 일반사항

구동장치는 2대 이상의 에스컬레이터 또는 무빙워크를 운전하지 않아야 한다.

5.4.1.2 속도

5.4.1.2.1 공칭속도는 공칭 주파수 및 공칭 전압에서 ±5%를 초과하지 않아야 한다.

5.4.1.2.2 에스컬레이터의 공칭 속도는 다음과 같아야 한다.

가) 경사도 α가 30° 이하인 에스컬레이터는 0.75m/s 이하이어야 한다.

나) 경사도 α가 30°를 초과하고 35° 이하인 에스컬레이터는 0.5m/s 이하이어야 한다.

5.4.1.2.3 무빙워크의 공칭속도는 0.75m/s 이하이어야 한다.

팔레트 또는 벨트의 폭이 1.1m 이하이고, 승강장에서 팔레트 또는 벨트가 콤에 들어가기 전 1.6m 이상의 수평주행구간이 있는 경우 공칭속도는 0.9m/s까지 허용된다. 다만, 가속구간이 있거나 무빙워크를 다른 속도로 직접 전환시키는 시스템이 있는 무빙워크에는 적용되지 않는다.

5.4.1.3 주 브레이크와 스텝, 팔레트 또는 벨트 구동기 사이의 연결

5.4.1.3.1 주 브레이크와 스텝, 팔레트 또는 벨트 구동기 사이의 연결에는 샤프트, 기어 휠, 다중 체인 또는 2개 이상의 단일 체인과 같은 비-마찰 구동부품이 사용되어야 한다. 사다리꼴 벨트(평 벨트는 허용 안 됨)와 같은 마찰 부품이 사용된 경우에는 5.4.2.2에 따른 보조 브레이크가 사용되어야 한다.

5.4.1.3.2 모든 구동부품의 안전율은 정적 계산으로 5 이상이어야 한다. 사다리꼴 벨트의 경우에는 3개 이상의 벨트가 적용되어야 한다.

이 안전율은 구동부품의 정지력과 에스컬레이터 또는 경사형 무빙워크가 인장장치의 인장력과 함께 5.2.5에 따른 정격하중(사람 무게)을 운반할 때 구동부품이 받는 정적인 힘 사이의 비율로 결정된다.

수평한 무빙워크에는 인장장치의 인장력과 함께 5.4.2.1.3.3 또는 5.4.2.1.3.4에 따른 각각의 동적인 힘이 안전율을 결정하는데 사용되어야 한다.

5.4.1.4 수동 권취 장치

수동 권취 장치가 설치된 경우에는 작동하기 위해 쉽게 접근이 가능하고 안전하여야 한다.

수동 권취 장치가 제거되면, 5.12.1.2.2에 적합한 전기 안전장치[표 5 교) 참조]는 수동 권취 장치가 구동기에 끼워질 때 또는 끼워지기 전에 작동되어야 한다.
크랭크(L자형 손잡이) 핸들 또는 구멍이 있는 수동 휠은 허용되지 않는다.

5.4.1.5 구동기 정지 및 구동기의 정지 상태 확인

5.12.1.2에 따른 전기 안전장치에 의한 에스컬레이터 또는 무빙워크의 정지는 다음과 같아야 한다.

가) 전원공급은 2개의 독립적인 접촉기에 의해 차단되어야 하며, 접점은 전원공급 회로에서 직렬이어야 한다.

나) 에스컬레이터 또는 무빙워크가 정지될 때 하나의 접촉기의 주 접점 중 하나가 개방되지 않으면 재-기동은 불가능하여야 한다.

5.4.2 브레이크 시스템

5.4.2.1 주 브레이크

5.4.2.1.1 일반사항

5.4.2.1.1.1 에스컬레이터 및 무빙워크는 균일한 감속 및 정지 상태(제동 운전)를 지속할 수 있는 브레이크 시스템이 있어야 한다. 또한, 5.12.1.2.4를 참조한다. 브레이크 시스템의 적용에서 의도적인 지연은 없어야 한다.

정지거리가 5.4.2.1.3.2 및 5.4.2.1.3.4의 최대값의 20%를 초과하면, 고장 안전장치의 재설정[표 5의 거)]후에만 재-기동이 가능하여야 한다. 수동 재설정 전에 브레이크 시스템에 대한 정밀점검이 필요하다면 브레이크 시스템은 정밀하게 조사되어야 하고 정확한 조치가 취해지도록 설계되어야 한다.

에스컬레이터 및 무빙워크의 출발 후에는 브레이크 시스템의 개방을 감시하는 장치가 설치되어야 한다. [표 5의 타) 참조]

5.4.2.1.1.2 브레이크 시스템은 다음과 같을 때 자동으로 작동되어야 한다.

가) 전압 공급이 중단될 때

나) 제어 회로에 전압 공급이 중단될 때

5.4.2.1.1.3 주 브레이크는 전자-기계 브레이크 또는 다른 수단에 의해 유효하여야 한다.

전자-기계 작동 브레이크가 사용되지 않는 경우에는 5.4.2.2에 따른 보조 브레이크가 설치되어야 한다.

5.4.2.1.1.4 수동 해제가 가능한 브레이크는 브레이크의 개방을 유지하기 위해 지속적인 인력이 요구되어야 한다.

5.4.2.1.2 전자-기계 브레이크

전자-기계 브레이크의 정상 개방은 지속적인 전류의 흐름에 의해야 한다. 브레이크는 전기적 브레이크 회로가 개방되면 즉시 작동되어야 한다.

제동력은 안내되는 압축 스프링에 의해 발휘되어야 한다. 브레이크 해제장치의 전기적 자체여자의 발생은 불가능하여야 한다.

전원공급은 2개 이상의 독립적인 전기장치에 의해 차단되어야 한다. 이 전기장치는 구동기에 공급되는 전원을 차단할 수 있다. 에스컬레이터 또는 무빙워크가 정지된 후 이 전기장치 중 어느 하나가 개방되지 않으면 재-기동은 방지되어야 한다. [5.4.1.5 참조]

5.4.2.1.3 주 브레이크의 제동부하 및 정지거리

5.4.2.1.3.1 에스컬레이터의 제동부하 결정

표 1은 에스컬레이터의 제동부하 결정에 적용되어야 한다.

에스컬레이터의 제동부하 결정

공칭 폭 Z_1	스텝 당 제동부하
0.6m 이하	60kg
0.6m 초과 0.8m 이하	90kg
0.8m 초과 1.1m 이하	120kg

고려되는 스텝의 수량은 "스텝 라이저의 최대 외관 높이로 나눈 높이 h13"에 의해 결정된다. [그림 5의 x1 참조]

시험의 목적을 위해, 총 제동부하는 이렇게 얻어진 스텝 수량의 2/3 이상 분포되는 것을 허용한다.

5.4.2.1.3.2 에스컬레이터의 정지거리

무부하 상태의 에스컬레이터 및 하강 방향으로 움직이는 제동부하 상태[5.4.2.1.3.1 참조]의 에스컬레이터에 대한 정지거리는 아래 표에 따라야 한다.

에스컬레이터의 정지거리

공칭속도 V	정지거리
0.50m/s	0.20 m에서 1.00 m 사이
0.65m/s	0.30 m에서 1.30 m 사이
0.75m/s	0.40 m에서 1.50 m 사이

공칭속도 사이에 있는 속도의 정지거리는 보간법으로 결정되어야 한다.

정지거리는 전기적 정지장치가 작동된 시간부터 측정되어야 한다.

운행방향에서 하강방향으로 움직이는 에스컬레이터에서 측정된 감속도는 브레이크 시스템이 작동하는 동안 1m/s^2 이하이어야 한다. 원 감속신호는 4Hz 2극 버터워스 필터를 사용하는 대역제한신호이어야 한다.

 주어진 감속제한 내에서 가능한 가장 짧은 정지거리가 이뤄지는 것이 추천된다.

5.4.2.1.3.3 무빙워크의 제동부하 결정

표 3은 무빙워크의 제동부하 결정에 적용되어야 한다.

무빙워크의 제동부하 결정

공칭 폭 Z_1	0.4m 길이 당 제동부하
0.6m 이하	50kg
0.6m 초과 0.8m 이하	75kg
0.8m 초과 1.1m 이하	100kg
1.10m 초과 1.40m 이하	125kg
1.40m 초과 1.65m 이하	150kg

여러 개의 경사(다른 수준)를 갖는 무빙워크의 제동부하 결정은 하강운행 부분만 고려되어야 한다.

5.4.2.1.3.4 무빙워크의 정지거리

무부하 상태의 무빙워크 및 수평 또는 하강 방향으로 움직이는 제동부하 상태[5.4.2.1.3.3 참조]의 무빙워크에 대한 정지거리는 다음 표에 따라야 한다.

무빙워크의 정지거리

공칭속도 V	정지거리
0.50m/s	0.20m에서 1.00m 사이
0.65m/s	0.30m에서 1.30m 사이
0.75m/s	0.40m에서 1.50m 사이
0.90m/s	0.55m에서 1.70m 사이

공칭속도 사이에 있는 속도의 정지거리는 보간법으로 결정되어야 한다.

정지거리는 전기적 정지장치가 작동된 시간부터 측정되어야 한다.

운행방향에서 하강방향으로 움직이거나 또는 수평으로 움직이는 무빙워크에서 측정된 감속도는 브레이크 시스템이 작동하는 동안 $1m/s^2$ 이하이어야 한다. 원 감속신호는 4Hz 2극 버터워스 필터를 사용하는 대역제한신호이어야 한다.

비고 무빙워크 제동시험은 무부하로 충분하며, 주어진 감속제한 내에서 가능한 가장 짧은 정지거리가 되는 것을 추천한다.

5.4.2.2 보조 브레이크

5.4.2.2.1 에스컬레이터 및 경사형 무빙워크에는 보조 브레이크가 설치되어야 하며, 보조 브레이크와 스텝/팔레트의 구동 스프라켓 또는 벨트의 드럼 사이의 연결은 샤프트, 기어 휠, 다중체인 또는 2개 이상의 단일 체인으로 이뤄져야 한다. 마찰 구동 즉, 클러치로 이뤄진 연결은 허용되지 않는다.

5.4.2.2.2 보조 브레이크 시스템은 제동부하를 갖고 하강 운행하는 에스컬레이터 및 무빙워크를 효과적인 감속에 의해 정지시키고 정지 상태를 유지할 수 있는 방법으로 설계되어야 한다. 감속도는 $1m/s^2$ 이하이어야 한다.

보조 브레이크가 작동할 때 주 브레이크에서 규정된 정지거리[5.4.2.1.3.1 참조]를 지킬 필요는 없다.

5.4.2.2.3 보조 브레이크는 기계적(마찰) 형식이어야 한다.

5.4.2.2.4 보조 브레이크는 다음 사항 중 어느 조건에서도 작동되어야 한다.

가) 속도가 공칭속도의 1.4배의 값을 초과하기 전

나) 스텝 및 팔레트 또는 벨트가 현 운행 방향에서 바뀔 때

보조 브레이크의 작동은 제어회로를 확실하게 개방시켜야 한다.

5.4.2.2.5 보조 브레이크는 정전 또는 안전회로가 차단된 경우에 5.4.2.1.3.2 및 5.4.2.1.3.4에 따른 정지 조건이 유지되면 주 브레이크와 함께 작동될 수 있다 : 그렇지 않다면 보조 브레이크 시스템과 주 브레이크 시스템의 동시 작동은 5.4.2.2.4의 조건하에서만 허용된다.

5.4.2.3 과속 및 의도되지 않은 운행 방향의 역전의 위험에 대한 보호

5.4.2.3.1 에스컬레이터 및 무빙워크는 공칭 속도의 1.2배 값을 초과하기 전에 자동으로 정지되는 방법[표 5 다) 참조] 으로 설치되어야 한다. 속도 제어장치가 이 목적을 위해 사용된 경우에는 속도가 공칭속도의 1.2배의 값을 초과하기 전에 에스컬레이터 또는 무빙워크에 전원이 차단되어야 한다.

과속을 방지하는 설계가 있는 경우, 이 규정은 무시될 수 있다.

5.4.2.3.2 에스컬레이터 및 경사형($\alpha \geq 6°$) 무빙워크는 미리 설정된 운행방향이 변할 때 스텝 및 팔레트 또는 벨트가 자동으로 정지되는 방법으로 설치되어야 한다. [표 5의 다) 참조]

5.4.3 스텝 및 팔레트의 구동

5.4.3.1 에스컬레이터의 스텝은 스텝 측면에 각각 1개 이상 설치된 2개 이상의 체인에 의해 구동되어야 한다.

무빙워크의 팔레트는 이용할 수 있는 지점에서 팔레트의 평행한 움직임이 다른 기계적인 수단에 의해 보장되는 경우 하나의 체인으로만 구동되는 것이 허용된다.

5.4.4 벨트 구동

5.4.4.1 연결부를 포함한 벨트의 안전율은 5.4.2.1.3.3 및 5.4.2.1.3.4에 따른 각각의 동적인 힘에 대하여 5 이상[5.4.1.3.2 참조]이어야 한다. 최악의 조건으로 계산되어야 한다.

5.4.4.2 벨트는 드럼에 의해 구동되어야 하고 지속적으로 인장되어야 한다. 스프링으로 인장되는 것은 인장장치로 허용되지 않는다. 무게추가 인장을 위해 사용될 때 무게추의 현수수단이 파손되더라도 안전하게 유지되어야 한다.

5.5 난간

5.5.1 일반사항

난간은 에스컬레이터 또는 무빙워크의 각 측면에 설치되어야 한다.

5.5.2 난간의 치수

5.5.2.1 경사진 부분에서 스텝 돌출부나 팔레트 표면 또는 벨트 표면에서 핸드레일 꼭대기까지 수직높이 h1은 0.9m 이상 1.1m 이하이어야 한다. [그림 2 및 3 참조]

5.5.2.2 난간에는 사람이 정상적으로 설 수 있는 부분이 없어야 한다.

5.5.2.3 난간은 동일한 장소에서 1m의 길이에 동등하게 분포되면서 핸드레일 가이드 시스템의 꼭대기에 작용하는 600N의 정적인 수평력과 730N의 수직력을 동시에 견디도록 설계되어야 한다.

5.5.2.4 스텝, 팔레트 또는 벨트와 마주하는 난간 부분은 매끄럽고 평면이 이어져야 하고 다음 사항에 적합하여야 한다.

가) 운행방향이 아닌 곳의 덮개는 3mm 이상 돌출되지 않아야 한다. 덮개는 견고해야 하며 모서리는 둥글거나 경사져야 한다. 이러한 종류의 덮개는 스커트에 허용되지 않는다. 운행방향에서 덮개의 연결부분(특히, 스커트와 내부 패널 사이)은 끼임의 위험을 최소로 줄이는 방법으로 배열되고 설치되어야 한다.
난간의 내부패널 사이의 틈새는 4mm 이하이어야 하며 모서리는 둥글거나 경사져야 한다.

나) 내부 패널의 25cm^{2}의 어느 지점에 500N의 힘을 가했을 때 4mm를 초과하는 틈새는 없어야 하고 영구적인 변형이 없어야 한다.

다) 내부패널에 유리가 사용된 경우에는 KS L 2002에 적합하거나 동등 이상의 강화유리이어야 한다. 최소 6mm의 두께가 한 층의 난간에 적용되어야 한다. 복층의 유리난간이 사용된 경우에는 접합강화유리이어야 하며, 한 층의 두께는 6mm 이상이어야 한다.

5.5.2.5 내부 패널의 하부 사이의 수평거리(이동 방향에 수직으로 측정된)는 상부에서 측정된 수평거리와 같거나 작아야 한다.

5.5.2.6 하부 내측 데크 및 내부 패널은 수평에 대해 25° 이상의 경사각 ϒ[그림 3 참조]을 가져야 한다. 이것은 내부 패널에 직접 연결되는 하부 내측 데크의 수평부분[그림 3의 b4 참조]에는 적용되지 않는다.

5.5.2.6.1 내부 패널까지 수평부분 b4는 30mm 이하이어야 한다.

5.5.2.6.2 수평에 대해 45° 미만으로 경사진 각 하부 내측 데크의 수평으로 측정된 폭 b3는 0.12m 미만이어야 한다. [그림 3 참조]

5.5.3 스커트

5.5.3.1 스커트는 수직이고 평탄하며 맞대기 이음이어야 한다.

 긴 무빙워크가 건축물 확장 연결 부위를 통하는 지점에는 맞대기 이음 대신 특별한 배열(슬라이딩 조인트 등)이 필요할 수 있다.

5.5.3.2 스커트의 상부 끝부분과 덮개 연결부 또는 스커트 디플렉터의 견고한 부분의 하부 끝부분과 스텝 돌출부 또는 팔레트나 벨트의 트레드 표면의 선상 사이의 수직거리 h2는 25mm 이상이어야 한다. [그림 3 참조]

5.5.3.3 스커트는 2,500mm^{2}의 사각이나 원형 면적을 사용하여 수직으로 가장 약한 지점의 표면에 1,500N의 집중하중을 가할 때 휨량은 4mm 이하이어야 한다. 이 결과로 인한 영구변형은 발생되지 않아야 한다.

5.5.4 뉴얼

5.5.4.1 핸드레일을 포함한 뉴얼은 길이 방향으로 0.6m 이상까지 콤 교차점 선상 뒤에 수평으로 돌출되어야 한다. [그림 2의 L2 및 l2 그리고 상세도 X 참조]

5.5.4.2 핸드레일의 수평부분은 콤 교차점 선상을 지나 0.3m 이상의 거리 l3[그림 2 참조]만큼 승강장에서 길이 방향으로 연장되어야 한다.
승강장에 수평부분이 없는 경사형 무빙워크의 경우 경사각도와 평행한 핸드레일의 연장은 허용된다.

5.5.5 스텝, 팔레트 또는 벨트와 스커트 사이의 틈새

5.5.5.1 에스컬레이터 또는 무빙워크의 스커트가 스텝 및 팔레트 또는 벨트 측면에 위치한 곳에서 수평 틈새는 각 측면에서 4mm 이하이어야 하고, 정확히 반대되는 두 지점의 양 측면에서 측정된 틈새의 합은 7mm 이하이어야 한다.

5.5.5.2 무빙워크의 스커트가 팔레트 또는 벨트 위에서 마감되는 경우, 트레드 표면으로부터 수직으로 측정된 틈새는 4mm 이하이어야 한다. 측면 방향에서 팔레트 또는 벨트의 움직임은 팔레트 또는 벨트의 측면과 스커트의 수직 돌출부 사이의 틈새를 만들지 않아야 하다.

5.6 핸드레일 시스템

5.6.1 일반사항

5.6.1.1 각 난간의 꼭대기에는 정상운행 조건하에서 스텝, 팔레트 또는 벨트의 실제 속도와 관련하여 동일 방향으로 0%에서 +2%의 공차가 있는 속도로 움직이는 핸드레일이 설치되어야 한다.

핸드레일은 정상운행 중 운행방향의 반대편에서 450N의 힘으로 당겨도 정지되지 않아야 한다.

5.6.1.2 핸드레일 속도감시장치[표 5 파) 참조]가 설치되어야 하고 에스컬레이터 또는 무빙워크가 운행하는 동안 핸드레일 속도가 15초 이상 동안 실제 속도보다 −15% 이상 차이가 발생하면 에스컬레이터 및 무빙워크를 정지시켜야 한다.

5.6.2 측면 및 위치

5.6.2.1 난간 위의 핸드레일 측면 및 핸드레일 측면의 가이드는 손가락 또는 손이 끼일 가능성을 줄일 수 있는 방법으로 이루어지거나 둘러싸여야 한다.

핸드레일 측면과 가이드 또는 덮개 측면 사이의 거리는 8mm 이하이어야 한다. [그림 3의 b_6' 및 b_6'', 상세도 W 참조]

5.6.2.2 핸드레일 폭 b_2는 70mm와 100mm 사이이어야 한다. [그림 3, 상세도 W 참조]

5.6.2.3 핸드레일과 난간 끝부분 사이의 거리 b_5는 50mm 이하이어야 한다. [그림 3 참조]

5.6.3 핸드레일 중심선 사이의 거리

핸드레일 중심선 사이의 거리 b1은 스커트 사이의 거리보다 0.45m를 초과하지 않아야 한다. [그림 3의 b_1 및 Z_2 참조]

5.6.4 핸드레일 입구

5.6.4.1 뉴얼 안에 들어가는 핸드레일 입구의 최하점은 마감된 바닥으로부터 0.1m 이상, 0.25m 이하의 거리 h3에 있어야 한다. [그림 2 및 3 참조]

5.6.4.2 핸드레일에 도달되는 가장 먼 지점과 뉴얼 안에 들어가는 입구 점 사이의 수평거리 l4는 0.3m 이상이어야 한다. [그림 2 참조]

l4가 (l2−l3+50mm)보다 크면 핸드레일은 수평으로 측정하여 20° 이상의 각도 α로 난간 안에 들어가야 한다.

5.6.4.3 뉴얼 안에 들어가는 핸드레일 입구 점에는 손가락 및 손의 끼임을 방지하는 가이드가 설치되어야 한다. 또한, 표 5의 자)에 따른 스위치가 설치되어야 한다.

5.6.5 가이드

핸드레일은 정상운행 동안, 핸드레일이 핸드레일의 가이드로부터 이탈되지 않는 방법으로 안내되고 인장되어야 한다.

5.7 승강장

5.7.1 표면 특징

에스컬레이터 및 무빙워크의 승강장(즉, 콤 플레이트 및 바닥 플레이트)은 콤의 빗살에서 측정하여 0.85m 이상이고, 안전한 발판이 설치되어야 한다. [그림 2의 L_1 및 상세도 X 참조] 다만, 5.7.3에서 기술된 콤은 제외된다.

5.7.2 스텝, 팔레트 및 벨트의 구성

5.7.2.1 에스컬레이터의 스텝은 승강장에서 콤을 떠나는 스텝의 전면 끝부분 및 콤에 들어가는 스텝의 후면 끝부분이 L_1의 지점에서 측정하여 길이 0.8m 이상으로 수평하게 움직이는 방법으로 안내되어야 한다. [그림 2 및 상세도 X 참조]

공칭속도가 0.5m/s를 초과하고 0.65m/s 이하이거나 층고 h_{13}이 6m를 초과하는 경우, 이 길이는 L_1의 지점에서 측정하여 1.2m 이상이어야 한다. [그림 2 및 상세도 X 참조]

공칭속도가 0.65m/s를 초과하는 경우, 이 길이는 L_1의 지점에서 측정하여 1.6m 이상이어야 한다. [그림 2 및 상세도 X 참조]

연속된 두 스텝간의 수직높이 편차는 4mm까지 허용된다.

5.7.2.2 에스컬레이터의 경우, 경사부에서 수평부로 전환되는 상부 천이구간의 곡률반경은 다음과 같아야 한다.

- 공칭속도 V≤0.5m/s(최대 경사도 35°) : 1m 이상
- 0.5m/s<공칭속도 V≤0.65m/s(최대 경사도 30°) : 1.5m 이상
- 공칭속도 V>0.65m/s(최대 경사도 30°) : 2.6m 이상

에스컬레이터의 경사 부분에서 수평 부분으로 전환되는 하부 천이구간의 곡률반경은 공칭속도 0.65m/s까지는 1m 이상이고 0.65m/s를 초과하면 2m 이상이어야 한다.

5.7.2.3 벨트식 무빙워크의 경우, 경사부에서 수평부로 전환되는 천이구간의 곡률반경은 0.4m 이상이어야 한다.

팔레트식 무빙워크의 경우, 2개의 연속되는 팔레트 사이의 최대 허용거리[5.3.5 참조]는 항상 충분히 크기 때문에 곡률 반경의 결정은 필요하지 않다.

5.7.2.4 경사각이 6° 이상인 무빙워크의 상부 승강장에서, 팔레트 또는 벨트는 콤에 들어가기 전 또는 콤을 떠난 후 최대 6°로 0.4m 이상의 길이를 움직여야 한다.

5.7.2.1에 유사하게, 팔레트식 무빙워크에 대한 움직임은 다음과 같이 규정된다.

콤을 벗어나는 팔레트의 전면 끝부분 및 콤에 들어가는 팔레트의 후면 끝부분은 각도의 변화 없이 0.4m 이상으로 운행되어야 한다.

5.7.2.5 트레드 표면의 홈과 콤의 빗살의 정확한 맞물림[5.7.3.3 참조]을 보장하는 장치가 콤 구역에 만들어져야 한다.

벨트는 이 구역에서 적절한 방법(드럼, 롤러, 슬라이딩 플레이트 등)에 의해 지지되어야 한다.

스텝 또는 팔레트의 어느 부분이 처져서 콤의 맞물림이 더 이상 보장되지 않으면 에스컬레이터 및 무빙워크를 정지시키는 표 5의 차)에 따른 안전장치가 설치되어야 한다. 이 안전장치는 쳐진 스텝 또는 팔레트가 콤 교차점 선상에 닿지 않도록 하기 위해 콤 교차점 선상 앞에 충분한 거리를 두고 각 변환 곡선 앞에 배열[5.4.2.1.3.2 및 5.4.2.1.3.4 참조]되어야 한다. 감시 장치가 스텝 또는 팔레트의 어느 지점에 적용될 수 있다.

5.7.3 콤

5.7.3.1 일반사항

콤은 이용자의 이동을 용이하게 하기 위해 양 승강장에 설치되어야 하며, 쉽게 교체되어야 한다.

5.7.3.2 설계

5.7.3.2.1 콤의 빗살은 스텝, 팔레트 또는 벨트의 홈[5.7.3.3 참조]에 맞물려야 한다. 콤 빗살의 폭은 트레드 표면에서 측정하여 2.5mm 이상이어야 한다. [그림 2, 상세도 X 참조]

5.7.3.2.2 콤의 끝은 둥글게 하고 콤과 스텝, 팔레트 또는 벨트 사이에 끼이는 위험을 최소로 하는 형상이어야 한다. 빗살의 반경은 2mm 이하이어야 한다.

5.7.3.2.3 콤의 빗살은 에스컬레이터 또는 무빙워크에서 내리는 이용자의 발이 콤에 채이지 않도록 형상과 기울기를 가져야 한다. 그림 2, 상세도 X에서 보여주는 설계각도 β는 35° 이하이어야 한다.

5.7.3.2.4 콤 또는 콤의 지지구조는 정확히 물리는 것이 보장되도록 조정되는 구조이어야 한다. [그림 2, 상세도 X 참조]

5.7.3.2.5 콤은 이물질이 낄 때 콤의 빗살이 이물질을 저지하면서 스텝, 팔레트 또는 벨트의 홈에 물린 채로 있게 하거나, 또는 콤의 빗살이 깨지도록 설계되어야 한다.

5.7.3.2.6 5.7.3.2.5에서 설명된 방법으로 처리되지 않고 이물질이 끼고 콤·스텝·팔레트에 충격이 가해지면 에스컬레이터 또는 무빙워크는 자동으로 정지되어야 한다. [표 5의 사) 참조]

5.7.3.3 콤이 홈에 맞물리는 깊이

5.7.3.3.1 트레드 홈에 맞물리는 콤 깊이 h_8[그림 2, 상세도 X]은 4mm 이상이어야 한다.

5.7.3.3.2 틈새 h_6[그림 2, 상세도 X 참조]은 4mm 이하이어야 한다.

5.8 구동기 공간 및 구동·순환 장소

5.8.1 일반사항

이 공간(기계실)은 에스컬레이터 또는 무빙워크의 운전, 유지보수 및 점검에 필요한 설비만 수용하는데 이용되어야 한다.

화재경보시스템, 직접 소화설비 및 스프링클러 헤더는 우발적 손상에 대해 충분히 보호된 경우 및 유지보수 운전을 위해 추가적인 위험이 발생하지 않는 경우에는 이 공간에 설치될 수 있다.

움직이고 회전하는 부품 특히, 다음과 같은 부품에는 KS B ISO 12100-2, 5항에 따라 효과적으로 보호 및 방호되어야 한다.

가) 샤프트의 키 및 스크류
나) 체인, 벨트
다) 기어, 기어 휠, 스프라켓
라) 돌출된 전동기 샤프트
마) 조속기
바) 유지보수를 위해 출입해야하는 구동·순환 장소에 있는 스텝 및 팔레트의 역전
사) 수동 휠 및 브레이크 드럼

5.8.2 치수 및 장치

5.8.2.1 구동기 공간 내부(특히, 트러스)의 구동·순환 장소에서 충분히 서 있을 수 있는 공간은 영구적으로 설치된 부품으로부터 여유가 있어야 한다. 서 있을 수 있는 면적의 크기는 $0.3m^2$ 이상이고 작은 변의 길이는 0.5m 이상이어야 한다.

5.8.2.2 유지보수 목적을 위해 제어 캐비닛(제어반)을 움직이거나 들어 올려야 하는 경우에는 들어 올리는 적당한 장치(아이볼트, 핸들 등)가 설치되어야 한다.

5.8.2.3 주 구동기 또는 브레이크가 스텝, 팔레트 또는 벨트의 이용자 측면과 순환 선 사이에 배치되는 경우, 작업구역에 서 있을 수 있는 $0.12m^2$ 이상의 수평 면적이 있어야 한다. 그 폭은 0.3m 이상이어야 한다. 서 있을 수 있는 구역은 고정되거나 제거되는 것이 허용된다.

비고 기계실 공간을 위한 규정 7.3 참조

5.8.3 조명 및 콘센트

5.8.3.1 전기조명 및 콘센트는 에스컬레이터 또는 무빙워크의 주 개폐기 앞에 연결된 개별적 케이블 또는 분기 케이블에 의해 공급되는 구동기의 전원공급과는 독립적이어야 한다. 독립된 차단기에 의해 모든 단계의 전원공급 차단이 가능하여야 한다. [5.11.4.1 참조]

5.8.3.2 트러스 내부의 구동·순환 장소 및 구동기 공간의 전기 조명장치는 이 장소 중 한 곳에 영구적으로 설치되어야 하며 휴대용 전구에 의해 이용 가능하여야 한다. 작업공간의 조도는 200Lux 이상이어야 한다. 또한, 1개 이상의 콘센트가 이 장소에 각각 있어야 한다.

5.8.3.3 콘센트는 다음 중 어느 하나와 같이 공급되어야 한다.

가) 2P + PE, 250V로 직접 공급, 또는

나) KS C IEC 60364-4-41에 따른 안전 초저전압(SELV)으로 공급

5.8.4 유지보수 정지스위치

구동 및 순환 장소에는 정지 스위치가 설치되어야 한다.

스텝, 팔레트 또는 벨트의 이용자 측면과 순환 선상 또는 순환 장소 사이에 배치된 구동장치가 있는 에스컬레이터 및 무빙워크에는 구동장치 구역에 추가적으로 정지 스위치가 설치되어야 한다.

5.9 화재 보호

에스컬레이터 및 무빙워크는 화재가 발생한 경우 추가적인 위험이 없도록 고려되어야 한다.

비고 내·외측 데크, 트러스, 스텝/팔레트 및 트랙 시스템은 EN 13501-1, 11.5에 따른 등급 C 이상을 추천한다.

5.10 운송

손으로 다룰 수 없는 완전히 조립된 에스컬레이터/무빙워크 또는 에스컬레이터/무빙워크의 부품은 다음과 같아야 한다.

가) 양중장치 또는 운송수단에 의해 운반할 수 있는 고정설비 장착, 또는

나) 상기의 고정설비가 장착될 수 있는 방법(나사 구멍 등)으로 설계, 또는

다) 양중장치 또는 운송수단에 쉽게 장착될 수 있는 형상

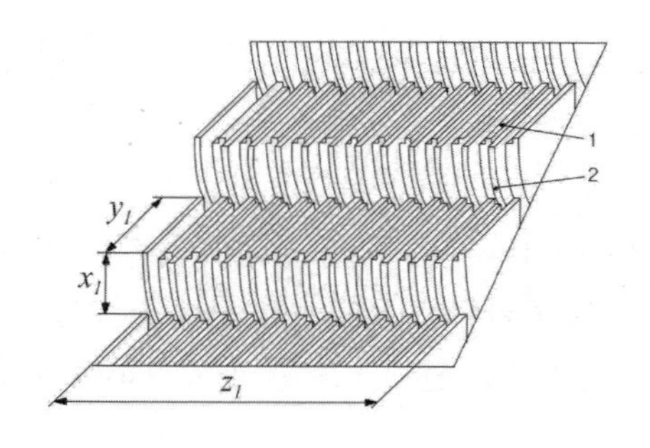

Key
1. 스텝 트레드
2. 스텝 라이저

주요치수	항목
x1 ≤ 0.24 m	5.3.2.2.1
y1 ≥ 0.38 m	5.3.2.1.2
z1 0.58 m에서 1.1 m	5.3.2.

스텝, 주요 치수

5.11 전기설비 및 전기기구

5.11.1 일반사항

5.11.1.1 에스컬레이터 또는 무빙워크의 전기설비는 사용법에 맞게 사용되고 전기적 장치로부터 발생되는 위험 또는 외부 영향에 의한 위험으로부터 보호되도록 설계되어야 한다.

따라서 전기설비는 다음과 같아야 한다.

가) 한국산업표준(KS) 또는 국제전기표준(IEC)을 근거로 한다.

나) KS 또는 IEC 표준이 없는 경우에는 유럽전기표준(CENELEC)을 참조한다.

5.11.1.2 적용범위

5.11.1.2.1 전기설비의 설치 및 구성부품과 관련한 이 규정은 다음과 같이 적용한다.

가) 에스컬레이터 또는 무빙워크의 독립적인 각각의 동력회로(구동기, 열 시스템 등) 및 종속회로의 주(전원) 개폐기

나) 에스컬레이터 또는 무빙워크의 조명회로 및 종속회로에 대한 개폐기

에스컬레이터 또는 무빙워크는 일체화된 장치의 기계로서 전체적으로 동일하게 고려되어야 한다.

5.11.1.2.2 5.11.1.2.1에서 기술된 개폐기 및 차단기의 입력단자에 공급되는 전원 그리고 구동기 공간 및 구동·순환 장소의 조명에 공급되는 전원은 이 규정을 적용하지 않는다.

5.11.1.2.3 전자기적 적합성은 KS B 6945 및 KS B 6955에 적합하거나 동등 이상이어야 한다.

5.11.1.3 직접 접촉에 대한 보호

직접적인 접촉에 대비한 보호는 KS C IEC 60204-1, 6.2에 적합하거나 동등 이상이어야 한다.

5.11.1.4 전기설비의 절연저항

전도체와 전도체, 전도체와 대지사이의 절연저항은 1,000[Ω/V] 이상이어야 한다.

동력회로, 안전회로 및 기타 회로의 절연저항은 전기가 통하는 각각의 전도체와 접지 사이에서 측정되어 다음과 같아야 한다.

가) 동력회로 및 안전회로의 절연저항은 0.5MΩ 이상이어야 한다.

나) 기타 회로(제어, 조명 및 신호 등)의 절연저항은 0.25MΩ 이상이어야 한다.

5.11.1.5 제어회로 및 안전회로의 전압범위

제어회로 및 안전회로의 경우 전도체와 전도체 사이 또는 전도체와 접지 사이의 직류 전압 평균값 및 교류 전압 실효값은 250V 이하이어야 한다.

5.11.1.6 중성 및 접지 도통을 위한 도체

접지-도통 도체는 KS C IEC 60204-1, 8에 적합하거나 동등 이상이어야 한다.

5.11.2 접촉기, 릴레이-접촉기, 이중 안전회로의 부품

5.11.2.1 접촉기 및 릴레이-접촉기

5.11.2.1.1 구동기를 정지시키기 위한 주(전원) 접촉기는 KS C IEC 60947-4-1에 규정한 대로 다음과 같은 범주에 속해야 한다.

가) 교류 전동기용 접촉기 : AC-3

나) 직류 동력용 접촉기 : DC-3

5.11.2.2 안전회로의 부품

5.11.2.2.1 5.11.2.1.2에 따른 릴레이-접촉기가 안전회로에 계전기로 사용될 때, 5.11.2.1.3의 규정이 적용되어야 한다.

5.11.3 전동기 보호

5.11.3.1 주 전원에 직접 연결된 전동기는 단락에 대해 보호되어야 한다.

5.11.3.2 주 전원에 직접 연결된 전동기는 모든 전도체에서 전동기에 공급되는 전원을 차단하는 수동 재설정이 있는 자동 회로차단기(5.11.3.3에 따라 설치된 것 제외)에 의해 과부하가 보호되어야 한다.

5.11.3.5 전동기가 전동기에 의해 구동되는 직류 발전기로부터 전원을 공급받을 때, 전동기를 구동하는 발전기는 또한 과부하에 대해 보호되어야 한다.

5.11.4 주 개폐기

5.11.4.1 구동기 근처나 순환 장소 또는 제어장치의 근처에는 전동기, 브레이크 개방장치 및 활성 전도체의 제어회로에 공급되는 전원을 차단할 수 있는 주 개폐기가 설치되어야 한다.

5.11.4.2 5.11.4.1에서 규정된 주 개폐기는 외부인의 부주의한 작동을 방지하기 위해 (KS C IEC 60204-1, 5.3.3 참조) “구획된” 장소에 자물쇠 또는 이와 동등한 것을 사용한 잠금장치가 있어야 한다. 주 개폐기의 조작 장치는 문 또는 트랩문이 열린 후 쉽고 빠르게 접근 가능한 위치에 있어야 한다.

5.11.5 전기배선

5.11.5.1 일반사항

5.11.5.1.1 케이블은 한국산업표준에 의해 표준화된 것을 사용하거나 KS C IEC 60227-3 또는 KS C IEC 60245-4에 적합하거나 동등 이상의 것이 선택되어야 한다.

5.11.5.1.2 KS C IEC 60227-3에 적합하거나 동등 이상의 케이블은 금속이나 플라스틱 재질의 전선관에 설치되거나 기타 동등한 방법으로 설치되어야 한다. 다만, KS C IEC 60227-3에 부적합한 케이블인 경우에는 전도체의 공칭단면적은 0.75mm^2 이상이어야 한다.

5.11.5.2 전도체의 단면적

안전회로의 전도체 단면적은 기계적 강도를 제공하기 위해 0.75mm^2 이상이어야 한다.

5.11.5.3 설치방법

5.11.5.3.1 전기설비에는 설치작업을 쉽게 이해하는데 필요한 지침서가 배치되어야 한다.

5.11.5.3.2 에스컬레이터 또는 무빙워크의 주 개폐기 또는 차단기의 개방 후 결선단자에 여전히 전류가 통하는 단자는 통하지 않은 단자와 확실하게 분리되어야 한다. 전압이 50V를 초과하면 적절하게 표시되어야 한다.

5.11.6 결선단자

오결선으로 인해 에스컬레이터 및 무빙워크의 위험한 움직임을 초래할 수 있는 결선단자는 이러한 위험을 제거하는 방법이 없는 경우 확실하게 분리되어야 한다.

5.11.7 정전기에 대한 보호

정전기를 방전하기 위한 수단이 설치되어야 한다(브러시 등).

5.12 전기 고장에 대한 보호 : 제어

5.12.1 전기 고장에 대한 보호

5.12.1.1 일반사항

5.12.1.1.1 에스컬레이터 또는 무빙워크의 전기설비에 5.12.1.1.2에 열거된 어떤 하나의 고장은 5.12.1.1.3 및 부속서 Ⅰ에서 기술된 상황에서 배제될 수 없다면, 그 자체로 인해 에스컬레이터 또는 무빙워크의 위험한 오동작의 원인이 되지 않아야 한다.

5.12.1.1.2 예상되는 고장은 다음과 같다.

가) 전압부재

나) 전압강하

다) 단선

라) 누전

마) 단락 또는 회로개방, 저항, 캐패시터, 트랜지스터, 램프 등과 같은 전기부품의 값 및 기능의 변화

바) 접촉기 또는 릴레이의 움직이는 전기자의 접점력 부재 또는 불완전한 접점력

사) 접촉기 또는 릴레이의 움직이는 전기자의 미분리

아) 접점의 개로 불능

자) 접점의 폐로 불능

차) 역상

5.12.1.1.3 접점의 개로 불능은 5.12.1.2.2에 적합한 안전 스위치에 관해서 고려될 필요는 없다.

5.12.1.1.4 전기안전장치가 있는 회로의 접지 불량은 구동기를 즉시 정지시켜야 한다. [표 5의 겨) 참조]

5.12.1.2 전기안전장치

5.12.1.2.1 일반사항

5.12.1.2.1.1 표 5에 따른 전기안전장치 중에 어느 하나가 작동하는 동안에는 구동기의 움직임을 방지하거나 5.12.1.2.4에 기술된 것과 같이 구동기를 즉시 정지시켜야 하며 다음과 같이 구성되어야 한다.

가) 접촉기 또는 릴레이-접촉기에 전원을 직접 차단하는 5.12.1.2.2를 만족하는 1개 이상의 안전접점 또는

나) 아래의 1개 이상의 조합으로 이루어진 5.12.1.2.3을 만족하는 안전회로

1) 접촉기 또는 릴레이-접촉기에 전원공급을 직접 차단하지 않은 5.12.1.2.2를 만족하는 1개 이상의 안전접점

2) 5.12.1.2.2의 규정을 만족하지 않는 접점

3) 부속서 Ⅰ에 따른 다른 부품

5.12.1.2.1.2 다음을 제외한 전기장치는 전기안전장치와 병렬로 연결되지 않아야 한다.

가) 점검모드 경우의 전기안전장치 [5.12.2.5]

나) 전기안전장치 상태에 대한 정보에 대하여 안전회로의 다른 지점에 연결. 그 목적을 위해 사용되는 이 장치는 부속서 Ⅰ의 규정에 충족되어야 한다.

5.12.1.2.1.3 내부 또는 외부의 인덕턴스 또는 커패시턴스의 영향이 이중안전(fail-safe)회로의 고장 원인이 되지 않아야 한다.

5.12.1.2.1.4 이중안전회로로부터 나오는 출력신호는 다른 전기장치로부터 나오는 외부신호에 의해 교란되어 위험한 상황이 초래되지 않아야 한다.

5.12.1.2.1.5 내부 전원공급 장치의 구조 및 설치는 스위칭 효과로 인하여 전기안전장치의 출력에 잘못된 신호의 출현을 막는 것이어야 한다. 특히, 네트워크상에

서 에스컬레이터 또는 무빙워크, 기타장치의 작동으로부터 발생되는 전압피크는 KS B 6945 및 KS B 6955에 적합하거나 동등 이상이 되도록 전기부품에 허용할 수 없는 외란을 발생시키지 않아야 한다(노이즈 내성).

5.12.1.2.2 안전 스위치

5.12.1.2.2.1 안전 접점은 회로차단장치의 확실한 분리에 의해 작동되어야 한다. 이 확실한 기계적 분리는 접점이 모두 용착되더라도 이뤄져야 한다.

안전접점은 부품 고장으로 인한 단락의 위험을 최소로 하는 것으로 설계되어야 한다.

비고 모든 접점 – 차단 부품이 개방위치가 되었을 때 및 운행의 중요한 부품의 가동접점과 작동력이 작용하는 액추에이터 부품 사이에 탄성부품(스프링 등)이 없을 때 확실한 개방이 이루어진다.

5.12.1.2.2.2 안전접점은 외함이 IP 4X 이상의 보호등급인 경우에는 정격절연전압이 250V 이상이어야 하고, 외함이 IP 4X 미만의 보호등급인 경우에는 정격절연전압이 500V 이상이어야 한다.

5.12.1.2.2.3 보호 등급이 IP 4X 미만인 경우, 접점이 분리된 후 공극은 3mm 이상이고 연면거리는 4mm 이상이어야 하며 접점(B 접점)의 분리된 거리는 4mm 이상이어야 한다.

분리된 후 접점에 대한 거리는 4mm 이상이어야 한다.

5.12.1.2.2.4 다수의 브레이크 접점의 경우, 접점이 분리된 후 접점 사이의 거리는 2mm 이상이어야 한다.

5.12.1.2.2.5 전도체 재질이 마모되어도 접점의 단락이 발생되지 않아야 한다.

5.12.1.2.3 안전회로

5.12.1.2.3.1 5.12.1.1에서 나타나는 어떠한 고장도 그 자체에 의해 위험한 상황을 유발시키지 않아야 된다.

5.12.1.2.3.2 더욱이 아래와 같은 조건은 5.12.1.1의 예상되는 고장에 적용된다.

2차 고장과 결합된 1개의 고장이 위험한 상황을 초래할 수 있는 경우, 에스컬레이터 또는 무빙워크는 늦어도 1차 고장요소가 관여된 다음 작동 순서에서 정지되어야 한다.

1차 고장 후, 그리고 에스컬레이터 및 무빙워크가 상기에 기술된 순서에 의해 정지되기 전까지 2차 고장 발생의 가능성은 고려되지 않는다.

1차 고장을 유발한 부품의 고장이 상태변화에 의해 감지될 수 없다면 적절한 수단이 5.12.2.4에 따라 늦어도 에스컬레이터 또는 무빙워크가 재-기동될 때 고장을 감지하여 운행을 방지하는 것이 보장되어야 한다.

안전회로의 MTBF는 2.5년 이상이어야 한다.

 MTBF(mean time between failures) : 이 시간은 3개월의 기간 내에 각 에스컬레이터 또는 무빙워크가 5.12.2.4에 따라 한번 이상 재기동하는 사용 조건 아래 및 더해서, 상태변화에 영향을 받는다는 조건 아래에서 결정되었다.

5.12.1.2.3.4 3개 이상의 고장 결합은 다음과 같은 경우에 무시될 수 있다.

가) 안전회로가 2개 이상으로 회로로 되어 있고 제어회로에 의해 동등한 상태가 감시된다. 제어회로는 5.12.2.4에 따라 에스컬레이터 또는 무빙워크의 재-기동하기 전에 확인되어야 한다. [부속서 Ⅱ 참조] 또는

나) 안전회로는 3개 이상의 회로로 구성되어 있고 제어회로에 의해 동등한 상태가 감시된다.

가) 또는 나)의 규정을 만족하지 않은 경우 고장분석을 차단하는 것은 허용되지 않는다. 다만, 5.12.1.2.3.3에 유사하게 지속되어야 하다.

5.12.2 제어

5.12.2.1 에스컬레이터 또는 무빙워크의 기동 및 사용 가능

5.12.2.1.1 에스컬레이터 또는 무빙워크의 기동(또는 이용자가 어느 지점을 지나갈 때 자동으로 기동)은 권한이 있는 사람만이 1개 이상의 스위치(열쇠로 작동되는 스위치, 탈부착 레버가 있는 스위치, 잠글 수 있는 보호 덮개가 있는 스위치, 원격 기동장치 등)에 의하여 유효하여야 하고, 콤 교차선 외부에서 닿을 수 있어야 한다. 이러한 스위치는 5.11.4에서 기술된 주 개폐기의 기능과 구분되어야 한다. 스위치를 작동시키는 사람이 운전 전에 전체 에스컬레이터 또는 무빙워크를 이용하는 사람이 없는지 볼 수 있거나 확인할 수 있는 수단이 있어야 한다. 스위치에 운행방향의 표시로 명확하게 인식할 수 있어야 한다.

5.12.2.1.2 이용자가 들어오는 것(준비 운전)에 의해 자동으로 기동되거나 가속되는 에스컬레이터 또는 무빙워크는 사람이 콤 교차 선에 도착할 때 공칭속도의 0.2배 이상으로 움직여야 한다. 그러고 나서 $0.5m/s^2$ 미만으로 가속되어야 한다.

5.12.2.1.3 이용자가 들어서면 자동으로 운행되는 에스컬레이터 또는 무빙워크에서 운행방향은 미리 설정되고 이용자에게 명확히 보여야 하며, 에스컬레이터 또는 무빙워크에 뚜렷하게 표시되어야 한다.

이용자가 들어서면 자동으로 운행되는 에스컬레이터 또는 무빙워크에서 미리 정해진 운행방향과 반대방향으로 들어갈 경우에는 미리 정해진 방향으로 운행되고 5.12.2.1.2의 규정에 적합하여야 한다. 지속시간은 10초 이상이어야 한다.

5.12.2.2 정지

5.12.2.2.1 운전자에 의한 수동정지

정지하기 전, 관리자는 수동운전을 하기 전에 에스컬레이터 또는 무빙워크를 이용하는 사람이 아무도 없는지 확인하는 수단을 가져야 한다. 원격 정지장치에 대해서는 동일한 규정을 적용한다.

5.12.2.2.2 자동정지

이용자가 5.12.2.1.2에서 기술된 제어부품을 작동시킨 후 충분한 시간이 흐른 다음(예상 승객수송 설계시간에 10초를 더한 시간 이상)에 에스컬레이터 또는 무빙워크가 자동으로 정지되는 제어방법으로 설계되어야 한다.

5.12.2.2.3 비상정지스위치, 수동운전

5.12.2.2.3.1 비상정지스위치는 비상시 에스컬레이터 또는 무빙워크를 정지시키기 위해 설치되어야 하고 에스컬레이터 또는 무빙워크의 각 승강장 또는 승강장 근처에 눈이 뛰고 쉽게 접근할 수 있는 위치에 있어야 한다.

비상정지스위치 사이의 거리는 다음과 같아야 한다.

- 에스컬레이터의 경우에는 30m 이하이어야 한다.
- 무빙워크의 경우에는 40m 이하이어야 한다.

필요할 경우 추가적인 정지스위치는 거리를 유지하도록 설치되어야 한다.

5.12.2.2.3.2 비상정지스위치는 5.12.1.2에 따른 전기안전장치이어야 한다.

5.12.2.2.3.3 비상정지스위치에는 정상운행 중에 임의로 조작하는 것을 방지하기 위해 보호 덮개가 설치되어야 한다. 그 보호 덮개는 비상시에는 쉽게 열리는 구조이어야 한다.

5.12.2.2.4 감시 또는 전기안전장치에 의한 정지 [5.12.1.2.1.1 참조]

5.12.2.2.4.1 표 5에 목록 된 감시 및 전기 안전장치에 의해 감지되면 구동기의 구동을 방지하거나 재-기동하기 전에 즉시 정지되어야 한다. [5.12.2.4 참조]

각 감시 및 전기안전장치에 대한 관련 규정은 표 5를 참조한다.

5.12.2.2.4.2 표 5의 카)에서 하)까지 목록 된 감시 및 전기 안전장치에 의한 차단운전은 안전스위치[5.12.1.2.2] 또는 안전회로[5.12.1.2.3]에 의해 또한 수행될 수 있다.

5.12.2.2.4.3 안전회로 내에 있는 감시 및 전기안전장치의 차단 운전의 실행은 부속서 I에 적합하여야 한다.

5.12.2.3 운행방향의 역전

운행방향의 의도된 역전은 에스컬레이터 또는 무빙워크가 멈춘 상태로 있고 5.12.2.1, 5.12.2.1.2, 5.12.2.1.3 및 5.12.2.2.2에 적합한 경우에만 가능하여야 한다.

5.12.2.4 재–기동

5.12.2.4.1 스위치에 의한 재–기동

5.12.2.2.2에서 기술된 것을 제외하고 각 정지[5.12.2.2.1, 5.12.2.2.3, 5.12.2.2.4] 후에는 5.12.2.1에서 기술된 스위치에 의해서 또는 5.12.2.5에 기술된 점검운전 제어 수단에 의해서만 재–기동이 가능하여야 한다. 이것은 표 5의 가), 다), 마), 차), 카), 자), 거), 겨) 및 교)에 목록된 것과 같은 경우에 정지된다면 재–기동은 고장 잠금이 수동으로 재–설정 된 후에만 가능하여야 한다.

수동으로 재–설정하기 전에 정지된 근본적인 원인은 확인되어야 한다. 정지장치는 점검되어야 하고 필요하다면 올바른 조치가 취해져야 한다.

고장 잠금(fail lock)은 다음 고장 또는 동력공급의 복귀까지 유효한 상태가 지속되어야 한다.

5.12.2.4.2 자동 재–기동에 대한 재개

5.12.2.2.3에 따른 비상정지스위치에 의해 정지된 경우 5.12.2.1에서 기술된 스위치 없이 자동으로 재–기동되는 에스컬레이터 또는 무빙워크의 재–기동은 다음 조건하에서 허용된다.

가) 사람이나 물체가 콤의 교차선과 각 콤 측면의 추가적인 0.3m 사이 안에 없을 때에만 재개되도록 스텝, 팔레트 또는 벨트는 콤의 교차선과 각 콤을 지나 0.3m 사이에서 통제되어야 한다.

이 장치는 상기 구역의 어느 곳에서나 직경 0.3m, 높이 0.3m의 불투명한 원통을 감지할 수 있어야 한다.

나) 에스컬레이터 또는 무빙워크는 5.12.2.1.2에 따라 이용자가 들어가면 운행되어야 한다.

10초 이상 동안 제어장치가 설정된 구역 내에서 사람이나 물체를 감지하지 못할 때에만 운행되어야 한다.

다) 자동 재–기동을 위한 제어장치에 의해 시작되는 재개제어는 5.12.1.2에 따른 전기안전장치이어야 한다. 자체제어 송신부품은 1개의 회로설계로 허용된다.

5.12.2.5 점검운전 제어

5.12.2.5.1 에스컬레이터 또는 무빙워크에는 유지보수 또는 점검하는 동안 휴대용 수동운전 제어장치가 설치되어야 한다.

5.12.2.5.2 이 목적을 위해, 휴대용 수동운전 제어장치의 가요성 케이블의 연결을 위한 1개의 점검용 콘센트는 적어도 각 승강장(트러스 내부에 있는 구동 장소 및 순환 장소 내부 등)에 설치되어야 한다. 케이블의 길이는 3m 이상이어야 한다. 점검용 콘센트는 에스컬레이터 또는 무빙워크의 어떤 곳이든 케이블이 도달할 수 있는 곳에 위치되어야 한다.

5.12.2.5.3 이 제어장치의 작동부품은 우발적인 작동에 대해 보호되어야 한다. 에스컬레이터 또는 무빙워크는 손으로 스위치를 지속적으로 누르는 동안에만 운전되어야 한다. 각 제어장치에는 정지스위치가 설치되어야 하며 이 스위치는 한다.

정지스위치는 다음과 같아야 한다.

가) 수동으로 작동되어야 한다.

나) 스위치 전환 위치가 분명하고 영구적으로 표시되어야 한다.

다) 5.12.1.2.2에 적합한 안전 스위치이어야 한다.

라) 수동 재설정이 요구되어야 한다.

점검 제어장치가 플러그-인 될 때 정지 스위치가 작동되면 구동기에 공급되는 전원을 차단시켜야 하고 브레이크가 작동되어야 한다.

5.12.2.5.4 점검 제어장치가 사용될 때, 다른 모든 기동장치는 5.12.1.2에 따라 무효화 되어야 한다.

모든 점검용 콘센트는 1개 이상의 제어장치가 연결되면 모두 무효화되는 방법으로 설치되어야 한다. 전기안전장치(5.12.2.2.4에 따른)는 표 5의 아), 차), 카), 타), 파) 및 하)에서 기술된 전기안전장치를 제외하고 효력이 있어야 한다.

6 경고 및 표시

6.1 일반사항

모든 경고, 표시 및 라벨 등은 지울 수 없고 읽기 쉬우며 손쉽게 이해(필요할 경우 표지 또는 기호에 의해 지원)할 수 있어야 한다. 이러한 것은 찢어질 수 없고 내구성이 있는 재질로 잘 보이는 곳에 있어야 하며 한글(필요 시 다른 언어 병기 가능)로 기재되어야 한다.

6.2 에스컬레이터 또는 무빙워크의 출입구 근처의 주의표시

6.2.1 주의표시를 위한 표시판 또는 표지는 견고한 재질로 만들어야 하며, 승강장에서 잘 보이는 곳에 확실히 부착되어야 한다.

주의표시는 80mm×100mm 이상의 크기로 그림 9와 같이 표시되어야 한다.

에스컬레이터 또는 무빙워크 출입구 근처의 주의표시

구 분		기준규격(mm)	색 상
최소 크기		80 × 100	–
바탕		–	흰색
	원	40 × 40	–
	바탕	–	황색
	사선	–	적색
	도안	–	흑색
		10 × 10	녹색(안전) 황색(위험)
안전, 위험		10 × 10	흑색
주의 문구	대	19 Pt	흑색
	소	14 Pt	적색

6.2.2 5.12.2.2.3에 기술된 정지장치 또는 근처에 "정지(필요 시 기타 언어 병행 가능)"라는 적색의 글자가 표기되어야 한다.

6.2.3 유지보수, 점검 또는 유사한 작업을 하는 동안에는 접근을 막는 수단이 근처에 있어야 하며 이 수단에는 다음과 같은 경고문이 표기되어야 한다.

- "접근금지" 또는
- "진입금지"

6.2.4 수동 권취장치에 대한 지침

수동 권취장치가 설치된 경우에는 사용에 대한 작동지침이 근처에 있어야 하며 에스컬레이터 또는 무빙워크의 운행방향이 분명하게 표시되어야 한다.

6.2.5 트러스, 구동 및 순환 장소 외부의 구동기 출입문에 대한 주의

트러스, 구동·순환장소 외부의 출입문에는 "기계실 – 위험, 관계자 외 접근금지"와 같은 경고문이 표기되어야 한다.

6.2.6 자동 운행 에스컬레이터 또는 무빙워크의 안내문

에스컬레이터 또는 무빙워크가 자동으로 운행되는 경우, 도로교통표시와 같은 확실히 보이는 신호시스템에 의해 에스컬레이터 또는 무빙워크의 이용 가능여부 및 운행방향을 이용자에게 안내되어야 한다.

6.2.7 제조업체 표시

상·하 승강장에서 잘 보이는 위치에 제조업체명(또는 로고)이 표기되어야 한다.

6.2.8 승강기 번호

승강기를 식별할 수 있는 고유번호는 상·하 승강장에서 잘 보이는 위치에 부착되어 있어야 한다.

6.2.9 과속·역행방지수단

과속·역행방지수단에는 다음과 같은 사항이 표시된 명판이 부착되어야 한다.

가) 제조업체명

나) 안전인증 표시

7 건축물과의 공유영역

7.1 일반사항

7.2 및 7.3의 규정은 이용자 및 유지관리인의 안전을 위해 중요하다.

7.2 이용자를 위한 자유공간

7.2.1 모든 지점에서 에스컬레이터의 스텝 또는 무빙워크의 팔레트나 벨트 위의 틈새 높이는 2.3m 이상이어야 한다. [그림 2 및 그림 11의 h_4 참조]

그 틈새 높이는 뉴얼의 끝까지 연장되어야 한다.

비고 2.3m의 틈새 높이는 또한 제한이 없는 구역에 적용되어야 한다.

7.2.2 충돌을 방지하기 위해 에스컬레이터 또는 무빙워크 주위의 최소 자유구역은 그림 11과 같이 규정된다. 에스컬레이터의 스텝 또는 무빙워크의 팔레트나 벨트로부터 측정된 높이 h_{12}는 2.1m 이상이어야 한다. 핸드레일 외부 끝 부분과 벽 또는 다른 물체[그림 11의 b_{10} 참조]사이의 거리는 핸드레일 하부 모서리 아래[그림 3의 b_{12} 참조]에서 수평으로 80mm 및 수직으로 25mm 이상이어야 한다. 다만, 신축성이 있는 재료로 보호조치를 하고 주의표시를 하는 등 적절한 조치에 의해 부상의 위험이 적어진 경우에는 이 공간이 작아지는 것은 허용된다.

7.2.3 평행하거나 십자형으로 교차된 서로 근접한 에스컬레이터의 경우, 핸드레일 사이의 거리는 160mm 이상이어야 한다. [그림 11의 b_{11} 참조]

7.2.4 건축물의 장애물로 인해 부상이 발생할 수 있는 장소는 적절한 예방조치가 취해져야 한다.

특히, 계단 교차점 및 십자형으로 교차하는 에스컬레이터 또는 무빙워크의 경우에는 그림 10과 같이 틈새의 수직거리가 300mm 되는 곳까지 막는 등의 조치를 하되 부딪쳤을 때 신체에 상해를 주지 않는 탄력성이 있는 재료(스폰지 등)로 마감되어야 한다. [그림 2 및 그림 4의 h_5 참조] 다만, 건축물 천장부 또는 측면부가 핸드레일 외측 끝단에서 400mm 이상 떨어져 있는 경우 또는 교차각이 45°를 초과하는 경우에는 이 규정을 적용할 필요는 없다. [그림 11 참조]

막는 조치의 끝부분에서 수평으로 250～350mm 전방에 부드러운 재질의 비고정식 안전 보호판이 설치되어야 한다.

막는 조치 및 안전 보호판의 모서리나 끝부분은 날카롭지 않게 마감되어야 한다.

막는 조치 및 안전 보호판

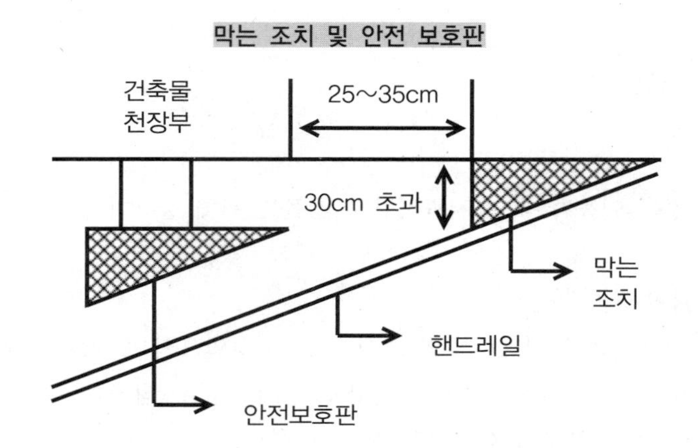

7.2.5 각각의 에스컬레이터나 무빙워크의 출구에서 사람을 수용할 수 있는 충분한 자유공간이 있어야 한다. 자유공간의 폭은 각 면에 80mm를 더한 핸드레일의 외부 끝단 사이의 거리에 상응하는 값 이상이어야 한다. 그 깊이는 난간의 끝에서부터 측정하여 2.5m 이상이어야 한다. 자유공간의 폭이 각 면에 80mm를 더한 핸드레일의 외부 끝단 사이의 거리 2배 이상 증가된 경우에는 2m로 감소하는 것이 허용된다.

비고 연속되는 에스컬레이터 및 무빙워크에 대한 자유공간의 깊이는 이용의 유형(승객용 또는 수송 장치를 포함한 승객용, 중간 출입구의 개수, 관련된 방침과 이론적 수용능력 등)에 따라 각각의 여건에 맞게 결정되어야 한다.

7.2.6 중간 출입구 없이 연속되는 에스컬레이터 및 무빙워크의 경우에는 모두 동일한 수용능력을 가져야 한다.

7.2.7 사람이 승강장에서 핸드레일 외부 끝단에 접촉할 가능성이 있고, 사람이 추락하는 등의 위험한 상황에 처할 수 있는 곳에서는 적절한 조치가 이루어져야 한다.

7.2.8 콤을 포함한 승강장에서의 조도는 바닥에서 측정하여 콤의 교차 선에서 50lx 이상이어야 한다.

7.3 트러스 외부의 구동기 공간

7.3.1 구동기 공간으로의 안전한 출입이 제공되어야 한다.

7.3.2 구동기 공간에는 잠금장치가 있어야 하고 오직 권한 있는 사람만이 출입할 수 있어야 한다.

7.3.3 구동기 공간은 다음과 같은 조명이 영구적으로 설치되어야 한다.

가) 작업공간의 바닥에서 200lx 이상

나) 작업공간으로 접근하는 통로의 바닥에서 50lx 이상

7.3.4 비상조명은 구동기 공간의 어떤 공간에서 일하는 작업자의 안전한 피난을 위해 설치되어야 한다.

7.3.5 구동기 공간의 크기는 설비, 특히 전기설비의 작업이 쉽고 안전하도록 충분하여야 한다.

작업구역에서 유효 높이는 2m 이상이어야 하고 다음 사항에 적합하여야 한다.

가) 제어 패널 및 캐비닛 전면의 유효 수평면적은 아래와 같아야 한다.

1) 폭은 0.5m 또는 제어 패널·캐비닛의 전체 폭 중에서 큰 값 이상

2) 깊이는 외함의 표면에서 측정하여 0.7m 이상

나) 움직이는 부품의 유지보수 및 점검을 위한 유효 수평면적은 0.5m×0.6m 이상이어야 한다.

7.3.6 이동을 위한 통로의 폭은 0.5m 이상이어야 한다. 다만, 움직이는 부품이 없는 경우에는 0.4m로 줄일 수 있다.

이동을 위한 공간의 유효 높이는 다음과 같은 바닥에서부터 구조물의 지붕·빔 하부까지 측정하여 1.8m 이상이어야 한다.

가) 접근지역

나) 작업구역

7.4 에스컬레이터와 방화셔터의 연동

7.4.1 에스컬레이터에는 승강장에 근접하여 설치된 방화셔터가 닫히기 시작할 때 자동으로 에스컬레이터를 정지시키는 장치가 설치되어야 한다.

7.4.2 에스컬레이터 승강장에 대면하는 방화셔터가 핸드레일 반환부의 선단에서 2m 이내에 있는 것에서는 당해 에스컬레이터는 그 셔터의 폐쇄개시와 연동하여 정지하여야 한다. 또한, 상기의 셔터를 포함하여 여러 개의 방화셔터가 하나의 구획으로 구성되어 그것들이 동시에 폐쇄되는 경우에 에스컬레이터의 연동정지는 어느 쪽의 셔터와 연동되어도 된다.

8 옥외용 에스컬레이터 및 무빙워크 추가요건

8.1 비바람에 견디는 등의 보호

8.1.1 에스컬레이터 및 무빙워크 그리고 지지설비는 부식으로부터 보호되어야 한다.

8.1.2 전기설비는 KS C IEC 60529에 따른 IP 54 이상 또는 NEMA 250에 따른 Type 4 이상의 등급이나 동등 이상으로 보호되어야 한다. 그리고 배선은 젖은 지역에서의 사용을 위해 KS C IEC 60364 또는 NFPA 70에 적합하거나 동등 이상이어야 한다.

8.2 강수에 대한 보호

에스컬레이터 및 무빙워크의 수평 투영면적 바로 위에 보호 덮개가 설치되어야 한다. 이 덮개는 덮개 끝 부분에서 핸드레일 중심선까지 수직으로부터 15° 이상의 각도를 갖는 형상으로 핸드레일 중심선으로부터 외부방향으로 연장되어야 한다.

8.2.1 동절기에 스텝/팔레트/벨트, 승강장 및 스커트 디플렉터에 눈이 쌓이거나 물기가 들어는 오는 것을 방지하기 위한 난방시스템이 설치되어야 한다. 난방시스템의 작동은 자동 온도 조절로 제어되어야 하며 에스컬레이터의 운행과는 독립적이어야 한다.

8.2.2 트러스 내부에 물이 침투되면 고인 물을 배수하는 수단이 있어야 한다. 또한 고인물이 기름 등으로 심하게 오염될 우려가 있는 경우를 대비하여 적절한 정화시설이 구비되어야 한다.

8.3 미끌림 방지

승강장 플레이트 및 콤 플레이트는 눈·비 등에 젖었을 때 미끄러지지 않게 안전한 발판으로 설계되어야 한다.

8.4 야간 조명

야간에 승객이 승강장 플레이트 및 스텝/팔레트/벨트를 잘 볼 수 있도록 조명설비가 설치되어 있어야 한다.

부속서 Ⅳ
에스컬레이터 및 무빙워크의 선택 및 설계

Ⅳ.1 최대 수용능력

교통 흐름 계획을 위해, 1시간당 에스컬레이터 또는 무빙워크로 수송할 수 있는 최대 인원의 수는 표 Ⅳ.1에 주어진다.

최대 수용력

스텝/팔레트 폭 z_1 m	공칭 속도 v m/s		
	0.5	0.65	0.75
0.6	3,600명/h	4,400명/h	4,900명/h
0.8	4,800명/h	5,900명/h	6,600명/h
1	6,000명/h	7,300명/h	8,200명/h

비고 1 쇼핑용 손수레와 화물용 카트의 사용은 대략 수용력의 80%가 감소한다.
비고 2 1m를 초과하는 팔레트 폭을 가진 무빙워크에서 이용자가 핸드레일을 잡아야 하기 때문에 수용능력은 증가하지 않는다.

Ⅳ.2 대중교통시설의 에스컬레이터 또는 무빙워크

Ⅳ.2.1 「교통약자의 이동편의증진법」 제2조 제3호에 따른 여객시설에 설치되는 경우 또는 3시간 간격으로 최소한 0.5시간의 총 지속에 대한 제동부하의 100%[5.4.2.1.3.1 및 5.4.2.1.3.3 참조]에 달하는 하중을 받는 경우에는 이러한 하중을 포함하여 평소에 대략 140시간/주를 운행하는 집중적인 사용에 적합하여야 한다.

Ⅳ.2.2 높이(h13)가 6m 미만인 에스컬레이터에도 보조 브레이크가 설치되어야 한다.

Ⅳ.2.3 에스컬레이터의 수평주행구간은 L1의 지점에서 측정하여 길이 1.2m 이상이어야 한다. [그림 2 및 상세도 X 참조]

부속서 Ⅴ
에스컬레이터의 전동기 용량 설계(참조)

Ⅴ.1 일반사항

이 부속서 Ⅴ는 에스컬레이터의 전동기 최소 용량을 산출하기 위해 기술한 참조기준으로, 제조사마다 계산방법을 달리할 수 있다.

에스컬레이터 전동기 용량 계산은 다음을 고려한다.

- 부속서 Ⅳ.1 최대 수용능력을 참고한다.
- 5.4.2.1.3 주 브레이크의 제동부하 및 정지거리를 결정하는 하중을 고려한다.

Ⅴ.1 전동기 용량

에스컬레이터의 전동기 용량 산출은 다음 식으로 정한다.

$$Pm(\mathrm{kW}) = \text{하중에 따른 용량}$$
$$= \frac{G \times V \times (\sin\theta + \mu\cos\theta)}{102\eta} \times \beta + \frac{G_h \times V \times (\sin\theta + \mu_h\cos\theta)}{102}$$

Pm : 전동기 용량(kW)
G : 정격하중(510kg/m^2) $\times A$ (m^2)
A : 부하운송면적($Z_1 \times H/\tan\theta$)(m^2)
H : 층고(m)
Z_1 : 공칭폭(m)
V : 속도(m/s)
μ : 스텝롤러 마찰계수
η : 총 효율
(제조사별 차이 있으나 대체적으로 웜은 60~80%, 헬리컬 95~96%, 웜-헬리컬 85~91%)
θ : 에스컬레이터 경사도(°)
β : 승입율(제조사 설계기준)
G_h : 핸드레일 중량($M_h \times H/\sin\theta$)(kg)
M_h : 핸드레일 단위 중량(kg/m)
μ_h : 핸드레일 마찰계수(제조사 설계기준)

제14장

승강기 주요 부품의 수리 및 조정

제1절 전기식 엘리베이터 점검 항목 및 방법

(　　) 점검주기 (회/월)

1 기계실, 구동기 및 풀리 공간에서 하는 점검

(1) 통로, 출입문·점검문(1/1)

① 통로에 장애물이 있는 것

② 계단의 상태가 불량한 것

③ 통로가 현저하게 어두운 것

④ 잠금 장치가 불량한 것

(2) 기계실내의 조명·환기(1/1)

① 엘리베이터 관계 이외의 물건이 있는 것

② 현저히 어두운 것

③ 환기가 부족한 것

④ 실온이 +5℃ 미만 또는 40℃ 초과하는 것

⑤ 천정, 창 등에서 우수가 침입하여 기기에 악영향을 미칠 염려가 있는 것

(3) 제어 패널, 캐비닛, 접촉기, 릴레이, 제어 기판(1/1)

① 접촉기, 릴레이-접촉기 등의 손모가 현저한 것

② 잠금 장치가 불량한 것

③ 고정이 불량한 것

④ 발열, 진동 등이 현저한 것

⑤ 동작이 불안정한 것
⑥ 환경상태(먼지, 이물질)가 불량한 것
⑦ 화재발생의 염려가 있는 것
⑧ 기판의 접촉이 불량한 것
⑨ 전기설비의 절연저항이 규정 값을 초과하는 것
⑩ 제어 계통에서 안전에 지장이 없는 경미한 결함 또는 오류가 발행한 것
⑪ 퓨즈 등에 규격외의 것이 사용되고 있는 것
⑫ 먼지나 이물에 의한 오염으로 오작동의 염려가 있는 것
⑬ 제어계통에 안전과 관련된 중대한 결함 또는 오류가 발생한 것
⑭ 제어계통에서 안전과 관련된 중대한 결함 또는 오류를 초래할 수 있는 경미한 오류가 반복적으로 발생한 것

(4) 수권조작 수단(1/3)

① 수권조작 수단이 불량한 것

(5) 층상선택기(1/1)

① 각 부분의 손모가 현저한 것
② 계속 운전에 지장이 생길 염려가 있는 것

(6) 상승과속방지 수단(1/3)

① 기능 상실이 예상되는 것

(7) 의도하지 않은 움직임 보호수단(1/3)

① 검사기준 [별표 1]의 9.1.1.5에 부적합한 것
② 기능 상실이 예상되는 것

권상기 점검 항목

(8) 감속기어(1/3)

① 누유가 심한 것
② 윤활유가 부족 또는 노화되어 있는 것
③ 기어 이의 마모가 현저한 것, 심한 것
④ 트러스트량이 큰 것, 심하게 큰 것
⑤ 윤활불량으로 눌러 붙을 상태의 염려가 있는 것

(9) 도르래(1/6)

① 로프홈의 마모가 현저한 것
② 회전이 원활하지 못한 것
③ 보호수단이 불량한 것
④ 로프가 미끄러질 위험성이 있는 것
⑤ 축의 상태가 불량한 것
⑥ 로프홈의 마모가 심한 것 또는 불균일하게 진행되어 있는 것

(10) 베어링(1/6)

① 발열이 현저한 것
② 이상음이 있는 것
③ 운전의 계속이 위험스러운 것
④ 제조사가 제시한 내구연한을 초과한 것

(11) 브레이크 라이닝, 드럼, 플런저, 스프링

① 라이닝에 기름부착이 있고 제동에 영향이 있는 것
② 브레이크 드럼 등의 마모가 현저하여 라이닝의 닿는 면적이 부족한 것
③ 라이닝의 마모가 현저한 것
④ 솔레노이드·플런저의 작동이 불량한 것
⑤ 전원 공급·차단이 불량한 것
⑥ 카의 멈춤 유지가 불량한 것

(12) 고정 도르래, 풀리(1/12)

① 로프 홈의 마모가 현저하게 진행되고 있는 것
② 회전이 원활하지 않은 것
③ 이상 음이 있는 것
④ 보호수단이 불량한 것
⑤ 로프 홈의 마모가 심한 것 또는 불균일하게 진행하고 있는 것

(13) 전동기(1/1)

① 발열이 현저한 것
② 이상음이 있는 것
③ 운전의 계속에 지장이 생길 염려가 있는 것
④ 구동시간 제한장치의 기능 상실이 예상되는 것

(14) 전동발전기(1/1)

① 발열이 현저한 것
② 이상음이 있는 것
③ 운전의 계속에 지장이 생길 염려가 있는 것

조속기 점검 항목

(15) 카 측(1/6)

① 각부 마모가 진행하여 진동 소음이 현저한 것
② 캐치가 작동하지 않는 것
③ 베어링에 눌러 붙음이 생길 염려가 있는 것
④ 작동치가 규정 범위를 넘는 것
⑤ 스위치가 불량한 것
⑥ 비상정지장치를 작동시키지 못하는 것

(16) 균형추측(1/6)

① 각부 마모가 진행하여 진동 소음이 현저한 것
② 캐치가 작동하지 않는 것
③ 베어링에 눌러 붙음이 생길 염려가 있는 것
④ 작동치가 규정 범위를 넘는 것
⑤ 스위치가 불량한 것
⑥ 비상정지장치를 작동시키지 못하는 것.

(17) 기계실 기기의 내진대책(1/12)

① 권상기, 전동발전기의 전도, 이동방지 스토퍼의 부착에 느슨해짐이 있는 것 또는 손상이 있는 것
② 권상기 도르래의 로프가드 부착에 늘어짐이 있는 것 또는 손상이 있는 것
③ 제어반등의 전도방지 조치의 부착에 늘어짐이 있는 것
④ 전도, 이동의 염려가 있는 것
⑤ 로프의 벗겨질 염려가 있는 것

2 카 실내에서 하는 점검

(1) 카 실내 주벽, 천장 및 바닥(1/3)

① 변형, 마모, 녹, 부식 등이 현저한 것
② 불연재료를 사용하지 않는 것(다만, 인테리어 모적으로 사용되는 카 내장재를 포함한 구조상 경미한 사항은 제외)

(2) 카의 문 및 문턱(1/1)

① 변형, 마모, 녹, 부식 등이 현저한 것
② 문턱 틈새가 35mm를 초과하는 것
③ 문개폐동작이 현저하게 불량한 것
④ 착상 정확도가 ±10mm를 초과하는 것
⑤ 재착상 정확도가 ±20mm를 초과하는 것
⑥ 문짝사이의 틈새 또는 문짝과 문설주, 인방 또는 문턱 사이의 틈새가 10mm를 초과한 것

(3) 카도어 스위치(1/1)

① 스위치의 부착에 늘어짐이 있는 것
② 스위치의 작동위치가 적당치 않은 것
③ 스위치의 기능을 상실한 것

(4) 문닫힘안전장치(1/1)

① 반전동작이 둔한 것
② 반전동작이 불안정한 것

(5) 카 조작반 및 표시기, 버튼, 스위치류(1/1)

① 누름버튼, 스위치류의 노화·손상이 현저한 것
② 스위치류의 표시가 선명하지 않은 것
③ 누름버튼 기능 상실이 예상되는 것
④ 표시기의 표시가 부정확한 것
⑤ 잠금장치가 부착된 것으로서 잠금장치가 불완전한 것

(6) 비상통화장치(1/1)

① 경보장치, 통화장치의 감도가 저하된 것
② 경보장치, 통화 장치의 기능을 상실한 것

(7) 정지스위치(1/1)

① 정지스위치의 동작이 불량한 것

(8) 용도, 적재하중, 정원 등 표시(1/6)

① 표시가 부정확한 것, 없는 것
② 승강기 번호가 부착되지 않은 것

(9) 조명, 예비조명(1/1)

① 50lx 미만인 것
② 예비조명이 점등하지 않은 것
③ 예비조명의 조도가 2lx 미만인 것

(10) 카바닥 앞과 승강로 벽과의 수평거리(1/3)

① 검사기준 [별표 1]의 11.2.1에 부적합한 것
② 보호판의 부착에 늘어짐 또는 손상이 있는 것

(11) 측면 구출구(1/3)

① 구출구의 개폐가 곤란한 것
② 전용 키 없이 열 수 있는 것
③ 구출구가 파손되어 있는 것
④ 스위치가 부착된 것으로서 구출구를 열어도 카가 정지하지 않는 것

3 카 위에서 하는 점검

(1) 비상구출구(1/3)

① 구출구의 개폐가 곤란한 것
② 스위치가 부착된 것으로서 구출구를 열어도 카가 정지하지 않는 것
③ 구출구의 덮개가 없는 것 또는 파손되어 있는 것

(2) 문의 개폐장치, 전동기, 벨트·체인, 도어기판(1/1)

① 문의 개폐 시 소음, 진동이 현저한 것
② 정전 시에 수동개방이 불가능한 것
③ 개폐기구에 극심한 마모, 늘어짐이 있는 것

(3) 도어잠금 및 잠금해제장치(1/1)

① 잠금장치의 마모, 노화가 현저한 것
② 잠금 작용 부품의 기능 상실이 예상되는 것
③ 잠금 작용이 유지되지 않는 것

(4) 카 위 안전스위치(1/1)

① 스위치의 개폐기능이 불량한 것
② 스위치를 꺼도 카가 정지하지 않는 것

(5) 상부 도르래, 풀리, 스프라켓(1/6)

① 로프 홈의 마모가 현저한 것
② 회전이 원활하지 않은 것
③ 보호수단이 불량한 것
④ 로프 슬립이 나타나고 위험성이 있는 것
⑤ 로프 홈의 마모가 심하고 또는 불균일하게 진행하고 있는 것

(6) 비상정지장치 스위치(1/1)

① 녹, 부식 등이 현저한 것
② 스위치의 기능 상실이 예상되는 것

(7) 조속기 로프(1/6)

① 로프의 마모 및 파손이 검사기준 [별표 1]의 부속서 XI에 가까운 것, 초과하는 것
② 로프의 변형, 신장, 녹 발생이 현저한 것
③ 당김부 재료의 마모, 녹 발생, 부식이 현저한 것
④ 2중 너트, 핀 등의 견고함과 조임이 불량한 것
⑤ 단말처리가 불량한 것

(8) 카의 가이드 슈(롤러)(1/12)

① 섭동부(회전)의 마모가 현저한 것, 또는 심하고 카 주행 및 다른 기기에 영향이 있는 것

(9) 주로프 및 부착부(1/6)

① 로프의 마모 및 파손이 검사기준 [별표 1]의 부속서 XI에 가까운 것, 초과하는 것
② 로프의 변형, 신장, 녹 발생이 현저한 것
③ 장력이 불균등 한 것
④ 2중 너트, 핀 등의 조임 및 장착이 불확실한 것

⑤ 단말처리가 불량한 것

(10) 과부하감지장치(1/1)

① 장치의 부착이 불합리한 것
② 장치가 움직이지 않는 것
③ 스위치 자체의 기능을 상실한 것
④ 스위치가 작동하여도 장치가 움직이지 않는 것

(11) 가이드레일, 브라켓(1/12)

① 레일과 브라켓에 심하게 녹, 부식 등이 보이는 것
② 부착에 늘어짐이 있는 것
③ 운행이 어려울 정도로 비틀림, 휨 등이 발생한 것

(12) 균형추 각부(1/6)

① 균형추의 이어지는 볼트 또는 틀의 늘어짐, 녹 발생, 부식이 현저한 것
② 섭동부의 마모가 현저하게 진행하고 있는 것

(13) 균형추측 비상정지장치 스위치(1/3)

① 녹 발생, 부식 등이 현저한 것
② 스위치 기능의 상실이 예상되는 것

(14) 균형추 상부 도르래, 풀리(1/6)

① 로프 홈의 마모가 심한 것
② 회전이 원활하지 않은 것
③ 보호수단이 불량한 것

(15) 상부 파이널 리미트 스위치(1/1)

① 스위치의 부착에 늘어짐이 있는 것
② 스위치의 작동위치가 적당하지 않은 것
③ 기능에 지장이 생길 염려가 있는 것

(16) 승강장의 문 및 문턱 도어 가이드슈(1/1)

① 변형, 마모, 녹발생, 부식 등이 현저한 것
② 승강장 문과 출입문 틀과의 틈새가 현저하게 큰 것
③ 문의 개폐동작이 현저하게 불량한 것

(17) 도어잠금 스위치(1/1)

① 먼지의 축척이 예상되는 것
② 스위치의 기능을 상실한 것
③ 부착부 부분의 녹 발생, 부식이 현저하여 기능이 저하하고 있는 것

(18) 도어클로저(1/1)

① 녹 발생, 부식, 노화가 심하여 도어클로저 기능이 부족한 것
② 도어클로저 기능을 상실한 것
③ 도어클로저 관련 부품의 기능이 현저히 저하한 것

(19) 이동케이블 및 부착부(1/6)

① 케이블이 다른 기기, 돌출물과 접촉 하여 손상을 받을 염려가 있는 것 또는 손상되고 있는 것
② 케이블 끝 부 및 당김부에 손상의 염려가 있는 것

(20) 승강로 주벽(1/12)

① 승강로 벽의 균열, 누수 등이 현저한 것
② 승강기 관계이외의 것이 설치되어 있는 것

주 스피커, 연기감지기는 승강기 관계설비로 본다.

(21) 점검문·비상문(1/3)

① 잠금장치가 불량한 것
② 개폐가 곤란한 것
③ 승강로 내부로 열리는 것
④ 스위치의 기능 상실이 예상되는 것

(22) 승강로 조명(1/3)

① 조도가 50lx 미만인 것
② 조명이 점등되지 않는 것

(23) 비상통화장치(1/3)

① 경보장치, 통화장치의 감도가 저하된 것
② 경보장치, 통화 장치의 기능을 상실한 것

(24) 승강로 내의 내진 대책(1/12)

① 카 및 균형추차의 로프가드의 부착부에 늘어짐 또는 손상이 생기고 있는 것
② 로프, 이동케이블, 테이프, 쇄의 보호장치가 불합리한 것
③ 로프가 벗겨질 염려가 있는 것
④ 레일을 이탈할 염려가 있는 것
⑤ 기능에 지장이 생길 염려가 있는 것

4 승강장에서 하는 점검

(1) 승강장버튼 및 표시기(1/1)

① 누름버튼, 스위치류의 노후, 손상이 현저한 것
② 표시기의 표시가 부적합한 것
③ 누름버튼, 스위치류의 기능이 심하게 저하하고 고장의 염려가 있는 것

(2) 잠금 해제 열쇠구멍(1/1)

① 전용 열쇠(삼각키)의 사용이 어려운 것
② 전용 열쇠가 아닌 다른 수단의 사용이 가능한 것

(3) 에이프런(1/3)

① 부식이 심하고 고정 상태가 불량한 것
② 이탈의 염려가 있는 것
③ 높이가 0.75m 미만인 것

5 피트에서 하는 점검

(1) 완충기(1/6)

① 완충기 본체 및 부착부분의 녹 발생이 현저한 것
② 유압식으로 유량부족의 것
③ 완충기의 부착이 불확실한 것
④ 스프링식에서는 스프링이 손상되어 있는 것
⑤ 전기안전장치가 불량한 것

(2) 조속기로프 및 기타의 당김 도르래(1/3)

① 카의 주행 중 동요, 소음 등이 현저한 것

② 인장차의 틈새가 작게 된 것
③ 로프 등이 벗겨질 염려가 있는 것
④ 인장차가 바닥에 닿는 것

(3) 피트바닥(1/6)

① 청소상태가 불량한 것
② 방수가 불량한 것

(4) 하부 파이널 리미트 스위치(1/1)

① 스위치의 부착에 늘어짐이 있는 것
② 스위치의 작동위치가 적당하지 않은 것
③ 스위치 기능을 상실한 것

(5) 카 비상정지장치 및 스위치(1/1)

① 녹 발생, 부식 등이 현저한 것
② 비상정지장치 스위치가 작동하지 않는 것

(6) 하부 도르래(1/6)

① 로프 홈의 마모가 현저한 것
② 회전이 원활하지 않은 것
③ 보호수단이 불량한 것

(7) 보상수단 및 부착부(1/6)

① 변형, 신장, 마모, 녹 발생이 현저한 것
② 인장멈춤부 재료의 마모, 녹 발생, 부식이 현저한 것
③ 튀어오름장치가 불량한 것
④ 인장장치가 불량한 것
⑤ 전기안전장치가 불량하거나 기능을 상실한 것
⑥ 이중너트, 핀 등의 조임 및 장착이 불합리한 것
⑦ 단말처리가 불량한 것

(8) 균형추 밑 부분 틈새(1/6)

① 승강기 검사기준 별표 1의 5.7의 규정치에 가까운 것
② 완충기에 닿는 것
③ 규정범위를 초과하는 것

④ 스프링식에서는 파이널 리미트 스위치의 거리를 밑도는 것
⑤ 완충기를 압축하고 있는 것

(9) 이동케이블 및 부착부(1/6)
① 케이블이 다른 기기, 돌출물과 접촉하여 손상을 받을 염려가 있는 것 또는 손상하고 있는 것
② 케이블 끝부 및 인장멈춤부에 손상의 염려가 있는 것

(10) 과부하감지장치(1/1)
① 장치의 부착에 늘어짐 또는 손상이 생긴 것
② 장치가 움직이지 않는 것
③ 스위치가 작동하여도 장치가 움직이지 않는 것
④ 스위치 자체의 기능이 상실된 것

(11) 피트내의 내진대책(1/12)
① 카의 하강차, 균형로프 및 조속기로프의 인장차의 로프가드에 부착의 늘어짐 또는 손상이 있는 것
② 로프가 이탈할 염려가 있는 것

6 비상용 엘리베이터 점검

(1) 카 호출장치(1/1)
① 호출운전이 되지 않는 것

(2) 소방운전스위치(로비)(1/1)
① 열쇠구멍이 불량한 것
② 1, 2단계 운전이 불량한 것

(3) 1, 2차 소방운전(1/1)
① 1, 2차 소방운전이 불합리한 것

(4) 비상용표지 및 표시등(1/3)
① 비상용표지, 표시등(비상 운전등)이 선명하지 않은 것
② 검사기준 별표 1의 16.2.7.1에 따른 알림표지가 불량한 것
③ 비상용표지가 없는 것

④ 표시등(비상 운전등)이 점등되지 않는 것

(5) 예비전원(1/1)

① 예비전원으로 엘리베이터를 운전할 수 없는 것

(6) 구출 수단(1/1)

① 검사기준 별표 1의 16.2.4.3에 따른 구출 수단이 불량한 것
② 검사기준 별표 1의 16.2.4.3에 따른 구출 수단이 없는 것

(7) 탈출 수단(1/1)

① 카 외부에 부착된 사다리가 불량한 것
② 카 내부에 보관된 사다리가 불량한 것
③ 사다리가 없는 것
④ 전기안전장치가 작동 하지 않거나 기능을 상실한 것

(8) 물에 대한 보호(1/1)

① 보호수단의 기능이 저하된 것
② 보호수단의 기능 상실이 예상되는 것

7 장애인용 엘리베이터 점검

(1) 음향 및 음성 신호장치(1/1)

① 음향 및 음성신호장치의 기능이 저하된 것
② 기능 상실이 예상되는 것
③ 층 선택 음성안내장치의 기능이 저하된 것

(2) 문턱 틈새(1/3)

① 3cm를 초과하는 것

(3) 기타 설비(1/6)

① 손잡이가 불량한 것
② 거울이 불량한 것

(4) 대기시간(1/1)

① 10초 미만인 것

제2절 전기식 엘리베이터 부품 보수 방법

1 도어머신 점검 및 조정

(1) 인터록 및 클러치 조정한다.

(2) 인터록은 도어가 중신에 일치하고 갭 상태 확인한다.

(3) 도어락과 행거갭은 규정치 이내인지 확인한다.

(4) 캠의 스위치 간격을 규정치 이내로 맞춘다.

(5) 스위치 본체를 움직여 캠 측에 올라타는 길이를 규정치가 되도록 맞춘다.

(6) 도어를 천천히 닫아 접점이 접촉하는 위치에서 도어의 열림 치수가 규정치가 되도록 조정한다.

(7) Safety Shoe 결선상태를 확인한다.

2 도어레일과 행거롤러의 점검 및 조정

(1) 도어레일 점검

① 표면에 녹 점검
② 표면 손상상태 점검
③ 고정용 볼트 이완상태 점검
④ 도어레일 이물질 유무 확인

(2) 행거롤러 점검

① 작동상태 점검
② 축 상태 및 롤러 마모상태 점검
③ 베어링 소음상태 점검
④ 외부 표면상태 점검
⑤ 행거 휨 상태 및 고정볼트 조임 상태 점검

(3) 조정방법

① 도어행거

㉠ 행거 플레이트와 행거롤러 사이의 간격을 유지한다.

㉡ 도어레일과 업 트러스트롤러 사이의 간격를 유지시킨다.

㉢ 도어레일과 업 트러스트롤러 사이의 간격 이 정상적이지 않다면 업 트러스트롤러 볼트의 이용간격을 조절한다.

㉣ 도어레일과 도어행거가 서로 평행하지 않다면 도어행거 고정용 볼트를 이용하여 평행도를 조정한다.

3 가이드롤러 점검 및 조정

(1) 로프 TENSION(스프링 치수가 동일)을 하고 카를 최하층으로 DOWN한다.

(2) 클러치 캠과 승장도어 장치에 간섭이 없도록 한다(도어를 닫아둔다).

(3) 가이드롤러 볼트(CAR 상하부 4개소)를 모두 풀어서 CAR를 자연 상태로 둔다.

(4) 종점 스위치 고정용 BRACKET 또는 CAM을 풀고 CAR와의 간섭을 피한다.

(5) CAR 내부, 상부는 무부하 상태를 유지한다.

(6) TIE ROD의 조임 너트가 조여져 CAR 움직임이 저해 되는가를 확인한다.

(7) CAR가 자연상태에서 레일중심과 일치 하도록 CAR 하부에 밸런스 웨이트를 매달아 밸런스를 조정한다.

(8) 가이드롤러를 조여 스프링 길이가 규정치 이내가 되도록 조정 한다 이때 가이드롤러 레일을 접촉하게 되며 스프링너트를 동시에 조여 스프링 길이가 규정치 이내가 되도록 조정한다(상하부 동시 진행).

(9) 스프링 이 조정된 가이드롤러를 20kg의 힘으로 회전이 되어야 한다.

(10) 풀어 놓은 종점스위치를 정상위치로 조립한다.

(11) 카주에 부착된 TIE ROD의 조임 너트를 가볍게 접촉하도록 조인다.

제3절 유압식 승강기 점검 항목 및 방법

(　　) 점검주기 (회/월)

1 기계실, 구동기 공간 및 풀리 공간에서 하는 점검

(1) 통로, 출입문/점검문(1/1)

① 통로에 장애물이 있는 것
② 계단의 상태가 불량한 것
③ 통로가 현저하게 어두운 것
④ 잠금 장치가 불량한 것
⑤ 스위치가 불량한 것
⑥ 풀리실 정지장치가 불량한 것

(2) 환경(1/1)

① 엘리베이터 관계 이외의 물건이 있는 것
② 현저히 어두운 것
③ 환기가 부족한 것
④ 실온이 +5℃ 미만 또는 40℃ 초과하는 것
⑤ 풀리실에 서리 또는 물방울이 맺히는 것
⑥ 천정, 창 등에서 우수가 침입 또는 서리, 물방울로 인해 기기에 악영향을 미칠 염려가 있는 것

(3) 제어 패널, 캐비닛, 접촉기, 릴레이, 제어 기판(1/1)

① 접촉기, 릴레이-접촉기 등의 손모가 현저한 것
② 잠금 장치가 불량한 것
③ 발열, 진동 등이 현저한 것
④ 고정이 불량한 것
⑤ 환경상태(먼지, 이물)가 불량한 것
⑥ 동작이 불안정 한 것
⑦ 화재발생의 염려가 있는 것
⑧ 기판의 접촉이 불량한 것
⑨ 퓨즈 등에 규격외의 것이 사용되고 있는 것
⑩ 전기설비의 절연저항이 규정값을 초과하는 것

⑪ 제어 계통에서 안전에 지장이 없는 경미한 결함 또는 오류가 발행한 것
⑫ 먼지나 이물에 의한 오염으로 오작동의 염려가 있는 것
⑬ 제어계통에 안전과 관련된 중대한 결함 또는 오류가 발생한 것
⑭ 제어계통에서 안전과 관련된 중대한 결함 또는 오류를 초래할 수 있는 경미한 오류가 반복적으로 발생한 것

주 제어 프로그램의 오류 또는 결함 코드에 대한 사항은 제조사 제공

(4) 전동기 구동시간 제한장치(1/6)

① 규정된 시간을 초과하여도 전동기가 멈추기 않는 것

(5) 전기적 크리핑 방지 시스템(1/1)

① 검사기준 별표 2의 14.2.1.5에 부적합한 것

(6) 층상선택기(1/1)

① 각 부분의 손모가 현저한 것
② 계속 운전에 지장이 생길 염려가 있는 것

유압제어 및 안전장치

(7) 전동기 펌프(1/1)

① 발열이 현저한 것
② 소음, 진동이 현저한 것
③ 이상 음이 있는 것
④ 전동기와 펌프의 연결이 부정확한 것

(8) 압력계(1/1)

① 누유가 있는 것
② 유리등에 파손이 있는 것
③ 지시가 부정확한 것 또는 작동하지 않는 것

(9) 압력 릴리프 밸브(1/6)

① 부식, 누유가 있는 것
② 전부하 압력의 140%를 초과하는 것

(10) 체크밸브(1/6)

① 부식, 누유가 있는 것

② 동력이 끊어질 때 카의 위치를 유지할 수 없는 것

(11) 차단밸브(1/1)

① 유압유 흐름을 차단하지 못하는 것

(12) 방향제어 밸브(1/6)

(13) 수동하강 밸브(1/6)

(14) 탱크(1/3)

(15) 온도감지장치(1/6)

(16) 필터(1/12)

(17) 배관(금속 파이프, 가요성 호스)(1/12)

(18) 구동기 정지 장치(1/1)

① 전기안전장치 기능 상실

(19) 기계실 기기의 내진대책(1/12)

① 기기의 전도, 이동방지스토퍼의 부착에 늘어짐이 있는 것

② 전도의 염려가 있는 것

(20) 소화설비, 화기엄금 표시(1/6)

① 소화설비가 없는 것

② 화기엄금의 표시가 없는 것

(21) 수동 펌프(1/12)

① 기능을 상실한 것

2 카 실내에서 하는 점검

(1) 카 실내 주벽, 천장 및 바닥(1/3)

(2) 카의 문 및 문턱(1/1)

(3) 카도어 스위치(1/1)

(4) 문닫힘안전장치(1/1)

(5) 재 착상 장치(1/3)

(6) 카 조작반 및 표시기, 버튼, 스위치류(1/1)

(7) 비상통화장치(1/1)

(8) 정지스위치(1/1)

(9) 용도, 적재하중, 정원 등 표시(1/12)

(10) 조명 예비조명(1/1)

(11) 카 바닥 앞과 승강로 벽과의 수평거리(1/12)

(12) 측면 구출구(1/12)

3 카 위에서 하는 점검

(1) 비상구출구(1/1)

(2) 문의 개폐장치, 전동기, 벨트/체인, 도어기판(1/1)

(3) 도어잠금 및 잠금해제장치(1/1)

(4) 카 위 안전스위치(1/1)

(5) 카의 가이드 슈(롤러)(1/3)

(6) 주 로프 및 부착부(1/6)

(7) 조속기(1/6)

(8) 조속기 로프(1/6)

(9) 가이드레일(1/12)

(10) 상부 파이널 리미트 스위치(1/3)

(11) 승강장의 문 및 문턱(1/1)

(12) 도어잠금스위치(1/1)

(13) 도어클로저(1/3)

(14) 램(플런저) 상부 도르래(1/12)

잭

(15) 램(플런저)(1/6)
① 누유가 현저한 것
② 구성부품 재료의 부착에 늘어짐이 있는 것

(16) 완충 정지장치(1/6)
① 부착에 늘어짐이 있는 것
② 작동위치가 적당하지 않은 것
③ 기능을 상실한 것

(17) 실린더(1/12)
① 실린더 패킹에 녹, 누유가 있는 것
② 구성부품, 재료의 부착에 늘어짐이 있는 것

(18) 보호수단(1/6)
① 보호관의 부식이 있는 것
② 공기배출장치의 기능을 상실한 것

(19) 다단 잭(1/3)
① 동기화 수단의 기능을 상실한 것
② 전기안전장치 기능을 상실한 것

(20) 풀리, 스프라켓 보호수단(1/6)

(21) 이동케이블 및 부착부(1/6)

(22) 승강로 주벽(1/12)

(23) 점검문/비상문(1/1)

(24) 럽쳐밸브(1/6)
① 기능 상실이 예상되는 것

(25) 의도하지 않은 움직임 보호수단(1/3)

(26) 승강로 내의 내진 대책 (1/12)

4 승강장에서 하는 점검

(1) 승강장버튼 및 표시기(1/1)

(2) 잠금 해제 열쇠구멍(1/3)

(3) 에이프런(1/6)

5 피트에서 하는 점검

(1) 완충기(1/3)
① 완충기 본체 및 부착부분의 녹 발생이 현저한 것
② 유압식으로 유량부족의 것
③ 스프링식에서는 스프링이 손상되어 있는 것
④ 완충기의 부착이 불확실한 것
⑤ 전기안전장치가 불량한 것

(2) 조속기로프 및 기타의 당김 도르래(1/6)

(3) 피트바닥(1/1)

(4) 하부 파이널 리미트 스위치(1/3)

(5) 카 비상정지장치 및 스위치(1/3)

(6) 하부 도르래(1/12)

(7) 이동케이블 및 부착부(1/6)

(8) 과부하감지장치(1/1)

(9) 램(플런저)(1/6)

① 누유가 현저한 것

② 구성부재의 부착에 늘어짐이 있는 것

(10) 실린더(1/6)

① 실린더 패킹에 녹, 누유가 있는 것

② 구성부재의 부착에 늘어짐이 있는 것

(11) 조속기(1/6)

(12) 로프(체인) 이완 안전장치(1/6)

(13) 실린더 하부 도르래(1/12)

(14) 주로프 및 그 부착부(1/6)

(15) 피트 내의 내진대책(1/12)

6 장애인용 엘리베이터 점검

(1) 음향 및 음성 신호장치(1/1)

(2) 문턱 틈새(1/1)

① 3cm를 초과하는 것

(3) 기타 설비(1/6)

(4) 대기시간(1/1)

① 10초 미만인 것

제4절 에스컬레이터(무빙워크 포함) 점검 항목 및 방법

1 구동기 및 순환 공간에서 하는 점검

(1) 구동기 공간(1/1)

① 운전, 유지보수 및 점검에 필요한 설비 이외의 것이 있는 것
② 상부 덮개와 바닥면과의 이음부분에 현저한 차이가 있는 것
③ 상부덮개 및 상부덮개 부착부의 마모, 손상 및 부식이 현저하고 감도가 저하하고 있는 것
④ 구동기 고정 볼트 등의 상태가 불량한 것
⑤ 전기안전장치의 기능을 상실한 것
⑥ 열쇠 또는 도구로 열수 없는 것
⑦ 유지보수를 위한 들어 올리는 장치의 기능이 상실된 것
⑧ 구동기가 전도될 우려가 있는 것

(2) 조명 및 콘센트(1/3)

① 조명의 조도가 200lx 미만인 것

(3) 유지보수 정지스위치(1/1)

① 기능을 상실한 것

(4) 제어 패널, 캐비닛, 접촉기, 릴레이, 제어 기판(1/1)

① 접촉기, 릴레이-접촉기 등의 손모가 현저한 것
② 잠금 장치가 불량한 것
③ 고정이 불량한 것
④ 발열, 진동 등이 현저한 것
⑤ 동작이 불안정 한 것
⑥ 환경상태(먼지,이물)가 불량한 것
⑦ 제어 계통에서 안전에 지장이 없는 경미한 결함 또는 오류가 발행한 것
⑧ 전기설비의 절연저항이 규정값을 초과하는 것
⑨ 화재발생의 염려가 있는 것
⑩ 퓨즈 등에 규격외의 것이 사용되고 있는 것
⑪ 먼지나 이물에 의한 오염으로 오작동의 염려가 있는 것
⑫ 기판의 접촉이 불량한 것

⑬ 제어계통에 안전과 관련된 중대한 결함 또는 오류가 발생한 것
⑭ 제어계통에서 안전과 관련된 중대한 결함 또는 오류를 초래할 수 있는 경미한 오류가 반복적으로 발생한 것

구동기

(5) 전동기(1/1)

① 고정이 불량한 것
② 발열이 현저한 것
③ 소음을 발하는 것
④ 회전자에 늘어짐이 생기고 있는 것
⑤ 운전의 계속에 지장이 생길 염려가 있는 것
⑥ 화재발생의 염려가 있는 것
⑦ 심한 소음을 발하는 것
⑧ 회전이 심하게 저하하는 것

(6) 베어링(1/6)

① 발열이 현저한 것
② 이상음이 있는 것
③ 운전의 계속이 위험스러운 것
④ 제조사가 제시한 내구 연한을 초과한 것

(7) 감속기어(1/6)

① 누유가 심한 것
② 윤활유가 부족 또는 노화되어 있는 것
③ 기어 이의 마모가 현저한 것
④ 트러스트량이 큰 것
⑤ 윤활불량으로 눌러 붙을 상태의 염려가 있는 것
⑥ 기어 이의 마모가 심한 것
⑦ 트러스트량이 심하게 큰 것

(8) 공칭 속도(1/1)

① 검사기준 별표 3의 5.4.1.2에 부적합한 것

(9) 수동 권취 장치(1/1)

① 전기안전장치의 기능을 상실한 것

브레이크 시스템

(10) 라이닝, 드럼, 플런저, 스프링(1/1)

① 라이닝에 기름부착이 있고 제동에 영향이 있는 것
② 브레이크 드럼 등의 마모가 현저하여 라이닝의 닿는 면적이 부족한 것
③ 라이닝의 마모가 현저한 것
④ 솔레노이드/플런저의 작동이 불량한 것
⑤ 전원 공급/차단이 불량한 것
⑥ 카의 멈춤 유지가 불량한 것

(11) 보조브레이크(1/1)

① 공칭속도 1.4배를 초과하기 전 작동하지 않는 것
② 운행방향이 바뀌어도 작동되지 않는 것

(12) 정지거리(1/1)

① 검사기준 별표 3의 5.4.2.1.3.2 또는 5.4.2.1.2.4에 부적합한 것

(13) 역전위험에 대한 보호(1/1)

① 공칭속도의 1.2배를 초과하기 전 작동하지 않는 것
② 운행방향이 바뀌어도 작동되지 않는 것

(14) 구동체인안전스위치(1/1)

① 구동체인 절단 검출장치의 작동이 불안정한 것
② 검출동작이 불량하고 비상브레이크가 동작되지 않는 것

(15) 구동체인 인장장치(1/3)

① 체인의 늘어짐이 발생한 것
② 인장장치가 ±20mm 움직여도 자동으로 정지하지 않는 것
③ 무게추 현수수단 파손 시 안전이 유지되지 않는 것

(16) 구동벨트 인장장치(1/3)

① 벨트의 늘어짐이 발생한 것

② 무게추 현수수단 파손 시 안전이 유지되지 않는 것

(17) 스텝구동장치(1/1)

① 구동체인의 신장이나 링크, 핀, 스프로켓의 이의 마모가 현저하지만 스프로켓축 등 부착에 늘어짐이 있는 것

② 구동체인에 부분적 파동이 있지만 스프로켓에 균열이나 치차에 결함이 있는 것

2 상부 승강장에서 하는 점검

(1) 난간(1/1)

① 난간의 고정상태가 불량한 것

② 난간에 사람이 설 수 있는 부분이 있는 것

(2) 콤(1/1)

① 콤의 빗살이 현저하게 마모하고 있는 것

② 이물질이 끼이거나 충격이 가해질 때 자동으로 정지하지 않는 것

(3) 콤과 홈의 맞물림(1/1)

① 콤과 홈의 맞물림이 현저히 불량한 것

② 콤의 빗살이 2개 이상 파손된 것

③ 맞물림 깊이가 4mm 미만인 것

핸드레일 시스템

(4) 속도(1/1)

① 핸드레일에 균열이 있지만 재료 중심의 캠퍼스 등이 노정한 것, 장력이 부족한 것

② 가이드에서 벗겨질 우려가 있는 것

③ 핸드레일 절단 또는 손가락이 물릴 염려가 있는 것

④ 핸드레일 속도가 스텝과 같지 않거나 +2%를 초과하는 것

(5) 가드(1/1)

① 핸드레일 가드(들어가는 입구)의 부착에 늘어짐이 있지만 손상한 것

② 핸드레일 가드의 기능 불량으로 손가락이 끼일 염려가 큰 것

(6) 속도 감지장치 (1/1)

① 검사기준 별표 3의 5.6.1.2에 부적합한 것

(7) 인입구(1/1)

① 손가락이 끼일 우려가 있는 것

② 스위치의 기능이 상실된 것

(8) 비상정지스위치(1/1)

① 비상정지스위치의 식별이 곤란한 것

② 스위치가 작동되지 않는 것

(9) 기동스위치(1/1)

① 기동스위치의 표지가 명확하지 않은 것

② 스위치의 조작이 곤란한 것

③ 보호 덮개의 변형, 균열 또는 파손이 있는 것.

④ 기동스위치의 일부가 파손되어 감전의 염려가 있는 것

⑤ 키를 사용하지 않고 스위치의 조작이 되는 것

⑥ 기동스위치의 기능이 불충분한 것

⑦ 보호덮개가 없는 것

(10) 자동 기동장치

① 운행 방향 표시가 명확하지 않은 것

② 검사기준 별표 3의 5.1.2.2.1.2에 부적합한 것

(11) 경보, 운전, 정지스위치(1/1)

① 경보음이 나지 않는 것 또는 불명확한 것

② 스위치가 동작이 되지 않는 것

(12) 스텝 및 트레드(1/1)

① 스텝 트레드에 일부 결함이 있고 빗살과의 물림이 불안전한 것

② 모서리에 날카로운 부분이 있는 것

- 스텝 트레드의 마모가 심하기 때문에 승강장에서 이물질이 끼어 들어갈 염려가 있는 것

(13) 스커트가드 스위치(1/1)

① 기능을 상실한 것

틈새

(14) 스커트와 스텝 또는 팔레트 사이(1/1)

① 틈새가 현저하게 불균일한 것

② 각 측면에서 4mm를 초과하는 것

③ 양 측면의 합이 7mm를 초과하는 것

(15) 2개 스텝 또는 팔레트 사이(1/1)

① 6mm를 초과하는 것

(16) 빠진 스텝 또는 팔레트 검출 장치(1/1)

① 장치의 기능을 상실한 것

3 중간부에서 하는 점검

(1) 내측판(1/1)

① 내측판면의 손상, 요철 또는 부식이 현저한 것

② 내측판의 파손, 부착, 늘어짐 등 때문에 운전 중 사람이 부상할 염려가 있는 것

(2) 스텝라이저(1/1)

① 스텝라이저의 녹, 부식 또는 요철이 현저한 것

② 라이저의 부착에 늘어짐이 있는 것

③ 라이저에 손상이 있고 발이 들어갈 수 있는 염려가 있는 것

(3) 스텝체인(1/1)

① 스텝체인의 늘어짐에 따라 스텝의 좌우 또는 상호간의 틈새가 현저하게 과대하게 된 것

② 스텝체인의 일부 결함 또는 균열이 있는 것

③ 스텝체인이 불량하기 때문에 운전 중 스텝의 동요가 심한 것

(4) 스텝 레일(1/6)

① 스텝 레일의 마모가 현저한 것

② 스텝 각 롤러 및 베어링의 마모, 손상이 현저한 것
③ 스텝레일의 부식, 부착, 늘어짐, 손상 때문에 운전 중 스텝이 이상하게 흔들리는 것

(5) 스텝과 스커트가드의 틈새(1/1)

① 스텝과 스커트가드의 틈새가 현저하게 불균일한 것
② 각 측면에서 4mm를 초과하는 것
③ 양 측면의 합이 7mm를 초과하는 것

(6) 스커트 디플렉터(1/3)

① 고정 불량 또는 변형이 발생한 것
② 검사기준 별표 3의 5.5.3.4에 부적합한 것

4 하부 승강장에서 하는 점검

(1) 난간(1/1)

① 난간에 사람이 설 수 있는 부분이 있는 것
② 난간의 고정상태가 불량한 것

(2) 콤(1/1)

① 콤의 빗살이 현저하게 마모하고 있는 것
② 이물질이 끼이거나 충격이 가해질 때 자동으로 정지하지 않는 것

(3) 콤과 홈의 맞물림(1/1)

① 콤과 홈의 맞물림이 현저히 불량한 것
② 콤의 빗살이 2개 이상 파손된 것
③ 콤과 홈의 맞물림 깊이가 4mm 미만인 것

(4) 비상정지스위치(1/1)

① 위치를 쉽게 확인할 수 없는 것
② 보호 덮개의 변형, 균열 또는 파손이 있는 것
③ 기능을 상실한 것
④ 보호 덮개가 없는 것

(5) 기동 스위치(1/1)

① 보호 덮개의 변형, 균열 또는 파손이 있는 것

② 보호덮개가 없는 것
③ 기능을 상실한 것

(6) 자동 기동장치(1/1)
① 운행 방향 표시가 명확하지 않은 것
② 검사기준 별표 3의 5.1.2.2.1.2에 부적합한 것

(7) 스텝체인 안전 스위치(1/1)
① 스위치 자체 및 그 부착부에 늘어짐, 변형, 녹, 부식이 있는 것
② 스위치가 동작하지 않는 것
③ 동작하여도 운전이 정지하지 않는 것

(8) 경보, 운전, 정지스위치(1/1)
① 경보음이 나지 않는 것 또는 불명확한 것
② 스위치가 동작이 되지 않는 것

(9) 스텝 및 트레드(1/1)
① 스텝 트레드에 일부 결함이 있고 빗살과의 물림이 불안전한 것
② 모서리에 날카로운 부분이 있는 것
③ 스텝 트레드의 마모가 심하기 때문에 승강장에서 이물질이 끼어 들어갈 염려가 있는 것

(10) 스커트가드 스위치(1/1)
① 기능을 상실한 것

틈새

(11) 스커트와 스텝 또는 팔레트 사이(1/1)
① 틈새가 현저하게 불균일한 것
② 각 측면에서 4mm를 초과하는 것
③ 양 측면의 합이 7mm를 초과하는 것

(12) 2개 스텝 또는 팔레트 사이(1/1)
① 6mm를 초과하는 것

(13) 하부 인입구(1/1)

① 손가락이 끼일 우려가 있는 것

② 스위치의 기능이 상실된 것

5 안전대책에 대한 점검

(1) 경고 및 표지(1/6)

① 변형, 파손된 것

② 쉽게 식별할 수 없는 것

③ 검사기준 별표 3의 6.2.1에 부적합한 것

④ 수권작동 지침이 없는 것

(2) 승강기 고유번호(1/6)

① 승강기 고유번호가 부착되지 않은 것

② 번호를 식별할 수 없는 것

(3) 안내문(1/6)

① 검사기준 별표 3의 6.2.6.에 부적합한 것

(4) 낙하방지책, 망(1/1)

① 드나드는 구멍부의 안전책, 개구부의 부착이 미비한 것

② 드나드는 구멍부의 안전책, 개부의 안전책, 개구부의 진입방지보호판, 낙하방지망 등이 파손되어 기능을 상실한 것

(5) 삼각부 안전 보호판 및 막는 조치(1/1)

① 보호판 및 막는 조치의 부착이 미비한 것

② 보호판 및 막는 조치의 기능이 불충분한 것

③ 보호판 및 막는 조치가 부착되어 있지 않은 것

④ 검사기준 별표 3의 7.2.4에 부적합한 것

(6) 스텝 면 주의표시(1/1)

① 주의표시가 현저하게 불분명한 것

② 주의표시가 없는 것

(7) 방화셔터 등과의 연동정지(1/12)

① 방화셔터 등과의 연동이 규정치를 초과하는 것

② 방화셔터 등이 폐쇄되어도 정지되지 않는 것

6 옥외용 추가 점검

(1) 강수 보호(1/6)

① 지지설비의 부식, 변형이 심한 것

② 보호 덮개의 기능이 상실된 것

(2) 난방시스템(1/12)

① 기능이 상실된 것

(3) 물의 배수(1/3)

① 물이 고이는 것

② 배수 수단의 기능이 상실된 것

③ 정화시설의 기능이 상실된 것

(4) 야간 조명(1/6)

① 조명이 어두운 것

② 조명이 점등하지 않는 것

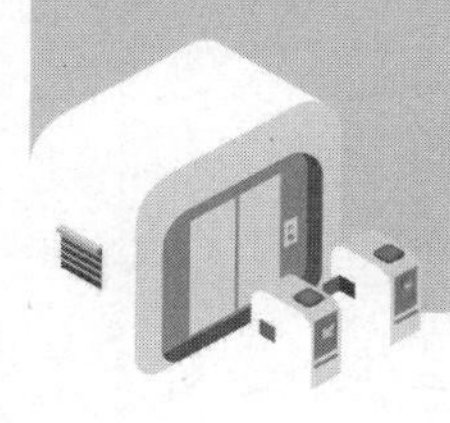

제15장 승강기 사용 및 취급

제1절 유지보수·법정검사

1 유지보수

① "승강기 유지관리용 부품"이란 승강기를 유지·관리하는데 필요한 주요 부품으로서 행정안전부령으로 정하는 것을 말한다.

② "유지관리"란 승강기가 갖추어야 하는 기능 및 안전성을 유지할 수 있도록 주기적인 점검을 실시하고 부품의 교체 및 수리 등 승강기를 보수하는 것을 말한다.

제10조(승강기의 사후관리)

① 승강기 또는 승강기부품의 제조 또는 수입을 업으로 하는 자(이하 "제조업자 등"이라 한다)는 승강기 또는 승강기부품을 판매하거나 양도하려면 대통령령으로 정하는 바에 따라 사후관리에 필요한 다음 각 호의 어느 하나에 해당하는 것을 미리 확보하여 유상 또는 무상으로 제공하여야 한다.

1) 승강기 유지관리용 부품

2) 승강기의 결함 여부, 결함 부위 및 내용 등을 식별할 수 있는 장비 또는 소프트웨어(비밀번호 등 해당 정보에 접근할 수 있는 권한을 포함한다)

② 제1항에 따라 제조업자 등이 다음 각 호의 어느 하나에 해당하는 자로부터 제1항 각 호의 어느 하나에 해당하는 것의 제공을 요청받은 경우에는 특별한 이유가 없으면 2일 이내에 요청에 따라야 한다.

1) 승강기 관리주체

2) 제11조에 따른 유지관리업자

3) 제11조에 따른 유지관리업자를 조합원으로 하여 「중소기업협동조합법」에 따라 설립된 조합
[전문개정 2009.1.30.]

시행령

제7조(승강기의 사후관리)

① 제조업자, 수입업자, 승강기부품의 제조 또는 수입을 업으로 하는 자(이하 "제조업자등"이라 한다)는 법 제10조에 따라 그가 판매하거나 양도한 승강기 또는 승강기부품의 구매인 또는 양수인에게 사용설명서(승강기부품의 교체 주기 등 관리요령을 포함한다. 이하 이 조에서 같다)와 다음 각 호의 사항이 적힌 품질보증서를 주어야 한다.

1) 판매일 또는 양도일 및 품질보증기간
2) 제조업자등의 성명(법인인 경우에는 법인의 명칭과 대표자의 성명), 주소 및 전화번호
3) 승강기 유지관리용 부품 제공자의 성명(법인인 경우에는 법인의 명칭과 대표자의 성명), 주소 및 전화번호
4) 보증 내용
5) 사후수리 및 지원체제의 안내
6) 승강기 유지관리용 부품의 원산지, 제조업체명 및 보유기간

② 제1항 제1호에 따른 품질보증기간은 3년으로 하며, 그 기간에 승강기 관리주체가 사용설명서에 따라 정상적으로 사용·관리하였음에도 불구하고 발생한 고장 또는 결함은 제조업자 등이 무상으로 정비(부품 교체를 포함한다)하여야 한다.

제10조의 2(승강기의 설치신고) 승강기의 설치를 업으로 하는 자는 승강기를 설치하였을 경우에 행정안전부령으로 정하는 바에 따라 행정안전부장관에게 그 사실을 신고하여야 한다.

제10조의 3(승강기안전종합정보망의 구축·운영)

① 행정안전부장관은 승강기의 안전과 관련된 다음 각 호의 정보를 종합적으로 관리하기 위하여 승강기안전종합정보망을 구축·운영할 수 있으며, 그 정보를 제11조에 따른 유지관리업자, 제15조에 따른 검사기관, 제20조에 따른 교육기관 또는 관계 행정기관 등에게 제공하거나 필요시 정보의 일부를 일반에게 공개할 수 있다.

1) 제11조에 따른 유지관리업의 등록현황
2) 제11조에 따른 유지관리업자의 기술인력 확보 현황
3) 제13조에 따른 검사의 이력정보, 그 밖에 개별 승강기에 관한 정보
3의 2) 제13조의 2제 1항에 따른 정밀안전검사의 결과에 관한 정보
4) 제16조의 2에 따른 승강기의 안전관리자 현황

승강기 안전관리 시행규칙

제24조의 3(승강기 안전관리자의 직무 범위) 법 제16조의 2 제5항에 따른 승강기 안전관리자의 직무범위는 다음 각 호와 같다.

1) 승강기 운행관리 규정의 작성 및 유지·관리에 관한 사항
2) 승강기의 고장·수리 등에 관한 기록 유지에 관한 사항
3) 승강기 사고 발생에 대비한 비상연락망의 작성 및 관리에 관한 사항
4) 승강기 인명사고 시 긴급조치를 위한 구급체제의 구성 및 관리에 관한 사항
5) 승강기의 중대한 사고 및 중대한 고장 시 사고 및 고장 보고에 관한 사항
6) 승강기 표준부착물의 관리에 관한 사항
7) 승강기 비상열쇠의 관리에 관한 사항

5) 제16조의 4 제1항 전단에 따른 중대한 사고 또는 중대한 고장 현황
5의 2) 제17조 제1항에 따른 승강기 자체점검의 기록에 관한 정보
6) 제20조 제1항 각 호에 따른 교육대상자 및 교육 수료 현황
7) 그 밖에 승강기의 안전과 관련되는 사항으로서 행정안전부령으로 정하는 정보

② 행정안전부장관은 제1항에 따른 승강기안전종합정보망의 운영을 위하여 승강기 관리주체, 제11조에 따른 유지관리업자, 제15조에 따른 검사기관, 제20조에 따른 교육기관 및 관계 행정기관에 승강기안전종합정보망의 구축에 필요한 자료를 제출하도록 요청할 수 있다. 이 경우 요청을 받은 자는 특별한 사유가 없으면 요청에 따라야 한다.

③ 제1항에 따른 승강기안전종합정보망의 구축·운영 등에 필요한 사항은 대통령령으로 정한다.

제11조(유지관리업의 등록)

① 승강기 유지관리를 업으로 하려는 자는 유지관리 대상 승강기의 종류에 따라 필요한 등록기준을 갖추어 행정안전부령에 따라 시·도지사에게 등록하여야 한다. 행정안전부령으로 정하는 사항을 변경하려는 경우에도 또한 같다.

② 제1항 후단에 따른 변경등록은 변경사항이 있었던 날부터 30일 이내에 하여야 한다.

③ 제1항에 따라 등록을 하려는 자는 대통령령으로 정하는 기술인력·자본금(개인인 경우에는 자산평가액) 및 유지관리 설비를 갖추어야 한다.

④ 제1항에 따라 등록을 한 자(이하 "유지관리업자"라 한다)는 그 사업을 폐업 또는 휴업하거나 휴업한 사업을 다시 시작한 경우에는 그 날부터 30일 이내에 시·도지사에게 신고하여야 한다.

제11조의 2(유지관리업 등록의 결격사유) 다음 각 호의 어느 하나에 해당하는 자는 제11조에 따른 유지관리업의 등록을 할 수 없다.

1) 피성년후견인 또는 피한정후견인
2) 파산선고를 받고 복권되지 아니한 자
3) 이 법을 위반하여 징역 이상의 실형을 선고받고 그 집행이 끝나거나(집행이 끝난 것으로 보는 경우를 포함한다) 집행이 면제된 날부터 2년이 지나지 아니한 자
4) 이 법을 위반하여 형의 집행유예를 받고 그 유예기간 중에 있는 자
5) 제12조에 따라 등록이 취소(제11조의 2 제1호 또는 제2호에 해당하여 등록이 취소된 경우는 제외한다)된 후 2년이 지나지 아니한 자
6) 대표자가 제1호부터 제5호까지의 어느 하나에 해당하는 법인. 다만, 그 대표자를 3개월 이내에 바꾸어 임명한 경우에는 그러하지 아니하다.

제11조의 3(보험 가입)

① 유지관리업자는 그 업무를 수행하면서 고의 또는 과실로 타인에게 손해를 입힌 경우 그 손해에 대한 배상을 보장하기 위하여 보험에 가입하여야 한다.
② 제1항에 따른 보험의 종류, 가입절차 등에 관하여 필요한 사항은 행정안전부령으로 정한다.

제11조의 4(표준유지관리비)

① 행정안전부장관은 승강기의 안전관리와 승강기 관리주체의 이익을 보호하기 위하여 필요하다고 인정하는 경우에는 승강기에 관한 전문기관을 지정하여 승강기 관리주체가 부담하여야 할 유지관리비의 표준이 될 금액(이하 "표준유지관리비"라 한다)을 정하여 공표하도록 하고, 유지관리업자에게 이를 승강기 유지관리에 관한 표준가격으로 활용하도록 권고할 수 있다.
② 제1항에 따른 전문기관의 지정과 표준유지관리비의 공표방법 등에 관하여 필요한 사항은 행정안전부장관이 정하여 고시한다.
③ 행정안전부장관은 승강기 관리주체의 이익보호 및 승강기의 안전관리를 위하여 승강기 관리주체와 유지관리업자 간의 표준유지관리계약서를 정하여 고시하고, 이를 이용하도록 권고할 수 있다.

제11조의 5(유지관리 하도급의 제한) 유지관리업자는 그가 계약을 맺은 승강기의 유지관리업무를 다른 유지관리업자 등에게 하도급하여서는 아니 된다. 다만, 대통령령으로 정하는 비율 이하의 유지관리업무를 다른 유지관리업자에게 하도급하는 경우로서 승강기 관리주체(유지관리업자가 승강기 관리주체인 경우에는 그 승강기 소유자나 다른 법령에 따라 승강기 관리자로 규정된 자를 말한다)가 서면으로 동의한 경우에는 그러하지 아니하다.

제11조의 6(유지관리품질우수업체의 선정 등)

① 행정안전부장관은 승강기 유지관리품질을 향상시키기 위하여 유지관리품질우수업체를 선정하고 그 업체에 필요한 지원을 할 수 있다.

② 제1항에 따른 유지관리품질우수업체의 선정방법과 선정절차 등에 관하여 필요한 사항은 행정안전부령으로 정한다.

제12조(유지관리업의 등록 취소 등)

① 시·도지사는 유지관리업자가 다음 각 호의 어느 하나에 해당하면 그 등록을 취소하거나 6개월 이내의 기간을 정하여 그 사업의 전부 또는 일부의 정지를 명할 수 있다. 다만, 제1호·제3호 또는 제8호에 해당하는 경우에는 그 등록을 취소하여야 한다.

1) 거짓이나 그 밖의 부정한 방법으로 제11조 제1항에 따른 유지관리업의 등록을 한 경우
2) 제11조 제3항에 따른 등록기준에 미달하게 된 경우
3) 제11조의 2 각 호의 어느 하나에 해당하는 경우. 다만, 법인의 대표자가 같은 조 제1호부터 제5호까지의 어느 하나에 해당하는 경우 3개월 이내에 그 대표자를 바꾸어 임명한 경우는 제외한다.
4) 제11조의 3을 위반하여 보험에 가입하지 아니한 경우
5) 제11조의 5를 위반하여 유지관리업무를 하도급한 경우
6) 유지관리를 잘못하여 제16조의 4 제1항 전단에 따른 중대한 사고가 발생한 경우
7) 계약 등에 의하여 계속 유지 관리하는 승강기에 대하여 승강기 관리주체가 용역 제공을 요청하였을 때 정당한 사유 없이 거부하거나 회피한 경우
8) 제2호 및 제4호부터 제7호까지의 규정에 따른 사업정지명령을 위반하여 유지 관리업을 한 경우

② 시·도지사는 제1항에도 불구하고 제11조 제3항에 따른 등록기준에 미달하는 정도가 경미하다고 인정되는 경우나 제1항 제4호 또는 제5호에 해당하는 경우에는 기간을 정하여 등록기준에 적합하게 보완할 것을 명하거나 보험 가입 또는 하도급계약의 해지를 명하고, 그 명령을 이행하면 사업의 정지를 명하지 아니할 수 있다.

③ 제1항에 따른 등록취소·사업정지의 기준 및 제2항에 따른 명령의 기준은 행정안전부령으로 정한다.

제12조의 2(과징금)

① 시·도지사는 제6조 또는 제12조에 따라 사업정지를 명하여야 할 경우로서 사업의 정지가 승강기 이용자에게 심한 불편을 주거나 공익을 해칠 우려가 있다고 인정하면 사업정지 처분을 갈음하여 1천만원 이하의 과징금을 부과할 수 있다.

② 시·도지사는 제1항에도 불구하고 제5조 제2항 또는 제11조 제3항에 따른 등록기준에 미달하

는 정도가 경미하다고 인정되는 경우나 제12조 제1항 제4호 또는 제5호에 해당하는 경우에는 기간을 정하여 등록기준에 적합하게 보완할 것을 명하거나 보험 가입 또는 하도급계약의 해지를 명하고, 그 명령을 이행하면 과징금을 부과하지 아니할 수 있다.

③ 시·도지사는 제5조 제1항에 따라 등록한 자 또는 유지관리업자가 제1항에 따른 과징금을 납부기한까지 내지 아니하면 「지방세외수입금의 징수 등에 관한 법률」에 따라 징수한다.

④ 제1항에 따른 과징금을 부과하는 위반행위의 종류와 위반 정도에 따른 과징금 금액의 기준은 행정안전부령으로 정한다.

시행령

제7조의 2(승강기안전종합정보망의 구축·운영) 행정안전부장관은 승강기안전종합정보망을 구축·운영하기 위하여 승강기마다 고유한 식별표지를 부착할 수 있다.

제8조 삭제

제9조(유지관리업의 등록기준) 법 제11조 제3항에 따른 유지 관리업(이하 "유지 관리업"이라 한다)의 등록기준은 다음 각 호와 같다.

1) 자본금(법인인 경우에는 납입자본금을 말하고, 개인인 경우에는 자산평가액을 말한다)이 1억원 이상일 것
2) 유지관리 대상 승강기의 종류에 따라 행정안전부령으로 정하는 기술인력 및 유지 관리설비를 갖추고 있을 것

제10조(등록대장)

① 시·도지사는 제조업자 및 수입업자와 법 제11조 제1항에 따라 등록한 유지관리업자(이하 "유지관리업자"라 한다)에 관한 등록대장을 갖춰 두고 그 등록대장에 다음 각 호의 사항을 기록하여야 한다.

1) 등록 연월일 및 등록번호
2) 등록한 자의 성명(법인인 경우에는 법인의 명칭과 대표자의 성명) 및 주소
3) 등록한 자의 사업 구분
4) 자본금

② 제1항에 따른 등록대장의 서식은 행정안전부령으로 정한다.

③ 제1항의 등록대장은 승강기안전종합정보망을 이용하여 작성·관리하여야 한다.

제11조(유지관리 하도급의 제한)

① 법 제11조의 5 단서에 따라 유지 관리업자는 다음 각 호의 기준을 모두 충족하는 범위에서 유지관리업무의 일부를 다른 유지관리업자에게 하도급할 수 있다.

1) 유지관리업무의 100분의 50 이내

2) 법 제17조에 따른 자체점검업무의 3분의 2 이내

② 법 제11조의 5 단서에 따른 하도급 동의를 위한 서면에는 하도급 업무의 내용 및 범위, 원도급 금액과 하도급 금액이 포함되어야 한다.

1 법정검사

제13조(승강기의 검사)

① 승강기 관리주체는 해당 승강기에 대하여 행정안전부장관이 실시하는 다음 각 호의 검사를 받아야 한다.

1) 완성검사: 승강기 설치(승강기를 교체 설치한 경우는 제외한다)를 끝낸 경우에 실시하는 검사

2) 정기검사: 완성검사 후 정기적으로 실시하는 검사. 이 경우 검사주기는 2년 이하로 하되, 해당 승강기의 사용연수, 제16조의 4 제1항 전단에 따른 중대한 사고 또는 중대한 고장의 발생 여부 및 횟수, 그 밖에 행정안전부령으로 정하는 사항을 평가하여 승강기별로 검사주기를 다르게 할 수 있다.

3) 수시검사: 다음 각 목의 어느 하나에 해당하는 경우에 실시하는 검사

가. 승강기의 종류, 제어방식, 정격속도, 정격용량 또는 왕복운행거리를 변경한 경우(변경된 승강기에 대한 검사의 기준이 완화되는 경우 등 행정안전부령으로 정하는 경우는 제외한다)

나. 승강기의 제어반(制御盤) 또는 구동기(驅動機)를 교체한 경우

다. 승강기에 사고가 발생하여 수리한 경우(제13조의 2 제1항 제2호에 해당하는 경우는 제외한다)

라. 승강기 관리주체가 요청하는 경우

② 승강기 관리주체는 제1항에 따른 검사를 받지 아니하거나 검사에 불합격한 승강기를 운행할 수 없으며, 이를 운행하려면 해당 검사에 합격하여야 한다. 이 경우 승강기 관리주체는 검사에 불합격한 승강기에 대해서는 행정안전부령으로 정하는 기간 이내에 재검사를 받아야 한다.

③ 행정안전부장관은 행정안전부령으로 정하는 바에 따라 제1항 또는 제2항에 따른 검사 또는 재검사를 받을 수 없다고 인정하면 그 사유가 없어질 때까지 그 검사를 연기할 수 있다.

④ 제1항 각 호에 따른 검사의 기준·항목 및 방법 등에 관하여 필요한 사항은 대통령령으로 정한다.

제13조의 2(승강기의 정밀안전검사)

① 승강기 관리주체는 해당 승강기가 다음 각 호의 어느 하나에 해당하는 경우에는 행정안전부장관이 실시하는 정밀안전검사를 받아야 한다. 이 경우 제3호에 해당하는 때에는 정밀안전검사를 받은 날부터 3년마다 정기적으로 정밀안전검사를 받아야 한다.

1) 제13조에 따른 검사 결과 결함원인이 불명확하여 사고예방과 안전성 확보를 위하여 정밀안전검사가 필요하다고 인정된 경우

2) 승강기의 결함으로 인하여 제16조의 4 제1항 전단에 따른 중대한 사고가 발생한 경우

3) 완성검사를 받은 날부터 15년이 지난 경우

4) 그 밖에 승강기의 성능의 저하로 인하여 이용자의 안전을 침해할 우려가 있는 것으로 행정안전부장관이 정한 경우

② 승강기 관리주체는 제1항에 따른 정밀안전검사에 불합격한 승강기를 운행할 수 없으며, 다시 운행하기 위하여는 정밀안전검사를 다시 받아야 한다.

③ 제1항에 따른 정밀안전검사의 기준·항목·방법 및 실시시기 등에 필요한 사항은 대통령령으로 정한다.

제13조의 3(검사자의 의무)

① 제15조 제1항에 따라 지정된 검사기관에 소속된 검사자는 제13조 제4항 및 제13조의 2 제3항의 검사 기준 및 방법에 따라 성실히 검사 및 정밀안전검사를 실시하여야 한다.

② 제13조 제1항 및 제13조의 2 제1항에 따른 검사 및 정밀안전검사를 실시한 자는 지체 없이 그 결과를 승강기 관리주체에게 통보하고, 제10조의 3에 따른 승강기안전종합정보망에 입력하여야 한다.

제13조의 4(정기검사 등의 면제) 행정안전부장관은 승강기 관리주체가 제13조의 2에 따른 정밀안전검사를 받은 경우 또는 정밀안전검사를 받아야 하는 경우 제13조 제1항에 따른 해당 연도의 정기검사 또는 수시검사를 면제할 수 있다.

제14조(검사합격증명서의 발급)

① 행정안전부장관은 제13조 제1항 및 제13조의 2 제1항에 따른 검사 및 정밀안전검사에 합격한 승강기 관리주체에 대하여 행정안전부령으로 정하는 바에 따라 검사합격증명서를 발급하여야 한다.

② 제1항에 따라 검사합격증명서를 발급받은 승강기 관리주체는 그 증명서를 승강기의 내부나 외부에 즉시 부착하여야 한다.

제15조(검사의 대행)

① 행정안전부장관은 제13조 제1항 및 제13조의 2 제1항에 따른 검사 및 정밀안전검사를 한국승강기안전공단에 대행하게 한다. 다만, 행정안전부장관이 필요하다고 인정하는 경우에는 제13조 제1항 제2호에 따른 정기검사의 일부를 행정안전부장관이 지정하는 검사기관에 대행하게 할 수 있다.

② 제1항 단서에 따른 검사기관의 지정기준은 다음 각 호와 같다.

1) 다음 각 목의 어느 하나에 해당하는 법인일 것

가. 삭제

나. 「정부출연연구기관 등의 설립·운영 및 육성에 관한 법률」 제8조 또는 「과학기술분야 정부출연연구기관 등의 설립·운영 및 육성에 관한 법률」 제8조에 따라 설립된 연구기관으로서 승강기의 안전관리에 관한 사항을 업무로 하는 기관

다. 「민법」 제32조에 따라 설립된 비영리법인으로서 승강기의 안전관리에 관한 사항을 업무로 하고 있는 법인

2) 행정안전부령으로 정하는 검사인력 및 검사설비를 갖추고 있을 것

3) 「국가표준기본법」 제23조에 따라 인정받은 시험·검사기관일 것

4) 제15조의 2에 따라 지정이 취소된 경우에는 취소된 날부터 2년이 지났을 것

5) 금고 이상의 실형을 선고받고 그 집행이 끝나거나(집행이 끝난 것으로 보는 경우를 포함한다) 집행이 면제된 날부터 2년이 지나지 아니한 임원이 없을 것

6) 특별시·광역시·특별자치시·도 또는 특별자치도(이하 “시·도”라 한다)에 4개 이상의 사무소를 두고 있는 법인일 것

7) 제조업자 등·유지관리업자 또는 승강기의 설치업자나 판매업자로부터 재정적인 지원을 받지 아니하는 등 검사업무에 관한 독립성을 확보하고 있을 것

③ 제2항에 따른 검사기관의 지정 방법·절차, 그 밖에 필요한 사항은 행정안전부령으로 정한다.

제15조의 2(검사기관의 지정취소 등)

① 행정안전부장관은 제15조 제1항에 따라 지정된 검사기관이 다음 각 호의 어느 하나에 해당하면 그 지정을 취소하거나 6개월 이내의 기간을 정하여 그 업무정지를 명할 수 있다. 다만, 제1호나 제7호에 해당하는 경우에는 그 지정을 취소하여야 한다.

1) 거짓이나 그 밖의 부정한 방법으로 지정을 받은 경우

2) 제15조 제2항에 따른 지정기준에 적합하지 아니하게 된 경우

3) 검사기관의 소속 검사자가 고의 또는 중대한 과실로 제13조의 3 제1항을 위반하여 검사 업무를 수행한 경우

4) 제13조 및 제13조의 2에 따른 검사 및 정밀안전검사를 실시할 자격이 있는 자가 아닌 자로 하여금 검사 업무를 수행하게 한 경우
5) 검사기관이 정당한 사유 없이 제13조 및 제13조의 2에 따른 검사 및 정밀안전검사를 거부하거나 실시하지 아니한 경우
6) 행정안전부장관이 제21조의 2에 따라 검사기관의 정밀안전검사 결과를 현지 확인한 결과 고의 또는 중대한 과실로 검사기관이 안전상태를 사실과 다르게 검사한 경우
7) 제2호부터 제6호까지의 규정에 따른 업무정지명령을 위반하여 검사 업무를 실시한 경우
② 제1항에 따른 지정취소 및 업무정지에 관한 행정처분의 기준은 행정안전부령으로 정한다.

제2절 자체점검

제17조(승강기의 자체점검)

① 승강기 관리주체는 스스로 승강기 운행의 안전에 관한 점검(이하 "자체점검"이라 한다)을 월 1회 이상 실시하고 그 점검기록을 제10조의 3에 따른 승강기안전종합정보망에 입력하여야 한다.
② 승강기 관리주체는 제1항에 따른 자체점검의 결과 해당 승강기에 결함이 있다는 사실을 알았을 경우에는 즉시 보수하여야 하며, 보수가 끝날 때까지 운행을 중지하여야 한다.
③ 제1항에도 불구하고 다음 각 호의 어느 하나에 해당하는 승강기에 대하여는 자체점검의 전부 또는 일부를 면제할 수 있다.
1. 제13조 제1항에 따른 검사에 불합격된 승강기
2. 제13조 제3항에 따라 검사가 연기된 승강기
3. 그 밖에 선진 보수 관리기법의 도입 등 대통령령으로 정하는 사유로 자체점검의 주기 조정이 필요한 승강기
④ 승강기 관리주체는 자체점검을 스스로 할 수 없다고 판단하는 경우에는 유지관리업자에게 대행하도록 할 수 있다.
⑤ 제1항 및 제4항에 따른 자체점검을 담당할 수 있는 사람의 자격, 자체점검의 항목, 방법, 그 밖에 필요한 사항은 대통령령으로 정한다.

제15조(승강기의 자체점검)

① 승강기 관리주체는 법 제17조 제1항에 따른 자체점검(이하 "자체점검"이라 한다)을 실시하고 그 결과를 양호, 주의 바람, 수리 바람 또는 긴급수리로 구분하여 자체점검 후 5일 이내에 승강기안전종합정보망에 입력하여야 한다.

② 법 제17조 제3항 제3호에서 "선진 보수 관리기법의 도입 등 대통령령으로 정하는 사유로 인하여 자체점검의 주기 조정이 필요한 승강기"란 다음 각 호의 어느 하나에 해당하는 승강기 중에서 승강기 관리주체와 유지관리업자 간에 체결한 표준유지관리계약서에 점검주기가 3개월의 범위에서 분명하게 적혀있는 승강기를 말한다.

1) 운전제어 및 고장분석 등의 자체점검기능과 실시간 관리가 가능한 원격감시기능이 있는 장치로 유지·관리되는 승강기

2) 정기점검, 예방점검, 부품 교체 및 수리공사 등 승강기의 안전운행을 위하여 수행하여야 할 모든 유지관리행위를 포함하는 포괄적인 유지관리계약에 따라 유지·관리되는 승강기

3) 법 제11조의 6 제1항에 따른 유지관리 품질우수업체가 유지·관리하는 승강기로서 최근 2년 동안 법 제13조 제1항 각 호에 따른 검사에 합격한 승강기

4) 다른 법령에서 정하는 바에 따라 승강기 설치가 의무화되지 아니한 다음 각 목 어느 하나에 설치된 승강기(에스컬레이터, 무빙워크 및 「실내공기질 관리법 시행령」 제2조 제1항에 해당하는 시설에 설치된 승강기는 제외한다)

가. 건축물

나. 고정된 시설물

③ 제2항에도 불구하고 다음 각 호의 어느 하나에 해당하는 승강기는 제2항에 따른 승강기로 보지 아니한다.

1. 법 제13조 제1항 제1호에 따른 완성검사를 받은 날부터 10년이 지난 승강기(행정안전부령으로 정하는 부품의 교체에 따라 법 제13조 제1항 제3호에 따른 수시검사를 받은 날부터 10년이 지나지 않은 승강기는 제외한다)
2. 최근 3년 이내에 법 제16조의 4 제1항에 따른 중대한 사고가 발생한 승강기
3. 최근 1년 이내에 법 제16조의 4 제1항에 따른 중대한 고장이 3회 이상 발생한 승강기

④ 제1항에 따른 자체점검의 점검항목, 점검방법 및 그 밖에 필요한 사항은 행정안전부장관이 정하여 고시한다.

제16조(승강기의 자체점검자)

① 승강기 관리주체는 법 제17조 제1항에 따라 다음 각 호의 어느 하나에 해당하는 사람

으로서 법 제20조에 따라 교육을 받은 사람으로 하여금 승강기의 자체점검을 실시하게 하여야 한다.

1) 「국가기술자격법」에 따른 승강기 기사 자격을 취득한 사람
2) 「국가기술자격법」에 따른 승강기 산업기사 자격을 취득한 사람으로서 승강기의 설계·제조·설치·검사 또는 유지관리에 관한 실무경력이 2개월 이상인 사람
3) 「국가기술자격법」에 따른 승강기 기능사 자격을 취득한 사람으로서 승강기의 설계·제조·설치·검사 또는 유지관리에 관한 실무경력이 4개월 이상인 사람
4) 「국가기술자격법」에 따른 기계·전기 또는 전자 분야 산업기사 이상의 자격을 취득한 사람으로서 승강기의 설계·제조·설치·검사 또는 유지관리에 관한 실무경력이 4개월 이상인 사람
5) 「국가기술자격법」에 따른 기계·전기 또는 전자 분야 기능사 자격을 취득한 사람으로서 승강기의 설계·제조·설치·검사 또는 유지관리에 관한 실무경력이 6개월 이상인 사람
6) 「고등교육법」 제2조 제1호에 따른 대학의 승강기·기계·전기·전자 학과나 그 밖에 이와 유사한 학과의 학사학위를 취득한 사람으로서 승강기의 설계·제조·설치·검사 또는 유지관리에 관한 실무경력이 6개월 이상인 사람
7) 「고등교육법」 제2조 제4호에 따른 전문대학의 승강기·기계·전기·전자 학과나 그 밖에 이와 유사한 학과의 전문학사학위를 취득한 사람으로서 승강기의 설계·제조·설치·검사 또는 유지관리에 관한 실무경력이 1년 이상인 사람
8) 「초·중등교육법」에 따른 공업계 고등학교의 승강기·기계·전기·전자 학과나 그 밖에 이와 유사한 학과를 졸업한 사람으로서 승강기의 설계·제조·설치·검사 또는 유지관리에 관한 실무경력이 1년 6개월 이상인 사람
9) 승강기의 설계·제조·설치·검사 또는 유지관리에 관한 실무경력이 3년 이상인 사람

② 제1항에도 불구하고 고속으로 운행되는 승강기로서 행정안전부령으로 정하는 승강기의 경우에는 행정안전부령으로 정하는 자격을 갖춘 사람으로 하여금 자체점검을 실시하게 하여야 한다.

제17조(운행정지명령) 시·도지사가 법 제18조 제2항에 따라 승강기의 운행정지를 명할 때에는 운행정지 사유와 운행정지 기간을 분명하게 적은 서면으로 하여야 한다.

제18조(운행정지명령 등)

① 행정안전부장관은 제13조에 따른 검사 또는 제13조의 2에 따른 정밀안전검사를 받지 아니하거나 검사 또는 정밀안전검사에 불합격한 승강기를 시·도지사에게 통보하여야 한다.

② 시·도지사는 승강기가 다음 각 호의 어느 하나에 해당하면 그 사유가 해소될 때까지 그 승강기의 운행정지를 명할 수 있다.

1. 제13조 제1항에 따른 검사를 받지 아니하거나 검사에 불합격한 승강기를 운행하는 경우
2. 제13조의 2 제1항에 따른 정밀안전검사를 받지 아니하거나 같은 조 제2항을 위반하여 정밀안전검사에 불합격한 승강기를 운행하는 경우
3. 제17조 제1항에 따른 자체점검을 실시하지 아니하거나 같은 조 제2항을 위반하여 운행을 중지하지 아니하는 경우
4. 승강기로 인하여 중대한 위해가 발생하거나 발생할 우려가 있다고 인정하는 경우

③ 시·도지사는 제2항에 따라 승강기의 운행정지를 명할 때에는 승강기 관리주체에게 운행정지 표지를 발급하여야 하며, 승강기 관리주체는 발급받은 표지를 행정안전부령으로 정하는 바에 따라 이용자가 잘 볼 수 있는 곳에 즉시 부착하고 훼손되지 아니하게 관리하여야 한다.

제21조의 2(정밀안전검사 결과에 대한 확인) 행정안전부장관은 제13조의 2에 따른 정밀안전검사의 기술수준을 향상시키고 부실검사를 방지하기 위하여 필요한 경우에는 제15조 제1항에 따라 지정된 검사기관이 실시한 정밀안전검사 결과에 대하여 현지 확인할 수 있으며, 승강기 관리주체 또는 위 검사기관에 정밀안전검사 결과 등 현지 확인에 필요한 관련 자료의 제출을 요구할 수 있다. 이 경우 요청을 받은 승강기 관리주체 또는 검사기관은 이에 따라야 한다.

제21조의3(실태조사)

① 행정안전부장관은 제13조에 따른 검사 또는 제13조의 2에 따른 정밀안전검사를 받지 아니하거나 검사 또는 정밀안전검사에 불합격한 승강기의 운행상황 등을 파악하기 위하여 2년마다 승강기에 관한 실태조사를 실시하여야 한다.

② 제1항에 따른 승강기 실태조사의 범위와 방법 등에 필요한 사항은 행정안전부령으로 정한다.

제3절 사고보고 및 사고조사

제16조의 4(사고 보고 의무 및 사고 조사)

① 승강기 관리주체는 그가 관리하는 승강기로 인하여 승강기 이용자가 죽거나 다치는 등 행정안전부령으로 정하는 중대한 사고가 발생하거나 승강기 내에 이용자가 갇히는 등의 중대한 고장이 발생한 경우에는 행정안전부령으로 정하는 바에 따라 공단의 장에게 통보하여야 한다. 이 경우 공단의 장은 통보받은 사항 중 중대한 사고에 관한 내용을 행정안전부장관, 시·도지사 및 제4항에 따른 사고조사판정위원회에 보고하여야 한다.

② 승강기 관리주체 및 유지관리업자 등은 제1항 전단에 따른 중대한 사고가 발생한 경우에는 사고현장 또는 중대한 사고와 관련되는 물건을 이동시키거나 변경 또는 훼손하여서는 아니 된다. 다만, 인명구조 등 긴급한 사유가 있는 경우에는 그러하지 아니하다.

③ 제1항에 따라 통보받은 공단의 장은 승강기 사고의 재발 방지 및 예방을 위하여 필요하다고 인정하면 승강기 사고의 원인 및 경위 등에 관한 조사를 할 수 있다.

④ 제3항에 따라 공단의 장은 승강기 사고의 효율적인 조사를 위하여 사고조사반을 둘 수 있으며, 사고조사반의 구성 및 운영 등에 관한 세부사항은 행정안전부령으로 정한다.

⑤ 행정안전부장관은 공단이 조사한 승강기 사고의 원인 등을 판정하기 위하여 사고조사판정위원회를 둘 수 있다. 이 경우 사고조사판정위원회의 구성 및 운영과 그 밖의 필요한 사항은 대통령령으로 정한다.

제21조(보고 및 검사)

① 행정안전부장관은 이 법의 시행을 위하여 필요하다고 인정하면 제15조 제1항에 따라 지정된 검사기관에 그 인력·장비·실적에 관한 자료를 제출하게 하거나 보고하게 할 수 있다.

② 시·도지사는 이 법의 시행을 위하여 필요하다고 인정하면 다음 각 호의 자에게 다음 사항에 관한 자료를 제출하게 하거나 보고하게 할 수 있다.

1) 제5조 제1항에 따라 등록한 자 : 생산량, 수입량, 유지관리용 부품 확보 현황 등
2) 유지관리업자 : 기술인력, 보수 대수, 유지관리계약을 체결한 승강기 현황 등
3) 승강기 관리주체 : 자체점검, 안전관리자, 사고의 현황 등

③ 행정안전부장관 또는 시·도지사는 제1항 또는 제2항에 따른 자료제출 또는 보고로 조사목적을 달성하기 어려운 경우에는 관계 공무원으로 하여금 해당 사업소·영업소 등에 출입하여 장부·서류와 그 밖의 물건을 검사하게 할 수 있다.

④ 제3항에 따른 검사를 하려면 검사 7일 전까지 검사의 일시, 이유 및 내용 등이 포함된 검사계획을 검사를 받는 자에게 알려야 한다. 다만, 긴급한 경우나 사전에 알리면 증거인멸 등으로 검사의 목적을 달성할 수 없다고 인정하는 경우에는 그러하지 아니하다.

⑤ 제3항에 따라 출입·검사를 하는 공무원은 그 권한을 표시하는 증표를 지니고 이를 관계인에게 내보여야 하며, 출입 시 해당 공무원의 성명, 출입 시간 및 출입 목적 등이 적혀 있는 문서를 관계인에게 내주어야 한다.

시행령

제20조의 2(보고 등)

① 제20조에 따라 권한을 위임받은 시·도지사나 업무를 위탁받은 공단의 장 및 검사기관은 행정안전부령으로 정하는 바에 따라 위임·위탁 업무의 처리 결과를 행정안전부장관에게 보고하여야 한다.

② 행정안전부장관은 공단의 장 및 검사기관이 제20조 제2항 또는 제3항에 따라 위탁받은 업무를 법 또는 이 영을 위반하여 처리하였을 때에는 그 시정을 명할 수 있다.

③ 제2항에 따른 시정명령을 받은 공단의 장 및 검사기관은 지체 없이 그 위반사항을 시정하고 그 결과를 행정안전부장관에게 보고하여야 한다.

시행령

제13조(불합격 승강기의 표지) 행정안전부장관은 법 제13조 제1항 각 호에 따른 검사 또는 법 제13조의 2 제1항에 따른 정밀안전검사에 불합격한 승강기의 관리주체에게 법 제13조 제2항 또는 제13조의 2 제2항에 따른 운행금지사실을 알리는 표지를 발급하여야 한다.

제14조의 2(검사의 기준·항목 및 방법 등)

① 법 제13조 제4항 또는 제13조의 2 제3항에 따른 검사 또는 정밀안전검사의 기준·항목 및 방법 등은 다음 각 호의 사항을 모두 고려하여 행정안전부장관이 고시하는 기준·항목 및 방법 등에 따른다.

1) 「국가표준기본법」 제3조 제1호 및 제2호에 따른 국가표준 및 국제표준
2) 승강기 검사의 종류
3) 승강기의 구조 및 구동방식
4) 승강기에 적용되는 기술의 특수성
5) 그 밖에 승강기의 안전성 확보를 위하여 행정안전부장관이 필요하다고 인정하는 사항

② 행정안전부장관은 법 제13조 제1항 제1호 또는 제3호에 따른 완성검사 또는 수시검사를 실시할 때에는 검사신청자나 그 대리인을 현장에 참석하게 하여야 하며, 같은 항 제2호에 따른 정기검사 또는 법 제13조의 2 제1항에 따른 정밀안전검사를 실시할 때에는 법 제16조의 2에 따른 안전관리자 또는 법 제17조 제1항에 따른 승강기의 자체점검을 실시하는 자를 현장에 참석하게 하여야 한다.

③ 행정안전부장관은 법 제13조의 2 제1항에 따라 정밀안전검사를 받아야 하는 승강기 관리주체에게 정밀안전검사의 대상, 실시사유 및 실시시기 등 정밀안전검사의 실시에

필요한 사항을 서면(전자문서를 포함한다)으로 미리 알려야 한다.

제14조의 4(사고조사판정위원회의 업무) 법 제16조의 4 제5항에 따른 사고조사판정위원회(이하 "위원회"라 한다)의 소관 업무는 다음 각 호와 같다.

1) 승강기 사고 원인 등의 판정
2) 제1호에 따른 판정을 위하여 필요한 승강기 사고에 대한 조사
3) 법 제16조의 4 제4항에 따른 사고조사반이 작성한 승강기 사고 관련 조사보고서에 대한 검토
4) 승강기 사고 원인 등의 판정·조사 및 승강기 사고 방지대책의 수립 등에 필요한 연구 및 조사
5) 승강기 사고 방지대책에 관한 권고

제14조의 5(위원회의 구성 등)

① 위원회는 위원장 1명을 포함한 12명 이상 20명 이내의 위원으로 구성하되, 위원은 당연직위원 1명과 위촉위원으로 구성한다.

② 위원장은 다음 각 호의 어느 하나에 해당하는 사람 중에서 행정안전부장관이 위촉하는 사람으로 하고, 당연직위원은 승강기 관련 업무를 담당하는 행정안전부의 4급 이상 공무원 또는 고위공무원단에 속하는 일반직공무원 중에서 행정안전부장관이 지명하는 사람으로 하며, 위촉위원은 승강기에 관한 전문지식이나 경험이 풍부한 사람으로서 다음 각 호의 어느 하나에 해당하는 사람 중에서 행정안전부장관이 위촉하는 사람으로 한다.

1) 변호사의 자격을 취득한 후 15년 이상이 된 사람
2) 대학에서 승강기 안전관리 등 승강기 분야 관련 과목을 가르치는 부교수 이상의 직으로 5년 이상 재직 중이거나 재직하였던 사람
3) 행정기관의 4급 이상 공무원 또는 고위공무원단에 속하는 일반직공무원으로서 2년 이상 있었던 사람
4) 법 제15조 제1항 단서에 따라 지정된 검사기관(이하 "검사기관"이라 한다) 또는 법 제15조의 3에 따른 한국승강기안전공단(이하 "공단"이라 한다)에서 10년 이상 근무한 사람
5) 승강기 관련 업체에서 15년 이상 근무한 경력이 있는 사람으로서 최근 3년 이전에 퇴직한 사람

③ 위촉위원의 임기는 3년으로 하며, 한 번만 연임할 수 있다. 다만, 보궐위원의 임기는 전임위원 임기의 남은 기간으로 한다.

④ 위원회의 업무를 처리하기 위하여 위원회에 사무국을 둘 수 있다.

제14조의 6(위원의 해촉 등) 행정안전부장관은 위원이 다음 각 호의 어느 하나에 해당하는 경우에는 해당 위원을 해촉(解囑)하거나 그 지명을 철회할 수 있다.

1) 심신장애로 인하여 직무를 수행할 수 없게 된 경우
2) 직무와 관련된 비위사실이 있는 경우
3) 직무태만, 품위손상이나 그 밖의 사유로 인하여 위원으로 적합하지 아니하다고 인정되는 경우
4) 위원 스스로 직무를 수행하는 것이 곤란하다고 의사를 밝히는 경우

제14조의 7(위원회의 운영)

① 위원장은 위원회의 회의를 소집하고 그 의장이 되며, 위원회의 업무를 총괄한다.
② 위원장이 불가피한 사유로 직무를 수행할 수 없을 때에는 위원장이 미리 지명한 위원이 그 직무를 대행한다.
③ 위원회의 회의는 위원장, 당연직위원 및 위원장이 회의마다 지정하는 5명의 위원으로 구성한다.
④ 위원회는 제3항에 따른 구성원 3분의 2 이상의 출석으로 개의(開議)하고, 출석위원 과반수의 찬성으로 의결한다.
⑤ 위원회는 승강기 사고 원인과 관계가 있는 것으로 인정되는 위원을 해당 승강기 사고에 관한 위원회의 회의에 참석시켜서는 아니 된다.
⑥ 위원회는 필요하다고 인정되면 관계인이나 관계 전문가를 위원회에 출석시켜 발언하게 하거나 서면으로 의견을 제출하게 할 수 있다.
⑦ 위원회에 출석한 위원, 관계인 및 관계 전문가에게는 예산의 범위에서 수당과 여비를 지급할 수 있다. 다만, 공무원인 위원이 그 소관 업무와 직접 관련되어 위원회에 출석하는 경우에는 그러하지 아니하다.
⑧ 제1항부터 제6항까지에서 규정한 사항 외에 위원회의 운영에 필요한 사항은 위원회의 의결을 거쳐 위원회의 위원장이 정한다.

memo

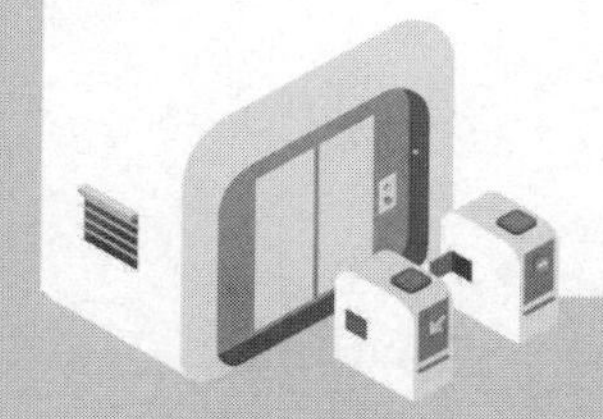

제 4 편

기계 전기 기초 이론

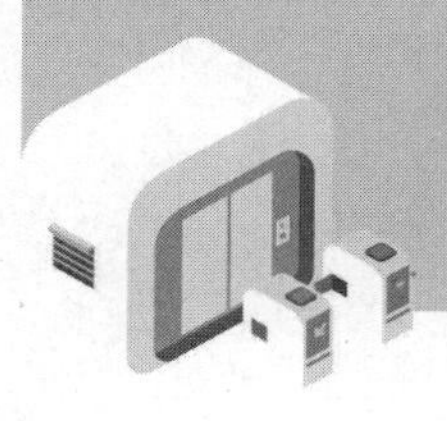

제16장

승강기 주요 기계요소별 구조와 원리

제1절 링크 기구

1 정의 및 구조

체인을 구성하는 고리로 2개 이상의 막대 형상인 핀을 연결하여 링크 장치(Link Motion)를 할 수 있도록 사용하는 기구이다. 링크를 연결하여 회전운동과 왕복운동을 하는 장치이다.

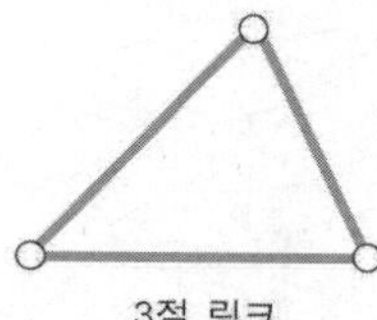
3절 링크

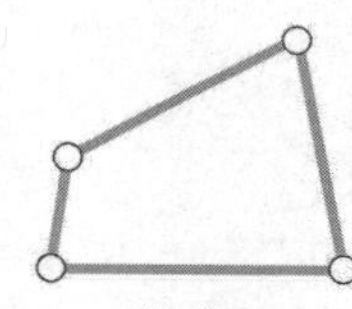
4절 링크

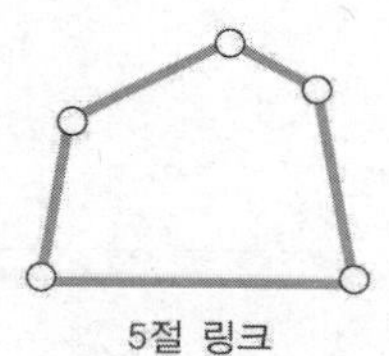
5절 링크

2 작동 원리

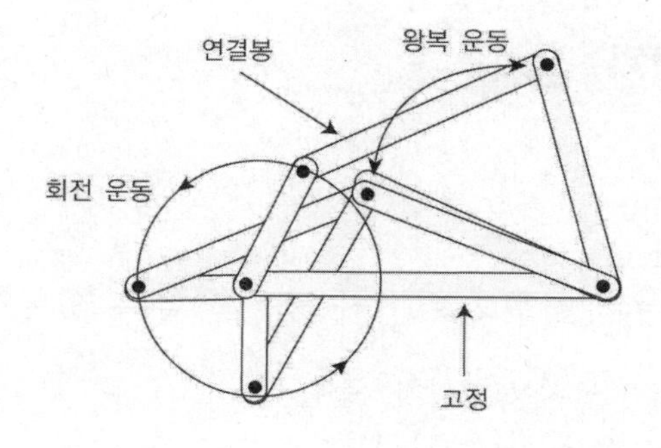

제2절 캠

1 정의

회전 운동이나 왕복 운동을 다른 형태의 직선·왕복운동, 진동으로 변환하는 기구이다. 판 캠, 직동 캠 등의 평면 캠과 원통 캠, 원뿔 캠, 구면 캠 등이 있다.

2 종류 및 구조

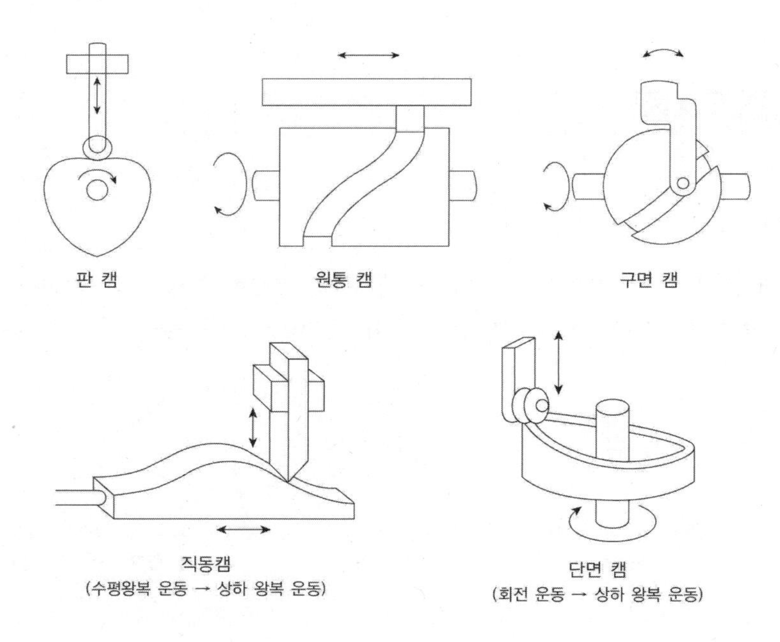

제3절 도르래(활차) 장치

1 정의 및 종류

로프와 도르래를 이용하여 작은 힘으로 큰 하중을 움직일 수 있는 장치

(1) **단활차** : 도르래 1개만을 사용(정활차, 동활차)

(2) **복활차** : 정활차와 동활차 조합

2 하중의 계산

하중 : $W = 2^n \cdot P$ (P =올리는 힘, n =동활차수)

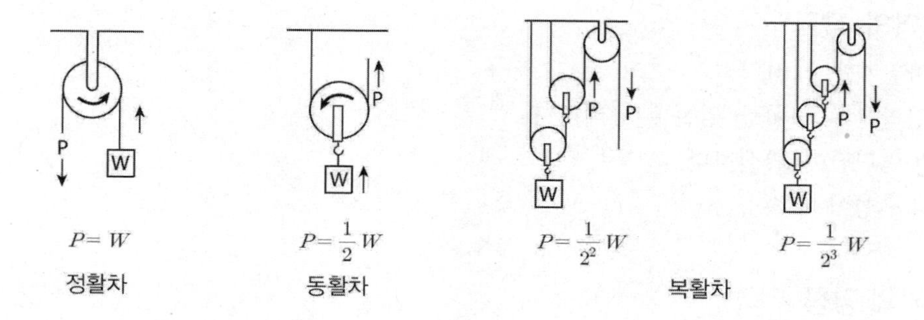

제4절 기어

1 구조 및 종류

기어는 톱니바퀴에 의하여 속도를 변화시키는 장치이다. 스퍼기어, 헬리컬기어, 내접기어, 래크와 피니언, 베벨기어, 헬리컬 베벨기어, 웜기어 등이 있다.

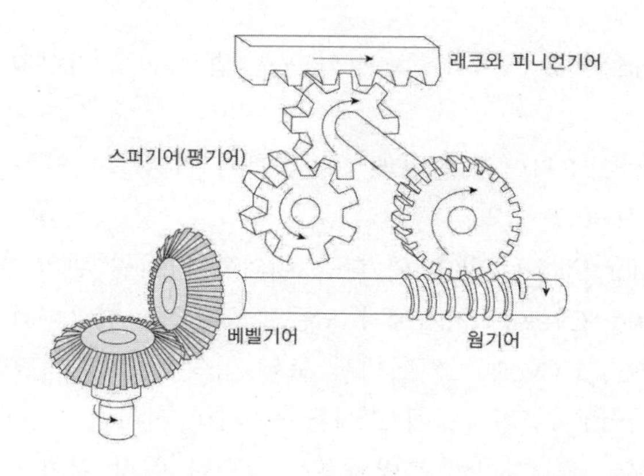

2 기어의 특징

(1) 기어의 특징

① 큰 동력을 전달할 수 있다.

② 호환성이 좋다.

③ 회전비가 정확하고 큰 감속을 얻을 수 있다.

④ 충격을 흡수하는 성질이 약하므로 소음과 진동이 발생된다.

(2) 기어의 장점

① 마찰계수가 작다.

② 정확한 속도비를 얻는데 유리하다.

③ 동력전달이 확실하다.

④ 내구성이 우수하다.

3 각 부의 명칭

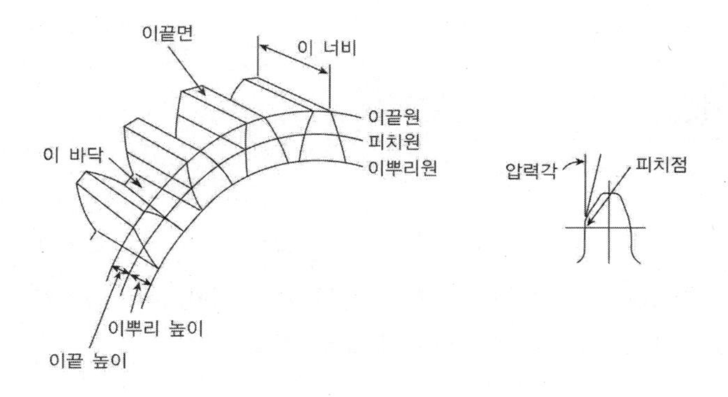

① **피치점(Pitch Point)** : 두 기어의 접촉점의 공통 법선과 두 기어의 축의 중심을 연결한 선과의 교점

② **피치원(Pitch Circle)** : 기어의 중심과 피치점과의 거리를 반지름으로 한 두 기어가 구름 접촉을 하는 가상의 원

③ **원주 피치(Circular Pitch)** : 한 이와 다음 이와의 피치원 위의 원호 길이

④ **이끝원(Addendum Circle)** : 기어에서 모든 이의 끝을 연결하여 이루어진 원

⑤ **이뿌리원(Dedendum Circle)** : 기어에서 모든 이의 뿌리를 연결한 원

⑥ **이끝 높이(Addendum)** : 피치원에서 이끝원까지의 거리

⑦ **이 너비(Tooth Width)** : 기어의 축방향으로 측정한 이의 길이

⑧ **이끝면(Tooth Face)** : 피치면과 이끝 사이에서 축방향으로 펼쳐진 곡면

⑨ **이뿌리면(Tooth Flank)** : 피치면과 골면 사이에서 축방향으로 펼쳐진 곡면

⑩ **이 두께(Tooth Thickness)** : 피치원 위에서 측정한 이의 두께

⑪ **이 홈(Tooth Space)** : 피치원 위에서 이와 이 사이의 거리

⑫ 뒤틈(Backlash) : 한 쌍의 기어에서 잇면 사이의 간격
⑬ 작용선(Line of Action) : 맞물리고 있는 두 기어의 기초원의 공통 접선
⑭ 압력각(Pressure Angle) : 맞물리고 있는 두 기어의 피치점에서의 피치원에 대한 접선과 작용선이 이루는 각

4 기어 이의 크기

(1) 모 듈 $m = \frac{\text{피치원의 지름}(D)}{\text{잇수}(Z)}$

(2) 원주피치 $p = \frac{\text{피치원의 둘레}(\pi D)}{\text{잇수}(Z)} = \pi m$

(3) 지름피치(P_d) $P_d = \frac{\text{잇수}(Z)}{\text{피치원지름}(D)}$

제5절 베어링(Bearing)

회전축의 마찰저항을 적게 하고, 축에 작용하는 하중을 지지하는 장치이다. 저널축의 베어링으로 지지되어 있는 부분이다.

1 베어링의 분류

(1) 내부의 접촉방식에 따라
① 구름 베어링 : 면 접촉, 큰 하중, 마찰이 크다.
② 미끄럼 베어링 : 점접촉, 선 접촉, 경 하중

(2) 축하중을 지지하는 방향에 따라
① 레이디얼 베어링 : 방사 방향의 축 하중을 받음
② 스러스트 베어링 : 축 방향의 하중을 받음

참고 **베어링(Bearing)** : 축의 하중을 지지, 회전을 원활하게 하는 기계 요소
저널(Journal) : 베어링과 접촉하는 축 부분

2 베어링의 종류

미끄럼 베어링, 구름 베어링, 볼 베어링, 공기 베어링, 유체 베어링, 레이디얼 베어링, 스러스트 베어링 등이 있다.

(1) **구름 베어링** : 면접촉, 점접촉, 선접촉으로 하여 마찰을 줄인 베어링을 말한다.

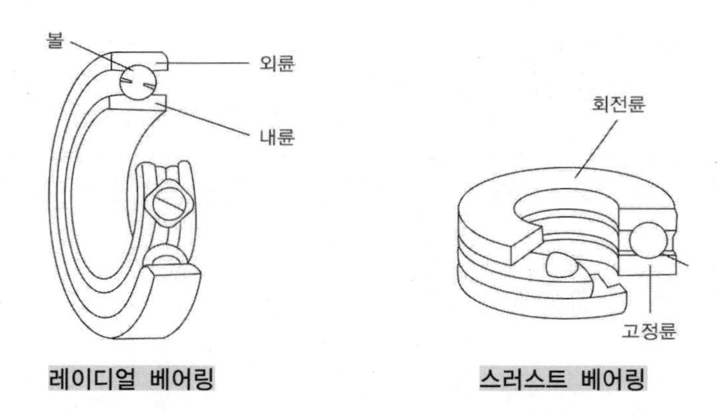

레이디얼 베어링 **스러스트 베어링**

(2) **미끄럼 베어링** : 축의 표면과 베어링 내면에 유막으로 미끄럼 운동을 하는 베어링을 말한다.

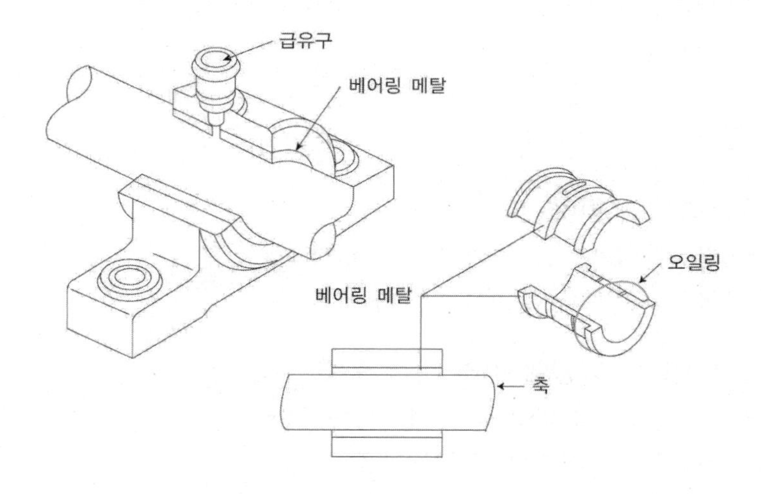

(3) 미끄럼 베어링과 구름 베어링 비교

종류 \ 항목	미끄럼 베어링	구름 베어링
운전속도	공진속도를 지나 운전할 수 있다	공진속도 이내에서 운전하여야 한다
고온	윤활유의 점도가 증가한다	전동체의 열팽창으로 고온시 냉각 장치가 필요하다
기동토크	크다	적다
충격 흡수	우수하다	작다
강성	작다	크다

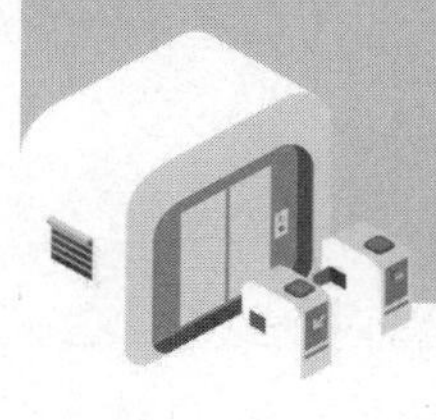

제17장

승강기 재료의 역학적 성질에 관한 기초

제1절 하중과 응력

1 하중(Load)

외력이 물체에 작용하는 힘에는 인장, 압축, 전단, 굽힘, 비틀림이 있으며 하중이 작용하는 방향에 따라 인장하중, 압축하중, 전단하중이 있다.

2 응력(Stress)

재료에 하중이 가해지면, 그 하중에 대응하는 내부적인 저항력(내력)이 발생하는데 이것을 응력(Stress)이라 한다.

$$\text{응력} = \frac{\text{하중}}{\text{단면적}},\ \sigma = \frac{F}{A}[\mathrm{N/mm^2}]$$

(1) 응력의 종류

① 수직응력(Normal Stress) : 축하중에 의한 하중

㉠ 인장응력 : 인장하중에 의한 응력

㉡ 압축응력 : 압축하중에 의한 응력

$$\sigma = \frac{W}{A}\ (W : \text{인장하중},\ A : \text{단면적})$$

② 전단응력–전단하중에 의한 응력

$$\tau = \frac{P}{A}\ (P : \text{전단하중},\ A : \text{단면적})$$

(2) 응력의 계산

한 변의 길이가 5cm인 정사각 단면에 5000kg의 하중이 작용할 때 응력은 다음과 같다.

$$\text{응력}(\sigma) = \frac{\text{하중}}{\text{단면적}} = \frac{5000}{5 \times 5} = 200[\text{kg/cm}^2]$$

참고 하중의 작용과 응력

하중의 작용 방향에 따라 압축응력, 인장응력, 전단응력, 휨응력이 있다.

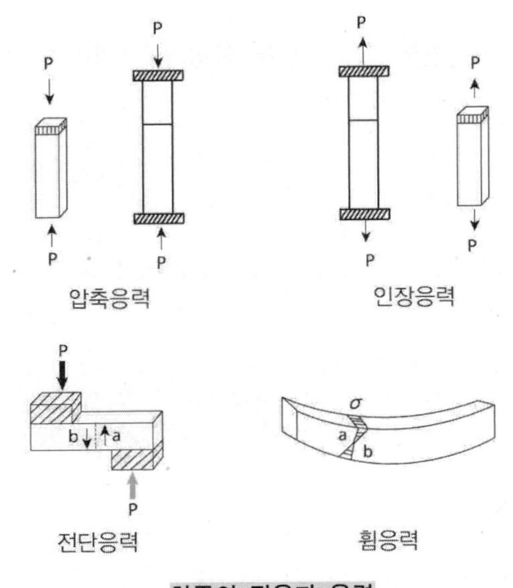

하중의 작용과 응력

제2절 응력과 변형율

1 변형률(Strain)

변형률은 원래의 길이에 대한 변형량이다.

$$변형률 = \frac{변형량}{원래의길이},\ \epsilon = \frac{\Delta l}{l}$$

(1) 변형률의 종류

① 수직하중에 의한 변형률

㉠ 종변형률(세로방향 변형률, 길이방향 변형률) 힘이 작용하는 방향의 변형률

㉡ 횡변형률(반지름방향 변형률, 가로방향 변형률) 힘이 작용하지 않는 방향의 변형률

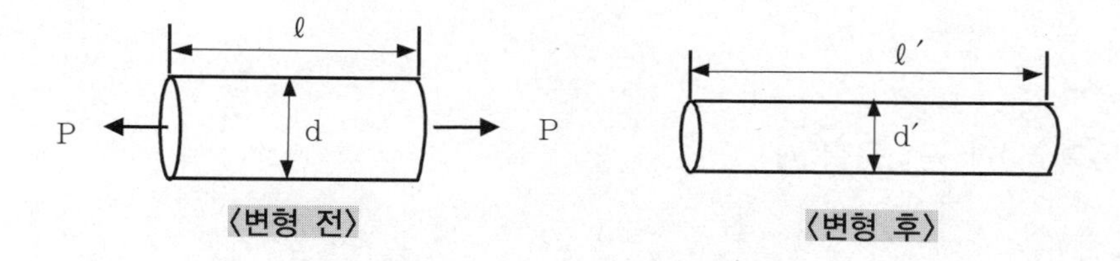

〈변형 전〉 〈변형 후〉

- 종변형률 $\epsilon = \frac{\ell' - \ell}{\ell}$
- 횡변형률 $\epsilon' = \frac{d - d'}{d}$

참고 **변형률의 관계** : 포아송의 비 μ(Poisson's Ratio)·포아송의 수 m(Poisson's Number)

포아송비(Poisson's Ratio) $\mu = \frac{\epsilon'}{\epsilon} = \frac{가로\ 변형률}{세로\ 변형률} = \frac{1}{m}$ (여기서, m : 포아송수)

② 전단하중에 의한 변형률=전단변형률

$$\gamma = \frac{\lambda_s}{\ell} = \tan\theta \fallingdotseq \theta\ [\mathrm{rad}]$$

γ : 전단변형률 (각변형률)

[l : 평면간의 길이, λ_s : 늘어난 길이, θ : 전단각(radian)]

(2) 응력과 변형률의 관계

① 응력과 변형률 선도

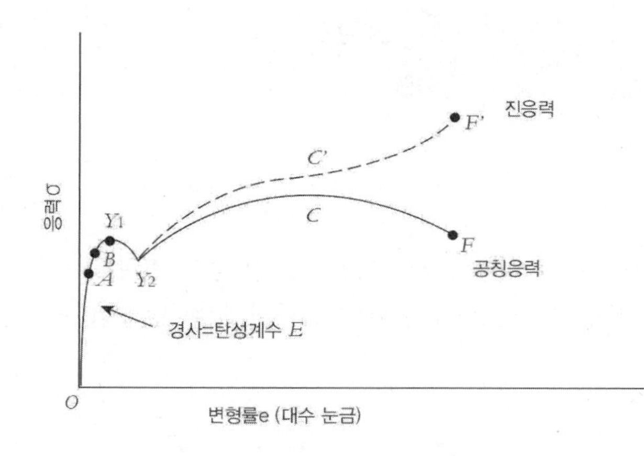

A : 비례한도

B : 탄성한도

Y_1 : 상항복점

Y_2 : 하항복점

C : 극한강도

C' : 진응력에서의 극한강도

F : 파단

F' : 진응력에서의 파단

② 진응력(σ_a)과 공칭응력(σ)

$$\sigma_a = \frac{하중}{실제단면적} = \frac{P}{A} \quad \sigma = \frac{하중}{처음단면적} = \frac{P}{A_0}$$

예제 변형률의 계산

직경 12mm, 길이 2m의 환봉이 인장하중을 받아 0.002의 변형률이 생겼다. 이때 늘어난 길이는 다음과 같다. 즉

$$변형률 = \frac{변형량}{원래의길이}, \quad \epsilon = \frac{\Delta\ell}{\ell}, \quad \Delta l = \epsilon \cdot l = 0.002 \times 2000 = 4[\mathrm{mm}]$$

제3절 탄성계수와 안전율

1 탄성계수

변형된 문체가, 외력이 없으면 본래의 형태로 원위치 되는 성질이 탄성이다.

(1) 후크의 법칙과 탄성계수

① Hook's의 법칙≒응력과 변형률의 법칙(응력과 변형률은 비례)

그림에서 응력-변형률 그래프는 초기 비례하여 증가한다. 이때 비례상수(E)가 탄성계수이다.

$$\sigma = E\epsilon \quad \text{(수직응력-변형률)}$$

여기서, E=비례상수[종탄성상수, 세로탄성상수, 영상수(Young's Modulus)]

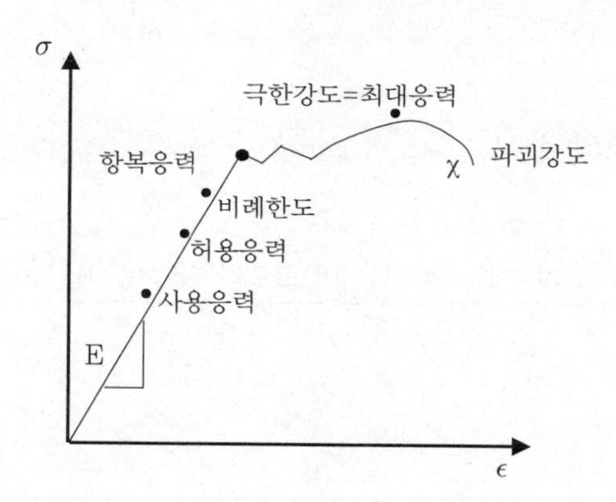

㉠ 수직응력[σ]

$$\sigma = E \cdot \epsilon = E \times \frac{\triangle l}{l}, \text{ (변형량) } \triangle l = \frac{\sigma \cdot l}{E} = \frac{F \cdot l}{A \cdot E}$$

(하중 F[N], 면적 A[cm^2], 길이 l[cm])

㉡ 전단응력[τ]

전단 응력-변형률 선도의 초기 직선부분의 기울기

$$\tau = G\gamma \quad \text{(전단응력-변형률)}$$

비례상수를 전단계수(Shear Modulus), 강성 계수(Modulus of Rigidity)라 한다.

2 안전율

(1) 응력과 안전율

안전율은 극한강도와 허용응력에 의해서 결정된다.
사용응력과 허용응력, 극한강도의 관계는 다음과 같다.

$$\sigma_w \leqq \sigma_a = \frac{\sigma_u}{S}$$

여기서, [S : 안전율, σ_u : 극한강도(최대응력), σ_w : 사용응력, σ_a : 허용응력]

$$\therefore \text{ 안전율}(S) = \frac{\text{극한강도}(\sigma_u)}{\text{허용응력}(\sigma_a)}$$

참고 와이어 로프 안전율[F]

$$F = \frac{N \times S}{W}$$

(단, F : 안전율, S : 파단강도, N : 와이어 로프의 가닥수, W : 로프 허용하중)

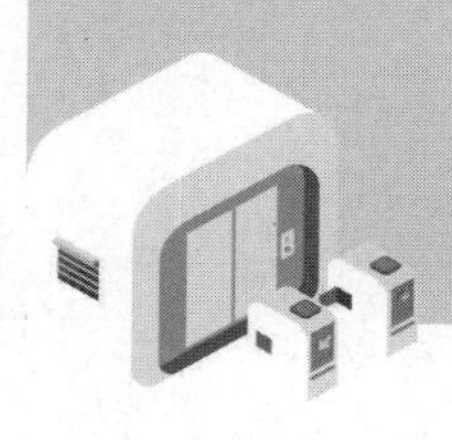

제18장

승강기 요소 측정 및 시험

제1절 기계요소 측정기기

1 측정기의 분류

측정기는 측정방식 및 측정기의 방식과 구조, 측정 대상들에 따라서 도기, 인디게이터, 지시측정기 시준기, 게이지류 등으로 나눈다.

(1) 도기(Standard)

길이나 각도를 눈금이나 면으로 표시하여 크기를 구체화한 것

(2) 인디케이터(Indicator)

조정이나 지시에 사용하는 것으로, 측정압을 일정하게 하기 위한 측정기인 다이얼 게이지, 테스트 인디케이터, 지시 마이크로미터 등이 여기에 속한다.

(3) 지시측정기(Indicating Measuring Instrument)

측정 중에 표점이 눈금에 따라 이동하거나 눈금이 기준선을 따라 이동하는 측정기로 버니어캘리퍼스, 마이크로미터, 지침 측미기 등이 있다.

(4) 잡 게이지(Gauge)류

측정할 때 움직이는 부분이 없는 측정기를 말합니다. 일반적으로 측정기의 가동 부분을 고정하면 게이지가 되며 드릴게이지, 반지름게이지, 피치게이지, 한계게이지 등이 있다.

2 정밀 측정기기

바깥지름, 안지름, 깊이를 정밀 측정하는 기기

(1) 마이크로미터(0.1mm까지 가능)

① **측정용도** : 바깥지름, 안지름, 구멍의 깊이, 기어의 이나 나사의 지름을 측정한다.

② **마이크로 미터의 구조** : 앤빌, 스핀들, 딤블, 슬리이브, 게칫스톱으로 구성

③ **눈금을 읽는 방법** : 먼저 슬리브상의 눈금을 읽고 딤블의 눈금과 슬리브 눈금의 기선과 딤블의 눈금을 읽어 슬리브 읽음값과 합산하여 그 길이의 치수를 측정한다.

예제 **그림과 같은 마이크로미터에 나타난 측정값은 몇 mm인가?**

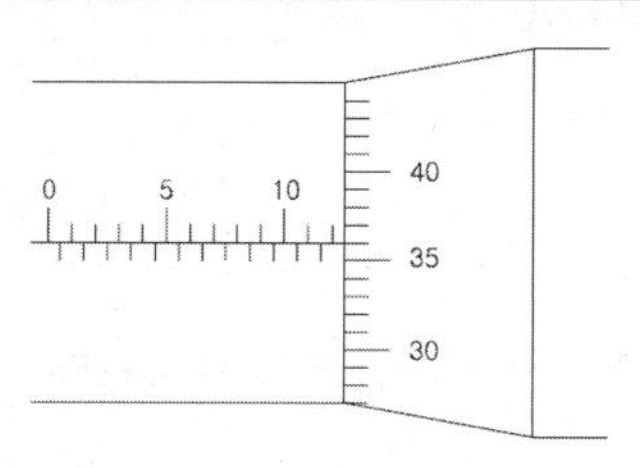

측정값은 슬리브눈금(12)+딤플의 눈금(0.36)=12.36[mm]

(2) 버어니어 캘리퍼스(0.05mm까지 가능)

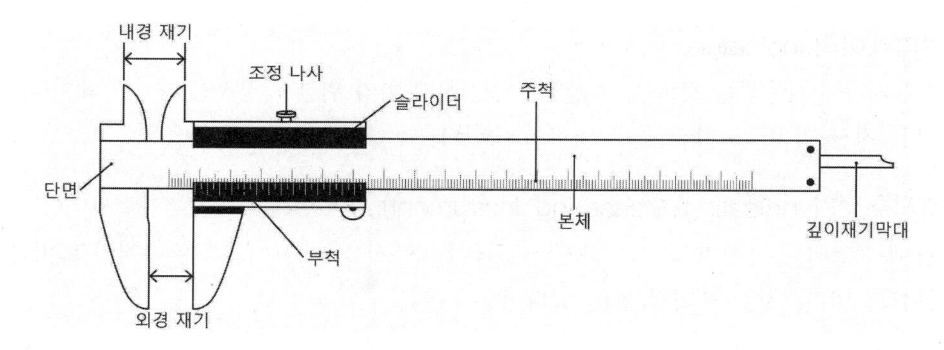

① **용도** : 정밀측정구의 일종. 공작물의 길이를 측정하는 이외에 두께, 구, 구멍의 지름 등도 잴 수 있다. 종류에는 M_1, M_2형, CM형, CB형이 있다.

② **버니어 켈리퍼스 눈금 읽는 법** : 어미자의 눈금을 읽은 다음 아들자와 어미자의 눈금이 일치하는 곳의 눈금을 읽어 측정값을 얻는다.

③ **측정방법** : 버니어 캘리퍼스를 사용하여 물체의 내경, 외경, 깊이 측정 시 그림과 같이 측정한다.

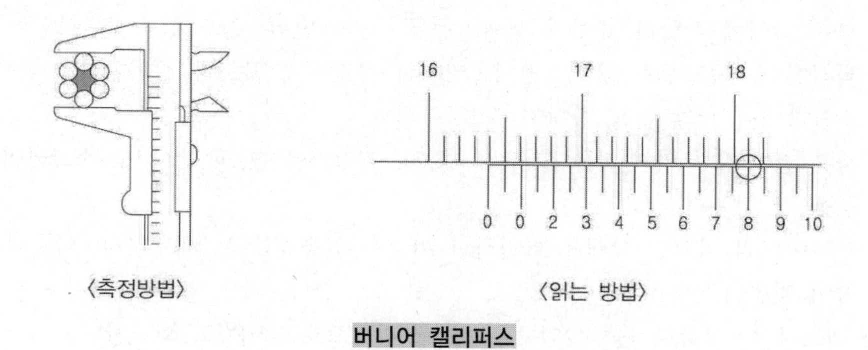

〈측정방법〉 〈읽는 방법〉

버니어 캘리퍼스

(3) 다이얼 게이지

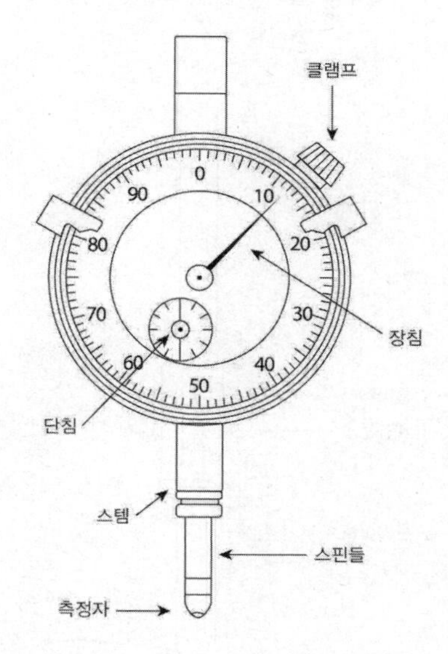

① **용도** : 기어 장치로 미소한 변위를 확대하여 길이나 변위를 정밀 측정하는 계기. 평면의 요철, 공작물 결합의 적부, 축 중심의 흔들림 등 소량의 오차를 검사하는 데 사용한다.

② 피측정물의 치수변화에 따라 움직이는 스핀들의 직선운동은 스핀들에 부착된 래크(Rack)와 피니언(Pinion)에 의해 회전운동으로 바뀌고 이 회전운동은 피니언과 같은 축에 고정된 제1기어와 지침 피니언에 의해서 확대되어 눈금판에 지침이 지시된다. 헤어스프링이 달린 제2기어는 지침 피니언에 물려 있는 백래시(Backlash)를 제거하여 스핀들의 상하 운동 시 후퇴오차를 제거한다.

(4) 하이트게이지

① 용도 : 높이 측정 기기이다.

② 사용방법

㉠ 사용 목적에 적합한 게이지 선택 : 종류, 측정 범위, 정도 등을 잘 확인한다.

㉡ 과격한 충격을 주지 않기 : 떨어뜨리거나 부딪치지 않도록 주의한다.

㉢ 스크라이버의 앞 끝을 상하지 않도록 한다.

㉣ 사용 전에 각 부의 먼지를 잘 닦기 : 특히, 미끄러운 면, 베이스 면, 스크라이버 측정면 등을 잘 닦는다.

㉤ 슬라이드의 미끄럼 상태를 확인하고 이상이 있을 시에는 세트나사, 압축나사를 조정하여 맞춘다.

- 세트나사, 압축나사를 삽입 후 반시계 방향으로 약 30도 회전한다.
- 슬라이드의 미끌림과 흔들림을 재확인한다.
- 슬라이드의 상태에 따라 각도를 가감하고 상기순서에 따른다.

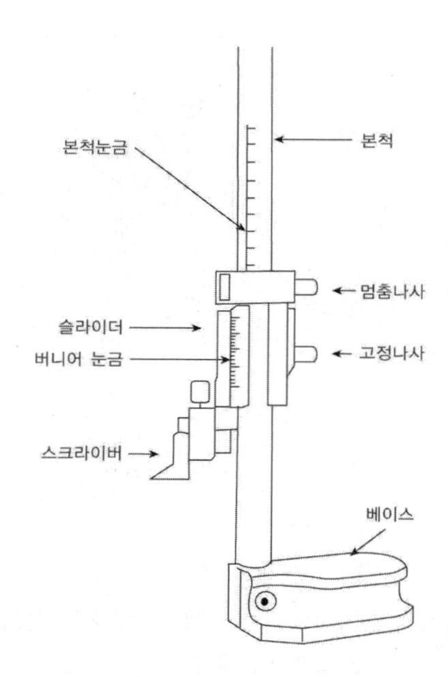

제2절 전기 요소 계측 및 원리

1 계측기 기본이론

전기적 물리량, 즉 전압·전류·전력·전기저항·전력량·주파수 등을 측정하는 일이 전기 계측이다.

2 전압계와 전류계

(1) **전압계** : 부하와 병렬로 연결하여 전압을 측정하는 기기

(2) **전류계** : 부하와 직렬 연결하여 전류 측정하는 기기

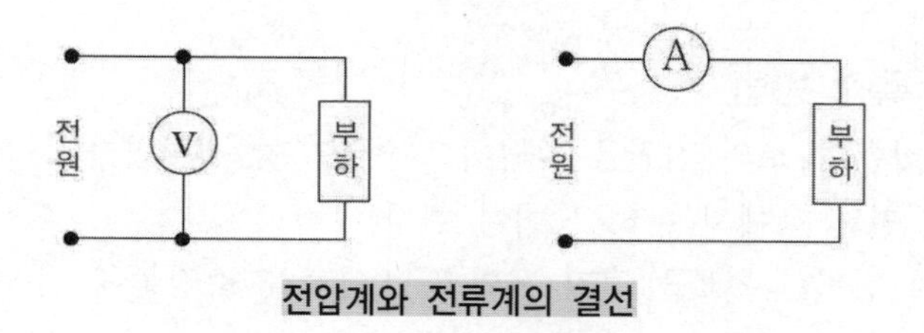

전압계와 전류계의 결선

3 배율기와 분류기

(1) **배율기** : 전압계의 측정범위의 확대를 전압계에 직렬로 접속되어 사용되는 저항기이다.

(2) **분류기** : 전류계의 측정범위의 확대를 위해 전류계에 병렬로 접속되어 사용되는 저항기이다.

배율기

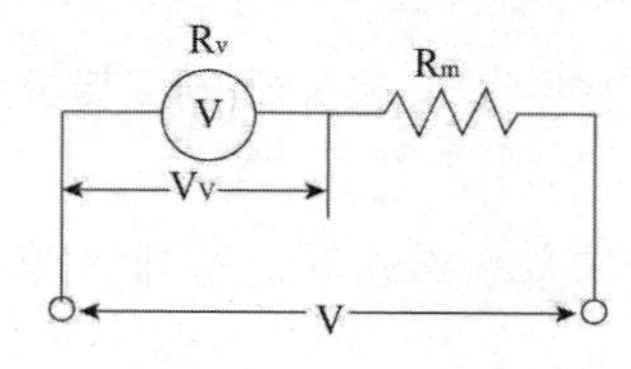

$V= V_v\left(\dfrac{R_m}{R_v}+1\right)$ $\dfrac{V}{V_v}=\dfrac{R_m}{R_v}+1$

측정배율 $m=\dfrac{R_m}{R_v}+1$ $\dfrac{R_m}{R_v}=m-1$

배율기 저항 $R_m=(m-1)R_v$

V : 측정할 전압[V]
R_m : 배율기 저항[Ω]
R_v : 전압계 내부저항[Ω]

분류기

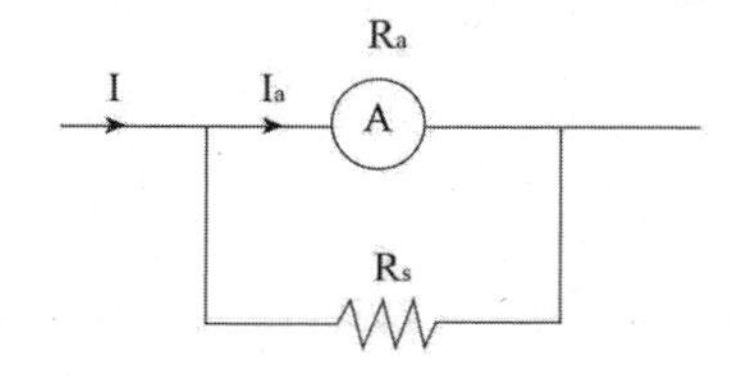

I : 측정할 전류[A]
I_a : 전류계에 흐르는 전류[A]
R_s : 분류기 저항[Ω]
R_a : 전류계 내부저항[Ω]

$$I_a = \frac{R_s}{R_s + R_a} \cdot I$$

$$I = I_a\left(\frac{R_a}{R_s} + 1\right) \quad \frac{I}{I_a} = \frac{R_a}{R_s} + 1$$

측정배율 $m = \frac{R_a}{R_s} + 1$

분류기 저항 $R_s = \frac{1}{m-1} R_a$

4 절연저항계

(1) 절연 저항계 측정 방법

① 측정하고자 하는 장소의 전원을 차단하고 안전조치 실시한다.
② 모든 선로가 전원 측에서 분리 되어야 한다.
③ 절연저항계의 접지단자 E를 접지 시키고, L단자를 측정물에 접속한다.
④ 측정버튼을 눌러서 지침의 눈금을 읽는다.

(2) 절연저항 측정

전기설비와 기기들의 절연저항 측정은 메거(Megger)를 사용한다.

5 저항 및 접지저항 측정

(1) 저항 측정

① 저 저항 측정(1Ω 이하)
㉠ 캘빈더블 브리지법 : $10^{-5} \sim 1[\Omega]$ 정도의 저 저항 정밀 측정에 사용된다.
② 중저항 측정($1[\Omega] \sim 10[k\Omega]$ 정도)
㉠ 전압 강하법의 전압 전류계법 : 백열전구의 필라멘트 저항측정 등에 사용된다.
㉡ 휘스토운 브리지법
③ 특수 저항 측정
㉠ 검류계의 내부저항 : 휘스토운 브리지법
㉡ 전해액의 저항 : 콜라우시 브리지법
㉢ 접지저항 : 콜라우시 브리지법

(2) 접지저항 측정

① 전자식 접지 저항계 측정방법

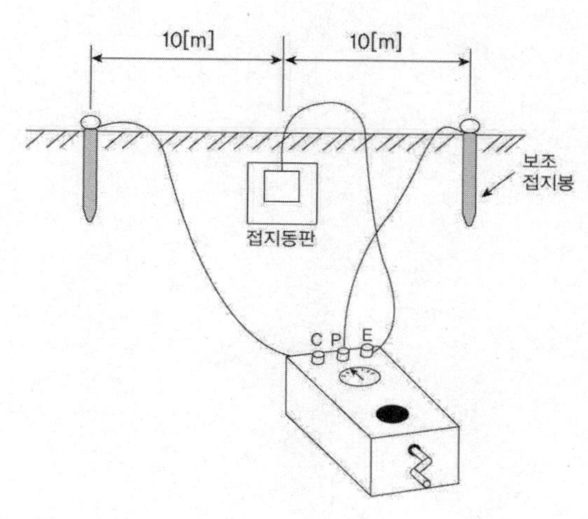

② 콜라우시 브리지법

$$R_x = \frac{1}{2}(R_{ab} + R_{ca} - R_{bc})[\Omega]$$

Rab : 접지극 a와 접지극 b사이의 저항
Rca : 접지극 a와 보조 접지극 c사이의 저항
Rbc : 접지극 bc상호간의 저항

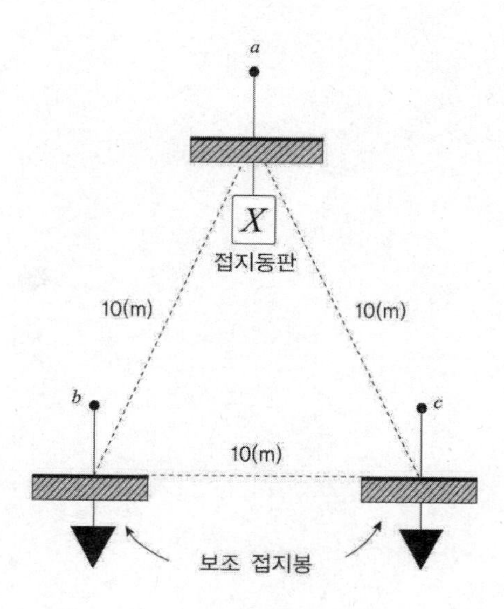

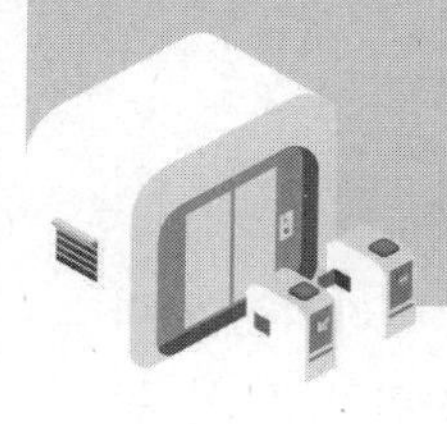

제19장

승강기 동력원의 기초전기

제1절 직류회로

1 전기의 본질

물질 내부를 자유로이 움직이는 전자를 자유 전자라 하며, 전자 1개의 전기량(전하량) $e = 1.602 \times 10^{-19}\text{C}$, 전자의 질량 $m = 9.10955 \times 10^{-31}\text{kg}$이다.

참고 **전하** : 대전된 물체가 가지고 있는 전기를 전하라 한다.
전기량 (전하량) Q : 전하가 가지고 있는 전기의 양을 전기량이라 한다.

2 전기회로(electric circuit)

전원과 부하 및 전류를 흘리는 통로인 도선이 가지고 있는 전체를 전기회로라 한다.

(1) 전원(electric source) : 발전기, 전지, 태양전지

(2) 부하(load) : 전원에서 전기를 공급받아 일을 하는 기계나 기구

3 전압과 전류

(1) 전류(electric current)

① 금속선(도체)에 양전하와 음전하를 연결하면 전하의 이동으로 전기의 흐름이 발생 하는데 이를 전류라 하며, 전류의 크기는 단위시간에 이동한 전기량으로 결정되며, 기호로

I라 쓰고, 단위는 $[A]$라 쓰고 암페어(Ampere)라고 읽는다.

② 어떤 도체를 t[sec]동안에 Q[C]의 전기량이 이동하면 이 때 흐르는 전류

∴ 전류 $I = \frac{Q}{t} = [\text{C/sec}] = [A]$

(2) 전압(electric voltage)

① 전기적인 압력(힘)이 가해져서 전자의 흐름 즉 전류가 흐른다고 할 때 이 전기적인 압력을 전압이라고 한다, 전하량 Q[C]를 이동시켜 W[J]의 일을 했을때의 전위차 V[V]는 다음과 같다.

$$V = \frac{W}{Q} = [\text{J/C}] = [\text{V}]$$

② 일(에너지) $W = QV[\text{J}] = V = VIt[\text{J}]$

참고 기전력이란 전류를 계속 흐르게 하려면 전압을 연속적으로 만들어주는 어떤 힘이 필요하게 되는데 이 힘을 기전력이라 한다.

4 옴의 법칙

(1) 전기 저항과 컨덕턴스

① 전류의 흐름을 방해하는 정도를 나타내는 상수를 전기저항 R라 쓰고 단위는 옴(Ohm) [Ω]이라 하고 물질에 따라 다르다. 저항의 역수로 전류가 흐르기 쉬운 전도를 나타낸 상수를 컨덕턴스 G라 쓰고, 단위는 모우(℧)[℧], 지멘스[S]라 한다.

$$\text{콘덕턴스 } G = \frac{1}{R}[℧]$$

② 옴의 법칙

㉠ 도체에 흐르는 전류 I는 전압 V에 비례하고, 저항 R에 반비례한다.

㉡ 전류 $I = \frac{V}{R}[\text{A}]$

③ 저항의 접속법

㉠ 저항의 직렬연결(전류 일정)

- 합성저항 $R_0 = R_1 + R_2$

$$V_1 = \frac{R_1}{R_1 + R_2} \times V[\mathrm{V}]$$

$$V_2 = \frac{R_2}{R_1 + R_2} \times V[\mathrm{V}]$$

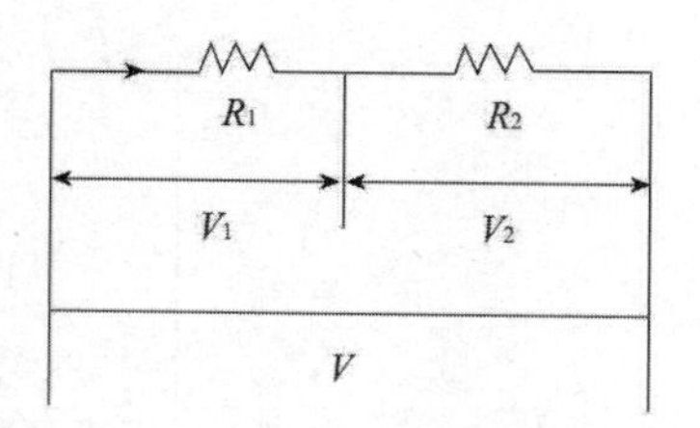

㉡ 저항의 병렬연결(전압일정)

- 합성저항 $R_0 = \frac{R_1 \cdot R_2}{R_1 + R_2}[\Omega]$

$$I_1 = \frac{V}{R_1} = \frac{R_2}{R_1 + R_2} \times I[\mathrm{A}]$$

$$I_2 = \frac{V}{R_2} = \frac{R_1}{R_1 + R_2} \times I[\mathrm{A}]$$

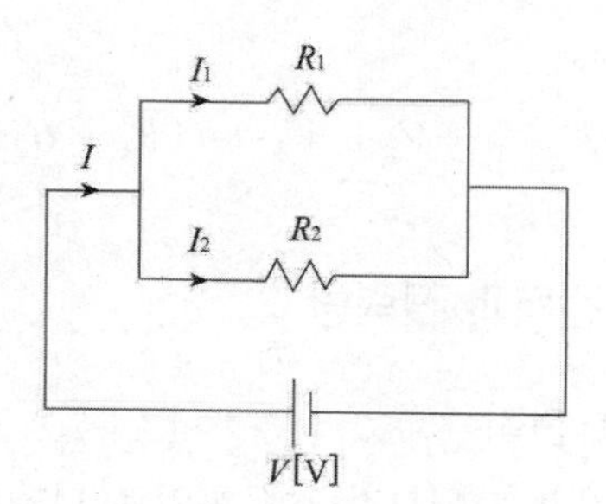

5 키르히호프의 법칙

(1) 키르히호프의 제1법칙(전류법칙)

회로망 중에서 임의의 분기점에 유입되는 전류의 총합은 유출전류의 총합과 같다.

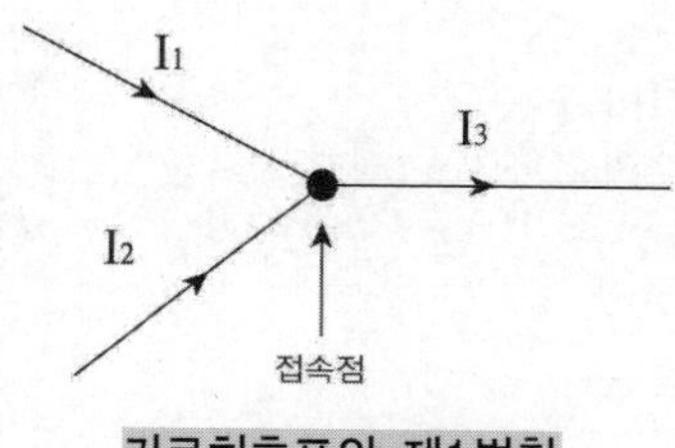

키르히호프의 제1법칙

① $\Sigma I = 0$ [유입전류 총합=유출전류 총합]

② $I_1 + I_2 = I_3$

(2) 키르히호프의 제2법칙(전압법칙)

회로망 내의 임의의 한 폐회로에서 한 방향으로 일주하면서 취한 전압상승 또는 전압강하의 대수합은 각 순간에 있어서 0이다.

① $\Sigma V = \Sigma IR$[기전력의 총합=전압강하의 총합]

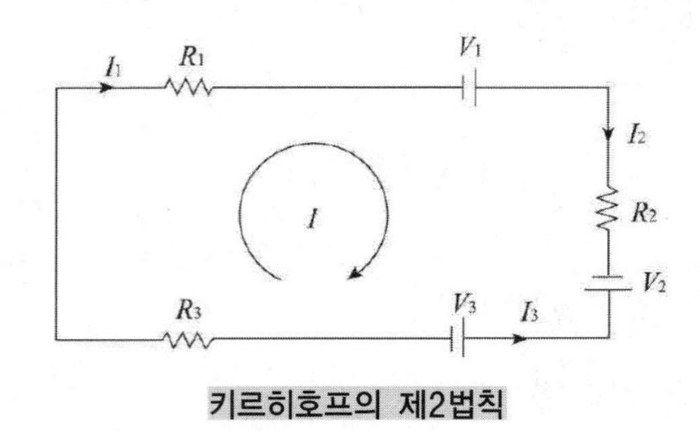

키르히호프의 제2법칙

② $V_1 + V_2 - V_3 = I(R_1 + R_2 - R_3)$

6 전력과 전력량

(1) 전력

전기가 단위시간당에 한일로 나타내며 단위는 [W](와트)로 나타낸다.

$$P = \frac{W}{t}[\mathrm{J/s}]$$

$$P = \frac{W}{t} = \frac{QV}{t} = VI[\mathrm{W}]$$

(2) 전력량

전력량은 전기가 한 일에 해당된다.

$$W = Pt\,[\mathrm{W \cdot sec}] = [J]$$

7 7. 줄의 법칙과 전기저항

(1) 줄의 법칙

저항 $R[\Omega]$에 $I[\mathrm{A}]$의 전류를 t[sec]동안에 흘릴 때 열을 줄열 또는 저항열이라고 한다.

① 열량의 단위 환산

㉠ $1[\mathrm{J}] = 0.24[\mathrm{cal}]$

㉡ $1[\mathrm{cal}] = 4.186[\mathrm{J}]$

㉢ $1[\mathrm{kWh}] = 860[\mathrm{Kcal}]$

② 발열량[H]

$$H = 0.24\,Pt = 0.24\,VIt = 0.24\,I^2 Rt = 0.24\,\frac{V^2}{R}\,t\,[\text{cal}]$$

(2) 전기 저항[R]

도체의 단면적을 $A[\text{m}^2]$, 길이를 $l[\text{m}]$이라 하고, 물질에 따라 결정되는 비례 상수를 $\rho[\Omega\cdot\text{m}]$라 하면 $R = \rho\dfrac{l}{A}[\Omega]$이 된다.

도체의 고유저항 및 길이에 비례하고, 단면적에 반비례한다.

제2절 정전계

1 정전기

(1) 전기적인 특성

① **쿨롱의 법칙** : 두 전하사이에 작용하는 힘은 두 전하 $Q_1[\text{C}]$, $Q_2[\text{C}]$의 곱에 비례하고 두 전하사이의 거리 $\gamma[\text{m}]$의 제곱에 반비례한다.

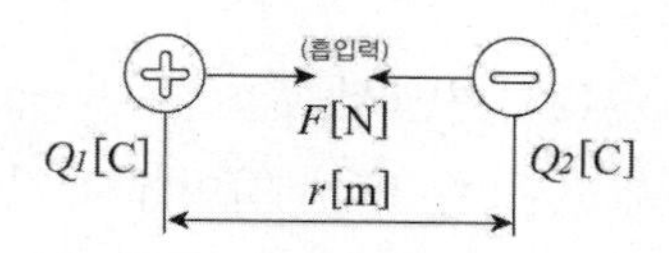

$$F = k\frac{Q_1 Q_2}{r^2} = \frac{1}{4\pi\epsilon_0\epsilon_s}\times\frac{Q_1 Q_2}{r^2} = 9\times10^9\frac{Q_1 Q_2}{\epsilon_s r^2}[\text{N}]$$

여기서, F : 두 전하 사이에 작용하는 힘[N], r : 두 전하 사이의 거리[m]
κ : 비례상수(9×10^9), Q_1, Q_2 : 전하[C]
ϵ : 유전율[F/m], 진공(공기)중의 비유전율 $\epsilon_S = 1$

② 전기적인 성질

㉠ **전기장** : 전하가 존재하는 공간을 전기장이라 한다.

㉡ **전기력선** : 전기장(전장)에 의해 정전력이 작용하는 것을 설명하기 위해 전기력선이라는 가상의 선을 말한다.

㉢ **정전력** : 양, 음의 전하가 대전되어 생기는 현상으로 정전기에 의하여 생기는 힘을 정전력이라 한다. 같은 종류의 전하 사이에 반발력이 작용하고, 다른 종류의 전하 사이에 흡인력이 작용한다.

㉣ **대전** : 종류가 다른 두 물체를 마찰 시키면 한 쪽에는 양(+) 다른 쪽에는 음(−)전기가 발생하여 끌어당기는 현상을 대전이라 한다.

(2) 전기장의 세기

① **전계의 세기** : $+Q$[C]로부터 r[m] 떨어진 점의 전기장의 세기 E[V/m]는

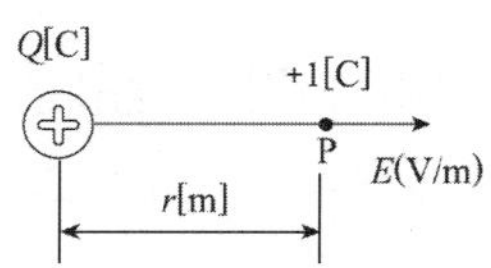

$$E = 9 \times 10^9 \frac{Q}{r^2} [\mathrm{V/m}]$$

여기서, E : 전기장의 세기[V/m]

2 정전유도와 콘덴서

(1) 정전 유도

대전체에 대전되지 않은 도체를 가까이 하면 대전체에 가까운 쪽에는 다른 종류의 전하가 먼 쪽에는 같은 종류의 전하가 나타나는 현상을 정전유도라 한다.

(2) 콘덴서

① 두 도체 사이에 유전체를 넣어 절연하여 전하를 축적할 수 있게 한 것을 콘덴서라 한다.

② **정전 용량(커패시턴스)** : 콘덴서가 전하를 축적할 수 있는 능력을 표시하는 양을 정전용량이라 한다.

$$\text{정전 용량 } C = \frac{Q}{V} [\mathrm{F}]$$

전압 V[V], 전기량 Q[C]
단위는 패럿(farad)
기호[F]를 사용
$1[\mu\mathrm{F}] = 10^{-6}[\mathrm{F}]$

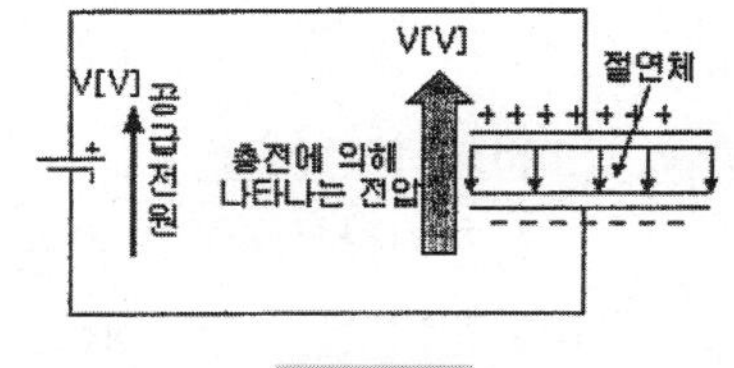

정전 용량

(3) 콘덴서의 접속법

① 직렬접속[전기량 일정]

㉠ 합성 정전 용량 $C_0 = \dfrac{C_1 \cdot C_2}{C_1 + C_2}$[F]

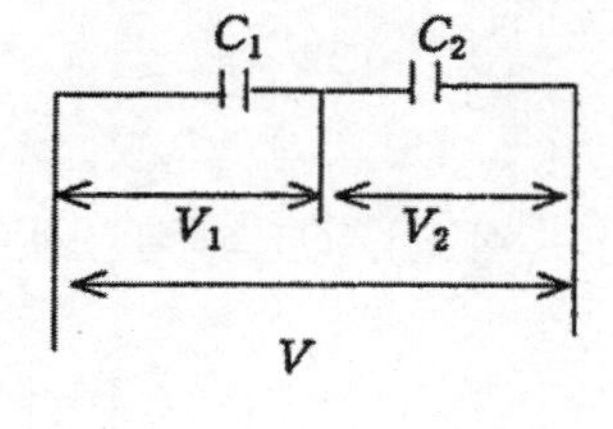

㉡ C_1에 걸리는 전압

$$V_1 = \frac{Q}{C_1} = \frac{C_2}{C_1 + C_2} V[\mathrm{V}]$$

㉢ C_2에 걸리는 전압

$$V_2 = \frac{Q}{C_2} = \frac{C_1}{C_1 + C_2} V[\mathrm{V}]$$

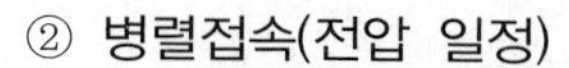

② 병렬접속(전압 일정)

㉠ 합성 정전 용량 $C_0 = C_1 + C_2$[F]

㉡ 전체 전하량 $Q = Q_1 + Q_2 = CV_1 + CV_2$[V]

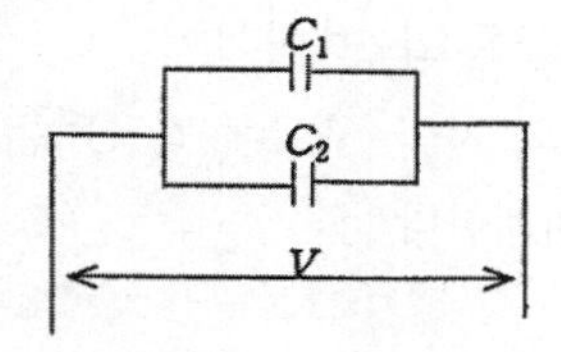

㉢ C_1에 분배되는 전하량

$$Q_1 = C_1 \times V = \frac{C_1}{C_1 + C_2} Q[\mathrm{C}]$$

㉣ C_2에 분배되는 전하량

$$Q_2 = C_2 \times V = \frac{C_2}{C_1 + C_2} Q[\mathrm{C}]$$

(4) 평행판 도체

① 콘덴서 용량 C[F]

$$C = \frac{Q}{A}[\mathrm{F}] = \frac{\epsilon \cdot \mathrm{A}}{l}[\mathrm{F}]$$

여기서, 정전용량 C[F], 전극의 면적 $A[\mathrm{m}^2]$,
유전율 ϵ[F/m], 극판간격 l[m]

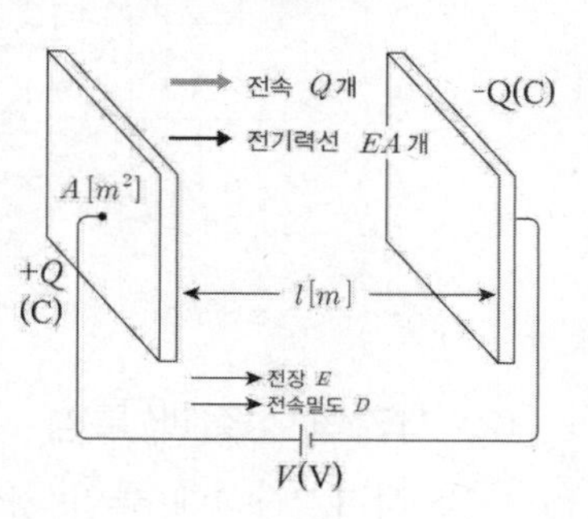

정전용량 크게 하는 방법은 면적을 넓게, 극판간격을 작게, 비유전율을 크게 한다.

3 콘덴서에 축적되는 에너지(정전에너지)

콘덴서에 충전할 때 발생되는 에너지를 정전 에너지 W[J]라 한다.

$$W = \frac{1}{2}QV = \frac{1}{2}CV^2 [\mathrm{J}]$$

여기서, Q : 축적된 전하[C], V : 가해진 전압[V], O : 정전용량[F]

제3절 자계

1 자계

(1) 쿨롱의 법칙

두개의 자극 사이에 작용하는 자극의 세기는 자극간 거리의 제곱에 반비례하고 작 자극세기의 곱에 비례한다.

$$F = \frac{1}{4\pi\mu_0} \cdot \frac{m_1 m_2}{r^2} [\mathrm{N}] = 6.33 \times 10^4 \cdot \frac{\mathrm{m_1 m_2}}{\mu_s \mathrm{r}^2} [\mathrm{N}]$$

μ_0 : 진공의 투자율[H/m] = $4\pi \times 10^{-7}$[H/m],
μ_s : 매질의 비투자율 (진공 중에서 1, 공기 중에서 약 1)
여기서, F : 두 자극간에 미치고 있는 힘[N]
m_1, m_2 : 자극의 세기[Wb]
r : 자극간의 거리

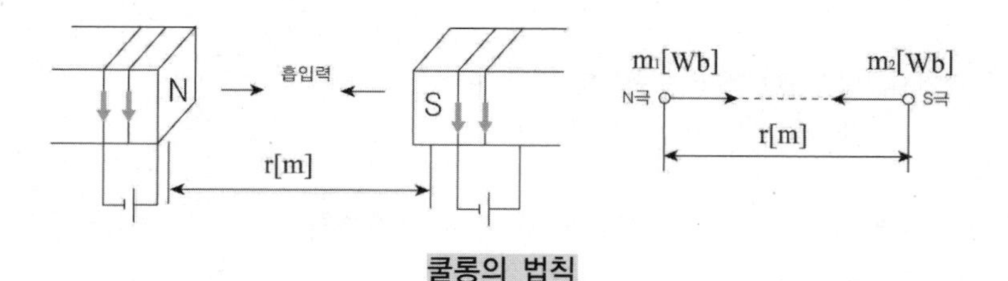

쿨롱의 법칙

(2) 자기의 성질과 특성

① **자기** : 자성체 등이 쇠붙이를 끌어당기는 성질
② **자석** : 자기를 가지고 있는 물체를 자석이라 한다.

③ **자극** : 자석이 철편 및 철가루를 흡인하는 작용은 자석의 양 끝에서 가장 강한데 이 양 끝을 자극이라 한다.

④ **자력** : 서로 다른 두 극 사이에 작용하는 자석의 힘은 흡인력, 같은 자극 사이에 작용하는 자석의 힘은 반발력이 작용한다.

⑤ **자장** : 자력이 미치는 공간을 자기장, 자장, 자계라 한다.

(3) 자석과 자력선

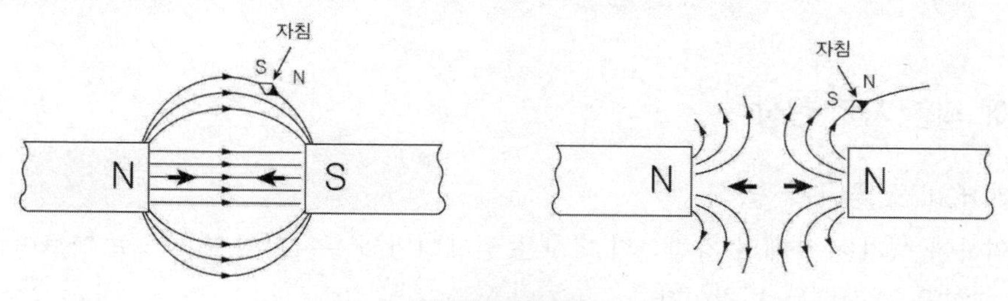

자석과 자력선

자력이 미치는 작용을 역학적으로 나타내기 위한 가상적인 역선을 말하며, N극에서 나와 S극에서 끝난다.

자력선은 서로 만나거나 교차하지 않는 특징을 가지고 있다.

(4) 자기 유도

자기장에 쇠붙이를 가가이 하면 쇠붙이에 자기가 나타나는 현상을 자기유도라 하고, 이 쇠붙이는 자화 되었다고 하며 쇠붙이는 자석이 된다.

(5) 자성체

① 자석에 의해 자화되는 물질을 자성체라 한다.

② **자성체의 종류**

㉠ **강자성체** : 자기장의 방향으로 강하게 자회되는 물질
종류 : 니켈(Ni), 코발트(CO), 망간(Mn), 철(Fe) 등

㉡ **상자성체** : 강자성체와 같은 방향으로 자화되는 물질
종류 : 텅스텐(W),알루미늄(Al), 공기, 산소(O), 백금(Pt), 주석(Sn), 나트륨(Na) 등

㉢ **반자성체** : 강자성체와 반대로 자화되는 물질
종류 : 금(Au), 은(Ag), 구리(CU), 아연(Zn), 비스무트(Bi), 납(Pb), 게르마늄(Ge), 탄소(C)

(6) 자장의 세기

자력이 미치는 공간을 자기장, 자장, 혹은 자계라 하며, 자장내의 어떤 점에 +1[W]의 자극을 둘 때 이 자극에 작용하는 힘과 같고 또 자기장의 방향은 힘의 방향과 같이 정한다. m_1[Wb]의 자극에서 r[m] 떨어진 점의 자장의 세기[H]는 다음과 같다.

$$H = \frac{1}{4\pi\mu} \cdot \frac{m_1}{r^2} = 6.33 \times 10^4 \frac{m_1}{\mu_s r^2} [\mathrm{AT/m}]$$

2 전류에 의한 자기 현상

(1) 암페어의 오른나사 법칙

전류에 의하여 생기는 자계의 자력선의 방향은 암페어의 오른나사의 법칙으로 따르며 전류에 의한 자계의 방향을 결정하는 법칙이다.

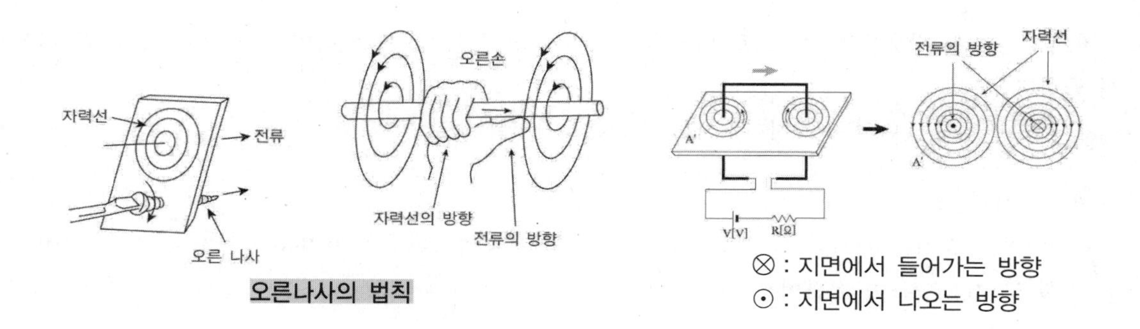

오른나사의 법칙

(2) 무한장 직선의 자계의 세기

직선상 도체에 전류 I[A]가 흐를 때 거리 r[m]인 점 P의 자계의 세기[H]

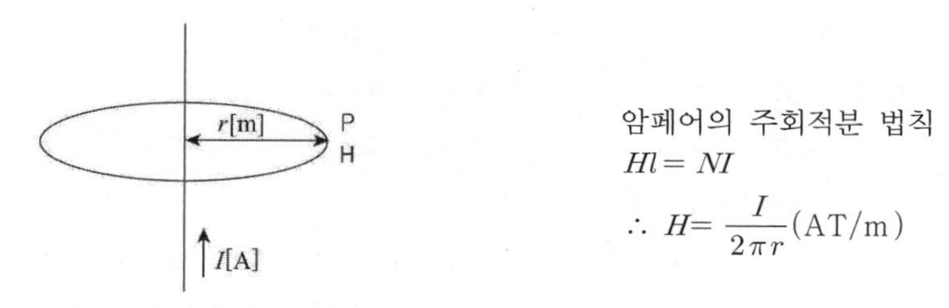

무한히 긴 직선 전류에 의한 자장

암페어의 주회적분 법칙

$Hl = NI$

$\therefore H = \dfrac{I}{2\pi r}$ (AT/m)

(3) 환상 솔레노이드에 의한 자계의 세기

환상 솔레노이드에 I[A]의 전류를 흘릴 때 환상 솔레노이드 내부의 자장의 세기[H]

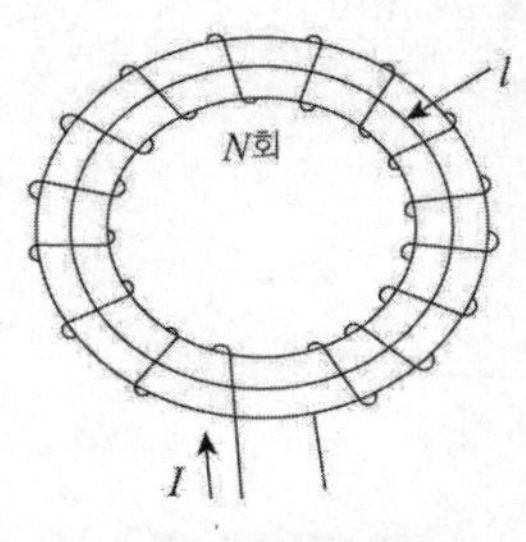

환상 솔레노이드

$H = \dfrac{NI}{2\pi r}$(AT/m)
(내부)
$H = 0$
(외부)

(4) 무한장 솔레노이드에 의한 자계의 세기

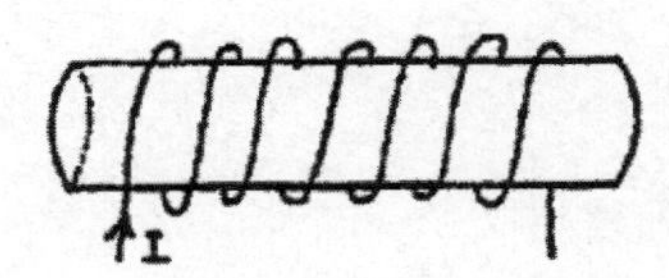

무한장 솔레노이드

$Hl = NI$
$H = \dfrac{NI}{l} = nI$[AT/m](내부)
$H = 0$　　N : 권수 [회], [T]
(외부) n : 단위 길이 당 권수[회/m], [T/m]

3 자기 회로

(1) 자기 회로

환상 코일에 전류 I[A]를 흘리면 자속 ϕ[Wb]가 생기는 통로를 자기 회로라 한다.

(2) 기자력

자속을 만드는 원동력이 되는 것을 기자력이라 한다.

$$F = NI[\mathrm{AT}]$$

N : 권수　　I : 전류[A]

(3) 자기 저항

자속의 발생을 방해하는 성질의 정도를 나타내는 것을 말한다.

$$R = \frac{F}{\phi} = \frac{l}{\mu A} = \frac{l}{\mu_0 \mu_s A}\,[\mathrm{AT/Wb}]$$

μ : 투자율($\mu = \mu_0 \cdot \mu_s$ [H/m])
μ_0 : 진공의 투자율
($\mu_0 = 4\pi \times 10^{-7}$ [H/m])
A : 자기회로의 단면적[m^2]
l : 자기회로의 길이[m]

(4) 자속 밀도

단위 면적당 통과하는 자속의 수를 자속밀도 [B]라고 한다.

$$B = \frac{\phi}{A}\,[\mathrm{Wb/m^2}]$$

$$B = \mu H = \mu_0 \mu_s H\,[\mathrm{Wb/m^2}]$$

B : 자속밀도[Wb/m^2]
A : 단면적[m^2]
μ : 투자율($\mu = \mu_0 \cdot \mu_s$ [H/m])
ϕ : 자속[Wb]
H : 자장의 세기[AT/m]
μ_0 : 진공의 투자율
($\mu_0 = 4\pi \times 10^{-7}$[H/m])

4 전자력과 전자 유도

(1) 전자력의 방향과 크기

자장 내에서 전류가 흐르는 도체에 작용하는 힘을 전자력이라 하며, 플레밍의 왼손 법칙을 따른다. 전동기는 이 원리를 이용하여 회전력(토크)을 발생한다.

① 플레밍의 왼손법칙

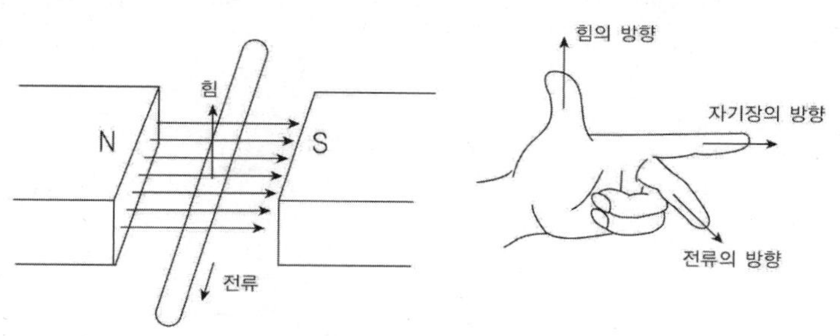

㉠ 엄지손가락 : 힘의 방향

㉡ 집게손가락 : 자장의 방향

㉢ 가운데 손가락 : 전류의 방향

② 전자력의 크기

자속밀도 $B[\mathrm{Wb/m^2}]$의 평등 자장 내에 자장과 직각 방향으로 $l[\mathrm{m}]$의 도체를 놓고 $I[\mathrm{A}]$의 전류를 흘리면 도체가 받는 힘 $I[\mathrm{A}]$의 전류를 흘리면 도체가 받는 힘 $F[\mathrm{N}]$은

$$F = BIl\sin\theta[\mathrm{N}]$$

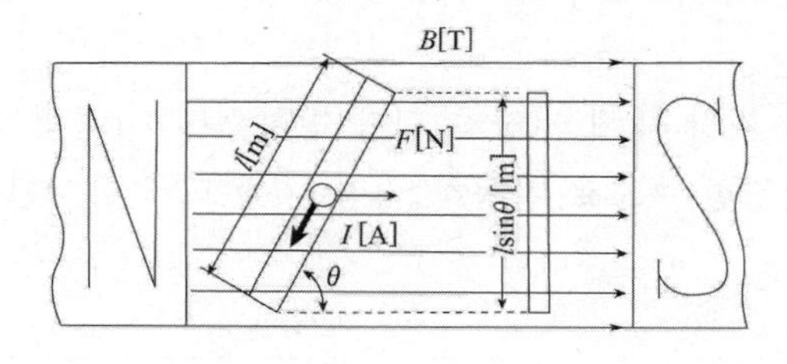

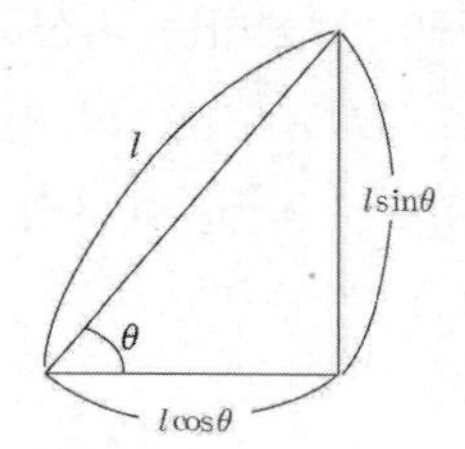

5 전자 유도

(1) 전자 유도

도체 주변의 자장의 세기를 변화시키거나 도체가 자장 내에서 운동하면 즉 도체를 관통하는 자속이 변화하면 도체에 전압이 발생하는 현상을 전자유도라 한다.

(2) 유도 기전력의 방향

① 유도 기전력의 방향

㉠ 렌츠의 법칙은 전자 유도에 의하여 발생한 기전력의 방향은 그 유도 전류가 만든 자속이 항상 원래의 자속의 증가 또는 방해하려는 방향이다(역기전력이 발생).

㉡ 플레밍의 오른손 법칙(발전기의 원리)

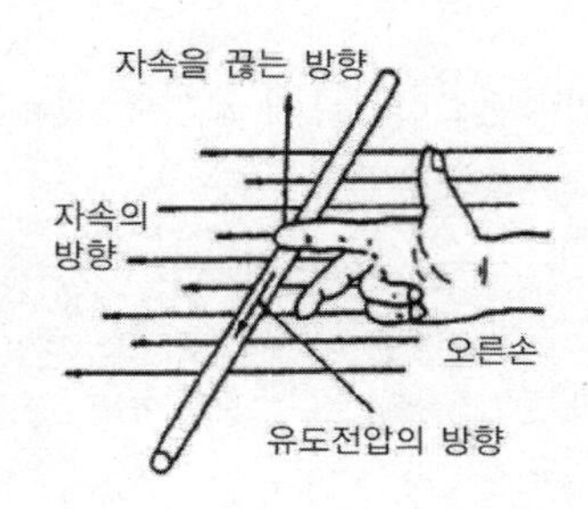

- 엄지손가락 : 도체의 운동 방향
- 집게손가락 : 자속의 방향
- 가운데 손가락 : 유도 기전력의 방향

② 유도 기전력의 크기

㉠ 페러데이 법칙

유기 기전력의 크기는 코일을 지나는 자속의 매초 변화량과 코일의 권수의 곱에 비례한다.

$$\text{유도기전력 } e = -N\frac{d\phi}{dt}[\mathrm{V}]$$

③ 직선도체에 발생하는 기전력

자속밀도 $B[\mathrm{Wb/m^2}]$의 평등 자장 내에 자장과 직각 방향으로 $l[\mathrm{m}]$의 도체를 자장과 직각방향으로 $v[\mathrm{m/sec}]$의 일정한 속도로 운동하는 경우 에 도체 유기된 기전력 $e[\mathrm{V}]$ $e = Blv[\mathrm{V}]$가 된다.

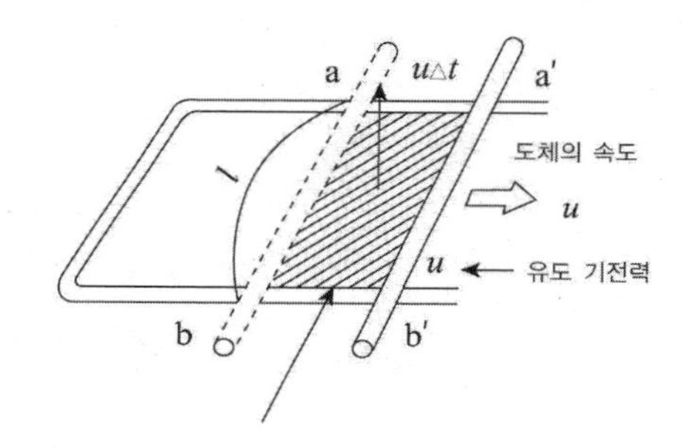

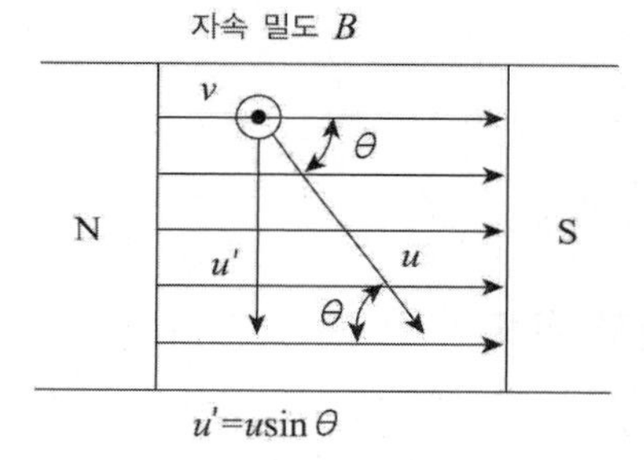

도체가 자장의 방향과 θ의 각도를 이루면서 $v[\mathrm{m/sec}]$로 운동하는 경우 도체에 유기된 기전력 $e[\mathrm{V}]$는

$$e = Blv\sin\theta[\mathrm{V}]$$

(3) 전자 에너지

코일에 축적되는 에너지는 자체 인덕턴스 $L[\mathrm{H}]$의 코일에 전류가 0에서 $I[\mathrm{A}]$까지 증가될 때 코일에 저장되는 에너지 [W]는 다음과 같다.

$$W = \frac{1}{2}LI^2[\mathrm{J}]$$

제4절 교류회로

1 정현파 교류 회로

(1) 사인파 교류

시간, 크기, 방향이 변화하고, 주기적으로 반복하는 전압, 전류를 사인파(정현파) 교류라 한다.

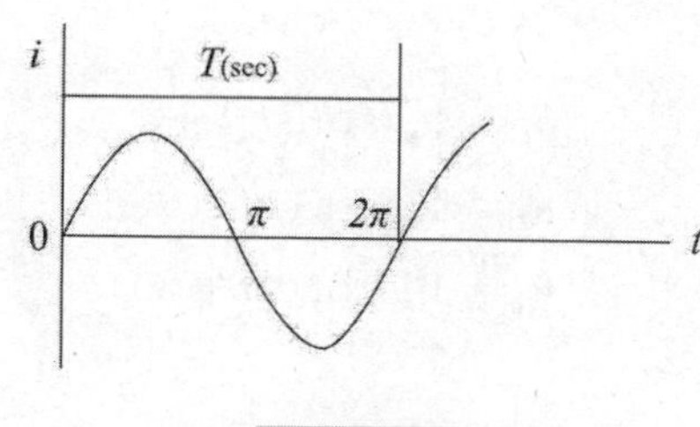

사인파 교류

위의 그림에서 0에서 2π까지 1회의 변화를 1사이클(cycle)이라 한다.

① 주기(Period)와 주파수(frequency)

1사이클의 변화에 걸리는 시간을 주기라 하고, 1[sec] 동안에 반복하는 사이클(cycle)의 수를 주파수라 한다.

$$T = \frac{1}{f}[\text{sec}]$$

② 각속도

$$2\pi N = 2\pi f = w[\text{rad/sec}]$$
$$w = 2\pi f = \frac{2\pi}{T}[\text{rad/sec}]$$

③ 위상차

주파수가 동일한 2개 이상의 교류 사이의 시간적인 차이를 위상차라 한다.

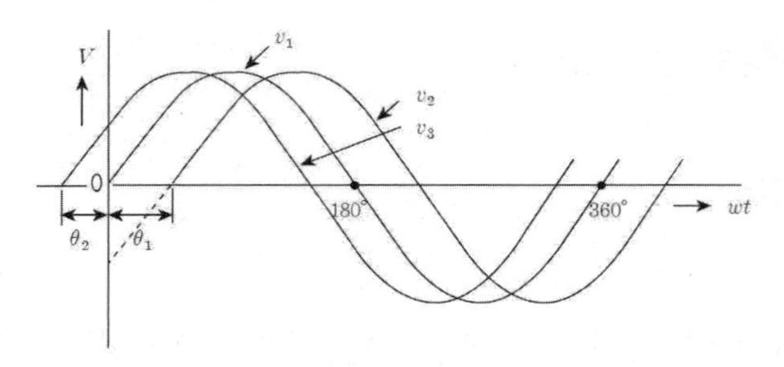

위상차 표시

$$v_1 = V_m \sin \omega t[\text{V}]$$
$$v_2 = V_m \sin(\omega t - \theta_1)[\text{V}]$$
$$v_3 = V_m \sin(\omega t + 30)$$

2 교류의 표시

(1) 순시값

시시각각으로 변하는 교류의 임의의 순간의 크기를 순시값이라 한다.

$$e = V_m \sin \omega t[\text{V}],\ i = I_m \sin \omega t[\text{A}]$$

(2) 최대값[V_m]

순시값 중에서 가장 큰 값을 최대값이라 한다.

(3) 평균값

순시값의 반주기에 대한 평균한 값을 말한다.

$$V_{ar} = \frac{2}{\pi} V_m \fallingdotseq 0.637[\text{V}]$$

(4) 실효값

교류의 크기와 같은 일을 하는 직류의 크기로 바꿔 놓은 값이다.

$$V = \frac{1}{\sqrt{2}} V_m \fallingdotseq 0.707\, V_m [\mathrm{V}]$$

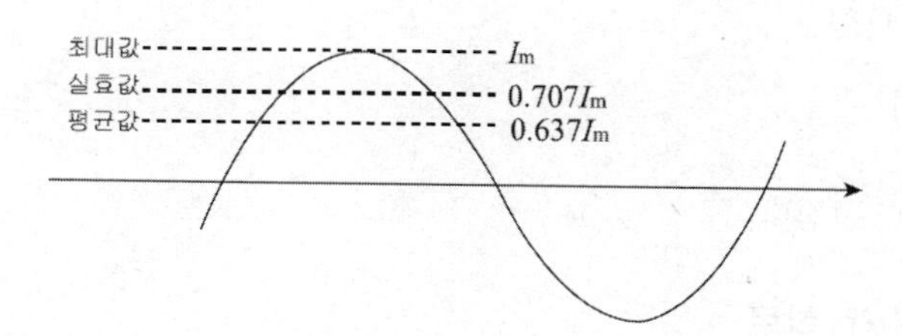

(5) 파형률

$$\text{파형률} = \frac{\text{실효값}}{\text{평균값}} = \frac{\pi}{2\sqrt{2}}$$

(6) 파고률

$$\text{파고률} = \frac{\text{최대값}}{\text{실효값}} = \sqrt{2}$$

3 교류 전류에 대한 R, L, C의 작용

(1) 저항(R)만의 회로

저항 $R[\Omega]$의 회로에 전압 $e = \sqrt{2}\, V \sin \omega t [\mathrm{V}]$를 가하면

$$i = \frac{e}{R} = \frac{\sqrt{2}\, V \sin \omega t}{R} = \sqrt{2}\, I \sin \omega t [\mathrm{A}]$$

$$I = \frac{V}{R} [\mathrm{A}]$$

전압과 전류는 동상(in-phase)이다.

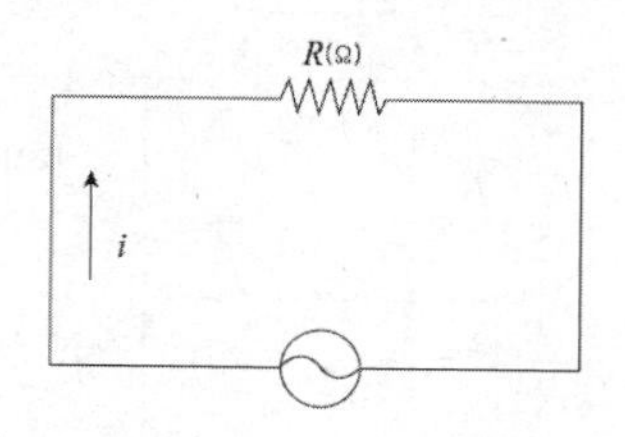

(2) 인덕턴스(L)만의 회로

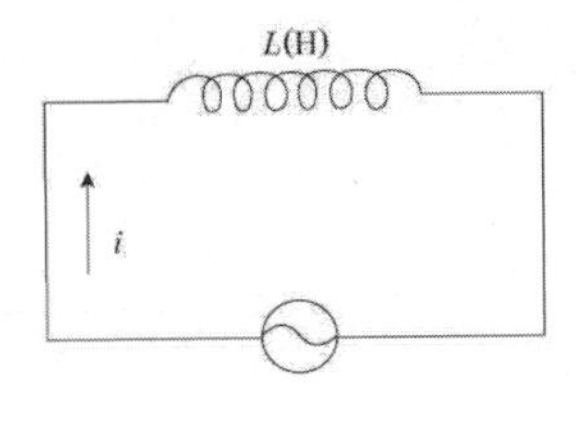

$$i = \sqrt{2}\, I\sin(\omega t - \frac{\pi}{2})[\mathrm{A}]$$

$$X_L = \omega L = 2\pi f L[\Omega]$$

$$I = \frac{V}{X_L} = \frac{V}{wL}[\mathrm{A}]$$

전류가 전압보다 90° 뒤진다.

(3) 정전용량(C)만의 회로

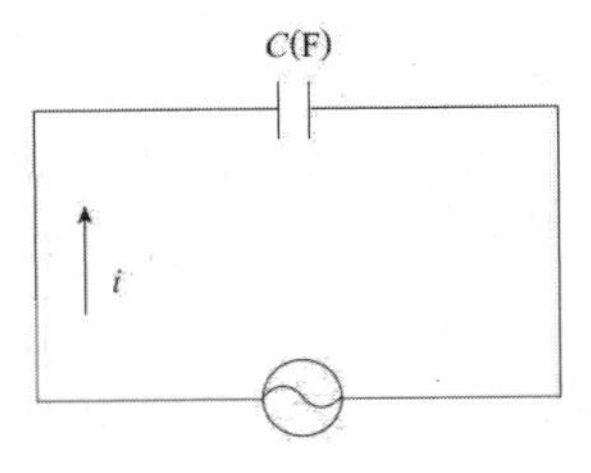

$$i = \sqrt{2}\, I\sin(\omega t + \frac{\pi}{2})[\mathrm{A}]$$

$$X_C = \frac{1}{wc} = \frac{1}{2\pi fc}[\Omega]$$

$$I = \frac{V}{X_C} = \frac{V}{\frac{1}{wc}} = wcV[\mathrm{A}]$$

전류가 전압보다 90° 앞선다.

구분	직렬			
	임피던스	위상각	실효전류	위상
R-L	$\sqrt{R^2+(\omega L)^2}$	$\tan^{-1}\frac{\omega L}{R}$	$\frac{V}{\sqrt{R^2+(\omega L)^2}}$	전류가 뒤진다.
R-C	$\sqrt{R^2+(\frac{1}{\omega C})^2}$	$\tan^{-1}\frac{1}{\omega CR}$	$\frac{V}{\sqrt{R^2+(\frac{1}{\omega C})^2}}$	전류가 앞선다.
R-L-C	$\sqrt{R^2+(\omega L-\frac{1}{\omega C})^2}$	$\tan^{-1}\frac{\omega L-\frac{1}{\omega C}}{R}$	$\frac{V}{\sqrt{R^2+(\omega L-\frac{1}{\omega C})^2}}$	L이 크면 전류는 뒤진다 C가 크면 전류는 앞선다.

구분	병렬			
	어드미턴스	위상각	실효전류	위상
R-L	$\sqrt{(\frac{1}{R})^2+(\frac{1}{\omega L})^2}$	$\tan^{-1}\frac{R}{\omega L}$	$\sqrt{(\frac{1}{R})^2+(\frac{1}{\omega L})^2}\,V$	전류가 뒤진다.
R-C	$\sqrt{(\frac{1}{R})^2+(\omega C)^2}$	$\tan^{-1}\omega CR$	$\sqrt{(\frac{1}{R})^2+(\omega C)^2}\,V$	전류가 앞선다.
R-L-C	$\sqrt{(\frac{1}{R})^2+(\frac{1}{\omega L}-\omega C)^2}$	$\tan^{-1}\frac{\frac{1}{\omega L}-\omega C}{\frac{1}{R}}$	$\sqrt{(\frac{1}{R})^2+(\frac{1}{\omega L}-\omega C)^2}\,V$	L이 크면 전류는 뒤진다. C가 크면 전류는 앞선다.

4 교류 전력

(1) 유효전력(소비전력, 평균전력)

$$P = VI\cos\theta[\mathrm{W}] = P_a\cos\theta[\mathrm{W}]$$

(2) 무효전력

$$P_r = VI\sin\theta[\mathrm{Var}] = P_a\sin\theta[\mathrm{Var}]$$

(3) 피상전력

$$P_a = VI[\mathrm{VA}]$$

(4) 역률

$$\cos\theta = \frac{P}{P_a}$$

(5) 무효율

$$\sin\theta = \frac{P_r}{P_a}$$

5 3상 교류회로

(1) 3상 교류의 발생과 표시법

① 대칭 3상 교류(symmetrical three-phase AC)

대칭 3상 교류는 기전력의 크기, 주파수, 파형이 같으며, $\frac{2}{3}\pi[\mathrm{rad}]$ 위상차를 갖는 3상 교류이다.

3상 교류는 자기장 내에 3개의 코일을 120° 간격으로 배치하여 반시계 방향으로 회전시키면 3개의 사인파 전압이 발생한다.

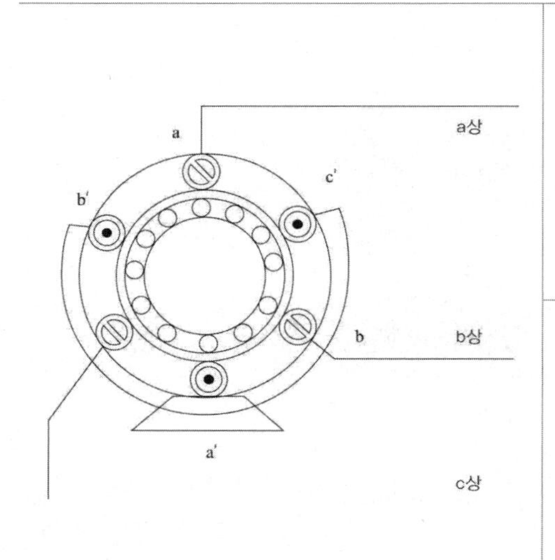

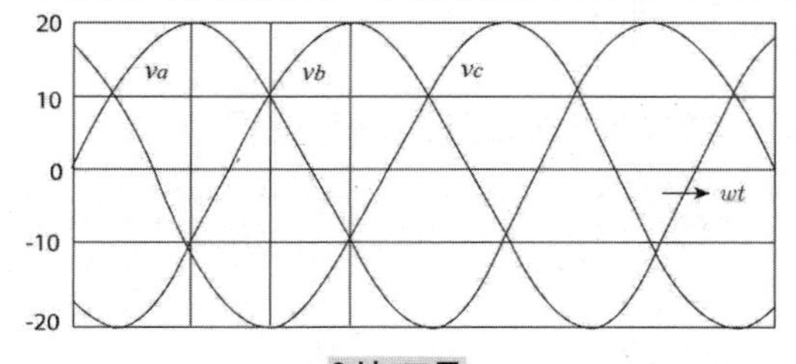

3상 교류

3상 교류의 순시값 표시

$v_a = \sqrt{2}\ V\sin\omega t[\mathrm{V}]$

$v_b = \sqrt{2}\ \sin\left(wt - \frac{2}{3}\pi\right)[\mathrm{V}]$

$v_c = \sqrt{2}\ V\sin\left(wt - \frac{4}{3}\pi\right)[\mathrm{V}]$

6 3상 교류의 결선법

(1) Y–Y 결선회로(성형결선)

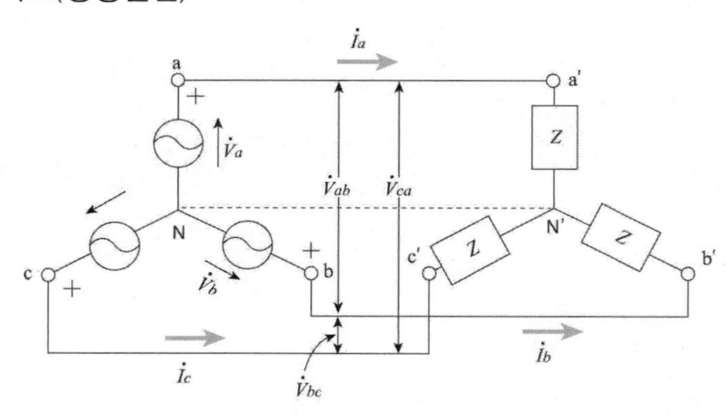

평형 $Y-Y$ 결선

선간전압$(V_l)=\sqrt{3}\times$상전압(V_P), 선전류$(I_l)=$상전류(I_P)

참고 선간전압은 상전압보다 $\frac{\pi}{6}$rad 앞선다.

(2) △ − △ 결선회로(삼각결선)

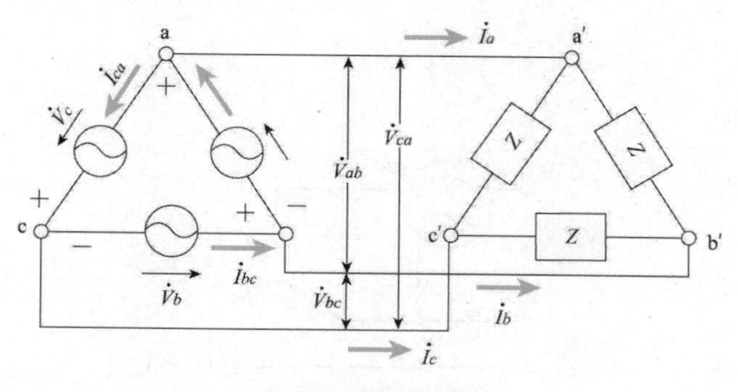

평형 △−△ 결선

$$선간전압(V_l) = 상전압(V_p)$$
$$선전류(I_l) = \sqrt{3} \times 상전류(I_p)$$

참고

I_l은 I_p보다 $\frac{\pi}{6}$ rad 뒤진다.

7 3상 전력

(1) 유효전력

$$P = 3\,V_p I_p \cos\theta = \sqrt{3}\,V_l I_l \cos\theta\,[\mathrm{W}]$$

(2) 무효전력

$$P_r = \sqrt{3}\,V_l I_l \sin\theta = 3\,V_P I_P \sin\theta\,[\mathrm{VAR}]$$

(3) 피상전력

$$P_a = \sqrt{3}\,V_l I_l = 3\,V_P I_P\,[\mathrm{VA}]$$

8 3상 전력의 측정

(1) 전력계법

① 단상 전력계법

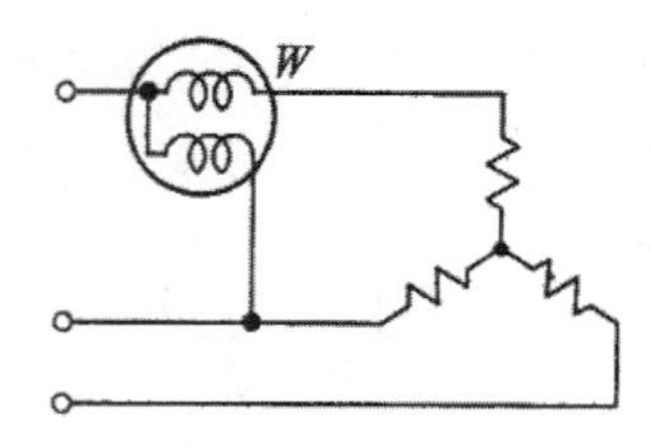

∴ 유효전력 $P = 2W = VI\cos\theta$[W]

② 2전력계법

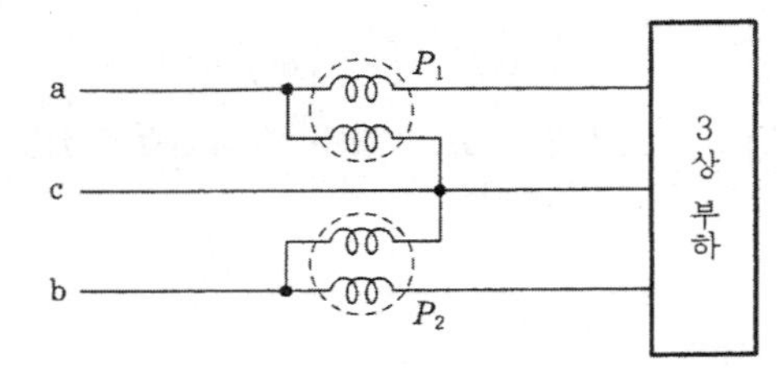

㉠ 유효전력 $P = P_1 + P_2 = \sqrt{3}\,VI\cos\theta$[W]

㉡ 무효전력 $P_r = \sqrt{3}(P_1 - P_2) = \sqrt{3}\,VI\sin\theta$[Var]

㉢ 역률 $\cos\theta = \dfrac{P}{\sqrt{P^2 + P_r^2}} = \dfrac{P_1 + P_2}{\sqrt{(P_1 + P_2)^2 + \{\sqrt{3}(P_1 - P_2)\}^2}}$

$$= \frac{P_1 + P_2}{2\sqrt{{P_1}^2 + {P_2}^2 - P_1 P_2}}$$

제5절 전기보호기기

1 개폐장치의 종류 및 역할

(1) 자동부하 전환개폐기(ALTS: Automatic Load Transfer Switch)

정전 시에 이중전원을 확보하여 주전원의 정전 시나 정격전압 이하로 떨어지는 경우 예비전원으로 자동 전환되어 무정전 전원공급을 수행하는 개폐기

(2) 부하개폐기(LBS:Load Breaker Switch)

수변전설비 인입구 앞에 설치되어 전력 공급을 수행하는 개폐기

(3) 단로기(Disconnecting Switch : DS)

개폐기의 일종으로서 기기를 점검하거나 수리할 때 회로로부터 분리하는데 사용된다. 단로기는 부하 전류 차단 능력이 없으므로 부하 전류가 흐르는 상태에서 조작하면 매우 위험하다.

2 차단기

(1) 차단기(CB: Circuit Breaker) 역할

회로에 전류가 흐르고 있는 상태에서 회로를 개폐하거나, 차단기의 부하 측에 사고가 발생했을 때 신속하게 회로를 차단하는 기기이다. 부하전류, 무부하 전류를 개폐할 수 있다.

(2) 차단기의 종류

① **유입차단기(OCB)** : 기름을 소호매질 및 절연매질로 사용한다.
② **공기차단기(ABB)** : 압축공기 이용, 소음이 크다.
③ **가스차단기(GCB)** : SF6 이용, 공기대비 2.5절연내력, 전자 친화력으로 소호성능 우수하다.
④ **진공차단기(VCB)** : 진공에서 높은 절연 내력과 아크 생성물을 이용한다.
⑤ **자기차단기(MBB)** : 전자력에 의해 아크를 이용한다.

3 보호계전기의 종류

(1) 과전류계전기(OCR : Over Current Relay)

전류의 크기가 일정치 이상으로 되었을 때 동작하는 계전기이며 특별히 지락사고 시 지락전류의 크기에 동작하도록 한 것을 지락과전류계전기라 한다.

(2) 과전압계전기(OVR : Over Voltage Relay)

전압의 크기가 일정치 이상으로 되었을 때 동작하는 계전기이며 지락사고 시 발생되는 영상전압의 크기에 응동하도록 한 것을 특히 지락 과전압 계전기라 한다.

(3) 부족전압계전기(UVR : Under Voltage Relay)

전압의 크기가 일정치 이하로 되었을 때 동작하는 계전기이다.

(4) 비율차동계전기(RDR : Ratio Differential Relay)

입력, 출력전류간의 차이가 입력전류에 대하여 일정비율 이상으로 되었을 때 동작하는 계전기이다.

참고 낙뢰나 혼촉 사고 등에 의하여 이상전압이 발생하였을 경우, 이상전압으로부터 선로와 기기를 보호할 목적 피뢰기(Lightning Arrester : LA)를 설치한다.

제20장

승강기 구동기계 기구의 동작 및 원리

제1절 직류 발전기 및 직류 전동기

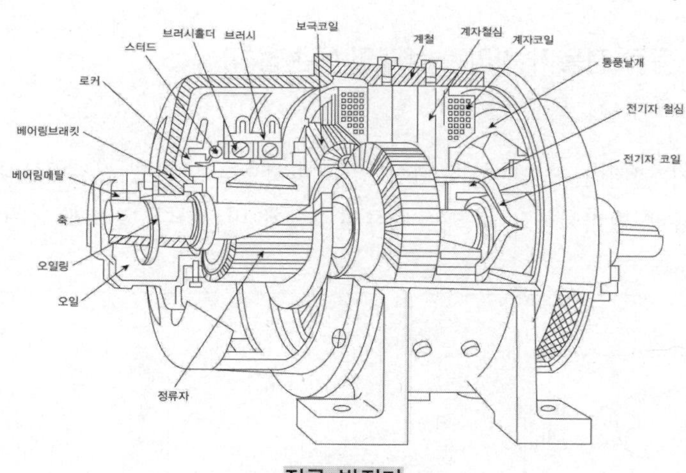

직류 발전기

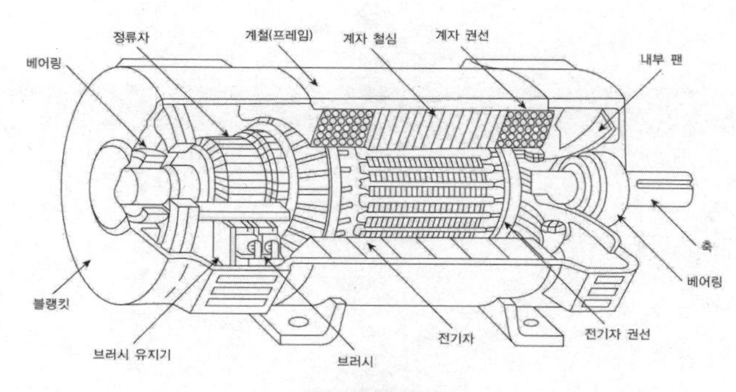

직류 전동기

1 직류 발전기 3요소

전기자, 계자 정류자(발전기의 원리는 플레밍 오른손 법칙)

① **전기자** : 자속을 끊어 기전력을 유기한다.

② **계자** : 자속을 발생한다.

③ **정류자** : 교류를 직류로 변환한다.

참고 **브러시 구비조건**

- 접촉저항이 클 것
- 마모성이 적을 것
- 스프링에 의한 적당한 압력을 가질 것
- 기계적으로 튼튼할 것
- 전기 저항이 적을 것

2 직류 전동기 종류(전동기 원리는 플레밍 왼손법칙)

(1) 직권 전동기

기자 권선과 계자 권선이 직렬로 접속되어 있는 방식으로 변속도 전동기이다.

속도는 부하 전류에 반비례하고 토크는 전류의 2승에 비례한다. 변속도 전동기이다.

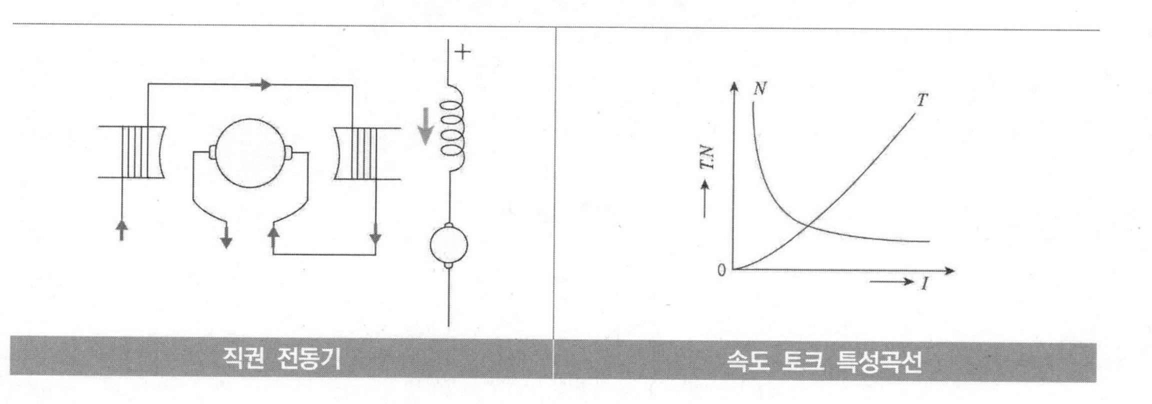

직권 전동기 | 속도 토크 특성곡선

(2) 분권전동기

정속도 전동기로계자권선이 전기자권선과 계자권선이 병렬로 접속되어 있는 방식이다.

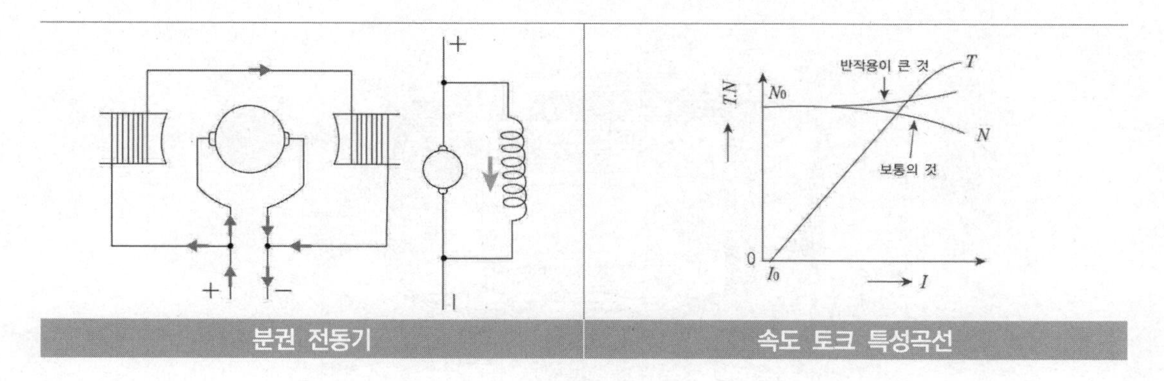

분권 전동기 | 속도 토크 특성곡선

(3) 복권전동기

전기자권선과 계자권선이 직렬 및 병렬로 접속된 방식으로 직권 및 분권전동기의 중간적인 특성을 갖는 전동기이다.

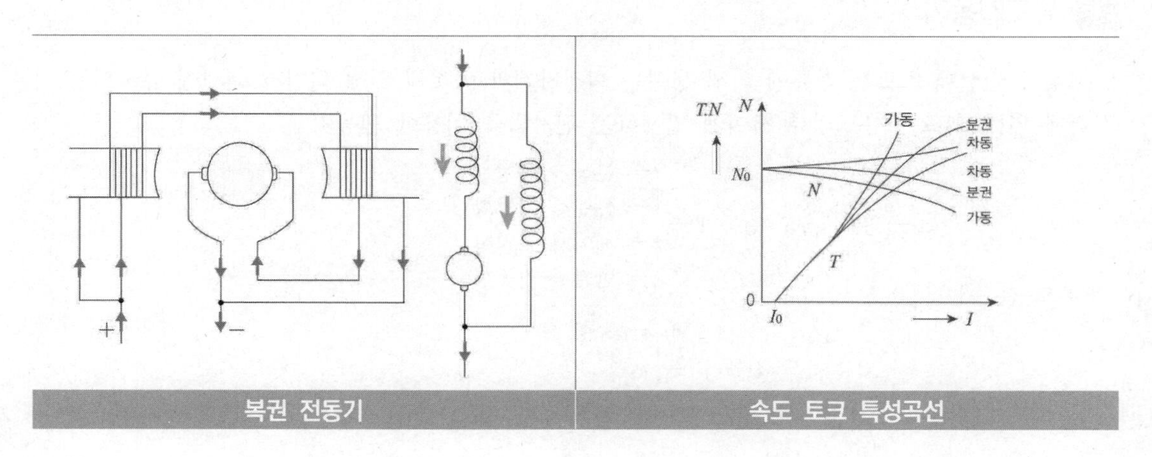

복권 전동기 | 속도 토크 특성곡선

3 직류전동기의 속도 제어 방식

$$\text{속도제어}\ \ N = K\frac{V - I_aR_a}{\phi}[\text{rps}]$$

① **전압제어**$[V]$: 광범위 속도제어 방식으로 단자저압 V를 제어한다.

② **저항제어**$[R]$: 저항(R)에 의하여 제어한다.

③ **계자제어**$[\phi]$: 자속 ϕ를 제어한다.

제2절 유도전동기

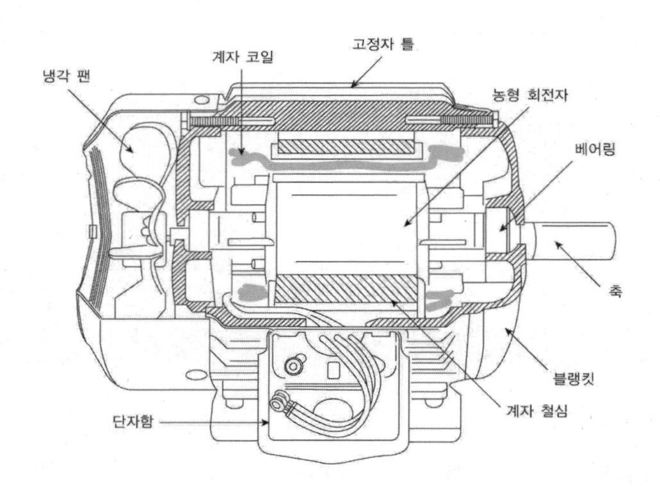

1 유도전동기

고정자 권선에 흐르는 전류에 의해 생기는 회전자계와 이것에 의해 회전자 권선에 유도되는 기전력에 의해 흐르는 유도전류 사이에 발생하는 전자력을 이용한 전동기

- 유도 전동기
  - 단상 유도 전동기
    - 분상 기동형
    - 콘덴서 기동형
    - 셰이딩 코일형
    - 반발형 기동형
  - 3상 유도 전동기
    - 농형
    - 권선형

2 주파수와 동기속도

동기속도 $N_s = \dfrac{120f}{P}$ [rpm] (f : 주파수, P : 극수)

3 슬립[S]

슬립[S] $S(slip) = \dfrac{N_s - N}{N_s} \times 100[\%]$ (N_S : 동기속도, N : 회전자 속도)

4 회전자 속도[N]

회전자 속도[N] $N=(1-S)N_S\,[\mathrm{rpm}]$

5 토크[T]

토크 $T=0.975\dfrac{P_2}{N_s}[\mathrm{kg\cdot m}]$ [P_2 : 동기와트]

6 유도 전동기의 기동법

(1) 3상 유도전동기

① **전전압 기동법** : 직입 기동법으로 3.7kW 이하의 전동기에 사용한다.

② **Y-Δ 기동법** : 농형 유도 전동키를 기동 시 Y 결선으로 하고 가속 후에 전류의 감소와 동시에 Δ 결선으로 바꾸어 전압으로 운전하는 것이다. 이 기동 방법을 사용하면 기동 전류는 전전압 기동의 $\dfrac{1}{3}$로 감소한다. Y-Δ 기동법은 보통 5~15kW에 적용한다.

③ **기동 보상기법** : 단권 변압기를 사용하여 정격전압의 50~60‰ 정도의 낮은 전압을 고정자 권선에 가하여 기동한다. 30kW 이상의 권선형 유도 전동기에 적용된다.

④ **2차 저항법** : 권선형 3상 유도 전동기에만 적용되는 기동법으로 비례추이 이용한다.

(2) 단상 유도 전동기의 기동법

① 분상 기동형

② 반발 기동형

③ 콘덴서 기동형

④ 세이딩 코일형

7 유도전동기 속도제어법

$$N=(1-s)\cdot N_s=(1-s)\cdot\frac{120f}{P}$$

(1) **주파수 제어법** : 주파수를 변화시켜 동기속도를 바꾸는 방법

$f\propto V\propto P$

(2) **극수 제어법** : 권선의 접속을 바꾸어 극수를 바꾸면 단계적이지만 속도를 바꿀 수 있다.

(3) **2차 저항법** : 권선형 유도 전동기에서 비례추이를 이용한다.

(4) **2차 여자법** : 2차 저항제어를 발전시킨 형태로 저항에 의한 전압강하 대신에 반대의 전압을 가하여 전압강하가 일어나도록 한 것으로 효율이 좋다.

8 제동방법

(1) 발전제동

주전동기를 발전기로 작용시켜 그 발생 전력을 차량에 탑재되어 있는 주저항기에 흘려서, 열 에너지로 변환하여 제동력을 얻는 방식

(2) 역상 제동(Plugging)

전동기의 전원 전압의 극성 혹은 상회전 방향을 역전함으로써 전동기에 역토크를 발생시키고, 그에 의해서 제동하는 것

(3) 회생 제동

전동기의 제동법의 하나로, 전동기를 발전기로 동작시켜 그 발생 전력을 전원에 되돌려서 하는 제동방법

참고 전동기 회전방향 바꾸는 방법

① 3상 : 3상중 2상의 접속을 바꾸어 준다.
② 단상 : 기동권선의 접속을 바꾸어 준다.

제3절 전류의 화학 작용과 전지

1 전류의 화학작용

(1) 패러데이의 법칙

전극에 석출된 물질의 양은 통과한 전기량에 비례하고, 물질의 전기 화학 당량에 비례(화학당량=원자량/원자가)한다.

$$W = KQ = KIt\,[\mathrm{g}]$$

(2) 전지의 접속

① 직렬 접속

전지를 n개 직렬로 연결하였을 때 부하 저항에 흐르는 전류$[I]$

전류 $I = \dfrac{E_o}{R_o} = \dfrac{nE}{nr+R}[\mathrm{A}]$($n$: 전지 직렬 연결개수)

(합성 기전력 $E_o = nE[\mathrm{V}]$, 합성내부 저항 nr)

② 병렬 접속

전지를 n개 병렬로 연결하였을 때 부하 저항에 흐르는 전류$[I]$

전류 $I = \dfrac{E_o}{R_o} = \dfrac{E}{\dfrac{r}{n}+R}[\mathrm{A}]$ (n : 전지 병렬개수)

(합성 기전력 $E_o = E[\mathrm{V}]$, 합성 내부저항 $\dfrac{r}{n}$)

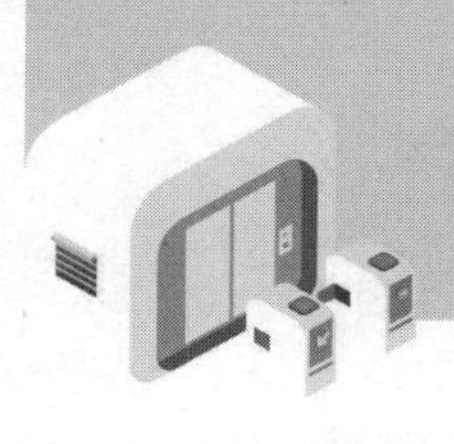

제21장

승강기의 제어 및 제어시스템의 원리와 구성

제1절 제어의 개념

대상물에 요구되는 어떤 상태에 부합되도록 필요한 조작을 기하는 것을 제어라고 한다. 또한, 제어에는 수동 제어(Manual Control)와 출력의 상태에 따라서 기계에 의하여 자동 직 으로 조작되는 자동 제어 (Automatic Control)가 있다.

자동 제어는 미리 정해 놓은 순서에 따라서 제어의 각 단계가 순차적으로 진행되는 시퀀스 제어(Sequence Control)와 기계 스스로 제어의 필요성을 판단하여 수정 동작을 행하는 피드백 제어(Feedback Control)의 두 종류로 크게 나눌 수 있다.

제2절 제어계의 요소 및 구성

1 제어계의 기본 구성요소

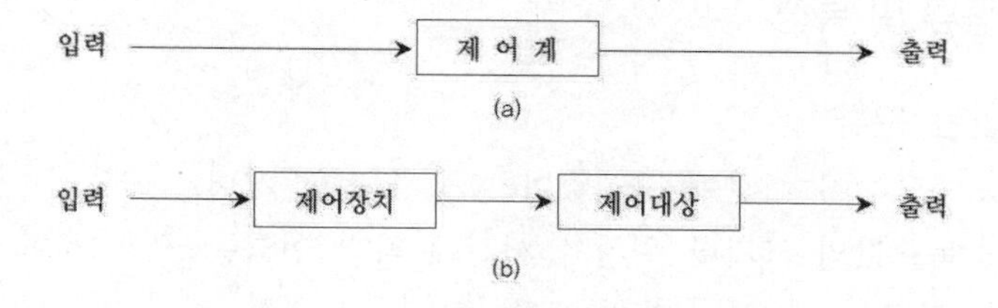

2 자동제어계의 구성요소의 정의

(1) **목표값** : 제어계의 설정되는 값으로서 제어계의 가해지는 입력

(2) **기준입력요소** : 목표값에 비례하는 신호인 기준입력 신호를 발생시키는 장치

(3) **동작신호** : 목표값과 제어량 사이에서 나타나는 편차값으로서 제어요소의 입력신호

(4) **제어요소** : 조절부와 조작부로 구성되어 있으며 동작신호를 조작량으로 변환하는 장치

(5) **제어장치** : 기준입력요소, 제어요소, 검출부, 비교부 등과 같은 제어동작이 이루어지는 제어계 구성부분 제어대상

(6) **조작량** : 제어장치 또는 제어요소의 출력이면서 제어 대상의 입력인 신호

(7) **제어 대상** : 제어기구로서 제어장치를 제외한 나머지 부분

(8) **제어량** : 제어계의 출력으로서 제어대상에서 만들어지는 값

(9) **외란** : 제어량에 바람직하지 않는 영향을 주는 외적 입력

(10) **검출부** : 제어량을 검출하는 부분으로서 입력과 출력을 비교할 수 있는 비교부에 출력신호를 공급하는 장치

제3절 자동제어

1 자동제어의 종류 및 특성

(1) 목표값에 의한 분류

① **정치 제어** : 목표값이 시간에 관계없이 항상 일정한 제어

② **추치 제어** : 목표값의 크기나 위치가 시간에 따라 변화는 것을 제어
(추종 제어, 프로그램 제어, 비율 제어)

(2) 제어량에 의한 분류

① **서보기구 제어** : 위치, 방향, 자세 등 제어량이 기계적인 추치제어이다.

② **프로세스 제어** : 온도, 유량, 압력 등 공정제어라고도 하며 제어량이 피드백 제어계로서 주로 정치제어인 경우이다.
③ **자동조정 제어** : 전기적, 기계적 양을 주로 제어하는 것으로서 응답 속도가 대단히 빨라야 하는 것이 특징이며 정전압 장치, 발전기의 조속기 등이 이에 속하며, 정치제어이다.

(3) 제어계의 종류
① **개루프(개방제어) 제어계** : 가장 간단한 장치로서 제어 동작이 출력과 관계없이 신호의 통로가 열려있는 제어 계통을 개루프 제어계라 한다.
② **폐루프(되먹임제어) 제어계** : 출력의 일부를 입력방향으로 피드백 시켜 목표값과 비교되도록 폐루프를 형성하는 제어계로서 피드백 제어계라고도 한다.

제4절 시퀀스 제어

정해진 순서에 따라 순차적으로 진행되는 제어를 시퀀스 제어라 한다.

1 시퀀스 제어의 기본 명칭 및 기호

명칭	논리회로	논리식	동작설명	진리표	유접점 회로
AND 회로	A, B → Y	Y=A·B	입력신호 A, B가 동시에 1일 때만 출력 신호 Y가 1이 된다.	A B Y / 0 0 0 / 0 1 0 / 1 0 0 / 1 1 1	A, B, X, X, L
OR 회로	A, B → Y	Y=A+B	입력신호 A 중 어느 한 쪽이라도 1이면 출력신호 Y가 1이 된다.	A B Y / 0 0 0 / 0 1 1 / 1 0 1 / 1 1 1	A, B, X, X, L
NOT 회로	A → Y	$Y=\overline{A}$	입력신호 A가 0일 때만 출력신호가 1이 된다.	A Y / 0 1 / 1 0	A, Xa, X, L

명칭	논리회로	논리식	동작설명	진리표	유접점 회로
NAND 회로	A, B → Y	$Y=\overline{A \cdot B}$	입력신호 A, B가 동시에 1일 때만 출력신호 Y가 0이 된다.	A B Y 0 0 1 0 1 1 1 0 1 1 1 0	A, B, Xa, X, L
NOR 회로	A, B → Y	$Y=\overline{A+B}$	입력신호 A, B 중 어느 한 쪽이라도 1이면 출력신호 Y가 0이 된다.	A B Y 0 0 1 0 1 0 1 0 0 1 1 0	A, B, Xa, X, L

2 접점의 종류

(1) **a접점** : 평상시 열려있는 접점

(2) **b접점** : 평상시 닫혀 있는 접점

(3) **c접점** : a와 b 변환접점

3 전자계전기(RELAY)

전자력에 의하여 접점을 개폐하는 기능을 가지는 제어기구로 릴레이와 전자개폐기가 있다.

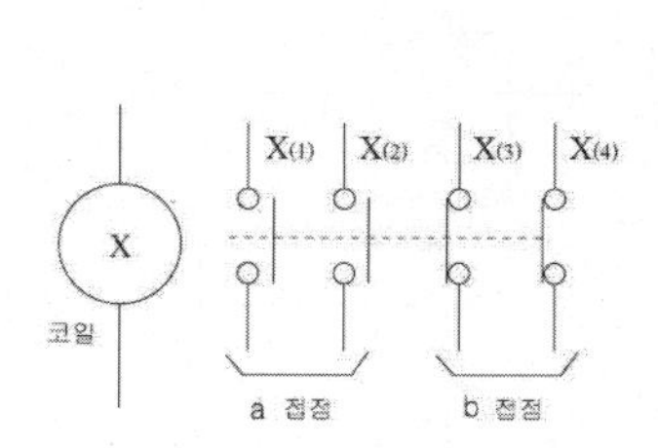

보조 릴레이 기호

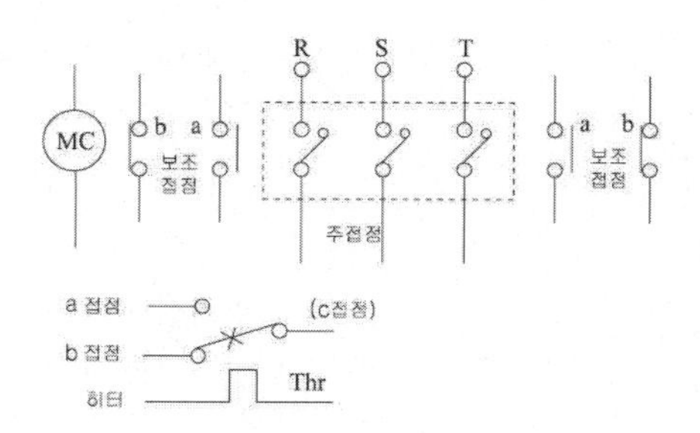

MC 기호

4 시퀀스 회로의 기본 논리회로

(1) 논리연산

① 기본정리

㉠ $A+0=A$

$A\cdot 1=A$

㉡ $A+1=1$

$A+\overline{A}=1$

㉢ $A\cdot 0=0$

$A\cdot \overline{A}=0$

㉣ $A+A=A$

$A\cdot A=A$

② 논리 대수의 연산법칙

㉠ 교환법칙 : $A+B=B+A$ $A\cdot B=B\cdot A$

㉡ 결합법칙 : $A+(B+C)=(A+B)+C$ $A\cdot(B\cdot C)=(A\cdot B)\cdot C$

㉢ 분배법칙 : $A+(B\cdot C)=(A+B)\cdot(A+C)$ $A\cdot(B+C)=A\cdot B+A\cdot C$

㉣ 흡수법칙 : $A+(A\cdot B)=A$ $A\cdot(A+B)=A$

③ 드모르간의 정리

$(\overline{A+B})=\overline{A}\cdot\overline{B}$ $(\overline{A\cdot B})=\overline{A}+\overline{B}$

제5절 정류회로

1 맥동률

$$\nu=\frac{\text{출력전압(전류)의 포함된 맥동분}}{\text{출력전압(전류)의 직류분}}\times 100[\%]$$

맥동율 최소는 3상 전파, 최대는 단상 반파이다.

2 정류작용(교류를 직류로 변환하는 작용)

(1) 단상 반파 정류 회로

회로	직류전압
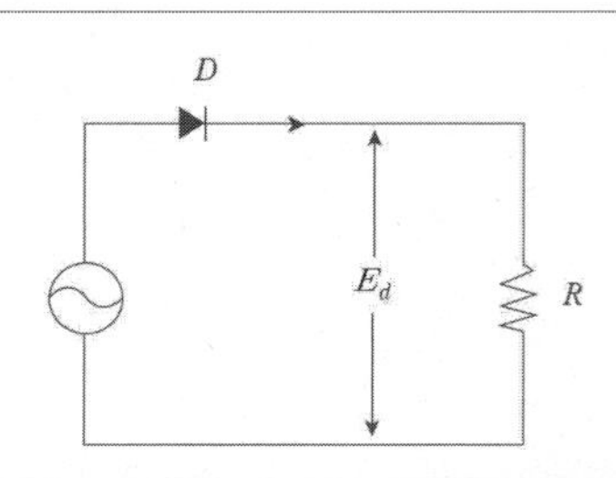	$E_d = \frac{\sqrt{2}}{\pi} V = 0.45\,V[\mathrm{V}]$

참고 3상 반파 직류전압(E_d) $E_d = 1.17\,V[\mathrm{V}]$

(2) 단상 전파 정류회로

회로	직류전압
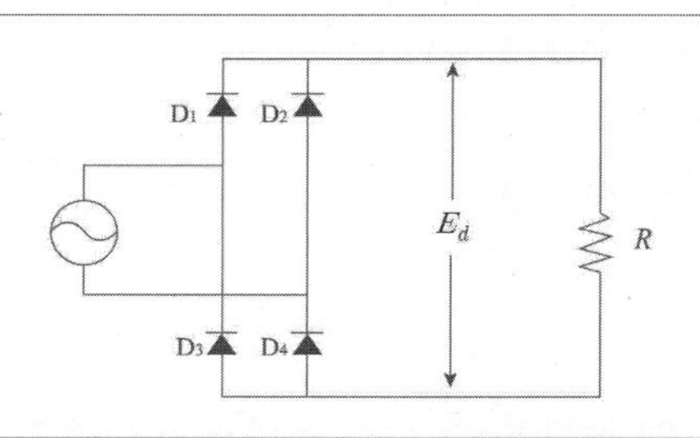	$E_d = \frac{2}{\pi} V_m = \frac{2\sqrt{2}}{\pi} V = 0.9\,V[\mathrm{V}]$

참고 3상 전파 직류전압(E_d) $E_d = 1.35\,V[\mathrm{V}]$

제6절 반도체

1 반도체의 성질

전도도가 도체와 절연체 중간 정도 되는 물질을 반도체라 한다.

전기 저항이 저온에서 크고 온도 상승에 따라서 감소되는 부(−)의 온도계수를 나타내며 전압·전류 특성이 직선 관계를 나타내지 않고 정·부의 특성이 비대칭이다.

2 반도체의 종류

(1) **진성 반도체** : 가전자 4개를 가지는 순수한 반도체(게르마늄, 실리콘)

(2) **P형 반도체** : 인듐, 알루미늄 등의 3가의 불순물을 포함하고, 전자 부족개소(정공)을 가진 반도체

(3) **N형 반도체** : 비소소, 안티몬 등 가전자 5개의 불순 물질을 포함하고, 과잉전자를 가진 반도체

3 반도체 소자

2가지 대표적인 소자로 다이오드와 트랜지스터가 있다.

(1) 다이오드(Diode)

① 특성

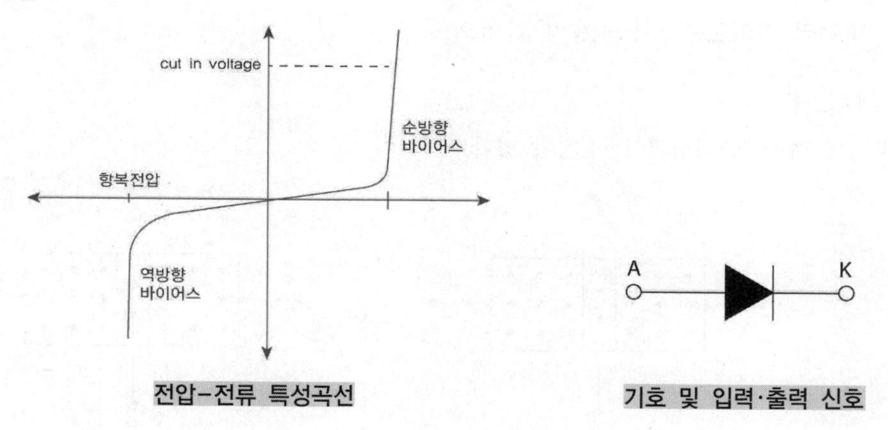

전압-전류 특성곡선

기호 및 입력·출력 신호

㉠ PN 접합 다이오드 : 교류를 직류로 변화시켜 주는 정류소자
㉡ cut in voltage : 순방향에서 전류가 현저히 증가하기 시작하는 전압
㉢ 항복전압 : 역 바이어스 전압이 어떤 임계값에 도달하면 전류가 급격히 증가하여 전압 포화 상태를 나타내는 임계값(온도가 증가 하면 항복전압도 증가)

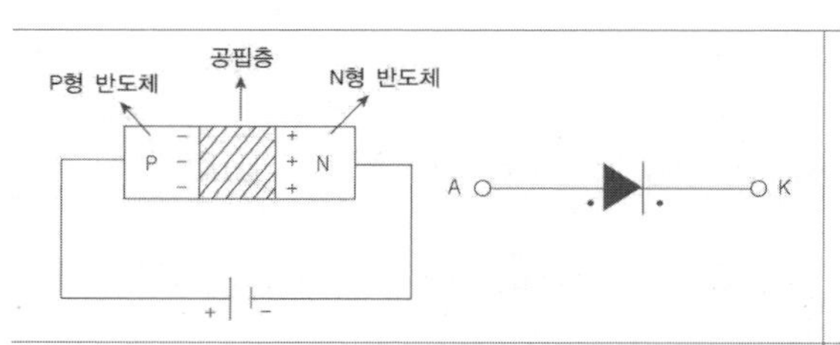	경계면 P N
순 바이어스 된 경우 • 전위 장벽이 낮아진다. • 공간 전하 영역의 폭이 좁아진다. • 전장이 약해진다(이온화 감소).	순 바이어스 된 경우 • 전위 장벽이 높아진다. • 공간 전하 영역의 폭이 넓어진다. • 전장이 강해진다.

② 다이오드 종류

㉠ 제너 다이오드 : 전압을 안정 하게 유지

- 직렬연결 : 과전압으로부터 보호
- 병렬연결 : 과전류로부터 보호
- 정·부 온도계수를 갖는다.

㉡ 터널 다이오드 : 증폭 작용, 발진 작용, 개폐(스위치)작용

㉢ 바랙터 다이오드 : 가변 용량 다이오드

(2) 트랜지스터

접합 방법에 따라 NPN형과 PNP형이 있다.

① 기호

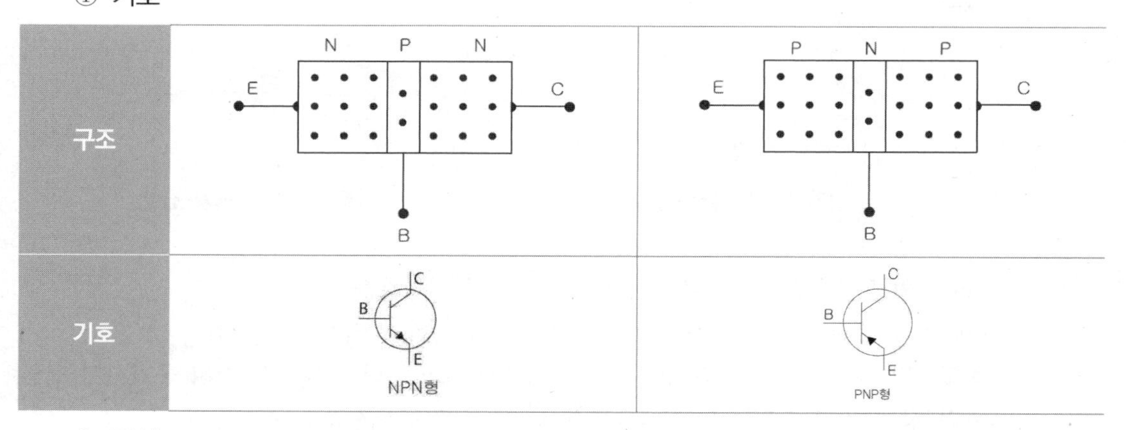

② 특성

㉠ 장점

- 소형경량이며 소비전력이 적다.
- 기계적 강도가 크며 수명이 길다.
- 시동이 순간적이며 비교적 낮은 전압에 분포한다.

ⓛ 단점
- 온도의 영향을 받기 쉽다.
- 대전력에 약하다.
  - 스위칭 시간(Turn off) : 축적시간+하강시간

(3) 사이리스터(Thyristor)

① 속도제어(전압, 위상, 즉파수)

② 특징과 용도

㉠ 고전압 대전류의 제어가 용이하다.

㉡ 게이트(Gate)의 신호가 소멸해도 온(on) 상태를 유지할 수 있다.

㉢ 수명은 반영구적이다. 신뢰성이 높다.

㉣ 서지전압, 전류에도 강하다.

㉤ 소형, 경량이며 기기나 장치에 부착이 용이하다.

㉥ 기계식 접점에 비하여 온-오프 주파수 특성이 좋다.

③ 사이리스터 종류

㉠ SCR(Silicon Controlled Rectifier) : 실리콘 제어 정류기(정류기능, 위상제어기능)

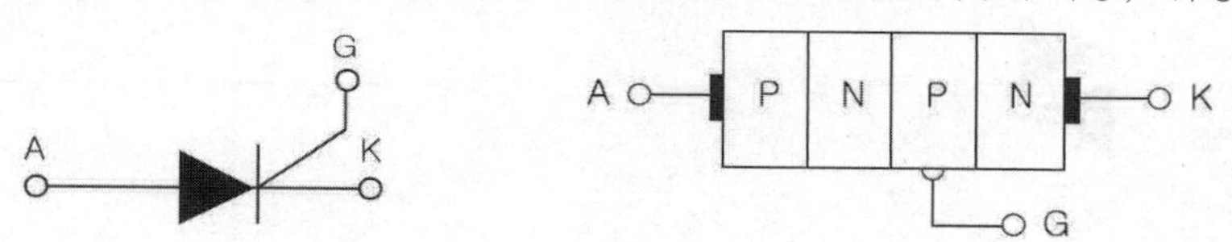

④ 특성

㉠ 단방향 3단자 소자이다.

㉡ PNPN 구조로서 부(-) 저항 특성이 있다.

㉢ 게이트 전류에 의해서 방전 개시 전압을 제어할 수 있다.

㉣ 소형이면서 대전력용 소자이다.

⑤ **동작설명** : 게이트 전극을 가진 PNPN 구조의 정류 소자로서 역저지 3단자 사이리스터에 속한다.

게이트(G) 전류에 의하여 턴온(Turn on) 위상이 제어되며 동작 상태는 다음과 같다.

㉠ **역저지 상태** : A(애노드)에 -, K(캐소드)에 + 전압을 가했을 때

㉡ **순저지 상태** : A(애노드)에 +, K(캐소드)에 -의 어느 한계 값 이하의 전압을 가했을 때

㉢ **도통 상태** : SCR은 순방향 통전 상태를 저지하는 능력에 한계가 있으며 이 한계 값(브레이크오버 전압)을 넘으면 급격히 도통 상태로 된다.

참고 **브레이크 오버 전압** : 제어 정류기의 게이트가 도전상태로 들어가는 전압을 말한다.

㉡ SCS(Silicon Controlled Switch)

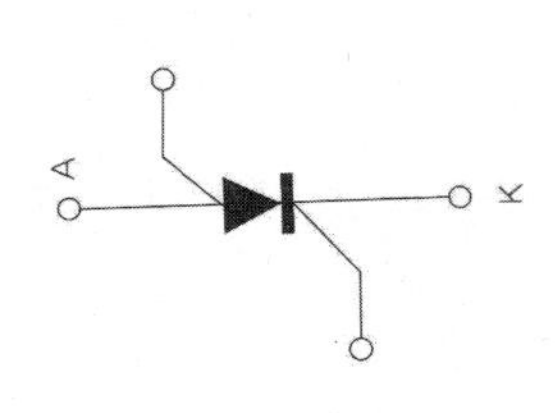

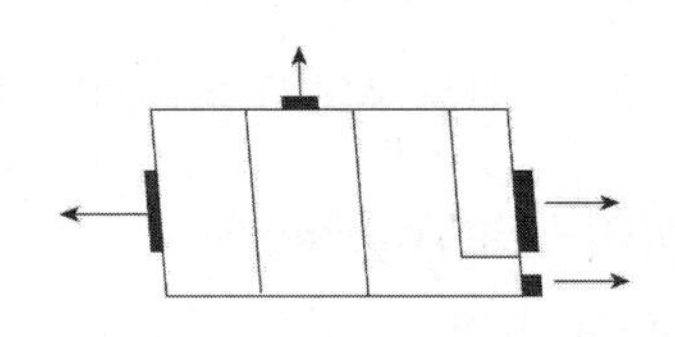

기호	구조

단방향 4단자 소자이며, 게이트가 2개인 광소자이다.

㉢ SSS(Silicon Symmertrical Switch)

쌍방향 2단자 소자이며 조광제어 및 온도제어에 이용된다.

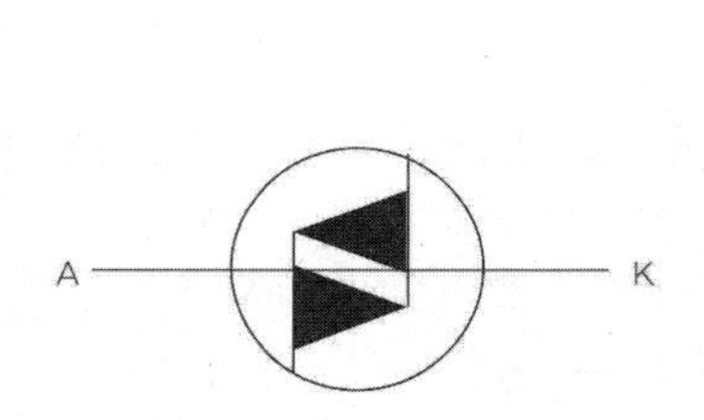

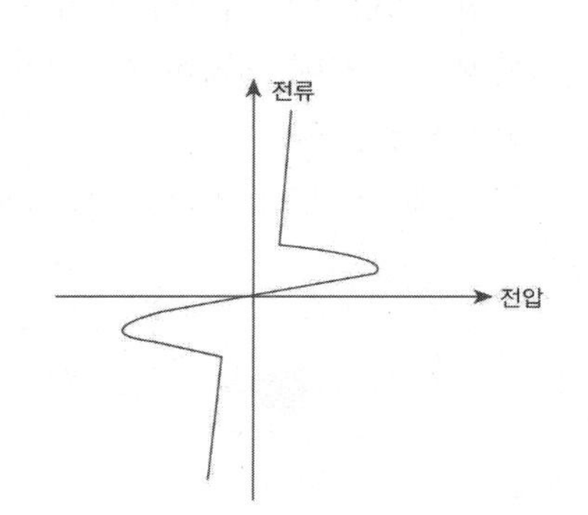

㉣ DIAC(Diode AC Switch)

NPN 3층 구조로 쌍방향 2단자 소자이며 부성저항을 나타낸다.

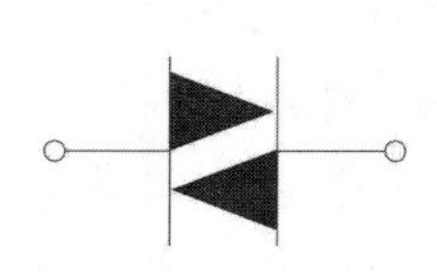

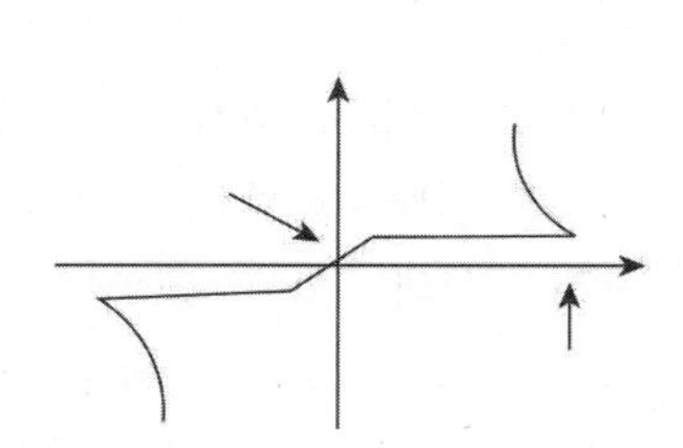

㉤ TRIAC(Triode Switch of AC)

쌍방향 3단자 소자의 구조이며 SCR 역병렬 구조와 같으며 교류전력을 양극성 제어한다.

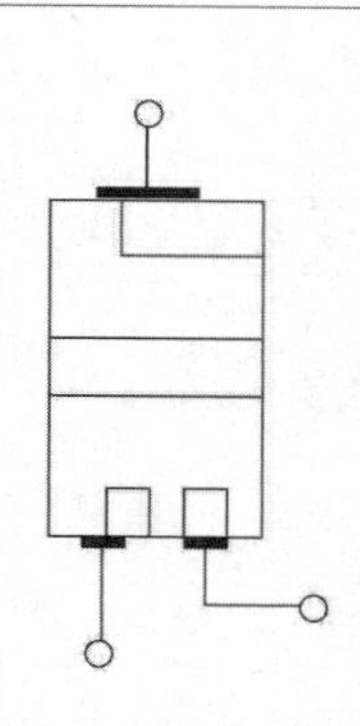

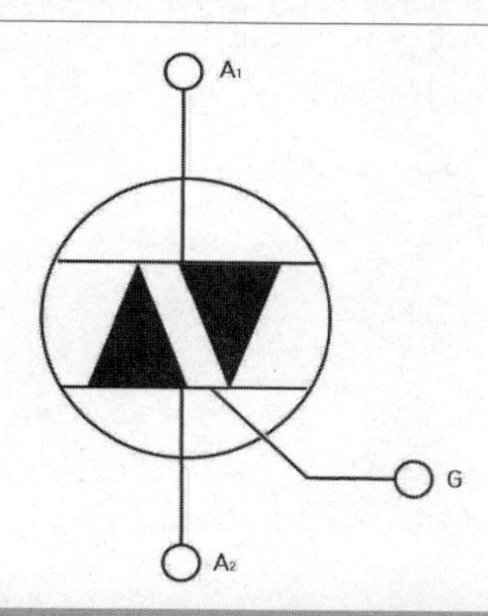

memo

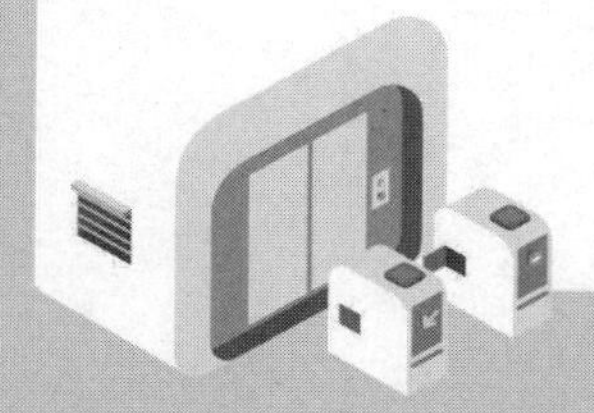

제 5 편

CBT 시험 실전 대비 기출문제

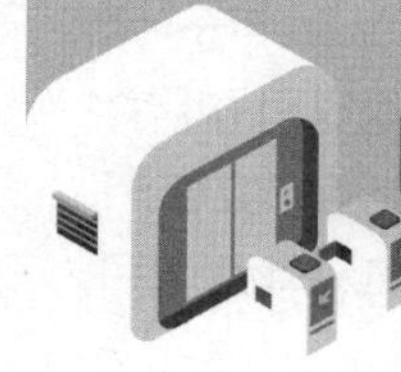

기출문제 2011년 제1회

제1과목 : 승강기개론

01 **직류 가변전압식 엘리베이터에서는 권상전동기에 직류전원을 공급한다. 필요한 발전기 용량은?(단, 권상전동기의 효율은 80%, 1시간 정격은 연속정격의 56%, 엘리베이터용 전동기의 출력은 20kW이다)**

① 약 11kW ② 약 14kW
③ 약 17kW ④ 약 20kW

해설 발전기 용량[P_G]

$$P_G = \frac{20}{0.8} \times 0.56 = 14$$

02 **엘리베이터의 운행 속도를 검출하는 안전장치는?**

① 비상정지장치 ② 조속기
③ 브레이크 ④ 전동기

해설 조속기(Governor)
카와 같은 속도로 움직이는 조속기 로프에 의하여 회전하여(원심력) 승강기의 속도를 검출하는 장치

03 **엘리베이터 기계실의 실온은 원칙적으로 얼마 이하로 유지하여야 하는가?**

① 20℃ ② 30℃
③ 40℃ ④ 50℃

해설 실온은 원칙적으로 40℃ 이하이다.

04 **언더 컷(Under Cut) 홈 시브에 대한 설명으로 틀린 것은?**

① 로프와 시브의 마찰계수를 높이기 위한 것이다.
② 로프 마모율이 비교적 심하지 않다.
③ 주로 싱글 랩핑(1 : 1 로핑)에 사용된다.
④ 홈의 형상은 시브 홈의 밑을 도려낸 것이다.

해설 로프 마모율이 심하다.

05 **균형로프(Compensating Rope)에 대한 설명으로 옳은 것은?**

① 주로 고속엘리베이터에 많이 사용하고 있다.
② 유압승강기에 많이 사용하고 있다.
③ 10층 미만의 로프식 승강기에 많이 사용하고 있다.
④ 화물용 승강기에만 주로 사용하고 있다.

해설 균형체인(Compensation Chain) 및 균형로프(Compensation Rope)
- 이동케이블과 로프의 이동에 따라 변화되는 하중을 보상하기 위함이다.
- 카 하단에서 피트를 경유하여 균형추의 하단으로 로프와 거의 같은 단위길이의 균형체인이나 균형로프를 사용하여 90% 정도 보상한다.
- 고층용 엘리베이터에는 균형체인을 사용할 경우 소음의 문제가 있어 균형로프를 사용한다.

정답 01. ② 02. ② 03. ③ 04. ② 05. ①

06 무빙워크 경사도는 몇 도 이하이어야 하는가?

① 8도 ② 10도
③ 12도 ④ 15도

해설 무빙워크의 경사도는 12° 이하이어야 한다.

07 과부하 감지장치의 작동에 따른 연계 작동에 포함되지 않는 것은?

① 카가 움직이지 않는다.
② 경보음이 울린다.
③ 통화장치가 작동된다.
④ 문이 닫히지 않는다.

해설 통화장치는 인터폰을 눌렀을 때 동작한다.

08 승강장의 문이 열린 상태에서 모든 제약이 해제되면 자동적으로 닫히게끔 하여 문의 개방상태에서 생기는 2차 재해를 방지하는 문의 안전장치는?

① 세이프티 레이
② 도어 인터로크
③ 클로저
④ 도어 세이프티

해설 도어 클로저(Door Closer)
• 승강장의 도어가 열린 상태에서 모든 제약이 해제되면 자동적으로 닫히게 하는 장치
• 구조 : 레버 시스템, 코일 스프링, 도어 체크(스프링식, 중력식)

09 승강로 꼭대기 틈새(상부름)에 대한 설명으로 옳은 것은?

① 카가 최상층에 정지하였을 경우 카 바닥과 기계실 바닥간의 거리
② 카가 최상층에 정지하였을 경우 카 바닥과 카 천정간의 거리
③ 카가 최상층에 정지하였을 경우 카 상부체대와 승강로 천정간의 거리
④ 카가 최상층에 정지하였을 경우 카 상부 체대와 기계실 천정까지의 거리

해설 꼭대기 틈새(상부름)는 카가 최상층에 정지하였을 경우 카 상부체대와 승강로 천정간의 수직거리이다.

10 유압 엘리베이터용 펌프로 소음이 적고 압력맥동이 적은 펌프는?

① 기어펌프 ② 스크루펌프
③ 외접펌프 ④ 피스톤펌프

해설 일반적으로 소음이 적고 압력맥동이 적은 스크루펌프 사용

11 VVVF제어에서 3상의 교류를 일단 DC 전원으로 변환시키는 것은?

① 인버터 ② 발전기
③ 전동기 ④ 컨버터

해설 VVVF제어(가변전압 가변주파수)-전압과 주파수를 동시에 제어
• 광범위한 속도제어 방식으로 인버터를 사용하여 유도 전동기의 속도를 제어하는 방식
• 유지보수가 용이하며 승차감 향상 및 소비전력이 적다.
• 컨버터(교류를 직류로 변환), 인버터(직류를 교류로 변환)가 사용된다.
• PAM 제어방식과 PWM 제어방식이 있다.

12 에스컬레이터에서 스텝체인에 대한 설명으로 옳은 것은?

① 폭이 좁고, 층고가 낮을수록 높은 강도의 체인을 필요로 한다.
② 일종의 롤러체인이다.
③ 좌우 체인의 링크 간격은 스텝을 안전하게 유지한다.
④ 클립형과 판넬형이 있다.

정답 06. ③ 07. ③ 08. ③ 09. ③ 10. ② 11. ④ 12. ②

해설 스텝체인은 일종의 롤러체인으로 좌우 체인의 링 간격을 일정하게 유지하기 위하여 일정 간격으로 롤러가 연결된 구조이다.

13 승강기의 자체검사 항목이 아닌 것은?

① 기계실의 면적
② 브레이크 및 제어장치
③ 와이어로프
④ 과부하방지장치

14 방호장치 중 과도한 한계를 벗어나 계속적으로 작동하지 않도록 제한하는 장치는?

① 크레인 ② 리미트 스위치
③ 윈치 ④ 호이스트

해설 리미트 스위치 과도한 한계를 벗어나 계속적으로 작동하지 않도록 제한하는 장치

15 재해의 직접 원인은 인적 원인과 물적 원인으로 구분할 수 있다. 다음 중 물적 원인에 해당하는 것은?

① 복장, 보호구의 잘못 사용
② 정서불안
③ 작업환경의 결함
④ 위험물 취급 부주의

해설 작업환경의 결함은 불안전한 상태로 물적 원인이다.

16 높은 곳에서 전기작업을 위한 사다리작업을 할 때 안전을 위하여 절대 사용해서는 안 되는 사다리는?

① 미끄럼 방지장치가 있는 사다리
② 도전성이 있는 금속제 사다리
③ 니스(도료)를 칠한 사다리
④ 셸락(shellac)을 칠한 사다리

해설 도전성이 있는 금속제 사다리는 인체 감전 위험이 있다.

17 전기 안전대책의 기본 요건에 해당되지 않는 것은?

① 정전방지를 위해 활선작업 유도
② 전기시설의 안전처리 확립
③ 취급자의 안전자세 확립
④ 전기설비의 접지 실시

해설 활선작업 유도는 인체 감전 위험이 있으므로 해서는 안 된다.

18 안전 작업모를 착용하는 주요 목적이 아닌 것은?

① 화상방지
② 비산물로 인한 부상 방지
③ 종업원의 표시
④ 감전의 방지

해설 물체가 떨어지거나 날아올 위험 또는 근로자가 감전되거나 추락할 위험이 있는 작업 시 안전모를 착용한다.

19 부상으로 인하여 8일 이상의 노동력 상실을 가져온 상해정도는?

① 중상해 ② 경상해
③ 경미 상해 ④ 무상해

해설 부상으로 인하여 8일 이상의 노동력 상실을 가져온 상해정도를 중상해로 분류한다.

20 원동기, 회전축 등에는 위험방지장치를 설치하도록 규정하고 있다. 설치방법에 대한 설명으로 틀린 것은?

① 위험부위에는 덮개, 울, 슬리브 등을 설치
② 키 및 핀 등의 기계요소는 문힘형으로 설치

정답 13. ① 14. ② 15. ③ 16. ② 17. ① 18. ③ 19. ① 20. ③

③ 벨트의 이음부분에는 돌출된 고정 구로 설치

④ 건널다리에는 안전난간 및 미끄러지지 아니하는 구조의 발판 설치

해설 원동기·회전축등의 위험방지

- 사업주는 기계의 원동기·회전축·기어·풀리·플라이휠·벨트 및 체인 등 근로자에게 위험을 미칠 우려가 있는 부위에는 덮개·울·슬리브 및 건널다리 등을 설치하여야 한다.
- 사업주는 회전축·기어·풀리 및 플라이휠 등에 부속하는 키·핀 등의 기계요소는 묻힘형으로 하거나 해당 부위에 덮개를 설치하여야 한다.
- 사업주는 벨트의 이음부분에는 돌출된 고정구를 사용하여서는 아니 된다.
- 사업주는 제1항의 건널다리에는 안전난간 및 미끄러지지 아니하는 구조의 발판을 설치하여야 한다.

21 재해발생 시 긴급 처리해야 할 사항이 아닌 것은?

① 피해 기계의 정지

② 피해자의 응급조치

③ 관계기관에 신고

④ 2차 재해방지

22 인장응력을 가장 옳게 설명한 것은?

① 재료내부에 인장힘이 발생하여 갈라지는 균열현상

② 재료외부에 인장힘이 발생하여 갈라지는 균열현상

③ 재료가 외력을 받아 인장되려고 할 때 재료 내에서 생기는 응력

④ 재료가 내력을 받아 인장되려고 할 때 재료 내에서 생기는 응력

해설 인장응력 : $\sigma = \frac{W}{A}$

(W : 인장하중, A : 단면적)

23 하중경보장치는 몇 % 적재 시 경보를 발하고 문의 닫힘을 제어하는가?

① 80 ② 100

③ 110 ④ 120

해설 과부하 감지장치

카 내부의 적재하중을 감지하여 적재하중이 넘으면 경보를 울려 출입문의 닫힘을 자동적으로 제지하는 장치(110%가 표준)

24 카 내에서 행하는 검사에 해당되지 않는 것은?

① 카 시브의 안전상태

② 카 내의 조명상태

③ 비상통화장치

④ 운전반 버튼의 동작상태

해설 카 시브의 안전상태는 카 상부 검사 시 시행한다.

25 전동 덤웨이터에 대한 설명으로 틀린 것은?

① 구조상 경미한 부분을 제외하고는 불연재료로 만들거나 씌어야 한다.

② 점검용 콘센트는 소방설비용 비상콘센트를 겸용하여 사용한다.

③ 일반적으로 기계실 천장의 높이는 1m 이상을 유지하여야 한다.

④ 서적, 음식물 등 소형화물의 운반에 적합한 엘리베이터다.

해설 덤웨이터

작은 짐을 나르는 데 쓰는 엘리베이터로 도서관의 서적 운반, 창고나 서점의 제품 운반 따위에 많이 쓴다. 유효면적이 $1m^2$ 이하이고 천장높이를 1.2m 이하로 규정하며 사람이 탑승할 수 없는 구조로 되어있다.

정답 21. ③ 22. ③ 23. ③ 24. ① 25. ②

26 순간식 비상정지장치의 일종으로 로프에 걸리는 장력이 없어져서 휘어짐이 생겼을 때 바로 운전회로를 차단하는 장치는?

① 조속기
② 슬랙로프 세이프티
③ 브레이크
④ 상승방향 과속방지장치

해설 슬랙로프 세이프티(slack rope safety)
- 순간식 비상정지 장치의 일종으로 소형과 저속의 엘리베이터에 적용하며 로프에 걸리는 장력이 없어져 로프의 처짐현상이 생길 때 비상장치를 작동시키는 것
- 조속기를 설치할 필요가 없는 방식으로 주로 유압식 엘리베이터에 사용한다.

27 다음 중 권상기 도르래 홈의 형상에 속하지 않는 것은?

① U홈
② V홈
③ R홈
④ 언더커트 홈

해설 도르래 홈의 형상은 U홈, 언더컷 홈, V홈이 있다.

28 균형로프(Compensation Rope)의 역할로 가장 알맞은 것은?

① 카의 무게를 보상
② 카의 낙하를 방지
③ 균형추의 이탈을 방지
④ 와이어로프의 무게를 보상

해설 균형체인(Compensation Chain) 및 균형로프(Compensation Rope)
- 이동케이블과 로프의 이동에 따라 변화되는 하중을 보상하기 위함이다.
- 카 하단에서 피트를 경유하여 균형추의 하단으로 로프와 거의 같은 단위길이의 균형체인이나 균형로프를 사용하여 90% 정도 보상한다.
- 고층용 엘리베이터에는 균형체인을 사용할 경우 소음의 문제가 있어 균형로프를 사용한다.

29 가이드 레일의 규격에 관한 설명으로 틀린 것은?

① 일반적으로 쓰는 T형 레일의 공칭은 8, 13, 18, 24K 등이 있다.
② 대용량의 엘리베이터에서는 37, 50K 레일도 있다.
③ 레일의 표준길이는 6m이다.
④ 레일규격의 호칭은 마무리 가공 전 소재의 1m당 중량이다.

해설 가이드레일의 규격
- **레일의 표준 길이** : 5m(특수 제작된 T형 레일)
- **레일규격의 호칭** : 소재의 1m당 중량을 라운드번호로 하여 K레일을 붙여서 사용된다. 일반적으로 사용하고 있는 T형 레일은 공칭 8,13,18K 및 24K 레일이지만 대용량의 엘리베이터는 37, 50K레일 등도 사용된다.

30 다음 중 에스컬레이터의 안전장치가 아닌 것은?

① 구동 체인 안전장치
② 스텝 체인 안전장치
③ 스커드 가드 안전장치
④ 피트 정지 안전장치

해설 에스컬레이터의 안전장치는 구동 체인, 스텝 체인, 스커드 가드, 핸드레일 출입구 안전장치가 있다.

정답 26. ② 27. ③ 28. ④ 29. ③ 30. ④

31 **플라이 웨이트가 로프잡이를 동작시켜 로프잡이는 조속기 로프를 잡고 비상정지장치를 동작시키는 기구로 되어있는 조속기는?**

① 디스크형 조속기
② 플라이 볼형 조속기
③ 롤 세프티형 조속기
④ 슬라이드형 조속기

해설 조속기의 종류와 구조
- 디스크(Disc)형 : 진자가 조속기의 로프 캣치(로프잡이)를 작동시켜 정지시키는 장치
- 플라이 볼(Fly Ball)형 : 플라이 볼(Fly Ball)을 사용하는 비상정지 장치
- 롤 세이프티(Roll Safety)형 : 도르래 홈과 로프의 마찰력 이용한 장치

32 **엘리베이터의 도어 슈의 점검을 위해 실시하여야 할 점검사항이 아닌 것은?**

① 도어 슈의 마모상태 점검
② 가이드 롤러의 고무 탄력상태 점검
③ 슈 고정볼트의 조임상태 점검
④ 도어 개폐 시 실과의 간섭상태 점검

해설 도어 슈의 점검은 마모상태, 슈 고정볼트의 조임상태, 도어 개폐 시 실과의 간섭상태 점검한다.

33 **조속기 스위치를 설명한 것으로 옳은 것은?**

① 일단 작동하면 자동으로 복귀되지 않는다.
② 작동 후 속도가 정상으로 복귀되면 스위치도 복귀된다.
③ 일단 작동하면 교체하여야 한다.
④ 자동복귀되어도 작동하지 않는다.

해설 조속기(Governor)
카와 같은 속도로 움직이는 조속기 로프에 의하여 회전하여(원심력) 승강기의 속도를 검출하는 장치

34 **유압 승강기에서 파워 유니트의 보수, 점검 또는 수리를 위해 실린더로 통하는 기름을 수동으로 차단시켜야 하는 것은?**

① 역지밸브 ② 스트레이너
③ 스톱밸브 ④ 레벨링밸브

해설 스톱 밸브(stop valve)
- 유압 파워유니트에서 실린더로 통하는 배관 도중에 설치되는 수동조작 밸브
- 이 밸브를 닫으면 실린더의 오일이 탱크로 역류하는 것을 방지한다.
- 유압장치의 보수, 점검, 수리할 때에 사용되며 게이트 밸브(gate valve)라고도 한다.

35 **가변전압 가변주파수(VVVF) 제어방식 승강기의 특징이 아닌 것은?**

① 워드레오나드 방식에 비해 유지보수가 쉽다.
② 교류2단 속도제어방식보다 소비전력이 적다.
③ 높은 기동전류로 기동하며 기동 시에도 높은 토크를 낼 수 있다.
④ 속도에 대응하여 최적의 전압과 주파수로 제어하기 때문에 승차감이 양호하다.

해설 VVVF 제어(가변전압 가변주파수)–전압과 주파수를 동시에 제어
- 광범위한 속도제어 방식으로 인버터를 사용하여 유도 전동기의 속도를 제어하는 방식
- 유지보수가 용이하며 승차감 향상 및 소비전력이 적다.
- 컨버터(교류를 직류로 변환), 인버터(직류를 교류로 변환)가 사용된다.
- PAM 제어방식과 PWM 제어방식이 있다.

정답 31. ① 32. ② 33. ① 34. ③ 35. ③

36 스위치 및 릴레이 작동상태를 점검하는 것이 아닌 것은?

① 저항의 파손상태 확인
② 융착된 금속접점 유무 확인
③ 코일의 절연물 소손상태 확인
④ 접점의 마모상태 확인

37 3Ω과 6Ω의 저항을 직렬로 연결했을 때의 합성저항은?

① 2Ω ② 4.5Ω
③ 6Ω ④ 9Ω

해설 저항 직렬 연결

$R_0 = R_1 + R_2 [\Omega]$

$R_0 = 3 + 6 = 9 [\Omega]$

38 전선의 길이를 고르게 2배로 늘리면 단면적은 1/2로 된다. 이때의 저항은 처음의 몇 배가 되는가?

① 4배 ② 2배
③ 0.5배 ④ 0.25배

해설 $R = \rho \frac{l}{A} [\Omega]$

길이 : $2l$, 면적 : $\frac{1}{2}A$일 때,

$$R' = \rho \frac{2l}{\frac{1}{2}A} = 4\rho \frac{l}{A} = 4R$$

39 정속도 전동기에 속하는 것은?

① 타여자 전동기
② 직권 전동기
③ 분권 전동기
④ 가동복권 전동기

해설 정속도 전동기

타여자 전동기, 분권 전동기, 유도 전동기

40 반도체에서 공유결합을 할 때 과잉전자를 발생시키는 반도체는?

① P형 반도체
② N형 반도체
③ 진성 반도체
④ 불순물 반도체

41 논리식의 불 대수에 관한 법칙 중 틀린 것은?

① A·A=A
② 0·A=1
③ A+A=A
④ 1+A=1

해설 부울대수의 정리

- X+0=X X·0=0
- X+1=1 X·X=X
- X+X=X X·X=X
- $X+\overline{X}=1$ $X \cdot \overline{X}=0$
- X+Y=Y+X X·Y=Y·X : 교환법칙
- X+(Y+Z)=(X+Y)+Z
  X(YZ)=(YX)Z : 결합법칙
- X(Y+Z)=XY+XZ(X+Y)(Z+Y)
  XZ+XW+YZ+YW : 분배법칙
- X+XY=X $X+\overline{X}Y=X+Y$: 흡수법칙

42 용량이 1kW인 전열기를 2시간 동안 사용하였을 때 발생한 열량은?

① 430kcal
② 860kcal
③ 1720kcal
④ 2000kcal

해설 발열량[H]

$H = 0.24Pt = 0.24 \times 1 \times 2 \times 60 \times 60$
$= 1,720 [\text{kcal}]$

정답 36. ① 37. ④ 38. ① 39. ①, ③ 40. ② 41. ② 42. ③

43 아래 그림은 트랜지스터를 사용한 무접점 스위치이다. 부하의 저항값이 10Ω, 트랜지스터 전류이득 $\beta=100$일 때, 부하에 흐르는 전류는?(단, $V_{\ln}$은 트랜지스터가 포화되는 전압을 가하고 다른 조건은 무시한다)

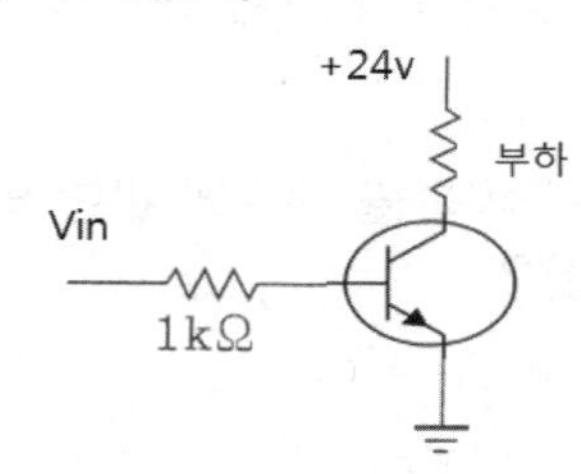

① 0.024A　② 0.24A
③ 2.4A　④ 24A

애설 전류 $I=\frac{V}{R}=\frac{24}{10}=2.4\text{A}$

44 자기저항에 관한 설명 중 옳은 것은? (단, 자기회로$=l$, 자로의 단면적$=A$, 투자율$=\mu$이다)

① 자기회로의 l에 반비례하고 A와 μ의 곱에 비례한다.
② 자기회로의 l에 비례하고 A와 μ의 곱에 비례한다.
③ 자기회로의 l에 반비례하고 A와 μ의 곱에 반비례한다.
④ 자기회로의 l에 비례하고 A와 μ의 곱에 반비례한다.

애설 자기저항[R]　$R=\frac{l}{\mu A}$[AT/wb]

45 $60\mu\text{A}$는 몇 mA에 해당하는가?

① 0.06　② 0.6
③ 6　④ 60

애설 $60\mu\text{A}=60\times10^{-6}=60\times10^{-3}\times10^{-3}$
$=0.06\text{mA}$

46 다음 측정기 중 각도측정기로 알맞은 것은?

① 버니어캘리퍼스
② 사인 바
③ 수준기
④ 마이크로미터

애설 사인 바는 직각삼각형의 삼각함수인 사인을 이용하여 임의의 각도를 설정하거나 측정하는데 사용하는 기구

47 발전기 및 변압기를 보호하기 위하여 사용되는 차동계전기는 어느 고장 부분을 검출하는 것인가?

① 내부 고장보호
② 권선의 층간단락
③ 선로의 접지
④ 권선의 온도상승

애설 발전기 및 변압기를 보호하기 위하여 사용되는 차동계전기는 권선의 층간단락 고장 부분을 검출하는 계전기이다.

48 SCR의 게이트 작용은?

① 소자의 ON-OFF 작용
② 소자의 도통 제어 작용
③ 소자의 브레이크 다운 작용
④ 소자의 브레이크 오버 작용

애설 SCR의 게이트(G)에 펄스를 인가하면 애노드(+)에서 캐소드(−)로 전류가 흘러 도통된다.

정답 43. ③　44. ④　45. ①　46. ②　47. ②　48. ②

49 **동일 규격의 축전지 2개를 병렬로 접속하면 전압과 용량의 관계는 어떻게 되는가?**

① 전압과 용량이 모두 반으로 줄어든다.
② 전압과 용량이 모두 2배가 된다.
③ 전압은 2배가 되고 용량은 변하지 않는다.
④ 전압은 변하지 않고 용량은 2배가 된다.

해설 축전지 2개를 병렬로 접속하면 전압은 변하지 않고 용량은 2배가 된다.
축전지 병렬접속
$C_0 = C_1 + C_2 + C_3 + \ldots C_n$[F]

50 **마찰차의 종류가 아닌 것은?**

① 원뿔 마찰차
② 변속 마찰차
③ 홈붙이 마찰차
④ 이붙이 마찰차

해설 마찰차는 두 개의 바퀴를 서로 밀어붙여 마찰력을 이용하여 동력을 전달하는 장치로 원뿔, 원통, 홈붙이, 변속 마찰차가 있다.

※ 승강기시설 안전관리법이 개정됨에 따라 관련 문제들이 삭제되었습니다.

정답 49. ④ 50. ④

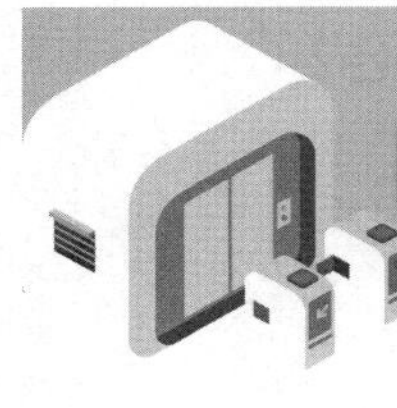

기출문제 2011년 제2회

제1과목 : 승강기개론

01 트랙션 머신 시브를 중심으로 카 반대편의 로프에 매달리게 하여 카 중량에 대한 평형을 맞추는 것은?

① 조속기 ② 균형체인
③ 완충기 ④ 균형추

해설 균형추(Counter Weight)
이동케이블과 로프의 이동에 따라 변화되는 하중을 보상하기 위하여 카의 반대편 또는 측면에 설치하여 권상기(전동기)의 부하를 줄이는 장치

02 승용 엘리베이터의 경우 카 문턱과 승강로 벽사이의 틈은 몇 mm 이하로 하는가?

① 80 ② 105
③ 125 ④ 150

해설 승강로의 내측면과 카 문턱, 카 문틀 또는 카문의 닫히는 모서리 사이의 수평거리는 0.125m 이하이어야 한다.

03 엘리베이터 기계실의 설비가 아닌 것은?

① 전동기 ② 레일
③ 조속기 ④ 권상기

해설 가이드레일(Guide Rail) 사용 목적
- 카와 균형추의 승강로 내 위치 규제
- 카의 자중이나 화물에 의한 카의 기울어짐 방지
- 집중하중이나 비상정지장치 작동 시 수직하중을 유지

04 승강기의 안전장치에 해당되지 않는 것은?

① 마지막 층에는 파이널 리밋 스위치를 설치한다.
② 비상정지장치가 작동하면 안전회로가 차단되는 스위치를 설치하여야 한다.
③ 비상탈출구가 열리면 안전회로가 차단되는 스위치를 설치한다.
④ 카가 출발하면 자동으로 선풍기가 가동되는 장치가 있어야 한다.

05 도어 인터로크에서 도어가 닫혀 있지 않으면 승강기 운전이 불가능하도록 한 것은?

① 도어록 ② 도어스위치
③ 도어머신 ④ 도어클로저

해설 도어 인터로크(Door Interlock)
- 도어록과 도어스위치로 구성
- 시건장치가 확실히 걸린 후 도어스위치가 들어가고, 도어스위치가 끊어진 후에 도어록이 열리는 구조
- 외부에서 로크를 풀 경우에는 특수한 전용키 사용할 것
- 전 층의 도어가 닫혀있지 않으면 운전이 되지 않아야 한다.

정답 01. ④ 02. ③ 03. ② 04. ④ 05. ②

06 **주차장치 중 다수의 운반기를 2열 혹은 그 이상으로 배열하여 순환 이동하는 방식은?**

① 수직 순환식 ② 다층 순환식
③ 수평 순환식 ④ 승강기식

해설 수평 순환식 주차장치
다수의 운반기를 2열 또는 그 이상으로 배열하여 수평으로 순환이동시키는 구조의 주차장치. 운반기의 이동형태에 따라 원형 순환식, 각형 순환식 등으로 세분할 수 있다.

07 **유입완충기에서 완전히 압축한 상태에서 완전히 복귀할 때까지 요하는 플런저의 복귀시간은 몇 초 이내이어야 하는가?**

① 30 ② 60
③ 90 ④ 120

해설 플런저 복귀시간
플런저를 완전히 압축한 상태에서 완전 복구할 때까지 요하는 시간은 120초 이하로 한다.

08 **중속 엘리베이터에서 고속권선과 저속권선으로 하는 속도제어는?**

① 일단속도제어 ② 이단속도제어
③ 귀환제어 ④ VVVF속도제어

해설 교류2단 속도제어
고속 권선은 가동 및 주행, 저속 권선은 정지 및 감속, 고속 저속 비율이 4 : 1로 착상 오차를 줄일 수 있다.

09 **에스컬레이터의 구동체인이 규정치 이상으로 늘어났을 때 일어나는 현상은?**

① 안전레버가 작동하여 하강은 되나 상승은 되지 않는다.
② 안전레버가 작동하여 브레이크가 작동하지 않는다.
③ 안전레버가 작동하여 무부하시는 구동되나 부하시는 구동되지 않는다.
④ 안전레버가 작동하여 안전회로 차단으로 구동 되지 않는다.

해설 구동체인 안정장치(D.C.S)
상부 기계실에 설치되어 있으며 구동체인이 절단되거나 과다하게 늘어났을 경우 스위치를 작동시켜 전원을 차단하여 에스컬레이터를 정지시키는 장치

10 **승객용 엘리베이터에서 각 층 강제정지 운전의 목적으로 가장 적합한 것은?**

① 출·퇴근 시간대에 모든 층의 승객에게 골고루 서비스 제공
② 각 층의 도어장치 기능의 원활한 작동
③ 각 층의 도어장치 확인 시 사용
④ 카 안의 범죄활동 방지

해설 각 층 강제 정지 운전
야간에 카 내의 범죄활동을 방지하기 위하여 설치하며 스위치를 온(ON)하면 각 층마다 정지시키면서 목적층까지 운행 하는 것

11 **블리드 오프 유압회로 방식의 특징이 아닌 것은?**

① 카의 기동 시 유량조정이 어렵다.
② 상승운전 시의 효율이 높다.
③ 작동유의 온도(점도)변화 및 압력변화 등의 영향을 받기 쉽다.
④ 기동·정지 시 효과가 작다.

해설 블리드 오프 회로
유량제어밸브를 주 회로에서 분기된 바이패스(Bypass)회로에 삽입한 것

12 **엘리베이터용 전동기를 선정할 때의 주의사항으로 옳은 것은?**

① 고기동빈도에 의한 발열을 고려하여 선정한다.
② 열성이 낮은 절연재료로 선정한다.

정답 6. ③ 7. ④ 8. ② 9. ④ 10. ④ 11. ① 12. ①

③ 출력해야 할 회전력이 +80~70% 정도인가를 살펴서 선정한다.

④ 동선의 표피효과가 큰 것을 선정한다.

해설 엘리베이터용 전동기가 구비해야 할 특성
- 고기동·감속·정지에 의한 발열에 대해 고려해야 한다.
- 카의 정격속도를 만족하는 회전특성을 가질 것(오차 ±5~10% 범위)
- 역구동하는 경우도 많기 때문에 충분한 제동력을 가질 것

13 1 : 1 로핑방식에 비해 2 : 1, 3 : 1, 4 : 1 로핑방식의 설명 중 옳지 않은 것은?

① 와이어로프의 수명이 짧다.

② 와이어로프의 총 길이가 길다.

③ 승강기의 속도가 빠르다.

④ 종합 효율이 저하된다.

해설 3 : 1 로핑 이상(4 : 1 로핑, 6 : 1 로핑)
- 대용량 저속 화물용 엘리베이터에 사용
- 와이어로프 수명이 짧고 1본의 로프 길이가 매우 길게 된다.
- 종합 효율이 저하된다.

14 길이가 긴 물건을 공동으로 운반할 때의 주의사항으로 적절하지 않은 것은?

① 두 사람이 운반할 때 키가 큰 사람이 무게를 많이 든다.

② 들어 올리거나 내릴 때에는 소리를 내어 동작을 일치시킨다.

③ 운반 도중 서로 신호 없이는 힘을 빼지 않는다.

④ 혼자 무리한 자세나 동작으로 작업하지 않는다.

15 사업장에 승강기의 조립 또는 해체작업을 할 때 조치하여야 할 사항과 거리가 먼 것은?

① 작업을 지휘하는 자를 선임하여 지휘자의 책임 하에 작업을 실시할 것

② 작업 할 구역에는 관계근로자외의 자의 출입을 금지시킬 것

③ 기상상태의 불안정으로 인하여 날씨가 몹시 나쁠 때에는 그 작업을 중지시킬 것

④ 사용자의 편의를 위하여 야간작업을 하도록 할 것

해설 조립 등의 작업
- 작업을 지휘하는 자를 선임하여 그 자의 지휘 하에 작업을 실시할 것
- 작업을 할 구역에 관계근로자외의 자의 출입을 금지시키고 그 취지를 보기 쉬운 장소에 표시 할 것
- 비·눈 그 밖의 기상상태의 불안정으로 인하여 날씨가 몹시 나쁠 때에는 그 작업을 중지시킬 것

16 일반적으로 교류의 감전 전류값이 100 mA일 때의 인체에 미치는 영향 정도는?

① 약간의 자극을 느낀다.

② 상당한 고통이 온다.

③ 근육에 경련이 일어난다.

④ 심장은 마비증상을 일으키며 호흡도 정지한다.

해설 교류의 감전 전류값이 100mA일 때 심장은 마비증상을 일으키며 호흡도 정지한다.

17 회전 중의 파괴 위험이 있는 연마반의 숫돌은 어떤 장치를 하여야 하는가?

① 차단장치 ② 전도장치

③ 덮개장치 ④ 개폐장치

정답 13. ③ 14. ① 15. ④ 16. ④ 17. ③

해설 사업주는 회전축·기어·풀리 및 플라이휠 등에 부속하는 키·핀 등의 기계요소는 묻힘형으로 하거나 해당 부위에 덮개를 설치하여야 한다.

18 **승강기 출입문에 손이 끼여 사고를 당했다면 그 기인물은?**

① 승강기 ② 사람
③ 출입문 ④ 손

해설 기인물은 산업재해를 발생시키는 원인으로 물적 원인이다.

19 **다음 중 안전점검표에 포함하지 않아도 되는 사항은?**

① 시정확인 ② 점검항목
③ 점검시기 ④ 판정기준

20 **다음 중 안전점검의 종류가 아닌 것은?**

① 순회점검 ② 정기점검
③ 특별점검 ④ 일상점검

해설 안전 점검의 종류
- 정기 점검 : 정기적으로 실시하는 점검
- 일상 점검 : 수시 점검으로 작업 전, 작업 중, 작업 후 점검
- 특별 점검 : 설비의 변경 또는 고장 수리 시

21 **감기거나 말려들기 쉬운 동력전달장치가 아닌 것은?**

① 기어 ② 밴딩
③ 컨베이어 ④ 체인

22 **엘리베이터에서 사고가 발생하였을 때의 조치사항이 아닌 것은?**

① 응급조치 등의 필요한 조치
② 소방서 및 의료기관 등에 연락
③ 피해자의 동료에게 연락
④ 전문 기술자에게 연락

23 **다음 중 감전과 관계없는 것은?**

① 인체에 흐르는 전류
② 인체의 저항
③ 기기의 정격전류
④ 인체에 가해지는 전압

24 **엘리베이터의 카 상부에서 행하는 검사사항이 아닌 것은?**

① 조속기로프의 설치상태
② 비상정지장치의 연결기구 작동상태
③ 레일 및 브래킷의 마모상태
④ 조속기 작동상태

해설 조속기 작동상태는 기계실 점검사항이다.

25 **승객용 승강기의 시브가 편마모 되었을 때 그 원인을 제거하기 위해 어떤 것을 보수, 조정하여야 하는가?**

① 과부하 방지장치
② 조속기
③ 로프의 장력
④ 균형체인

26 **엘리베이터 전동기에 요구되는 특성으로 옳지 않은 것은?**

① 충분한 제동력을 가져야 한다.
② 운전상태가 정숙하고 고진동이어야 한다.
③ 카의 정격속도를 만족하는 회전특성을 가져야 한다.
④ 높은 기동빈도에 의한 발열에 대응하여야 한다.

정답 18. ① 19. ① 20. ① 21. ② 22. ③ 23. ③ 24. ④ 25. ③ 26. ②

해설 엘리베이터용 전동기가 구비해야 할 특성
- 고기동·감속·정지에 의한 발열에 대해 고려해야 한다.
- 카의 정격속도를 만족하는 회전특성을 가질 것(오차 ±5~10% 범위)
- 역구동하는 경우도 많기 때문에 충분한 제동력을 가질 것

27 승강기의 제어반에서 점검할 수 없는 것은?

① 전동기 회로의 절연 상태
② 조속기 스위치의 작동 상태
③ 결선단자의 조임 상태
④ 주접촉자의 접촉 상태

해설 조속기 스위치의 작동 상태는 기계실 점검사항이다.

28 아래 그림의 리미트스위치의 접점 명칭은?

① 전기적 a접점
② 전기적 b접점
③ 기계적 a접점
④ 기계적 b접점

29 정전으로 인하여 카가 정지될 때 점검자에 의해 주로 사용되는 밸브는?

① 하강용 유량제어 밸브
② 스톱 밸브
③ 릴리프 밸브
④ 체크 밸브

해설 하강용 유량제어밸브
- 하강용 전자밸브에 의해 열림 정도가 제어되는 밸브로서 실린더에서 탱크에 되돌아오는 유량을 제어한다.
- 정전이나 다른 원인으로 카가 층 중간에 정지하였을 경우 이 밸브를 열어 안전하게 카를 하강시켜 승객을 구출할 수 있다.

30 에스컬레이터 난간과 핸드레일의 점검 사항이 아닌 것은?

① 접촉기와 계전기의 이상 유무를 확인한다.
② 가이드에서 핸드레일의 이탈 가능성을 확인한다.
③ 표면의 균열 및 진동여부를 확인한다.
④ 주행 중 소음 및 진동여부를 확인한다.

해설 접촉기와 계전기의 이상 유무를 확인은 기계실 점검사항이다.

31 카 바닥 앞부분과 승강로 벽과 수평거리는 일반적으로 몇 mm 이하이어야 하는가?

① 120mm ② 125mm
③ 130mm ④ 135mm

해설 승강로의 내측면과 카 문턱, 카 문틀 또는 카문의 닫히는 모서리 사이의 수평거리는 0.125m 이하이어야 한다.

32 스텝체인 안전장치에 대한 설명으로 알맞은 것은?

① 스커드 가드 판과 스텝 사이에 이물질의 끼임을 감지하는 장치이다.
② 스텝체인의 늘어남 또는 파단을 감지하는 장치이다.
③ 스텝과 레일 사이에 이물질의 끼임을 감지하는 장치이다.
④ 상부 기계실내 작업 시에 전원이 투입되지 않도록 하는 장치이다.

해설 스텝체인 안전장치(T.C.S)
하부 기계실에 설치되어 있으며(좌, 우 1개씩) 스텝체인이 절단되거나 과다하게 늘어났을 경우 안전하게 정지시키는 장치

정답 27. ② 28. ④ 29. ① 30. ① 31. ② 32. ②

33 승강기의 구조에서 항상 카의 속도를 검출하는 장치는?

① 권상기 ② 균형추
③ 전동기 ④ 조속기

해설 조속기(Governor)
카와 같은 속도로 움직이는 조속기 로프에 의하여 회전하여(원심력) 승강기의 속도를 검출하는 장치

34 카 실(cage)의 구조에 관한 설명 중 옳지 않은 것은?

① 승객용 카의 출입구에는 정전기 장애가 없도록 방전코일을 설치하여야 한다.
② 카 천장에 비상구출구를 설치하여야 한다.
③ 구조상 경미한 부분을 제외하고는 불연재료를 사용하여야 한다.
④ 승객용은 한 개의 카에 두 개의 출입구 설치를 금지한다.

해설 정전기 발생 방지대책
접지, 가습, 방지도장, 보호구 착용, 대전방지제 사용

35 로프식 엘리베이터의 가이드 레일 설치에서 패킹(보강재)이 설치된 경우는?

① 레일이 짧게 설치되어 보강 할 경우
② 레일이 양 폭의 조정 작업을 할 경우
③ 철구조물등과 레일브래킷의 간격을 줄일 경우
④ 철구조물등과 레일브래킷의 간격조정 및 보강이 필요한 경우

해설 가이드 레일 설치 시 철구조물 등과 레일브래킷의 간격조정 및 보강이 필요한 경우 패킹(보강재)을 설치한다.

36 원통부분의 축심과 기준축심의 오차의 크기이며, 표시기호 ◎로 나타내는 측정법은?

① 원통도 ② 진원도
③ 위치도 ④ 동심도

37 두 자극 사이에 작용하는 힘은 두자극의 세기의 곱에 비례하고 두 자극 사이의 거리의 제곱에 반비례한다는 법칙은?

① 페러데이의 법칙
② 쿨롱의 법칙
③ 렌쯔의 법칙
④ 플레밍의 법칙

해설 전기와 자계
2개의 자극 사이에 작용하는 자극의 세기는 자극간 거리의 제곱에 반비례하고 작 자극세기의 곱에 비례한다. 이런 관계는 자극에 대한 쿨롱의 법칙이라 불린다.

$$F = 6.33 \times 10^4 \frac{m_1 m_2}{r^2} = [\mathrm{N}]$$

단, F : 두 자극 간에 미치고 있는 힘[N]
$m_1 m_2$: 자극의 세기[Wb]

38 트랜지스터, IC 등의 반도체를 사용한 논리소자를 스위치로 이용하여 제어하는 방식은?

① 전자개폐기제어
② 유접점제어
③ 무접점제어
④ 과전류계전기제어

39 변류기(CT) 2차측 회로의 수리 및 점검 시 반드시 시행해야 할 사항은?

① 1차, 2차측을 모두 개방한다.
② 1차측을 단락한다.

정답 33. ④ 34. ① 35. ④ 36. ④ 37. ② 38. ③ 39. ④

③ 2차측을 개방한다.

④ 2차측을 단락한다.

해설 변류기 2차측은 반드시 단락한다. 개방 시 고전압 유기되어 사고로 이어진다.

40 되먹임 제어에서 가장 중요한 장치는?

① 입력과 출력을 비교하는 장치
② 응답속도를 느리게 하는 장치
③ 응답속도를 빠르게 하는 장치
④ 안정도를 좋게 하는 장치

해설 페루프 제어계(되먹임 제어)
출력의 일부를 입력방향으로 피드백시켜 목표값과 비교되도록 페루프를 형성하는 제어계로서 피드백 제어계라고도 한다.

41 전류의 열작용과 관계있는 법칙은?

① 옴의 법칙
② 줄의 법칙
③ 플레밍의 법칙
④ 키르히호프의 법칙

해설 주울의 법칙(열작용)

$Q = 0.24Pt = 0.24I^2Rt = 0.24\frac{V^2}{R}t$
$= Cm(\theta_2 - \theta_1)$

42 다음 중 직류기의 3요소에 해당되는 것은?

① 계자, 전기자, 보극
② 계자, 브러시, 정류자
③ 계자, 전기자, 정류자
④ 보극, 보상권선, 전기자권선

해설 직류기의 3요소는 계자, 전기자, 정류자이다.

43 Y 결선의 상전압이 V[V]이다. 선간전압은?

① $3V$　② $\sqrt{3}\,V$
③ $\frac{V}{3}$　④ $\frac{V^2}{3}$

해설 성형(Y)접속의 전압과 전류
- 상전압$=\frac{\text{선간전압}}{\sqrt{3}}$, 선간전압$=\sqrt{3}$상전압
- 상전류=선전류

44 유도 전동기의 동기 속도는 무엇에 의하여 정하여지는가?

① 전원의 주파수와 전동기의 극수
② 전원 전압과 전류
③ 전원의 주파수와 전압
④ 전동기의 주파수와 전압

해설 동기속도 $N_s = \frac{120f}{P}$rpm
(f : 주파수, P : 극수)

45 몇 개의 막대가 서로 연결되어 회전, 요동, 왕복운동 등을 하도록 구성한 것은?

① 캠장치　② 커플링장치
③ 기어장치　④ 링크장치

해설 링크 장치란 링크를 연결하여 회전운동과 왕복운동을 하는 장치

46 그림과 같은 논리회로에서 출력 X의 식은?

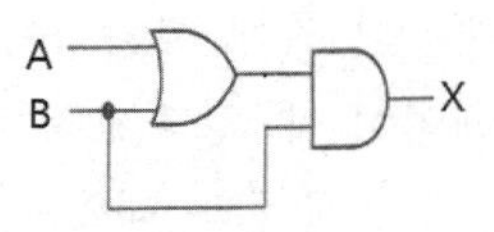

① X=A　② X=B
③ X=A+B　④ X=A·B

해설 출력
$X = (A+B)\cdot B = A\cdot B + B\cdot B = A\cdot B + B$
$= B(A+1) = B$

정답 40. ① 41. ② 42. ③ 43. ② 44. ① 45. ④ 46. ②

47 P형 반도체와 N형 반도체 또는 반도체와 금속을 접합시키면 전류가 한쪽 방향으로는 잘 흐르나 반대방향으로는 잘 흐르지 않는 정류작용을 한다. 이와 같은 원리를 이용한 것은?

① 다이오드　　② CdS
③ 서미스터　　④ 트라이액

해설 PN 접합 다이오우드
교류를 직류로 변환 시켜주는 정류소자로 기호는 다음 그림과 같다.

48 다음 회로에서 A, B 간의 합성용량은 몇 μF 인가?

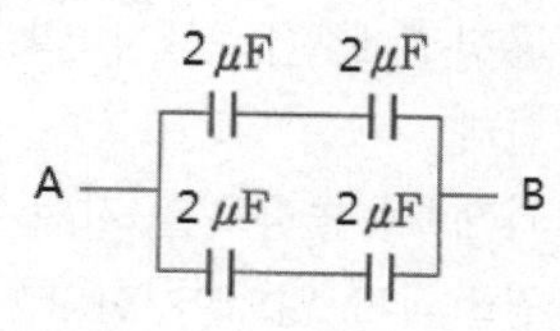

① 1　　② 2
③ 4　　④ 8

해설 • 직렬접속 : $C_0 = \frac{C_1 \cdot C_2}{C_1 + C_2}$[F]
• 병렬접속 : $C_0 = C_1 + C_2 + C_3 + \cdots C_n$[F]
• 합성 정전용량 : $C_0 = \frac{2 \times 2}{2+2} + \frac{2 \times 2}{2+2} = 1+1 = 2[\mu\text{F}]$

49 다음 심벌이 나타내는 논리게이트는?

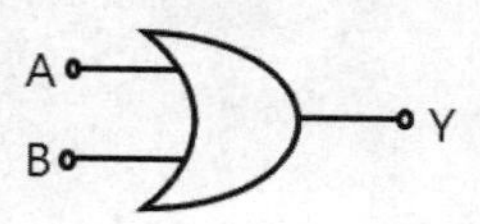

① AND　　② OR
③ NAND　　④ NOT

해설 논리회로(무접점 회로)

명칭	논리회로	동작설명	진리표
OR 회로		입력신호 A, B중 어느 하나라도 1이면 출력신호 Y가 1이 된다.	A B Y 0 0 0 0 1 1 1 0 1 1 1 1

※ 승강기시설 안전관리법이 개정됨에 따라 관련 문제들이 삭제되었습니다.

정답 47. ① 48. ② 49. ②

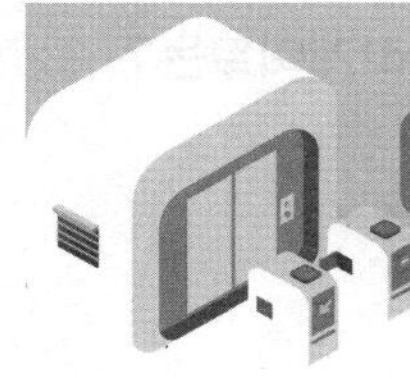

기출문제 2011년 제5회

제1과목 : 승강기개론

01 에스컬레이터의 경사도는 주로 몇 도[°] 이하로 설치되고 있는가?

① 15° ② 25°
③ 30° ④ 45°

해설 경사도

에스컬레이터의 경사도 α는 30°를 초과하지 않아야 한다. 다만, 높이가 6m 이하이고 공칭속도가 0.5m/s 이하인 경우에는 경사도를 35°까지 증가시킬 수 있다.

비고

경사도 α는 현장 설치여건 등을 감안하여 최대 1°까지 초과될 수 있다.

02 기계실의 바닥면부터 천장 또는 보의 하부까지의 수직거리는 얼마 이상으로 해야 하는가?

① 1m ② 1.5m
③ 2m ④ 2.5m

해설 치수

기계실 크기는 설비, 특히 전기설비의 작업이 쉽고 안전하도록 충분하여야 한다. 작업구역에서 유효 높이는 2m 이상이어야 하고 다음 사항에 적합하여야 한다.

- 제어 패널 및 캐비닛 전면의 유효 수평면적은 아래와 같아야 한다.
  - 폭은 0.5m 또는 제어 패널·캐비닛의 전체 폭 중에서 큰 값 이상
  - 깊이는 외함의 표면에서 측정하여 0.7m 이상
- 수동 비상운전 수단이 필요하다면, 움직이는 부품의 유지보수 및 점검을 위한 유효 수평면적은 0.5m×0.6m 이상이어야 한다.

03 다음 중 승강로의 구조에 대한 설명으로 옳지 않은 것은?

① 승강로는 안전한 벽 또는 울타리에 의하여 외부공간과 격리되어야 한다.
② 사람 또는 물건이 운전 중인 카나 균형추에 접촉하지 않도록 되어야 한다.
③ 화재 시 승강로를 거쳐 다른 층으로 연소되지 않아야 한다.
④ 승강기의 배관설비 이외의 배관도 승강로에 함께 설비되도록 한다.

해설 엘리베이터 승강로의 사용 제한

승강로는 엘리베이터 전용으로 사용되어야 한다. 엘리베이터와 관계없는 배관, 전선 또는 장치 등이 있어서는 안 된다. 다만, 다음과 같은 설비는 포함될 수 있으나 엘리베이터의 안전한 운행에 지장을 주지 않아야 한다.

- 증기난방 및 고압 온수난방을 제외한 엘리베이터 승강로를 위한 냉·난방설비(다만, 냉·난방설비의 제어장치 또는 조절장치는 승강로 외부에 있어야 한다)
- 소방 관련 법령에 따른 화재감지기 본체 및 비상방송용 스피커
- 카 내에 설치되는 CCTV의 전선 등 관련 설비
- 카 내에 설치되는 모니터의 전선 등 관련 설비

정답 1. ③ 2. ③ 3. ④

04 **균형체인의 설치 목적으로 가장 알맞은 것은?**

① 카의 진동을 방지하기 위해서 설치한다.
② 카의 추락을 방지하기 위해서 설치한다.
③ 이동 케이블과 로프의 이동에 따라 변화되는 하중을 보상하기 위해서 설치한다.
④ 균형추의 추락을 방치하기 위해서 설치한다.

해설 균형체인(Compensation Chain)및 균형로프(Compensation Rope)
- 이동케이블과 로프의 이동에 따라 변화되는 하중을 보상하기 위하여
- 카 하단에서 피트를 경유하여 균형추의 하단으로 로프와 거의 같은 단위길이의 균형체인이나 균형로프를 사용하여 90% 정도 보상한다.
- 고층용 엘리베이터에는 균형체인을 사용할 경우 소음의 문제가 있어 균형로프를 사용한다.

05 **승강로에 설치되는 파이널 리미트 스위치에 대한 설명 중 타당하지 않는 것은?**

① 승강로 재부에 설치하고 카에 부착된 캠으로 조작시켜야 한다.
② 기계적으로 조작되어야 하며 작동 캠은 금속재이어야 한다.
③ 파이널 리미트 스위치가 작동하면 카의 움직임은 어느 방향으로든지 움직일 수 없어야 한다.
④ 종점스위치가 설치되면 파이널 리미트 스위치는 불필요하다.

해설 파이널 리미트 스위치(Final Limit Switch)는 리미트 스위치가 고장 났을 때 충돌방지를 위해서 반드시 설치한다.

06 **로프식 엘리베이터의 기계실에 대한 설명 중 옳지 않은 것은?**

① 기계실은 일반적으로 승강로의 바로 위에 설치된다.
② 기계실에는 소요설비 이외의 것이 있어서는 안 된다.
③ 기계실의 조명은 200lx 이상으로 한다.
④ 조명 및 환기시설이 갖추어 있고 실온은 40℃ 이하를 유지해야 한다.

해설 조명 및 콘센트
기계실에는 바닥 면에서 200lx 이상을 비출 수 있는 영구적으로 설치된 전기 조명이 있어야 한다.

07 **로프식 엘리베이터의 비상정치 장치 종류가 아닌 것은?**

① F G C형 ② F W C형
③ 세미실형 ④ 순간식형

해설 비상정지 장치의 종류
- 즉시작동형 : 순간 정지식
- 점차작동형 : 점진 정지식

① F.G.C 형(Flexible Guide Clamp)
㉠ F.G.C 형은 레일을 죄는 힘은 동작 시부터 정지 시까지 일정하다.
㉡ 구조가 간단하고 복구가 용이하기 때문이다.

② F.W.C (Flexible Wedge Clamp)
㉠ 동작 후 일정거리 까지는 정지력이 거리에 비례하여 커진다.
㉡ 그 후 정지력이 완만하게 상승, 정지 근처에서 완만해진다.

08 **정격속도가 분당 120m인 승객용 엘리베이터에 사용하는 유압완충기의 성능시험을 하려고 한다. 충돌속도는 몇 m/min가 적당한가?**

① 130 ② 132
③ 135 ④ 138

정답 4. ③ 5. ④ 6. ③ 7. ③ 8. ④

해설 유입완충기 설계기준

- 행정은 정격속도의 115%에서 충돌할 경우 평균 감속도 1G로 정지하기 위해 필요한 값으로 한다.
- 순간 최대 감속도 2.5G를 초과하는 감속도가 $\frac{1}{25}$를 넘어서는 안 된다.
- 플런저를 압축한 상태에서 완전 복구할 때까지 요하는 시간은 90초 이내이어야 한다.
- 계산식
  - 충돌속도[V]
    $V = V_0 \times 1.15$ (V_0) : 정격속도
  - 평균감속도[β] $\beta = \frac{충돌속도}{9.8t}$[G]

  ∴ 충돌속도[V]
  $V = V_0 \times 1.15 = 90 \times 1.15 = 138$[m/min]

09 로프꼬임 방향과 특성에 대한 설명이 옳지 않은 것은?

① 보통꼬임은 스트랜드와 로프의 꼬는 방향이 반대이다.

② 랭꼬임은 스트랜드와 로프의 꼬는 방향이 같다.

③ 랭꼬임은 보통꼬임에 비해 마모가 빠르다.

④ 보통꼬임은 잘 풀리지 않으므로 일반적으로 사용된다.

해설 로프의 꼬임방법

- 보통 꼬임은 스트랜드 즉 소선을 꼰 밧줄가락의 꼬는 방향과 로프의 꼬는 방향이 반대인 것으로 일반적으로 이 꼬임방식을 사용한다.
- 랭꼬임은 스트랜드의 꼬는 방향과 로프의 꼬는 방향이 동일한 것이다.
- 꼬임 방향에는 Z꼬임과 S꼬임이 있는데 일반적으로 Z꼬임이 사용된다.

10 플런저 선단에 도르래를 놓고 로프 또는 체인을 통해 카를 올리고 내리는 유압엘리베이터 종류는?

① 직접식　　② 팬더그래프식

③ 간접식　　④ 실린더식

해설 간접식은 플런저의 동력을 로프를 통하여 카에 전달하는 방식

11 다음 중 조속기의 종류에 해당하지 않는 것은?

① 플라이볼형　　② 롤 세이프티형

③ 웨지형　　④ 디스크형

해설 조속기의 종류와 구조

- 디스크(Disc)형 : 진자가 조속기의 로프 캣치(로프잡이)를 작동시켜 정지시키는 장치
- 플라이 볼(Fly Boll)형 : 플라이 볼(Fly Ball)을 사용하는 비상정지 장치
- 롤 세이프티(Rolla Safety)형 : 도르래 홈과 로프의 마찰력 이용한 장치

12 승강장 문이 열려 있는 상태에서 발생하는 재해를 방지하기 위한 장치로서 모든 제약이 해제되어 자동으로 문이 닫히게 하는 장치는?

① 도어머신　　② 도어클로저

③ 도어행거　　④ 도어록

해설 도어 클로저(Door closer)

- 승강장의 도어가 열린 상태에서 모든 제약이 해제되면 자동적으로 닫히게 하는 장치
- 구조 : 레버 시스템, 코일 스프링, 도어 체크(스프링식, 중력식)

13 엘리베이터의 속도제어 중 VVVF 제어방식의 특징으로 잘못 설명된 것은?

① 소비전력을 줄일 수 있고 보수가 용이하다.

② 저속의 승강기에만 적용가능하다.

정답 9. ③　10. ③　11. ③　12. ②　13. ②

③ 유도전동기의 전압과 주파수를 변화시킨다.

④ 직류 전동기와 동등한 제어특성을 낼 수 있다.

해설 VVVF 제어방식은 광범위한 제어 방식이다.

14 **트랙션식 권상기에서 로프와 도르래의 마찰계수를 높이기 위해서 도르래 홈의 밑을 도려낸 언더컷 홈을 사용한다. 언더컷 홈의 결점은?**

① 지나친 되감기 발생

② 균형추 진동

③ 시브의 이완

④ 로프 마모

15 **에스컬레이터의 안전장치가 아닌 것은?**

① 스텝체인 안전장치

② 플런저 이탈 방지장치

③ 핸드레일 안전장치

④ 역회전 방지장치

해설 플런저 이탈 방지장치 기능

- 간접식 유압 엘리베이터의 잭에는 플런저 이탈방지장치가 닿기 전에 작동하는 정지스위치가 설치되어 있고, 설치 및 작동상태는 양호하여야 한다.
- 플런저의 이탈을 기계적으로 방지하기 위하여 플런저 외부에 기계적 정지장치를 설치한 경우 합성력이 잭의 중심부에 가해지도록 설치되어야 한다.

16 **작업장에서 작업복을 착용하는 가장 큰 이유는?**

① 방한

② 작업능률 향상

③ 작업 중 위험감소

④ 복장 통일

17 **재해의 발생형태에서 추락에 대한 설명으로 가장 옳은 것은?**

① 사람이 중간단계의 접촉 없이 자유낙하 하는 것

② 사람이 정지물에 부딪친 것

③ 사람이 엎어져 넘어지는 것

④ 사람이 평면상으로 넘어져 굴러 떨어지는 것

해설 • 추락에 의한 위험 방지

추락이란 사람이 중간 단계의 접촉 없이 자유 낙하하는 것

- 추락 방지를 위한 유의 사항
  - 승강로 내 작업 시는 작업공구, 부품 등이 낙하하여 다른 사람을 해하지 않도록 할 것
  - 승강장 도어 키를 사용하여 도어를 개방할 때는 몸의 중심을 뒤에 두고 개방하여 반드시 카 유무를 확인하고 탑승할 것
  - 카 상부 작업 시 중간층에서는 균형추의 움직임에 주의하여 충돌하지 않도록 할 것
  - 카 상부 작업 시에는 신체가 카 상부 가이드를 넘지 않도록 하며 로프를 잡지 않을 것
  - 작업 중에는 전 층 승강장 도어는 반드시 잠그고 "작업 중"이라는 표시를 반드시 할 것

18 **안전점검을 할 때 어떤 일정 기간을 두고서 행하는 점검은?**

① 수시점검

② 임시점검

③ 특별점검

④ 정기점검

해설 안전 점검의 종류

- 정기 점검 : 정기적으로 실시하는 점검
- 일상 점검 : 수시 점검으로 작업 전, 작업 중, 작업 후 점검
- 특별 점검 : 설비의 변경 또는 고장 수리 시

정답 14. ④ 15. ② 16. ③ 17. ① 18. ④

19 물에 젖은 손으로 전기기기를 만졌을 경우의 위험요소는?

① 감열 ② 소손
③ 누전 ④ 감전

20 정전기로 인한 화재폭발 방지에 필요한 조치는?

① 개폐기 설치
② 전선은 단선 사용
③ 접지설비
④ 역률개선

해설 접지목적
기기 절연물이 열화 또는 손상되었을 때 흐르는 누설전류로 인한 인체 감전 방지

21 경보를 통일시켜 정하지 않아도 되는 것은?

① 발파작업 ② 화재발생
③ 토석의 붕괴 ④ 누전감지

22 안전관리상 안전모를 착용하는 목적이 아닌 것은?

① 감전의 방지
② 추락에 의한 부상 방지
③ 종업원의 표시
④ 비산물로 인한 부상 방지

23 안전관리자의 직무가 아닌 것은?

① 안전보건 관리규정에 정한 직무
② 산업재해 발생의 원인 조사 및 대책
③ 안전교육계획의 수립 및 실시
④ 근로환경보건에 관한 연구 및 조사

24 재해의 직접원인인 것은?

① 안전지식의 부족
② 안전수칙의 오해
③ 작업기준의 불명확
④ 복장, 보호구의 결함

해설 복장, 보호구의 결함은 인적원인으로 재해의 직접원인이다.

25 승강기 시설을 점검하여 다음과 같은 조치를 위하였다. 다음 중 가장 적절한 조치사항은?

① 퓨즈가 단선되어 철선을 끼웠다.
② 기계실의 조도가 규정치 미달이어서 조명등을 껐다.
③ 와이어로프가 규정치 이상 마모되어 교체를 지시했다.
④ 카 내부의 비상용 인터폰이 고장이 나서 제거하였다.

26 유압엘리베이터의 플런저에 대한 설명으로 옳은 것은?

① 플런저에 걸리는 하중이 클수록 그 단면적은 커지므로 재료는 두꺼운 강관이 사용된다.
② 플런저에 작용하는 총 하중이 크면 클수록 그 단면은 작아진다.
③ 플런저의 표면은 연마를 하는 경우의 표면 거칠기는 10~30μm 정도이다.
④ 탄소강 강관의 이음매가 없는 것이 사용되면 두께는 50~60mm 정도이다.

정답 19. ④ 20. ③ 21. ④ 22. ③ 23. ④ 24. ④ 25. ③ 26. ①

해설 플런저의 구조
사용유량의 경제성과 재질의 향상을 위해서 작동압력이 높아지고 플런저에 걸리는 총 하중이 크면 클수록 그 단면적은 커진다. 일반적으로 플런저의 재질은 강관이 사용되며 높은 압력을 견디기 위해 두께가 두꺼운 것을 사용한다.

27 유압승강기의 안전장치에 대한 설명으로 옳지 않은 것은?

① 플런저 리미트 스위치는 플런저의 상한 행정을 제한하는 장치이다.
② 플런저 리미트 스위치 작동 시 상승방향의 전력을 차단하여, 반대방향으로 주행이 가능토록 회고가 구성되어야 한다.
③ 작동유 온도 검출 스위치는 기름탱크의 온도 규정치 80°C를 초과하면 이를 감지하여 카 운행을 중지시키는 장치이다.
④ 전동기 공전 방지장치는 타이머에 설정된 시간을 초과하면 전동기를 정지시키는 장치이다.

해설 노동부고시 승강기제작기준 및 검사기준
유온을 섭씨 5도 이상 60도 이하를 유지하기 위한 장치를 설치토록 규정하고 있으므로 규정온도 이상 상승 되면 이를 감지하여 카 운행을 중지시키는 작동유 과열방지 등을 위한 온도 센서 설치를 설치하는 것이 바람직하다.

28 조속기의 작동상태를 잘못 설명한 것은?

① 카가 상승하거나 하강하는 어떤 방향에서도 정격속도의 1.3배를 초과하기 전에 조속기 스위치가 동작해야 한다.
② 조속기의 스위치는 작동 후 자동으로 복귀되어서는 안 된다.
③ 조속기의 캣치는 일단 동작하고 난 후 자동복귀된다.
④ 조속기 로프가 장력을 잃게 되면 전동기의 주 회로를 차단시키는 경우도 있다.

해설 캐치(Catch)
과속 스위치가 동작한 후에도 카가 계속 과속하여 미리 정해진 속도에 도달하였을 때 캐치가 동작하여 비상정지장치를 작동시켜 카를 안전하게 정지시키는 장치

29 다음 중 도어 사이에 이물질이 있을 경우 반전시키는 보호장치가 아닌 것은?

① 세이프티슈 ② 비상정지장치
③ 광전장치 ④ 초음파장치

해설 도어의 보호장치
도어의 선단에 이물질 검출장치를 설치하여 그 작동에 의해 닫히는 문을 멈추게 하는 장치
- 세이프티 슈(Safety Shoe) : 카 도어 앞에 설치하여 물체 접촉 시 동작하는 장치
- 광전장치(Photo Electric Device) : 광선빔을 이용한 비접촉식 장치
- 초음파 장치(Ultrasonic Door Sensor) : 초음파의 감지 각도를 이용한 장치

30 엘리베이터 피트 내의 환경상태를 점검할 때 유의하여야할 항목을 나열한 것이다. 해당되지 않는 것은?

① 피트바닥 청결상태
② 비상등 작동상태
③ 누수, 누유상태
④ 피트작업등 점등상태

31 카 상부에 탑승할 때 반드시 지켜야 할 사항으로 볼 수 없는 것은?

① 스톱 스위치를 차단한다.
② 탑승 후 외부 문부터 닫는다.
③ 자동 스위치를 점검 쪽으로 전환한다.
④ 카 상부에 탑승하기 전에 작업등을 점등한다.

정답 27. ③ 28. ③ 29. ② 30. ② 31. ②

32 **에스컬레이터의 스텝 체인의 안전장치에 관한 설명 중 옳지 않은 것은?**

① 일종의 롤러 체인이다.
② 에스컬레이터의 폭이 넓을수록 체인의 강도는 높아야 한다.
③ 에스컬레이터의 양정이 높을수록 체인의 강도는 높아야 한다.
④ 체인의 안전장치는 길이의 1/2되는 지점에 설치해야 한다.

해설 • 스텝 체인
스텝 체인은 일종의 롤러 체인으로 좌우 체인의 링 간격을 일정하게 유지하기 위하여 일정 간격으로 롤러가 연결된 구조
• 스텝체인 안전장치(T.C.S)
하부 기계실에 설치되어 있으며(좌, 우 1개씩) 스텝체인이 절단되거나 과다하게 늘어났을 경우 안전하게 정지시키는 장치

33 **다음 중 승객·화물용 엘리베이터에서 과부하 감지장치의 작동에 대한 설명으로 틀린 것은?**

① 작동치는 정격 적재하중의 105~110%를 표준으로 한다.
② 적재하중 초과 시 경보를 울린다.
③ 출입문을 자동적으로 닫히게 한다.
④ 카의 출발을 정지시킨다.

해설 과부하 감지장치
카 내부의 적재하중을 감지하여 적재하중이 넘으면 경보를 울려 출입문의 닫힘을 자동적으로 제지하는 장치(표준 : 110%)

34 **에스컬레이터의 스커트 가드는 어느 부분에서나 $25cm^2$의 면적에 1500N의 힘을 직각으로 가했을 때의 휨량은 몇 mm 이내이어야 하는가?**

① 2mm 이내 ② 3mm 이내
③ 4mm 이내 ④ 5mm 이내

해설 스커트는 $2,500mm^2$의 사각이나 원형 면적을 사용하여 수직으로 가장 약한 지점의 표면에 1,500N의 집중하중을 가할 때 휨량은 4mm 이하이어야 한다. 이 결과로 인한 영구변형은 발생되지 않아야 한다.

35 **비상정지장치가 작동한 경우에 검사하여야 할 사항과 거리가 먼 것은?**

① 조속기 로프의 연결부위 손상유무
② 조속기의 손상유무
③ 가이드 레일의 손상 유무
④ 메인 로프의 연결부위 손상유무

해설 비상정지장치
• 비상정지장치 및 연결기구의 설치상태는 풀림이나 손상, 균열 등이 없이 견고하여야 한다.
• 비상정지장치가 작동된 상태에서 기계장치 및 조속기 로프에는 아무런 손상이 없어야 한다.
• 비상정지장치 시험 후 비상정지장치에 손상이 없이 정상으로 복귀되어야 한다.

36 **자동차를 수용하는 주차구획과 자동차용 엘리베이터와의 조합으로 입체적으로 구성되며 자동차의 전방향으로 주차구획으로 설치하는 것을 종식, 좌우 방향을 횡식이라 하는 주차 설비는?**

① 수직 순환식 ② 수평 순환식
③ 평면 왕복식 ④ 엘리베이터식

해설 승강기(엘리베이터)식 주차장치
여러 층으로 배치되어 있는 고정된 주차구획에 자동차용 승강기를 운반기로 조합한 주차장치. 주차구획의 배치 위치에 따라 종식, 횡식 등으로 세분하기도 한다.

정답 32. ④ 33. ③ 34. ③ 35. ④ 36. ④

37 승강로에 관한 설명 중 올바르지 못한 것은?

① 승강로는 안전한 벽 또는 울타리에 의하여 외부공간과 격리되어야 한다.
② 엘리베이터에 필요한 배관 설비외의 설비는 승강로 내에 설치하여서는 안 된다.
③ 승강로 피트 하부를 사무실이나 통로로 사용할 경우 균형추에 비상정지장치를 설치한다.
④ 승강로는 화재 시 승강로를 거쳐서 다른 층으로 연소 될 수 있도록 한다.

38 에스컬레이터의 제작기준으로 맞지 않는 것은?

① 경사도는 일반적인 경우 30도 이하로 한다.
② 핸드레일의 속도는 디딤판과 동일속도로 한다.
③ 디딤판의 속도는 65m/min 이하로 한다.
④ 이동식 핸드레일의 경우 운행 전 구간에서 디딤판과 핸드레일의 속도차는 0~2% 이하로 한다.

해설 • 경사도

- 에스컬레이터의 경사도 α는 30°를 초과하지 않아야 한다. 다만, 높이가 6m 이하이고 공칭속도가 0.5m/s 이하인 경우에는 경사도를 35°까지 증가시킬 수 있다.

비고

경사도 α는 현장 설치여건 등을 감안하여 최대 1°까지 초과될 수 있다.

- 무빙워크의 경사도는 12° 이하이어야 한다.

• 속도

- 공칭속도는 공칭 주파수 및 공칭 전압에서 ±5%를 초과하지 않아야 한다.
- 에스컬레이터의 공칭 속도는 다음과 같아야 한다.
  : 경사도 α가 30° 이하인 에스컬레이터는 0.75m/s 이하이어야 한다.
  : 경사도 α가 30°를 초과하고 35° 이하인 에스컬레이터는 0.5m/s 이하이어야 한다.

39 가이드 레일에 하중이 작용하여 부재에 가해지는 응력, 휨 및 앵커볼트의 전단응력을 계산하는데 이때 응력, 휨 및 앵커볼트의 전단응력 등 안전이 허용되는 범위를 나타내는 관계식 중 틀린 것은?

① 작용응력≤허용응력
② 휨≤0.5cm
③ 앵커볼트의 전단응력≤전단허용응력
④ 앵커볼트의 인발하중≤앵커볼트의 인발내력

해설

$$\text{앵커볼트의 인발하중} \le \frac{\text{앵커볼트의 인발내력}}{4}$$

40 엘리베이터용 가이드레일의 역할이 아닌 것은?

① 카와 균형추의 승강로 내 위치 규제
② 승강로의 기계적 강도를 보강해 주는 역할
③ 카의 자중이나 화물에 의한 카의 기울어짐 방지
④ 집중하중이나 비상정지장치 작동 시 수직하중 유지

해설 사용 목적

• 카와 균형추의 승강로 내 위치 규제
• 카의 자중이나 화물에 의한 카의 기울어짐 방지
• 집중하중이나 비상정지장치 작동 시 수직하중을 유지

정답 37. ④ 38. ③ 39. ④ 40. ②

41 길이 측정에 사용되는 측정기의 설명 중 옳지 않은 것은?

① 다이얼 게이지 : 기어를 이용
② 옵티미터 : 광학 확대 장치 이용
③ 미니미터 : 전기용량의 변화이용
④ 마이크로미터 : 나사를 이용

해설 미니미터는 미소한 치수를 측정하는 측정기

42 절연저항을 측정하는 계기는?

① 흑온미터 ② 휘스톤브리지
③ 회로시험기 ④ 메거

해설 절연저항을 측정하는 계기는 메거(Megger)이다.

43 RLC 직렬회로에서 직렬 공진 시 최대가 되는 것은?

① 전압 ② 전류
③ 저항 ④ 주파수

해설 직렬 공진 시 전류 최대, 임피던스 최소

44 직류기에서 워드-레오나드 방식의 목적은?

① 계자자속을 조정하기 위하여
② 속도조절을 하기 위하여
③ 병렬운전을 하기 위하여
④ 정류를 좋게 하기 위하여

해설 워드-레오나드 방식 : 승강기 속도제어
- 직류전동기의 속도를 연속으로 광범위하게 제어
- 직류 전동기는 계자전류를 제어하는 방식
- 속도제어는 저항 FR을 변화시켜 발전기의 자계를 조절하고 발전기 직류전압 제어

45 직류 전동기의 제동법이 아닌 것은?

① 저항제동 ② 발전제동
③ 역전제동 ④ 회생제동

해설 직류 전동기의 제동법은 발전, 역전, 회생 제동이 있다.

46 다음 회로와 원리가 같은 논리 기호는?

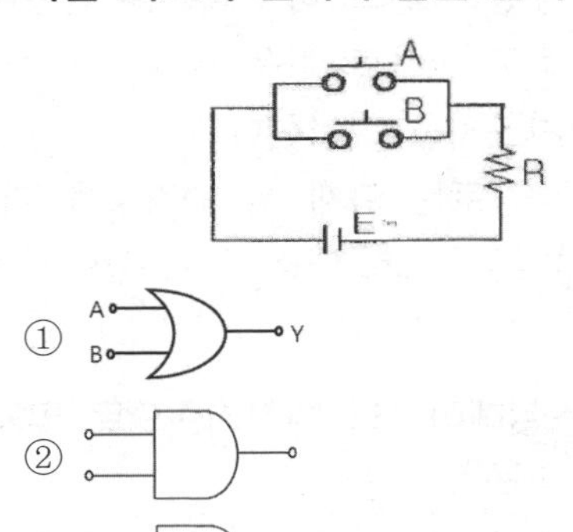

①, ②, ③, ④ (논리 기호 그림)

해설 논리회로(무접점 회로)

명칭	논리회로	동작설명	진리표
OR 회로	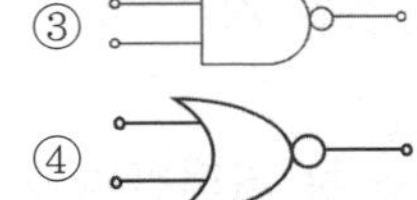	입력신호 A, B중 어느 하나라도 1이면 출력신호 Y가 1이 된다.	A B Y / 0 0 0 / 0 1 1 / 1 0 1 / 1 1 1

47 유도전동기의 속도제어법이 아닌 것은?

① 주파수제어법 ② 계자제어법
③ 2차저항법 ④ 2차여자법

해설 유도전동기의 속도제어법은 주파수제어, 극수제어, 2차 저항법(비례추이), 2차 여자법이 있다.

정답 41. ③ 42. ④ 43. ② 44. ② 45. ① 46. ① 47. ②

48 배선용 차단기의 영문 문자기호는?

① S ② DS
③ Thr ④ MCCB

해설 배선용 차단기(Molded Case Circuit Breaker)

49 콘덴서의 정전용량이 증가 되는 경우를 모두 나열한 것은?

ⓐ	전극의 면적을 증가시킨다.
ⓑ	비유전율이 큰 유전체를 사용한다.
ⓒ	전극사이의 간격을 증가시킨다.
ⓓ	콘덴서에 가하는 전압을 증가시킨다.

① ⓐ ② ⓐⓑ
③ ⓐⓑⓒ ④ ⓐⓑⓒⓓ

해설 콘덴서

$C=\varepsilon\frac{A}{d}$(F)

- 정전용량 크게 하는 방법 : 면적을 넓게, 극판 간격을 작게, 비유전율을 크게 한다.

50 2단자 반도체 소자로 서지 전압에 대한 회로 보호용으로 사용되는 것은?

① 터널다이오드 ② 서미스터
③ 바리스터 ④ 버랙터 다이오드

해설 바리스터는 서지 전압에 대한 회로 보호용으로 사용된다.

51 자동제어계의 상태를 교란시키는 외적인 신호는?

① 동작신호 ② 외란
③ 목표량 ④ 피드백신호

해설 외란은 제어량에 바람직하지 않는 영향을 주는 외적 입력이다.

52 진공 중에서 1Wb인 같은 크기의 두 자극을 1m 거리에 놓았을 때 작용하는 힘은 몇 N인가?

① 6.33×10^3 ② 6.33×10^4
③ 6.33×10^5 ④ 6.33×10^8

해설 쿨롱의 법칙

$F=6.33\times10^4\frac{m_1m_2}{r^2}=$[N],

$F=6.33\times10^4\frac{1\times1}{1^2}=6.33\times10^4$[N]

53 입체 캠에 해당하는 것은?

① 단면캠 ② 정면캠
③ 직동캠 ④ 판캠

해설 입체캠의 종류는 단면 캠, 구면 캠, 원통 캠, 원추 캠이 있다.

※ 승강기시설 안전관리법이 개정됨에 따라 관련 문제들이 삭제되었습니다.

정답 48. ④ 49. ③ 50. ③ 51. ② 52. ② 53. ①

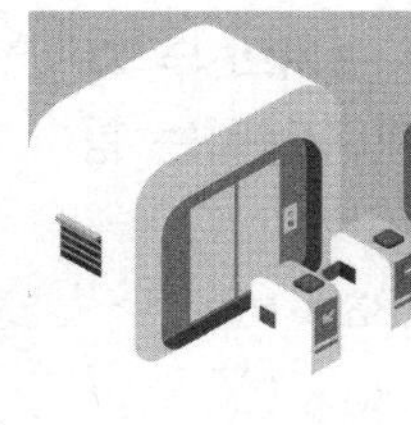

기출문제 2012년 제1회

제1과목 : 승강기개론

01 승강로의 벽 일부에 한국산업규격에 알맞은 유리를 사용할 경우 다음 중 적합하지 않은 것은?

① 망유리 ② 강화유리
③ 접합유리 ④ 감광유리

해설 일반적으로 사람이 접근 가능한 승강로 벽이 평면 또는 성형 유리판인 경우, 승강기 검사기준 중 점검문 및 비상문(5.2.1.2)에서 요구하는 높이까지는 KS L 2004에 적합하거나 동등 이상의 접합유리이어야 한다. 다만, 그 이외의 부분은 KS L 2002에 적합하거나 동등 이상의 강화유리, KS L 2003에 적합하거나 동등 이상의 접합유리 및 복층유리(16mm 이상) 또는 KS L 2006에 적합하거나 동등 이상의 망유리가 사용될 수 있다.

02 우리나라에서 주로 사용되고 있는 에스컬레이터의 속도는?

① 15 ② 25
③ 30 ④ 45

해설 속도

5.4.1.2.1 공칭속도는 공칭 주파수 및 공칭 전압에서 ±5%를 초과하지 않아야 한다.

5.4.1.2.2 에스컬레이터의 공칭 속도는 다음과 같아야 한다.

가) 경사도 α가 30° 이하인 에스컬레이터는 0.75m/s 이하이어야 한다.

나) 경사도 α가 30°를 초과하고 35° 이하인 에스컬레이터는 0.5m/s 이하이어야 한다.

5.4.1.2.3 무빙워크의 공칭속도는 0.75m/s 이하이어야 한다.

팔레트 또는 벨트의 폭이 1.1m 이하이고, 승강장에서 팔레트 또는 벨트가 콤에 들어가기 전 1.6m 이상의 수평주행구간이 있는 경우 공칭속도는 0.9m/s까지 허용된다. 다만, 가속구간이 있거나 무빙워크를 다른 속도로 직접 전환시키는 시스템이 있는 무빙워크에는 적용되지 않는다.

03 엘리베이터가 주행하는 중 정상속도 이상으로 주행하여 위험한 속도에 도달할 경우 이를 검출하여 강제적으로 엘리베이터를 정지시키는 장치는?

① 조속기
② 유입완충기
③ 과전류차단기
④ 역결상릴레이

해설 조속기(Governor)

카와 같은 속도로 움직이는 조속기 로프에 의하여 회전하여(원심력) 승강기의 속도를 검출하여 강제적으로 엘리베이터를 정지시키는 장치

04 다음 장치들 중 보조 안전 스위치(장치) 설치와 무관한 것은?

① 균형추
② 유입완충기
③ 조속기 로프 인장장치
④ 균형로프 도르래

정답 1. ④ 2. ③ 3. ① 4. ①

05 **블리드 오프 유압회로에 대한 설명으로 틀린 것은?**

① 정확한 속도제어가 곤란하다.
② 유량제어 밸브를 주 회로에서 분기된 바이패스회로에 삽입한 것이다.
③ 회전수를 가변하여 펌프에 가압되어 토출되는 작동유를 제어하는 방식이다.
④ 부하에 필요한 압력이상의 압력을 발생시킬 필요가 없어 효율이 높다.

해설 유량 밸브에 의한 속도 제어
- 미터인(Meter In) 회로 : 작동유를 제어하여 유압 실린더를 보낼 경우 유량 제어 밸브를 주 회로에 삽입하여 유량을 직접 제어하는 회로
- 블리드 오프(Bleed Off) 회로 : 유량 제어 밸브를 주 회로에서 분기된 바이패스(Bypass) 회로에 삽입한 것

06 **다음과 같은 조건에서 카의 속도는 몇 m/min인가?**

조건
- 정격부하에서 4극 모터가 12%의 슬립으로 운전한다(단 주파수는 60Hz).
- 기어의 비는 61 : 2, 시브의 직경은 560mm이다.

① 약 85 ② 약 91
③ 약 105 ④ 약 122

해설 정격속도

$$V = \frac{\pi DN}{1000} i = \frac{\pi \times 560 \times 1{,}584}{1000} \times \frac{2}{61} = 91.32[\mathrm{m/min}]$$

회전수

$$N = (1-S)\frac{120f}{P} = (1-0.12) \times \frac{120 \times 60}{4} = 1{,}584[\mathrm{rpm}]$$

07 **단수(1대) 엘리베이터의 조작 방식과 관계가 없는 것은?**

① 단식 자동식
② 하강승합 전자동식
③ 군승합 자동식
④ 승합 전자동식

해설 군승합 자동식(2CAR, 3CAR)은 엘리베이터 2~3대가 병설되었을 때 주로 사용되는 방식으로 1대의 승강장 호출에 1대의 카만 응답하여 필요 없는 정지를 줄이는 방식이며 운전 내용이 교통 수요에 따라 변하지 않는다.

08 **교류 2단 속도제어방식으로 주로 사용되는 것은?**

① 정지 레오나드방식
② 주파수 변환방식
③ 극수 변환방식
④ 워드-레오나드방식

해설 교류 2단 속도 제어 방식의 원리
- 고속 권선은 가동 및 주행, 저속 권선은 정지 및 감속을 한다.
- 고속 저속 비율이 4 : 1로 착상 오차를 줄일 수 있다.
- 전동기 내에 고속용 권선과 저속용 권선이 감겨져 있는 교류 2단 속도 전동기를 사용하여 기동과 주행은 고속 권선으로 하고, 감속과 착상은 저속 권선으로 하는 제어 방식이다.
- 고속과 저속은 4 : 1의 속도 비율로 감속시켜 착상지점에 근접해지면 전동기에 가해지는 모든 연결 접점을 끊고 동시에 브레이크를 걸게 하여 정지시킨다.
- 교류 2단 전동기의 속도 비는 착상 오차 이외의 감속도, 감속 시의 저어크(감속도의 변화비율), 저속 주행 시간, 전력 회생의 균형으로 인하여 4 : 1이 가장 많이 사용된다. 속도60m/min까지 적용 가능하다.

09 **다음 중 비상정치 장치와 관련이 없는 것은?**

① 플렉시블 가이드 클램프형 세이프티
② 슬랙로프 세이프티
③ 조속기
④ 턴버클

정답 5. ③ 6. ② 7. ③ 8. ③ 9. ④

해설 비상정지장치의 종류 및 구조

- 점차 작동형 비상정지장치
  - F.G.C 형(Flexible Guide Clamp)
    F.G.C 형은 레일을 죄는 힘이 동작 시부터 정지 시까지 일정하다. 구조가 간단하고 복구가 용이하기 때문이다.
  - F.W.C 형(Flexible Wedge Clamp)
    동작 후 일정 거리까지는 정지력이 거리에 비례하여 커진다. 그 후 정지력이 완만하게 상승, 정지 근처에서 완만해진다.
- 즉시 작동형 : 레일을 싸고 있는 모양의 클램프와 레일 사이에 강체와 가까이 표면을 거칠게 처리한 롤러를 물려서 정지시키는 것이 즉시 작동형 비상정지 장치이다.

10 비상용 승강기에 대한 설명 중 옳지 않은 것은?

① 외부와 연락할 수 있는 전화를 설치하여야 한다.
② 예비전원을 설치하여야 한다.
③ 정전시에는 예비전원으로 작동할 수 있어야 한다.
④ 승강기의 운행속도는 90m/min 이상으로 해야 한다.

해설 비상용 엘리베이터는 소방관이 조작하여 엘리베이터 문이 닫힌 이후부터 60초 이내에 가장 먼 층에 도착하여야 된다. 다만, 운행속도는 1m/s 이상이어야 한다.

11 주 로프에서 심강이란?

① 로프의 중심부를 구성하며 천연의 마를 사용한다.
② 소선수를 말하며 합성섬유를 사용한다.
③ 제동력을 높이기 위해 소선에 기름을 먹인 것을 말한다.
④ Z꼬임으로 되어 있는 것을 말한다.

해설 심강

천연 마 등 천연섬유와 합성섬유로 로프의 중심을 구성한 것으로 그리스를 함유하여 소선의 방청과 로프의 굴곡 시 소선간의 윤활을 돕는 역할을 한다.

12 승객용 엘리베이터에서 일반적으로 균형체인 대신 균형로프를 사용하는 정격속도의 범위는?

① 120m/min 이상
② 120m/min 이하
③ 150m/min 이상
④ 150m/min 미만

13 문닫힘 안전장치(Door Safety Shoe)에 대한 설명으로 틀린 것은?

① 문이 닫힐 때 작동시키면 다시 열린다.
② 문이 열릴 때 작동시키면 즉시 닫힌다.
③ 문이 완전히 닫힌 상태에서는 작동하지 않는다.
④ 문이 열려 있을 때 작동시키면 닫히지 않는다.

해설 도어의 보호장치

도어의 선단에 이물질 검출장치를 설치하여 그 작동에 의해 닫히는 문을 멈추게 하는 장치

- 세이프티 슈(Safety Shoe) : 카 도어 앞에 설치하여 물체 접촉 시 동작하는 장치
- 광전장치(Photo electric Device) : 광선빔을 이용한 비접촉식 장치
- 초음파 장치(Ultrasonic Door Sensor) : 초음파의 감지 각도를 이용한 장치

14 승강장의 문이 열린 상태에서 모든 제약이 해제되면 자동적으로 닫히게 하여 문의 개방상태에서 생기는 2차 재해를 방지하는 문의 안전장치는?

① 시그널 컨트롤 ② 도어 컨트롤
③ 도어 클로저 ④ 도어 인터록

정답 10. ④ 11. ① 12. ① 13. ② 14. ③

해설 도어 클로저(Door Closer)

① 승강장의 도어가 열린 상태에서 모든 제약이 해제되면 자동적으로 닫히게 하는 장치
② 구조 : 레버 시스템, 코일 스프링, 도어 체크(스프링식, 중력식)

15 승강기의 자체검사자 자격이 있다고 볼 수 없는 자는?

① 자체검사원 양성 이수자
② 해당분야 안전담당자
③ 지정검사기관의 검사원
④ 사업주

16 이상 통제의 조건이 아닌 것은?

① 설비　② 휴식
③ 방법　④ 사람

17 다음 중 전기사고의 방지대책이 아닌 것은?

① 방전장치의 시설
② 누전 개소의 조기 발견
③ 전기의 사용 억제
④ 규격 전기용품의 사용

해설 감전예방을 위한 주의사항

감전사고 요인이 되는 것은 다음과 같으므로 이에 대하여 특별히 주의를 하여 충분한 준비를 하고 작업하여야 한다.

- 충전부에 직접 접촉될 경우나 안전거리 이내로 접근하였을 때
- 전기 기계·기구나 공구 등의 절연열화, 손상, 파손 등에 의한 표면누설로 인하여 누전되어 있는 것에 접촉, 인체가 통로로 되었을 경우
- 콘덴서나 고압케이블 등의 잔류전하에 의할 경우
- 전기기계나 공구 등의 외함과 권선간 또는 외함과 대지간의 정전용량에 의한 분압전압에 의할 경우
- 지락전류 등이 흐르고 있는 전극 부근에 발생하는 전위경도에 의할 경우
- 송전선 등의 정전유도 또는 유도전압에 의할 경우
- 오조작 및 자가용 발전기 운전으로 인한 역송전의 경우
- 낙뢰 진행파에 의할 경우

18 옥외에 설치된 승강기의 승강로 탑 및 가이드레일 지지, 브라켓 조립 및 해체 작업을 할 때 안전조치에 해당되지 않는 것은?

① 작업 지휘자를 선임하여 작업을 지휘한다.
② 근로자가 위험이 없다고 판단되면 작업을 한다.
③ 관계 근로자외의 출입을 금지시킨다.
④ 근로자에게 위험이 미칠 우려가 있을 때는 작업을 중지시킨다.

19 파괴검사 방법이 아닌 것은?

① 인장 검사　② 굽힘 검사
③ 견고도 검사　④ 육안 검사

해설 기계의 강도시험 중 파괴검사 5가지

- 인장검사
- 굽힘검사
- 경도검사
- 크리프검사
- 내구검사

20 사업주가 근로자의 안전 또는 보건을 위하여 취하는 조치에 따라 근로자가 준수하여야 할 사항 중 옳지 않은 것은?

① 보호구 착용
② 작업 중지
③ 대피
④ 작업장 순회점검

정답 15. ④　16. ②　17. ③　18. ②　19. ④　20. ④

21 **산업재해의 발생 원인으로 불안전한 행동이 많은 사고의 원인이 되고 있다. 이에 해당되지 않은 것은?**

① 위험장소 접근
② 안전장치 기능 제거
③ 복장 보호구 잘못 사용
④ 작업 장소 불량

해설 불안전 행동(인적원인)
- 개인 보호구를 착용하지 않는다.
- 불안전한 자세
- 위험장소 접근
- 운전 중인 기계장치를 수리
- 정리정돈을 불량
- 안전장치를 무효화
- 불안전한 적제 및 배치를 한다.

22 **일반적인 안전대책의 수립 방법으로 가장 알맞은 것은?**

① 계획적 ② 경험적
③ 사무적 ④ 통계적

23 **와이어로프 안전율의 산출 공식으로 옳은 것은?(단, F : 안전율, S : 로프 1가닥에 대한 제작사 정격 파단강도, N : 부하를 받는 와이어로프의 가닥 수, W : 카와 정격하중을 승강로 안의 어떤 위치에 두고 모든 카 로프에 걸리는 최대정지부하)**

① $F=\dfrac{S\cdot W}{N}$ ② $F=\dfrac{N\cdot S}{W}$
③ $F=\dfrac{W}{N\cdot S}$ ④ $F=\dfrac{N\cdot W}{S}$

24 **매일 작업 전, 후 등의 점검에 해당하는 것은?**

① 일상점검 ② 특별점검
③ 임시점검 ④ 정기점검

해설 안전 점검의 종류
- 정기 점검 : 정기적으로 실시하는 점검
- 일상 점검 : 수시 점검으로 작업 전, 작업 중, 작업 후 점검
- 특별 점검 : 설비의 변경 또는 고장 수리 시

25 **승강기 카 상부에서 점검 및 작업을 할 때 주의하여야 할 사항이 아닌 것은?**

① 장애물 등에 주의한다.
② 승강장 측 신호 계통을 분리시킨다.
③ 승객을 탑승시킬 때 주의시킨다.
④ 올라설 곳은 견고한지 확인한다.

26 **유압잭에 대한 설명으로 옳지 않은 것은?**

① 유압잭은 단단식과 다단식으로 구분된다.
② 유압잭은 실린더부와 플런저부로 구성된다.
③ 유압잭에서 플런저는 실린더에 비해 하중분담이 적으므로 좌굴은 검토 대상이 아니다.
④ 유압잭에서 작동유의 압력은 실린더 내측과 플런저 외측에 균등하게 작용한다.

27 **에스컬레이터의 안전장치가 아닌 것은?**

① 핸드레일 안전장치
② 구동체인 안전장치
③ 카 도어 안전장치
④ 스커트가드 안전장치

해설 카 도어 안전장치는 엘리베이터 안전장치이다.

정답 21. ④ 22. ④ 23. ② 24. ① 25. ③ 26. ③ 27. ③

28 고속 엘리베이터에 주로 적용되는 조속기로 알맞은 것은?

① 디스크형 ② 블리드오프형
③ 롤 세이프티형 ④ 플라이볼형

해설 조속기의 종류와 구조
- 디스크(Disc)형 : 진자가 조속기의 로프 캣치(로프잡이)를 작동시켜 정지시키는 장치
- 플라이 볼(Fly Ball)형 : 플라이 볼(Fly Ball)을 사용하는 비상정지 장치(고속 엘리베이터에 주로 적용)
- 롤 세이프티(Roll Safety)형 : 도르래 홈과 로프의 마찰력 이용한 장치

29 카 또는 균형추의 상, 하, 좌, 우에 부착되어 레일을 따라 움직이고 카 또는 균형추를 지지해주는 역할을 하는 것은?

① 완충기 ② 중간 스토퍼
③ 가이드레일 ④ 가이드 슈

해설 가이드 슈는 카 또는 균형추의 상, 하, 좌, 우에 부착되어 레일을 따라 움직이고 카 또는 균형추를 지지해주는 역할을 한다.

30 기계식 주차장치의 일반적 분류 방법에 해당되지 않는 것은?

① 수직순환, 다층순환
② 다층순환, 수평순환
③ 수평순환, 엘리베이터방식
④ 곤도라방식. 수직전환

31 승강장문의 조립체는 소프트 팬들럼 시험방법에 따라 몇 J의 운동에너지로 충격을 가하였을 때 문의 이탈 없이 견딜 수 있어야 하는가?

① 400 ② 450
③ 500 ④ 550

해설 승강장문의 조립체는 450J의 운동에너지(유효 출입구 면적의 50% 이상이 유리로 된 경우 308J 적용)로 충격을 가했을 때 승강장문의 이탈 없이 견뎌야 한다. 다만, 수직개폐식 승강장문은 제외한다.

32 승강기의 방호장치에 대한 설명으로 틀린 것은?

① 용도에 구분 없이 모든 승강기는 도어인터록을 설치한다.
② 화물용 승강기는 수동 운전 시 도어가 개방되었을 때도 운전이 가능하도록 한다.
③ 수동 운전 시 업다운 버튼조작을 중지하면 자동적으로 정지하여야 한다.
④ 로프식 승강기는 반드시 승강로 상부에 2차 정지 스위치를 설치할 필요가 있다.

해설 안전장치는 카 및 승강로의 모든 출입문이 닫혀 있지 않으면 카가 움직이지 않는 장치를 설치한다.

33 승강장에서 행하는 검사가 아닌 것은?

① 승강장 도어의 손상 유무
② 도어 슈의 마모 유부
③ 승강장 버튼의 양호 유무
④ 조속기 스위치 동작 여부

해설 조속기 스위치 동작 여부는 기계실에서 하는 검사이다.

34 에스컬레이터에 전원의 일부가 결상되거나 전동기의 토크가 부족하였을 때 상승운전 중 하강을 방지하기 위한 안전장치는?

① 조속기
② 스커트가드 스위치

정답 28. ④ 29. ④ 30. ④ 31. ② 32. ② 33. ④ 34. ①

③ 구동체인 안전장치

④ 핸드레일 안전장치

해설 구동체인 안정장치(D.C.S)
상부 기계실에 설치되어 있으며 구동체인이 절단되거나 과다하게 늘어났을 경우 스위치를 작동시켜 전원을 차단하여 에스컬레이터를 정지시키는 장치

35 유압엘리베이터에 있어서 정상적인 작동을 위하여 유지하여야 할 오일의 온도 범위는?

① 30℃~40℃　② 50℃~60℃

③ 70℃~80℃　④ 90℃~100℃

해설 오일의 온도 범위는 50~60℃이다.

36 콘덴서의 용량을 크게 하는 방법으로 옳지 않은 것은?

① 극판의 면적을 넓게 한다.

② 극판의 간격을 좁게 한다.

③ 극판간에 넣은 물질은 비유전율이 큰 것을 사용한다.

④ 극판 사이의 전압을 높게 한다.

해설 • 평행판 콘덴서용량[C]

$$C=\varepsilon\frac{A}{d}(\text{F})$$

• 정전용량 크게 하는 방법 : 면적을 넓게, 극판간격을 작게, 비유전율을 크게 한다.

37 직류기에 사용되는 브러시가 갖추어야 할 성질 중 틀린 것은?

① 접촉저항이 적당할 것

② 마모성이 적을 것

③ 스프링에 의한 적당한 압력을 가질 것

④ 기계적으로 튼튼할 것

해설 브러시 구비조건
- 접촉저항이 클 것
- 마모성이 적을 것
- 스프링에 의한 적당한 압력을 가질 것
- 기계적으로 튼튼할 것
- 전기 저항이 적을 것

38 버니어 캘리퍼스의 종류에 속하는 것은?

① HB형　② HM형

③ HT형　④ CM형

해설 버니어 캘리퍼스의 종류에는 M_1, M_2형, CM형, CB형이 있다.

39 다음 중 교류 엘리베이터 제어와 관계가 없는 것은?

① 정지 레오나드방식

② 교류 2단 속도 제어방식

③ 교류 귀환 제어방식

④ 가변전압 가변주파수 제어방식

해설 교류 승강기 제어방식
- 교류 1단 속도제어
- 교류 2단 속도제어
- 교류 귀환제어
- VVVF 제어(가변전압 가변주파수)–전압과 주파수를 동시에 제어

40 회전운동을 직선운동으로 바꾸어 주는 기구는?

① 폴리　② 캠

③ 체인　④ 기어

해설 캠은 회전 운동이나 왕복 운동을 다른 형태의 직선·왕복운동, 진동으로 변환하는 기구. 판 캠, 직동 캠 등의 평면 캠과 원통 캠, 원뿔 캠, 구면 캠 등이 있다.

정답 35. ②　36. ④　37. ③　38. ④　39. ①　40. ②

41 자기인덕턴스 L[H]의 코일에 전류 I[A]를 흘렸을 때 여기에 축적되는 에너지 W는 몇 J인가?

① $W = LI^2$ ② $W = \frac{1}{2}LI^2$

③ $W = 2LI^2$ ④ $W = \frac{2I^2}{L}$

해설 전자에너지[W]

$W = \frac{1}{2}LI^2$[J]

42 다음 중 PNP형 트랜지스터의 기호로 알맞은 것은?

①

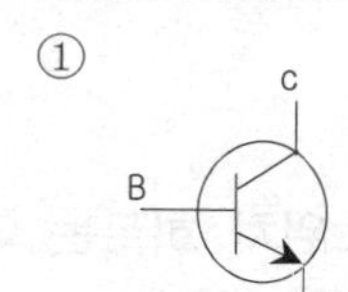

②

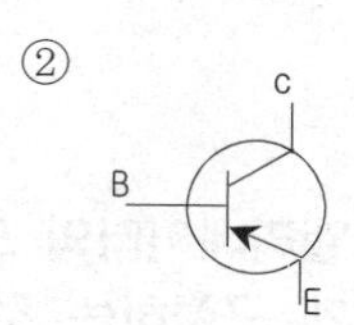

③

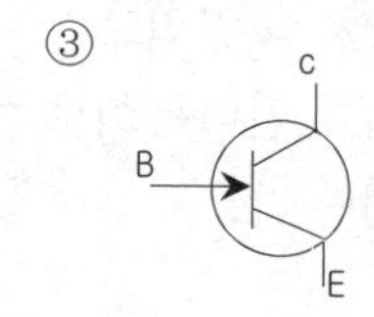

④

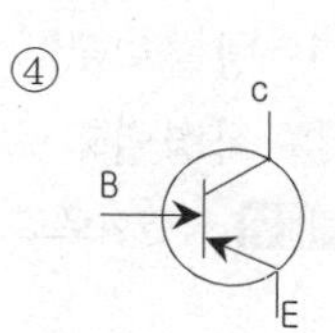

해설 트랜지스터

접합 방법에 따라 NPN형과 PNP형이 있다.

• 기호

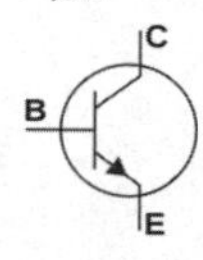

NPN형

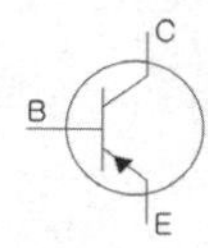

PNP형

43 그림은 정류회로의 전압파형이다. 입력 전압은 사인파로 실효값이 100V일 때 출력파형의 평균값 Va[V]는?

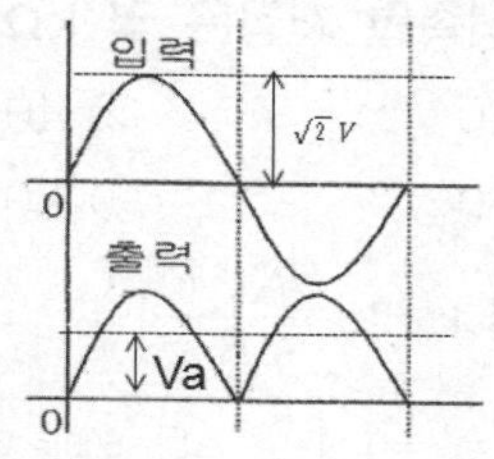

① 약 45V ② 약 70V

③ 약 90V ④ 약 110V

해설 평균값

$$V_{av} = \frac{2V_m}{\pi} = \frac{2\sqrt{2}\,V}{\pi} = \frac{2\sqrt{2}\times 100}{\pi} \fallingdotseq 70.7[\text{V}]$$

44 2V의 기전력으로 20J의 일을 할 때 이 동안한 전기량은 몇 C인가?

① 0.1 ② 10

③ 40 ④ 24000

해설 전기량[Q]

$$Q = \frac{W}{V} = \frac{20}{2} = 10[\text{C}]$$

45 전자력 $F = Bil$[N]과 관계되는 법칙은?

① 패러데이의 법칙

② 플레밍의 오른손법칙

③ 오른나사법칙

④ 플레밍의 왼손법칙

해설 플레밍의 왼손법칙

자속밀도 B[WB/m²]의 평등 자장 내에 자장과 직각 방향으로 l[m]의 도체를 놓고 I[A]의 전류를 흘리면 도체가 받는 힘 I[A]의 전류를 흘리면 도체가 받는 힘 F[N]은

$F = BIl\sin\theta$[N]

정답 41. ② 42. ② 43. ② 44. ② 45. ④

46 **최대눈금이 200V, 내부저항이 20000Ω인 직류 전압계가 있다. 이 전압계로 최대 600V까지 측정하려면 외부에 직렬로 접속할 저항은 몇 kΩ인가?**

① 20 ② 40
③ 60 ④ 80

해설 $V = V_v \cdot \frac{R_m + R_v}{R_v}[\text{V}]$

$= V_v\left(\frac{R_m}{R_v}+1\right),\ 600 = 200\left(\frac{R_m}{20000}+1\right),$

$\frac{R_m}{20000} = 3-1$

$R_m = 20000 \times 2 = 40000 = 40[\text{k}\Omega]$

V : 측정할 전압 V_v : 전압계 눈금

R_m : 배율기의 저항[Ω]

r : 전압계 내부저항[Ω]

47 **NAND게이트 3개로 구성된 다음 논리회로의 출력값 E는?**

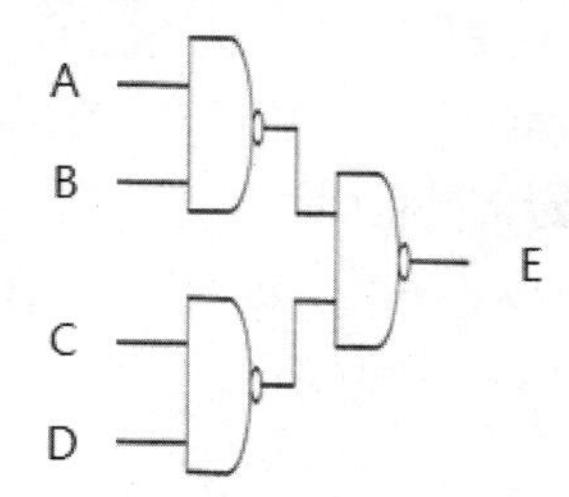

① $A \cdot B + C \cdot D$
② $(A+B) \cdot (C+D)$
③ $\overline{A \cdot B} + \overline{C \cdot D}$
④ $A \cdot B \cdot C \cdot D$

해설 출력식

$E = \overline{\overline{(A \cdot B)} \cdot \overline{(C \cdot D)}} = \overline{\overline{(A \cdot B)}} + \overline{\overline{(C \cdot D)}}$
$= (A \cdot B) + (C \cdot D)$

48 **제어에 대한 용어의 설명 중 옳지 않은 것은?**

① 제어명령이란 제어대상의 출력을 원하는 상태로 하기 위한 입력신호를 말한다.
② 신호란 물리량의 종류에는 관계하지 않고, 크기 및 변화 상태만을 고려한 것을 말한다.
③ 목표값이란 외부에서 제어계에 주어지는 값을 말한다.
④ 제어량이란 제어대상의 출력과 기준입력과의 차이 값을 말한다.

해설 제어량은 제어계의 출력으로서 제어대상에서 만들어지는 값이다.

49 **엘리베이터의 도어스위치 회로는 어떻게 구성하는 것이 좋은가?**

① 병렬회로 ② 직렬회로
③ 직병렬회로 ④ 인터록회로

해설 직렬회로로 구성한다.

※ 승강기시설 안전관리법이 개정됨에 따라 관련 문제들이 삭제되었습니다.

정답 46. ② 47. ① 48. ④ 49. ②

기출문제 2012년 제2회

제1과목 : 승강기개론

01 승객이나 운전자의 마음을 편하게 해주고 주위의 분위기를 부드럽게 하기 위하여 설치하는 장치는?

① 통신장치 ② 관제운전장치
③ 구출운전장치 ④ BGM장치

해설 B.G.M 장치
카 내부에 음악을 틀어주어 승객이나 운전자의 마음을 편안하게 해주는 장치로 Back Ground Music의 약자다.

02 에스컬레이터의 구동장치가 아닌 것은?

① 구동기
② 스텝체인 구동장치
③ 핸드레일 구동장치
④ 구동체인 안전장치

해설 구동체인 안정장치(D.C.S)
상부 기계실에 설치되어 있으며 구동체인이 절단되거나 과다하게 늘어났을 경우 스위치를 작동시켜 전원을 차단하여 에스컬레이터를 정지시키는 장치

03 카가 정지하고 있지 않는 층의 문이 열리지 않도록 하고, 각 층의 문이 닫혀있지 않으면 운전을 불가능하게 하는 장치는?

① 도어 인터록 ② 도어 세이프티
③ 도어 오픈 ④ 도어 클로저

해설 도어 인터로크(Door Interlock)
- 도어록과 도어스위치로 구성
- 시건장치가 확실히 걸린 후 도어스위치가 들어가고, 도어스위치가 끊어진 후에 도어록이 열리는 구조
- 외부에서 로크를 풀 경우에는 특수한 전용키 사용할 것
- 전층의 도어가 닫혀있지 않으면 운전이 되지 않아야 한다.

04 중앙 개폐방식 승강장 도어를 나타내는 기호는?

① 2S ② UP
③ CO ④ SO

해설 CO(center open) 중앙열기
2CO, 4CO(숫자는 문 짝수)-가운데에서 양쪽으로 열림

05 권상하중 100kg, 권상속도 60m/min의 엘리베이터용 전동기의 최소 용량은 몇 kW인가?

① 5.5 ② 7
③ 9.5 ④ 11

해설 $P = \dfrac{LV(1-OB)}{6.120\eta}$[kW]

$= \dfrac{1000 \times 60 \times (1-0.5)}{6.120 \times 0.7}$

$= 7$[kW]

정답 1. ④ 2. ④ 3. ① 4. ③ 5. ②

06 **가장 먼저 등록된 부름에만 응답하고 그 운전이 완료될 때까지는 다름 부름에 응답하지 않는 방식으로 주로 화물용으로 사용되는 운전방식은?**

① 단식 자동식

② 하강승합 전자동식

③ 군 승합 전자동식

④ 양방향 승합 전자동식

해설 단식 자동방식(single automatic type)은 먼저 등록된 호출에만 응답하고 그 운전이 완료될 때 까지는 다른 호출에 응하지 않는 방식으로 화물용이나 카(car) 리프트 등에 많이 사용된다.

07 **엘리베이터용 로프의 특성으로 옳은 것은?**

① 강도가 크고 유연성이 적어야 한다.

② 강도가 크고 유연성이 풍부하여야 한다.

③ 강도와 유연성이 적어야 한다.

④ 강도가 적고 유연성이 풍부하여야 한다.

해설 로프는 강선의 탄소 함유량이 적어 유연성이 있어야 한다.

08 **간접식 유압엘리베이터의 특징이 아닌 것은?**

① 기계실의 위치가 자유롭다.

② 주로 저속 승강기에 사용된다.

③ 승강행정이 짧은 승강기에 사용된다.

④ 비상정치장치가 필요 없다.

해설 간접식 유압엘리베이터의 특징
플런저의 동력을 로프를 통하여 카에 전달하는 방식

- 실린더를 설치할 보호관이 불필요하며 설치가 간단하다.
- 실린더의 점검이 용이하다.
- 승강로의 소요면적이 커진다.
- 비상정지 장치가 필요하다
- 카 바닥의 빠짐이 크다.

09 **다음 중 (   )안에 들어갈 내용으로 알맞은 것은?**

> "카가 유입완충기에 충돌했을 때 플런저가 하강하고 이에 따라 실린더 내의 기름이 좁은 (   )을(를) 통과하면서 생기는 유체저항에 의해 완충작용을 하게 된다."

① 오리피스 틈새 ② 실린더

③ 오일게이지 ④ 플런저

10 **가변전압 가변주파수(VVVF) 제어에 대한 설명으로 틀린 것은?**

① 교류 엘리베이터 속도제어의 방법이다.

② 전동기는 교류 유도 전동기를 사용한다.

③ 인버터제어이다.

④ 직류 엘리베이터 속도제어 방법이다.

해설 VVVF 제어(가변전압 가변주파수)–전압과 주파수를 동시에 제어

- 광범위한 속도제어 방식으로 인버터를 사용하여 유도 전동기의 속도를 제어하는 방식
- 유지보수가 용이하며 승차감 향상 및 소비전력이 적다.
- 컨버터(교류를 직류로 변환), 인버터(직류를 교류로 변환)가 사용된다.
- PAM 제어방식과 PWM 제어방식이 있다.

11 **균형추의 중량을 결정하는 계산식은? (단, 여기서 L은 정격하중, F는 오버밸런스율이다)**

① 균형추의 중량=카 자체하중$\times(L \cdot F)$

② 균형추의 중량=카 자체하중$+(L+F)$

③ 균형추의 중량=카 자체하중$+(L-F)$

④ 균형추의 중량=카 자체하중$+(L \cdot F)$

해설 균형추의 무게=카 자중+적재하중·(OB)
OB : 오버밸런스율(0.35~0.55)

정답 6. ① 7. ② 8. ④ 9. ① 10. ④ 11. ④

12 비상용 엘리베이터 구조로 옳지 않은 것은?

① 엘리베이터의 운행속도는 60m/min 이상이어야 한다.
② 카는 비상운전 시 반드시 모든 승강장의 출입구마다 정지할 수 있어야 한다.
③ 정전 시 예비전원에 의해 2시간 이상 가동할 수 있어야 한다.
④ 90초 이내에 엘리베이터 운행에 필요한 전력을 공급하여야 한다.

해설 정전 시에는 보조 전원공급장치에 의하여 엘리베이터를 다음과 같이 운행시킬 수 있어야 한다.

- 60초 이내에 엘리베이터 운행에 필요한 전력용량을 자동으로 발생시키도록 하되 수동으로 전원을 작동시킬 수 있어야 한다.
- 2시간 이상 운행시킬 수 있어야 한다.

13 에스컬레이터에서 탑승객이 좌우로 떨어지지 않도록 설치한 측면 벽의 명칭에 해당하는 것은?

① 난간 ② 스커트가드
③ 핸드레일 ④ 데크보드

해설 난간이란 에스컬레이터의 계단이 움직임에 따라 승객이 추락하지 않도록 설치한 측면 벽을 말한다.

14 동력으로 운전하는 기계에 작업자의 안전을 위하여 기계마다 설치하는 장치는?

① 수동스위치 장치
② 동력차단장치
③ 동력장치
④ 동력전도장치

해설 사업주는 동력으로 작동되는 기계에는 스위치·클러치 및 벨트 이동장치 등 동력차단장치를 설치하여야 한다.

15 승강기 운행관리자의 직무가 아닌 것은?

① 고장 및 수리에 관한 기록 유지
② 사고발생에 대비한 비상연락망의 작성 및 관리
③ 사고 시의 사고 보고
④ 고장 시의 긴급 수리

해설 운행관리자의 임무
승강기시설 안전관리법 규정에 의하여 관리주체로부터 선임되어 다음과 같은 승강기 일상관리 업무를 수행해야 한다.

- 운행관리규정의 작성 및 유지관리
- 고장·수리 등에 관한 기록 유지
- 사고발생에 대비한 비상연락망의 작성 및 관리
- 인명사고 시 긴급조치를 위한 구급체계 구성 및 관리
- 승강기 사고 시 사고보고
- 승강기 표준부착물 관리

16 감전사고 시 응급조치로 가장 옳은 것은?

① 인공호흡을 하면 안 된다.
② 호흡이 정상인 경우에만 인공호흡을 한다.
③ 호흡이 정지된 경우에는 인공호흡을 안 한다.
④ 호흡이 정지되어 있어도 인공호흡을 하는 것이 좋다.

17 에스컬레이터 이용자의 준수사항과 관련이 없는 것은?

① 옷이나 물건 등이 틈새에 끼이지 않도록 주의하여야 한다.
② 화물은 디딤판 위에 반드시 올려놓고 타야 한다.

정답 12. ④ 13. ① 14. ② 15. ④ 16. ④ 17. ②

③ 디딤판 가장자리에 표시된 황색 안전선 밖으로 발이 벗어나지 않도록 하여야 한다.

④ 핸드레일을 잡고 있어야 한다.

해설 화물을 디딤판 위에 올려놓지 말아야 한다.

18 **안전점검의 목적에 해당되지 않는 것은?**

① 생산위주로 시설 가동

② 결함이나 불안전 조건의 제거

③ 기계·설비의 본래 성능 유지

④ 합리적인 생산관리

해설 안전 점검의 목적은 안전에 관한 제반 사항을 점검하여 위험요소 제거

19 **경고나 주의를 표시할 때 사용하는 색채로 가장 알맞은 것은?**

① 파랑　② 보라

③ 노랑　④ 녹색

해설 금지표시 : 적색,　경고표지 : 황색
지시표지 : 청색,　안내표지 : 녹색

20 **건설용 리프트의 주요 검사항목과 관련 없는 것은?**

① 브레이크　② 클러치

③ 완충기　④ 와이어로프

21 **사다리 작업의 안전 지침으로 적당하지 않은 것은?**

① 상부와 하부가 움직이지 않도록 고정되어야 한다.

② 사다리를 다리처럼 사용해서는 안 된다.

③ 부서지기 쉬운 벽돌 등을 받침대로 사용해서는 안 된다.

④ 사다리 상단은 작업장으로부터 120 cm 이상 올라가야 한다.

해설 사다리의 상단은 걸쳐놓은 지점으로부터 60센티미터 이상 올라가도록 할 것

22 **산업재해 예방의 기본 원칙에 속하지 않은 것은?**

① 원인 규명의 원칙

② 대책 선정의 원칙

③ 손실 우연의 원칙

④ 원인 연계의 원칙

해설 사고예방의 4원칙

- 손실우연의 원칙
- 원인 계기의 원칙
- 예방 가능의 원칙
- 대책 선정의 원칙

23 **재해원인 중 생리적인 원인은?**

① 안전장치 사용의 미숙

② 안전장치의 고장

③ 작업자의 무지

④ 작업자의 피로

해설 신체조건 : 피로, 수면부족, 병약자 및 신체조건의 부적격자 작업

24 **꼭대기틈새와 오버헤드 관계에서 꼭대기 틈새는?**

① 오버헤드에서 카의 높이를 뺀 값

② 오버헤드에서 카의 높이와 완충기행정을 뺀 값

③ 오버헤드에서 카의 높이와 로프 처짐량을 뺀 값

④ 오버헤드에서 피트 깊이와 완충기행정을 뺀 값

해설 꼭대기 틈새=오버헤드에서 카의 높이를 뺀 값

정답 18. ①　19. ③　20. ③　21. ④　22. ①　23. ④　24. ①

25 **유압식 엘리베이터에서 상승방향으로만 가름을 흐르게 하고 역방향으로는 흐르지 못하게 하는 밸브는?**

① 안전밸브 ② 체크밸브
③ 스톱밸브 ④ 럽처밸브

해설 역저지밸브(체크밸브)는 한쪽 방향으로만 오일이 흐르도록 하는 밸브

26 **유압 엘리베이터에 사용되고 있는 강제 송유식 펌프의 종류가 아닌 것은?**

① 기어펌프 ② 베인펌프
③ 원심펌프 ④ 스크류펌프

해설 펌프종류
원심식, 가변토출량식, 강제송류식(기어펌프, 밴펌프, 스크류펌프)

27 **승강기의 비상정치장치에 대한 설명 중 옳지 않은 것은?**

① 순간식과 슬랙로프 세이프티식이 있다.
② 플랙시블 가이드 클램프형과 플랙시블 웨지 클램프형이 있다.
③ 비상정지장치의 정지거리는 제한이 있다.
④ 유압식 엘리베이터의 경우는 비상정지장치가 필요하지 않다.

해설 비상정지 장치의 종류
- 즉시작동형 : 순간 정지식
- 점차작동형 : 점진 정지식
  - F.G.C 형(Flexible Guide Clamp)
    F.G.C 형은 레일을 죄는 힘은 동작 시부터 정지 시까지 일정하다. 구조가 간단하고 복구가 용이하기 때문이다.
  - F.W.C (Flexible Wedge Clamp)
    동작 후 일정거리까지는 정지력이 거리에 비례하여 커진다. 그 후 정지력이 완만하게 상승, 정지 근처에서 완만해진다.

28 **엘리베이터의 전동기에 대한 설명으로 옳지 않은 것은?**

① 기동토크가 작을 것
② 기동전류가 작을 것
③ 회전부분의 관성 모멘트가 적을 것
④ 잦은 기동빈도에 대해 열적으로 견딜 것

해설 기동토크는 커야 된다.

29 **에스컬레이터의 층고가 6m 이하일 때에는 경사도는 몇 ° 이하인가?**

① 35° ② 40°
③ 45° ④ 50°

해설 경사도
에스컬레이터의 경사도 α는 30°를 초과하지 않아야 한다. 다만, 높이가 6m 이하이고 공칭속도가 0.5m/s 이하인 경우에는 경사도를 35°까지 증가시킬 수 있다.

비고
경사도 α는 현장 설치여건 등을 감안하여 최대 1°까지 초과될 수 있다.

30 **유압 엘리베이터 제어반에서 할 수 없는 것은?**

① 작동시의 유압 측정
② 전동기의 전류 측정
③ 절연저항의 측정
④ 과전류계전기의 작동

해설 제어 패널, 캐비닛접촉기, 릴레이, 제어기판 점검사항
- 접촉기, 릴레이-접촉기 등의 손모가 현저한 것
- 잠금 장치가 불량한 것
- 고정이 불량한 것
- 발열, 진동 등이 현저한 것
- 동작이 불안정 한 것
- 환경상태(먼지, 이물)가 불량한 것

정답 25. ② 26. ③ 27. ④ 28. ① 29. ① 30. ①

- 제어 계통에서 안전에 지장이 없는 경미한 결함 또는 오류가 발행한 것
- 전기설비의 절연저항이 규정값을 초과하는 것
- 화재발생의 염려가 있는 것
- 퓨즈 등에 규격외의 것이 사용되고 있는 것
- 먼지나 이물에 의한 오염으로 오작동의 염려가 있는 것
- 기판의 접촉이 불량한 것
- 제어계통에 안전과 관련된 중대한 결함 또는 오류가 발생한 것
- 제어계통에서 안전과 관련된 중대한 결함 또는 오류를 초래할 수 있는 경미한 오류가 반복적으로 발생한 것
  (이상 제어 프로그램의 오류 또는 결함 코드에 대한 사항은 제조사 제공)

31 피트에서 행하는 검사 항목은?

① 외부와의 연락장치 이상 유무
② 도어스위치 작동상태
③ 시브 또는 스프로켓의 부착 이상 유무
④ 이동케이블의 손상 유무

해설 피트에서 행하는 검사 항목
- 완충기
- 조속기로프 및 기타의 당김 도르래
- 피트바닥
- 하부 파이널리미트 스위치
- 카 비상정지장치 및 스위치
- 하부 도르래
- 보상수단 및 부착부
- 균형추 밑 부분 틈새
- 이동케이블 및 부착부
- 과부하감지장치
- 피트 내의 내진대책

32 로프식 엘리베이터의 경우 카 위에서 하는 검사가 아닌 것은?

① 비상구출구
② 도어개폐장치
③ 리미트 스위치류
④ 운전조작반

해설 운전조작반은 카 내 검사이다.

33 카 위에서 카를 조금씩 움직이면서 점검하는 주 로프의 점검항목이 아닌 것은?

① 회전상태 ② 장력상태
③ 파단상태 ④ 부식 및 마모상태

해설 주 로프의 점검항목
- 장력상태
- 파단상태
- 부식 및 마모상태

34 에스컬레이터 회로의 사용전압이 400V 이하인 것의 접지저항은 몇 Ω 이하이어야 하는가?

① 10 ② 100
③ 300 ④ 500

해설 사용전압이 400V 이하인 것의 접지저항은 제3종접지로 접지저항값은 100Ω 이하이다.

35 가이드 레일 보수 점검 항목에 해당되지 않는 것은?

① 이음판의 취부 볼트, 너트의 이완상태
② 로프와 클립체결 상태
③ 가이드 레일의 급유상태
④ 브래킷 용접부의 균열 상태

해설 가이드레일, 브라켓
- 레일과 브라켓에 심하게 녹, 부식 등이 보이는 것
- 부착에 늘어짐이 있는 것
- 운행이 어려울 정도로 비틀림, 휨 등이 발생한 것

36 조속기 도르래의 피치 지름과 로프의 공칭지름의 비는 몇 배 이상인가?

① 25배 ② 30배
③ 35배 ④ 40배

정답 31. ④ 32. ④ 33. ① 34. ② 35. ② 36. ②

해설 조속기로프 풀리의 피치 직경과 조속기로프의 공칭 직경 사이의 비는 30배 이상이어야 한다.

37 변형 및 강도를 고려 시 와이어로프의 절단방법으로 가장 알맞은 것은?

① 산소절단기로 절단한다.
② 전기용접기로 절단한다.
③ 그라인더로 절단한다.
④ 쇠톱이나 와이어 커터로 절단한다.

해설 와이어로프의 절단방법은 쇠톱이나 와이어 커터로 절단한다.

38 절연저항계로 측정 할 수 없는 것은?

① 선로와 대지간의 절연측정
② 선간절연의 측정
③ 도통시험
④ 주파수 측정

해설 절연저항은 메거로 측정하며 주파수는 측정할 수 없다.

39 전압 220V, 전류20A, 역률 0.6인 3상 회로의 전력은 약 몇 kW인가?

① 4.6　　② 4.8
③ 5.0　　④ 5.2

해설 3상전력$[P]$

$$P=\sqrt{3}\,VI\cos\theta=\sqrt{3}\times 220\times 20\times 0.6$$
$$=4{,}573[\mathrm{W}]\fallingdotseq 4.6[\mathrm{kW}]$$

40 진공 중에서 m[Wb]의 자극으로부터 나오는 총 자력선의 수는 어떻게 표현되는가?

① $\dfrac{m}{4\pi\mu_o}$　　② $\dfrac{m}{\mu_o}$
③ $\mu_o m$　　④ $\mu_o m^2$

해설 m[Wb]의 자극으로부터 나오는 총 자력선의 수는 투자율에 반비례 하므로 $\dfrac{m}{\mu_o}$이다.
진공중의 투자율$[\mu_0]$　$\mu_0=4\pi\times 10^{-7}$

41 전류의 열작용과 관계있는 법칙은?

① 옴의 법칙
② 줄의 법칙
③ 플레밍의 오른손 법칙
④ 키프리호프의 법칙

해설 주울의 법칙은 전류의 열작용과 관계있으며 W·sec는 J과 단위가 같고 1J은 0.24cal와 관계가 있다.

$Q=0.24Pt\,[\mathrm{cal}]$

$$Q=0.24Pt=0.24I^2Rt=0.24\frac{V^2}{R}t$$
$$=Cm(\theta_2-\theta_1)$$

42 교류 용접기가 갖추어야 할 조건이 아닌 것은?

① 박막 용접이 잘 될 것
② 구조와 취급이 간단할 것
③ 무부하 전압이 최대한으로 높을 것
④ 아크 용접이 조용하고 쉬울 것

43 정속도 전동기에 속하는 것은?

① 타여자 전동기
② 직권 전동기
③ 분권 전동기
④ 가동복권 전동기

해설 정속도 전동기
타여자전동기, 분권전동기, 유도전동기, 동기전동기

정답 37. ④　38. ④　39. ①　40. ②　41. ②　42. ③　43. ①, ③

44 전기에서 많이 사용되는 옴의 법칙은?

① $I=\frac{V}{R}$ ② $V=IR$

③ $V=I^2R$ ④ $V=RV$

해설 옴의 법칙

$I=\frac{V}{R}$

45 검출 스위치에 해당되는 것은?

① 누름 버튼 스위치

② 리밋 스위치

③ 유지형 스위치

④ 가동복권 전동기

해설 시퀀스 제어 접점기호

번호	명칭	심벌		적 요
		a 접점	b 접점	
1	수동 접점			접점조작을 개로나 폐로를 손으로 넣고 끊는 것
2	수동조작 자동복귀 접점			수동조작하면 폐로 또는 개로 하지만 손을 떼면 스프링 등의 힘으로 복귀하는 접점
3	기계적 접점			리미트 스위치와 같이 접점의 개폐가 전기적 이외의 원인에 의해서 이루어지는 것에 쓰인다.
4	계전기 및 보조 계전기			전기나 전자접촉기의 보조 접점으로 전자코일에 전류가 흐르거나 그렇지 않음에 따라 개로, 또는 폐로하는 접점

46 그림과 같은 논리회로의 논리식은?

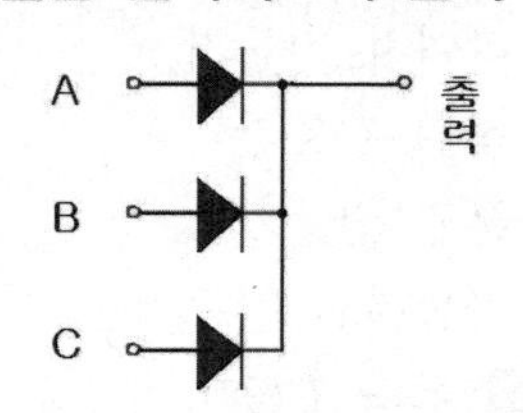

① $\overline{A+B+C}$ ② $A+B+C$

③ $A\cdot B\cdot C$ ④ $\overline{A\cdot B\cdot C}$

47 직류발전기의 주요 3요소는?

① 계자, 전기가, 정류자

② 계자, 전기자, 브러시

③ 정류자, 계자, 브러시

④ 보극, 보상권선, 전기자권선

해설 직류발전기의 주요 3요소

계자, 전기가, 정류자

48 다음 회로에서 A, B간의 합성용량은 몇 μF 인가?

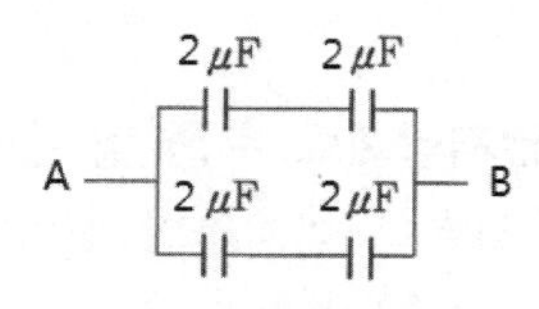

① 2 ② 4

③ 8 ④ 16

해설 정전용량 계산

- 직렬접속

$C_0=\frac{C_1\cdot C_2}{C_1+C_2}$[F]

- 병렬접속

$C_0=C_1+C_2+C_3+\cdots C_n$[F]

$C_0=\frac{2\times2}{2+2}+\frac{2\times2}{2+2}=1+1=2[\mu F]$

49 제어계에 사용하는 비 접촉식 입력요소로만 짝지어진 것은?

① 누름 버튼 스위치, 광전 스위치

② 근접 스위치, 리밋 스위치

③ 리밋 스위치, 광전 스위치

④ 근접 스위치, 광전 스위치

정답 44. ② 45. ② 46. ② 47. ① 48. ① 49. ④

50 **재료를 축 방향으로 눌러 수축하도록 작용하는 하중은?**

① 연장하중　　② 압축하중
③ 전단하중　　④ 휨하중

해설 압축하중
재료를 밀어 줄어들게 하중

51 **무게 W[N]가 움직이는 도르래에 매달려 있다. 물체를 끌어 올리는 힘 F[N]는?(단, 도르래와 로프의 무게는 없다고 본다)**

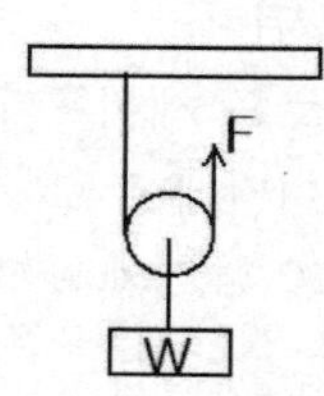

① $F=\frac{1}{4}W$　　② $F=\frac{1}{3}W$
③ $F=\frac{1}{2}W$　　④ $F=W$

해설 하중 : $W=2^n \cdot P$
(P=올리는 힘, n=동활차수)
$W=2^1 \cdot F$, $F=\frac{1}{2}W$

※ 승강기시설 안전관리법이 개정됨에 따라 관련 문제들이 삭제되었습니다.

정답 50. ② 51. ③

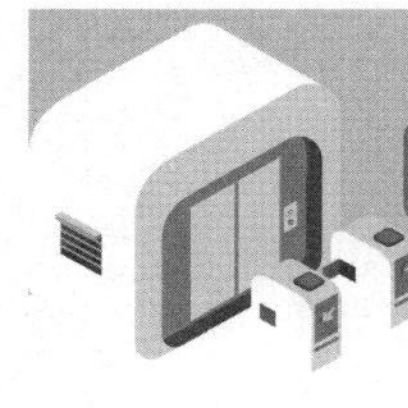

기출문제 2012년 제5회

제1과목 : 승강기개론

01 기계실 위치에 의한 엘리베이터 분류에서 기계실을 승강로의 아래쪽 방향에 설치하는 방식은?

① 기어드 방식
② 횡인구동 방식
③ 베이스먼트 방식
④ 사이드머신 방식

해설 • 기계실의 위치
– 사이드 머신 방식(sidemachine type) : 승강로 위쪽 옆 방향에 설치하여 기계실을 옥상으로 튀어 나가지 않도록 한 방식
– 베이스먼트 방식(basement type) : 승강로 하부측면에 설치하는 방법
• 기계실의 크기 : 승강로 투명면적의 2배 이상

02 승강장 도어구조에 해당되지 않는 것은?

① 착상 스위치함
② 도어 스위치
③ 행거 롤러
④ 도어 가이드 슈

03 엘리베이터 비상정지장치에 관한 설명 중 옳은 것은?

① F.W.C.형 비상정지장치의 동작곡선은 정지력이 정지거리에 비례하여 정지할 때까지 커진다.
② F.G.C.형 비상정지장치는 레일을 죄는 힘이 동작개시 후부터 정지시까지 일정하다.
③ 즉시작동형 비상정지장치는 정지력이 거리에 비례하여 커지다가 일정하게 된다.
④ 슬랙로프 세이프티는 고속 대형 엘리베이터에 주로 사용한다.

해설 F.G.C 형(Flexible Guide Clamp)
• F.G.C 형은 레일을 죄는 힘은 동작 시부터 정지시까지 일정하다.
• 구조가 간단하고 복구가 용이하기 때문이다.

04 에스컬레이터 비상정지스위치에 관한 설명 중 옳은 것은?

① 비상정지스위치는 승객의 안전을 위하여 하부 승강구에만 설치한다.
② 어린이의 장난을 방지하기 위해 비상정지스위치의 위치 명시는 식별이 어렵게 한다.
③ 비상정지스위치는 오조작을 방지하기 위하여 덮개를 씌워 보호한다.
④ 색상은 청색으로 하며 버튼 또는 버튼주변에 "정지" 표시를 하여야 한다.

해설 비상정지스위치의 위치 명시는 식별이 쉽게 해야 한다.

정답 1. ③ 2. ① 3. ② 4. ③

05 **엘리베이터용 전동기의 출력을 계산하고자 한다. 다음 식의 (　) 안에 알맞은 것은?**

$$\frac{\text{정격하중[kg]} \cdot (\quad)(1-\text{오버밸런스율}(\%)/100)}{6120 \times \text{종합효율}} \text{[kW]}$$

① 정격속도[m/min]
② 균형추 중량[kg]
③ 정격전압[V]
④ 회전속도[rpm]

해설 엘리베이터용 전동기의 용량(P)은 다음과 같다.

$$P = \frac{LVS}{6120\eta} = \frac{LV(1-F/100)}{6120\eta}\text{(kW)}$$

L : 정격하중(kg)
V : 정격속도(m/min)
F : 오버밸런스율(%)
S : 균형추 불평형률
η : 종합효율

06 **간접식 유압엘리베이터의 특징이 아닌 것은?**

① 부하에 의한 카 바닥의 빠짐이 비교적 작다.
② 비상정지장치가 필요하다.
③ 실린더 설치를 위한 보호관이 필요하지 않다.
④ 실린더의 점검이 용이하다.

해설 간접식 유압엘리베이터의 특징
- 실린더를 설치할 보호관이 불필요하며 설치가 간단하다.
- 실린더의 점검이 용이하다.
- 승강로의 소요면적이 커진다.
- 비상정지 장치가 필요하다.
- 카 바닥의 빠짐이 크다.

07 **엘리베이터 완충기에 대한 설명으로 적합하지 않는 것은?**

① 정격속도 60m/min 이하의 엘리베이터에 스프링완충기를 사용하였다.
② 정격속도 60m/min 초과 엘리베이터에 유입완충기를 사용하였다.
③ 유입완충기의 플런저를 완전히 압축한 상태에서 완전히 구할 때까지의 시간은 90초 이하이다.
④ 유입 완충기에서 최소적용중량은 카 자중+적재하중으로 한다.

해설 유입 완충기 적용중량

항목	최소적용중량	최대적용중량
카용	카 자중+65	카 자중+적재하중자중
균형추용	균형추의 중량	

08 **스트랜드의 내층·외층소선을 같은 직경으로 구성하고 소선간의 틈새에 가는 소선을 넣은 와이어로프는?**

① 실형　② 필러형
③ 워링톤형　④ 헬테레스형

09 **1 : 1 로핑에 비하여 2 : 1 로핑의 단점이 아닌 것은?**

① 적재용량이 줄어든다.
② 로프의 수명이 짧아진다.
③ 로프의 길이가 길어진다.
④ 종합효율이 낮아진다.

해설 3 : 1로핑 이상(4 : 1로핑, 6 : 1로핑) : 대용량 저속 화물용 엘리베이터에 사용
- 와이어로프 수명이 짧고 1본의 로프 길이가 매우 길게 된다.
- 종합 효율이 저하된다.

정답 5. ① 6. ① 7. ④ 8. ② 9. ①

10 **엘리베이터의 구조 중 사람이나 화물을 싣는 카에 설치되어 있지 않은 것은?**

① 카 천장 ② 문 개폐장치
③ 운전스위치 ④ 카 완충기

해설 완충기
- 카에 이상 발생으로 최하층을 통과하여 피트(pit)로 떨어졌을 때 충격을 완화하기 위한 장치
- 카가 상승했을 때를 대비하여 균형추 쪽에도 설치(자유 낙하 시는 일차적으로 비상정지 장치가 작동하고 이차적으로 완충기가 작동하도록 분담)

11 **엘리베이터를 설치할 때 건축물 전원이 300V 이하의 저압일 때 접지는 제 몇 종 접지공사를 하는가?**

① 제1종 ② 제2종
③ 제3종 ④ 특별 제3종

해설 옥외철대 및 외함접지공사

사용기기의 전압	접지공사
400v 미만 저전압용	제3종 접지공사
400v 이상 저전압용	특별 제3종 접지공사
고압·특별고압	제1종 접지공사

12 **기동과 주행은 고속권선으로 하고 감속과 착상은 저속으로 하며, 착상지점에 근접해지면 모든 접점을 끊고 동시에 브레이크를 거는 제어방식은?**

① VVVF 제어방식
② 교류1단 제어방식
③ 교류2단 제어방식
④ 교류귀환 제어방식

해설 교류2단 속도제어
고속 권선은 가동 및 주행, 저속 권선은 정지 및 감속, 고속 저속 비율이 4 : 1로 착상 오차를 줄일 수 있다.

13 **로프식 엘리베이터의 균형추 무게를 계산하는 식은?(단, 오버밸런스는 50%로 한다)**

① 카하중+카하중의 50%
② 카하중+정격하중의 50%
③ 정격하중의 150%
④ 정격하중의 50%

해설 균형추의 무게=카 자중+적재하중·(OB)
OB : 오버밸런스율(0.35~0.55)

14 **사다리를 사용하는 작업에서 안전수칙에 어긋나는 행위는?**

① 위험 및 사용금지의 표찰이 붙어서 결함이 있는 사다리를 사용 할 때는 주의하면서 사용한다.
② 사다리 밑 끝이 불안전하거나 3m 이상의 높은 곳이면 다른 사람으로 하여금 붙들게 하고 작업한다.
③ 사다리를 문 앞에 설치할 때는 문을 완전히 열어놓거나 잠가야 한다.
④ 사다리 설치 시에는 사다리의 밑바닥과 사다리 길이를 고려하여 어느 정도 벽에서 떨어지게 한다.

해설 결함이 있는 사다리는 사용금지 한다.

15 **로프식 승강기로 짝지어진 것은?**

① 직접식과 간접식
② 견인식과 권동식
③ 견인식과 직접식
④ 권동식과 간접식

해설 • 트랙션식(Traction Type) : 로프와 도르래 사이의 마찰력을 이용하여 카 또는 균형추를 움직이는 것이다. 트랙션식은 로프의 미끄러짐과 로프 및 도르래의 마모가 발생한다.
• 포지티브 구동식(권동식) 로프를 권동(드럼)에 감거나 또는 풀거나 하여 카를 상승시키는 방식

정답 10. ④ 11. ③ 12. ③ 13. ② 14. ① 15. ②

16 **카 내에 갇힌 사람이 외부와 연락할 수 있는 장치는?**

① 챠임벨 ② 리미트스위치
③ 위치표시램프 ④ 인터폰

해설 통화 장치-인터폰
- 고장, 정전 및 화재 등의 비상시에 카 내부에서 외부 관계자와 연락이 되고 또 반대로 구출작업 시 외부에서 카 내의 사람에게 당황하지 않도록 적절한 지시를 하는데 사용된다.
- 정전 중에도 사용 가능하도록 충전 배터리를 사용하고 있다.
- 엘리베이터의 카 내부와 기계실, 경비실 또는 건물의 중앙 감시반과 통화가 가능
- 보수전문회사와 통신설비가 설치되어 통화가 가능

17 **로프식 엘리베이터에 대하여 매월 1회 이상 정기적으로 실시하는 자체검사 항목이 아닌 것은?**

① 수전반, 제어반
② 고정 도르래
③ 권상기의 브레이크
④ 카 도어 스위치

해설 도르래는 6개월 마다 1회 점검 사항이다.

18 **사고발생빈도에 영향을 미치지 않는 것은?**

① 작업시간
② 작업자의 연령
③ 작업숙련도 및 경험년수
④ 작업자의거주지

19 **전기안전기준으로 옳지 않은 것은?**

① 전기코드는 물이나 습기에 안전한 것이어야 한다.
② 전기위험설비에는 위험 표시를 해야 한다.
③ 전기설비의 감전, 누전, 화재, 폭발방지를 위해 매년 1회 이상 점검한다.
④ 감전의 위험이 있는 작업을 할 때에는 통전시간을 명시하고 관계 근로자에게 미리 주지시킨다.

20 **스패너를 힘주어 돌릴 때 지켜야 할 안전사항이 아닌 것은?**

① 스패너 자루에 파이프를 끼워 힘껏 조인다.
② 주위를 살펴보고 조심성 있게 조인다.
③ 스패너를 밀지 않고 당기는 식으로 사용한다.
④ 스패너를 조금씩 여러 번 돌려 사용한다.

21 **감전사고의 원인이 되는 것과 관계없는 것은?**

① 콘덴서의 방전코일이 없는 상태
② 전기기계기구나 공구의 절연파괴
③ 기계기구의 빈번한 기동 및 정지
④ 정전작업 시 접지가 없어 유도전압이 발생

해설 감전예방을 위한 주의사항
- 충전부에 직접 접촉될 경우나 안전거리 이내로 접근하였을 때
- 전기 기계·기구나 공구 등의 절연열화, 손상, 파손 등에 의한 표면누설로 인하여 누전되어 있는 것에 접촉, 인체가 통로로 되었을 경우
- 콘덴서나 고압케이블 등의 잔류전하에 의할 경우
- 전기기계나 공구 등의 외함과 권선간 또는 외함과 대지간의 정전용량에 의한 분압전압에 의할 경우

정답 16. ④ 17. ② 18. ④ 19. ③ 20. ① 21. ③

- 지락전류 등이 흐르고 있는 전극 부근에 발생하는 전위경도에 의한 경우
- 송전선 등의 정전유도 또는 유도전압에 의할 경우
- 오조작 및 자가용 발전기 운전으로 인한 역송전의 경우
- 낙뢰 진행파에 의할 경우

22 산업재해의 간접원인에 해당되지 않는 것은?

① 기술적요인 ② 인적원인
③ 교육적원인 ④ 정신적원인

해설 산업재해의 간접원인은 관리적, 정신적, 신체적, 교육적, 기술적 원인

23 다음 중 사고방지를 위한 5단계 중 가장 먼저 조치해야 할 사항은?

① 사실의 발견 ② 안전조직
③ 분석평가 ④ 대책의 선정

해설 사고예방대책의 기본원리 5단계
- 1단계 : 안전관리조직(안전기구)
- 2단계 : 현상파악(사실의 발견)
- 3단계 : 원인규명(분석평가)
- 4단계 : 대책의 선정(시정 방법의 선정)
- 5단계 목표달성 : 시정책적용 (3E)
  - 기술(Engineering), 교육(Education), 관리(Enforcement)

24 가이드레일에 관한 설명으로 맞지 않은 것은?

① 레일의 가장 좋은 규격은 길이 5m 이다.
② 대용량 엘리베이터에는 13K, 18K, 24K가 사용되고 있다.
③ 레일규격의 호칭은 1m당의 중량으로 한다.
④ 비상정지장치가 작동할 때 안전하게 물려야 한다.

해설 가이드레일의 규격
- 레일의 표준 길이 : 5m(특수 제작된 T형 레일)
- 레일규격의 호칭 : 소재의 1m당 중량을 라운드번호로 하여 K 레일을 붙여서 사용된다. 일반적으로 사용하고 있는 T형 레일은 공칭 8, 13, 18, 및 24K 레일이지만 대용량의 엘리베이터는 37K, 50K 레일 등도 사용된다.

25 권상기의 브레이크 기능을 설명한 것으로 옳지 않은 것은?

① 승객용의 경우 카에 125% 부하상태에서 정격 속도로 하강 중에도 안전하게 감속정지 시켜야 한다.
② 브레이크는 전기가 입력되는 즉시 브레이크 슈가 작동하여 드럼을 잡아 미끄러지지 않도록 설계되어야 한다.
③ 브레이크는 전동기, 카, 균형추 등 모든 장치의 관성을 제지하는 역할을 해야 한다.
④ 정지 후에는 부하에 의한 불균형 역구동이 되어 움직이는 일이 없어야 한다.

해설 제동기(Brake) : 감속도 0.1G
- 운행 중 이상 시에 안전하게 비상정지 시키는 것
- 승객용, 화물용 엘리베이터는 125%의 부하로 전속력 하강 중인 카를 안전하게 감속, 정지시킬 수 있어야 한다.
- 일반적으로 제동능력은 승차감 및 안전상의 문제가 있어 일으킬 수 있어 감속도는 보통 0.1G 정도로 하고 있다.

정답 22. ② 23. ② 24. ② 25. ②

26 **에스컬레이터의 구동 체인이 규정값 이상으로 늘어져 있을 경우에 나타나는 현상은?**

① 브레이크가 작동하지 않는다.
② 안전회로가 차단되어 구동되지 않는다.
③ 상승만 가능하다.
④ 하강만 가능하다.

해설 에스컬레이터의 구동 체인이 규정값 이상으로 늘어나면 구동체인 안전스위치가 작동하여 구동되지 않는다.

27 **조속기의 보수 점검항목에 해당되지 않는 것은?**

① 조속기 스위치의 접점 청결상태
② 세이프티 링크 스위치와 캠의 간격
③ 운전의 윤활성 및 소음 유무
④ 조속기 로프와 클립 체결상태

해설 조속기의 보수 점검항목

- 카측
  ① 각부 마모가 진행하여 진동 소음이 현저한 것
  ② 베어링에 눌러 붙음이 생길 염려가 있는 것
  ③ 캣치가 작동하지 않는 것
  ④ 작동치가 규정 범위를 넘는 것
  ⑤ 스위치가 불량한 것
  ⑥ 비상정지장치를 작동시키지 못하는 것
- 균형추측
  ① 각부 마모가 진행하여 진동 소음이 현저한 것
  ② 베어링에 눌러 붙음이 생길 염려가 있는 것
  ③ 캣치가 작동하지 않는 것
  ④ 작동치가 규정 범위를 넘는 것
  ⑤ 스위치가 불량한 것
  ⑥ 비상정지장치를 작동시키지 못하는 것

28 **에스컬레이터 구동장치 보수점검사항에 해당 되지 않는 것은?**

① 구동체인의 이완 여부
② 브레이크 작동상태
③ 스텝과 핸드레일 속도차이
④ 각부의 볼트 및 너트의 풀림 상태

해설 스텝과 핸드레일 속도차이 점검은 상부 승강장에서 하는 점검사항이다.

29 **가이드 레일에 대한 점검사항이 아닌 것은?**

① 세이프티 링크 스위치와 캠의 간격
② 브래킷 용접부의 균열 유무
③ 이음판 취부의 볼트, 너트 이완 유무
④ 가이드 레일의 급유 상태.

해설 가이드레일, 브라켓 점검사항

- 레일과 브라켓에 심하게 녹, 부식 등이 보이는 것
- 부착에 늘어짐이 있는 것
- 운행이 어려울 정도로 비틀림, 휨 등이 발생한 것

30 **에스컬레이터 디딤판 체인 및 구동 체인의 안전율로 알맞은 것은?**

① 5 이상 ② 7 이상
③ 8 이상 ④ 10 이상

해설 모든 구동부품의 안전율은 정적 계산으로 5 이상이어야 한다.

31 **에스컬레이터 및 무빙워크의 비상정지스위치에 관한 설명으로 옳지 않은 것은?**

① 상하 승강장의 잘 보이는 곳에 설치한다.
② 색상은 적색으로 하여야 한다.
③ 장난 등에 의한 오조작 방지를 위하여 잠금장치를 설치하여야 한다.
④ 버튼 또는 버튼 부근에는 "정지" 표시를 하여야 한다.

정답 26. ② 27. ② 28. ③ 29. ① 30. ① 31. ③

해설 비상정지스위치에는 정상운행 중에 임의로 조작하는 것을 방지하기 위해 보호 덮개가 설치되어야 한다. 그 보호 덮개는 비상시에는 쉽게 열리는 구조이어야 한다.

32 유압식 엘리베이터의 부품 및 특징에 대한 설명으로 옳지 않은 것은?

① 역저지밸브 : 정전이나 그 외의 원인으로 펌프의 토출 압력이 떨어져 실린더의 기름이 역류하여 카가 자유 낙하하는 것을 방지하는 역할을 한다.

② 스톱밸브 : 유압 파워유니트와 실린더 사이의 압력배관에 설치되며 이것을 닫으면 실린더의 기름이 파워유니트로 역류하는 것을 방지한다.

③ 스트레이너 : 역할은 필터와 같으나 일반적으로 펌프 출구 쪽에 붙인 것을 말한다.

④ 사이렌서 : 자동차의 머플러와 같이 작동유의 압력맥동을 흡수하여 진동, 소음을 감소시키는 역할을 한다.

해설 필터(Filter)와 스트레이너
- 유압장치에 쇳가루, 모래 등 불순물을 제거하기 위한 여과장치
- 펌프의 흡입측에 붙는 것을 스트레이너라고 하고 배관 도중에 취부하는 것을 라인 필터라고 한다.

33 로프식 엘리베이터의 경우 기계실에서 검사하는 항목과 관계가 없는 것은?

① 전동기 및 제동기
② 권상기의 도르래
③ 브레이크 라이닝
④ 인터록장치

34 승강장 문의 로크 및 스위치 검사 시 적합하지 않은 것은?

① 승강장 문은 외부에서 열 수 없도록 로크장치의 설치 상태가 견고하여야 한다.

② 승강장 문이 열려 있거나 닫혀 있지 않은 경우 도어스위치는 열려 있어야 한다.

③ 승강장 문의 인터록장치는 로크가 걸린 후에 도어스위치를 닫아야 한다.

④ 승강장 문의 도어스위치가 확실히 열리기 전에 로크가 벗겨져야 한다.

해설 도어인터록의 구조 및 원리
- 구조 : 도어 록과 도어 스위치
- 원리 : 시건 장치가 확실히 걸린 후 도어스위치가 들어가고, 도어 스위치가 끊어진 후에 도어 록이 열리는 구조이다. 외부에서 도어 록을 풀 경우에는 특수한 전용키를 사용해야 한다. 또한 전 층의 도어가 닫혀 있지 않으면 운전이 되지 않아야 한다.

35 기계식 주차장치의 종류에서 순환방식에 속하지 않는 것은?

① 멀티순환방식 ② 수평순환방식
③ 수직순환방식 ④ 다층순환방식

해설 기계식주차장치의 구분
- 수직순환식 주차장치
  수직으로 배열된 다수의 운반기가 순환 이동하는 구조의 주차장치. 종류는 하부, 중간, 상부승입식이 있다.
- 수평순환식 주차장치 : 다수의 운반기를 2열 또는 그 이상으로 배열하여 수평으로 순환 이동시키는 구조의 주차장치. 운반기의 이동형태에 따라 원형순환식, 각형순환식 등으로 세분할 수 있다.
- 다층순환식 주차장치 : 다수의 운반기를 2층 또는 그 이상으로 배치하여 위·아래 또는 수평으로 순환 이동시키는 구조의 주차장치. 운반기의 이동형태에 따라 원형순환식, 각형순환식 등으로 세분할 수 있다.

정답 32. ③ 33. ④ 34. ④ 35. ①

36 **로프의 미끄러짐 현상을 줄이는 방법으로 틀린 것은?**

① 권부각을 크게 한다.

② 가감속도를 완만하게 한다.

③ 균형체인이나 균형로프를 설치한다.

④ 카 자중을 가볍게 한다.

해설 로프의 미끄러짐 현상을 줄이는 방법
- 권부각을 크게 한다.
- 가감속도를 완만하게 한다.
- 균형체인이나 균형로프를 설치한다.
- 로프와 도르래 사이의 마찰계수를 크게 한다.

37 **전동기에 대한 점검을 하고자 할 때, 계측기를 사용하지 않으면 측정이 불가능한 것은?**

① 전동기의 회전속도

② 이상음 발생 유무

③ 전동기 본체의 파손

④ 이상발열 유무

해설 전동기의 회전속도는 회전속도계를 사용한다.

38 **엘리베이터의 피트에서 행하는 점검사항이 아닌 것은?**

① 파이널 리미트스위치 점검

② 이동케이블 점검

③ 배수구 점검

④ 도어로크 점검

해설 피트에서 하는 점검
- 완충기
- 조속기로프 및 기타의 당김 도르래
- 피트바닥
- 하부 파이널리미트 스위치
- 카 비상정지장치 및 스위치
- 하부 도르래
- 보상수단 및 부착부
- 균형추 밑 부분 틈새
- 이동케이블 및 부착부
- 과부하감지장치
- 피트 내의 내진대책

39 **오일이 실린더로 들어가는 곳에 설치되어 만일 파이프가 파손되었을 때 자동적으로 밸브를 닫아 카가 급격히 떨어지는 것을 방지하는 밸브는?**

① 럽쳐 밸브

② 체크 밸브

③ 스톱 밸브

④ 사이런서

해설 럽처밸브(rupture valve)
미리 설정한 방향으로 설정치를 초과한 상태로 과도하게 유체 흐름이 증가하여 밸브를 통과하는 압력이 떨어지는 경우 자동으로 차단하도록 설계된 밸브

40 **다음 그림과 같은 제어계의 전체 전달함수는?(단, $H(s)=1$이다)**

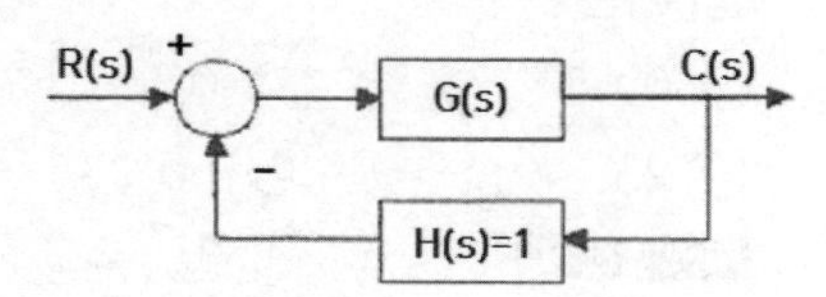

① $\dfrac{1}{G(s)}$

② $\dfrac{1}{1+G(s)}$

③ $\dfrac{G(s)}{1+G(s)}$

④ $\dfrac{G(s)}{1-G(s)}$

해설 전달함수$=\dfrac{\text{경로}}{1-\text{폐로}}=\dfrac{G_{(S)}}{1-(-G_{(S)}H_{(S)})}$

$=\dfrac{G_{(S)}}{1+G_{(S)}}$

$(\because H_{(S)}=1)$

정답 36. ④ 37. ① 38. ④ 39. ① 40. ③

41 정현파 교류에서 시간의 변화에 따라 시시각각 다르게 나타나는 값은?

① 최대값 ② 실효값
③ 순시값 ④ 파고값

해설 순시값과 위상($[e]$)
$e = E_m \sin\theta = E_m \sin\omega t$
$e = E_m \sin(\omega t + \theta)$
[θ : 초기위상(initial phase)]

42 직류기의 구조에서 계자에 해당하는 것은?

① 자극편 ② 정류자
③ 전기자 ④ 공극

해설 계자는 자속을 발생 부분이다.

43 5Ω의 저항에 5A의 전류가 흐른다면 전압[V]은?

① 0.02 ② 0.5
③ 25 ④ 50

해설 전압$[V]$
$V = IR = 5 \times 5 = 25[\mathrm{V}]$

44 직류전위차계에 대한 설명으로 옳은 것은?

① 전압계를 회로에 병렬로 접속하여 측정한다.
② 3V 이상의 직류전압을 정밀하게 측정한다.
③ 배율기를 사용하여 고전압을 측정한다.
④ 1V 이하의 직류전압을 정밀하게 측정한다.

45 전압, 전류, 주파수, 회전속도 등 전기적, 기계적양을 주로 제어하는 것으로서 응답속도가 대단히 빨라야 하는 것이 특징인 제어는?

① 프로세스제어 ② 서보기구
③ 프로그램제어 ④ 자동조정

해설 자동조정 제어는 전기적, 기계적 양을 주로 제어하는 것으로서 응답 속도가 대단히 빨라야 하는 것이 특징이며 정전압 장치, 발전기의 조속기 등이 이에 속한다. 제어량이 정치 제어이다.

46 전자유도현상에 의한 유기기전력의 방향을 정하는 것은?

① 플레밍의 오른손법칙
② 옴의 법칙
③ 플레밍의 왼손법칙
④ 렌츠의 법칙

해설 렌츠의 법칙
- 유도 기전력은 자속의 변화를 방해하는 방향으로 일어난다.
- 자속 Φ가 시간적으로 변화할 때 자속 Φ의 증감을 방해하는 방향으로 기전력이 일어난다.
- 전자유도에 의해 회로에 발생되는 기전력은 자속 쇄교수의 시간에 대한 증가율에 반비례한다.

$e = -\frac{d\Phi}{dt}[\mathrm{V}]$, (−) : 유기(유도) 기전력의 방향

47 2Ω의 저항 10개를 직렬로 연결했을 때는 병렬로 연결했을 때의 몇 배인가?

① 10 ② 50
③ 100 ④ 200

정답 41. ③ 42. ① 43. ③ 44. ④ 45. ④ 46. ④ 47. ③

해설 • 직렬연결 R_0
$= NR = 10 \times 2 = 20[\Omega]$ (N : 저항개수)
• 병렬연결 $R_t = \frac{R}{N} = \frac{2}{10} = 0.2[\Omega]$
(N : 저항개수)
$\therefore \frac{R_0}{R_t} = \frac{20}{0.2} = 100$

48 다음의 접점 기호는 무엇을 나타내는가?

① 한시동작 순시복귀의 a접점
② 한시동작 순시복귀의 b접점
③ 순시동작 한시복귀의 a접점
④ 순시동작 한시복귀의 b접점

49 어떤 물질의 대전 상태를 설명한 것으로 옳은 것은?

① 어떤 물질이 전자의 과부족으로 전기를 띠는 상태이다.
② 물질이 안정된 상태이다.
③ 중성임을 뜻한다.
④ 원자핵이 파괴된 것이다.

50 높이를 측정할 수 있는 측정기기는?

① 다이얼 게이지
② 하이트 게이지
③ 마이크로미터
④ 오토콜리미터

해설 하이트게이지는 높이 측정 기기이다.

51 그림과 같은 활차장치의 옳은 설명은?

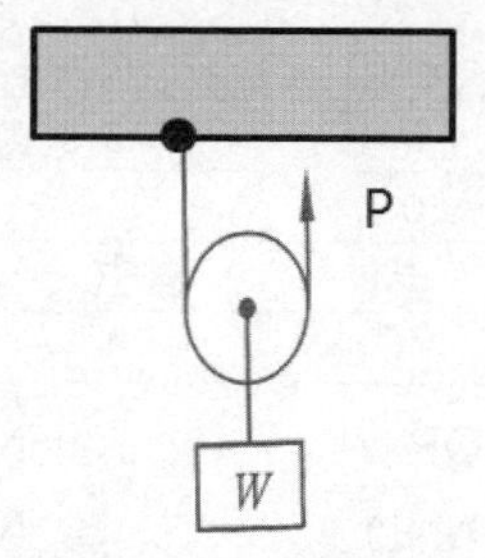

① 힘의 방향만 변환시키고, 크기는 $P = W$이다.
② 힘의 방향만 변환시키고, 크기는 $P = \frac{W}{2}$이다.
③ 힘의 크기만 변환시키고, 크기는 $P = \frac{W}{3}$이다.
④ 힘의 크기만 변환시키고, 크기는 $P = \frac{W}{4}$이다.

해설 하중
$W = 2^n \cdot P$
(여기서, P=올리는 힘, n=동활차 수)
$W = 2^1 P$, $P = \frac{1}{2} W$

52 캠이 가장 많이 사용되는 경우는?

① 회전운동을 직선운동으로 할 때
② 왕복운동을 직선운동으로 할 때
③ 요동운동을 직선운동으로 할 때
④ 상하운동을 직선운동으로 할 때

해설 • 캠은 회전 운동이나 왕복 운동을 다른 형태의 직선·왕복운동, 진동으로 변환하는 기구
• 판 캠, 직동 캠 등의 평면 캠과 원통 캠, 원뿔 캠, 구면 캠 등이 있다.
• 가장 많이 사용되는 경우는 회전운동을 직선운동으로 할 때이다.

정답 48. ② 49. ① 50. ② 51. ② 52. ①

53 다음 진리표에 맞는 논리회로는?

입력	V	출력
0	0	1
0	1	0
1	0	0
1	1	0

① OR ② NOR

③ AND ④ NAND

해설 논리회로(무접점 회로)

명칭	논리회로	동작설명	진리표
NAND 회로		입력신호 A, B가 동시에 1일 때만 출력신호 Y가 0이 된다.	A B Y / 0 0 1 / 0 1 1 / 1 0 1 / 1 1 0
NOR 회로		입력신호 A, B 중 어느 한쪽 이라도 1이면 출력신호 Y가 0이 된다.	A B Y / 0 0 1 / 0 1 0 / 1 0 0 / 1 1 0

※ 승강기시설 안전관리법이 개정됨에 따라 관련 문제들이 삭제되었습니다.

정답 53. ②

기출문제 2013년 제1회

제1과목 : 승강기개론

01 유압식 엘리베이터를 구조에 따라 분류할 때 해당되지 않는 것은?

① 펌프식 ② 간접식
③ 팬터그래프식 ④ 직접식

해설 유압 엘리베이터 구조에 의한 분류
- 직접식 : 플런저 끝에 카를 설치한 방식
- 간접식 : 플런저의 동력을 로프를 통하여 카에 전달하는 방식
- 팬터그래프식 : 플런저에 의해 팬터그래프를 개폐하여 카를 상승시키는 방식

02 교류 엘리베이터 제어방식에 관한 설명 중 옳지 않은 것은?

① 교류 일단 속도제어는 30m/min 이하에 적용한다.
② VVVF 제어는 전압과 주파수를 동시에 제어하는 방식이다.
③ 교류 궤환제어는 사이리스터의 점호각을 바꾸어 유도전동기의 속도를 제어하는 방식이다.
④ 교류 이단 속도제어방식은 교류 일단 속도제어보다 착상 오차가 큰 것이 단점이다.

해설
- 교류 1단 속도 제어 방식 : 기계적 브레이크 사용으로 착상 오차가 크다.
- 교류 2단 속도 제어 방식 : 고속 저속 비율이 4 : 1로 착상 오차를 줄일 수 있다.

03 일반 승객용 엘리베이터의 도어머신에 요구되는 구비조건이 아닌 것은?

① 작동이 원활하고 조용할 것
② 방수 및 내화구조일 것
③ 카 상부에 설치하기 위해 소형 경량일 것
④ 작동이 확실해야 할 것

해설 도어 머신의 구비 조건
- 동작이 원활할 것
- 소형 경량일 것
- 유지보수가 용이할 것
- 경제적일 것

04 엘리베이터 권상기의 구성요소가 아닌 것은?

① 감속기 ② 브레이크
③ 비상정지장치 ④ 전동기

해설 권상기의 종류는 권상식(견인식, 트랙션식)과 권동식이 있으며 전동기, 제동기, 감속기, 메인 시브, 기계대, 속도 검출부 등으로 이루어져 있다.

05 승강로 내에서 카를 상하로 주행 안내하고, 주행 중 카에 전달되는 진동을 감소시켜 주는 역할을 하는 것은?

① 가이드 슈 ② 완충기
③ 중간 스톱퍼 ④ 가이드 레일

정답 1. ① 2. ④ 3. ② 4. ③ 5. ①

해설 가이드 슈(Guide Shoe)와 가이드 롤러(Guide Roller)

가이드 슈와 가이드 롤러는 카가 레일을 타고 이동 시 안내 바퀴 역할을 하며, 카 틀 네 귀퉁이에 위치하여 가이드 레일에서 이탈하지 않도록 한다.

06 **승객용 엘리베이터에 적용할 수 있는 도어 방식 중 승강로 공간이 동일한 조건에서 열림 폭을 가장 크게 할 수 있는 것은?**

① 2짝 상하개폐방식
② 2짝 중앙개폐방식
③ 2짝 측면개폐방식
④ 3짝 측면개폐방식

해설 도어시스템 종류
S(Side Open) 가로 열기, CO(Center Open) 중앙 열기, 상하 작동 방식, 스윙 도어(Swing Door) 등이 있다. 3짝 측면개폐방식은 승강로 공간이 동일한 조건에서 열림 폭을 가장 크게 할 수 있다.

07 **여러 층으로 배치되어 있는 고정된 주차구획에 상하로 이동할 수 있는 운반기에 의해 자동차를 운반 이동하여 주차하도록 설계된 주차장치는?**

① 승강기식 주차장치
② 평면왕복식 주차장치
③ 수평순환식 주차장치
④ 승강기 슬라이드식 주차장치

해설 승강기(엘리베이터)식 주차 장치
여러 층으로 배치되어 있는 고정된 주차 구획에 자동차용 승강기를 운반기로 조합한 주차장치. 주차 구획의 배치 위치에 따라 종식, 횡식 등으로 세분하기도 한다.

08 **엘리베이터의 도어인터록에 대한 설명 중 옳지 않은 것은?**

① 카가 정지하고 있지 않은 층계의 문은 반드시 전용열쇠로만 열려져야 한다.
② 문이 닫혀있지 않으면 운전이 불가능하도록 하는 도어 스위치가 있어야 한다.
③ 시건장치 후에 도어스위치가 ON 되고, 도어스위치가 OFF 후에 시건장치가 빠지는 구조로 되어야 한다.
④ 승강장에서는 비상시에 대비하여 자물쇠가 일반 공구로도 열려지게 설계되어야 한다.

해설 도어인터록의 구조 및 원리
- 구조 : 도어 록과 도어 스위치
- 원리 : 시건장치가 확실히 걸린 후 도어스위치가 들어가고, 도어 스위치가 끊어진 후에 도어 록이 열리는 구조이다. 외부에서 도어 록을 풀 경우에는 특수한 전용키를 사용해야 한다. 또한 전 층의 도어가 닫혀 있지 않으면 운전이 되지 않아야 한다.

09 **균형추(counter weight)의 중량을 구하는 식은?(단, 오버밸런스율은 0.45로 한다)**

① 카 무게+정격하중×0.45
② 카 무게×0.45
③ 카 무게+정격하중
④ 카 무게

해설 균형추는, 이동 케이블과 로프의 이동에 따라 변화하는 하중을 보상하기 위하여 카의 반대편 또는 측면에 설치하여 권상기(전동기)의 부하를 줄이는 장치이다.
균형추(counter weight)의 중량=카 무게+정격하중×오버밸런스율

정답 6. ④ 7. ① 8. ④ 9. ①

10 재해 원인분석의 개별분석방법에 관한 설명으로 옳지 않은 것은?

① 이 방법은 재해 건수가 적은 사업장에 적용된다.
② 특수하거나 중대한 재해의 분석에 적합하다.
③ 청취에 의하여 공통 재해의 원인을 알 수 있다.
④ 개개의 재해 특유의 조사항목을 사용할 수 있다.

해설 재해 원인분석
- 개별 분석 방법 : 개개의 재해 특유의 조사항목으로, 특수재해나 중대재해를 분석 한다.
- 통계적 원인 분석방법 : 재해 사례를 모아서 각 요인의 상호관계와 분포상태 등 공통의 유형을 분석하는 방법이다.

11 안전을 위한 작업의 중지조건이 될 수 없는 것은?

① 안개가 짙게 끼었을 때
② 퇴근시간이 되었을 때
③ 우천, 강풍 등이 생겼을 때
④ 작업원의 신체에 장애가 생겼을 때

12 사고 예방 대책 기본 원리 5단계 중 3E를 적용하는 단계는?

① 1단계　② 2단계
③ 3단계　④ 5단계

해설 사고예방 대책의 기본원리 5단계
- 1단계-안전조직편성(안전관리조직과 책임부여, 안전관리조직과 규정제정, 계획수립)
- 2단계-사실발견(현상파악) : 자료 수집, 작업 공정분석(위험확인), 정기 검사 조사 실시
- 3단계-분석 및 평가 : 재해조사분석, 안전성진단평가, 작업환경측정
- 4단계-시정책선정 : 기술적, 관리적, 교육적 개선안(Engineering, Education, Enforcement)
- 5단계-시 정책적용, 3E 적용(Engineering, Education, Enforcement) : 재평가, 후속조치

13 재해원인의 분석방법 중 개별적 원인분석은?

① 각각의 재해원인을 규명하면서 하나하나 분석하는 것이다.
② 사고의 유형, 기인물 등을 분류하여 큰 순서대로 도표화하는 것이다.
③ 특성과 요인관계를 도표로 하여 물고기 모양으로 세분화하는 것이다.
④ 월별 재해 발생수를 그래프화하여 관리선을 선정하여 관리하는 것이다.

해설 재해 원인분석
- 개별 분석 방법 : 개개의 재해 특유의 조사항목으로, 특수재해나 중대재해를 분석한다.
- 통계적 원인 분석방법 : 재해 사례를 모아서 각 요인의 상호관계와 분포상태 등 공통의 유형을 분석하는 방법이다.

14 엘리베이터 이상 발견 시 조치순서로 옳은 것은?

① 발견-조치-점검-수리-확인
② 발견-조치-확인-수리-점검
③ 발견-점검-조치-수리-확인
④ 발견-점검-조치-확인-수리

15 감전사고로 의식을 잃은 환자에게 가장 먼저 취하여야 할 조치로 옳은 것은?

① 인공호흡을 시킨다.
② 음료수를 흡입시킨다.
③ 의복을 벗긴다.
④ 몸에서 피가 나오도록 유도한다.

정답 10. ③　11. ②　12. ④　13. ①　14. ③　15. ①

16 재해 누발자의 유형이 아닌 것은?

① 미숙성 누발자
② 상황성 누발자
③ 습관성 누발자
④ 자발성 누발자

해설 재해 누발자(빈발자)
- **미숙성 누발자** : 기능의 미숙, 환경에 익숙하지 못하여 재해를 유발하는 자
- **상황성 누발자** : 작업이 어렵거나 기계, 설비의 결함이 있거나 주의력의 집중이 혼란된 경우 및 심신에 근심이 있는 경우에 재해를 일으키는 자
- **습관성 누발자** : 재해의 경험에 의해 겁쟁이가 되거나 신경과민인 경우와 일종의 슬럼프상태에 빠진 경우에 재해를 일으키는 자
- **소질성 누발자** : 개인적인 소질 가운데 재해요인의 소질을 가지고 있는 경우와 개인의 특수한 성격에 의해 재해를 일으키는 자

17 엘리베이터용 유압회로에서 실린더와 유량제어밸브 사이에 들어갈 수 없는 것은?

① 스트레이너 ② 스톱밸브
③ 사이렌서 ④ 라인필터

해설 스트레이너(Strainer)는 펌프의 흡입 측에 붙는 것이다.

18 가이드 레일의 규격(호칭)에 해당되지 않는 것은?

① 8K ② 13K
③ 15K ④ 18K

해설 가이드레일의 규격
- **레일의 표준 길이** : 5m(특수 제작된 T형 레일)
- **레일 규격의 호칭** : 소재의 1m당 중량을 라운드 번호로 하여 K 레일을 붙여서 사용된다. 일반적으로 사용하고 있는 T형 레일은 공칭 8, 13, 18, 및 24K 레일이지만 대용량의 엘리베이터는 37K, 50K 레일 등도 사용된다.

19 피트에서 하는 검사에 관한 사항 중 옳지 않은 것은?

① 비상용 엘리베이터의 경우에는 최하층 바닥면 아래에 설치되는 스위치류는 비상용으로 쓰여질 때는 분리되어서는 안 된다.
② 아랫부분 리미트 스위치류의 설치상태는 견고하고, 작동상태는 양호하여야 한다.
③ 스프링 완충기는 녹 또는 부식 등이 없어야 하고, 유입 완충기의 경우에는 유량이 적절하여야 한다.
④ 이동케이블은 손상의 염려가 없어야 한다.

해설 비상용 엘리베이터의 경우에는 최하층 바닥면 아래에 설치되는 스위치류는 비상용으로 쓰여질 때는 분리되어야 한다.

20 엘리베이터의 비상정지장치에 대한 보수점검 사항이 아닌 것은?

① 세이프티 링크 기구에 이완이나 용접이 벗겨지는 일은 없는지 점검
② 세이프티 링크 스위치와 캠의 간격 점검
③ 마찰 댐퍼의 스프링 및 볼트 변형 등 점검
④ 과속스위치의 접점 및 작동 점검

해설 조속기 점검사항
- 인장 풀리에 이물질 상태 점검
- 스위치 레버, 캐치 웨이트 적정상태
- 배선 터미널의 체결상태
- 접지 상태 점검
- 가버너 로프 풀리 커버 조립상태
- 조속기 스위치의 접점 청결상태
- 운전의 윤활성 및 소음 유무
- 조속기 로프와 클립 체결상태
- 과속스위치 점검 및 작동상태

정답 16. ④ 17. ① 18. ③ 19. ① 20. ④

21 **로프식 엘리베이터의 과부하 방지장치에 대한 설명으로 틀린 것은?**

① 엘리베이터 주행 중에는 오동작을 방지하기 위해 과부하방지장치 작동은 유효화되어 있어야 한다.
② 과부하방지장치의 작동치는 정격 적재하중의 110%를 초과하지 않아야 한다.
③ 과부하방지장치의 작동상태는 초과하중이 해소되기까지 계속 유지되어야 한다.
④ 적재하중 초과 시 경보가 울리고 출입문의 닫힘이 자동적으로 제지되어야 한다.

해설 과부하 감지장치
카 내부의 적재 하중을 감지하여 적재 하중이 넘으면 경보를 울려 출입문의 닫힘을 자동적으로 제지하는 장치이다(110%가 표준).

22 **카 실내에서 행하는 검사가 아닌 것은?**

① 조작스위치의 작동상태
② 비상연락장치의 작동상태
③ 조명등의 점등상태
④ 비상구출구 개방의 적정성 여부

해설 비상구출구 개방의 적정성 여부검사는 카 위에서 하는 검사항목이다.

23 **기계실에서 점검할 항목이 아닌 것은?**

① 수전반 및 주개폐기
② 가이드 롤러
③ 절연저항
④ 제동기

해설 가이드 롤러 점검은 카 위에서 하는 검사항목이다.

24 **승객용 엘리베이터에서 자동으로 동력에 의해 문을 닫는 방식에서의 문닫힘 안전장치의 기준에 부적합한 것은?**

① 문닫힘 동작 시 사람 또는 물건이 끼일 때 문이 반전하여 열려야 한다.
② 문닫힘 안전장치 연결전선이 끊어지면 문이 반전하여 닫혀야 한다.
③ 문닫힘 안전장치의 종료에는 세이프티 슈, 광전장치, 초음파장치 등이 있다.
④ 문닫힘 안전장치는 카 문이나 승강장 문에 설치되어야 한다.

해설 문닫힘 안전장치 기준
- 문닫힘 동작 시 사람 또는 물건이 끼이거나 문닫힘 안전장치 연결전선이 끊어지면 문이 반전하여 열리도록 하는 문닫힘 안전장치(세이프티슈·광전장치·초음파장치 등)가 카 문이나 승강장 문 또는 양쪽 문에 설치되어야 하며, 그 작동상태는 양호하여야 한다.
- 비상용 엘리베이터의 경우에는 비상호출운전 중 불특정 다수의 승객이 사용할 수 있으므로 비상호출운전 중에도 기능이 유효하도록 세이프티 슈 방식의 문닫힘 안전장치가 설치되어 있거나, 비상호출운전중 화재로 인한 연기 등에 의해서도 기능이 저하되지 않는 광전장치 또는 초음파장치 등의 문닫힘 안전장치가 설치되어 있어야 한다.

25 **균형체인과 균형로프의 점검사항이 아닌 것은?**

① 연결부위의 이상 마모가 있는지를 점검
② 이완상태가 있는지를 점검
③ 이상소음이 있는지를 점검
④ 양쪽 끝단은 카의 양쪽에 균등하게 연결되어 있는지를 점검

해설 균형체인과 균형로프의 점검사항
- 균형상태는 양호한가 점검
- 마모 상태 점검
- 이완 및 소음상태 점검
- 체인 및 로프의 취부상태 점검

정답 21. ① 22. ④ 23. ② 24. ② 25. ④

26 엘리베이터의 상승 전자접촉기와 하강 전자접촉기 상호간에 구성하여야 할 회로로 가장 옳은 것은?

① 인터록회로 ② 병렬회로
③ 직병렬회로 ④ 합성회로

해설 상승 전자접촉기와 하강 전자접촉기 상호간에 구성은 인터록 회로를 사용하여 동시 투입 방지 회로로 구성한다.

27 그림과 같은 마이크로미터에 나타난 측정값(mm)은?

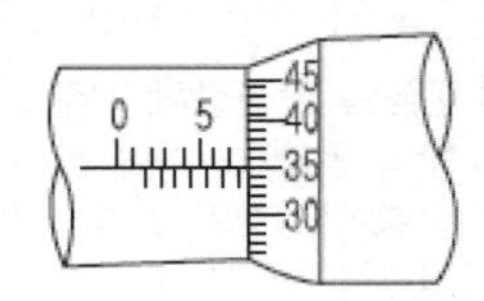

① 0.85 ② 5.35
③ 7.85 ④ 8.35

해설 측정값은 슬리브눈금(7.5)+딤플의 눈금(0.35)=7.85mm

28 다음 응력에 대한 설명 중 옳은 것은?

① 단면적이 일정한 상태에서 외력이 증가하면 응력은 작아진다.
② 단면적이 일정한 상태에서 하중이 증가하면 응력은 증가한다.
③ 외력이 일정한 상태에서 단면적이 작아지면 응력은 작아진다.
④ 외력이 증가하고 단면적이 커지면 응력은 증가한다.

해설 응력(Stress)
재료에 하중이 가해지면, 그 하중에 대응하는 내부적인 저항력(내력)이 발생하는데 이것을 응력(Stress)이라 한다.

$$응력 = \frac{하중}{단면적},\quad \sigma = \frac{F}{A}[\mathrm{N/mm^2}]$$

∴ 응력은 단면적이 일정한 상태에서 하중이 증가하면 응력은 증가한다.

29 2V의 기전력으로 80J의 일을 할 때 이동한 전기량(C)은?

① 0.4 ② 4
③ 40 ④ 160

해설 전압(electricvoltage)
전기적인 압력(힘)이 가해져서 전자의 흐름 즉 전류가 흐른다고 할 때 이 전기적인 압력을 전압이라고 한다, 전하량 Q[C]를 이동시켜 W[J]의 일을 했을 때의 전위차 V[V]는 다음과 같다.

$$V = \frac{W}{Q} = [\mathrm{J/C}] = [\mathrm{V}]$$

$$\therefore Q = \frac{W}{V} = \frac{80[\mathrm{J}]}{2[\mathrm{V}]} = 40[\mathrm{C}]$$

30 자기저항의 단위로 맞는 것은?

① [Ω] ② [AT/Wb]
③ [ϕ] ④ [Wb]

해설 자기 저항(R)
자속의 발생을 방해하는 성질의 정도를 나타내는 것을 말한다.

$$R = \frac{R}{\phi} = \frac{l}{\mu A} = \frac{l}{m_0 \mu_s A}[\mathrm{AT/Wb}]$$

μ : 투자율($\mu = \mu_0 \cdot \mu_s$[H/m])
μ_0 : 진공의 투자율
($\mu_0 = 4\pi \times 10^{-7}$[H/m])
A : 자기회로의 단면적[$\mathrm{m^2}$]
l : 자기회로의 길이[m]

31 지름 5cm, 길이 30cm인 환봉이 있다. P=24ton인 장력을 작용시킬 때 0.1 mm가 신장된다면 이 재료의 탄성계수 $\mathrm{kg/cm^2}$는?

① 3.6×106 ② 3.6×105
③ 4.2×106 ④ 4.2×105

정답 26. ① 27. ③ 28. ② 29. ③ 30. ② 31. ①

해설 수직응력[σ]

$$\sigma = E\cdot\epsilon = E\times\frac{\Delta l}{l}, (\text{변형량})$$

$$\Delta l = \frac{\sigma\cdot l}{E} = \frac{F\cdot l}{A\cdot E}$$

(하중 F[N], 면적 A[㎠], 길이 l[㎝])

∴ 탄성계수[E]

$$E = \frac{F\cdot l}{A\cdot\Delta l} = \frac{24\times10^3\times30}{\frac{\pi}{4}(5)^2\times0.1\times10^{-1}}$$

$$\fallingdotseq 3.6\times10^6\ \text{kg/cm}^2$$

32 회전축에서 베어링과 접촉하고 있는 부분은?

① 핀　② 체인

③ 베어링　④ 저널

해설 • 베어링 : 축의 하중을 지지, 회전을 원활하게 하는 기계 요소

• 저널(Journal) : 베어링과 접촉하는 축 부분

33 직류발전기에서 무부하 전압 $V_o(V)$, 정격전압 $V_n(V)$일 때 전압 변동율은?

① $\dfrac{V_o - V_n}{V_o}\times100$

② $\dfrac{V_n - V_o}{V_n}\times100$

③ $\dfrac{V_n - V_o}{V_o}\times100$

④ $\dfrac{V_o - V_n}{V_n}\times100$

해설 전압변동율(ε)

$$\varepsilon = \frac{\text{무부하 전압} - \text{정격전압}}{\text{정격전압}}\times100$$

$$= \frac{V_O - V_n}{V_n}\times100$$

34 되먹임 제어에서 꼭 필요한 장치는?

① 응답속도를 느리게 하는 장치

② 응답속도를 빠르게 하는 장치

③ 안정도를 좋게 하는 장치

④ 입력과 출력을 비교하는 장치

해설 페루프(되먹임제어) 제어계

출력의 일부를 입력방향으로 피드백시켜 목표값과 비교되도록 페루프를 형성하는 제어계로서 피드백 제어계라고도 한다.

35 다음 중 직류 직권전동기의 용도로 가장 적합한 것은?

① 엘리베이터　② 컨베이어

③ 크레인　④ 에스컬레이터

해설 직권 전동기

기자 권선과 계자 권선이 직렬로 접속되어 있는 방식으로 변속도 전동기이다. 속도는 부하전류에 반비례하고 토오크는 전류의 2승에 비례한다. 변속도 전동이다. 용도로는 권상기, 전차용 전동기, 기중기(크레인)에 사용된다.

36 전기의 본질에 대한 설명으로 틀린 것은?

① 전자는 음(−)의 전기를 띤 입자이다.

② 양성자는 양(+)의 전기를 띤 입자이다.

③ 중성자는 전기를 띠지 않지만 질량은 전자와 거의 같다.

④ 전기량의 크기는 양성자와 같다.

해설 원자의 핵은 양전하를 띠고 있는 양성자와 전기를 띠지 않는 중성자로 구성되어 있으며 이들의 질량은 거의 같다. 핵 주위를 선회하는 전자는 음전기를 띠고 있으며, 핵 속의 양성자와 수가 같기에 원자의 총 전하는 0으로 중성이다.

정답 32. ④　33. ④　34. ④　35. ③　36. ③

37 **직류발전기의 구조에서 공극을 통하여 전기자에 계자 자속을 적당히 분포시키는 역할을 하는 것은?**

① 계철 ② 브러쉬
③ 공극 ④ 자극편

해설 직류 발전기 3요소 : 전기자, 계자, 정류자
- 전기자 : 자속을 끊어 기전력을 유기한다.
- 계자 : 자속을 발생한다.
- 정류자 : 교류를 직류로 변환한다.

∴ 자극편은 전기자에 상대되는 계자극의 부분으로 전기자에 계자 자속을 적당히 분포시키는 역할을 한다.

38 **전동용 기계요소에서 마찰차의 적용 범위에 해당되지 않는 것은?**

① 무단 변속을 하는 경우
② 전달하는 힘이 커서 속도비가 중요시되지 않는 경우
③ 회전속도가 커서 보통의 기어를 사용할 수 없는 경우
④ 두 축 사이를 자주 단속할 필요가 있는 경우

해설 기어(Gear)의 특징과 장점
- 기어의 특징
  ① 큰 동력을 전달할 수 있다.
  ② 호환성이 좋다.
  ③ 회전비가 정확하고 큰 감속을 얻을 수 있다.
  ④ 충격을 흡수하는 성질이 약하므로 소음과 진동이 발생된다.
- 기어의 장점
  ① 마찰계수가 작다.
  ② 정확한 속도비를 얻는데 유리하다.
  ③ 동력전달이 확실하다.
  ④ 내구성이 우수하다.

39 **다음 중 길이를 측정하는 측정기가 아닌 것은?**

① 버니어캘리퍼스
② 마이크로미터
③ 서피스게이지
④ 내경퍼스

해설 서피스게이지는 공구의 일종으로 금긋기나 중심구할 때 사용된다.

※ 승강기시설 안전관리법이 개정됨에 따라 관련 문제들이 삭제되었습니다.

정답 37. ④ 38. ② 39. ③

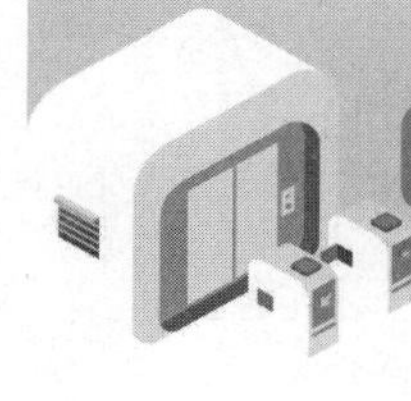

기출문제 ○ 2013년 제2회

제1과목 : 승강기개론

01 승강장의 문이 열린 상태에서 모든 제약이 해제되면 자동적으로 닫히게 하여 문의 개방에서 생기는 2차 재해를 방지하는 것은?

① 도어 인터록 ② 도어 클로저
③ 도어 머신 ④ 도어 행거

해설 도어클로저(Door Closer)는 승강장의 도어가 열린 상태에서 모든 제약이 해제되면 자동적으로 닫히게 하는 장치이며, 문의 개방에서 생기는 2차 재해를 방지한다.

02 도어 사이의 이물질이 있는 경우 도어를 반전시키는 안전장치가 아닌 것은?

① 세이프티 슈
② 세이프티 디바이스
③ 세이프티 레이
④ 초음파 장치

해설 문닫힘 동작 시 사람 또는 물건이 끼이거나 문닫힘 안전장치 연결전선이 끊어지면 문이 반전하여 열리도록 하는 문닫힘 안전장치(세이프티 슈·광전장치·초음파장치 등)가 카 문이나 승강장 문 또는 양쪽 문에 설치되어야 하며, 그 작동상태는 양호하여야 한다.

03 승강기의 카 상부에서 행할 수 없는 점검은?

① 카 천정 조명등의 상태
② 비상 구출구의 상태
③ 카 도어 스위치 설치상태
④ 상부의 리미트스위치 설치상태

해설 카 천정 조명등의 상태는 카 실내에서 하는 검사항목이다.

04 승강기가 어떤 원인으로 피트에 떨어졌을 때 충격을 완화하기 위하여 설치하는 것은?

① 조속기 ② 비상정지장치
③ 완충기 ④ 제동기

해설 완충기
완충기는 카에 이상 발생으로 최하층을 통과하여 피트(Pit)로 떨어졌을 때 충격을 완화하기 위한 장치이다. 카가 상승했을 때를 대비하여 균형추 쪽에도 설치한다(자유 낙하 시는 일차적으로 비상 정지 장치가 작동하고 이차적으로 완충기가 작동하도록 분담한다).

05 엘리베이터용 권상기 브레이크에 대한 설명으로 옳은 것은?

① 전동기나 균형추 등의 관성은 제지할 필요가 없다.
② 관성에 의한 원동기의 회전을 제지할 수 있어야 한다.
③ 승객용 엘리베이터는 110%의 부하로 하강 중 감속정지할 수 있어야 한다.
④ 화물용 엘리베이터는 130%의 부하

정답 1. ② 2. ② 3. ① 4. ③ 5. ②

로 하강 중 감속정지할 수 있어야 한다.

해설 제동기(Brake)

전동기의 관성력과 카, 균형추 등 모든 장치의 관성을 제지하는 능력을 가져야 된다. 승객용 엘리베이터는 125%의 부하, 화물용 엘리베이터는 125%의 부하로 전속력 하강 중인 카를 안전하게 감속, 정지시킬 수 있어야 한다. 일반적으로 제동 능력은 승차감 및 안전상의 문제를 일으킬 수 있어 감속도는 보통 0.1G 정도로 하고 있다.

06 에스컬레이터와 건물의 빔 또는 에스컬레이터를 교차 승계형 배열로 설치했을 경우에 생기는 협각부에 끼는 것을 방지하기 위해 설치하는 것은?

① 역결상 검출장치
② 스커트가드 판넬
③ 리미트스위치
④ 삼각부 보호판

해설 안전 보호판(삼각부)

에스컬레이터와 건물 층 바닥이 교차하는 곳에 삼각 판을 설치하여 사람의 신체 일부가 끼이는 사고를 예방하기 위해 설치한다.

07 수직면 내에 배열된 다수의 주차구획이 순환 이동하는 방식의 주차설비는 무엇인가?

① 다층순환식　② 수평순환식
③ 승강기식　④ 수직순환식

해설 수직 순환식 주차 장치

수직으로 배열된 다수의 운반기가 순환 이동하는 구조의 주차 장치. 종류는 하부, 중간, 상부 승입식이 있다.

08 엘리베이터의 로프 거는 방법에서 1 : 1에 비하여 3 : 1, 4 : 1 또는 6 : 1로 하였을 때 나타나는 현상으로 옳지 않은 것은?

① 로프의 수명이 짧아진다.
② 로프의 길이가 길어진다.
③ 속도가 빨라진다.
④ 종합적인 효율이 저하된다.

해설 로프 거는 방법(로핑) : 카와 균형추에 대한 로프 거는 방법

- 1 : 1 로핑 : 로프 장력은 카 또는 균형추의 중량과 로프의 중량을 합한 것이다(승객용).
- 2 : 1 로핑 : 로프의 장력은 1 : 1 로핑 시의 $\frac{1}{2}$이 되고 쉬브에 걸리는 부하도 $\frac{1}{2}$이 된다. 그러나 로프가 풀리는 속도는 1 : 1 로핑 시의 2배가 된다(화물용).
- 3 : 1 로핑 이상(4 : 1 로핑, 6 : 1 로핑) : 대용량 저속 화물용 엘리베이터에 사용한다.
  - 와이어로프 수명이 짧고 1본의 로프 길이가 매우 길다.
  - 종합 효율이 저하된다.

09 직접식 유압 엘리베이터의 특징으로 옳지 않은 것은?

① 승강로의 소요 평면 치수가 작고, 구조가 간단하다.
② 비상정지장치가 필요하다.
③ 부하에 의한 바닥 침하가 적다.
④ 실린더 보호관을 땅속에 설치할 필요가 있다.

해설 직접식 유압 엘리베이터 : 플런저 끝에 카를 설치한 방식

- 승강로 소요 평면 치수가 작고 구조가 간단하다.
- 비상 정지 장치가 필요 없다.
- 부하에 의한 카 바닥의 빠짐이 작다.
- 실린더를 설치하기 위한 보호관을 지중에 설치해야 한다.
- 실린더 점검이 곤란하다.

정답 6. ④　7. ④　8. ③　9. ②

10 **로프식 엘리베이터에서 주 로프가 절단되었을 때 일어나는 현상이 아닌 것은?**

① 조속기(governor)의 과속 스위치가 작동된다.

② 비상정지장치(safety device)가 작동된다.

③ 조속기 로프에 카(car)가 매달린다.

④ 조속기의 캐치가 작동한다.

해설 조속기(Governor)

카와 같은 속도로 움직이는 조속기 로프에 의해 회전하여(원심력) 승강기의 속도를 검출하는 장치이다.

11 **에스컬레이터의 경사각은 일반적으로 몇 도[°] 이하로 하여야 하는가?**

① 10　② 20

③ 30　④ 40

해설 경사도는 30° 이하이며 층 높이가 6m 이하의 높이에는 35°까지 허용된다.

12 **사이리스터의 점호각을 바꿔 유도전동기 속도를 제어하는 방식은?**

① 교류 1단 제어

② 교류 2단 제어

③ 교류 궤환제어

④ VVVF 제어

해설 교류 귀환 제어 방식은 카의 실제 속도와 속도 지령 장치의 지령 속도를 비교하여 싸이리스터의 점호각을 바꿔 유도 전동기의 속도를 제어하는 방식을 교류 궤한제어라 하여 45m/min에서 105m/min까지의 엘리베이터에 주로 이용된다.

13 **승강기의 자체검사 항목이 아닌 것은?**

① 브레이크

② 가이드레일

③ 권과 방지 장치

④ 비상정지장치

해설 승강기를 자체 점검항목

- 와이어로프의 손상 유무
- 비상정지장치의 이상 유무
- 가이드레일의 상태
- 브레이크 및 제어장치

참고

와이어로프를 드럼에 지나치게 많이 감으면 하중으로 크레인에 충돌되어 낙하하여 재해가 발생되므로 일정 이상의 짐을 권상하면 그 이상 권상되지 않도록 자동적으로 정지하는 장치를 권과 방지 장치라고 한다.

14 **안전점검 및 진단순서가 맞는 것은?**

① 실태 파악 → 결함 발견 → 대책 결정 → 대책 실시

② 실태 파악 → 대책 결정 → 결함 발견 → 대책 실시

③ 결함 발견 → 실태 파악 → 대책 실시 → 대책 결정

④ 결함 발견 → 실태 파악 → 대책 결정 → 대책 실시

15 **중량물을 달아 올릴 때 와이어로프에 가장 힘이 크게 걸리는 각도는?**

① 45°　② 55°

③ 65°　④ 90°

해설 와이어로프에 가장 힘이 크게 걸리는 각도는 수직으로 들어 올릴 때, 즉 90°이다.

16 **물건에 끼여진 상태나 말려든 상태는 어떤 재해인가?**

① 추락　② 전도

③ 협착　④ 낙하

해설 재해 발생 형태는 추락, 전도, 충돌, 낙하, 협착(물건이 끼워진 상태)로 나타난다.

정답 10. ③　11. ③　12. ③　13. ③　14. ①　15. ④　16. ③

17 **재해 원인에 대한 설명으로 옳지 않은 것은?**

① 불안전한 행동과 불안전한 상태는 재해의 간접원인이다.
② 불안전한 상태는 물적 원인에 해당된다.
③ 위험장소의 접근은 재해의 불안전한 행동에 해당된다.
④ 부적당한 조명, 온도 등 작업환경의 결함도 재해원인에 해당된다.

해설 불안전 행동과 상태는 재해의 직접원인이다.

18 **재해원인을 분류할 때 인적 요인에 해당되는 것은?**

① 방호장치의 결함
② 안전장치의 결함
③ 보호구의 결함
④ 지식의 부족

해설 지식의 부족은 관리상 원인으로 인적 요인이다.

19 **산업재해(사고)조사 항목이 아닌 것은?**

① 재해원인 물체
② 재해발생 날짜, 시간, 장소
③ 재해책임자 경력
④ 피해자 상해정도 및 부위

해설 재해책임자 경력은 관계가 없다.

20 **기계 설비의 기계적 위험에 해당되지 않는 것은?**

① 직선운동과 미끄럼 운동
② 회전운동과 기계 부품의 튀어나옴
③ 재료의 튀어나옴과 진동 운동체의 끼임
④ 감전, 누전 등 오통전에 의한 기계의 오동작

해설 감전, 누전 등 오통전에 의한 기계의 오동작은 전기적 위험 사항이다.

21 **재해가 발생되었을 때의 조치순서로서 가장 알맞은 것은?**

① 긴급처리 → 재해조사 → 원인강구 → 대책수립 → 실시 → 평가
② 긴급처리 → 원인강구 → 대책수립 → 실시 → 평가 → 재해조사
③ 긴급처리 → 재해조사 → 대책수립 → 실시 → 원인강구 → 평가
④ 긴급처리 → 재해조사 → 평가 → 대책수립 → 원인강구 → 실시

22 **안전점검의 종류가 아닌 것은?**

① 정기점검 ② 특별점검
③ 순회점검 ④ 수시점검

해설 안전 점검의 종류
- 정기 점검 : 정기적으로 실시하는 점검
- 일상 점검 : 수시 점검으로 작업 전, 작업 중, 작업 후 점검
- 특별 점검 : 설비의 변경 또는 고장 수리 시

23 **승강기를 보수 점검할 경우 보수점검의 내용이 틀린 것은?**

① 메인 로프와 시브의 마모를 줄이기 위해 그리스를 주기적으로 충분하게 주입한다.
② 권동기의 기어오일을 확인하고 부족 시 주유한다.
③ 레일 가이드 슈의 오일을 확인하여

정답 17. ① 18. ④ 19. ③ 20. ④ 21. ① 22. ③ 23. ①

부족 시 보충하고 구동 체인에는 그리스를 주입한다.

④ 도어슈, 도어클로저, 체인 등에서 소음이 발생할 때 링크부위를 그리스로 주입하고 볼트와 너트가 풀린 것을 확인하고 조인다.

해설 메인 로프와 시브에 그리스를 주입하면 미끄러짐이 발생한다.

24 유압식 엘리베이터의 유압 파워유니트(Power Unit)의 구성 요소가 아닌 것은?

① 펌프
② 유압실린더
③ 유량제어밸브
④ 체크밸브

해설 유압 파워유니트(Power Unit)의 구성 요소
펌프, 유량제어밸브, 안전밸브, 체크밸브 및 주 전동기

25 유압식 엘리베이터에 대한 설명으로 옳지 않은 것은?

① 실린더를 사용하기 때문에 행정거리와 속도에 한계가 있다.
② 균형추를 사용하지 않으므로 전동기의 소요동력이 커진다.
③ 건물 꼭대기 부분에 하중이 많이 걸린다.
④ 승강로의 꼭대기 틈새가 작아도 좋다.

해설 유압 엘리베이터의 특징
- 기계실의 배치가 자유롭다.
- 건물 꼭대기 부분에 하중이 작용하지 않는다.
- 승강로 꼭대기 틈새가 작아도 된다.
- 실린더를 사용하기 때문에 행정 거리와 속도에 한계가 있다.
- 균형추를 사용하지 않아 전동기 소요 동력이 커진다.
- 7층 이하, 정격 속도 60m/min 이하에 적용한다.

26 교류 엘리베이터 제어 방식이 아닌 것은?

① VVVF 제어방식
② 정지 레오나드 제어방식
③ 교류 귀한 제어방식
④ 교류 2단 속도 제어방식

해설 정지 레오나드 제어방식은 직류 엘리베이터 제어 방식이다.

27 회전운동을 하는 유희시설에 해당되지 않는 것은?

① 코스터 ② 문로켓트
③ 옥토퍼스 ④ 해적선

해설 회전운동을 하는 유희시설
회전운동을 하는 유희시설은 문자 그대로 객석부분이 회전운동을 하는 유희시설로 회전이 수평면 내에서 회전하는 것, 수직면 내에서 회전하는 것, 회전과 동시에 상하운동을 하는 것, 그 외 다양한 운동요소를 도입한 것으로 다음의 7가지 종류가 구분되어 있다.

(1) 일반 명칭 : 회전 브랑코, 비행탑 등
- 객석부분이 주로 줄에 의해 매달려 수직축 및 경사진 회전축의 주변을 일정한 속도로 회전하는 것
- 원심력에 의해 공중으로 방출되는 듯한 운동을 하는 것

(2) 일반 명칭 : 회전 목마, 문로켓트 등
- 객석부분이 수직축 또는 경사진 회전축 주변을 일정한 속도로 회전 하는 것 (객석부분을 완만하게 상하 운동시키는 것을 포함함)
- 객석이 상하로 파도치듯이 운동하면서 회전운동을 동시에 하는 것

(3) 일반 명칭 : 곤돌 등
- 객석부분이 수직축 및 경사진 회전축 주변을 회전 운동하는 것으로 (1)과 (2)에서 말한 것 이외의 것
- (1)과 구조가 비슷하나 탑승체가 의자

정답 24. ② 25. ③ 26. ② 27. ①

형태가 아닌 복수의 사람이 탑승할 수 있는 곤돌라 형태임

(4) 일반 명칭 : 관람차 등
- 객석 부분이 고정된 수평축의 주변을 일정한 속도로 회전하는 것
- 관람차가 대표적임

(5) 일반 명칭 : 로터 등
- 객석부분이 가변 축의 주변을 일정한 속도로 회전하는 것(객석부분이 약간의 상하운동을 하는 것을 포함함)
- 29
- 원주 속도가 커서 객석부분에 작용하는 원심력이 큰 것이 특징이다.

(6) 일반 명칭 : 옥토퍼스 등
- 객석 부분이 가변 축의 주변을 회전시키는 것으로 (5)에서 말한 것 이외의 것
- 원주 속도가 로터 정도로 크지는 않으면서 회전운동 외에 상하운동을 하는 것

(7) 일반 명칭 : 해적선 등
- 객석부분이 수직평면 내의 원주 가운데 중심으로부터 낮은 부분에서 회전운동을 반복하는 것
- 바이킹 등이 대표적임

28 **엘리베이터 카의 속도를 검출하는 장치는?**

① 배선용차단기
② 전자접촉기
③ 제어용 릴레이
④ 조속기

해설 조속기는 카의 속도 검출 장치이다.

29 **엘리베이터 카 내부에서 실시하는 검사가 아닌 것은?**

① 외부와 연결하는 통화장치의 작동상태
② 정전 시 예비조명 장치의 작동상태
③ 리미트 스위치의 작동상태
④ 도어스위치의 작동상태

해설 리미트 스위치의 작동상태는 피트에서 하는 검사이다.

30 **엘리베이터 카 도어머신에 요구되는 성능이 아닌 것은?**

① 동작이 원활하고 정숙할 것
② 카 상부에 설치하기 위해 소형 경량일 것
③ 동작회수가 엘리베이터 기동회수의 2배이므로 보수가 용이할 것
④ 어떠한 경우라도 수동으로 카 도어가 열려서는 안 될 것

해설 도어 머신의 구비 조건
- 동작이 원활할 것
- 소형 경량일 것
- 유지보수가 용이할 것
- 경제적일 것

31 **엘리베이터의 안정된 사용 및 정지를 위하여 승강장·중앙관리실 또는 경비실 등에 설치되어 카 이외의 장소에서 엘리베이터 운행의 정지조작과 재개조작이 가능한 안전장치는?**

① 자동/수동 전환스위치
② 도어 안전장치
③ 파킹스위치
④ 카 운행정지스위치

해설 파킹(Parking) 스위치
승강장, 중앙관리실, 경비실 등에 설치되어 카 이외의 장소에서 운행과 정지를 가능한 장치이다.

32 **가이드 레일의 보수점검 사항 중 틀린 것은?**

① 녹이나 이물질이 있을 경우 제거한다.
② 레일 브래킷의 조임상태를 점검한다.
③ 레일 클립의 변형 유무를 체크한다.
④ 조속기 로프의 미끄럼 유무를 점검한다.

정답 28. ④ 29. ③ 30. ④ 31. ③ 32. ④

해설 조속기 로프의 미끄럼 유무를 점검은 조속기 보수점검 사항이다.

33 **엘리베이터 동력전원이 380V인 제어반의 외함 및 금속체 프레임(Frame)은 몇 종 접지공사에 해당하는는가?**

① 제1종 접지공사
② 제2종 접지공사
③ 제3종 접지공사
④ 특별 제3종 접지공사

해설 옥외철대 및 외함 접지공사

사용기기의 전압	접지공사
400v 미만 저전압용	제3종 접지공사
400v 이상 저전압용	특별 제3종 접지공사
고압·특별고압	제1종 접지공사

34 **로프식 엘리베이터의 가이드 레일 설치에서 패킹(보강재)이 설치된 경우는?**

① 가이드 레일이 짧게 설치되어 보강할 경우
② 가이드 레일 양 폭의 너비를 조정 작업할 경우
③ 레일브래킷의 간격이 필요이상 한계를 초과한 경우 레일의 뒷면에 강재를 붙여서 보강하는 경우
④ 레일브래킷의 간격이 필요이상 한계를 초과한 경우 레일의 앞면에 강재를 붙여서 보강하는 경우

35 **그림의 회로에서 전체의 저항값 R을 구하는 공식은?**

① $R = R_1 + R_2 + R_3$
② $R = \frac{1}{R_1} + \frac{1}{R_2} + \frac{1}{R_3}$
③ $R = \frac{R_1 + R_2 + R_3}{2}$
④ $R = R_1 \times R_2 \times R_3$

해설 저항의 직렬연결

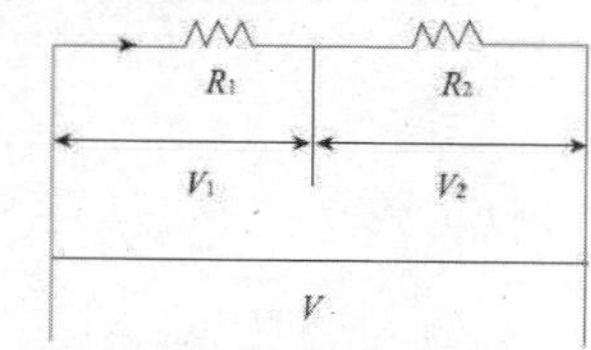

$R_0 = R_1 + R_2[\Omega]$, $I = \frac{V}{R_1 + R_2}[A]$

$V_1 = R_1 \cdot I = \frac{R_1}{R_1 + R_2} \times V[V]$

$V_2 = R_2 \cdot I = \frac{R_1}{R_1 + R_2} \times V[V]$

∴ 합성저항은 $R = R_1 + R_2 + R_3$이다.

36 **길이 1m의 봉이 인장력을 받고 0.2mm 만큼 늘어났다. 인장변형률은 얼마인가?**

① 0.0001
② 0.0002
③ 0.0004
④ 0.0005

해설 변형률(Strain) : 원래의 길이에 대한 변형량

변형률 $= \frac{\text{변형량}}{\text{원래의길이}}$, $\epsilon = \frac{\Delta l}{l}$

∴ 인장변형률

$\epsilon = \frac{\Delta l}{l} = \frac{0.2}{1000\,\text{mm}} = 0.0002$

37 **체인의 종류가 아닌 것은?**

① 링크체인
② 롤러체인
③ 리프체인
④ 베어링체인

해설 체인의 종류에는 링크체인, 롤러체인, 리프체인, 오프셋 체인, 블록체인 등이 있다.

정답 33. ③ 34. ③ 35. ① 36. ② 37. ④

38 부하 1상의 임피던스가 $3+j4\Omega$인 Δ결선 회로에 100V의 전압을 가할 때 선전류는 몇 A인가?

① 10 ② $10\sqrt{3}$
③ 20 ④ $20\sqrt{3}$

해설 Δ결선
선간전압(V_l)=상전압(V_s)
선전류(I_l)= $\sqrt{3}$×상전류(I_s)
∴ 선전류

$$I_l = \sqrt{3}\,I_P = \sqrt{3}\times\frac{V_P}{Z_P} = \sqrt{3}\times\frac{100}{\sqrt{3^2+4^2}}$$
$$= \sqrt{3}\times\frac{100}{5} = 20\sqrt{3}\,[\text{A}]$$

39 전환 스위치가 있는 접지저항계를 이용한 접지저항 측정 방법으로 틀린 것은?

① 전환 스위치를 이용하여 절연저항과 접지저항을 비교한다.
② 전환 스위치를 이용하여 E, P 간의 전압을 측정한다.
③ 전환 스위치를 저항값에 두고 검류계의 밸런스를 잡는다.
④ 전환 스위치를 이용하여 내장 전지의 양부(+, −)를 확인한다.

해설 절연저항 측정기기는 메거[Megger]이다.

40 로프 소선의 파단강도에 따라 구분되는 로프 중에서 파단강도가 높기 때문에 초고층용 엘리베이터나 로프 가닥수를 작게 하고자 하는 경우에 쓰이는 것은?

① A종 ② B종
③ E종 ④ G종

해설 A종(165)은 파단강도가 높기 때문에 초고층용 엘리베이터에 사용하고, E종(150) 보다 경도가 높기 때문에 쉬브에 대한 마모대책이 필요하다.

41 3상 유도전동기에서 슬립(slip) s의 범위는?

① $0 < s < 1$ ② $0 > s > -1$
③ $2 > s > 1$ ④ $-1 < s < 1$

해설 3상 유도전동기에서 슬립(slip) s의 범위는 $0 < s < 1$이다.

42 엘리베이터 제어반에 설치되는 기기가 아닌 것은?

① 배선용 차단기
② 전자접촉기
③ 리미트 스위치
④ 제어용 계전기

해설 리미트 스위치는 검출스위치로 피트 내에 사용된다.

43 2축이 만나는(교차하는) 기어는?

① 나사(screw)기어
② 베벨기어
③ 웜 기어
④ 하이포이드 기어

해설 원뿔 마찰차의 표면에 이를 만들어 두 축이 교차할 때 동력 전달하는 기어는 베벨기어이다.

44 NAND 게이트 3개로 구성된 논리회로의 출력값 E는?

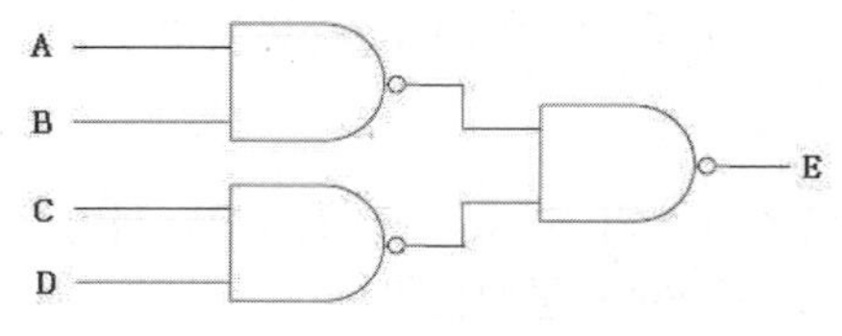

① A·B+C·D
② (A+B)·(C+D)
③ A·B+C·D

정답 38. ④ 39. ① 40. ① 41. ① 42. ③ 43. ② 44. ①

④ A·B·C·D

해설 NAND회로

논리회로	논리식	동작설명	진리표
(NAND 게이트 기호)	$Y=\overline{A \cdot B}$	입력신호 A, B가 동시에 1일 때만 출력 신호 Y가 0이 된다.	A B Y / 0 0 1 / 0 1 1 / 1 0 1 / 1 1 0

• 드모르간의 정리

$\overline{(A+B)}=\overline{A}\cdot\overline{B}$ $\overline{(A\cdot B)}=\overline{A}+\overline{B}$

∴ 출력

$E=(A)$

$E=\overline{\overline{(A\cdot B)}\cdot\overline{(C\cdot D)}}=\overline{\overline{(A\cdot B)}}+\overline{\overline{(C\cdot D)}}$

$=(A\cdot B)+(C\cdot D)$

45 정현파 교류의 실효치는 최대치의 몇 배인가?

① π배 ② $\frac{2}{\pi}$배

③ $\sqrt{2}$배 ④ $\frac{1}{\sqrt{2}}$배

해설 실효값[V]은 교류의 크기를 같은 일을 하는 직류의 크기로 바꿔 놓은 값이다.
실효값[V]과 최대값[V_m]이라 하면

$\therefore V=\frac{1}{\sqrt{2}}V_m \fallingdotseq 0.707V_m[\mathrm{V}]$

46 입체(실체) 캠이 아닌 것은?

① 원통 캠 ② 경사판 캠

③ 판 캠 ④ 구면 캠

해설 캠은 회전 운동이나 왕복 운동을 다른 형태의 직선·왕복운동, 진동으로 변환하는 기구이다. 종류에는 판 캠, 직동 캠 등의 평면 캠과 원통 캠, 원뿔 캠, 구면 캠 등이 있다.

47 일반적으로 유도전동기의 공극은 약 몇 mm인가?

① 0.3~2.5 ② 3~4

③ 3~6 ④ 7~8

해설 유도전동기의 공극은 약 0.3~2.5mm이다.

48 직류 전위차계에 대한 설명으로 옳은 것은?

① 미소한 전류나 전압의 유무 검출 시 사용

② 직류 고전압 측정기로 45kV까지 측정 시 사용

③ 가동코일형으로 20mV~1000V까지 측정 시 사용

④ 1V 이하의 직류전압을 정밀하게 측정할 때 사용

해설 직류 전위차계는 전류를 흘리지 않고 전위차를 표준전지의 기전력과 비교하여 정밀한 전압을 측정하는 계기. 분압기의 원리를 이용한다.

※ 승강기시설 안전관리법이 개정됨에 따라 관련 문제들이 삭제되었습니다.

정답 45. ④ 46. ③ 47. ① 48. ④

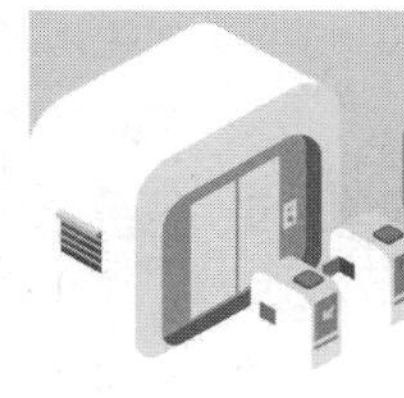

기출문제 ○ 2013년 제5회

제1과목 : 승강기개론

01 유압 엘리베이터의 작동유의 적정 온도의 범위는?

① 30℃ 이상 70℃ 이하
② 30℃ 이상 80℃ 이하
③ 5℃ 이상 90℃ 이하
④ 5℃ 이상 60℃ 이하

해설 유압 엘리베이터의 작동유의 적정 온도의 범위는 5℃ 이상 60℃ 이하이다.

02 레일의 규격은 어떻게 표시하는가?

① 1m당 중량
② 1m당 레일이 견디는 하중
③ 레일의 높이
④ 레일 1개의 길이

해설 가이드레일의 규격
- 레일의 표준 길이 : 5m(특수 제작된 T형 레일)
- 레일 규격의 호칭 : 소재의 1m당 중량을 라운드 번호로 하여 K 레일을 붙여서 사용된다. 일반적으로 사용하고 있는 T형 레일은 공칭 8, 13, 18 및 24K 레일이지만 대용량의 엘리베이터는 37K, 50K 레일 등도 사용된다.

03 상·하 승강장 및 디딤판에서 하는 검사가 아닌 것은?

① 구동체인 안전장치
② 디딤판과 핸드레일 속도차
③ 핸드레일 인입구 안전장치
④ 스커트 가드 스위치 작동상태

해설 구동체인 안전장치는 기계실 검사 항목이다.

04 엘리베이터 구조물의 진동이 카로 전달되지 않도록 하는 것은?

① 과부하 검출장치
② 방진고무
③ 맞대임고무
④ 도어인터록

해설 방진고무(Vibroisolating Rubber)
엘리베이터의 주행 및 착상 시 발생하는 충격, 진동을 건물과 Cage의 승객에게 전달되지 않도록 기계대(현재는 대부분이 2중 방진 구조로 설치) 및 Cage 바닥 하부에 설치한다.

05 기계실에 설치되지 않는 것은?

① 조속기
② 권상기
③ 제어반
④ 완충기

해설 완충기
완충기는 카에 이상 발생으로 최하층을 통과하여 피트(Pit)로 떨어졌을 때 충격을 완화하기 위한 장치이다. 카가 상승했을 때를 대비하여 균형추 쪽에도 설치한다(자유 낙하 시는 일차적으로 비상 정지 장치가 작동하고 이차적으로 완충기가 작동하도록 분담한다).

정답 1. ④ 2. ① 3. ① 4. ② 5. ④

06 **발전기의 계자 전류를 조절하여 발전기의 발생 전압을 임의로 연속적으로 변화시켜 직류 모터의 속도를 연속으로 광범위하게 제어하는 방식은?**

① 사이리스터 제어방식
② 여자기 제어방식
③ 워드-레오나드 방식
④ 피드백 제어방식

해설 워드-레오나드 제어 방식의 원리(승강기 속도 제어)
- 직류 전동기의 속도를 연속으로 광범위하게 제어한다.
- 직류 전동기는 계자 전류를 제어하는 방식이다.

07 **고속 엘리베이터의 일반적인 속도[m/min] 범위는?**

① 45~60　② 60~105
③ 120~300　④ 360 이상

해설 고속 엘리베이터의 일반적인 속도 범위는 120~300m/min이다.

08 **도어 관련 부품 중 안전장치가 아닌 것은?**

① 도어 머신　② 도어 스위치
③ 도어 인터록　④ 도어 클로저

해설 도어 머신은 모터의 회전을 감속하고 암과 로프 등을 구동시켜서 도어를 개폐시키는 장치이다.

09 **자동차용 엘리베이터나 대형 화물용 엘리베이터에 주로 사용하는 도어 개폐방식은?**

① CO　② SO
③ UD　④ UP

해설 자동차용 엘리베이터나 대형 화물용 엘리베이터에 주로 사용하는 도어 개폐방식은 상승개폐(UP) 방식을 사용한다.

10 **엘리베이터의 속도가 규정치 이상이 되었을 때 작동하여 동력을 차단하고 비상정지를 작동시키는 기계장치는?**

① 구동기　② 조속기
③ 완충기　④ 도어스위치

해설 조속기(Governor)
카와 같은 속도로 움직이는 조속기 로프에 의해 회전하여(원심력) 승강기의 속도를 검출하는 장치이다.

11 **교류 귀환장치에 관한 설명으로 옳은 것은?**

① 카의 실속도와지령속도를 비교하여 다이오드의 점호각을 바꿔 유도전동기의 속도를 제어한다.
② 유도전동기의 1차 측 각 상에서 사이리스터와 다이오드를 병렬로 접속하여 토크를 변화시킨다.
③ 미리 정해진 지령속도에 따라 제어되므로 승차감 및 착상 정도가 좋다.
④ 교류이단속도와 같은 저속주행시간이 없으므로 운전 시간이 길다.

해설 교류 귀환 제어 방식
- 유동 전동기 1차 측 각 상에 싸이리스터와 다이오우드를 역병렬로 접속하여 전원을 가하여 토크를 변화시키는 방식으로 기동 및 주행을 하고 감속 시에는 유도 전동기 직류를 흐르게 함으로서 제동 토크를 발생시킨다.
- 가속 및 감속 시에 카의 실제 속도를 속도 발전기에서 검출하여 그 전압과 비교하여 지령 값보다 카의 속도가 작을 경우는 싸이리스터의 점호각을 높여 가속시키고, 반대로 지령 값보다 카의 속도가 큰 경우에는 제동용 싸이리스터를 점호하여 직류를 흐르게 함으로써 감속시킨다.

정답 6. ③　7. ③　8. ①　9. ④　10. ②　11. ③

• 카의 실제 속도와 속도 지령 장치의 지령 속도를 비교하여 싸이리스터의 점호각을 바꿔 유도 전동기의 속도를 제어하는 방식을 교류귀한 제어라 하여 45m/min에서 105m/min까지의 엘리베이터에 주로 이용된다.

12 균형추 쪽에도 비상정지장치를 설치해야 하는 경우는?

① 정격속도가 360m/min 이상인 승객용 엘리베이터

② 정격속도가 400m/min 이상인 승객용 엘리베이터

③ 피트 바닥하부를 거실 등으로 사용할 경우

④ 가이드 레일의 길이가 짧은 경우

해설 승강로 피트하부를 사무실, 거실 및 통로 등의 사람이 출입하는 장소로 사용할 경우 균형추측에도 비상정지 장치를 설치하여야 한다.

13 엘리베이터 정전 시 카 내를 조명하여 승객의 불안을 줄여주는 조명에 대한 설명으로 옳은 것은?

① 램프 중심부에서 2m 떨어진 수직면에서 3lx 이상의 밝기가 필요하다.

② 램프 중심부에서 1m 떨어진 수직면에서 2lx 이상의 밝기가 필요하다.

③ 램프 중심부에서 2m 떨어진 수직면에서 2lx 이상의 밝기가 필요하다.

④ 램프 중심부에서 1m 떨어진 수직면에서 3lx 이상의 밝기가 필요하다.

해설 정상 조명전원이 차단될 경우에는 2lux 이상의 조도로 1시간 동안 전원이 공급될 수 있는 자동 재충전 예비전원 공급장치가 있어야 하며, 이 조명은 정상 조명전원이 차단되면 자동으로 즉시 점등되어야 한다. 측정은 호출버튼, 비상통화장치의 표시 및 램프중심부로부터 2m 떨어진 수직면상에서 이뤄져야 한다.

14 승강로 작업 시 착용하는 보호구로 알맞지 않은 것은?

① 안전모 ② 안전대

③ 핫스틱 ④ 안전화

해설 보호장비

• 물체가 떨어지거나 날아올 위험 또는 근로자가 감전되거나 추락할 위험이 있는 작업 : 안전모
• 높이 또는 깊이 2미터 이상의 추락할 위험이 있는 장소에서의 작업 : 안전대
• 물체의 낙하·충격, 물체에의 끼임, 감전 또는 정전기의 대전(帶電)에 의한 위험이 있는 작업 : 안전화
• 물체가 날아 흩어질 위험이 있는 작업 : 보안경
• 용접 시 불꽃 또는 물체가 날아 흩어질 위험이 있는 작업 : 보안면
• 감전의 위험이 있는 작업 : 안전장갑
• 고열에 의한 화상 등의 위험이 있는 작업 : 방열복

15 문닫힘 안전장치의 동작 중 부적합한 것은?

① 사람이나 물건이 도어 사이에 끼이게 되면 도어의 닫힘 동작이 중지되고 열림 동작으로 바뀌게 되는 장치이다.

② 문 닫힘 안전장치는 엘리베이터의 중요한 안전장치로 동작이 확실해야 한다.

③ 장치를 작동시키면 즉시 도어의 열림 동작이 멈추어야 한다.

④ 닫힘 동작이 멈춘 후에는 즉시 열림 동작에 의하여 도어가 열려야 한다.

해설 문닫힘 안전장치

문닫힘 동작 시 사람 또는 물건이 끼이거나 문닫힘 안전장치 연결전선이 끊어지면 문이 반전하여 열리도록 하는 문닫힘 안전장치(세이프티 슈, 광전장치, 초음파장치 등)가 카

정답 12. ③ 13. ③ 14. ③ 15. ③

문이나 승강장 문 또는 양쪽 문에 설치되어야 하며, 그 작동상태는 양호하여야 한다.

16 카 상부작업 시의 안전수칙으로 옳지 않은 것은?

① 작업개시 전에 작업등을 켠다.
② 이동 중에 로프를 손으로 잡아서는 안 된다.
③ 운전 선택스위치는 자동으로 설치한다.
④ 안전스위치를 작동시켜 안전회로를 차단시킨다.

해설 운전 선택스위치는 수동으로 한다.

17 안전점검 시의 유의사항으로 옳지 않은 것은?

① 여러 가지의 점검방법을 병용하여 점검한다.
② 과거의 재해발생 부분은 고려할 필요 없이 점검한다.
③ 불량 부분이 발견되면 다른 동종의 설비도 점검한다.
④ 발견된 불량 부분은 원인을 조사하고 필요한 대책을 강구한다.

해설 과거의 재해발생 부분은 고려한다.

18 전기적 문제로 볼 때 감전사고의 원인으로 볼 수 없는 것은?

① 전기기구나 공구의 절연파괴
② 장시간 계속 운전
③ 정전작업 시 접지를 안 한 경우
④ 방전코일이 없는 콘덴서의 사용

해설 감전사고 요인
- 충전부에 직접 접촉될 경우나 안전거리 이내로 접근하였을 때
- 전기 기계·기구나 공구 등의 절연열화, 손상, 파손 등에 의한 표면누설로 인하여 누전되어 있는 것에 접촉, 인체가 통로로 되었을 경우
- 콘덴서나 고압케이블 등의 잔류전하에 의할 경우
- 전기기계나 공구 등의 외함과 권선간 또는 외함과 대지간의 정전용량에 의한 분압전압에 의할 경우
- 지락전류 등이 흐르고 있는 전극 부근에 발생하는 전위경도에 의할 경우
- 송전선 등의 정전유도 또는 유도전압에 의할 경우
- 오조작 및 자가용 발전기 운전으로 인한 역송전의 경우
- 낙뢰 진행파에 의할 경우

19 재해의 발생 순서로 옳은 것은?

① 이상상태-불안전 행동 및 상태-사고-재해
② 이상상태-사고-불안전 행동 및 상태-재해
③ 이상상태-재해-사고-불안전 행동 및 상태
④ 재해-이상상태-사고-불안전 행동 및 상태

20 엘리베이터의 안전장치에 관한 설명으로 틀린 것은?

① 작업 형편상 경우에 따라 일시 제거해도 좋다.
② 카의 출입문이 열려있는 경우 움직이지 않는다.
③ 불량할 때는 즉시 보수한 다음 작업한다.
④ 반드시 작업 전에 점검한다.

해설 안전장치는 제거하면 안 된다.

정답 16. ③ 17. ② 18. ② 19. ① 20. ①

21 이상 시 재해원인 중 통계적 재해의 분류에 속하지 않는 것은?

① 중상해 ② 경상해
③ 중미상해 ④ 경미상해

22 에스컬레이터 사고 발생 중 가장 많이 발생하는 원인은?

① 과부하
② 기계불량
③ 이용자의 부주의
④ 작업자의 부주의

해설 에스컬레이터 사고 발생 중 가장 많이 발생은 원인은 이용자의 부주의에 인한 사고이다.

23 전기화재의 원인이 아닌 것은?

① 누전 ② 단락
③ 과전류 ④ 케이블 연피

해설 전기화재의 원인
- 과전류에 의한 발화
- 단락(합선)에 의한 발화
- 지락에 의한 발화
- 누전에 의한 발화
- 접촉부의 과열에 의한 발화
- 스파크에 의한 발화
- 절연열화 또는 탄화에 의한 발화
- 열적경과에 의한 발화
- 정전기에 의한 발화
- 낙뢰에 의한 발화

24 엘리베이터에 많이 사용하는 가이드레일의 허용 응력은 보통 몇 kgf/cm^2인가?

① 1000 ② 1450
③ 2100 ④ 2400

해설 가이드레일의 허용 응력은 보통 $2400kgf/cm^2$이다.

25 비상정지장치에 대한 설명 중 옳지 않은 것은?

① 승강로 피트 하부가 통로로 사용된 경우는 카 측에만 설치하여야 한다.
② 속도 45m/min 이하에는 순간적으로 정지시키는 즉시 작동형이 사용된다.
③ 정격속도 90m/min인 경우 126m/min에서 작동하였다.
④ 45m/min 초과의 승강기는 정격속도의 1.4배를 넘지 않는 범위에서 작동하여야 한다.

해설 승강로 피트하부를 사무실, 거실 및 통로 등의 사람이 출입하는 장소로 사용할 경우 균형추측에도 비상정지 장치를 설치하여야 한다.

26 이동식 핸드레일은 운행 전 구간에서 디딤판과 핸드레일의 속도차는 몇 %인가?

① 0~2
② 3~4
③ 5~6
④ 7~8

27 비상용 엘리베이터는 정전 시 몇 초 이내에 엘리베이터 운행에 필요한 전력용량이 자동적으로 발생되어야 하는가?

① 60
② 90
③ 120
④ 150

해설 60초 이내에 엘리베이터 운행에 필요한 전력용량을 자동적으로 발생시키도록 하되 수동으로 전원을 작동할 수 있어야 한다.

정답 21. ③ 22. ③ 23. ④ 24. ④ 25. ① 26. ① 27. ①

28 **카가 최하층에 정지하였을 때 균형추 상단과 기계실 하부와의 거리는 카 하부와 완충기와의 거리보다 어떤 상태이어야 하는가?**

① 작아야 한다.

② 커야 한다.

③ 같아야 한다.

④ 크거나 작거나 관계없다.

해설 카가 최하층에 정지하였을 때 균형추 상단과 기계실 하부와의 거리는 카 하부와 완충기와의 거리보다 커야 한다.

29 **엘리베이터의 파킹스위치를 설치해야 하는 곳은?**

① 오피스 빌딩 ② 공동주택

③ 숙박시설 ④ 의료시설

해설 엘리베이터의 안정된 사용 및 정지를 위하여 파킹스위치를 설치하여야 하며 다음 기준에 적합하여야 한다. 다만 공동주택, 숙박시설, 의료시설은 제외할 수 있다.

- 파킹스위치는 승강장·중앙관리실 또는 경비실 등에 설치되어 카 이외의 장소에서 엘리베이터 운행의 정지조작과 재개조작이 가능하여야 한다.
- 파킹스위치를 정지로 작동시키면 버튼등록이 정지되고 자동으로 지정 층에 도착하여 운행이 정지되어야 한다.

30 **엘리베이터의 운행속도를 기계적이고 전기적인 방법으로 동시에 검출하고 작동하는 안전장치는?**

① 제동기 ② 비상정지장치

③ 조속기 ④ 브레이크

해설 조속기(Governor)

카와 같은 속도로 움직이는 조속기 로프에 의해 회전하여(원심력) 승강기의 속도를 검출하는 장치이다.

31 **압력배관 시에 사용되는 배관이음방식에 해당되지 않는 것은?**

① 관용나사를 사용한 나사이음

② 일반나사를 사용한 나사이음

③ 플랜지 이음

④ 빅토릭 타입 이음

해설
- 플랜지 이음(Flange Joint) : 관 끝이 미리 꺾어진 동관을 용접하여 끼우고 플랜지를 양쪽을 맞대어 패킹을 삽입한 후 볼트로 체결하는 방법으로서 재질이 다른 관을 연결할 때에는 동절연플랜지를 사용하여 이음을 하는데 이는 이종 금속간의 부식을 방지하기 위한 것이다.
- 빅토리 이음(Victoric Joint) : 특수모양으로 된 주철관의 끝에 고무링과 가단 주철제의 칼라(Collar)를 죄어 이음하는 방법으로 배관내의 압력이 높아지면 더욱 밀착되어 누설을 방지한다.

32 **엘리베이터 제어장치의 보수점검 및 조정방법이 아닌 것은?**

① 절연저항 측정

② 전동기의 진동 및 소음

③ 저항기의 불량 유무 확인

④ 각 접점의 마모 및 작동상태

해설 제어반
- 제어반은 정리정돈 및 청결상태
- 전원 인입, 전동기 배선 터미널 접속상태
- 제어반 내로 인입되는 로타리 엔코더 선과 전동기 배선은 분리상태 확인
- 차단기 및 배선용차단기, 퓨즈상태 적정 여부
- 릴레이, 콘택터의 조립상태 및 동작상태
- 기기별 접지상태 점검
- 건물 측 접지상태 점검
- 로타리 엔코더의 실드선은 접지상태 점검
- 로터리 엔코더의 결선상태

정답 28. ② 29. ① 30. ③ 31. ② 32. ②

33 **레일은 5m 단위로 제조되는데 T형 가이드 레일에서 13K, 18K, 24K, 30K를 바르게 설명한 것은?**

① 가이드 레일 형상
② 가이드 레일 길이
③ 가이드 레일 1m의 무게
④ 가이드 레일 5m의 무게

해설 가이드레일의 규격
- 레일의 표준 길이 : 5m(특수 제작된 T형 레일)
- 레일 규격의 호칭 : 소재의 1m당 중량을 라운드 번호로 하여 K 레일을 붙여서 사용된다. 일반적으로 사용하고 있는 T형 레일은 공칭 8, 13, 18 및 24K 레일이지만 대용량의 엘리베이터는 37K, 50K 레일 등도 사용된다.

34 **유압 엘리베이터의 역저지(체크) 밸브에 대한 설명으로 옳은 것은?**

① 작동유의 압력이 150%를 넘지 않도록 하는 밸브
② 수동으로 카를 하강시키기 위한 밸브
③ 카의 정지중이나 운행 중 작동유의 압력이 떨어져 카가 역행하는 것을 방지시키기 위한 밸브
④ 안전밸브와 역저지 밸브사이의 설치

해설 역저지 밸브(Check Valve)
체크 밸브라고도 하며 한쪽 방향으로만 오일이 흐르도록 하는 밸브이다. 펌프의 토출 압력이 떨어져서 실린더 내의 오일이 역류하여 카가 자유낙하 하는 것을 방지할 목적으로 설치한 것으로 기능은 로프식 엘리베이터의 전자브레이크와 유사하다.

35 **비상정지장치의 작동으로 카가 정지할 때까지 레일이 죄는 힘이 처음에는 약하게 그리고 하강함에 따라 강해지다가 얼마 후 일정치에 도달하는 방식은?**

① 순간식 비상정지장치
② 슬랙로프 세이프티
③ 플랙시블 가이드 방식
④ 플랙시블 웨지 클램프 방식

해설 F.W.C(Flexible Wedge Clamp)
동작 후 일정 거리까지는 정지력이 거리에 비례하여 커진다. 그 후 정지력이 완만하게 상승, 정지 근처에서 완만해진다.

36 **로프식 승객용 엘리베이터에서 자동 착상장치가 고장 났을 때의 현상으로 볼 수 없는 것은?**

① 고속에서 저속으로 전환되지 않는다.
② 최하층으로 직행 감속되지 않고 완충기에 충돌하였다.
③ 어느 한쪽 방향의 착상오차가 100 mm 이상 일어난다.
④ 호출된 층에 정지하지 않고 통과한다.

해설 자동 착상장치 고장으로 카가 완충기에 충돌하지는 않는다.

37 **다음 중 치수가 가장 큰 것은?**

① 이동케이블과 레일 브라켓트 사이의 간격
② 테일코드와 카의 간격
③ 테일코드와 테일코드 사이의 간격
④ 카 도어 열림 시 출입구 기둥과 도어단차 사이의 간격

38 **유압 엘리베이터에서 도르래의 직경은 보통 주 로프 직경의 몇 배 이상인가?**

① 10 ② 20
③ 30 ④ 40

해설 풀리와 현수 로프의 공칭 직경사이의 비는 스트랜드의 수와 관계없이 40 이상이어야 한다.

정답 33. ③ 34. ③ 35. ④ 36. ② 37. ③ 38. ④

39 강도가 다소 낮으나 유연성을 좋게 하여 소선이 파단되기 어렵고 도르래의 마모가 적게 제조되어 엘리베이터에 주로 사용되는 소선은?

① E종　　② A종
③ G종　　④ D종

해설 E종(135)
강도가 다소 낮으나 유연성을 좋게 하여 소선이 파단되기 어렵고 도르래의 마모가 적다.

40 회전축에서 베어링과 접촉하고 있는 부분을 무엇이라고 하는가?

① 저널　　② 체인
③ 베어링　　④ 핀

해설
- 베어링 : 축의 하중을 지지, 회전을 원활하게 하는 기계 요소
- 저널(Journal) : 베어링과 접촉하는 축 부분

41 베어링의 구비조건이 아닌 것은?

① 마찰 저항이 적을 것
② 강도가 클 것
③ 가공수리가 쉬울 것
④ 열전도도가 적을 것

해설 베어링 재료의 구비조건
- 마모가 적고 내구성이 클 것
- 충격하중에 강할 것
- 강도와 강성이 클 것
- 내식성이 좋을 것
- 가공이 쉬울 것
- 열변형이 적고 열전도율이 좋을 것

42 SCR의 게이트 작용은?

① 소자의 ON-OFF 작용
② 소자의 Turn-on 작용
③ 소자의 브레이크 다운 작용
④ 소자의 브레이크 오버 작용

해설 SCR(Silicon Controlled Rectifier) : 실리콘 제어 정류기(정류기능, 위상제어기능)

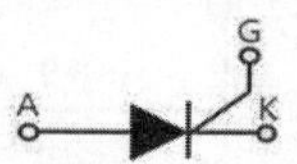

Gate에 트리거 펄스 인가 시 도통(Turn-on)된다.
- 특성
  - 단방향 3단자 소자이다.
  - PNPN 구조로서 부(-) 저항 특성이 있다.
  - 게이트 전류에 의해서 방전 개시 전압을 제어할 수 있다.
  - 소형이면서 대전력용 소자이다.
- 동작설명 : 게이트 전극을 가진 PNPN 구조의 정류 소자로서 역저지 3단자 사이리스터에 속한다. 게이트(G) 전류에 의하여 턴온(Turn on) 위상이 제어되며 동작 상태는 다음과 같다.
  - 역저지 상태 : A(애노드)에 −, K(캐소드)에 + 전압을 가했을 때
  - 순저지 상태 : A(애노드)에 +, K(캐소드)에 −의 어느 한계값 이하의 전압을 가했을 때
  - 도통 상태 : SCR은 순방향 통전 상태를 저지하는 능력에 한계가 있으며 이 한계값(브레이크오버 전압)을 넘으면 급격히 도통 상태로 된다.

43 제어 시스템의 과도응답 해석에 가장 많이 쓰이는 입력의 모양은? (단, 가로축이 시간이다)

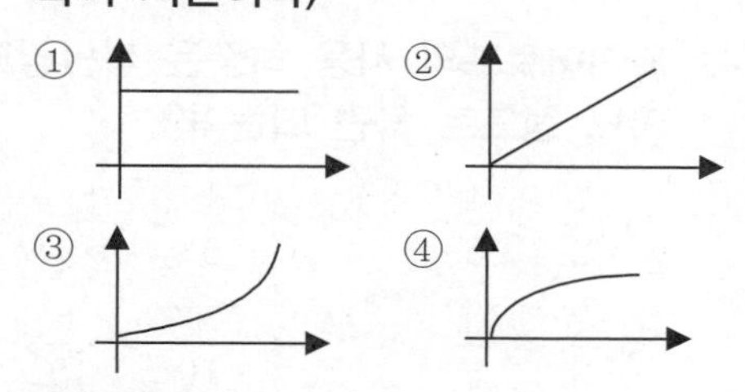

해설 과도응답
초기상태로부터 시스템의 상태변수가 변화되지 않는 정상상태에 도달할 때까지의 응답, 또는 정상상태에서 작동조건 변화(기준입력이나 외란의 변화)에 의하여 상태변수가 변화되기 시작한 후 다시 정상상태에 도달할 때까지의 응답이다.

정답 39. ①　40. ①　41. ④　42. ②　43. ①

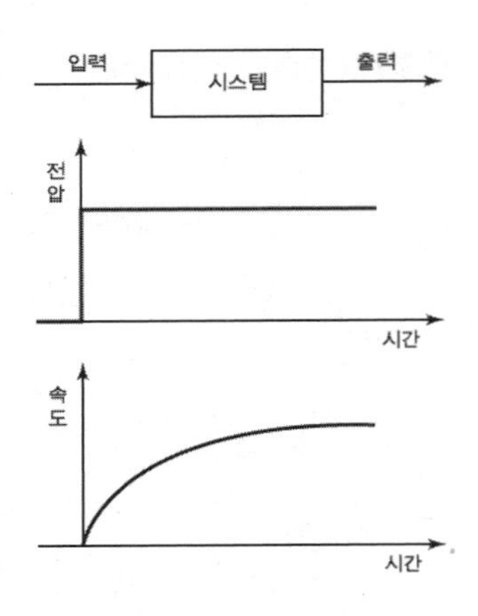

44 전자유도현상에 의한 유도 기전력의 방향을 정하는 것은?

① 플레밍의 오른손법칙
② 옴의 법칙
③ 플레밍의 왼손법칙
④ 렌츠의 법칙

해설 렌츠의 법칙
코일을 통과하는 자속이 변할 때 코일에 유도되는 전류는 자속의 변화를 방해하는 방향으로 흐르는 것을 설명하는 법칙이다.

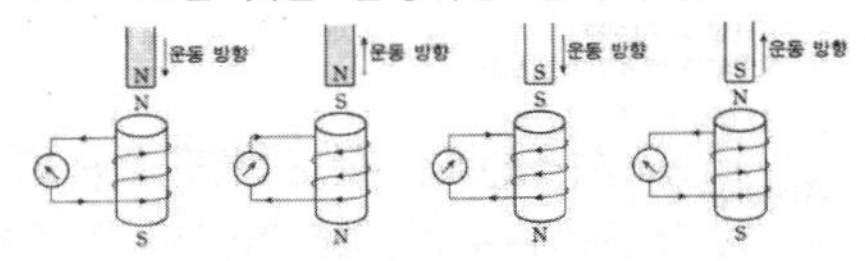

45 와이어로프의 사용 하중은 파단강도의 어느 정도로 하면 되는가?

① $\frac{1}{2} \sim \frac{1}{5}$　② $\frac{1}{5} \sim \frac{1}{10}$
③ $\frac{2}{3} \sim \frac{3}{5}$　④ $\frac{1}{10} \sim \frac{1}{15}$

46 인장(파단) 강도가 400kg/cm²인 재료를 사용 응력 100kg/cm²로 사용하면 안전계수는?

① 1　② 2
③ 3　④ 4

해설 안전율(S)

$$= \frac{\text{극한강도}(\sigma_u)}{\text{허용응력}(\sigma_a)} = \frac{400}{100} = 4$$

47 변형량과 원래 치수와의 비를 변형률이라 하는데 다음 중 변형률의 종류가 아닌 것은?

① 가로 변형률　② 세로 변형률
③ 전단 변형률　④ 전체 변형률

해설 변형률의 종류
- 수직하중에 의한 변형률
  - 종변형률(세로방향 변형률, 길이방향 변형률). 힘이 작용하는 방향의 변형률
  - 횡변형률(반지름방향 변형률, 가로방향 변형률). 힘이 작용하지 않는 방향의 변형률
- 전단하중에 의한 변형률=전단변형률

γ : 전단변형률(각 변형률)

$\gamma = \frac{\lambda_s}{l} = \tan\theta \fallingdotseq \theta[\text{rad}]$

[l : 평면간의 길이, λ_s : 늘어난 길이, θ : 전단각(radian)]

48 그림과 같은 회로의 합성저항 R은 몇 Ω인가?

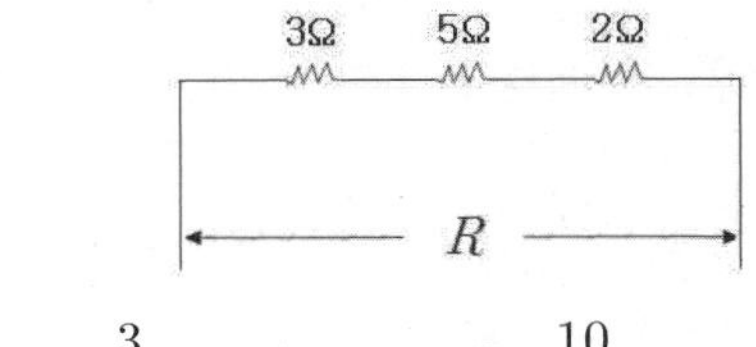

① $\frac{3}{10}$　② $\frac{10}{3}$
③ 3　④ 10

해설 저항의 직렬연결(전류 일정)

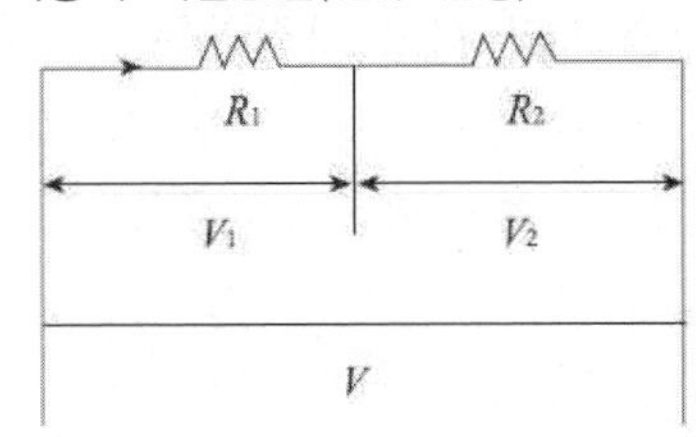

정답 44. ④　45. ②　46. ④　47. ④　48. ④

① 합성저항 $R_0 = R_1 + R_2$

② $V_1 = \frac{R_1}{R_1 + R_2} \times V[V]$

③ $V_2 = \frac{R_2}{R_1 + R_2} \times V[V]$

∴ 합성저항

$R_0 = R_1 + R_2 + R_3 = 5 + 3 + 2 = 10[\Omega]$

49 3상 교류 전원을 받아서 직류전동기를 구동시키기 위해 DC 전원을 만드는 장치는?

① 권상기 ② 정전압장치

③ 전동발전기 ④ 브리지회로

해설 전동발전기는 교류(AC)를 직류(DC)로 또는 그 반대로 전력을 변환시켜 주는 기구이다.

50 접지저항을 측정하는데 적합하지 않은 것은?

① 절연 저항계

② Wenner 4 전극법

③ 어스 테스터

④ 코올라시 브리지법

해설 절연 저항계는 절연저항을 측정하는 계측기이다.

51 동일 규격의 축전지 2개를 병렬로 접속하면 전압과 용량의 관계는 어떻게 되는가?

① 전압과 용량이 모두 반으로 줄어든다.

② 전압과 용량이 모두 2배가 된다.

③ 전압은 반으로 줄고 용량은 2배가 된다.

④ 전압은 변하지 않고 용량은 2배가 된다.

해설 콘덴서 병렬접속(전압 일정)

① 합성 정전 용량

$C_0 = C_1 + C_2[F]$

② 전체 전하량

$Q = Q_1 + Q_2 = CV_1 + CV_2[V]$

③ C_1에 분배되는 전하량

$Q_1 = C_1 \times V = \frac{C_1}{C_1 + C_2} Q[C]$

④ C_2에 분배되는 전하량

$Q_2 = C_2 \times V = \frac{C_2}{C_1 + C_2} Q[C]$

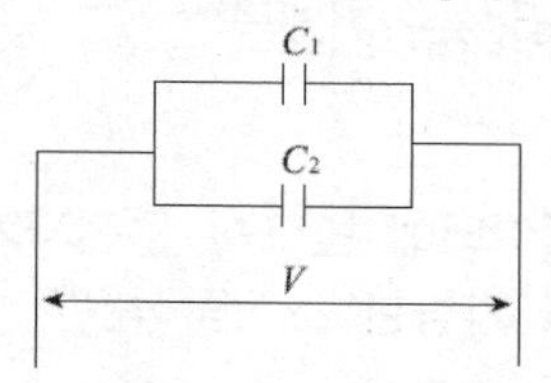

∴ 합성정전용량 $C_0 = C + C = 2C[F]$

52 직류전동기의 속도제어법이 아닌 것은?

① 계자 제어법 ② 전류 제어법

③ 저항 제어법 ④ 전압 제어법

해설 직류전동기의 속도 제어 방식

속도제어 $N = K\frac{V - I_a R_a}{\phi}[rpm]$

- 전압제어$[V]$: 광범위 속도제어 방식으로 단자저압 V를 제어한다.
- 저항제어$[R]$: 저항(R)에 의하여 제어한다.
- 계자제어$[\phi]$: 자속 $[\phi]$를 제어한다.

※ 승강기시설 안전관리법이 개정됨에 따라 관련 문제들이 삭제되었습니다.

정답 49. ③ 50. ① 51. ④ 52. ②

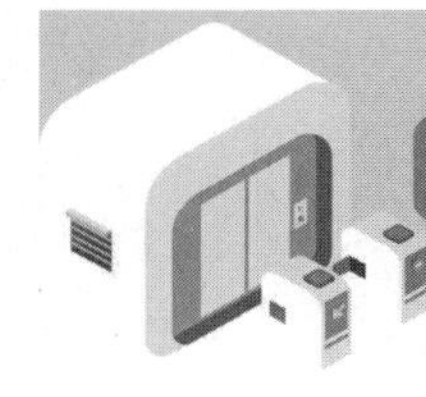

기출문제 2014년 제2회

제1과목 : 승강기개론

01 엘리베이터에 반드시 운전자가 있어야 운행이 가능한 조작방식은?

① 반자동방식
② 단식자동방식
③ 승합전자동
④ ATT조작방식과 단식자동방식

해설 승강기 조작방식

- 운전원 방식(수동식)
  - 카 스위치 방식(Car Switch Type) : 카의 기동을 모두 운전자의 카 스위치 조작에 의해서만 이루어진다.
  - 신호 방식(Signal Control) : 엘리베이터 도어의 개폐가 운전자의 조작에 의해서만 이루어진다.
- 무 운전원 방식(자동식) : 엘리베이터에 운전자가 없는 방식이다.
  - 단식 자동방식(Single Automatic) : 먼저 등록된 호출에만 응답하고 그 운전이 완료될 때까지는 다른 호출에 응하지 않는 방식으로 화물용이나 카(Car) 리프트 등에 많이 사용된다.
  - 하강승합전자동식 : 2층에서 그 위층의 승강장 버튼은 하강 방향 버튼만 있고, 중간층에서 위층으로 가는 데에는 일단 1층으로 내려온 후 다시 올라가야만 한다.
  - 양방향 승합 전자동식 : 승강장의 누름단추는 상승용, 하강용의 양쪽 모두 동작이 가능하다. 카의 진행 방향에 따라 카 내 운전반 버튼과 승강장의 버튼에 응답하면서 승강한다.

02 도어 인터록 장치의 구조로 가장 옳은 것은?

① 도어 스위치가 확실히 걸린 후 도어 인터록이 들어가야 한다.
② 도어 스위치가 확실히 열린 후 도어 인터록이 들어가야 한다.
③ 도어록 장치가 확실히 걸린 후 도어 스위치가 들어가야 한다.
④ 도어록 장치가 확실히 열린 후 도어 스위치가 들어가다 한다.

해설 도어인터록의 구조 및 원리

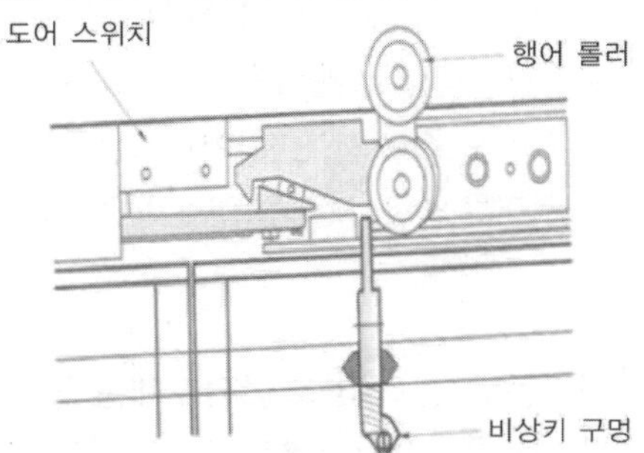

- 구조 : 도어 록과 도어 스위치
- 원리 : 시건장치가 확실히 걸린 후 도어스위치가 들어가고, 도어 스위치가 끊어진 후에 도어 록이 열리는 구조이다. 외부에서 도어 록을 풀 경우에는 특수한 전용키를 사용해야 한다. 또한 전 층의 도어가 닫혀 있지 않으면 운전이 되지 않아야 한다.

정답 1. ① 2. ③

03 트랙션 머신 시브를 중심으로 카 반대편의 로프에 매달리게 하여 카 중량에 대한 평형을 맞추는 것은?

① 조속기　② 균형체인
③ 완충기　④ 균형추

해설 균형추(Counter Weight)
- 역할 : 균형추는 이동 케이블과 로프의 이동에 따라 변화하는 하중을 보상하기 위하여 카의 반대편 또는 측면에 설치하여 권상기(전동기)의 부하를 줄이는 장치이다.

04 비상용 엘리베이터에 대한 설명으로 옳지 않은 것은?

① 평상시는 승객용 또는 승객·화물용으로 사용할 수 있다.
② 카는 비상운전 시 반드시 모든 승강장의 출입구마다 정지할 수 있어야 한다.
③ 별도의 비상전원장치가 필요하다.
④ 도어가 열려 있으면 카를 승강시킬 수 없다.

해설 비상 시 소방 활동 전용으로 전환하는 1차 소방스위치(키 스위치)와 카 및 승강장 문이 열려 있어도 카를 승강시킬 수 있는 2차 소방스위치(키 스위치)를 설치하여야 한다.

05 승객과 운전자의 마음을 편하게 해주기 위하여 설치하는 장치는?

① 파킹장치　② 통신장치
③ 조속기장치　④ BGM장치

해설 B.G.M(Back Ground Music) 장치
카 내부에 음악을 틀어주어 승객이나 운전자의 마음을 편안하게 해주는 장치이다.

06 3상 교류의 단속도 전동기에 전원을 공급하는 것으로 기동과 정속운전을 하고 정지는 전원을 차단한 후 제동기에 의해 기계적으로 브레이크를 거는 제어방식은?

① 교류1단 속도제어
② 교류2단 속도제어
③ VVVF 제어
④ 교류귀환 전압제어

해설 교류 1단 속도 제어 방식의 원리
- 30m/min 이하의 저속용 엘리베이터에 적용한다.
- 정지는 전원을 차단 후 제동기에 의해 기계적 브레이크를 거는 방식으로 정지한다.
- 기계적 브레이크 사용으로 착상 오차가 크다.

07 구동체인이 늘어나거나 절단되었을 경우 아래로 미끄러지는 것을 방지하는 안전장치는?

① 스텝체인 안전장치
② 정지스위치
③ 인입구 안전장치
④ 구동체인 안전장치

해설 구동 체인 안정장치(D.C.S)
상부 기계실에 설치되어 있으며 구동체인이 절단되거나 과다하게 늘어났을 경우 스위치를 작동시켜 전원을 차단하여 에스컬레이터를 정지시키는 장치이다.

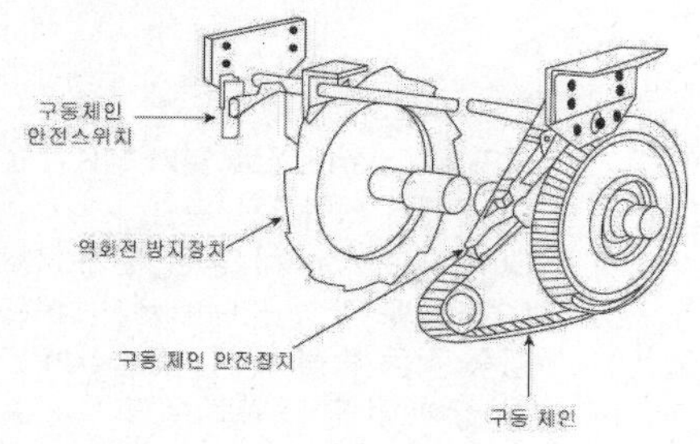

08 트랙션 권상기의 설명 중 옳지 않은 것은?

① 기어식과 무기어식 권상기가 있다.
② 행정거리의 제한이 없다.

정답 3. ④ 4. ④ 5. ④ 6. ① 7. ④ 8. ③

③ 소요동력이 크다.

④ 지나치게 감기는 현상이 일어나지 않는다.

해설 권상(트랙션)식

권상(트랙션)식은 로프와 도르래 사이의 마찰력을 이용하여 카 또는 균형추를 움직이는 것이다. 로프의 미끄러짐과 로프 및 도르래의 마모가 발생한다.

- 특징
  - 균형추를 사용하지 않기 때문에 소요 동력이 작다.
  - 도르래를 사용하기 때문에 승강 행정에 제한이 없다.
  - 로프와 도르래의 마찰력을 이용하므로 지나치게 감길 위험이 없다.

09 조속기에서 과속스위치의 작동원리는 무엇을 이용한 것인가?

① 회전력 ② 원심력

③ 조속기 로프 ④ 승강기의 속도

해설 조속기(Governor)

카와 같은 속도로 움직이는 조속기 로프에 의해 회전하여(원심력) 승강기의 속도를 검출하는 장치이다.

10 승강장 도어의 측면 개폐방식의 기호는?

① A ② CO

③ S ④ T

해설 도어시스템 종류

- S(Side Open) 가로 열기 : 1S, 2S, 3S-한쪽 끝에서 양쪽으로 열림
- CO(Center Open) 중앙 열기 : 2CO, 4CO(숫자는 문 짝수)-가운데에서 양쪽으로 열림
- 상승 작동 방식 : 2매 업 슬라이딩 도어, 2매 상하 열림식-위로 열림
- 상하 작동 방식 : 2UD, 4UD-수동으로 상하 개폐(덤웨이터)
- 스윙 도어(Swing Door) : 1쪽 스윙, 2쪽 스윙-여닫이 방식으로 한 쪽 지지(앞뒤로 회전)

11 회전운동을 하는 유희시설이 아닌 것은?

① 관람차 ② 비행탑

③ 회전목마 ④ 모노레일

해설 종류 : 회전 브랑코, 비행탑, 회전 목마, 문로켓트 곤돌, 관람차, 로터, 옥토퍼스, 해적선 등

12 전기식 엘리베이터 기계실의 구비조건으로 틀린 것은?

① 기계실의 크기는 작업구역에서의 유효높이는 2.5m 이상이어야 한다.

② 기계실에는 소요설비 이외의 것을 설치하거나 두어서는 안 된다.

③ 유지관리에 지장이 없도록 조명 및 환기 시설은 승강기 검사기준에 적합하여야 한다.

④ 출입문은 외부인의 출입을 방지할 수 있도록 잠금장치를 설치하여야 한다.

해설 기계실 크기는 설비, 특히 전기설비의 작업이 쉽고 안전하도록 충분하여야 한다. 작업구역에서 유효 높이는 2m 이상이어야 한다.

13 T형 가이드레일의 공칭 규격이 아닌 것은?

① 8K ② 14K

③ 18K ④ 24K

해설 가이드레일의 규격

- 레일의 표준 길이 : 5m(특수 제작된 T형 레일)
- 레일 규격의 호칭 : 소재의 1m당 중량을 라운드 번호로 하여 K 레일을 붙여서 사용된다. 일반적으로 사용하고 있는 T형 레일은 공칭 8, 13, 18 및 24K 레일이지만 대용량의 엘리베이터는 37K, 50K 레일 등도 사용된다.

정답 9. ② 10. ③ 11. ④ 12. ① 13. ②

14 **유입완충기의 부품이 아닌 것은?**

① 완충고무　② 플린저
③ 스프링　④ 유량조절밸브

해설 유량조절밸브는 유압엘리베이터의 파워유니트 내의 밸브의 종류이다.

15 **전기식 엘리베이터 기계실의 조도는 기기가 배치된 바닥면에서 몇 lx 이상이어야 하는가?**

① 150　② 200
③ 250　④ 300

해설 조명 및 콘센트
- 기계실에는 바닥 면에서 200lx 이상을 비출 수 있는 영구적으로 설치된 전기 조명이 있어야 한다.
- 조명스위치는 쉽게 조명을 점멸할 수 있도록 기계실 출입문 가까이에 적절한 높이로 설치되어야 한다.

16 **직접식 유압엘리베이터의 장점이 되는 항목은?**

① 실린더를 보호하기 위한 보호관을 설치할 필요가 없다.
② 승강로의 소요평면 치수가 크다.
③ 부하에 의한 카 바닥의 빠짐이 크다.
④ 비상정지장치가 필요하지 않다.

해설 직접식 유압 엘리베이터 : 플런저 끝에 카를 설치한 방식
- 승강로 소요 평면 치수가 작고 구조가 간단하다.
- 비상 정지 장치가 필요 없다.
- 부하에 의한 카 바닥의 빠짐이 작다.
- 실린더를 설치하기 위한 보호관을 지중에 설치해야 한다.
- 실린더 점검이 곤란하다.

17 **기종·영도를 표시하는 엘리베이터의 기호 연결이 옳지 않은 것은?**

① P : 전기식(로프식) 일반 승객용
② R : 전기식(로프식) 주택용
③ B : 전기식(로프식) 침대용
④ S : 전기식(로프식) 비상용

해설
- 일반승객용 : P
- 주택용 : R
- 침대용 : B
- 비상용 : E

18 **카가 어떤 원인으로 최하층을 통과하여 피트에 도달했을 때 카의 충격을 완화시켜 주는 장치는?**

① 완충기　② 비상정지장치
③ 조속기　④ 과부하감지장치

해설 완충기(buffer)
유체 또는 스프링 등을 사용하여 주행의 종점에서 충격의 흡수를 위해 사용되는 제동수단

19 **재해의 직접원인에 해당되는 것은?**

① 안전지식의 부족
② 안전수칙의 오해
③ 작업기준의 불명확
④ 복장, 보호구의 결함

해설 재해의 직접원인
- 불안전 행동(인적 원인)
  - 개인 보호구를 착용하지 않음
  - 불안전한 자세
  - 위험장소 접근
  - 운전 중인 기계장치를 수리
  - 정리정돈 불량
  - 안전장치를 무효화
  - 불안전한 적제 및 배치
- 불안전한 상태(물적 원인)
  - 복장, 보호구 결함
  - 결함 있는 공구사용
  - 작업 및 생산공정 결함
  - 경계표시 설계결함
  - 물 자체의 결함

정답 14. ④　15. ②　16. ④　17. ④　18. ①　19. ④

20 **다음 중 엘리베이터 자체 점검 시의 점검 항목으로 크게 중요하지 않는 사항은?**

① 브레이크장치
② 와이어로프 상태
③ 비상정지장치
④ 각종 계전기의 명판 부착 상태

21 **안전사고의 발생요인으로 심리적인 요인에 해당되는 것은?**

① 감정
② 극도의 피로감
③ 육체적 능력 초과
④ 신경계통의 이상

해설 심리적 원인
감정, 무의식 행동, 착오 등

22 **작업자의 재해 예방에 대한 일반적인 대책으로 맞지 않는 것은?**

① 계획의 작성
② 엄격한 작업감독
③ 위험요인의 발굴 대처
④ 작업지시에 대한 위험 예지의 실시

해설 재해 예방에 대한 일반적인 대책으로 계획의 작성, 위험요인의 발굴 대처, 작업지시에 대한 위험 예지의 실시 등이 있다.

23 **엘리베이터로 인하여 인명 사고가 발생했을 경우 안전(운행)관리자의 대처사항으로 부적합한 것은?**

① 의약품, 들것, 사다리 등의 구급용구를 준비하고 장소를 명시한다.
② 구급을 위해 의료기관과의 비상연락체계를 확립한다.
③ 전문 기술자와의 비상연락체계를 확립한다.
④ 자체점검에 관한 사항을 숙지하고 기술적인 사고 요인을 검사하여 고장 요인을 제거한다.

해설 승강기 운행관리자의 임무
- 운행관리규정의 작성 및 유지관리
- 고장·수리 등에 관한 기록 유지
- 사고발생에 대비한 비상연락망의 작성 및 관리
- 인명사고 시 긴급조치를 위한 구급체계 구성 및 관리
- 승강기 사고 시 사고보고
- 승강기 표준부착물 관리
- 승강기 비상열쇠 관리

24 **다음 중 정기점검에 해당되는 점검은?**

① 일상점검 ② 월간점검
③ 수시점검 ④ 특별점검

해설 안전 점검의 종류
- 정기 점검 : 정기적으로 실시하는 점검(월간 점검)
- 일상 점검 : 수시 점검으로 작업 전, 작업 중, 작업 후 점검
- 특별 점검 : 설비의 변경 또는 고장 수리 시

25 **다음 중 방호장치의 기본 목적으로 가장 옳은 것은?**

① 먼지 흡입 방지
② 기계 위험 부위의 접촉방지
③ 작업자 주변의 사람 접근방지
④ 소음과 진동 방지

해설 방호장치의 기본 목적은 기계 위험 부위의 접촉방지하기 위한 것으로 기계의 원동기·회전축·기어·풀리·플라이휠·벨트 및 체인 등 근로자에게 위험을 미칠 우려가 있는 부위에는 덮개·울·슬리브 및 건널다리 등을 설치하여야 한다.

정답 20. ④ 21. ① 22. ② 23. ④ 24. ② 25. ②

26 **인체에 전격의 위험을 결정하는 주된 인자가 아닌 것은?**

① 통전전류의 크기
② 통전경로
③ 음파의 크기
④ 통전시간

해설 자동전격방지 장치는 감전방지와 용접기 무부하 손실을 줄여주는 기능을 한다. 전격의 위험을 결정하는 주된 인자로 통전전류 크기 및 경로 시간이다.

27 **추락에 의하여 근로자에게 위험이 미칠 우려가 있을 때 비계를 조립하는 등의 방법에 의하여 작업발판을 설치하도록 되어 있다. 높이가 몇 m 이상인 장소에서 작업을 하는 경우에 설치하는가?**

① 2　　② 3
③ 4　　④ 5

해설 사업주는 비계의 높이가 2m 이상인 작업 장소에는 기준에 적합한 비계발판을 설치하여야 한다.

28 **다음 중 불안전한 행동이 아닌 것은?**

① 방호조치의 결함
② 안전조치의 불이행
③ 위험한 상태의 조장
④ 안전장치의 무효화

해설 재해 원인의 분류
- 불안전 행동(인적 원인)
  - 개인 보호구를 착용하지 않음
  - 불안전한 자세
  - 위험장소 접근
  - 운전 중인 기계장치를 수리
  - 정리정돈 불량
  - 안전장치를 무효화
  - 불안전한 적제 및 배치
- 불안전한 상태(물적 원인)
  - 복장, 보호구 결함
  - 결함 있는 공구사용
  - 작업 및 생산공정 결함
  - 경계표시 설계결함
  - 물 자체의 결함

29 **카 위의 비상 구출구가 개방되었을 때 발생되는 현상 중 옳은 것은?**

① 주행 중에 비상구출구가 개방되어도 계속 운전한다.
② 비상구출구가 개방되면 카는 언제든지 중단되는 구조이다.
③ 비상구출구가 개방되면 카 내에 조명이 꺼진다.
④ 비상구출구 개방 유무에 관계없이 운행에 영향을 주지 않는다.

해설 비상구출구를 열었을 때에는 비상구출구 스위치가 작동하여 카가 움직이지 않아야 한다.

30 **가이드 레일의 역할이 아닌 것은?**

① 카 자체의 기울어짐을 방지
② 비상정지장치가 작동 시 수직하중을 유지
③ 승강로의 기계적 강도를 보강
④ 균형추의 승강로 평면내의 위치를 규제

해설 가이드 레일 사용 목적
- 카와 균형추의 승강로 내 위치 규제
- 카의 자중이나 화물에 의한 카의 기울어짐 방지
- 집중 하중이나 비상 정지 장치 작동 시 수직 하중을 유지
- 브라켓과 가이드레일 연결

31 **전기식 엘리베이터 로프는 공칭직경 몇 mm 이상으로 몇 가닥 이상이어야 하는가?**

① 8mm, 2가닥

정답 26. ③　27. ①　28. ①　29. ②　30. ③　31. ②

② 8mm, 3가닥

③ 12mm, 2가닥

④ 12mm, 3가닥

해설 현수 수단
- 로프 또는 체인은 다음 사항에 적합하여야 한다.
  - 로프는 공칭 직경이 8mm 이상이어야 하며 KS D ISO 4344에 적합하거나 동등 이상이어야 한다.
  - 체인은 KS B 1407에 적합하거나 동등 이상이어야 한다.
- 로프는 3가닥 이상이어야 한다. 다만, 포지티브 구동식 엘리베이터의 경우에는 로프 및 체인을 2가닥 이상으로 할 수 있다. 로프 또는 체인은 독립적이어야 한다.

32 승강기에 적용하는 가이드 레일의 규격을 결정하는데 관계가 가장 적은 것은?

① 조속기의 속도

② 지진 발생 시 건물의 수평 진동력

③ 비상정지장치의 작동 시 작용할 수 있는 좌굴하중

④ 불균형한 큰 하중이 적재될 때 작용하는 회전 모멘트

해설 가이드 레일의 크기를 결정하는 요소
- 좌굴 하중 : 비상 정지 장치 동작 시
- 수평 진동력 : 지진 발생 시
- 회전 모멘트 : 불평형 하중에 대한 평형 유지

33 간접식 유압엘리베이터의 특징이 아닌 것은?

① 부하에 의한 카의 빠짐이 비교적 작다.

② 실린더의 점검이 용이하다.

③ 승강로는 실린더를 수용할 부분만큼 더 커지게 된다.

④ 비상정지장치가 필요하다.

해설 간접식 유압 엘리베이터 : 플런저의 동력을 로프를 통하여 카에 전달하는 방식
- 실린더를 설치할 보호관이 불필요하며 설치가 간단하다.
- 실린더의 점검이 용이하다.
- 승강로의 소요 면적이 커진다.
- 비상 정지 장치가 필요하다.
- 카 바닥의 빠짐이 크다.

34 핸드레일 인입구에 손이나 이물질이 끼었을 때 즉시 작동하여 에스컬레이터를 정지시키는 장치는?

① 핸드레일 안전장치

② 구동체인 안전장치

③ 조속기

④ 핸드레일 인입구 안전장치

해설 핸드레일 인입구 안전장치(인레트 스위치)
핸드레일 인입구에 손 또는 이물질이 끼었을 때 즉시 작동되어 에스컬레이터를 정지시키는 안전장치이다.

35 승강장 도어 인터록장치의 설정 방법으로 옳은 것은?

① 인터록이 잠기기 전에 스위치 접점이 구성되어야 한다.

② 인터록이 잠김과 동시에 스위치 접점이 구성되어야 한다.

③ 인터록이 잠김 후 스위치 접점이 구성되어야 한다.

④ 스위치에 관계없이 잠금 역할만 확실히 하면 된다.

해설 도어 인터록(Door Interlock)
- 구조 : 도어 록과 도어 스위치
- 원리 : 시건장치가 확실히 걸린 후 도어스위치가 들어가고, 도어 스위치가 끊어진 후에 도어 록이 열리는 구조이다. 외부에서 도어 록을 풀 경우에는 특수한 전용키를 사용해야 한다. 또한 전 층의 도어가 닫혀 있지 않으면 운전이 되지 않아야 한다.

정답 32. ① 33. ① 34. ④ 35. ③

36 2대 이상의 엘리베이터가 동일 승강로에 설치되어 인접한 카에서 구출할 경우 서로 다른 카 사이의 수평거리는 몇 m 이하이어야 하는가?

① 0.35 ② 0.5
③ 0.75 ④ 0.9

해설 2대 이상의 엘리베이터가 동일 승강로에 설치되어 인접한 카에서 구출할 수 있도록 카 벽에 비상구출문이 설치될 수 있다. 다만, 서로 다른 카사이의 수평거리는 0.75m 이하이어야 한다. 이 비상구출문의 크기는 폭 0.35m 이상, 높이 1.8m 이상이어야 한다.

37 승강기 회로의 사용전압이 440V인 전동기 주회로의 절연저항은 몇 MΩ 이상이어야 하는가?

① 1.5 ② 1.0
③ 0.5 ④ 0.1

해설 전기설비의 절연저항

절연저항은 각 전기가 통하는 전도체와 접지 사이에서 측정되어야 한다. 절연저항 값은 다음 표에 적합하여야 한다.

공칭 회로전압 V	시험전압(직류) V	절연 저항 MΩ
SELV	250	0.25 이상
≤ 500	500	0.5 이상
> 500	1,000	1.0 이상

38 유압장치의 보수, 점검, 수리 시에 사용되고, 일명 게이트 밸브라고도 하는 것은?

① 스톱밸브 ② 사이렌서
③ 체크밸브 ④ 필터

해설 스톱 밸브(Stop Valve)

유압 파워유니트에서 실린더로 통하는 배관 도중에 설치되는 수동조작 밸브. 밸브를 닫으면 실린더의 오일이 탱크로 역류하는 것을 방지한다. 유압 장치의 보수, 점검, 수리할 때에 사용되며 게이트 밸브(Gate Valve)라고도 한다.

39 기계실 내 작업구역에서의 유효높이는 몇 m 이상이어야 하는가?

① 2.0 ② 1.8
③ 1.5 ④ 1.2

해설 기계실 크기는 설비, 특히 전기설비의 작업이 쉽고 안전하도록 충분하여야 한다. 작업구역에서 유효 높이는 2m 이상이어야 한다.

40 승객의 구출 및 구조를 위한 카 상부 비상구출문의 크기는 얼마 이상이어야 하는가?

① 0.2m×0.2m
② 0.35m×0.5m
③ 0.5m×0.5m
④ 0.25m×0.3m

해설 승객의 구출 및 구조를 위한 비상구출문이 카 천장에 있는 경우, 비상구출구의 크기는 0.35m×0.5m 이상이어야 한다.

41 승강기에 균형체인을 설치하는 목적은?

① 균형추의 낙하 방지를 위하여
② 주행 중 카의 진동과 소음을 방지하기 위하여
③ 카의 무게 중심을 위하여
④ 이동케이블과 로프의 이동에 따라 변화되는 무게를 보상하기 위하여

해설 균형체인

- 이동케이블과 로프의 이동에 따라 변화되는 하중을 보상하기 위하여 설치한다.
- 카 하단에서 피트를 경유하여 균형추의 하단으로 로프와 거의 같은 단위길이의 균형 체인이나 균형 로프를 사용하여 90% 정도 보상한다.
- 고층용 엘리베이터에는 균형 체인을 사용할

정답 36. ③ 37. ③ 38. ① 39. ① 40. ② 41. ④

경우 소음의 문제가 있어 균형 로프를 사용한다.

42 **유압용 엘리베이터에서 가장 많이 사용하는 펌프는?**

① 기어펌프 ② 스크류펌프
③ 베인펌프 ④ 피스톤펌프

해설 유압용 엘리베이터용 펌프
일반적으로 스크루 펌프가 많이 쓰인다. 펌프의 출력은 유압과 토출량에 비례한다. 따라서 같은 플런저라면 유압이 높으면 큰 하중에 견디며 토출량이 많으면 속도가 빨라진다.
- 유압 : 10~60kg/cm^2
- 토출량 : 50~1500l/min
- 모터 용량 : 2~50(kW)
- 펌프 종류 : 원심식, 가변 토출량식, 강제 송류식(기어 펌프, 밴 펌프, 스크루 펌프)

43 **다음 중 에스컬레이터를 수리할 때 지켜야 할 사항으로 적절하지 않은 것은?**

① 상부 및 하부에 사람이 접근하지 못하도록 단속한다.
② 작업 중 움직일 때는 반드시 상부 및 하부를 확인하고 복명 복창한 후 움직인다.
③ 주행하고자 할 때는 작업자가 안전한 위치에 있는지 확인한다.
④ 작동시간을 게시한 후 시간이 되면 작동시킨다.

44 **카 실(cage)의 구조에 관한 설명 중 옳지 않은 것은?**

① 구조상 경미한 부분을 제외하고는 불연재료를 사용하여야 한다.
② 카 천장에 비상구출구를 설치하여야 한다.
③ 승객용 카의 출입구에는 정전기 장애가 없도록 방전 코일을 설치하여야 한다.
④ 승객용은 한 개의 카에 두 개의 출입구를 설치할 수 있는 경우도 있다.

해설 정전기 발생 방지대책으로 접지, 가습, 방지도장, 보호구 착용, 대전 방지제 사용한다.

45 **에스컬레이터의 유지관리에 관한 설명으로 옳은 것은?**

① 계단식 체인은 굴곡반경이 적으므로 피로와 마모가 크게 문제시 된다.
② 계단식 체인은 주행속도가 크기 때문에 피로와 마모가 크게 문제시 된다.
③ 구동체인은 속도, 전달동력 등을 고려할 때 마모는 발생하지 않는다.
④ 구동체인은 녹이 슬거나 마모가 발생하기 쉬우므로 주의해야 한다.

46 **유압엘리베이터의 카가 심하게 떨거나 소음이 발생하는 경우의 조치에 해당되지 않는 것은?**

① 실린더 내부의 공기 완전 제거
② 실린더 로드면의 굴곡 상태 확인
③ 리미트 스위치의 위치 수정
④ 릴리프 세팅 압력 조정

해설 리미트 스위치
기계장치 등에서 동작이 일정한 한계 위치에 달하면 접점이 전환되는 스위치를 말한다.

47 **물질 내에서 원자핵의 구속력을 벗어나 자유로이 이동할 수 있는 것은?**

① 분자 ② 자유전자
③ 양자 ④ 중성자

정답 42. ② 43. ④ 44. ③ 45. ④ 46. ③ 47. ②

해설 자유전자
물질 내에서 원자핵의 구속력을 벗어나 자유로이 이동할 수 있는 것

48 RLC 소자의 교류회로에 대한 설명 중 틀린 것은?

① R만의 회로에서 전압과 전류의 위상은 동상이다.
② L만의 회로에서 저항성분은 유도리액턴스 XL이라 한다.
③ C만의 회로에서 전류는 전압보다 위상이 90°앞선다.
④ 유도성리액턴스 $XL=1/\omega L$

해설 유도성리액턴스 $XL=\omega L[\Omega]$

49 동기발전기의 전기자 권선법 중 분포권의 장점이 아닌 것은?

① 기전력파형 개선
② 누설리액턴스 감소
③ 과열방지
④ 기전력 감소

해설 동기기에서 분포권의
• 장점
– 기전력의 파형이 좋아진다.
– 권선의 누설리액턴스가 감소
– 전기자에 발생되는 열을 골고루 분포시켜 과열을 방지
• 단점
– 집중권에 비해 합성 유기 기전력이 감소

50 다음 중 절연저항을 측정하는 계기는?

① 회로시험기 ② 메거
③ 훅온미터 ④ 휘트스톤브리지

해설 메거(Megger)는 절연저항을 측정하는 계기이다.

51 전기기기의 충전부와 외함 사이의 저항은 어떤 저항인가?

① 브리지저항 ② 접지저항
③ 접촉저항 ④ 절연저항

해설 전기기기의 충전부와 외함 사이의 저항을 절연저항이라고 하며 메거로 측정한다.

52 교류회로에서 유효전력이 P[W]이고 피상전력이 Pa[VA]일 때 역률은?

① $\sqrt{P+P_a}$ ② $\dfrac{P}{P_a}$
③ $\dfrac{P_a}{P}$ ④ $\dfrac{P}{P+P_a}$

해설 유효전력$[P]$
$P=VI\cos\theta[\mathrm{W}]=P_a\cos\theta[\mathrm{W}]$
$\therefore\ \cos\theta=\dfrac{P}{P_a}$

53 안전상 허용할 수 있는 최대응력을 무엇이라고 하는가?

① 안전율 ② 허용응력
③ 사용응력 ④ 탄성한도

해설 응력과 안전율
안전율은 극한강도와 허용응력에 의해서 결정된다.
사용응력과 허용응력, 극한강도의 관계는 다음과 같다.
$\sigma w\leq\sigma a=\dfrac{\sigma_u}{S}$
여기서, S : 안전율, σu : 극한강도(최대응력), σw : 사용응력, σa : 허용응력

54 다음 유도전동기의 제동방법이 아닌 것은?

① 극수제동 ② 회생제동
③ 발전제동 ④ 단상제동

정답 48. ④ 49. ④ 50. ② 51. ④ 52. ② 53. ② 54. ①

해설 유도전동기 제동방법

- 발전제동
  주전동기를 발전기로 작용시켜 그 발생 전력을 차량에 탑재되어 있는 주저항기에 흘려서, 열 에너지로 변환하여 제동력을 얻는 방식
- 역상 제동(Plugging)
  전동기의 전원 전압의 극성 혹은 상회전 방향을 역전함으로써 전동기에 역토크를 발생시키고, 그에 의해서 제동하는 것
- 회생 제동
  전동기의 제동법의 하나로, 전동기를 발전기로 동작시켜 그 발생 전력을 전원에 되돌려서 하는 제동방법
- 유도전동기 속도제어법
  $N=(1-s)\cdot N_s=(1-s)\cdot \frac{120f}{P}$
  - 주파수 제어법 : 주파수를 변화시켜 동기속도를 바꾸는 방법(VVVF 제어) $f\propto V\propto P$
  - 극수 제어법 : 권선의 접속을 바꾸어 극수를 바꾸면 단계적이지만 속도를 바꿀 수 있다.
  - 2차 저항법 : 권선형 유도 전동기에서 비례추이를 이용한다.
  - 2차 여자법 : 2차 저항제어를 발전시킨 형태로 저항에 의한 전압강하 대신에 반대의 전압을 가하여 전압강하가 일어나도록 한 것으로 효율이 좋다.

55 회전운동을 직선운동, 왕복운동, 진동 등으로 변환하는 기구는?

① 링크기구 ② 슬라이더
③ 캠 ④ 크랭크

해설 캠
회전 운동이나 왕복 운동을 다른 형태의 직선·왕복운동, 진동으로 변환하는 기구. 판캠, 직동 캠 등의 평면 캠과 원통 캠, 원뿔캠, 구면 캠 등이 있다.

56 전지 내부저항 0.5Ω이고 기전력 1.5V인 전지를 부하저항 2.5Ω에 연결할 때, 전지 양단의 전압[V]은?

① 1.25 ② 2
③ 2.5 ④ 3

해설 기전력[E]
$E=I\cdot(R+r)\,[V]$
(I : 전류, R : 저항, r : 내부저항)
$1.5=I\cdot(2.5+0.5)$
$I=\frac{1.5}{3}=0.5A$
∴ 단자전압[V] $V=I\cdot R=0.5\cdot 2.5=1.25\,V$
(전압강하 $e=I\cdot r=0.5\cdot 0.5=0.25\,V$)

57 엘리베이터의 권상기에서 일반적으로 저속용에는 적은 용량의 전동기를 사용하여 큰 힘을 내도록 하는 동력 전달방식은?

① 웜 및 웜기어
② 헬리컬 기어
③ 스퍼어 기어
④ 피니언과 래크 기어

해설 웜기어는 엘리베이터의 권상기에서 일반적으로 중·저속용으로 사용되며 헬리컬 기어는 고속에 사용된다.

58 다음 중 저압 선로의 사용전압이 150V를 점고 300V 이하인 경우 절연저항값은 몇 MΩ 이상인가?

① 0.1 ② 0.2
③ 0.3 ④ 0.4

해설 전기설비 절연저항 기준[MΩ]
절연저항은 각각의 전기가 통하는 전도체와 접지 사이에서 측정되어야 한다. 절연저항 값은 다음 표에 적합하여야 한다.

공칭 회로전압 V	시험전압(직류) V	절연 저항 MΩ
SELV	250	0.25 이상
≤ 500	500	0.5 이상
> 500	1,000	1.0 이상

정답 55. ③ 56. ① 57. ① 58. ②

59 **후크의 법칙을 옳게 설명한 것은?**

① 응력과 변형률은 반비례 관계이다.
② 응력과 탄성계수는 반비례 관계이다.
③ 응력과 변형률은 비례 관계이다.
④ 변형률과 탄성계수는 비례 관계이다.

해설 Hook's 의 법칙≒응력과 변형률의 법칙 (응력과 변형률은 비례)
그림에서 응력–변형률 그래프는 초기 비례하여 증가한다. 이때 비례상수(E)가 탄성계수이다.
$\sigma = E\epsilon$(수직응력–변형률)

60 **정밀성을 요하는 판의 두께를 측정하는 것은?**

① 줄자 ② 직각자
③ R게이지 ④ 마이크로미터

해설 마이크로미터(0.1mm까지 가능)
- 측정용도 : 바깥지름, 안지름, 구멍의 깊이, 기어의 이나 나사의 지름을 측정한다.
- 마이크로미터의 구조 : 앤빌, 스핀들, 딤블, 슬리이브, 게칫스톱으로 구성

정답 59. ③ 60. ④

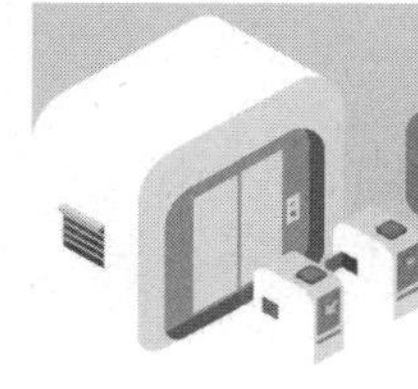

기출문제 2015년 제1회

제1과목 : 승강기개론

01 전기식 엘리베이터 기계실의 실온 범위는?

① 5~70℃　② 5~60℃
③ 5~50℃　④ 5~40℃

해설 기계실은 눈·비가 유입되거나 동절기에 실온이 내려가지 않도록 조치되어야 하며 실온은 +5℃에서+40℃ 사이에서 유지되어야 한다.

02 교류 엘리베이터의 제어방식이 아닌 것은?

① 교류 1단 속도 제어방식
② 교류귀환 전압 제어방식
③ 가변전압 가변주파수(VVVF) 제어방식
④ 교류상환 속도 제어방식

해설 교류 엘리베이터의 제어방식
- 교류 1단 제어
- 교류 2단 제어
- 교류 귀환제어
- 가변전압 가변주파수 제어(VVVF)

03 전기식 엘리베이터에서 카 비상정지장치의 작동을 위한 조속기는 정격속도 몇 % 이상의 속도에서 작동되어야 하는가?(단, 13년 개정 전 과속스위치는 1.3배 이하에서 작동)

① 220　② 200
③ 115　④ 100

해설 조속기
카 비상정지장치의 작동을 위한 조속기는 정격속도의 115% 이상의 속도 그리고 다음과 같은 속도 미만에서 작동되어야 한다.
- 고정된 롤러 형식을 제외한 즉시 작동형 비상정지장치 : 0.8m/s
- 고정된 롤러 형식의 비상정지장치 : 1m/s
- 완충효과가 있는 즉시 작동형 비상정지장치 및 정격속도가 1m/s 이하의 엘리베이터에 사용되는 점차 작동형 비상정지장치 : 1.5m/s
- 정격속도가 1m/s를 초과하는 엘리베이터에 사용되는 점차 작동형 비상정지장치 : 1.25V+0.25/Vm/s

04 엘리베이터의 가이드 레일에 대한 치수를 결정할 때 유의해야 할 사항이 아닌 것은?

① 안전장치가 작동할 때 레일에 걸리는 좌굴하중을 고려한다.
② 수평진동에 의한 레일의 휘어짐을 고려한다.
③ 케이지에 회전모멘트가 걸렸을 때 레일이 지지할 수 있는지 여부를 고려한다.
④ 레일에 이물질이 끼었을 때 배출을 고려한다.

해설 가이드레일의 크기를 결정하는 요소
- 좌굴하중 : 비상 정지 장치가 작동했을 때
- 수평진동력 : 지진발생 시
- 회전모멘트 : 불균등한 큰 하중이 적재되었을 때

정답 1. ④　2. ④　3. ③　4. ④

05 **카가 최상층 및 최하층을 지나쳐 주행하는 것을 방지하는 것은?**

① 리밋 스위치　② 균형추
③ 인터록 장치　④ 정지스위치

해설 파이널 리미트 스위치
- 파이널 리미트 스위치는 우발적인 작동의 위험 없이 가능한 최상층 및 최하층에 근접하여 작동하도록 설치되어야 한다.
- 이 파이널 리미트 스위치는 카(또는 균형추)가 완충기에 충돌하기 전에 작동되어야 한다. 파이널 리미트 스위치의 작동은 완충기가 압축되어 있는 동안 유지되어야 한다.

06 **다음 중 승강기 도어시스템과 관계없는 부품은?**

① 브레이스 로드　② 연동로프
③ 캠　④ 행거

해설 브레이스 로드
카 바닥이 수평이 유지하도록 카주와 비스듬히 설치하는 것이다.

07 **사람이 탑승하지 않으면서 적재용량 1톤 미만의 소형화물 운반에 적합하게 제작된 엘리베이터는?**

① 덤웨이터
② 화물용 엘리베이터
③ 벽장용 엘리베이터
④ 승객용 엘리베이터

해설 덤웨이터
작은 짐을 나르는 데 쓰는 엘리베이터. 도서관의 서적 운반, 창고나 상점의 제품 운반 따위에 많이 쓴다.

08 **승강기에 사용되는 전동기의 소요동력을 결정하는 요소가 아닌 것은?**

① 정격적재하중　② 정격속도
③ 종합효율　④ 건물길이

해설 전동기 소요동력

$$P = \frac{L \times V(1-OB)}{6120 \times \eta}\ [\mathrm{kw}]$$

L : 적재하중(kg)
V : 정격속도(m/min)
OB : 오버 밸런스율(%)
η : 종합효율($\eta = \eta_1 \times \eta_2 \times \eta_3$)

09 **유압 엘리베이터의 동력전달 방법에 따른 종류가 아닌 것은?**

① 스크류식　② 직접식
③ 간접식　④ 팬터그래프식

해설 유압 엘리베이터의 동력전달 방법
- 직접식
- 간접식
- 팬터그래프식

10 **카의 실제 속도와 속도지령장치의 지령속도를 비교하여 사이리스터의 점호각을 바꿔 유도전동기의 속도를 제어하는 방식은?**

① 사이리스터 레오나드 방식
② 교류귀한 전압제어 방식
③ 가변전압 가변주파수 방식
④ 워드 레오나드 방식

해설 • 교류 귀환제어
유도전동기 1차측 각 상에 싸이리스터와 다이오드를 역병렬로 접속하여 전원을 가하여 토크를 변화시키는 방식으로 기동 및 주행을 하고 감속 시에는 유도전동기에 직류를 흐르게 함으로써 제동토크를 발생시킨다. 가속 및 감속 시에 카의 실제속도를 속도발전기에서 검출하여 그 전압과 비교하여 지령값보다 카의 속도가 작을 경우는 사이리스터의 점호각을 높여 가속시키고 반대로 지령값보다 카의 속도가 큰 경우에는 제동용 싸이리스터를 점호하여 직류를 흐르게 함으로써 감속시킨다. 이와 같이 카의 실제 속도와 속도 지령장치의 지령속도을 비교하여 사이리스터의 점호각을 바꿔 유도전동기의 속도를 제어하는 방식

정답 5. ① 6. ① 7. ① 8. ④ 9. ① 10. ②

• 정지레오나드 방식
사이리스터를 사용하여 교류를 직류로 변화하여 전동기에 공급하고 사이리스터의 점호각을 바꿈으로써 직류전압을 바꿔 직류전동기의 회전수를 변경하는 방식으로써 변속시의 손실이 워드레오나드 방식에 비하여 적고 보수가 쉽다는 장점이 있다. 속도제어는 엘리베이터의 실제속도를 속도 지령값으로부터의 신호와 비교하여 그 값의 차이가 있으면 싸이리스터의 점호각을 바꿔 속도를 바꾼다.

11 **유압 엘리베이터의 유압 파워 유닛과 압력배관에 설치되며, 이것을 닫으면 실린더의 기름이 파워 유닛으로 역류되는 것을 방지하는 밸브는?**

① 스톱 밸브 ② 럽처 밸브
③ 체크 밸브 ④ 릴리프 밸브

해설 스톱 밸브
• 유압파워 유니트와 실린더 사이의 압력 배관에 설치
• 파워 유니트로의 역류 방지
• 유압 장치의 보수, 점검 시 사용
• 게이트 밸브라고도 함

12 **상승하던 에스컬레이터가 갑자기 하강방향으로 움직일 수 있는 상황을 방지하는 안전장치는?**

① 스텝체인
② 핸드레일
③ 구동체인 안전장치
④ 스커트 가드 안전장치

해설 구동체인 안전장치(Broken-chain Device)
에스컬레이터의 구동체인이 느슨하게 판단된 경우, 이것을 검출하여 즉시 전동기의 회전을 정지시키고 계단을 정지시키는 장치. 이것은 전동기를 정지시키는 스위치와 계단 구동륜을 기계적으로 록(luck)하여 계단의 움직임을 정지시키는 래칫(ratchet)장치로 구성되어 있다. 비상 브레이크라고 하는 경우도 있다.

13 **승강장 문의 유효출입구 높이는 몇 [m] 이상이어야 하는가?(단, 자동차용 엘리베이터는 제외)**

① 1 ② 1.5
③ 2 ④ 2.5

해설 출입문의 높이 및 폭
승강장문의 유효 출입구 높이는 2m 이상이어야 한다. 다만, 자동차용 엘리베이터는 제외한다.

14 **와이어로프의 꼬는 방법 중 보통꼬임에 해당하는 것은?**

① 스트랜드 꼬는 방향과 로프의 꼬는 방향이 반대인 것
② 스트랜드의 꼬는 방향과 로프의 꼬는 방향이 같은 것
③ 스트랜드의 꼬는 방향과 로프의 꼬는 방향이 일정구간 같았다가 반대이었다가 하는 것
④ 스트랜드의 꼬는 방향과 로프의 꼬는 방향이 전체 길이의 반을 같고 반은 반대인 것

해설 보통꼬임
스트랜드 꼬임과 로프 꼬임 방향을 반대인 것으로 소선과 외부의 접촉면이 짧고 마모에 강하고 꼬임이 잘 풀어지지 않음

15 **승객용 엘리베이터에서 일반적으로 균형체인 대신 균형로프를 사용하는 정격속도의 범위는?**

① 120m/min 이상
② 120m/min 미만
③ 150m/min 이상
④ 150m/min 미만

해설 균형체인(Compensation chain)및 균형로

정답 11. ① 12. ③ 13. ③ 14. ① 15. ①

프(Compensation Rope)
- 이동케이블과 로프의 이동에 따라 변화되는 하중을 보상하기 위하여 설치한다.
- 카 하단에서 피트를 경유하여 균형추의 하단으로 로프와 거의 같은 단위길이의 균형체인이나 균형로프를 사용하여 90% 정도 보상한다.
- 고층용 엘리베이터에는 균형체인을 사용할 경우 소음의 문제가 있어 균형로프를 사용한다.

속도에 의한 분류
- 저속 : 45m/min 이하의 엘리베이터(저층 및 화물용, 침대용–부하가 많은 장소)
- 중속 : 60m/min~105m/min의 엘리베이터(중·저층아파트–주거용)
- 고속 : 120m/min 이상의 엘리베이터(고층 아파트, 오피스텔, 빌딩)
- 초고속 : 360m/min 이상의 엘리베이터(100m 이상 고층)

16 무빙워크의 경사도는 몇 도 이하이어야 하는가?

① 30　② 20
③ 15　④ 12

해설 무빙워크의 경사도는 12° 이하이어야 한다.

17 다음 중 승강기 제동기의 구조에 해당되지 않는 것은?

① 브레이크 슈　② 라이닝
③ 코일　④ 워터슈트

해설 제동기(Brake)

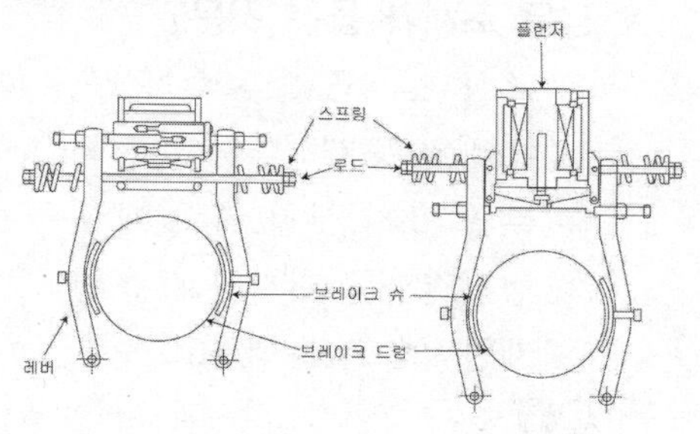

18 수직순환식 주차장치를 승입방식에 따라 분류할 때 해당되지 않는 것은?

① 하부승입식　② 중간승입식
③ 상부승입식　④ 원형승입식

해설 수직순환식주차장치
수직으로 배열된 다수의 운반기가 순환이동하는 구조의 주차장치. 종류는 하부, 중간, 상부승입식 있다.

19 다음 중 안전사고 발생 요인이 가장 높은 것은?

① 불안전한 상태와 행동
② 개인의 개성
③ 환경과 유전
④ 개인의 감정

해설 재해 원인의 분류
직접원인
- 불안전 행동(인적원인)
  - 개인 보호구를 착용하지 않는다.
  - 불안전한 자세
  - 위험장소 접근
  - 운전 중인 기계장치를 수리
  - 정리정돈 불량
  - 안전장치를 무효화
  - 불안전한 적제 및 배치를 한다.
- 불안전한 상태(물적원인)
  - 복장, 보호구 결함
  - 결함 있는 공구사용
  - 작업 및 생산공정 결함
  - 경계표시 설계결함
  - 물자체의 결함

20 인체에 통전되는 전류가 더욱 증가되면 전류의 일부가 심장부분을 흐르게 된다. 이때 심장이 정상적인 맥동을 못하며 불규칙적으로 세동을 하게 되어 결국 혈액 순환에 큰 장애를 일으키게 되는 현상(전류)을 무엇이라 하는가?

① 심실세동전류　② 고통한계전류

정답 16. ④　17. ④　18. ④　19. ①　20. ①

③ 가수전류　　　④ 불수전류

해설 심실세동전류

심장박동이 불규칙하게나 미약하여 충전부에서 분리시켜도자연적으로 회복이불능하므로 인공호흡과 심장마사지(심폐소생법)를 실시해야 소생이가능하다. 심장이 정상적인 맥동을 못하며 불규칙적으로 세동을 하게 되어 결국 혈액 순환에 큰 장애를 일으키게 되는 현상(전류)을 심실세동전류라 한다.

21 추락을 방지하기 위한 2종 안전대의 사용법은?

① U자걸이 전용
② 1개걸이 전용
③ 1개걸이 U자걸이 겸용
④ 2개걸이 전용

해설

종류	등급	사용구분
벨트식(B)식 안전그네식(H)식	1종	U자 걸이 전용
	2종	1개 걸이 전용
	3종	1개 걸이 U자걸이 공용
	4종	안전블록
	5종	추락 방지대

22 설비재해의 물적 원인에 속하지 않는 것은?

① 교육적 결함(안전교육의 결함, 표준작업방법의 결여 등)
② 설비나 시설에 위험이 있는 것(방호 불충분 등)
③ 환경의 불량(정리정돈 불량, 조명 불량 등)
④ 작업복, 보호구의 불량

해설 재해 원인의 분류

• 직접원인–불안전한 상태(물적원인)
  – 복장, 보호구 결함
  – 결함있는 공구사용
  – 작업 및 생산공정 결함
  – 경계표시 설계결함
  – 물자체의 결함

23 감전사고로 의식불명이 된 환자가 물을 요구할 때의 방법으로 적당한 것은?

① 냉수를 주도록 한다.
② 온수를 주도록 한다.
③ 설탕물을 주도록 한다.
④ 물을 천에 묻혀 입술을 적시어만 준다.

해설 감전사고의 응급조치

감전쇼크에 의하여 호흡이 정지되었을 경우 혈액중의 산소함유량이 약 1분 이내에 감소하기 시작하여 산소결핍현상이 나타나기 시작한다. 그러므로 단시간 내에 인공호흡 등 응급조치를 실시할 경우 감전재해자의 95% 이상을 소생시킬 수 있다. 구강 대 구강 법(입맞추기 법), 심장 마사지(인공호흡과 동시에 실시)법이 있다.

24 전기(로프)식 엘리베이터의 안전장치와 거리가 먼 것은?

① 비상정지장치　　② 조속기
③ 도어인터록　　④ 스커트 가드

해설 스커트가드 안전 스위치(S.G.S)

스텝과 스커트가드 사이에 손이나, 신발이 끼었을 때 그 압력에 의해 에스컬레이터를 정지시키는 장치이다.

25 승강기 자체점검의 결과 결함이 있는 경우 조치가 옳은 것은?

① 즉시 보수하고, 보수가 끝날 때까지 운행을 중지
② 주의 표지 부착 후 운행
③ 점검결과를 기록하고 운행
④ 제한적으로 운행하고 보수

해설 승강기 자체점검의 결과 결함이 있는 경우 즉시 보수하고, 보수가 끝날 때까지 운행을 중지해야 한다.

정답 21. ② 22. ① 23. ④ 24. ④ 25. ①

26 **에스컬레이터의 이동용 손잡이에 대한 안전점검사항이 아닌 것은?**

① 균열 및 파손 등의 유무
② 손잡이의 안전마크 유무
③ 디딤판과의 속도차 유지 여부
④ 손잡이가 드나드는 구멍의 보호장치 유무

27 **작업 감독자의 직무에 관한 사항이 아닌 것은?**

① 작업감독 지시
② 사고보고서 작성
③ 작업자 지도 및 교육 실시
④ 산업재해 시 보상금 기준 작성

해설 관리감독자의 업무 내용

- 사업장 내 관리감독자가 지휘·감독하는 작업(이하 이 조에서 "해당 작업"이라 한다)과 관련된 기계·기구 또는 설비의 안전·보건 점검 및 이상 유무의 확인
- 관리감독자에게 소속된 근로자의 작업복·보호구 및 방호장치의 점검과 그 착용·사용에 관한 교육·지도
- 해당 작업에서 발생한 산업재해에 관한 보고 및 이에 대한 응급조치
- 해당 작업의 작업장 정리·정돈 및 통로확보에 대한 확인·감독
- 해당 사업장의 산업보건의, 안전관리자(법 제15조 제4항에 따라 안전관리자의 업무를 안전관리전문기관에 위탁한 사업장의 경우에는 그 전문기관의 해당 사업장 담당자) 및 보건관리자(법 제16조 제3항에 따라 보건관리자의 업무를 보건관리전문기관에 위탁한 사업장의 경우에는 그 전문기관의 해당 사업장 담당자)의 지도·조언에 대한 협조
- 법 제41조의 2에 따른 위험성평가를 위한 업무에 기인하는 유해·위험요인의 파악 및 그 결과에 따른 개선조치의 시행

28 **산업재해 중에서 다음에 해당하는 경우는 재해형태별로 분류하면 무엇인가?**

전기접촉이나 방전에 의해 사람이 충격을 받은 경우

① 감전 ② 전도
③ 추락 ④ 화재

해설 전기에 의한 위험방지

- 감전예방을 위한 주의사항
  - 충전부에 직접 접촉될 경우나 안전거리 이내로 접근하였을 때
  - 전기 기계·기구나 공구 등의 절연열화, 손상, 파손 등에 의한 표면누설로 인하여 누전되어 있는 것에 접촉, 인체가 통로로 되었을 경우
  - 콘덴서나 고압케이블 등의 잔류전하에 의할 경우
  - 전기기계나 공구 등의 외함과 권선간 또는 외함과 대지간의 정전용량에 의한 분압전압에 의할 경우
  - 지락전류 등이 흐르고 있는 전극 부근에 발생하는 전위경도에 의할 경우
  - 송전선 등의 정전유도 또는 유도전압에 의할 경우
  - 오조작 및 자가용 발전기 운전으로 인한 역송전의 경우
  - 낙뢰 진행파에 의할 경우

29 **전기식 엘리베이터의 카 내 환기시설에 관한 내용 중 틀린 것은?**

① 구멍이 없는 문이 설치된 카에는 카의 위·아랫부분에 환기구를 설치한다.
② 구멍이 없는 문이 설치된 카에는 반드시 카의 윗부분에만 환기구를 설치한다.
③ 카의 윗부분에 위치한 자연 환기구의 유효면적은 카의 허용면적의 1% 이하이어야 한다.
④ 카의 아랫부분에 위치한 자연 환기구의 유효면적은 카의 허용면적의 1% 이상이어야 한다.

정답 26. ② 27. ④ 28. ① 29. ②

해설 환기

구멍이 없는 문이 설치된 카에는 카의 위·아랫부분에 자연 환기구가 있어야 한다.

30 엘리베이터 전동기에 요구되는 특성으로 옳지 않은 것은?

① 충분한 제동력을 가져야 한다.

② 운전상태가 정숙하고 고진동이어야 한다.

③ 카의 정격속도를 만족하는 회전특성을 가져야 한다.

④ 높은 기동빈도에 의한 발열에 대응하여야 한다.

해설 엘리베이터 용 전동기가 구비해야 할 특성

- 고기동・감속・정지에 의한 발열에 대해 고려해야 한다.
- 카의 정격 속도를 만족하는 회전 특성을 가져야 한다(오차 ±5%~10% 범위).
- 역구동하는 경우도 많기 때문에 충분한 제동력을 가져야 한다.
- 운전 상태가 정숙하고 진동과 소음이 적어야 한다.

31 급유가 필요하지 않은 곳은?

① 호이스트 로프(Hoist Rope)

② 조속기(Governor) 로프

③ 가이드 레일(Guide Rail)

④ 웜 기어(Worm Gear)

해설 로프의 구조

- 소선 : 탄소강으로 만들어지며, 스트랜드를 구성하는 강선을 말함
- 가닥(스트랜드, Strand) : 복수의 소선 등을 꼰 로프의 구성 요소
- 심강 : 마닐라, 삼등 천연 섬유나 합성섬유를 꼬고 그리스를 함유시켜 소선의 방청 효과와 굴곡 시 소선끼리 미끄러지는 윤활유 작용

32 로프식(전기식) 엘리베이터용 조속기의 점검사항이 아닌 것은?

① 진동소음상태

② 베어링 마모상태

③ 캣치 작동상태

④ 라이닝 마모상태

해설 조속기 점검사항

인장풀리의 이물질 상태 점검

- 스위치 레버, 캣치 웨이트 적정상태
- 배선 터미널의 체결상태
- 접지 상태 점검
- 가버너 로프 풀리 커버 조립상태
- 조속기 스위치의 접점 청결상태
- 운전의 윤활성 및 소음 유무
- 조속기 로프와 클립 체결상태
- 과속스위치 점검 및 작동상태

33 유압식 엘리베이터에서 고장수리 할 때 가장 먼저 차단해야 하는 밸브는?

① 체크 밸브 ② 스톱 밸브

③ 복합 밸브 ④ 다운 밸브

해설 스톱 밸브

- 유압파워 유니트와 실린더 사이의 압력 배관에 설치
- 파워 유니트로의 역류 방지
- 유압 장치의 보수, 점검 시 사용
- 게이트 밸브라고도 함

34 엘리베이터에서 와이어로프를 사용하여 카의 상승과 하강, 전동기를 이용한 동력장치는?

① 권상기 ② 조속기

③ 완충기 ④ 제어반

해설 권상기

권상기는 와이어로프를 드럼에 감거나 풀게 하여 카를 승강시키는 장치이다.

정답 30. ② 31. ② 32. ④ 33. ② 34. ①

35 **3상 유도전동기에 전류가 흐르지 않을 때의 고장원인으로 볼 수 있는 것은?**

① 1차측 전선 또는 접속선 중 한 선이 단선되었다.
② 1차측 전선 또는 접속선 2선 또는 3선이 단선되었다.
③ 1차측 또는 2차측 전선이 접지되었다.
④ 전자접촉기의 접점이 한 개 마모되었다.

36 **장애인용 엘리베이터의 경우 호출버튼에 의하여 카가 정지하면 몇 초 이상 문이 열린 채로 대기하여야 하는가?**

① 8초 이상 ② 10초 이상
③ 12초 이상 ④ 15초 이상

해설 장애인용 엘리베이터는 호출버튼 또는 등록버튼에 의하여 카가 정지하면 10초 이상 문이 열린 채로 대기하여야 한다.

37 **승강기의 트랙션비를 설명한 것 중 옳지 않은 것은?**

① 카 측 로프가 매달고 있는 중량과 균형추측 로프가 매달고 있는 중량의 비율
② 트랙션비를 낮게 선택해도 로프의 수명과는 전혀 관계가 없다.
③ 카 측과 균형추 측에 매달리는 중량의 차를 적게 하면 권상기의 전동기 출력을 적게 할 수 있다.
④ 트랙션비는 1.0 이상의 값이 된다.

해설 트랙션비
카측 로프에 걸리는 하중과 균형추측에 걸리는 하중의 비를 '트랙션비'라 하며 항상 1보다 크다. 트랙션비를 낮게 선택해도 로프의 수명이 짧아지고, 카 측과 균형추 측에 매달리는 중량의 차를 적게 하면 권상기의 전동기 출력을 적게 할 수 있다.

38 **무빙워크 이용자의 주의표시를 위한 표지판 또는 표지 내에 표시되는 내용이 아닌 것은?**

① 손잡이를 꼭 잡으세요.
② 카트는 탑재하지 마세요.
③ 걷거나 뛰지 마세요.
④ 안전선 안에 서 주세요.

해설 스컬레이터 또는 무빙워크 출입구 근처의 주의표시

39 **공칭속도 0.5m/s 무부하 상태의 에스컬레이터 및 하강방향으로 움직이는 제동부하 상태의 에스컬레이터의 정지거리는?**

① 0.1m에서 1.0m 사이
② 0.2m에서 1.0m 사이
③ 0.3m에서 1.3m 사이
④ 0.4m에서 1.5m 사이

해설 에스컬레이터의 정지거리

공칭속도 V	정지거리
0.50m/s	0.20m에서 1.00m 사이
0.65m/s	0.30m에서 1.30m 사이
0.75m/s	0.40m에서 1.50m 사이

40 **과부하감지장치에 대한 설명으로 틀린 것은?**

① 과부하감지장치가 작동하는 경우 경보음이 울려야 한다.
② 엘리베이터 주행 중에는 과부하감지

정답 35. ② 36. ② 37. ② 38. ② 39. ② 40. ②

장치의 작동이 무효화되어서는 안 된다.
③ 과부하감지장치가 작동한 경우에는 출입문의 닫힘을 저지하여야 한다.
④ 과부하감지장치는 초과하중이 해소되기 전까지 작동하여야 한다.

해설 • 카에 과부하가 발생할 경우에는 재-착상을 포함한 정상운행을 방지하는 장치가 설치되어야 한다.
• 과부하는 최소 65kg으로 계산하여 정격하중의 10%를 초과하기 전에 검출되어야 한다.
• 과부하의 경우에는 다음과 같아야 한다.
 – 가청이나 시각적인 신호에 의해 카 내 이용자에게 알려야 한다.
 – 자동 동력 작동식 문은 완전히 개방되어야 한다.
 – 수동 작동식 문은 잠금해제상태를 유지하여야 한다.
 – 7.7.2.1 및 7.7.3.1에 따른 예비운전은 무효화되어야 한다.

41 **유압식 엘리베이터에서 바닥맞춤 보정장치는 몇 mm 이내에서 작동상태가 양호하여야 하는가?**

① 25 ② 50
③ 75 ④ 90

해설 안전장치
카의 정지 시에 있어서 자연하강을 보정하기 위한 바닥맞춤보정장치(착상면을 기준으로 하여 75mm 이내의 위치에서 보정할 수 있어야 함)

42 **로프식(전기식) 엘리베이터에 있어서 기계실 내의 조명, 환기상태 점검 시에 운전을 정지하고 긴급수리를 해야 하는 경우는?**

① 천정, 창 등에 우수가 침입하여 기기에 악영향을 미칠 염려가 있는 경우
② 실내에 엘리베이터 관계이외에 물건이 있는 경우
③ 조도, 환기가 부족한 경우
④ 실온 0℃ 이하 또는 40℃ 이상인 경우

해설 천정, 창 등에 우수가 침입하여 기기에 악영향을 미칠 염려가 있는 경우에는 운전을 정지하고 긴급수리를 해야 한다.

43 **전자접촉기 등의 조작회로를 접지하였을 경우, 당해 전자 접촉기 등이 폐로될 염려가 있는 것의 접속방법으로 옳은 것은?**

① 코일과 접지측 전선 사이에 반드시 개폐기가 있을 것
② 코일의 일단을 접지측 전선에 접속할 것
③ 코일의 일단을 접지하지 않는 쪽의 전선에 접속할 것
④ 코일과 접지측 전선 사이에 반드시 퓨즈를 설치할 것

해설 전기적인 회로
전자접촉기 등의 조작회로를 접지하였을 경우에 당해 전자접촉기 등이 폐로될 염려가 있는 것은 다음 각항에 따라 접속하여야 한다.
• 코일의 일단을 접지측의 전선에 접속하여야 한다. 다만, 코일과 접지측 사이에 반도체를 이용하는 전자접촉기 드라이브방식일 경우에는 그러하지 아니하다.
• 코일과 접지측의 전선 사이에는 계전기 접점이 없어야 한다. 다만, 코일과 접지측 사이에 반도체를 이용하는 전자접촉기 드라이브방식일 경우에는 그러하지 아니하다.
• 과전류 또는 과부하시 동력을 차단시키는 과전류방지기능을 구비하여야 한다.

44 **T형 레일의 13K 레일 높이는 몇 mm인가?**

① 35 ② 40
③ 56 ④ 62

정답 41. ③ 42. ① 43. ② 44. ④

해설 T형 레일의 단면과 치수

구분 \ 호칭	8K	13K	18K	24K	30K
A	56	62	89	89	108
B	78	89	114	127	140
C	10	16	16	16	19
D	26	32	38	50	51
E	6	7	8	12	13

㈜ 30k의 경우 360~420m/min에 적용 가능한 초고속용 엘리베이터 가이드 레일이다.

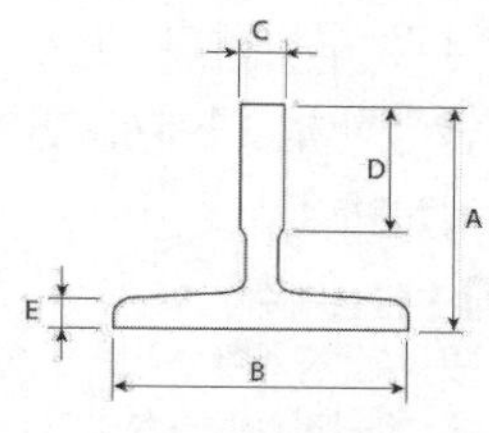

T형 레일의 단면

45 스텝과 스커트 사이에 끼임의 위험을 최소화하기 위한 장치는?

① 콤
② 뉴 얼
③ 스커트
④ 스커트 디플렉터

해설 스커트 디플렉터(skirt deflector)
스텝과 스커트 사이에 끼임의 위험을 최소화하기 위한 장치

46 전동기를 동력원으로 많이 사용하는데 그 이유가 될 수 없는 것은?

① 안전도가 비교적 높다.
② 제어조작이 비교적 쉽다.
③ 소손사고가 발생하지 않는다.
④ 부하에 알맞은 것을 쉽게 선택할 수 있다.

47 일감의 평행도, 원통의 진원도, 회전체의 흔들림 정도 등을 측정할 때 사용하는 측정기기는?

① 버니어 캘리퍼스
② 하이트 게이지
③ 마이크로미터
④ 다이얼 게이지

해설 다이얼 게이지

- 용도 : 기어 장치로 미소한 변위를 확대하여 길이나 변위를 정밀 측정하는 계기. 평면의 요철, 공작물 결합의 적부, 축 중심의 흔들림 등 소량의 오차를 검사하는 데 사용한다.
- 피측정물의 치수변화에 따라 움직이는 스핀들의 직선운동은 스핀들에 부착된 래크(Rack)와 피니언(Piniun)에 의해 회전운동으로 바뀌고 이 회전운동은 피니언과 같은 축에 고정된 제1기어와 지침 피니언에 의해서 확대되어 눈금판에 지침이 지시된다. 헤어스프링이 달린 제2기어는 지침 피니언에 물려 있는 백래시(Backlash)를 제거하여 스핀들의 상하 운동 시 후퇴오차를 제거한다.

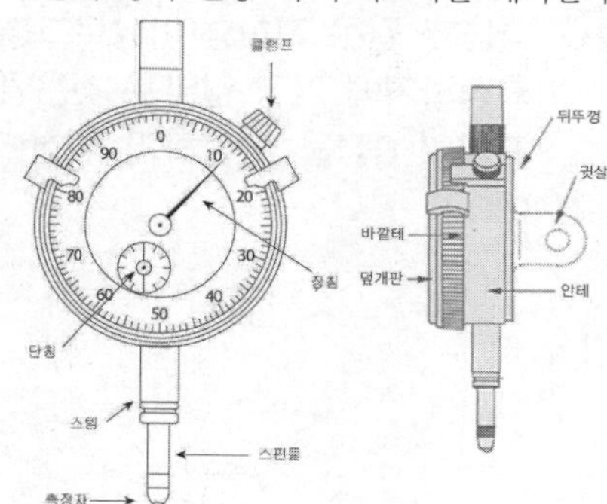

48 정전용량이 같은 두 개의 콘덴서를 병렬로 접속하였을 때의 합성용량은 직렬로 접속하였을 때의 몇 배인가?

① 2　　② 4
③ 1/2　　④ 1/4

해설 • 콘덴서를 병렬로 접속 하였을 때 합성 정전 용량 $C_0 = C_1 + C_2$[F]이며 동일 용량을 병렬로 접속하면 2C 배가 된다.

정답 45. ④　46. ③　47. ④　48. ②

• 콘덴서를 직렬로 접속 하였을 때 합성 정전 용량 $C_0 = \frac{C_1 \cdot C_2}{C_1 + C_2}$[F]이며 콘덴서를 직렬로 접속 하였을 때 합성 정전 용량은 $\frac{C}{2}$배가 된다.

$\therefore\ 2C/\frac{C}{2} = 2\times 2 = 4$배

49 유도전동기의 동기속도가 n_s, 회전수가 n이라면 슬립(s)은?

① $\frac{n_s - n}{n}\times 100$ ② $\frac{n_s - n}{n_s}\times 100$

③ $\frac{n_s}{n_s - n}\times 100$ ④ $\frac{n_s}{n_s + n}\times 100$

해설 슬립[S]

$S(slip) = \frac{N_s - N}{N_s}\times 100[\%]$

(N_s : 동기속도, N : 회전자속도)

50 다음과 같은 지침형(아날로그형) 계기로 측정하기에 가장 알맞은 것은?(단, R은 지침의 0점을 조절하기 위한 가변저항이다)

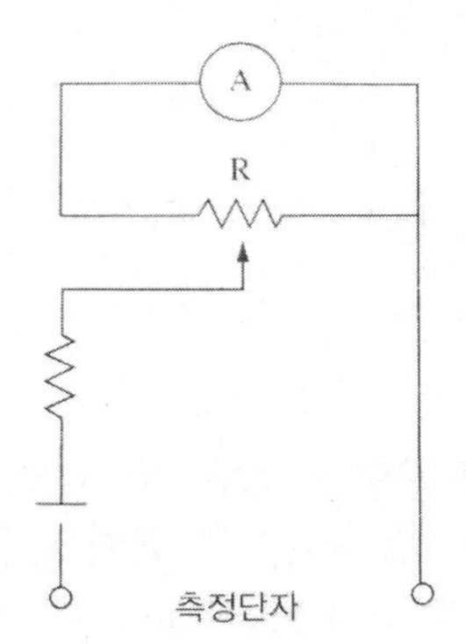

① 전압 ② 전류

③ 저항 ④ 전력

51 물체의 외력을 가해서 변형을 일으킬 때 탄성한계 내에서 변형의 크기는 외력에 대해 어떻게 나타나는가?

① 탄성한계 내에서 변형의 크기는 외력에 대하여 반비례한다.

② 탄성한계 내에서 변형의 크기는 외력에 대하여 비례한다.

③ 탄성한계 내에서 변형의 크기는 외력과 무관하다.

④ 탄성한계 내에서 변형의 크기는 일정하다.

해설 • 탄성계수

변형된 물체가, 외력이 없으면 본래의 형태로 원위치 되는 성질이 탄성이다.

• 후크의 법칙과 탄성계수

– Hook's의 법칙≒응력과 변형률의 법칙 (응력과 변형률은 비례)

– 응력-변형률 그래프는 초기 비례하여 증가한다. 이때 비례상수(E)가 탄성계수이다.

– $\sigma = E\epsilon$(수직응력 σ –변형률 ϵ)
여기서, E=비례상수[종탄성상수, 세로탄성상수, 영상수(Young's Modulus)]

52 권수 N의 코일에 I[A]의 전류가 흘러 권선 1회의 코일에서 자속 Φ[Wb]가 생겼다면 자기인덕턴스(L)는 몇 H인가?

① $\frac{\Phi I}{N}$ ② $L = IN\Phi$

③ $L = \frac{N\Phi}{I}$ ④ $L = \frac{IN}{\Phi}$

해설 유도기전력 $e = -N\frac{d\phi}{dt} = -L\frac{di}{dt}[V]$

$\therefore\ LI = N\phi,\ L = \frac{N\Phi}{I}$

53 직류 분권전동기에서 보극의 역할은?

① 회전수를 일정하게 한다.

② 기동토크를 증가시킨다.

정답 49. ② 50. ③ 51. ② 52. ③ 53. ③

③ 정류를 양호하게 한다.

④ 회전력을 증가시킨다.

해설 보극

전기자 반작용을 없애기 위해 주된 자기극인 N극과 S극의 사이에 설치한 소자극(보극)으로 전기자 권선과 직렬로 연결한다. 보극은 부하 시 전기자 권선이 만드는 자속을 상쇄하여 정류를 양호하게 한다.

54 다음 강도 중 상대적으로 값이 가장 작은 것은?

① 파괴강도 ② 극한강도

③ 항복응력 ④ 허용응력

해설

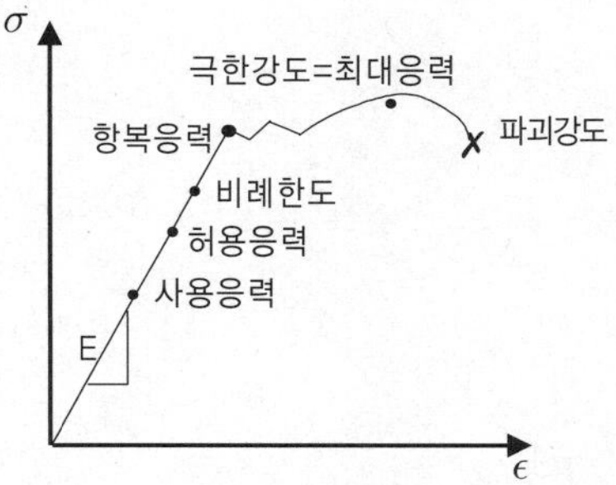

55 저항이 50Ω인 도체에 100V의 전압을 가할 때 그 도체에 흐르는 전류는 몇 A인가?

① 2 ② 4

③ 8 ④ 10

해설 전류(I)

$$I=\frac{V}{R}=\frac{100}{50}=2(A)$$

56 A, B는 입력, X는 출력이라 할 때 OR회로의 논리식은?

① $\overline{A}$ =X ② A·B=X

③ A+B=X ④ $\overline{A \cdot B}$ =X

해설 OR 회로

• 논리회로 : 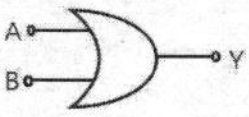

• 논리식 : Y=A+B

입력신호 A, B중 어느 하나라도 1이면 출력 신호 Y가 1이 된다.

A	B	Y
0	0	0
0	1	1
1	0	1
1	1	1

57 엘리베이터의 권상기 시브 직경이 500 mm 주와 이어로프 직경이 12mm이며, 1 : 1 로핑방식을 사용하고 있다면 권상기 시브의 회전속도가 1분당 약 56회일 경우 엘리베이터 운행속도는 약 몇 m/min가 되겠는가?

① 45 ② 60

③ 90 ④ 120

해설 Elevator 속도

정격속도(V)$=\frac{\pi DN}{1000}i$

D : 권상기 도르래의 지름(mm)

N : 전동기의 회전수(rpm)

i : 감속비

$$V=\frac{\pi DN}{1000}i=\frac{\pi\times500\times56}{1000}\fallingdotseq87.92[\text{m/min}]$$

$\therefore$ 90[m/min]

58 시퀀스 회로에서 일종의 기억회로라고 할 수 있는 것은?

① AND 회로

② OR 회로

③ NOT 회로

④ 자기유지회로

해설 자기유지회로 : 시퀀스 제어를 하는 회로를 구성하는 기본적인 회로소자로 이 회로는 시동신호 및 정지신호 등의 제어명령에 의해서 접점이 작동하고, 그 상태를 계속 유지하는 기능을 가지고 있다.

정답 54. ④ 55. ① 56. ③ 57. ③ 58. ④

59 **그림과 같은 활차장치의 옳은 설명은? (단, 그 활차의 직경은 같다)**

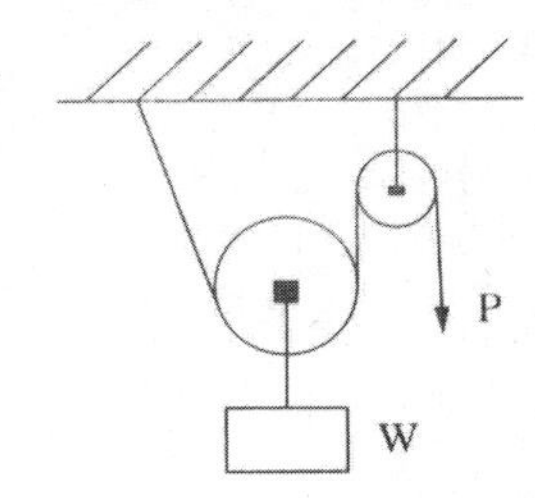

① 힘의 크기는 $W=P$이고, W의 속도는 P속도의 $\frac{1}{2}$이다.

② 힘의 크기는 $W=P$이고, W의 속도는 P속도의 $\frac{1}{4}$이다.

③ 힘의 크기는 $W=2P$이고, W의 속도는 P속도의 $\frac{1}{2}$ 이다.

④ 힘의 크기는 $W=2P$이고, W의 속도는 P속도의 $\frac{1}{4}$이다.

해설 하중

$W=2^n \cdot P$

여기서, P=올리는 힘, n=동활차 수

$W=2^n P=2P$, $P=\frac{1}{2}W$

※ 승강기시설 안전관리법이 개정됨에 따라 관련 문제들이 삭제되었습니다.

정답 59. ③

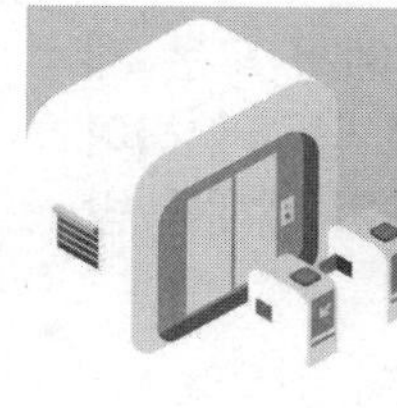

기출문제 ○ 2015년 제2회

제1과목 : 승강기개론

01 카의 문을 열고 닫는 도어머신에서 성능상 요구되는 조건이 아닌 것은?

① 작동이 원활하고 정숙하여야 한다.
② 카 상부에 설치하기 위하여 소형이며 가벼워야 한다.
③ 어떠한 경우라도 수동조작에 의하여 카 도어가 열려서는 안 된다.
④ 작동 회수가 승강기 기동 회수의 2배이므로 보수가 쉬워야 한다.

해설 도어 머신의 구비 조건
- 동작이 원활할 것
- 소형 경량일 것
- 유지보수가 용이할 것
- 경제적일 것

02 승강기 도어가 닫혀 있지 않으면 엘리베이터 운전이 불가능하도록 만든 것은?

① 승강장 도어스위치
② 승강장 도어행거
③ 승강장 도어인터록
④ 도어슈

해설 승강장 도어스위치
승강기 도어가 닫혀 있지 않으면 엘리베이터 운전이 불가능하도록 만든 것

03 유압장치의 보수, 점검 또는 수리 등을 할 때에 사용되는 것은?

① 안전밸브
② 유량제어밸브
③ 스톱밸브
④ 필터

해설 스톱 밸브(Stop Valve)
유압 파워유니트에서 실린더로 통하는 배관 도중에 설치되는 수동조작 밸브이다. 밸브를 닫으면 실린더의 오일이 탱크로 역류하는 것을 방지한다. 유압 장치의 보수, 점검, 수리할 때에 사용되며 게이트 밸브(Gate Valve)라고도 한다.

04 로프식 엘리베이터에서 도르래의 구조와 특징에 대한 설명으로 틀린 것은?

① 직경은 주로프의 50배 이상으로 하여야 한다.
② 주로프가 벗겨질 우려가 있는 경우에는 로프 이탈 방지장치를 설치하여야 한다.
③ 도르래 홈의 형상에 따라 마찰계수의 크기는 U홈<언더커트 홈<V홈의 순이다.
④ 마찰계수는 도르래 홈의 형상에 따라 다르다.

해설 직경은 주로프의 40배 이상으로 하여야 한다.

정답 1. ③ 2. ① 3. ③ 4. ①

05 단식자동방식(single automatic)에 관한 설명 중 맞는 것은?

① 같은 방향의 호출은 등록된 순서에 따라 응답하면서 운행한다.
② 승강장 버튼은 오름, 내림 공용이다.
③ 주로 승객용에 사용된다.
④ 1개 호출에 의한 운행 중 다른 호출 방향이 같으면 응답한다.

해설 승강기의 조작 방식
- 자동식 : 엘리베이터에 운전자가 없는 방식
  - 단식 자동방식(Single automatic) : 먼저 등록된 호출에만 응답하고 그 운전이 완료될 때까지는 다른 호출에 응하지 않는 방식. 화물용이나 카(Car)리프트 등에 많이 사용된다.
  - 하강승합 전자동식 : 2층에서 그 위층의 승강장 버튼은 하강 방향 버튼만 있고, 중간층에서 위층으로 갈 때는 일단 1층으로 내려온 후 다시 올라가야만 한다.
  - 양방향 승합 전자동식 : 승강장의 누름단추는 상승용, 하강용의 양쪽 모두 동작이 가능하다. 카의 진행 방향에 따라 카 내 운전반 버튼과 승강장의 버튼에 응답하면서 승강한다.

06 VVVF 제어란?

① 전압을 변환시킨다.
② 주파수를 변환시킨다.
③ 전압과 주파수를 변환시킨다.
④ 전압과 주파수를 일정하게 유지시킨다.

해설 VVVF 제어 방식(가변전압 가변 주파수 : 전압과 주파수를 동시에 제어)
- 특징
  - 광범위한 속도 제어 방식으로 인버터를 사용하여 유도 전동기의 속도를 제어하는 방식이다.
  - 유지 보수가 용이하며 승차감 향상 및 소비전력이 적다.
  - 컨버터(교류를 직류로 변환), 인버터(직류를 교류로 변환)가 사용된다.
  - PAM 제어 방식과 PWM 제어 방식이 있다.

07 승강장의 문이 열린 상태에서 모든 제약이 해제되면 자동적으로 닫히게 하여 문의 개방상태에 생기는 2차 재해를 방지하는 문의 안전장치는?

① 시그널 컨트롤 ② 도어 컨트롤
③ 도어 클로저 ④ 도어 인터록

해설 도어 클로저의 구조 및 원리
- 구조 : 레버 시스템, 코일 스프링, 도어 체크(스프링식, 중력식)
- 원리 : 승강장의 도어가 열린 상태에서 모든 제약이 해제되면 자동적으로 닫히게 하는 장치이다.

08 카가 어떤 원인으로 최하층을 통과하여 피트에 도달했을 때 카의 충격을 완화시켜주는 장치는?

① 완충기 ② 비상정지장치
③ 조속기 ④ 리미트 스위치

해설 완충기
카에 이상 발생으로 최하층을 통과하여 피트(Pit)로 떨어졌을 때 충격을 완화하기 위한 장치이다.

09 승강로의 벽 일부에 한국산업표준에 알맞은 유리를 사용할 경우 다음 중 적합하지 않은 것은?

① 망유리 ② 강화유리
③ 접합유리 ④ 감광유리

해설 점검문 및 비상문
일반적으로 사람이 접근 가능한 승강로 벽이 평면 또는 성형 유리판인 경우, 5.2.1.2에서 요구하는 높이까지는 KS L 2004에 적합하거나 동등 이상의 접합유리이어야 한다. 다만, 그 이외의 부분은 KS L 2002에 적합하거나 동등 이상의 강화유리, KS L 2003에 적합하거나 동등 이상의 복층유리(16mm 이상) 또는 KS L 2006에 적합하거나 동등 이상의 망유리가 사용될 수 있다.

정답 5. ② 6. ③ 7. ③ 8. ① 9. ④

10 **가이드 레일의 역할에 대한 설명 중 틀린 것은?**

① 카와 균형추를 승강로 평면 내에서 일정 궤도상에 위치를 규제한다.
② 일반적으로 가이드 레일은 H형이 가장 많이 사용된다.
③ 카의 자중이나 화물에 의한 카의 기울어짐을 방지한다.
④ 비상 멈춤이 작동할 때의 수직하중을 유지한다.

해설 가이드 레일(Guide Rail)의 규격과 사용 목적

- 가이드레일의 규격
  - 레일의 표준 길이 : 5m(특수 제작된 T형 레일)
  - 레일 규격의 호칭 : 소재의 1m당 중량을 라운드 번호로 하여 K 레일을 붙여서 사용된다. 일반적으로 사용하고 있는 T형 레일은 공칭 8, 13, 18, 및 24K 레일이지만 대용량의 엘리베이터는 37K, 50K 레일 등도 사용된다.
- 가이드 레일 사용 목적
  - 카와 균형추의 승강로 내 위치 규제
  - 카의 자중이나 화물에 의한 카의 기울어짐 방지
  - 집중 하중이나 비상 정지 장치 작동 시 수직 하중을 유지

11 **전동 덤웨이터와 구조적으로 가장 유사한 것은?**

① 수평보행기 ② 엘리베이터
③ 에스컬레이터 ④ 간이리프트

해설 간이리프트(DUMBWAITER)라 함은 동력을 사용하여 가이드레일을 따라 움직이는 운반구를 매달아 소형화물 운반을 주목적으로 하는 승강기와 유사한 구조이다.

12 **유압식 엘리베이터의 특징으로 틀린 것은?**

① 기계실을 승강로와 떨어져 설치할 수 있다.
② 플런져에 스톱퍼가 설치되어 있기 때문에 오버헤드가 작다.
③ 적재량이 크고 승강행정이 짧은 경우에 유압식이 적당하다.
④ 소비전력이 비교적 작다.

해설 유압 엘리베이터의 특징

- 기계실의 배치가 자유롭다.
- 건물 꼭대기 부분에 하중이 작용하지 않는다.
- 승강로 꼭대기 틈새가 작아도 된다.
- 실린더를 사용하기 때문에 행정거리와 속도에 한계가 있다.
- 균형추를 사용하지 않아 전동기 소요동력 커진다.

13 **과부하 감지장치의 용도는?**

① 속도 제어용 ② 과하중 경보용
③ 속도 변환용 ④ 종점 확인용

해설 과부하 감지장치
카 내부의 적재하중을 감지하여 적재하중이 넘으면 경보를 울려 출입문의 닫힘을 자동적으로 제지하는 장치(105~110%가 표준)

14 **중속 엘리베이터의 속도는 몇 m/min인가?**

① 20~45 ② 45~60
③ 60~105 ④ 100~230

해설 중속
60m/min~105m/min의 엘리베이터

15 **승강기의 조속기란?**

① 카의 속도를 검출하는 장치이다.
② 비상정지장치를 뜻한다.
③ 균형추의 속도를 검출한다.
④ 플런져를 뜻한다.

정답 10. ② 11. ④ 12. ④ 13. ② 14. ③ 15. ①

해설 조속기(Governor)
카와 같은 속도로 움직이는 조속기 로프에 의해 회전하여(원심력) 승강기의 속도를 검출하는 장치이다.

16 안전사고의 발생요인으로 볼 수 없는 것은?

① 피로감　② 임금
③ 감정　④ 날씨

해설 • 기계 안전사고의 인적 원인
- 작업방법 : 기계취급의 부적정, 운반작업의 불량
- 근로조건 : 장시간 노동, 휴식 및 휴양 불충분
- 신체조건 : 피로, 수면부족, 병약자 및 신체조건의 부적격자 작업
- 개성 및 심리 : 난폭, 둔감, 우울, 다혈질, 배타성 등
- 적재적소 : 미성숙자, 무경험자의 배치
- 복장 : 작업복, 모자, 안전화의 불이행
- 안전교육 : 안전기준의 미비, 안전의식 부족
- 작업규율 : 안전 규칙의 불이행

• 기계 안전사고의 물리적 원인
- 건물 작업장 : 건물의 배치, 비상구의 불비, 작업면적 협소
- 기계 및 설비 : 배치불량, 덮개 결함, 비상 정지 장치 미비
- 공구류 및 보호구류 : 공구관리 불량, 유지관리 불량
- 안전표지, 안전 게시판 : 미설치 혹은 부족
- 작업환경 : 환기, 채광, 조명, 온도 등

17 작업으로 특수성으로 인해 발생하는 직업병으로서 작업 조건에 의하지 않은 것은?

① 먼지　② 유해가스
③ 소음　④ 작업 자세

18 승강기 설치·보수 작업에서 발생되는 위험에 해당되지 않는 것은?

① 물리적 위험　② 접촉적 위험
③ 화학적 위험　④ 구조적 위험

해설 • 물리적 위험 : 작업장에서 전기, 열, 등 물리적 에너지에 의해 발생하는 재해의 위험
• 화학적 위험 : 화학물질과 같이 폭발, 인화, 발화의 성질 등에 의해서 발생하는 재해의 위험

19 안전사고의 통계를 보고 알 수 없는 것은?

① 사고의 경향
② 안전업무의 정도
③ 기업이윤
④ 안전사고 감소 및 목표 수준

해설 안전사고의 통계와 기업이윤은 관계가 없다.

20 승강기 관리주체가 행하여야 할 사항으로 틀린 것은?

① 안전(운행)관리자를 선임하여야 한다.
② 승강기에 관한 전반적인 관리를 하여야 한다.
③ 안전(운행)관리자가 선임되면 관리주체는 별다른 관리를 할 필요가 없다.
④ 승강기의 유지보수에 대한 위임 용역 및 감독을 하여야 한다.

해설 • 관리주체 : 승강기에 대한 관리책임이 있는 자
• 운행관리자 : 관리주체로부터 선임되어 직접 승강기 운행 업무를 관리하는 자
- 안전(운행)관리자가 선임되면 관리주체는 안전(운행)관리자를 관리하여야 된다.

21 인체의 전기저항에 대한 것으로 피부저항은 피부에 땀이 나 있는 경우는 건조시에 비해 피부저항이 어떻게 되는가?

① 2배 증가

정답 16. ②　17. ④　18. ③　19. ③　20. ③　21. ③

② 4배 증가
③ 1/12~1/20 감소
④ 1/25~1/30 감소

해설 인체의 전기 저항

- 통전 전류의 크기는 인체의 전기저항(임피던스)값에 의해 결정되고, 이 저항은 인가된 접촉전압에 따라 다르나 최악의 경우를 감안하면 약 1,000옴 정도가 된다. 이 저항값이 작을수록 위험하므로 전기를 취급할 경우에는 이 값을 크게 하는 것이 중요하다.
- 일반적으로 피부저항은 피부에 땀이 나 있는 경우는 건조시의 약 1/12~1/20, 물에 젖어 있을 경우는 1/25로 저하된다.

22 재해 조사의 요령으로 바람직한 방법이 아닌 것은?

① 재해 발생 직후에 행한다.
② 현장의 물리적 증거를 수집한다.
③ 재해 피해자로부터 상황을 듣는다.
④ 의견 충돌을 피하기 위하여 반드시 1인이 조사하도록 한다.

해설 재해 조사의 요령으로 객관적으로 조사하기 위해 2인 이상 조사한다.

23 전기감전에 의하여 넘어진 사람에 대한 중요한 관찰사항과 거리가 먼 것은?

① 의식 상태 ② 호흡 상태
③ 맥박 상태 ④ 골절 상태

해설 감전에 의하여 넘어진 사람에 대한 중요 관찰사항은 의식상태, 호흡상태, 맥박상태이다.

24 사업장에서 승강기의 조립 또는 해체작업을 할 때 조치하여야 할 사항과 거리가 먼 것은?

① 작업을 지휘하는 자를 선임하여 지휘자의 책임 하에 작업을 실시할 것
② 작업할 구역에는 관계 근로자 외의 자의 출입을 금지시킬 것
③ 기상상태의 불안정으로 인하여 날씨가 몹시 나쁠 때는 그 작업을 중지시킬 것
④ 사용자의 편의를 위하여 야간작업을 하도록 할 것

해설 산업안전보건기준에 관한 규칙[제162조(조립 등의 작업)]

- 사업주는 사업장에 승강기의 설치·조립·수리·점검 또는 해체 작업을 하는 경우 다음 각 호의 조치를 하여야 한다.
  - 작업을 지휘하는 사람을 선임하여 그 사람의 지휘 하에 작업을 실행할 것
  - 작업을 할 구역에 관계 근로자가 아닌 사람의 출입을 금지하고 그 취지를 보기 쉬운 장소에 표시할 것
  - 비, 눈, 그 밖에 기상상태의 불안정으로 날씨가 몹시 나쁜 경우에는 그 작업을 중지시킬 것
- 사업주는 제1항 제1호의 작업을 지휘하는 사람에게 다음 각 호의 사항을 이행하도록 하여야 한다.
  - 작업방법과 근로자의 배치를 결정하고 해당 작업을 지휘하는 일
  - 재료의 결함 유무 또는 기구 및 공구의 기능을 점검하고 불량품을 제거하는 일
  - 작업 중 안전대 등 보호구의 착용 상황을 감시하는 일

25 재해원인의 분류에서 불안전한 상태(물적 원인)가 아닌 것은?

① 안전방호장치의 결함
② 작업환경의 결함
③ 생산공정의 결함
④ 불안전한 자세 결함

26 간접식 유압엘리베이터의 특징이 아닌 것은?

① 실린더를 설치하기 위한 보호관이

정답 22. ④ 23. ④ 24. ④ 25. ④ 26. ④

필요하지 않다.

② 실린더 점검이 용이하다.

③ 비상정지장치가 필요하다.

④ 로프의 늘어짐과 작동유의 압축성 때문에 부하에 의한 카 바닥의 빠짐이 비교적 적다.

해설 유압엘리베이터의 종류와 특징

직접식	간접식
• 승강로 소요 평면 치수가 작고 구조 간단 • 비상 정지 장치 필요 없다. • 부하에 의한 카바닥 빠짐이 작다. • 실린더 보호관 지중에 설치 • 실린더 점검 곤란	• 실린더 수용부분 만큼 승강로는 커진다. • 비상 정지 장치 필요 • 부하에 의한 카 바닥 빠짐이 크다. • 보호관 필요 없다. • 실린더 점검 용이

27 승강기의 문(Door)에 관한 설명 중 틀린 것은?

① 문 닫힘 도중에도 승강장의 버튼을 동작시키면 다시 열려야 한다.

② 문이 완전히 열린 후 최소 일정 시간 이상 유지되어야 한다.

③ 착상구역 이외의 위치에서는 카 내의 문 개방 버튼을 동작시켜도 절대로 개방되지 않아야 한다.

④ 문이 일정 시간 후 닫히지 않으면 그 상태를 계속 유지하여야 한다.

해설 자동으로 작동하는 문의 닫힘

정상운행 중 자동으로 작동되는 승강장문은 필요한 시간 후에 닫혀야 하며 그 시간은 카의 운행 호출이 없는 상태에서 엘리베이터의 사용량 즉, 운행량에 따라 정해질 수 있다.

28 로프식 엘리베이터의 카 틀에서 브레이스 로드의 분담 하중을 대략 어느 정도 되는가?

① $\frac{1}{8}$ ② $\frac{3}{8}$

③ $\frac{1}{3}$ ④ $\frac{1}{16}$

해설 • 균일분포하중이 작용할 때

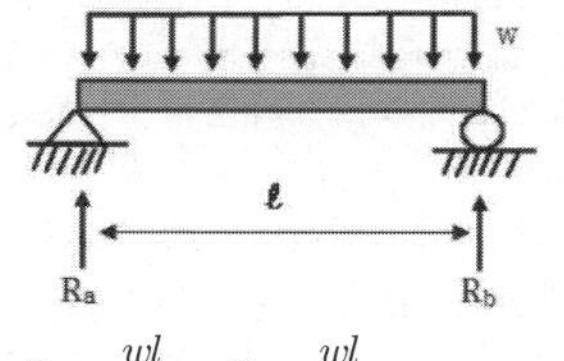

$R_a = \frac{wl}{2}$, $R_b = \frac{wl}{2}$

• 균일분포하중(W)이 작용할 때

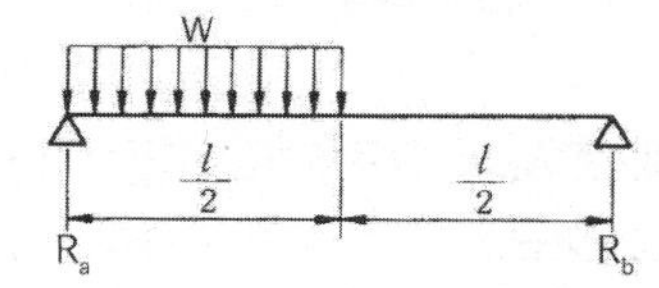

보에서 최대 굽힘모멘트는 좌측에서 $\frac{3}{8}l$ 지점이다.

$$R_a = \frac{W\frac{l}{2}\times(\frac{l}{2}+\frac{l}{4})}{l} = \frac{3}{8}Wl$$

• 하부체대에서 카 바닥을 통하여 하부프레임에 걸리는 하중은 분포하중으로 보아도 좋은데 로프식 엘리베이터의 카 틀에서 브레이스 로드의 분담 하중을 대략 $\frac{3}{8}$으로 본다.

29 에스컬레이터의 디딤판과 스커트 가드와의 틈새는 양쪽 모두 합쳐서 최대 얼마이어야 하는가?

① 5mm 이하 ② 7mm 이하

③ 9mm 이하 ④ 10mm 이하

해설 에스컬레이터의 디딤판과 스커트 가드와의 틈새는 양쪽 모두 합쳐 7mm 이하이어야 한다.

30 조속기(GOVERNOR)의 작동상태를 잘못 설명한 것은?

① 카가 하강 과속하는 경우에는 일정 속도를 초과하기 전에 조속기 스위

정답 27. ④ 28. ② 29. ② 30. ③

치가 동작해야 한다.
② 조속기의 캣치는 일단 동작하고 난 후 자동으로 복귀되어서는 안 된다.
③ 조속기의 스위치는 작동 후 자동 복귀된다.
④ 조속기 로프가 장력을 잃게 되면 전동기의 주회로를 차단시키는 경우도 있다.

해설 조속기의 캣치는 일단 동작하고 난 후 자동으로 복귀되어서는 안 된다.

31 **다음 중 엘리베이터 감시반에 필요하지 않은 장치는?**

① 현재 엘리베이터의 하중 표시장치
② 현재 엘리베이터의 운행방향 표시장치
③ 현재 엘리베이터의 위치 표시장치
④ 엘리베이터의 이상 유무 확인 표시장치

해설 승강기의 감시항목은 일반적으로 운행방향 층 표시, 운전 중 고장, 점검, 기준층 복귀, 운행고장 및 경보기능이 포함된다.

32 **조속기의 보수점검 등에 관한 사항과 거리가 먼 것은?**

① 층간 정지 시, 수동으로 돌려 구출하기 위한 수동핸들의 작동검사 및 보수
② 볼트, 너트, 핀의 이완 유무
③ 조속기 시브와 로프 사이의 미끄럼 유무
④ 과속스위치 점검 및 작동

해설 조속기 보수점검 사항
- 인장풀리에 이물질 상태 점검
- 스위치 레버, 캣치 웨이트 적정상태
- 배선 터미널의 체결상태
- 접지 상태 점검
- 가버너 로프 풀리 커버 조립상태
- 조속기 스위치의 접점 청결상태
- 운전의 윤활성 및 소음 유무
- 조속기 로프와 클립 체결상태
- 과속스위치 점검 및 작동상태
- 볼트, 너트, 핀의 이완 유무

33 **비상용승강기는 화재발생시 화재 진압용으로 사용하기 위하여 고층빌딩에 많이 설치하고 있다. 비상용승강기에 반드시 갖추지 않아도 되는 조건은?**

① 비상용 소화기
② 예비전원
③ 전원 승강장 이외의 부분과 방화구획
④ 비상운전 표시등

해설 비상용승강기에는 비상용 소화기를 갖추지 않아도 된다.

34 **정전 시 램프중심부로부터 2m 떨어진 수직면상의 조도를 몇 lx 이상이어야 하는가?**

① 100　② 50
③ 10　④ 2

해설 정상 조명전원이 차단될 경우에는 2lx 이상의 조도로 1시간 동안 전원이 공급될 수 있는 자동 재충전 예비전원 공급장치가 있어야 하며, 이 조명은 정상 조명전원이 차단되면 자동으로 즉시 점등되어야 한다. 측정은 다음과 같은 곳에서 이루어져야 한다.
- 호출버튼 및 비상통화장치 표시
- 램프중심부로부터 2m 떨어진 수직면상

35 **에스컬레이터 승강장의 주의표지판에 대한 설명 중 옳은 것은?**

① 주의표지판은 충격을 흡수하는 재질로 만들어야 한다.
② 주의표지판은 영문으로 읽기 쉽게

정답 31. ① 32. ① 33. ① 34. ④ 35. ④

표기되어야 한다.

③ 주의표지판의 크기는 80mm×80mm 이하의 그림으로 표시되어야 한다.

④ 주의표지판의 바탕은 흰색, 도안은 흑색, 사선은 적색이다.

해설 에스컬레이터 또는 무빙워크의 출입구 근처의 주의표시

- 주의표시를 위한 표시판 또는 표지는 견고한 재질로 만들어야 하며, 승강장에서 잘 보이는 곳에 확실히 부착되어야 한다.
- 주의표시는 80mm×100mm 이상의 크기로 그림과 같이 표시되어야 한다.

[에스컬레이터 또는 무빙워크 출입구 근처의 주의표시]

구 분		기준규격(mm)	색 상
최소 크기		80×100	–
바탕		–	흰색
(금지 그림)	원	40×40	–
	바탕	–	황색
	사선	–	적색
	도안	–	흑색
(⚠ 그림)		10×10	녹색(안전) 황색(위험)
안전, 위험		10×10	흑색
주의 문구	대	19 Pt	흑색
	소	14 Pt	적색

36 실린더를 검사하는 것 중 해당되지 않는 것은?

① 패킹으로부터 누유된 기름을 제거하는 장치

② 공기 또는 가스의 배출구

③ 더스트 와이퍼의 상태

④ 압력배관의 고무호스는 여유가 있는지의 상태

37 가이드 레일의 보수 점검 항목이 아닌 것은?

① 브래킷 취부의 앵커 볼트 이완상태

② 레일 및 브래킷의 오염상태

③ 레일의 급유상태

④ 레일길이의 신축상태

해설 가이드 레일 보수 점검 항목

- 녹이나 이물질 협착 여부
- 레일 브라킷의 오염 및 조임상태
- 레일의 급유상태, 레일 클립의 변형 유무를 체크
- 브라킷 취부의 앵커볼트 이완상태

38 보수 기술자의 올바른 자세로 볼 수 없는 것은?

① 신속, 정확 및 예의바르게 보수 처리한다.

② 보수를 할 때는 안전 기준보다는 경험을 우선시한다.

③ 항상 배우는 자세로 기술향상에 적극 노력한다.

④ 안전에 유의하면서 작업하고 항상 건강에 유의한다.

해설 보수를 할 때는 안전 기준을 우선시한다.

39 조속기로프의 공칭직경은 몇 mm 이상이여야 하는가?

① 5 ② 6

③ 7 ④ 8

해설 조속기로프의 공칭직경은 6mm 이상

40 유압잭의 부품이 아닌 것은?

① 사이렌서 ② 플런저

③ 패킹 ④ 더스트 와이퍼

정답 36. ④ 37. ④ 38. ② 39. ② 40. ①

해설 사일런서(Silencer)
작동유의 압력맥동을 흡수하여 진동소음을 저감시키기 위해 사용한다.

41 전기식 엘리베이터에서 자체점검주기가 가장 긴 것은?

① 권상기의 감속기어
② 권상기 베어링
③ 수동조작핸들
④ 고정도르래

해설 자체점검주기(회/월)
- 권상기의 감속기어 : 1/3
- 권상기 베어링 : 1/6
- 수동조작핸들 : 1/1
- 고정도르래 : 1/12

42 정격속도 60m/min를 초과하는 엘리베이터에 사용되는 비상정지장치의 종류는?

① 점차작동형 ② 즉시작동형
③ 디스크작동형 ④ 플라이볼작동형

해설 비상 정지 장치의 종류
- 즉시 작동형(순간 정지식) : 정격 속도 45m/min 이하에 사용한다.
- 점차 작동형(점진 정지식) : 정격 속도 60m/min 이상에 사용한다.
  - F.G.C 형(Flexible Guide Clamp) : F.G.C 형은 레일을 죄는 힘이 동작 시부터 정지 시까지 일정하다. 구조가 간단하고 복구가 용이하기 때문이다.
  - F.W.C(Flexible Wedge Clamp) : 동작 후 일정 거리까지는 정지력이 거리에 비례하여 커진다. 그 후 정지력이 완만하게 상승, 정지 근처에서 완만해진다.

43 운동을 전달하는 장치로 옳은 것은?

① 절이 왕복하는 것을 레버라 한다.
② 절이 요동하는 것을 슬라이더라 한다.
③ 절이 회전하는 것을 크랭크라 한다.
④ 절이 진동하는 것을 캠이라 한다.

해설 링크기구의 구성
- Crank : 고정링크의 주위를 360도 회전하는 링크 → 구동절(driver)
- Coupler or floating link : crank와 lever를 연결(input link와 output link를 연결한 link → 연결봉(connecting rod)
- Lever : 고정링크의 주위를 왕복 각운동하는 링크(360도 회전이 불가능) → 종동절(follower)
- Slider : 왕복 직선 운동하는 링크
- Frame : 상대운동이 없는 고정된 링크
- 레버 : 일정점(교지, fulcrum)을 중심으로 회전하여 힘의 모멘트이용에 의해서 중량물을 움직이는 데 사용하는 棒(봉). 각종 기계 부분, 공구, 일상기구 등에 널리 이용되고 있다.
- 슬라이더 : 홈, 원통, 봉 등으로 만들어진 안내면과 미끄럼 대우가 되어 기구의 일부를 형성하는 절. 예를 들면, 피스톤과 실린더같은 것.
- 크랭크 : 왕복 운동을 회전 운동으로 바꾸거나 또는 그 반대의 일을 하는 장치이다. 절이 회전하는 것을 크랭크라 한다.
- 캠 : 판 또는 원통에 꼬불꼬불 구부러진 가장자리 또는 홈이 패여 있는 일종의 바퀴 회전운동을 왕복운동 또는 진동으로 바꾸는 장치를 말한다.

44 헬리컬 기어의 설명으로 적절하지 않은 것은?

① 진동과 소음이 크고 운전이 정숙하지 않다.
② 회전 시에 축압이 생긴다.
③ 스퍼기어보다 가공이 힘들다.
④ 이의 물림이 좋고 연속적으로 접촉한다.

해설

구 분	헬리컬 기어	웜 기어
효 율	높 다	낮 다
소 음	크 다	적 다
역 구 동	웜기어보다 쉽다	어렵다

정답 41. ④ 42. ① 43. ③ 44. ①

45 **평행판 콘덴서에 있어서 콘덴서의 정전용량은 판 사이의 거리와 어떤 관계인가?**

① 반비례 ② 비례
③ 불변 ④ 2배

해설 콘덴서의 정전용량[C]

$C=\frac{\varepsilon A}{d}$[μF]

ε : 유전율, A : 면적[m²], d : 전극의 간격[m]

$\therefore C \propto \frac{1}{d}$ C는 전극의 간격에 반비례 한다.

46 **복활차에서 하중 W인 물체를 올리기 위해 필요한 힘(P)은?(단, n은 동활차의 수이다)**

① $P=W+2^n$ ② $P=W-2^n$
③ $P=W\times 2^n$ ④ $P=W/2^n$

해설 도르래(활차) 장치

로프와 도르래를 이용하여 작은 힘으로 큰 하중을 움직일 수 있는 장치

- 단활차 : 도르래 1개만을 사용(정활차, 동활차)
- 복활차 : 정활차와 동활차 조합
  하중 : $W=2^n\cdot P$
  여기서, P=올리는 힘, n=동활차 수

47 **유도 전동기의 동기 속도는 무엇에 의하여 정하여지는가?**

① 전원의 주파수와 전동기의 극수
② 전력과 저항
③ 전원의 주파수와 전압
④ 전동기의 극수와 전류

해설 동기속도 $N_s=\frac{120f}{P}$[rpm]

(f : 주파수, P : 극수)

48 **반지름 r(m), 권수 N의 원형 코일에 I(A)의 전류가 흐를 때 원형 코일 중심점의 자기장의 세기는(AT/m)는?**

① $\frac{NI}{r}$ ② $\frac{NI}{2r}$
③ $\frac{NI}{2\pi r}$ ④ $\frac{NI}{4\pi r}$

해설 자장의 세기[H]

$H=\frac{NI}{2r}$[AT/m]

[반지름 r(m), 권수 N, 전류 I(A)]

49 **유도전동기에서 슬립이 1이란 전동기의 어느 상태인가?**

① 유도 제동기의 역할을 한다.
② 유도 전동기가 전부하 운전 상태이다.
③ 유도 전동기가 정지 상태이다.
④ 유도 전동기가 동기속도로 회전한다.

해설 회전자 속도[N]

$N=(1-S)N_S$[rpm], $N=(1-0)N_S=0$

∴ 유도 전동기가 정지 상태이다.

50 **물체에 하중이 작용할 때, 그 재료 내부에 생기는 저항력을 내력이라 하고 단위면적당 내력의 크기를 응력이라 하는데 이 응력을 나타내는 식은?**

① $\frac{\text{단면적}}{\text{하중}}$
② $\frac{\text{하중}}{\text{단면적}}$
③ 단면적×하중
④ 하중−단면적

해설 응력(Stress)

재료에 하중이 가해지면, 그 하중에 대응하는 내부적인 저항력(내력)이 발생하는데 이것을 응력(Stress)이라 한다.

$\text{응력}=\frac{\text{하중}}{\text{단면적}}$, $\sigma=\frac{F}{A}$[N/mm²]

정답 45. ① 46. ④ 47. ① 48. ② 49. ③ 50. ②

51 **유도전동기의 속도제어방법이 아닌 것은?**

① 전원 전압을 변화시키는 방법
② 극수를 변화시키는 방법
③ 주파수를 변화시키는 방법
④ 계자저항을 변화시키는 방법

해설 유도전동기 속도제어법

$N=(1-s)\cdot N_s=(1-s)\cdot \frac{120f}{P}$

- 주파수 제어법 : 주파수를 변화시켜 동기속도를 바꾸는 방법(VVVF 제어) $f \propto V \propto P$
- 극수 제어법 : 권선의 접속을 바꾸어 극수를 바꾸면 단계적이지만 속도를 바꿀 수 있다.
- 2차 저항법 : 권선형 유도 전동기에서 비례추이를 이용한다.
- 2차 여자법 : 2차 저항제어를 발전시킨 형태로 저항에 의한 전압강하 대신에 반대의 전압을 가하여 전압강하가 일어나도록 한 것으로 효율이 좋다.

52 **다음 중 교류전동기는?**

① 분권전동기 ② 타여자전동기
③ 유도전동기 ④ 차동복권전동기

해설 분권전동기, 타여자전동기, 차동복권전동기는 직류 전동기이다.

53 **자동제어계의 상태를 교란시키는 외적인 신호는?**

① 제어량 ② 외란
③ 목표량 ④ 피드백신호

해설 외란
자동제어계의 상태를 교란시키는 외적인 신호를 외란이라 한다.

54 **50μF의 콘덴서에 200V, 60Hz의 교류 전압을 인가했을 때 흐르는 전류(A)는?**

① 약 2.56 ② 약 3.77
③ 약 4.56 ④ 약 5.28

해설 전류[I]
$I=\omega CV=2\pi fCV=2\pi\times 60\times 50\times 10^{-6}\times 200$
$=3.768=3.77$[A]

55 **영(Young)율이 커지면 어떠한 특성을 보이는가?**

① 안전하다.
② 위험하다.
③ 늘어나기 쉽다.
④ 늘어나기 어렵다.

해설 Hook의 법칙≒응력과 변형률의 법칙(응력과 변형률은 비례)
그림에서 응력-변형률 그래프는 초기 비례하여 증가한다. 이때 비례상수(E)가 탄성계수이다.
$\sigma=E\epsilon$(수직응력-변형률)
여기서, E=비례상수(종탄성상수, 세로탄성상수, 영상수(Young's Modulus)

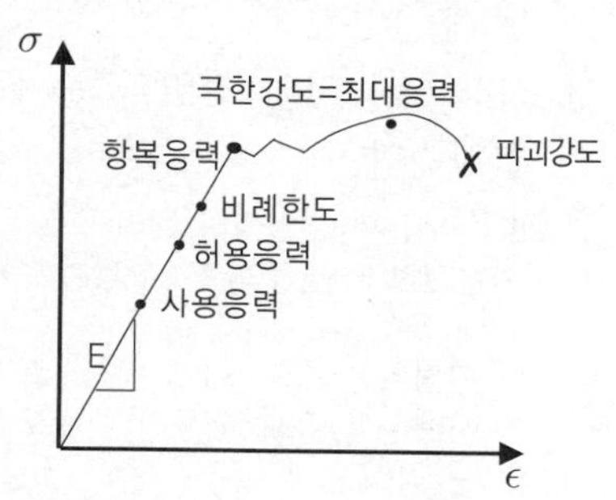

영률[E]이 커진다는 것은 수직응력에 비례하고 변형율에 반비례한다.

56 **와이어 로프의 사용 하중이 5,000kg$_f$이고, 파괴하중이 25,000kg$_f$일 때 안전율은?**

① 2.5 ② 5.0
③ 0.2 ④ 0.5

해설 안전율(S)
$=\frac{\text{극한강도}(\sigma_u)}{\text{허용응력}(\sigma_a)}=\frac{\text{파괴하중}}{\text{사용하중}}=\frac{25,000}{5,000}$
$=5.0$

※ 승강기시설 안전관리법이 개정됨에 따라 관련 문제들이 삭제되었습니다.

정답 51. ④ 52. ③ 53. ② 54. ② 55. ④ 56. ②

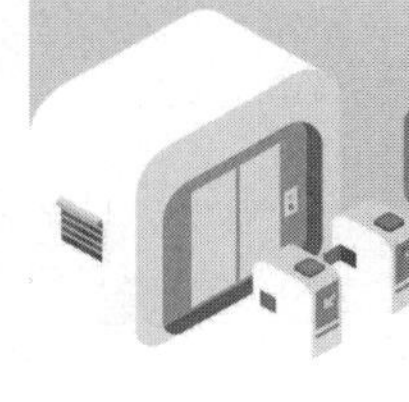

기출문제 2015년 제4회

제1과목 : 승강기개론

01 가변 전압 가변 주파수(VVVF) 제어방식에 관한 설명으로 틀린 것은?

① 고속의 승강기까지 적용 가능하다.
② 저속의 승강기에만 적용하여야 한다.
③ 직류 전동기와 동등한 제어 특성을 낼 수 있다.
④ 유도 전동기의 전압과 주파수를 변환시킨다.

해설 VVVF 제어 방식의 원리
- 가변전압 가변 주파수 : 전압과 주파수를 동시에 제어
  - 광범위한 속도 제어 방식으로 인버터를 사용하여 유도 전동기의 속도를 제어하는 방식
  - 유지 보수가 용이하며 승차감 향상 및 소비전력이 적다.
  - 컨버터(교류를 직류로 변환), 인버터(직류를 교류로 변환)가 사용된다.
  - PAM 제어 방식과 PWM 제어 방식이 있다.

02 기계실의 작업구역에서 유효 높이는 몇 m 이상으로 하여야 하는가?

① 1.8　　② 2
③ 2.5　　④ 3

해설 기계실 크기는 설비, 특히 전기설비의 작업이 쉽고 안전하도록 충분하여야 한다. 작업구역에서 유효 높이는 2m 이상이어야 한다.

03 균형로프(Compensating Rope)의 역할로 적합한 것은?

① 카의 낙하를 방지한다.
② 균형추의 이탈을 방지한다.
③ 주로프와 이동케이블의 이동으로 변환된 하중을 보상한다.
④ 주로프가 열화되지 않도록 한다.

해설 균형 체인(Compensation Chain) 및 균형로프(Compensation Rope)
- 이동케이블과 로프의 이동에 따라 변화되는 하중을 보상하기 위하여 설치한다.
- 카 하단에서 피트를 경유하여 균형추의 하단으로 로프와 거의 같은 단위길이의 균형 체인이나 균형 로프를 사용하여 90% 정도 보상한다.
- 고층용 엘리베이터에는 균형 체인을 사용할 경우 소음의 문제가 있어 균형 로프를 사용한다.

04 교류 2단속도 제어에 관한 설명으로 틀린 것은?

① 기동 시 저속권선 사용
② 주행 시 고속권선 사용
③ 감속 시 저속권선 사용
④ 착상 시 저속권선 사용

해설 교류 2단 속도 제어 방식의 원리
- 230~60m/min의 화물용, 2단 속도 전동기 사용한다.
- 고속 권선은 가동 및 주행, 저속 권선은 정지 및 감속을 한다.
- 고속 저속 비율이 4 : 1로 착상 오차를 줄일 수 있다.

정답 1. ② 2. ② 3. ③ 4. ①

- 전동기 내에 고속용 권선과 저속용 권선이 감겨져 있는 교류 2단 속도 전동기를 사용하여 기동과 주행은 고속 권선으로 하고, 감속과 착상은 저속 권선으로 하는 제어 방식이다.
- 고속과 저속은 4 : 1의 속도 비율로 감속시켜 착상지점에 근접해지면 전동기에 가해지는 모든 연결 접점을 끊고 동시에 브레이크를 걸게 하여 정지시킨다.
- 교류 2단 전동기의 속도 비는 착상 오차 이외의 감속도, 감속 시의 저어크(감속도의 변화비율), 저속 주행 시간, 전력 회생의 균형으로 인하여 4 : 1이 가장 많이 사용된다. 속도 60m/min까지 적용 가능하다.

05 승객용 엘리베이터의 적재하중 및 최대 정원을 계산할 때 1인당 하중의 기준은 몇 kg인가?

① 63 ② 65
③ 67 ④ 70

해설 정원

정원은 다음 식에서 계산된 값을 가장 가까운 정수로 버림 한 값이어야 하며, 최소 카의 유효 면적은 승강기 기준에 적합하여야 한다.

$$=\frac{\text{정격하중}}{65}$$

06 평면의 디딤판을 동력으로 오르내리게 한 것으로, 경사도가 12° 이하로 설계된 것은?

① 에스컬레이터 ② 무빙워크
③ 경사형 리프트 ④ 덤웨이터

해설 경사도

- 에스컬레이터의 경사도 α는 30°를 초과하지 않아야 한다. 다만, 높이가 6m 이하이고 공칭속도가 0.5m/s 이하인 경우에는 경사도를 35°까지 증가시킬 수 있다.

비고

경사도 α는 현장 설치여건 등을 감안하여 최대 1°까지 초과될 수 있다.

- 무빙워크의 경사도는 12° 이하이어야 한다.

07 레일의 규격호칭은 소재 1m 길이당 중량을 라운드 번호로 하여 레일에 붙여 쓰고 있다. 일반적으로 쓰이고 있는 T형 레일의 공칭이 아닌 것은?

① 8K 레일 ② 13K 레일
③ 16K 레일 ④ 24K 레일

해설 가이드레일의 규격

- 레일의 표준 길이 : 5m(특수 제작된 T형 레일)
- 레일 규격의 호칭 : 소재의 1m당 중량을 라운드 번호로 하여 K 레일을 붙여서 사용된다. 일반적으로 사용하고 있는 T형 레일은 공칭 8, 13, 18 및 24K 레일이지만 대용량의 엘리베이터는 37K, 50K 레일 등도 사용된다.

08 다음 중 엘리베이터 도어용 부품과 거리가 먼 것은?

① 행거롤러 ② 업스러스트롤러
③ 도어레일 ④ 가이드롤러

해설 가이드 슈(GUIDE SHOE)와 가이드 롤러(GUIDE ROLLER)

가이드 슈와 가이드 롤러는 카가 레일을 타고 이동 시 안내 바퀴 역할을 하며, 카 틀 네 귀퉁이에 위치하여 가이드 레일에서 이탈하지 않도록 한다.

09 유압식 승강기의 종류를 분류할 때 적합하지 않은 것은?

① 직접식 ② 간접식
③ 팬터그래프식 ④ 밸브식

해설 유압식 승강기의 종류

- 직접식
- 간접식
- 팬터그래프식

정답 5. ② 6. ② 7. ③ 8. ④ 9. ④

10 **주차구획을 평면상에 배치하여 운반기의 왕복 이동에 의하여 주차를 행하는 방식은?**

① 평면 왕복식 ② 다층 순환식
③ 승강기식 ④ 수평 순환식

해설 평면 왕복식 주차 장치
평면으로 배치되어 있는 고정된 주차 구획에 운반기가 왕복 이동하여 주차하도록 한 주차 장치이다.

11 **정지로 작동시키면 승강기의 버튼등록이 정지되고 자동으로 지정 층에 도착하여 운행이 정지 되는 것은?**

① 리미트 스위치
② 슬로다운 스위치
③ 파킹 스위치
④ 피트 정지 스위치

해설 파킹(Parking) 스위치
승강장, 중앙관리실, 경비실 등에 설치되어 카 이외의 장소에서 운행과 정지를 가능한 장치이다.

12 **승강기에 사용하는 가이드 레일 1본의 길이는 몇 m로 정하고 있는가?**

① 1 ② 3
③ 5 ④ 7

해설 가이드레일의 규격
• 레일의 표준 길이 : 5m(특수 제작된 T형 레일)

13 **로프이탈방지장치를 설치하는 목적으로 부적절한 것은?**

① 급제동시 진동에 의해 주로프가 벗겨질 우려가 있는 경우
② 지진의 진동에 의해 주로프가 벗겨질 우려가 있는 경우
③ 기타의 진동에 의해 주로프가 벗겨질 우려가 있는 경우
④ 주로프의 파단으로 이탈할 경우

해설 로프이탈방지장치는 어떤 장애물(지진 또는 진동)에 의해 로프가 이완되는 경우 감지하여 카의 동력을 차단하고 안전하게 정지 시키는 안전장치로 로핑 방식에 따라 카 상부 또는 하부에 설치된다.

14 **에스컬레이터의 핸드레일(Hand Rail)의 속도는 어떻게 하고 있는가?**

① 30m/min 이하로 하고 있다.
② 45m/min 이하로 하고 있다.
③ 발판(step)속도의 $\frac{2}{3}$ 정도로 하고 있다.
④ 발판(step)속도와 같게 하고 있다.

해설 핸드레일 시스템
• 각 난간의 꼭대기에는 정상운행 조건하에서 스텝, 팔레트 또는 벨트의 실제 속도와 관련하여 동일 방향으로 −0%에서 +2%의 공차가 있는 속도로 움직이는 핸드레일이 설치되어야 한다.
• 핸드레일은 정상운행 중 운행방향의 반대편에서 450N의 힘으로 당겨도 정지되지 않아야 한다.

15 **에스컬레이터의 역회전 방지장치가 아닌 것은?**

① 구동체인 안전장치
② 기계 브레이크
③ 조속기
④ 스커트 가드

해설 스커트 가드
스텝, 팔레트 또는 벨트와 연결되는 난간의 수직 부분

정답 10. ① 11. ③ 12. ③ 13. ④ 14. ④ 15. ④

16 유압 엘리베이터에서 압력 릴리프 밸브는 압력을 전부하 압력의 몇 % 까지 제한하도록 맞추어 조절해야 하는가?

① 115　② 125
③ 140　④ 150

해설 압력 릴리프 밸브
압력 릴리프 밸브는 압력을 전부하 압력의 140%까지 제한하도록 맞추어 조절되어야 한다.

17 전류의 흐름을 안전하게 하기 위하여 전선의 굵기는 가장 적당한 것으로 선정하여 사용하여야 한다. 전선의 굵기를 결정하는 요인으로 다음 중 거리가 가장 먼 것은?

① 전압 강하　② 허용 전류
③ 기계적 강도　④ 외부 온도

해설 전선의 굵기를 결정 시 고려사항
- 전압 강하
- 허용 전류
- 기계적 강도

18 감전의 위험이 있는 장소의 전기를 차단하여 수선, 점검 등의 작업을 할 때에는 작업 중 스위치에 어떤 장치를 하여야 하는가?

① 정지장치　② 복개장치
③ 시건장치　④ 통전장치

해설 감전의 위험이 있는 장소의 전기를 차단하여 수선, 점검 등의 작업을 할 때에는 시건장치를 설치하여야 한다.

19 높은 열로 전선의 피복이 연소되는 것을 방지하기 위해 사용되는 재료는?

① 고무　② 석면
③ 종이　④ PVC

해설 내열을 요구하는 전기기기의 배선에 석면 피복전선 사용하며 재료는 석면을 사용한다.

20 재해원인의 분석방법 중 개별적 원인 분석은?

① 각각의 재해원인을 규명하면서 하나하나 분석하는 것이다.
② 사고의 유형, 기인물 등을 분류하여 큰 순서대로 도표화하는 것이다.
③ 특성과 요인관계를 도표로 하여 물고기 모양으로 세분화하는 것이다.
④ 우려별 재해 발생수를 그래프화하여 관리선을 선정하여 관리하는 것이다.

해설 개별적 원인 분석
- 재해 건수가 적은 사업장에 적용된다.
- 특수하거나 중대한 재해의 분석에 적합하다
- 개개의 재해 특유의 조사항목을 사용할 수 있다.

21 승강기 관리주체의 의무사항이 아닌 것은?

① 승강기 완성검사를 받아야 한다.
② 자체점검을 받아야한다.
③ 승강기의 안전에 관한 일상관리를 하여야한다.
④ 승강기의 안전에 관한 보수를 하여야한다.

해설 승강기 안전관리법
- 제4조(승강기 관리주체 등의 의무)
  - 승강기 관리주체는 승강기의 기능 및 안전성이 지속적으로 유지되도록 이 법에서 정하는 바에 따라 해당 승강기를 안전하게 유지 관리하여야 한다.
  - 승강기를 제조·수입 또는 설치하는 자는 승강기를 제조·수입 또는 설치할 때 이 법과 이 법에서 정하는 기준 등을 준수하여 승강기의 이용자 등에게 발생할 수 있는 피해를 방지하도록 노력하여야 한다.

정답 16. ③　17. ④　18. ③　19. ②　20. ①　21. ①

22 **카 내에 승객이 갇혔을 때의 조치할 내용 중 부적절한 것은?**

① 우선 인터폰을 통해 승객을 안심시킨다.

② 카의 위치를 확인한다.

③ 층 중간에 정지하여 구출이 어려운 경우에는 기계실에서 정지층에 위치하도록 권상기를 수동으로 조작한다.

④ 반드시 카 상부의 비상구출구를 통해서 구출한다.

23 **방호장치에 대하여 근로자가 준수할 사항이 아닌 것은?**

① 방호장치에 이상이 있을 때 근로자가 즉시 수리한다.

② 방호장치를 해체하고자 할 경우에는 사업주의 허가를 받아 해체한다.

③ 방호장치의 해체 사유가 소멸된 때에는 지체 없이 원상으로 회복시킨다.

④ 방호장치의 기능이 상실된 것을 발견하면 지체 없이 사업주에게 신고한다.

해설 근로자의 방호장치 준수사항
- 방호조치를 해체하고자 할 경우에는 사업주의 허가를 받고 해체할 것
- 방호조치를 해체한 후 그 사유가 소멸된 때에는 지체 없이 원상으로 회복시킬 것
- 방호조치의 기능이 상실된 것을 발견할 때에는 지체 없이 사업주에게 보고할 것

24 **승강기 안전점검에서 신설·변경 또는 고장수리 등 작업을 한 후에 실시하는 것은?**

① 사전점검 ② 특별점검
③ 수시점검 ④ 정기점검

해설 안전 점검의 종류
- 정기 점검 : 정기적으로 실시하는 점검
- 일상 점검 : 수시 점검으로 작업 전, 작업 중, 작업 후 점검
- 특별 점검 : 설비의 변경 또는 고장 수리 시

25 **합리적인 사고의 발견방법으로 타당하지 않은 것은?**

① 육감진단 ② 예측진단
③ 장비진단 ④ 육안진단

26 **작업표준의 목적이 아닌 것은?**

① 작업의 효율화

② 위험요인의 제거

③ 손실요인의 제거

④ 재해책임의 추궁

27 **승강기의 주로프 로핑(ROPING) 방법에서 로프의 장력은 부하측(카 및 균형추) 중력의 1/2로 되며, 부하측의 속도가 로프 속도의 1/2이 되는 로핑 방법은 어느 것인가?**

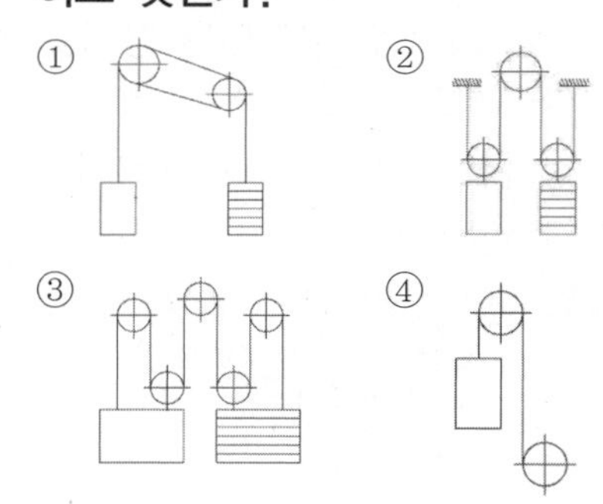

해설 로핑(로프를 거는 방법) : 카와 균형추에 대한 로프를 거는 방법
- 1 : 1 로핑 : 로프 장력은 카 또는 균형추의 중량과 로프의 중량을 합한 것이다(승객용).
- 2 : 1 로핑 : 로프의 장력은 1 : 1 로핑 시의 1/2이 되고 쉬브에 걸리는 부하도 1/2이 된다. 그러나 로프가 풀리는 속도는 1 : 1 로

정답 22. ④ 23. ① 24. ② 25. ① 26. ④ 27. ②

핑 시의 2배가 된다(화물용).
- 3 : 1 로핑 이상(4 : 1, 6 : 1 로핑) : 대용량 저속 화물용 엘리베이터에 사용한다. 와이어로프의 수명이 짧고 1본의 로프 길이가 매우 길다. 종합 효율이 저하된다.

28 **로프식 엘리베이터에서 도르래의 직경은 로프 직경의 몇 배 이상으로 하여야 하는가?**

① 25 ② 30
③ 35 ④ 40

해설 권상도르래, 풀리 또는 드럼과 현수로프의 공칭 직경사이의 비는 스트랜드의 수와 관계없이 40 이상이어야 한다.

29 **기계식 주차장치에 있어서 자동차 중량의 전륜 및 후륜에 대한 배분 비는?**

① 6 : 4 ② 5 : 5
③ 7 : 3 ④ 4 : 6

30 **카 및 승강장 문의 유효 출입구의 높이(m) 얼마 이상이어야 하는가?**

① 1.8 ② 1.9
③ 2.0 ④ 2.1

해설 높이
승강장문의 유효 출입구 높이는 2m 이상이어야 한다. 다만, 자동차용 엘리베이터는 제외한다.

31 **피트에서 하는 검사가 아닌 것은?**

① 완충기의 설치상태
② 하부 파이널리미트 스위치류 설치상태
③ 균형로프 및 부착부 설치상태
④ 비상구출구 설치상태

해설 비상구출구 카 위에서 하는 점검사항
- 구출구의 개폐가 곤란한 것
- 스위치가 부착된 것으로서 구출구를 열어도 카가 정지하지 않는 것
- 구출구의 덮개가 없는 것 또는 파손되어 있는 것

32 **유압식 승강기의 특징으로 틀린 것은?**

① 기계실의 배치가 자유롭다.
② 실린더를 사용하기 때문에 행정거리와 속도에 한계가 있다.
③ 과부하방지가 불가능하다.
④ 균형추를 사용하지 않기 때문에 모터의 출력과 소비전력이 크다.

해설 유압식 승강기의 특징
- 기계실의 배치가 자유롭다.
- 건물 꼭대기 부분에 하중이 작용하지 않는다.
- 승강로 꼭대기 틈새가 작아도 된다.
- 실린더를 사용하기 때문에 행정 거리와 속도에 한계가 있다.
- 균형추를 사용하지 않아 전동기 소요 동력이 커진다.

33 **다음 중 조속기의 형태가 아닌 것은?**

① 롤 세이프티(Roll Safety)형
② 디스크(Disk)형
③ 플라이 볼(Fly Ball)형
④ 카(Car)형

해설 조속기의 종류
- 롤 세이프티(Roll Safety)형
- 디스크(Disk)형
- 플라이 볼(Fly Ball)형

34 **승강기의 파이널 리미트 스위치(FINAL LIMIT SWITCH)의 요건 중 틀린 것은?**

① 반드시 기계적으로 조작되는 것이어야 한다.
② 작동 캠(CAM)은 금속으로 만든 것이어야 한다.
③ 이 스위치가 동작하게 되면 권상전

정답 28. ④ 29. ① 30. ③ 31. ④ 32. ③ 33. ④ 34. ④

동기 및 브레이크 전원이 차단되어야 한다.

④ 이 스위치는 카가 승강로의 완충기에 충돌된 후에 작동되어야 한다.

해설 파이널 리미트 스위치(Final Limit Switch)
리미트 스위치가 고장 났을 때 충돌방지를 위해서 반드시 설치해야 하는 장치이다.

35 **에스컬레이터(무빙워크 포함) 자체점검 중 구동기 및 순환 공간에서 하는 점검에서 B(요주의)로 하여야 할 것이 아닌 것은?**

① 전기안전장치의 기능을 상실한 것
② 운전, 유지보수 및 점검에 필요한 설비 이외의 것이 있는 것
③ 상부 덮개와 바닥면과의 이음부분에 현저한 차이가 있는 것
④ 구동기 고정 볼트 등의 상태가 불량한 것

해설 구동기 공간
- B로 하여야 할 것
  - 운전, 유지보수 및 점검에 필요한 설비 이외의 것이 있는 것
  - 상부 덮개와 바닥면과의 이음부분에 현저한 차이가 있는 것
  - 상부덮개 및 상부덮개 부착부의 마모, 손상 및 부식이 현저하고 감도가 저하하고 있는 것
  - 구동기 고정 볼트 등의 상태가 불량한 것
- C로 하여야 할 것
  - 전기안전장치의 기능을 상실한 것
  - 열쇠 또는 도구로 열수 없는 것
  - 유지보수를 위한 들어 올리는 장치의 기능이 상실된 것
  - 구동기가 전도될 우려가 있는 것

36 **엘리베이터의 트랙션 머신에서 시브풀리의 홈마모 상태를 표시하는 길이 H는 몇 mm 이하로 하는가?**

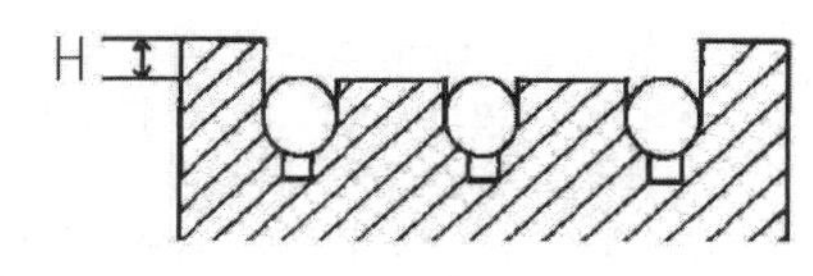

① 0.5　　② 2
③ 3.5　　④ 5

해설 승강기 정밀안전검사 기준
도르래 홈의 언더컷의 잔여량은 1mm 이상이어야 하고, 권상기 도르래에 감긴 주 로프 가닥끼리의 높이차 또는 언더컷 잔여량의 차이는 2mm 이내이어야 한다.

37 **전기적 엘리베이터 자체점검 중 카 위에서 하는 점검항목장치가 아닌 것은?**

① 비상구출구
② 도어잠금 및 잠금해제장치
③ 카 위 안전스위치
④ 문닫힘 안전장치

해설 문닫힘 안전장치 점검은 카 실내에서 하는 검사이다.

38 **유압승강기에 사용되는 안전밸브의 설명으로 옳은 것은?**

① 승강기의 속도를 자동으로 조절하는 역할을 한다.
② 압력배관이 파열되었을 때 작동하여 카의 낙하를 방지한다.
③ 카가 최상층으로 상승할 때 더 이상 상승하지 못하게 하는 안전장치이다.
④ 작동유의 압력이 정격압력이상이 되었을 때 작동하여 압력이 상승하지 않도록 한다.

해설 안전밸브는 작동유의 압력이 정격압력 이상이 되었을 때 작동하여 압력이 상승하지 않도록 하는 밸브이다.

정답 35. ②　36. ②　37. ④　38. ④

39 **다음 중 에스컬레이터의 일반구조에 대한 설명으로 틀린 것은?**

① 일반적으로 경사도는 30도 이하로 하여야 한다.
② 핸드레일의 속도가 디딤바닥과 동일한 속도를 유지하도록 한다.
③ 디딤바닥의 정격속도는 30m/min 초과하여야 한다.
④ 물건이 에스컬레이터의 각 부분에 끼이거나 부딪치는 일이 없도록 안전한 구조이어야 한다.

해설 디딤바닥의 정격속도는 30m/min 이하이다.
개정 : 속도
- 공칭속도는 공칭 주파수 및 공칭 전압에서 ±5%를 초과하지 않아야 한다.
- 에스컬레이터의 공칭 속도는 다음과 같아야 한다.
  - 경사도 α가 30° 이하인 에스컬레이터는 0.75m/s 이하이어야 한다.
  - 경사도 α가 30°를 초과하고 35° 이하인 에스컬레이터는 0.5m/s 이하이어야 한다.

40 **승객용 엘리베이터에서 자동으로 동력에 의해 문을 닫는 방식에서의 문닫힘 안전장치의 기준에 부적합한 것은?**

① 문닫힘 동작 시 사람 또는 물건이 끼일 때 문이 반전하여 열려야 한다.
② 문닫힘 안전장치 연결전선이 끊어지면 문이 반전하여 닫혀야 한다.
③ 문닫힘 안전장치의 종류에는 세이프티슈, 광전장치, 초음파장치 등이 있다.
④ 문닫힘 안전장치는 카 문이나 승강장 문에 설치되어야 한다.

해설 문닫힘 안전장치 연결전선이 끊어지면 문이 반전하여 열린다.

41 **승강기에 설치할 방호장치가 아닌 것은?**

① 가이드 레일
② 출입문 인터 록
③ 조속기
④ 파이널 리미트 스위치

해설 가이드 레일 사용 목적
- 카와 균형추의 승강로 내 위치 규제
- 카의 자중이나 화물에 의한 카의 기울어짐 방지
- 집중 하중이나 비상 정지 장치 작동 시 수직 하중을 유지

42 **레일을 싸고 있는 모양의 클램프와 레일 사이에 강체와 가까이 롤러를 물려서 정지시키는 비상정지장치의 종류는?**

① 즉시 작동형 비상정지장치
② 플랙시블 가이드 클램프형 비상정지장치
③ 플랙시블 웨지 클램프형 비상정지장치
④ 점차 작동형 비상정지장치

해설 즉시 작동형
레일을 싸고 있는 모양의 클램프와 레일 사이에 강체와 가까이 표면을 거칠게 처리한 롤러를 물려서 정지시키는 것이 즉시 작동형 비상정지장치이다.

43 **전기식 엘리베이터 자체점검 항목 중 점검주기가 가장 긴 것은?**

① 권상기 감속기어의 윤활유(Oil) 누설유무 확인
② 비상정지장치 스위치의 기능상실 유무 확인
③ 승장버튼의 손상 유무 확인
④ 이동케이블의 손상 유무 확인

해설 점검주기(회/월)
- 감속기어 : 1/3

정답 39. ③ 40. ② 41. ① 42. ① 43. ④

- 비상정지 스위치 : 1/1
- 승장버튼 : 1/1
- 이동케이블 : 1/6

44 **T형 가이드레일의 규격은 마무리 가공 전 소재의 (   )m 당 중량을 반올림한 정수에 'K 레일'을 붙여서 호칭한다. 빈칸에 맞는 것은?**

① 1　　② 2
③ 3　　④ 4

해설 가이드레일의 규격
- 레일의 표준 길이 : 5m(특수 제작된 T형 레일)
- 레일 규격의 호칭 : 소재의 1m당 중량을 라운드 번호로 하여 K 레일을 붙여서 사용된다. 일반적으로 사용하고 있는 T형 레일은 공칭 8, 13, 18 및 24K 레일이지만 대용량의 엘리베이터는 37K, 50K 레일 등도 사용된다.

45 **유도전동기의 속도를 변화시키는 방법이 아닌 것은?**

① 슬립 s를 변화시킨다.
② 극수 P를 변화시킨다.
③ 주파수 f를 변화시킨다.
④ 용량을 변화시킨다.

해설 유도전동기 속도제어법

$$N=(1-s)\cdot N_s=(1-s)\cdot\frac{120f}{P}$$

- 주파수 제어법 : 주파수를 변화시켜 동기속도를 바꾸는 방법(VVVF 제어) $f\propto V\propto P$
- 극수 제어법 : 권선의 접속을 바꾸어 극수를 바꾸면 단계적이지만 속도를 바꿀 수 있다.
- 2차 저항법 : 권선형 유도 전동기에서 비례추이를 이용한다.
- 2차 여자법 : 2차 저항제어를 발전시킨 형태로 저항에 의한 전압강하 대신에 반대의 전압을 가하여 전압강하가 일어나도록 한 것으로 효율이 좋다.

46 **"회로망에서 임의의 접속점에 흘러 들어오고 흘러 나가는 전류의 대수합은 0이다."라는 법칙은?**

① 키르히호프의 법칙
② 가우스의 법칙
③ 줄의 법칙
④ 쿨롱의 법칙

해설 키르히호프의 제1법칙(전류법칙)
회로망 중에서 임의의 점에 유입전류의 총합은 유출전류의 총합과 같다.

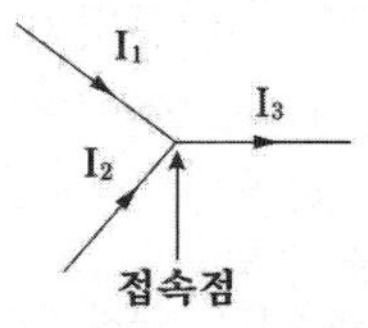

키르히호프의 제1법칙

- $\Sigma I=0$ [유입전류 총합=유출전류 총합]
- $I_1+I_2=I_3$

47 **유도전동기에서 슬립이 1이란 전동기의 어느 상태인가?**

① 유도 제동기의 역할을 한다.
② 유도 전동기가 전부하 운전 상태이다.
③ 유도 전동기가 정지 상태이다.
④ 유도 전동기가 동기속도로 회전한다.

해설 회전자 속도[N]
$N=(1-S)N_S$[rpm], $N=(1-0)N_S=0$
∴ 유도 전동기가 정지 상태이다.

48 **어떤 백열전등에 100V의 전압을 가하면 0.2A의 전류가 흐른다. 이 전등의 소비전력은 몇 W인가?(단, 부하의 역률은 1이다)**

① 10　　② 20
③ 30　　④ 40

해설 소비전력 P[W]
$P=VI\cos\theta=100\times0.2\times1=20$[W]

정답 44. ①　45. ④　46. ①　47. ③　48. ②

49 **웜기어의 특징에 관한 설명으로 틀린 것은?**

① 가격이 비싸다.
② 부하용량이 작다.
③ 소음이 적다.
④ 큰 감속비를 얻는다.

해설 웜기어는 동시에 물리는 잇수가 많아서 부하용량이 커진다.

50 **대형 직류전동기의 토크를 측정하는데 가장 적당한 방법은?**

① 와전류전동기
② 프로니 브레이크법
③ 전기동력계
④ 반환부하법

해설 전기동력계는 발전기나 전동기의 고정자를 고정하는데 필요한 회전력을 측정하는 기구이다.

51 **다음 설명 중 링크의 특징이 아닌 것은?**

① 경쾌한 운동과 동력의 마찰손실이 크다.
② 제작이 용이하다.
③ 전동이 매우 확실하다.
④ 복잡한 운동을 간단한 장치로 할 수 있다.

해설 다른 기구에 비해 마찰손실이 적고 구조가 경쾌한 것이 특징이다.

52 **다음 중 OR회로의 설명으로 옳은 것은?**

① 입력신호가 모두 "0"이면 출력신호에 "1"이 됨
② 입력신호가 모두 "0"이면 출력신호에 "0"이 됨
③ 입력신호가 "1"과 "0"이면 출력신호에 "0"이 됨
④ 입력신호가 "0"과 "1"이면 출력신호에 "0"이 됨

해설 OR회로는 입력신호가 모두 "0" 이면 출력신호에 "0"이 된다.

명칭	논리회로	논리식	동작설명	진리표	유접점 회로
OR 회로		Y=A+B	입력신호 A, B 중 어느 한쪽이라도 1이면 출력 신호 Y가 1이 된다.	A B Y / 0 0 0 / 0 1 1 / 1 0 1 / 1 1 1	

53 **변형율이 가장 큰 것은?**

① 비례한도 ② 인장 최대하중
③ 탄성한도 ④ 항복점

해설 탄성은 변형된 물체가 외력이 없으면 본래의 형태로 되돌아가는 성질이 탄성이다.

54 **재료에 하중이 작용하면 재료를 구성하는 원자사이에서 위치의 변화가 일어나고, 그 내부에 응력이 생기며, 외적으로는 변형이 나타난다. 이 변형량과 원치수와의 비를 변형률이라 하는데, 변형률의 종류가 아닌 것은?**

① 세로 변형률 ② 가로 변형률
③ 전단 변형률 ④ 중량 변형률

해설 변형률의 종류
- 수직하중에 의한 변형률
  - 종변형률(세로방향 변형률, 길이방향 변형률) 힘이 작용하는 방향의 변형률
  - 횡변형률(반지름방향 변형률, 가로방향 변형률) 힘이 작용하지 않는 방향의 변형률
- 전단하중에 의한 변형률=전단변형률(각변형률, γ)

$$\gamma = \frac{\lambda_s}{\ell} = \tan\theta \fallingdotseq \theta[\mathrm{rad}]$$

[l : 평면간의 길이, λ_s : 늘어난 길이, θ : 단각(radian)]

정답 49. ② 50. ③ 51. ① 52. ② 53. ③ 54. ④

55 진공 중에서 m(Wb)의 자극으로부터 나오는 총 자력선의 수는 어떻게 표현되는가?

① $\dfrac{m}{4\pi\mu_o}$ ② $\dfrac{m}{\mu_o}$

③ $\mu_o m$ ④ $\mu_o m^2$

해설 진공 중에서 m(Wb)의 자극으로부터 나오는 총 자력선의 수는 $\dfrac{m}{\mu_o}$ 이다.

즉 총 자력선 수는 진공중의 투자율[μ_o]당 m(Wb)의 자력선이 나온다.

56 주전원이 380V인 엘리베이터에서 110V 전원을 사용하고자 강압 트랜스를 사용하던 중 트랜스가 소손되었다. 원인 규명을 위해 회로시험기를 사용하여 전압을 확인하고자 할 경우 회로시험기의 전압 측정범위선택스위치의 최초선택위치로 옳은 것은?

① 회로시험기의 100V 미만

② 회로시험기의 110V 이상 220V 미만

③ 회로시험기의 220V 이상 380V 미만

④ 회로시험기의 가장 큰 범위

해설 주전원이 380V이므로 회로시험기의 가장 큰 범위로 측정범위 스위치로 놓고 측정한다.

57 2진수 001101과 100101을 더하면 합은 얼마인가?

① 101010 ② 110010

③ 011010 ④ 110100

해설 2진수

001101+100101=110010

58 다음 중 전압계에 대한 설명으로 옳은 것은?

① 부하와 병렬로 연결한다.

② 부하와 직렬로 연결한다.

③ 전압계는 극성이 없다.

④ 교류 전압계에는 극성이 있다.

해설 전압계와 전류계

- 전압계 : 부하와 병렬로 연결하여 전압을 측정하는 기기
- 전류계 : 부하와 직렬 연결하여 전류 측정하는 기기

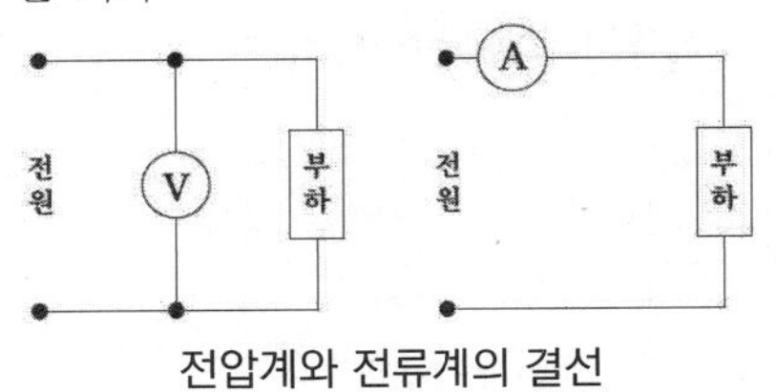

전압계와 전류계의 결선

※ 승강기시설 안전관리법이 개정됨에 따라 관련 문제들이 삭제되었습니다.

정답 55. ② 56. ④ 57. ② 58. ①

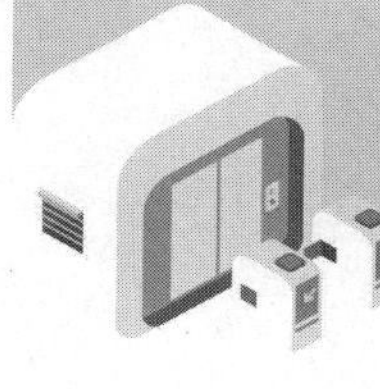

기출문제 2015년 제5회

제1과목 : 승강기개론

01 조속기의 설명에 관한 사항으로 틀린 것은?

① 조속기로프의 공칭 직경은 8mm 이상이어야 한다.

② 조속기는 조속기 용도로 설계된 와이어로프에 의해 구동되어야 한다.

③ 조속기에는 비상정지장치의 작동과 일치하는 회전방향이 표시되어야 한다.

④ 조속기로프 풀리의 피치 직경과 조속기로프의 공칭 직경 사이의 비는 30 이상이어야 한다.

해설 조속기로프의 공칭 직경은 6mm 이상이어야 한다.

02 전기식 엘리베이터 기계실의 구조에서 구동기의 회전부품 위로 몇 m 이상의 유효수직거리가 있어야 하는가?

① 0.2 ② 0.3

③ 0.4 ④ 0.5

해설 구동기의 회전부품 위로 0.3m 이상의 유효수직거리가 있어야 한다.

03 균형추의 중량을 결정하는 계산식은? (단, 여기서 L은 정격하중, F는 오버밸런스율이다)

① 균형추의 중량=카 자체하중+$(L \cdot F)$

② 균형추의 중량=카 자체하중×$(L+F)$

③ 균형추의 중량=카 자체하중+$(L+F)$

④ 균형추의 중량=카 자체하중+$(L-F)$

해설 균형추의 중량=카 자체하중+정격하중×오버밸런스율

04 승강기가 최하층을 통과했을 때 주전원을 차단시켜 승강기를 정지시키는 것은?

① 완충기

② 조속기

③ 비상정지장치

④ 파이널 리미트 스위치

해설 파이널 리미트 스위치의 기능

- 파이널 리미트 스위치는 카가 종단층을 통과한 뒤에는 전원이 엘리베이터 전동기 및 브레이크로부터 자동적으로 차단되어야 한다.
- 완충기에 충돌되기 전에 작동하여야 하며, 슬로다운 스위치에 의하여 정지되면 작용하지 않도록 설정 되어야 한다.
- 파이널 리미트 스위치는 카 또는 균형추가 작동을 계속하여야 한다.
- 파이널 리미트 스위치가 작동되면 정상적 하강 양방향에서 공히 정지되어야 한다.

05 엘리베이터의 정격속도 계산 시 무관한 항목은?

① 감속비

② 편향도르래

③ 전동기 회전수

정답 1. ① 2. ② 3. ① 4. ④ 5. ②

④ 권상도르래 직경

해설 엘리베이터의 정격속도[V]

$V = \frac{\pi DN}{1000} i$[rpm]

D : 권상기 도르래의 지름(mm)
N : 전동기 회전수(rpm)
i : 감속비

06 엘리베이터용 도어머신에 요구되는 성능이 아닌 것은?

① 가격이 저렴할 것
② 보수가 용이할 것
③ 작동이 원활하고 정숙할 것
④ 기동회수가 많으므로 대형일 것

해설 도어 머신의 구비 조건
- 동작이 원활할 것
- 소형 경량일 것
- 유지보수가 용이할 것
- 경제적일 것

07 여러 층으로 배치되어 있는 고정된 주차 구획에 아래·위로 이동할 수 있는 운반기에 의하여 자동차를 자동으로 운반 이동하여 주차하도록 설계한 주차 장치는?

① 2단식
② 승강기식
③ 수직순환식
④ 승강기슬라이드식

해설 승강기식 주차 장치
여러 층으로 배치되어 있는 고정된 주차 구획에 자동차용 승강기를 운반기로 조합한 주차 장치. 주차 구획의 배치 위치에 따라 종식, 횡식 등으로 세분하기도 한다.

08 다음 중 도어 시스템의 종류가 아닌 것은?

① 2짝문 상하열기방식
② 2짝문 가로열기(2S)방식
③ 2짝문 중앙열기(CO)방식
④ 가로열기와 상하열기 겸용방식

해설 도어시스템 종류
- S(Side Open) 가로 열기
- CO(Center Open) 중앙 열기
- 상승 작동 방식
- 상하 작동 방식
- 스윙 도어(Swing Door)

09 전기식 엘리베이터의 속도에 의한 분류방식 중 고속엘리베이터의 기준은?

① 2m/s 이상　② 2m/s 초과
③ 3m/s 이상　④ 4m/s 초과

10 에스컬레이터의 구동체인이 규정치 이상으로 늘어났을 때 일어나는 현상은?

① 안전레버가 작동하여 브레이크가 작동하지 않는다.
② 안전레버가 작동하여 하강은 되나 상승은 되지 않는다.
③ 안전레버가 작동하여 안전회로 차단으로 구동되지 않는다.
④ 안전레버가 작동하여 무부하시는 구동되나 부하시는 구동되지 않는다.

해설 구동 체인 안정장치(D.C.S)
상부 기계실에 설치되어 있으며 구동체인이 절단되거나 과다하게 늘어났을 경우 스위치를 작동시켜 전원을 차단하여 에스컬레이터를 정지시키는 장치이다.

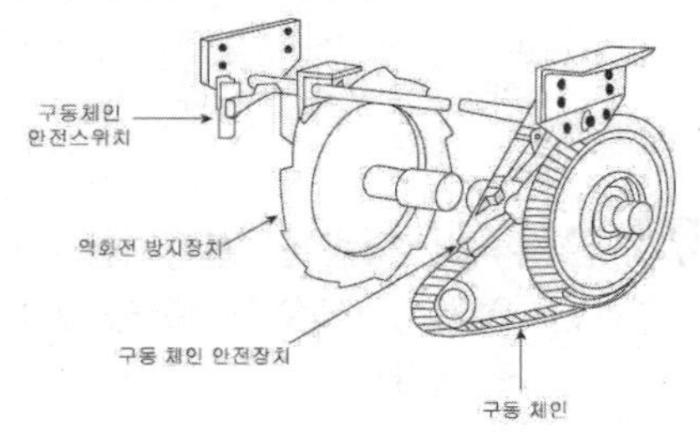

정답 6. ④　7. ②　8. ④　9. ④　10. ③

11 승강기 정밀안전 검사 시 과부하 방지 장치의 작동치는 정격 적재하중의 몇 %를 권장치로 하는가?

① 95~100 ② 105~110
③ 115~120 ④ 125~130

해설 과부하 감지장치(Overload Switch)

- 카 바닥 하부 또는 와이어로프 단말에 설치하여 카 내부의 승차인원 또는 적재하중을 감지하여 정격하중 초과 시 경보음을 울려 카 내에 적재하중이 초과되었음을 알려 주는 동시에 출입구 도어의 닫힘을 저지하여 카를 출발시키지 않도록 하는 장치이며, 정격하중의 105~110%의 범위에 설정되어진다.
- 과부하는 최소 65kg으로 계산하여 정격하중의 10%를 초과하기 전에 검출되어야 한다.

12 사이리스터의 점호각을 바꿈으로써 회전수를 제어하는 것은?

① 궤환제어
② 일단속도제어
③ 주파수변환제어
④ 정지레오나드제어

해설 정지 레오나드 방식의 원리

싸이리스터를 사용하여 교류를 직류로 변화하여 전동기에 공급하고 싸이리스터의 점호각을 바꿈으로서 직류전압을 바꿔 직류전동기의 회전수를 변경하는 방식이다. 변화 시의 손실이 워드레오나드 방식에 비하여 적고 보수가 쉽다는 장점이 있다. 속도 제어는 엘리베이터의 실제속도를 속도 지령 값으로부터 신호와 비교하여 그 값의 차이가 있으면 싸이리스터의 점호각을 바꿔 속도를 바꾼다.

13 와이어로프 가공방법 중 효과가 가장 우수한 것은?

①  ② 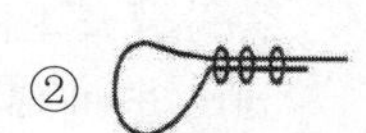

③  ④ 

14 실린더에 이물질이 흡입되는 것을 방지하기 위하여 펌프의 흡입축에 부착하는 것은?

① 필터
② 싸이렌서
③ 스트레이너
④ 더스트와이퍼

해설 필터(Filter)와 스트레이너(Strainer)

- 유압 장치에 쇳가루, 모래 등 불순물 제거하기 위한 여과 장치
- 펌프의 흡입 측에 붙는 것을 스트레이너라 하고 배관 도중에 취부하는 것을 라인 필터라고 한다.

15 직류 가변전압식 엘리베이터에서는 권상전동기에 직류 전원을 공급한다. 필요한 발전기용량은 약 몇 kW인가?(단, 권상전동기의 효율은 80%, 1시간 정격은 연속정격의 56%, 엘리베이터용 전동기의 출력은 20kW이다)

① 11 ② 14
③ 17 ④ 20

16 교류엘리베이터의 제어방식이 아닌 것은?

① 교류일단 속도제어방식
② 교류귀환 전압제어방식
③ 워드레오나드방식
④ VVVF 제어방식

해설 교류엘리베이터

- 교류일단 속도제어 방식
- 교류이단 속도제어 방식
- 교류귀환 전압제어 방식
- 가변전압 가변주파수제어 방식

정답 11. ② 12. ④ 13. ① 14. ③ 15. ② 16. ③

17 카 비상정지장치의 작동을 위한 조속기는 정격속도의 몇 % 이상의 속도에서 작동해야 하는가?

① 105 ② 110
③ 115 ④ 120

해설 조속기
카 비상정지장치의 작동을 위한 조속기는 정격속도의 115% 이상의 속도에서 작동되어야 한다.

18 간접식 유압엘리베이터의 특징으로 틀린 것은?

① 실린더의 점검이 용이하다.
② 비상정지장치가 필요하지 않다.
③ 실린더를 설치하기 위한 보호관이 필요하지 않다.
④ 승강로는 실린더를 수용할 부분만큼 더 커지게 된다.

해설 간접식 유압엘리베이터의 특징 : 플런저의 동력을 로프를 통하여 카에 전달하는 방식
- 실린더를 설치할 보호관이 불필요하며 설치가 간단하다.
- 실린더의 점검이 용이하다.
- 승강로의 소요 면적이 커진다.
- 비상 정지 장치가 필요하다.
- 카 바닥의 빠짐이 크다.

19 전기기기의 외함 등이 절연이 나빠져서 전류가 누설되어도 감전사고의 위험이 적도록 하기 위하여 어떤 조치를 하여야 하는가?

① 접지를 한다.
② 도금을 한다.
③ 퓨즈를 설치한다.
④ 영상변류기를 설치한다.

20 재해 누발자의 유형이 아닌 것은?

① 미숙성 누발자 ② 상황성 누발자
③ 습관성 누발자 ④ 자발성 누발자

21 카 내에 갇힌 사람이 외부와 연락할 수 있는 장치는?

① 차임벨 ② 인터폰
③ 리미트스위치 ④ 위치표시램프

해설 통화 장치–인터폰
- 고장, 정전 및 화재 등의 비상시에 카 내부에서 외부 관계자와 연락이 되고 또 반대로 구출작업 시 외부에서 카 내의 사람에게 당황하지 않도록 적절한 지시를 하는데 사용된다.
- 정전 중에도 사용 가능하도록 충전 배터리를 사용하고 있다.
- 엘리베이터의 카 내부와 기계실, 경비실 또는 건물의 중앙 감시반과 통화가 가능하다.
- 보수 전문 회사와 통신 설비가 설치되어 통화가 가능하다.

22 추락에 의한 위험방지 중 유의사항으로 틀린 것은?

① 승강로 내 작업 시에는 작업공구, 부품 등이 낙하하여 다른 사람을 해하지 않도록 할 것
② 카 상부 작업 시 중간층에는 균형추의 움직임에 주의하여 충돌하지 않도록 할 것
③ 카 상부 작업 시에는 신체가 카상부 보호대를 넘지 않도록 하며 로프를 잡을 것
④ 승강장 도어 키를 사용하여 도어를 개방할 때에는 몸의 중심을 뒤에 두고 개방하여 반드시 카 유무를 확인하고 탑승할 것

정답 17. ③ 18. ② 19. ① 20. ④ 21. ② 22. ③

해설 추락 및 붕괴에 의한 위험 방지
- 승강로 내 작업 시는 작업공구, 부품 등이 낙하하여 다른 사람을 해하지 않도록 할 것
- 승강장 도어 키를 사용하여 도어를 개방할 때는 몸의 중심을 뒤에 두고 개방하여 반드시 카 유무를 확인하고 탑승할 것
- 카 상부 작업 시 중간층에서는 균형추의 움직임에 주의하여 충돌하지 않도록 할 것
- 카 상부 작업 시에는 신체가 카 상부 가이드를 넘지 않도록 하며 로프를 잡지 않을 것
- 작업 중에는 전층 승강장 도어는 반드시 잠그고 '작업중'이라는 표시를 반드시 할 것

23 **안전보호기구의 점검, 관리 및 사용방법으로 틀린 것은?**

① 청결하고 습기가 없는 장소에 보관한다.
② 한번 사용한 것은 재사용을 하지 않도록 한다.
③ 보호구는 항상 세척하고 완전히 건조시켜 보관한다.
④ 적어도 한 달에 1회 이상 책임 있는 감독자가 점검한다.

24 **작업장에서 작업복을 착용하는 가장 큰 이유는?**

① 방한
② 복장 통일
③ 작업능률 향상
④ 작업 중 위험 감소

25 **재해원인 중 생리적인 원인은?**

① 작업자의 피로
② 작업자의 무지
③ 안전장치의 고장
④ 안전장치 사용의 미숙

26 **기계운전 시 기본안전수칙이 아닌 것은?**

① 작업범위 이외의 기계는 허가 없이 사용한다.
② 방호장치는 유효 적절히 사용하며, 허가 없이 무단으로 떼어놓지 않는다.
③ 기계가 고장이 났을 때에는 정지, 고장표시를 반드시 기계에 부착한다.
④ 공동 작업을 할 경우 시동할 때에는 남에게 위험이 없도록 확실한 신호를 보내고 스위치를 넣는다.

해설 작업범위 이외의 기계는 허가 없이 사용하지 않는 자

27 **승강기 보수 작업 시 승강기의 카와 건물의 벽 사이에 작업자가 끼인 재해의 발생 형태에 의한 분류는?**

① 협착 ② 전도
③ 방심 ④ 접촉

28 **감전 상태에 있는 사람을 구출할 때의 행위로 틀린 것은?**

① 즉시 잡아당긴다.
② 전원 스위치를 내린다.
③ 절연물을 이용하여 떼어 낸다.
④ 변전실에 연락하여 전원을 끈다.

29 **운행 중인 에스컬레이터가 어떤 요인에 의해 갑자기 정지하였다. 점검해야 할 에스컬레이터 안전장치로 틀린 것은?**

① 승객검출장치
② 인레트 스위치
③ 스커드 가드 안전 스위치
④ 스텝체인 안전장치

정답 23. ② 24. ④ 25. ① 26. ① 27. ① 28. ① 29. ①

30 승강기 완성검사 시 에스컬레이터의 공칭속도가 0.5m/s인 경우 제동기의 정지거리는 몇 m이어야 하는가?

① 0.20m에서 1.00m사이
② 0.30m에서 1.30m사이
③ 0.40m에서 1.50m사이
④ 0.55m에서 1.70m사이

해설 에스컬레이터의 정지거리
무부하 상태의 에스컬레이터 및 하강 방향으로 움직이는 제동부하 상태의 에스컬레이터에 대한 정지거리는 표에 따라야 한다.

[표-에스컬레이터의 정지거리]

공칭속도 V	정지거리
0.50m/s	0.20m에서 1.00m 사이
0.65m/s	0.30m에서 1.30m 사이
0.75m/s	0.40m에서 1.50m 사이

• 공칭속도 사이에 있는 속도의 정지거리는 보간법으로 결정되어야 한다.
• 정지거리는 전기적 정지장치가 작동된 시간부터 측정되어야 한다.

31 로프식 승용승강기에 대한 사항 중 틀린 것은?

① 카 내에는 외부와 연락되는 통화 장치가 있어야 한다.
② 카 내에는 용도, 적재하중(최대 정원) 및 비상시 조치 내용의 표찰이 있어야 한다.
③ 카바닥 끝단과 승강로 벽사이의 거리는 150mm 초과 하여야 한다.
④ 카바닥은 수평이 유지되어야 한다.

해설 승강로 벽은 복도, 계단 또는 플랫폼의 가장자리로부터 최대 0.15m 이내에 시공되어야 한다.

32 버니어캘리퍼스를 사용하여 와이어 로프의 직경 측정방법으로 알맞은 것은?

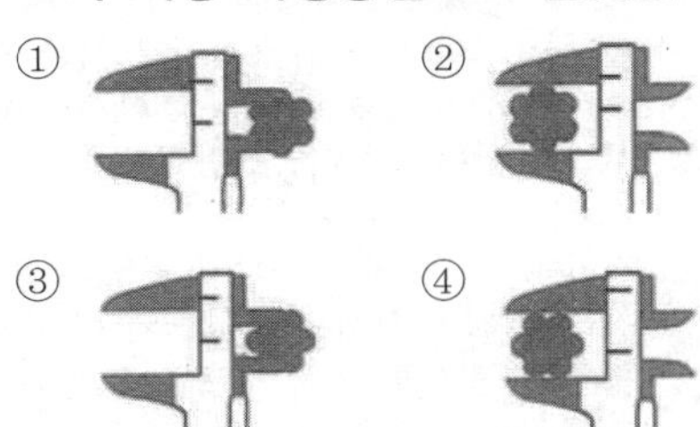

33 전기식 엘리베이터 자체점검 항목 중 피트에서 완충기점검 항목 중 B로 하여야 할 것은?

① 완충기의 부착이 불확실한 것
② 스프링식에서는 스프링이 손상되어 있는 것
③ 전기안전장치가 불량한 것
④ 유압식으로 유량부족의 것

해설 완충기-B로 하여야 할 것
• 완충기 본체 및 부착부분의 녹발생이 현저한 것
• 유압식으로 유량부족의 것

34 조속기 로프의 공칭 지름(mm)은 얼마 이상이어야 하는가?

① 6 ② 8
③ 10 ④ 12

해설 조속기로프의 공칭 직경은 6mm 이상이어야 한다.

35 가이드 레일의 규격(호칭)에 해당되지 않는 것은?

① 8K ② 13K
③ 15K ④ 18K

해설 가이드레일의 규격
• 레일의 표준 길이 : 5m(특수 제작된 T형 레일)

정답 30. ① 31. ③ 32. ② 33. ④ 34. ① 35. ③

• 레일 규격의 호칭 : 소재의 1m당 중량을 라운드 번호로 하여 K 레일을 붙여서 사용된다. 일반적으로 사용하고 있는 T형 레일은 공칭 8, 13, 18 및 24K, 30K 레일이지만 대용량의 엘리베이터는 37K, 50K 레일 등도 사용된다.

36 승강기 완성검사 시 전기식엘리베이터에서 기계실의 조도는 기기가 배치된 바닥면에서 몇 [lx] 이상인가?

① 50　② 100
③ 150　④ 200

해설 조명 및 콘센트
기계실에는 바닥 면에서 200lx 이상을 비출 수 있는 영구적으로 설치된 전기 조명이 있어야 한다.

37 유압식 엘리베이터의 제어방식에서 펌프의 회전수를 소정의 상승속도에 상당하는 회전수로 제어하는 방식은?

① 가변전압가변주파수 제어
② 미터인회로 제어
③ 블리드오프회로 제어
④ 유량밸브 제어

해설 VVVF 제어 방식
전동기를 VVVF 방식으로 제어하는 것으로서 펌프의 회전수를 소정의 상승 속도에 상당하는 회전수로 가변 제어하여 펌프에서 가압되어 토출되는 작동유를 제어하는 방식

38 베어링(bearing)에 가압력을 주어 축에 삽입할 때 가장 올바른 방법은?

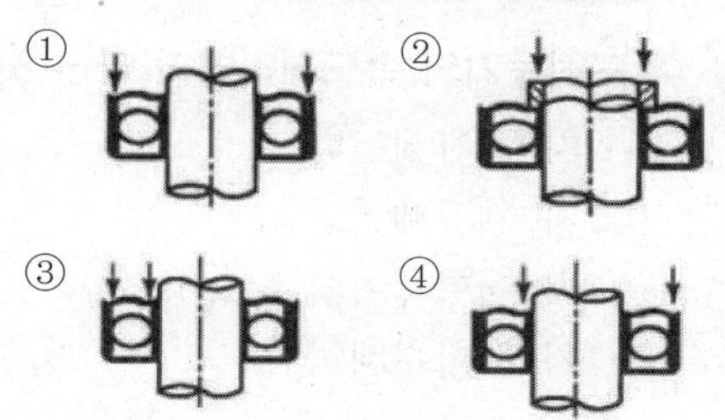

39 도어 시스템(열리는 방향)에서 S로 표현되는 것은?

① 중앙열기 문
② 가로열기 문
③ 외짝 문 상하열기
④ 2짝 문 상하열기

해설 도어시스템 종류
• S(Side Open) 가로 열기 : 1S, 2S, 3S-한쪽 끝에서 양쪽으로 열림
• CO(Center Open) 중앙 열기 : 2CO, 4CO(숫자는 문 짝수)-가운데에서 양쪽으로 열림

40 다음 중 카 상부에서 하는 검사가 아닌 것은?

① 비상구출구 스위치의 작동상태
② 도어개폐장치의 설치상태
③ 조속기로프의 설치상태
④ 조속기로프 인장장치의 작동상태

해설 조속기로프 인장장치의 작동상태는 피트 점검 항목이다.

41 디스크형 조속기의 점검방법으로 틀린 것은?

① 로프잡이의 움직임은 원활하며 지점부에 발청이 없으며 급유상태가 양호한지 확인한다.
② 레버의 올바른 위치에 설정되어 있는지 확인한다.
③ 플라이 볼을 손으로 열어서 각 연결 레버의 움직임에 이상이 없는지 확인한다.
④ 시브홈의 마모를 확인한다.

정답 36. ④　37. ①　38. ②　39. ②　40. ④　41. ③

42 감속기의 기어 치수가 제대로 맞지 않을 때 일어나는 현상이 아닌 것은?

① 기어의 강도에 악 영향을 준다.
② 진동 발생의 주요 원인이 된다.
③ 카가 전도할 우려가 있다.
④ 로프의 마모가 현저히 크다.

43 전기식 엘리베이터 자체점검 중 피트에서 하는 점검항목에서 과부하 감지장치에 대한 점검 주기(회/월)는?

① 1/1 ② 1/3
③ 1/4 ④ 1/6

해설 과부하감지장치는 월 1회 점검이다.
- 장치의 부착에 늘어짐 또는 손상이 생긴 것
- 장치가 움직이지 않는 것
- 스위치가 작동하여도 장치가 움직이지 않는 것
- 스위치 자체의 기능이 상실된 것

44 도르래의 로프홈에 언더커트(Under Cut)를 하는 목적은?

① 로프의 중심 균형
② 윤활 용이
③ 마찰계수 향상
④ 도르래의 경량화

해설

로프 홈	특징
U홈	로프와의 면압이 적으므로 로프의 수명은 길어지지만 마찰력이 적어 와이어로프가 메인시브에 감기는 권부각을 크게 할 수 있는 더블랩 방식의 고속 기종 권상기에 많이 사용된다.
언더컷형 (Under-cut)	• U홈과 V홈의 장점을 가지며 트랙션 능력이 커서 일반적으로 가장 많이 엘리베이터에 적용된다. 어더컷 중심각 β 가 크면 트랙션 능력이 크다(일반적으로 105°≤β≤90° 적용). • 초기가공은 어려우나 시브의 마모가 어느 한계까지 가더라도 마찰력이 유지되는 장점을 가진다.
V홈	쐐기작용에 의해 마찰력은 크지만 면압이 높아 와이어로프나 시브가 마모되기 쉽다.

45 비상용 엘리베이터의 운행속도는 몇 m/min 이상으로 하여야 하는가?

① 30 ② 45
③ 60 ④ 90

해설 비상용 엘리베이터는 소방관이 조작하여 엘리베이터 문이 닫힌 이후부터 60초 이내에 가장 먼 층에 도착하여야 된다. 다만, 운행속도는 1m/s 이상이어야 한다.

46 에스컬레이터의 스텝 폭이 1m이고 공칭속도가 0.5m/s인 경우 수송능력(명/h)은?

① 5000 ② 5500
③ 6000 ④ 6500

해설 [표-최대 수용력]

스텝/팔레트 폭 z_1 m	공칭 속도 v m/s		
	0.5	0.65	0.75
0.6	3,600명/h	4,400명/h	4,900명/h
0.8	4,800명/h	5,900명/h	6,600명/h
1	6,000명/h	7,300명/h	8,200명/h

[비고] 1. 쇼핑용 손수레와 화물용 카트의 사용은 대략 수용력의 80%가 감소한다.
[비고] 2. 1m를 초과하는 팔레트 폭을 가진 무빙워크에서 이용자가 핸드레일을 잡아야 하기 때문에 수용능력은 증가하지 않는다.

47 유도전동기의 속도제어법이 아닌 것은?

① 2차 여자제어법
② 1차 계자제어법
③ 2차 저항제어법
④ 1차 주파수제어법

정답 42. ④ 43. ① 44. ③ 45. ③ 46. ③ 47. ②

해설 유도전동기 속도제어법

$$N = (1-s)\cdot N_s = (1-s)\cdot \frac{120f}{P}$$

- 주파수 제어법 : 주파수를 변화시켜 동기속도를 바꾸는 방법(VVVF 제어) $f \propto V \propto P$
- 극수 제어법 : 권선의 접속을 바꾸어 극수를 바꾸면 단계적이지만 속도를 바꿀 수 있다.
- 2차 저항법 : 권선형 유도 전동기에서 비례추이를 이용한다.
- 2차 여자법 : 2차 저항제어를 발전시킨 형태로 저항에 의한 전압강하 대신에 반대의 전압을 가하여 전압강하가 일어나도록 한 것으로 효율이 좋다.

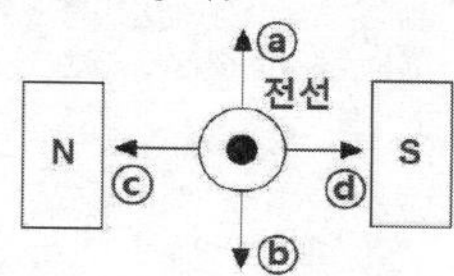

48 그림과 같이 자기장 안에서 도선에 전류가 흐를 때, 도선에 작용하는 힘의 방향은?(단, 전선가운데 점 표시는 전류의 방향을 나타낸다)

① ⓐ방향 ② ⓑ방향
③ ⓒ방향 ④ ⓓ방향

49 6극, 50Hz의 3상 유도전동기의 동기속도(rpm)는?

① 500 ② 1000
③ 1200 ④ 1800

해설 동기속도

$$N_s = \frac{120f}{P} = \frac{120\times 50}{4} = 1500[\text{rpm}]$$

50 다음 중 역률이 가장 좋은 단상 유도전동기로서 널리 사용되는 것은?

① 분상기동형 ② 반발기동형
③ 콘덴서기동형 ④ 셰이딩코일형

51 $Q(C)$의 전하에서 나오는 전기력선의 총수는?

① Q ② εQ
③ $\frac{\varepsilon}{Q}$ ④ $\frac{Q}{\varepsilon}$

해설 전기력선의 총수는 $\frac{Q}{\varepsilon}$이다.

52 그림에서 지름 400mm의 바퀴가 원주방향으로 25kg의 힘을 받아 200rpm으로 회전하고 있다면, 이때 전달되는 동력은 몇 kg·m/sec인가?(단, 마찰계수는 무시한다)

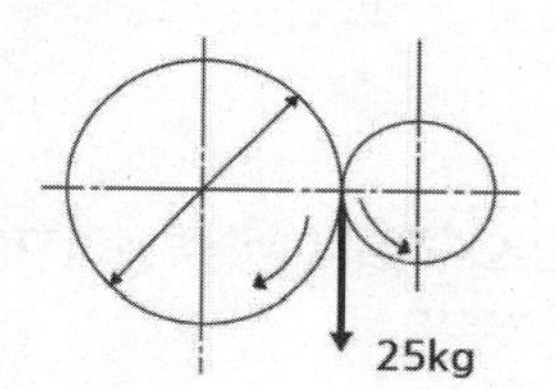

① 10.47 ② 78.5
③ 104.7 ④ 785

해설 전달동력

$$H = \mu F\nu = 1\times 25\times \frac{\pi\times 400\times 2,000}{1,000\times 60}$$
$$= 104.67[\text{kg}\cdot\text{m/sec}]$$

μ : 마찰계수
F : 마찰차를 누르는 힘[kg]
ν : 원주속도$= \frac{\pi DN}{1000}$[m/min],
D : 지름[mm], N : 회전수[rpm]

53 다음 중 다이오드의 순방향 바이어스 상태를 의미하는 것은?

① P형 쪽에 (−), N형 쪽에 (+) 전압을 연결한 상태
② P형 쪽에 (+), N형 쪽에 (−) 전압을 연결한 상태

정답 48. ① 49. ② 50. ③ 51. ④ 52. ③ 53. ②

③ P형 쪽에 (−), N형 쪽에 (−) 전압을 연결한 상태

④ P형 쪽에 (+), N형 쪽에 (+) 전압을 연결한 상태

해설 다이오드(Diode)

- 특성
  - PN 접합 다이오드 : 교류를 직류로 변화시켜 주는 정류소자

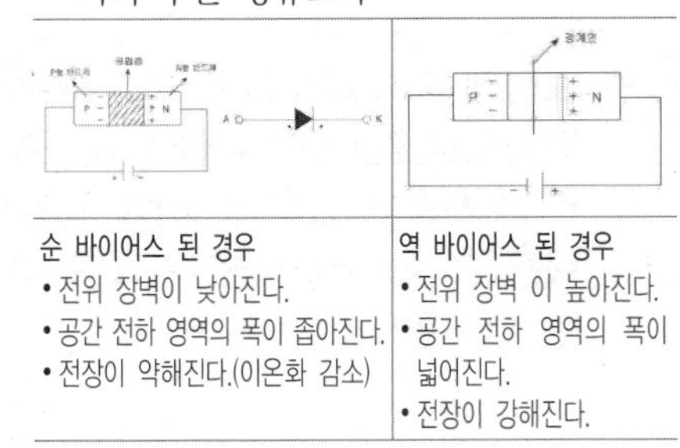

순 바이어스 된 경우	역 바이어스 된 경우
• 전위 장벽이 낮아진다. • 공간 전하 영역의 폭이 좁아진다. • 전장이 약해진다.(이온화 감소)	• 전위 장벽 이 높아진다. • 공간 전하 영역의 폭이 넓어진다. • 전장이 강해진다.

54 요소와 측정하는 측정기구의 연결로 틀린 것은?

① 길이 : 버니어캘리퍼스

② 전압 : 볼트미터

③ 전류 : 암미터

④ 접지저항 : 메거

해설 메거는 절연저항 측정용 계기이다.

55 교류 회로에서 전압과 전류의 위상이 동상인 회로는?

① 저항만의 조합회로

② 저항과 콘덴서의 조합회로

③ 저항과 코일의 조합회로

④ 콘덴서와 콘덴서만의 조합회로

해설 저항만의 회로는 전압과 전류의 위상이 같은 동상이다.

56 아래의 회로도와 같은 논리기호는?

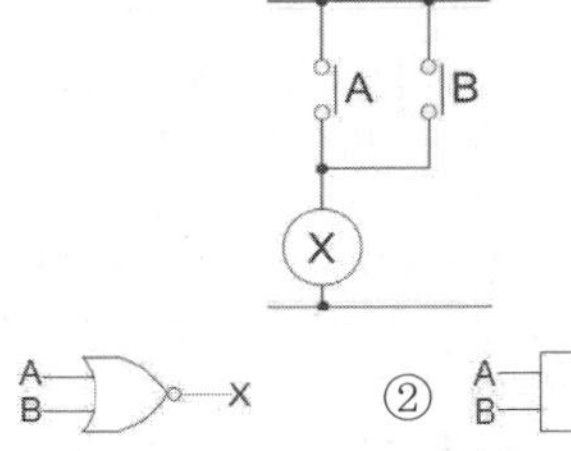

① 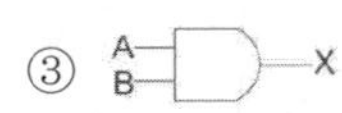

② 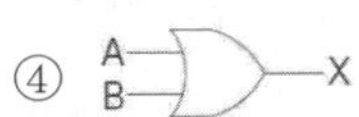

③ A, B → X

④ A, B → X

해설

명칭	논리회로	논리식	동작설명	진리표	유접점 회로
OR 회로		Y=A+B	입력신호 A, B 중 어느 한쪽이라도 1이면 출력 신호 Y가 1이 된다.	A B Y 0 0 0 0 1 1 1 0 1 1 1 1	

57 구름베어링의 특징에 관한 설명으로 틀린 것은?

① 고속회전이 가능하다.

② 마찰저항이 작다.

③ 설치가 까다롭다.

④ 충격에 강하다.

해설 미끄럼 베어링과 구름 베어링 비교

항목 \ 종류	미끄럼 베어링	구름 베어링
운전속도	공진속도를 지나 운전할 수 있다.	공진속도 이내에서 운전하여야 한다.
고온	윤활유의 점도가 증가한다.	전동체의 열팽창으로 고온 시 냉각 장치가 필요하다.
기동토크	크다.	적다.
충격 흡수	우수하다.	작다.
강성	작다.	크다.

정답 54. ④ 55. ① 56. ④ 57. ④

58 **전선의 길이를 고르게 2배로 늘리면 단면적은 1/2로 된다. 이때의 저항은 처음의 몇 배가 되는가?**

① 4배 ② 3배
③ 2배 ④ 1.5배

해설 전기저항

$$R=\rho\frac{l}{A},\ \therefore R'=\rho\frac{2l}{\frac{1}{2}A}=4\rho\frac{l}{A}=4R$$

59 **응력(stress)의 단위는?**

① kcal/h ② %
③ kg/cm^2 ④ kg·cm

해설 응력(Stress)

재료에 하중이 가해지면, 그 하중에 대응하는 내부적인 저항력(내력)이 발생하는데 이것을 응력(Stress)이라 한다.

$$\text{응력}=\frac{\text{하중}}{\text{단면적}},\ \sigma=\frac{F}{A}[N/cm^2]$$

60 **동력을 수시로 이어주거나 끊어주는 데 사용할 수 있는 기계요소는?**

① 클러치 ② 리벳
③ 키이 ④ 체인

해설 클러치(Clutch)

원동축에서 종동축으로 토크를 전달시킬 때 두 축을 연결하기도 하고 분리시키기도 하는 축 이음

정답 58. ① 59. ③ 60. ①

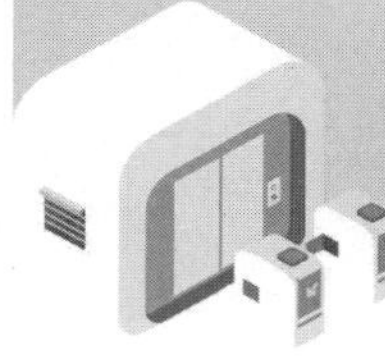

기출문제 ○ 2016년 제1회

제1과목 : 승강기개론

01 엘리베이터의 유압식 구동방식에 의한 분류로 틀린 것은?

① 직접식 ② 간접식
③ 스크류식 ④ 팬터그래프식

해설 유압식 엘리베이터
- **직접식** : 카 하부에 플런저(Plunger)를 직접 결합하여 플런저의 움직임이 카에 직접 전달되는 방식이다.
- **간접식** : 카는 와이어로프 또는 체인에 매달려 있고 플런저의 움직임을 플런저의 끝단에 설치된 쉬브(스프 로켓)에 걸려 있는 와이어로프 또는 체인에 의하여 간접적으로 카에 전달되는 방식이다.
- **팬터그래프식** : 유압잭에 의해 팬터그래프를 개폐하여 카를 상승시키는 방식이다.

02 권상도르래, 풀리 또는 드럼과 현수로프의 공칭 직경사이의 비는 스트랜드의 수와 관계없이 얼마 이상이어야 하는가?

① 10 ② 20
③ 30 ④ 40

해설 권상도르래, 풀리 또는 드럼과 현수로프의 공칭 직경사이의 비는 스트랜드의 수와 관계없이 40배 이상의 지름을 사용하여야 한다.

03 가이드 레일의 사용목적으로 틀린 것은?

① 집중하중 작용 시 수평하중을 유지
② 비상정지장치 작동 시 수직하중을 유지
③ 카와 균형추의 승강로 평면내의 위치 규제
④ 카의 자중이나 화물에 의한 카의 기울어짐 방지

해설 가이드 레일의 사용목적
- 카와 균형추의 승강로 내 위치 규제
- 카의 자중이나 화물에 의한 카의 기울어짐 방지
- 집중 하중이나 비상 정지 장치 작동 시 수직 하중을 유지
- 브라켓과 가이드레일 연결

04 아파트 등에서 주로 야간에 카 내의 범죄활동 방지를 위해 설치하는 것은?

① 파킹스위치
② 슬로다운 스위치
③ 록다운 비상정지 장치
④ 각층 강제 정지운전 스위치

해설 각층 강제정지 운전 스위치
아파트 등에서 카 안의 범죄활동을 방지하기 위하여 설치되며, 스위치를 ON 시키면 각층에 정지하면서 목적층까지 주행 한다.

05 레일의 규격을 나타낸 그림이다. 빈칸 ⓐ, ⓑ에 맞는 것은 몇 kg인가?

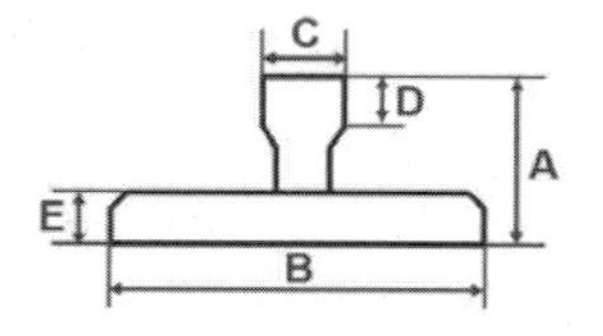

정답 1. ③ 2. ④ 3. ① 4. ④ 5. ③

T형 레일의 단면

구분 \ 호칭	8K	ⓐ	18K	ⓑ	30K
A	56	62	89	89	108
B	78	89	114	127	140
C	10	16	16	16	19
D	26	32	38	50	51
E	6	7	8	12	13

T형 레일의 단면과 치수

① ⓐ 10, ⓑ 26
② ⓐ 12, ⓑ 22
③ ⓐ 13, ⓑ 24
④ ⓐ 15, ⓑ 27

해설 가이드레일의 규격
- 레일의 표준 길이 : 5m(특수 제작된 T형 레일)
- 레일 규격의 호칭 : 소재의 1m당 중량을 라운드 번호로 하여 K 레일을 붙여서 사용된다. 일반적으로 사용하고 있는 T형 레일은 공칭 8, 13, 18 및 24K, 30K 레일이지만 대용량의 엘리베이터는 37K, 50K 레일 등도 사용된다. 또한 소용량 엘리베이터의 균형추 레일에서 비상정지장치가 없는 것이나, 간접식 유압 엘리베이터의 램(RAM 구 : 플런저)을 안내하는 레일에는 강판을 성형한 레일이 사용되고 있다.

06 다음 중 주유를 해서는 안되는 부품은?

① 균형추 ② 가이드슈
③ 가이드레일 ④ 브레이크 라이닝

07 중앙 개폐방식의 승강장 도어를 나타내는 기호는?

① 2S ② CO
③ UP ④ SO

해설 도어시스템의 형식을 분류하면 다음과 같다. 숫자는 도어의 문짝 수, S는 측면개폐, CO는 중앙개폐를 나타낸다.
- 수평 개폐도어
  - 측면개폐도어 : 1매 측면개폐(1S), 2매 측면개폐(2S), 3매 측면개폐(3S)
  - 중앙개폐도어 : 2매 중앙개폐(2CO), 4매 중앙개폐(4CO)

08 압력맥동이 적고 소음이 적어서 유압식 엘리베이터에 주로 사용되는 펌프는?

① 기어 펌프 ② 베인 펌프
③ 스크류 펌프 ④ 릴리프 펌프

해설 펌프의 종류 및 요건
일반적으로 스크루 펌프가 많이 쓰인다. 펌프의 출력은 유압과 토출량에 비례한다. 따라서 같은 플런저라면 유압이 높으면 큰 하중에 견디며 토출량이 많으면 속도가 빨라진다.
- 유압 : 10~60kg/cm^2
- 토출량 : 50~1500l/min
- 모터 용량 : 2~50kW
- 펌프 종류 : 원심식, 가변 토출량식, 강제 송류식(기어 펌프, 밴 펌프, 스크루 펌프)

09 에스컬레이터의 역회전 방지장치로 틀린 것은?

① 조속기
② 스커트 가드
③ 기계 브레이크
④ 구동체인 안전장치

해설 스커트가드 안전 스위치(S.G.S)
스텝과 스커트가드 사이에 손이나, 신발이 끼었을 때 그 압력에 의해 에스컬레이터를 정지시키는 장

10 엘리베이터 도어 사이에 끼이는 물체를 검출하기 위한 안전장치로 틀린 것은?

① 광전 장치 ② 도어클로저
③ 세이프티 슈 ④ 초음파 장치

해설 문닫힘 안전장치
도어의 선단에 이물질 검출 장치를 설치하여 그 작동에 의해 닫히는 문을 멈추게 하는 장치
- 세이프티 슈(Safety Shoe) : 카 도어 앞에 설치하여 물체 접촉 시 동작하는 장치

정답 6. ④ 7. ② 8. ③ 9. ② 10. ②

- 광전 장치(Photo Electric Device) : 광선 빔을 이용한 비접촉식 장치
- 초음파 장치(Ultrasonic Door Sensor) : 초음파의 감지 각도를 이용한 장치

11 **기계실을 승강로의 아래쪽에 설치하는 방식은?**

① 정상부형 방식
② 횡인 구동 방식
③ 베이스먼트 방식
④ 사이드머신 방식

해설 하부형 엘리베이터
승강로 하부에 기계실이 위치한 엘리베이터로 유압식과 전기식(로프식)에 사용되며 베이스먼트 타입(basement type)이라고도 한다.

12 **기계식 주차설비를 할 때 승강기식인 경우 시브 또는 드럼의 직경은 와이어로프 직경의 몇 배 이상으로 하는가?**

① 10　② 15
③ 20　④ 30

13 **가장 먼저 누른 호출버튼에 응답하고 운전이 완료될 때까지 다른 호출에 응답하지 않는 운전방식은?**

① 승합 전자동식
② 단식 자동방식
③ 카 스위치방식
④ 하강 승합 전자동식

해설 단식 자동방식(Single Automatic)
먼저 등록된 호출에만 응답하고 그 운전이 완료될 때까지는 다른 호출에 응하지 않는 방식으로 화물용이나 카(Car)리프트 등에 많이 사용된다.

14 **트랙션권상기의 특징으로 틀린 것은?**

① 소요동력이 작다.
② 행정거리의 제한이 없다.
③ 주로프 및 도르래의 마모가 일어나지 않는다.
④ 권과(지나치게 감기는 현상)를 일으키지 않는다.

해설 권상(트랙션)식
권상(트랙션)식은 로프와 도르래 사이의 마찰력을 이용하여 카 또는 균형추를 움직이는 것이다. 로프의 미끄러짐과 로프 및 도르래의 마모가 발생한다.

15 **정지 레오나드 방식 엘리베이터의 내용으로 틀린 것은?**

① 워드 레오나드 방식에 비하여 손실이 적다.
② 워드 레오나드 방식에 비하여 유지보수가 어렵다.
③ 사이리스터를 사용하여 교류를 직류로 변환한다.
④ 모터의 속도는 사이리스터의 점호각을 바꾸어 제어한다.

해설 정지 레오나드 방식의 원리

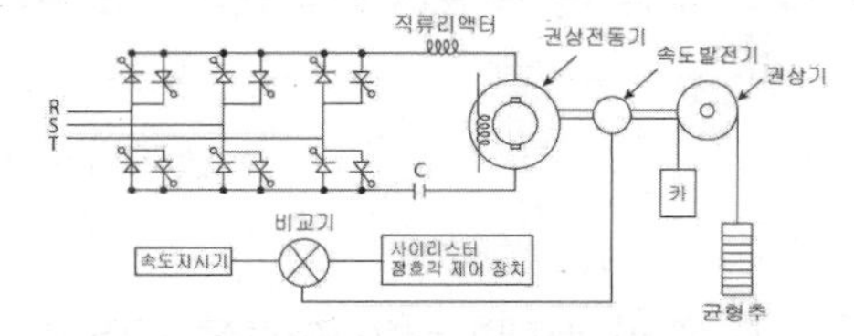

싸이리스터를 사용하여 교류를 직류로 변화하여 전동기에 공급하고 싸이리스터의 점호각을 바꿈으로서 직류전압을 바꿔 직류전동기의 회전수를 변경하는 방식이다. 변화 시의 손실이 워드레오나드 방식에 비하여 적고 보수가 쉽다는 장점이 있다. 속도 제어는 엘리베이터의 실제속도를 속도 지령 값으로부터 신호와 비교하여 그 값의 차이가 있으면 싸이리스터의 점호각을 바꿔 속도를 바꾼다.

정답 11. ③　12. ④　13. ②　14. ③　15. ②

16 **작동유의 압력맥동을 흡수하여 진동, 소음을 감소시키는 것은?**

① 펌프 ② 필터
③ 사이렌서 ④ 역류제지 밸브

해설 사일런서(Silencer)
작동유의 압력맥동을 흡수하여 진동소음을 저감시키기 위해 사용한다.

17 **에스컬레이터 각 난간의 꼭대기에는 정상운행 조건하에서 스텝, 팔레트 또는 벨트의 실제 속도와 관련하여 동일방향으로 몇 %의 공차가 있는 속도로 움직이는 핸드레일이 설치되어야 하는가?**

① 0~2 ② 4~5
③ 7~9 ④ 10~12

해설 핸드레일 시스템
- 각 난간의 꼭대기에는 정상운행 조건하에서 스텝, 팔레트 또는 벨트의 실제 속도와 관련하여 동일 방향으로 -0%에서 +2%의 공차가 있는 속도로 움직이는 핸드레일이 설치되어야 한다.
- 핸드레일은 정상운행 중 운행방향의 반대편에서 450N의 힘으로 당겨도 정지되지 않아야 한다.

18 **3상 유도전동기의 회전 방향을 바꾸는 방법으로 옳은 것은?**

① 3상 전원의 주파수를 바꾼다.
② 3상 전원 중 1상을 단선시킨다.
③ 3상 전원 중 2상을 단락시킨다.
④ 3상 전원 중 임의의 2상의 접속을 바꾼다.

해설 3상유도전동기 회전방향 변경 방법
3상 중 2상의 접속을 바꾸어 준다.

19 **화재 시 조치사항에 대한 설명 중 틀린 것은?**

① 비상용 엘리베이터는 소화활동 등 목적에 맞게 동작시킨다.
② 빌딩 내에서 화재가 발생할 경우 반드시 엘리베이터를 이용해 비상탈출을 시켜야 한다.
③ 승강로에서의 화재 시 전선이나 레일의 윤활유가 탈 때 발생되는 매연에 질식되지 않도록 주의한다.
④ 기계실에서의 화재 시 카 내의 승객과 연락을 취하면서 주전원 스위치를 차단한다.

20 **안전점검 체크 리스트 작성 시의 유의사항으로 가장 타당한 것은?**

① 일정한 양식으로 작성할 필요가 없다.
② 사업장에 공통적인 내용으로 작성한다.
③ 중점도가 낮은 것부터 순서대로 작성한다.
④ 점검표의 내용은 이해하기 쉽도록 표현하고 구체적이어야 한다.

21 **재해의 직접 원인 중 작업환경의 결함에 해당되는 것은?**

① 위험장소 접근
② 작업순서의 잘못
③ 과다한 소음 발산
④ 기술적, 육체적 무리

22 **추락방지를 위한 물적 측면의 안전대책과 관련이 없는 것은?**

① 발판, 작업대 등은 파괴 및 동요되지 않도록 견고하고 안정된 구조이어야 한다.

정답 16. ③ 17. ① 18. ④ 19. ② 20. ④ 21. ③ 22. ②

② 안전교육훈련을 통해 작업자에게 추락의 위험을 인식시킴과 동시에 자율적 규제를 촉구한다.
③ 작업대와 통로는 미끄러지거나 발에 걸려 넘어지지 않게 평평하고 미끄럼 방지성이 뛰어난 것으로 한다.
④ 작업대와 통로 주변에는 난간이나 보호대를 설치해야 한다.

23 산업재해의 발생원인 중 불안전한 행동이 많은 사고의 원인이 되고 있다. 이에 해당 되지 않는 것은?

① 위험장소 접근
② 작업 장소 불량
③ 안전장치 기능 제거
④ 복장 보호구 잘못 사용

해설

불안전 행동(인적원인)	불안전한 상태(물적원인)
• 개인 보호구를 미착용 • 불안전한 자세 및 위치 • 위험장소 접근 • 운전 중인 기계장치를 수리 • 정리정돈 불량 • 안전장치를 무효화 • 불안전한 적제 및 배치를 한다. • 결함 있는 공구사용	• 복장, 보호구 결함 • 안전보호 장치의 결함 • 작업 환경 및 생산 공정 결함 • 경계표시 설비 결함 • 물자체의 결함

24 높은 곳에서 전기작업을 위한 사다리작업을 할 때 안전을 위하여 절대 사용해서는 안 되는 사다리는?

① 니스(도료)를 칠한 사다리
② 셸락(shellac)을 칠한 사다리
③ 도전성 있는 금속제 사다리
④ 미끄럼 방지장치가 있는 사다리

25 전기 화재의 원인으로 직접적인 관계가 되지 않는 것은?

① 저항　② 누전
③ 단락　④ 과전류

해설 전기화재의 원인
- 과전류에 의한 발화
- 단락(합선)에 의한 발화
- 지락에 의한 발화
- 누전에 의한 발화
- 접촉부의 과열에 의한 발화
- 스파크에 의한 발화
- 절연열화 또는 탄화에 의한 발화
- 열적경과에 의한 발화
- 정전기에 의한 발화
- 낙뢰에 의한 발화

26 안전점검의 목적에 해당되지 않는 것은?

① 합리적인 생산관리
② 생산위주의 시설 가동
③ 결함이나 불안전 조건의 제거
④ 기계·설비의 본래 성능 유지

27 전기식 엘리베이터의 자체점검항목이 아닌 것은?

① 브레이크　② 스커트가드
③ 가이드레일　④ 비상정지장치

해설 스커드 가드는 에스컬레이터 자체점검 항목이다.

28 다음에서 일상점검의 중요성이 아닌 것은?

① 승강기 품질유지
② 승강기의 수명연장
③ 보수자의 편리도모
④ 승강기의 안전한 운행

정답 23. ② 24. ③ 25. ① 26. ② 27. ② 28. ③

29 **전동 덤웨이터의 안전장치에 대한 설명 중 옳은 것은?**

① 도어 인터록 장치는 설치하지 않아도 된다.
② 승강로의 모든 출입구 문이 닫혀야만 카를 승강시킬 수 있다.
③ 출입구 문에 사람의 탑승금지 등의 주의사항은 부착하지 않아도 된다.
④ 로프는 일반 승강기와 같이 와이어로프 소켓을 이용한 체결을 하여야만 한다.

30 **전기식 엘리베이터의 자체점검 중 피트에서 하는 점검항목장치가 아닌 것은?**

① 완충기
② 측면 구출구
③ 하부 파이널 리미트 스위치
④ 조속기로프 및 기타의 당김 도르래

해설 피트에서 하는 점검항목
- 완충기
- 조속기로프 및 기타의 당김 도르래
- 피트바닥
- 하부 파이널리미트 스위치
- 카 비상정지장치 및 스위치
- 하부 도르래
- 보상수단 및 부착부
- 균형추 밑 부분 틈새
- 이동케이블 및 부착부
- 과부하감지장치
- 피트 내의 내진대책

31 **유압식 엘리베이터의 피트 내에서 점검을 실시할 때 주의해야 할 사항으로 틀린 것은?**

① 피트 내 비상정지스위치를 작동 후 들어 갈 것
② 피트 내 조명을 점등한 후 들어갈 것
③ 피트에 들어갈 때는 승강로 문을 닫을 것
④ 피트에 들어갈 때 기름에 미끄러지지 않도록 주의할 것

32 **전기식 엘리베이터의 경우 기계실에서 검사하는 항목과 관계없는 것은?**

① 전동기
② 인터록장치
③ 권상기의 도르래
④ 권상기의 브레이크 라이닝

해설 기계실, 구동기 및 풀리 공간에서 하는 점검
- 통로, 출입문/점검문
- 환경
- 제어 패널, 캐비닛 접촉기, 릴레이, 제어 기판
- 수권조작 수단
- 층상선택기
- 상승과속방지 수단–의도하지 않은 움직임 보호수단
- 권상기(감속기어, 도르래, 베어링, 브레이크, 라이닝, 드럼, 플런저스프링)
- 고정 도르래, 풀리
- 전동기
- 전동발전기
- 조속기(카측, 균형추측)
- 기계실 기기의내진대책

33 **승강로에 관한 설명 중 틀린 것은?**

① 승강로는 안전한 벽 또는 울타리에 의하여 외부공간과 격리되어야 한다.
② 승강로는 화재 시 승강로를 거쳐서 다른 층으로 연소 될 수 있도록 한다.
③ 엘리베이터에 필요한 배관 설비외의 설비는 승강로 내에 설치하여서는 안 된다.

정답 29. ② 30. ② 31. ③ 32. ② 33. ②

④ 승강로 피트 하부를 사무실이나 통로로 사용할 경우 균형추에 비상정지장치를 설치한다.

해설 승강로 내부는 연기가 침투되지 않는 구조이어야 한다.

34 **승강기 완성검사 시 전기식 엘리베이터의 카문턱과 승강장문 문턱 사이의 수평거리는 몇 mm 이하이어야 하는가?**

① 35 ② 45
③ 55 ④ 65

해설 카 문턱과 승강장문 문턱 사이의 수평거리는 35mm 이하이어야 한다.

35 **웜기어오일(worm gear oil)에 관한 설명으로 틀린 것은?**

① 매월 교체하여야 한다.
② 반드시 지정된 것만 사용한다.
③ 규정된 수준을 유지하여야 한다.
④ 웜기어가 분말이나 먼지로 혼탁해지면 교체한다.

36 **에스컬레이터(무빙워크 포함)에서 6개월에 1회 점검하는 사항이 아닌 것은?**

① 구동기의 베어링 점검
② 구동기의 감속기어 점검
③ 중간부의 스텝 레일 점검
④ 핸드레일 시스템의 속도 점검

해설 핸드레일 시스템 속도점검은 1회/월 점검사항이다.

37 **기계실에 대한 설명으로 틀린 것은?**

① 출입구 자물쇠의 잠금장치는 없어도 된다.
② 관리 및 검사에 지장이 없도록 조명 및 환기는 적절해야 한다.
③ 주로프, 조속기로프 등은 기계실 바닥은 관통부분과 접촉이 없어야 한다.
④ 권상기 및 제어반은 기둥 및 벽에서 보수관리에 지장이 없어야 한다.

해설 출입문은 열쇠로 조작되는 잠금장치가 있어야 하며, 기계실 내부에서 열쇠를 사용하지 않고 열릴 수 있어야 한다.

38 **파워유니트를 보수·점검 또는 수리할 때 사용하면 불필요한 작동유의 유출을 방지할 수 있는 밸브는?**

① 사이런스
② 체크밸브
③ 스톱밸브
④ 릴리프밸브

해설 **스톱 밸브(Stop Valve)**
유압 파워유니트에서 실린더로 통하는 배관 도중에 설치되는 수동조작 밸브. 밸브를 닫으면 실린더의 오일이 탱크로 역류하는 것을 방지한다. 유압 장치의 보수, 점검, 수리할 때에 사용되며 게이트 밸브(Gate Valve)라고도 한다.

39 **에스컬레이터의 경사도가 30°이하일 경우에 공칭 속도는?**

① 0.75m/s 이하
② 0.80m/s 이하
③ 0.85m/s 이하
④ 0.90m/s 이하

해설 에스컬레이터의 공칭 속도는 다음과 같아야 한다.
- 경사도 α가 30° 이하인 에스컬레이터는 0.75 m/s 이하이어야 한다.
- 경사도 α가 30°를 초과하고 35° 이하인 에스컬레이터는 0.5m/s 이하이어야 한다.

정답 34. ① 35. ① 36. ④ 37. ① 38. ③ 39. ①

40 **에스컬레이터(무빙워크 포함) 점검항목 및 방법 중 제어 패널, 캐비닛, 접촉기, 릴레이, 제어기판에서 "B로 하여야 할 것"에 해당하지 않는 것은?**

① 잠금 장치가 불량한 것
② 환경상태(먼지, 이물)가 불량한 것
③ 퓨즈 등에 규격외의 것이 사용되고 있는 것
④ 접촉기, 릴레이-접촉기 등의 손모가 현저한 것

해설 에스컬레이터(무빙워크 포함) 점검항목 및 방법 중 제어 패널, 캐비닛, 접촉기, 릴레이, 제어기판에서 B로 하여야 할 것
- 접촉기, 릴레이-접촉기 등의 손모가 현저한 것
- 잠금 장치가 불량한 것
- 고정이 불량한 것
- 발열, 진동 등이 현저한 것
- 동작이 불안정한 것
- 환경상태(먼지, 이물)가 불량한 것
- 제어 계통에서 안전에 지장이 없는 경미한 결함 또는 오류가 발행한 것
- 전기설비의 절연저항이 규정값을 초과하는 것

41 **고속 엘리베이터에 많이 사용되는 조속기는?**

① 점차 작동형 조속기
② 롤 세이프티형 조속기
③ 디스크형 조속기
④ 플라이 볼형 조속기

해설 플라이볼(fly ball)형
진자(fly weight) 대신에 플라이볼을 사용하여 볼이 링크기구에 있는 로프캐치를 작동시키면, 캐치가 조속기 로프를 잡아 비상정지장치를 작동시키는 구조로 되어 있다. 고속용에 적합하다.

42 **에스컬레이터(무빙워크 포함)의 비상정지스위치에 관한 설명으로 틀린 것은?**

① 색상은 적색으로 하여야 한다.
② 상하 승강장의 잘 보이는 곳에 설치한다.
③ 버튼 또는 버튼 부근에는 "정지" 표시를 하여야 한다.
④ 장난 등에 의한 오조작 방지를 위하여 잠금장치를 설치하여야 한다.

해설 비상정지스위치에는 정상운행 중에 임의로 조작하는 것을 방지하기 위해 보호 덮개가 설치되어야 한다. 그 보호 덮개는 비상시에는 쉽게 열리는 구조이어야 한다.

43 **와이어로프의 구성요소가 아닌 것은?**

① 소선 ② 심강
③ 킹크 ④ 스트랜드

해설 와이어로프의 구성요소
- 소선
- 심강
- 스트랜드

44 **카 상부에서 행하는 검사가 아닌 것은?**

① 완충기 점검
② 주로프 점검
③ 가이드 슈 점검
④ 도어개폐장치 점검

해설 완충기는 피트 검사 사항이다.

45 **전기식 엘리베이터의 가이드 레일 설치에서 패킹(보강재)이 설치된 경우는?**

① 가이드 레일이 짧게 설치되어 보강할 경우
② 가이드 레일 양 폭의 너비를 조정 작업할 경우

정답 40. ③ 41. ④ 42. ④ 43. ③ 44. ① 45. ③

③ 레일브래킷의 간격이 필요 이상 한계를 초과하여 레일의 뒷면에 강재를 붙여서 보강하는 경우
④ 레일브래킷의 간격이 필요 이상 한계를 초과하여 레일의 아편에 강재를 붙여서 보강하는 경우

46 유압식 엘리베이터에 있어서 정상적인 작동을 위하여 유지하여야 할 오일의 온도 범위는?

① 5℃~60℃ ② 20℃~70℃
③ 30℃~80℃ ④ 40℃~90℃

해설 오일의 온도 범위
5℃~60℃

47 직류전동기의 회전수를 일정하게 유지하기 위하여 전압을 변화시킬 때 전압은 어디에 해당되는가?

① 조작량 ② 제어량
③ 목표값 ④ 제어대상

해설 조작량
제어장치 또는 제어요소의 출력이면서 제어대상의 입력인 신호이다.

48 직류발전기의 구조로서 3대 요소에 속하지 않는 것은?

① 계자 ② 보극
③ 전기자 ④ 정류자

해설 직류발전기의 구조로서 3대 요소
전기자, 계자, 정류자

49 체크밸브(non-return valve)에 관한 설명 중 옳은 것은?

① 하강 시 유량을 제어하는 밸브이다.
② 오일의 압력을 일정하게 유지하는 밸브이다.
③ 오일의 방향이 한쪽방향으로만 흐르도록 하는 밸브이다.
④ 오일의 방향이 양방향으로 흐르는 것을 제어하는 밸브이다.

해설 역저지 밸브(Check Valve)
체크 밸브라고도 하며 한쪽 방향으로만 오일이 흐르도록 하는 밸브이다. 펌프의 토출 압력이 떨어져서 실린더 내의 오일이 역류하여 카가 자유낙하 하는 것을 방지할 목적으로 설치한 것으로 기능은 로프식 엘리베이터의 전자브레이크와 유사하다.

50 높이 50mm 의 둥근 봉이 압축하중을 받아 0.004의 변형률이 생겼다고 하면, 이 봉의 높이는 몇 mm 인가?

① 49.80 ② 49.90
③ 49.98 ④ 48.99

해설 $\text{변형률} = \dfrac{\text{변형량}}{\text{원래의길이}}$, $\epsilon = \dfrac{\Delta l}{l}$

$0.004 = \dfrac{\Delta l}{50}$, $\Delta l = 0.004 \times 50 = 0.2$

$l' = 50 - 0.2 = 49.80$

51 기어의 언더컷에 관한 설명으로 틀린 것은?

① 이의 간섭현상이다.
② 접촉 면적이 넓어진다.
③ 원활한 회전이 어렵다.
④ 압력각을 크게 하여 방지한다.

해설 접촉 면적이 작아지고 원활한 회전이 어려워진다.

52 기계 부품 측정 시 각도를 측정할 수 있는 기기는?

① 사인바 ② 옵티컬플렛

정답 46. ① 47. ① 48. ② 49. ③ 50. ① 51. ② 52. ①

③ 다이얼게이지　④ 마이크로미터

해설 사인바
기계부품 각도 측정계기

53 그림과 같은 논리기호의 논리식은?

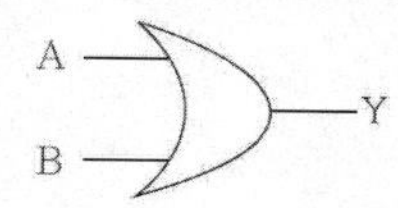

① Y=A′+B′　② Y=A′·B′
③ Y=A·B　④ Y=A+B

해설

명칭	논리회로	논리식
OR회로	A, B → Y	Y=A+B

54 평행판 콘덴서에 있어서 판의 면적을 동일하게 하고 정전용량은 반으로 줄이려면 판 사이의 거리는 어떻게 하여야 하는가?

① 1/4로 줄인다.　② 반으로 줄인다.
③ 2배로 늘린다.　④ 4배로 늘린다.

해설 정전용량

$C=\dfrac{\varepsilon A}{d}[\mu\text{F}]$,

극판면적$[d]$ $d=\dfrac{\varepsilon A}{C}=\dfrac{\varepsilon A}{\frac{C}{2}}=2\dfrac{\varepsilon A}{C}[\text{m}]$

55 유도 전동기에서 동기속도 N_s와 극수 P와의 관계로 옳은 것은?

① $N_s \propto P$　② $N_s \propto 1/P$
③ $N_s \propto 2P$　④ $N_s \propto 1/2P$

해설 동기속도

$N_s=\dfrac{120f}{P}[\text{rpm}]$, $N_s \propto \dfrac{1}{P}$

56 그림과 같은 회로의 역률은 약 얼마인가?

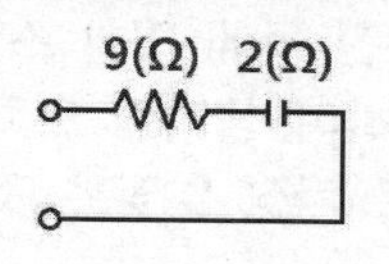

① 0.74　② 0.80
③ 0.86　④ 0.98

해설 역율

$\cos\theta=\dfrac{R}{Z}=\dfrac{9}{\sqrt{9^2+2^2}}=0.98$

57 전기기기에서 E종 절연의 최고 허용온도는 몇 ℃인가?

① 90　② 105
③ 120　④ 130

58 안전율의 정의로 옳은 것은?

① 허용응력/극한강도
② 극한강도/허용응력
③ 허용응력/탄성한도
④ 탄성한도/허용응력

해설 안전율 $S_t=\dfrac{R_m}{\sigma_{perm}}$

여기서, σ_{perm}=허용응력(N/mm^2)
R_m=인장강도(N/mm^2)
S_t=안전율

59 정속도 전동기에 속하는 것은?

① 직권 전동기
② 분권 전동기
③ 차동복권 전동기
④ 가동복권 전동기

해설 분권 전동기는 정속도 전동기이다.

정답 53. ④　54. ③　55. ②　56. ④　57. ③　58. ②　59. ②

60 **측정계기의 오차의 원인으로서 장시간의 '통전 등에 의한 스프링의 탄성피로에 의하여 생기는 오차를 보정하는 방법으로 가장 알맞은 것은?**

① 정전기 제거　② 자기 가열
③ 저항 접속　④ 영점 조정

정답 60. ④

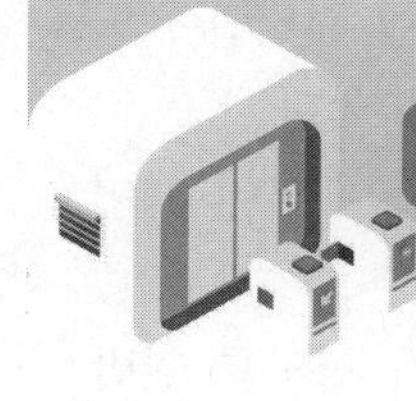

기출문제 2016년 제2회

제1과목 : 승강기개론

01 엘리베이터용 트랙션식 권상기의 특징이 아닌 것은?

① 소요동력이 작다.
② 균형추가 필요 없다.
③ 행정거리에 제한이 없다.
④ 권과를 일으키지 않는다.

해설 권상(트랙션)식 특징
- 균형추를 사용하지 않기 때문에 소요 동력이 작다.
- 도르래를 사용하기 때문에 승강 행정에 제한이 없다.
- 로프와 도르래의 마찰력을 이용하므로 지나치게 감길 위험이 없다.

02 스텝 폭 0.8m, 공칭속도 0.75m/s인 에스컬레이터로 수송할 수 있는 최대 인원의 수는 시간 당 몇 명인가?

① 3600 ② 4800
③ 6000 ④ 6600

해설 [표-최대 수용력]

스텝/팔레트 폭 z_1 m	공칭 속도 v m/s		
	0.5	0.65	0.75
0.6	3,600명/h	4,400명/h	4,900명/h
0.8	4,800명/h	5,900명/h	6,600명/h
1	6,000명/h	7,300명/h	8,200명/h

[비고] 1. 쇼핑용 손수레와 화물용 카트의 사용은 대략 수용력의 80%가 감소한다.
[비고] 2. 1m를 초과하는 팔레트 폭을 가진 무빙워크에서 이용자가 핸드레일을 잡아야 하기 때문에 수용능력은 증가하지 않는다.

03 카가 최상층 및 최하층을 지나쳐 주행하는 것을 방지하는 것은?

① 균형추 ② 정지 스위치
③ 인터록 장치 ④ 리미트 스위치

해설 리미트 스위치(Limit Switch)
엘리베이터가 운행 시 최상·최하층을 지나치지 않도록 하는 장치로서 카를 감속제어하여 정지시킬 수 있도록 배치되어 있다. 또한, 리미트 스위치가 작동되지 않을 경우에 대비하여 리미트 스위치를 지난 적당한 위치에 카가 현저히 지나치는 것을 방지하는 파이널 리미트 스위치(Final Limit Switch)를 설치해야 한다.

04 비상용 엘리베이터의 정전 시 예비전원의 기능에 대한 설명으로 옳은 것은?

① 30초 이내에 엘리베이터 운행에 필요한 전력용량을 자동적으로 발생하여 1시간 이상 작동하여야 한다.
② 40초 이내에 엘리베이터 운행에 필요한 전력용량을 자동적으로 발생하여 1시간 이상 작동하여야 한다.
③ 60초 이내에 엘리베이터 운행에 필요한 전력용량을 자동적으로 발생하여 2시간 이상 작동하여야 한다.
④ 90초 이내에 엘리베이터 운행에 필

정답 1. ② 2. ④ 3. ④ 4. ③

요한 전력용량을 자동적으로 발생하여 2시간 이상 작동하여야 한다.

해설 • 비상용 엘리베이터는 다음 조건에 따라 정확하게 운전되도록 설계되어야 한다.
- 전기/전자적 조작 장치 및 표시기는 구조물에 요구되는 기간 동안(2시간 이상) 0℃에서 65℃까지의 주위 온도 범위에서 작동될 때 카가 위치한 곳을 감지할 수 있도록 기능이 지속되어야 한다.
- 방화구획 된 로비가 아닌 곳에서 비상용 엘리베이터의 모든 다른 전기/전자 부품은 0℃에서 40℃까지의 주위 온도 범위에서 정확하게 기능하도록 설계되어야 한다.
- 엘리베이터 제어의 정확한 기능은 건축물에 요구되는 기간 동안(2시간 이상) 연기가 가득 찬 승강로 및 기계실에서 보장되어야 한다.

• 비상용 엘리베이터는 소방관이 조작하여 엘리베이터 문이 닫힌 이후부터 60초 이내에 가장 먼 층에 도착하여야 된다. 다만, 운행 속도는 1m/s 이상이어야 한다.

05 **주차구획이 3층 이상으로 배치되어 있고 출 입구가 있는 층의 모든 주차구획을 주차장치 출입구로 사용할 수 있는 구조로서 그 주차 구획을 아래·위 또는 수평으로 이동하여 자동차를 주차하도록 설계한 주차장치는?**

① 수평순환식
② 다층순환식
③ 다단식 주차장치
④ 승강기 슬라이드식

해설 다단식 주차 장치 : 주차 구획이 3단 이상으로 배치되어 있고 출입구가 있는 층의 모든 부분을 주차 장치 출입구로 사용할 수 있는 구조의 주차 장치이다.

06 **도어 인터록에 관한 설명으로 옳은 것은?**

① 도어 닫힘 시 도어 록이 걸린 후, 도어 스위치가 들어가야 한다.
② 카가 정지하지 않는 층은 도어 록이 없어도 된다.
③ 도어 록은 비상시 열기 쉽도록 일반 공구로 사용 가능해야 한다.
④ 도어 개방 시 도어 록이 열리고, 도어 스위치가 끊어지는 구조이어야 한다.

해설 도어인터록의 구조 및 원리
• 구조 : 도어 록과 도어 스위치
• 원리 : 시건장치가 확실히 걸린 후 도어스위치가 들어가고, 도어 스위치가 끊어진 후에 도어 록이 열리는 구조이다. 외부에서 도어 록을 풀 경우에는 특수한 전용키를 사용해야 한다. 또한 전 층의 도어가 닫혀 있지 않으면 운전이 되지 않아야 한다.

07 **승객이나 운전자의 마음을 편하게 해 주는 장치는?**

① 통신장치
② 관제운전장치
③ 구출운전장치
④ B.G.M(Black Ground Music)장치

해설 B.G.M(Back Ground Music) 장치
카 내부에 음악을 틀어주어 승객이나 운전자의 마음을 편안하게 해주는 장치이다.

08 **조속기로프의 공칭 직경은 몇 mm 이상이어 야 하는가?**

① 6　② 8
③ 10　④ 12

해설 조속기로프의 공칭 직경은 6mm 이상이어야 한다.

정답 5. ③ 6. ① 7. ④ 8. ①

09 **카 문턱과 승강장문 문턱 사이의 수평거리는 몇 mm 이하이어야 하는가?**

① 12 ② 15
③ 35 ④ 125

해설 카 문턱과 승강장문 문턱 사이의 수평거리는 35mm 이하이어야 한다.

10 **기계실에서 이동을 위한 공간의 유효 높이 는 바닥에서부터 천장의 빔 하부까지 측정하여 몇 m 이상이어야 하는가?**

① 1.2 ② 1.8
③ 2.0 ④ 2.5

해설 • 6.3.3.1에서 기술된 유효 공간으로 접근하는 통로의 폭은 0.5m 이상이어야 한다. 다만, 움직이는 부품이 없는 경우에는 0.4m로 줄일 수 있다.
• 이동을 위한 공간의 유효 높이는 바닥에서부터 천장의 빔 하부까지 측정하여 1.8m 이상이어야 한다.

11 **펌프의 출력에 대한 설명으로 옳은 것은?**

① 압력과 토출량에 비례한다.
② 압력과 토출량에 반비례한다.
③ 압력에 비례하고, 토출량에 반비례한다.
④ 압력에 반비례하고, 토출량에 비례한다.

12 **엘리베이터를 3~8대 병설하여 운행관리하며 1개의 승강장 부름에 대하여 1대의 카가 응답하고 교통수단의 변동에 대하여 변경되는 조작방식은?**

① 군관리방식
② 단식 자동방식
③ 군승합 전자동식
④ 방향성 승합 전자동식

해설 군관리방식(Supervisory Contlol)
엘리베이터를 3~8대 병설할 때 각 카를 불필요한 동작 없이 합리적으로 운행 관리하는 조작방식이다. 운행관리의 내용은 빌딩의 규모 등에 따라 여러 가지가 있지만 출·퇴근 시의 피크 수요, 점심식사 시간 및 회의 종례 시 등 특정 층의 혼잡 등을 자동적으로 판단하고 서비스 층을 분할하거나 집중적으로 카를 배차하여 능률적으로 운전하는 것이다.

13 **교류 2단속도 제어에서 가장 많이 사용되는 속도비는?**

① 2 : 1 ② 4 : 1
③ 6 : 1 ④ 8 : 1

해설 교류 2단 속도 제어 방식
교류 2단 전동기의 속도 비는 착상 오차 이외의 감속도, 감속 시의 저어크(감속도의 변화 비율), 저속 주행 시간, 전력 회생의 균형으로 인하여 4 : 1이 가장 많이 사용된다. 속도 60m/min까지 적용 가능하다.

14 **일반적으로 사용되고 있는 승강기의 레일 중 13K, 18K, 24K 레일 폭의 규격에 대한 사항으로 옳은 것은?**

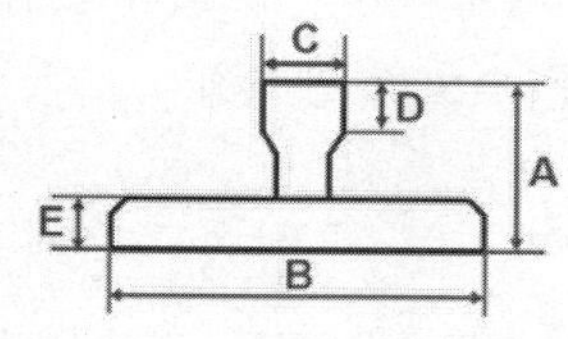

① 3종류 모두 같다.
② 3종류 모두 다르다.
③ 13K와 18K는 같고 24K는 다르다.
④ 18K와 24K는 같고 13K는 다르다.

해설 C의 폭은 일정하다.

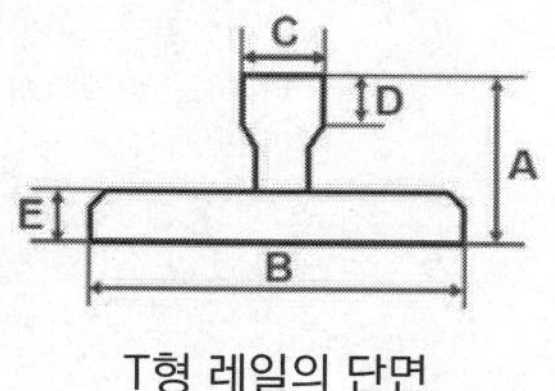

T형 레일의 단면

정답 9. ③ 10. ② 11. ① 12. ① 13. ② 14. ①

구분 \ 호칭	8K	13K	18K	24K	30K
A	56	62	89	89	108
B	78	89	114	127	140
C	10	16	16	16	19
D	26	32	38	50	51
E	6	7	8	12	13

T형 레일의 단면과 치수

15 **엘리베이터의 속도가 규정치 이상이 되었을 때 작동하여 동력을 차단하고 비상정지를 작동시키는 기계장치는?**

① 구동기 ② 조속기
③ 완충기 ④ 도어스위치

해설 조속기
엘리베이터의 속도가 규정치 이상이 되었을 때 작동하여 동력을 차단하고 비상정지를 작동시키는 기계장치

16 **승객(공동주택)용 엘리베이터에 주로 사용되는 도르래 홈의 종류는?**

① U홈 ② V홈
③ 실홈 ④ 언더컷트홈

해설 로프 홈 별 특징

로프 홈	특징
U홈	로프와의 면압이 적으므로 로프의 수명은 길어지지만 마찰력이 적어 와이어로프가 메인시브에 감기는 권부각을 크게 할 수 있는 더블랩 방식의 고속 기종 권상기에 많이 사용된다.
언더컷형 (Under-cut)	• U홈과 V홈의 장점을 가지며 트랙션 능력이 커서 일반적으로 가장 많이 엘리베이터에 적용된다. 어더컷 중심각 β 가 크면 트랙션 능력이 크다 (일반적으로 $105° \leq \beta \leq 90°$ 적용). • 초기가공은 어려우나 시브의 마모가 어느 한계까지 가더라도 마찰력이 유지되는 장점을 가진다.
V홈	쐐기작용에 의해 마찰력은 크지만 면압이 높아 와이어로프나 시브가 마모되기 쉽다.

17 **가요성 호스 및 실린더와 체크벨브 또는 하강밸브 사이의 가요성 호스 연결 장치는 전 부하 압력의 몇 배의 압력을 손상 없이 견뎌야 하는가?**

① 2 ② 3
③ 4 ④ 5

해설 가요성 호스 및 실린더와 체크밸브 또는 하강밸브 사이의 가요성 호스 연결장치는 전 부하 압력의 5배의 압력을 손상 없이 견뎌야 한다. 호스 조립부품의 제조업체에 의해 시험되어야 한다.

18 **에스컬레이터와 무빙워크의 일반적인 경사도는 각각 몇 도 이하 인가?**

① 20°, 5° ② 30°, 8°
③ 30°, 12° ④ 45°, 20°

해설 경사도
• 에스컬레이터의 경사도 α는 30°를 초과하지 않아야 한다. 다만, 높이가 6m 이하이고 공칭속도가 0.5m/s 이하인 경우에는 경사도를 35°까지 증가시킬 수 있다.
• 무빙워크의 경사도는 12° 이하이어야 한다.

19 **파괴검사 방법이 아닌 것은?**

① 인장 검사 ② 굽힘 검사
③ 육안 검사 ④ 경도 검사

20 **안전 작업모를 착용하는 주요 목적이 아닌 것은?**

① 화상방지
② 감전의 방지
③ 종업원의 표시
④ 비산물로 인한 부상 방지

정답 15. ② 16. ④ 17. ④ 18. ③ 19. ③ 20. ③

21 전기재해의 직접적인 원인과 관련이 없는 것은?

① 회로 단락 ② 충전부 노출
③ 접속부 과열 ④ 접지판 매설

해설 접지의 목적은 기기 절연물이 열화 또는 손상되었을 때 흐르는 누설전류로 인한 인체 감전을 방지하기 위해 시설한다.

22 사용전압 380V의 전동기를 사용하는 경우 접지공사는?

① 제1종 접지공사
② 제2종 접지공사
③ 제3종 접지공사
④ 특별 제3종 접지공사

해설 옥외철대 및 외함접지공사

사용기기의 전압	접지공사
400v 미만 저전압용	제3종 접지공사
400v 이상 저전압용	특별 제3종 접지공사
고압·특별고압	제1종 접지공사

23 재해의 발생 과정에 영향을 미치는 것에 해당 되지 않는 것은?

① 개인의 성격적 결함
② 사회적 환경과 신체적 요소
③ 불안전한 행동과 불안전한 상태
④ 개인의 성별·직업 및 교육의 정도

24 승강기시설 안전관리법의 목적은 무엇인가?

① 승강기 이용자의 보호
② 승강기 이용자의 편리
③ 승강기 관리주체의 수익
④ 승강기 관리주체의 편리

해설 제1조(목적)
이 법은 승강기의 설치 및 보수 등에 관한 사항을 정하여 승강기를 효율적으로 관리함으로써 승강기시설의 안전성을 확보하고 승강기 이용자를 보호함을 목적으로 한다.

25 재해 조사의 목적으로 가장 거리가 먼 것은?

① 재해에 알맞은 시정책 강구
② 근로자의 복리후생을 위하여
③ 동종재해 및 유사재해 재발방지
④ 재해 구성요소를 조사, 분석, 검토하고 그 자료를 활용하기 위하여

해설 재해 조사의 목적
재해의 원인분석을 통한 동종재해나, 유사재해 발생 방지

26 감전과 전기화상을 입을 위험이 있는 작업 에서 구비해야 하는 것은?

① 보호구 ② 구명구
③ 운동화 ④ 구급용구

해설 제32조(보호구의 지급 등)
사업주는 다음 각 호의 어느 하나에 해당하는 작업을 하는 근로자에 대해서는 다음 각 호의 구분에 따라 그 작업조건에 맞는 보호구를 작업하는 근로자 수 이상으로 지급하고 착용하도록 하여야 한다. 〈개정 2017.3.3.〉

- 물체가 떨어지거나 날아올 위험 또는 근로자가 추락할 위험이 있는 작업 : 안전모
- 높이 또는 깊이 2미터 이상의 추락할 위험이 있는 장소에서 하는 작업 : 안전대(安全帶)
- 물체의 낙하·충격, 물체에의 끼임, 감전 또는 정전기의 대전(帶電)에 의한 위험이 있는 작업 : 안전화
- 물체가 흩날릴 위험이 있는 작업 : 보안경
- 용접 시 불꽃이나 물체가 흩날릴 위험이 있는 작업 : 보안면
- 감전의 위험이 있는 작업 : 절연용 보호구

정답 21. ④ 22. ③ 23. ④ 24. ① 25. ② 26. ①

27 **감전에 의한 위험대책 중 부적합한 것은?**

① 일반인 이외에는 전기기계 및 기구에 접촉 금지
② 전선의 절연피복을 보호하기 위한 방호 조치가 있어야 함
③ 이동전선의 상호 연결은 반드시 접속기 구를 사용할 것
④ 배선의 연결부분 및 나선부분은 전기절연용 접착테이프로 테이핑 하여야 함

28 **"엘리베이터 사고 속보"란 사고 발생 후 몇 시간 이내인가?**

① 7시간
② 9시간
③ 18시간
④ 24시간

해설 사고 조사반의 구성
- 사고발생지역을 관할하는 공단 지역사무소에 설치되는 초동조사반과 공단 본부에 설치되는 전문조사반으로 구분하여 구성한다.
- 초동조사반은 2명이내의 사고조사관으로 구성하고, 사고에 관한 통보를 받은 후 24시간 이내에 다음 각 호의 사항을 조사한다.
  - 사고의 개략적 규모 및 원인
  - 법 제16조의 4 제2항에 따른 사고현장 보전의 필요성

29 **에스컬레이터의 스커트 가드판과 스탭 사이에 인체의 일부나 옷, 신발 등이 끼었을 때 에스컬레이터를 정지시키는 안전장치는?**

① 스텝체인 안전장치
② 구동체인 안전장치
③ 핸드레일 안전장치
④ 스커트 가드 안전장치

해설 스커트 가드 안전장치
에스컬레이터의 스커트 가드판과 스텝 사이에 인체의 일부나 옷, 신발 등이 끼었을 때 에스컬레이터를 정지시키는 안전장치

30 **유압장치의 보수 점검 및 수리 등을 할 때 사용되는 장치로서 이것을 닫으면 실린더의 기름이 파워유니트로 역류하는 것을 방지하는 장치는?**

① 제지 밸브
② 스톱 밸브
③ 안전 밸브
④ 럽처 밸브

해설 스톱 밸브(Stop Valve)
유압 파워유니트에서 실린더로 통하는 배관 도중에 설치되는 수동조작 밸브. 밸브를 닫으면 실린더의 오일이 탱크로 역류하는 것을 방지한다. 유압 장치의 보수, 점검, 수리할 때에 사용되며 게이트 밸브(Gate Valve)라고도 한다.

31 **피트 정지 스위치의 설명으로 틀린 것은?**

① 이 스위치가 작동하면 문이 반전하여 열리도록 하는 기능을 한다.
② 점검자나 검사자의 안전을 확보하기 위해서는 작업 중 카의 움직임을 방지하여야 한다.
③ 수동으로 조작되고 스위치가 열리면 전동기 및 브레이크에 전원 공급이 차단되어야 한다.
④ 보수 점검 및 검사를 위해 피트 내부로 "정지"위치로 두어야 한다.

정답 27. ① 28. ④ 29. ④ 30. ② 31. ①

32 유압식 엘리베이터의 카 문턱에는 승강장 유효 출입구 전폭에 걸쳐 에이프런이 설치되어야 한다. 수직면의 아랫부분은 수평면에 대해 몇 도 이상으로 아랫방향을 향하여 구부러져야 하는가?

① 15° ② 30°
③ 45° ④ 60°

해설 에이프런
카 문턱에는 승강장 유효 출입구 전폭에 걸쳐 에이프런이 설치되어야 한다. 수직면의 아랫부분은 수평면에 대해 60° 이상으로 아랫방향을 향하여 구부러져야 한다.

33 도어에 사람의 끼임을 방지하는 장치가 아닌 것은?

① 광전 장치 ② 세이프티 슈
③ 초음파 장치 ④ 도어 인터로크

해설 문닫힘 안전장치
도어의 선단에 이물질 검출 장치를 설치하여 그 작동에 의해 닫히는 문을 멈추게 하는 장치
- 세이프티 슈(Safety Shoe) : 카 도어 앞에 설치하여 물체 접촉 시 동작하는 장치
- 광전 장치(Photo Electric Device) : 광선빔을 이용한 비접촉식 장치
- 초음파 장치(Ultrasonic Door Sensor) : 초음파의 감지 각도를 이용한 장치

34 승강기 정밀안전 검사기준에서 전기식 엘리베이터 주로프의 끝 부분은 몇 가닥 마다 로프소켓에 바빗트 채움을 하거나 체결식 로프소켓을 사용하여 고정하여야 하는가?

① 1가닥 ② 2가닥
③ 3가닥 ④ 5가닥

35 정전으로 인하여 카가 층 중간에 정지될 경우 카를 안전하게 하강시키기 위하여 점검자가 주로 사용하는 밸브는?

① 체크 밸브
② 스톱 밸브
③ 릴리프 밸브
④ 하강용 유량제어 밸브

해설 하강용 유량 제어밸브 : 하강용 전자 밸브에 의해 열림 정도가 제어되는 밸브로서 실린더에서 탱크에 되돌아오는 유량을 제어한다. 정전이나 다른 원인으로 카가 층 중간에 정지하였을 경우 이 밸브를 열어 안전하게 카를 하강시켜 승객을 구출할 수 있다.

36 유압펌프에 관한 설명 중 틀린 것은?

① 압력맥동이 커야 한다.
② 진동과 소음이 작아야 한다.
③ 일반적으로 스크류 펌프가 사용된다.
④ 펌프의 토출량이 크면 속도도 커진다.

해설 유압 펌프와 전동기
- 일반적으로 압력 맥동이 작고 진동과 소음이 적은 스크루 펌프가 널리 사용된다.
- 전동기는 3상 유도전동기 사용한다.

37 유압식 엘리베이터 자체점검 시 피트에서 하는 점검항목 장치가 아닌 것은?

① 체크밸브
② 램(플런저)
③ 이동케이블 및 부착부
④ 하부 파이널리미트 스위치

해설 체크밸브는 기계실, 구동기 공간 및 풀리 공간에서 하는 점검이다.

38 전기식 엘리베이터 자체점검 시 기계실, 구동기 및 풀리 공간에서 하는 점검항목 장치가 아닌 것은?

① 조속기
② 권상기

정답 32. ④ 33. ④ 34. ① 35. ④ 36. ① 37. ① 38. ④

③ 고정 도르래
④ 과부하 감지장치

해설 과부하 감지장치는 카 위에서 하는 점검 항목이다.

39 **승강장에서 스텝 뒤쪽 끝부분을 황색등으로 표시하여 설치되는 것은?**

① 스텝체인　② 테크보드
③ 데마케이션　④ 스커트 가드

해설 데마케이션
계단의 좌우와 전방 끝에는 경고색이 황색으로 도장을 하거나 플라스틱을 끼워 테두리를 데마케이션이라 한다.

40 **전기식 엘리베이터 자체점검 시 제어 패널, 캐비닛 접촉기, 릴레이 제어 기판에서 "B로 하여야할 것"이 아닌 것은?**

① 기판의 접촉이 불량한 것
② 발열, 진동 등이 현저한 것
③ 접촉기, 릴레이-접촉기 등의 손모가 현저한 것
④ 전기설비의 절연저항이 규정 값을 초과하는 것

해설 전기식 엘리베이터 자체점검 시 제어 패널, 캐비닛 접촉기, 릴레이 제어 기판 C로 하여야 할 것
- B의 상태가 심한 것
- 화재발생의 염려가 있는 것
- 퓨즈 등에 규격외의 것이 사용되고 있는 것
- 먼지나 이물에 의한 오염으로 오작동의 염려가 있는 것
- 기판의 접촉이 불량한 것
- 제어계통에 안전과 관련된 중대한 결함 또는 오류가 발생한 것
- 제어계통에서 안전과 관련된 중대한 결함 또는 오류를 초래할 수 있는 경미한 오류가 반복적으로 발생한 것

41 **기계실에는 바닥 면에서 몇 lx 이상을 비출 수 있는 영구적으로 설치된 전기 조명이 있어야 하는가?**

① 2　② 50
③ 100　④ 200

해설 조명 및 콘센트
기계실에는 바닥 면에서 200lx 이상을 비출 수 있는 영구적으로 설치된 전기 조명이 있어야 한다.

42 **콤에 대한 설명으로 옳은 것은?**

① 홈에 맞물리는 각 승강장의 갈래진 부분
② 전기안전장치로 구성된 전기적인 안전시스템의 부분
③ 에스컬레이터 또는 무빙워크를 둘러싸고 있는 외부 측 부분
④ 스텝, 팔레트 또는 벨트와 연결되는 난간의 수직 부분

43 **로프의 미끄러짐 현상을 줄이는 방법으로 틀린 것은?**

① 권부각을 크게 한다.
② 카 자중을 가볍게 한다.
③ 가감속도를 완만하게 한다.
④ 균형체인이나 균형로프를 설치한다.

44 **균형체인과 균형로프의 점검사항이 아닌 것은?**

① 이상소음이 있는지를 점검
② 이완상태가 있는지를 점검
③ 연결부위의 이상 마모가 있는지를 점검

정답 39. ③　40. ①　41. ④　42. ①　43. ②　44. ④

④ 양쪽 끝단은 카의 양측에 균등하게 연결되어 있는지를 점검

45 **고장 및 정전 시 카 내의 승객을 구출하기 위해 카 천장에 설치된 비상구출문에 대한 설명으로 틀린 것은?**

① 카 천장에 설치된 비상구출문은 카 내부 방향으로 열리지 않아야 한다.
② 카 내부에서는 열쇠를 사용하지 않으면 열 수 없는 구조이어야 한다.
③ 비상구출구의 크기는 0.3m×0.3m 이상이어야 한다.
④ 카 천장에 설치된 비상구출문은 열쇠 등을 사용하지 않고 카 외부에서 간단한 조작으로 열 수 있어야 한다.

해설 승객의 구출 및 구조를 위한 비상구출문이 카 천장에 있는 경우, 비상구출구의 크기는 0.35m×0.5m 이상이어야 한다.

46 **자동차용 엘리베이터에서 운전자가 항상 전진방향으로 차량을 입 · 출고할 수 있도록 해주는 방향 전환장치는?**

① 턴 테이블 ② 카 리프트
③ 차량 감지기 ④ 출차 주의등

47 **한쌍의 기어를 맞물렸을 때 치면 사이에 생기는 틈새를 무엇이라 하는가?**

① 백래시 ② 이사이
③ 이뿌리면 ④ 지름피치

48 **변형량과 원래 치수와의 비를 변형률이라 하는데 다음 중 변형률의 종류가 아닌 것은?**

① 가로 변형률 ② 세로 변형률
③ 전단 변형률 ④ 전체 변형률

해설 변형률의 종류
- 수직하중에 의한 변형률
  - 종변형률(세로방향 변형률, 길이방향 변형률) 힘이 작용하는 방향의 변형률
  - 횡변형률(반지름방향 변형률, 가로방향 변형률) 힘이 작용하지 않는 방향의 변형률
- 전단하중에 의한 변형률=전단변형률

49 **직류 전동기에서 전기자 반작용의 원인이 되는 것은?**

① 계자 전류
② 전기자 전류
③ 와류손 전류
④ 히스테리시스손의 전류

50 **공작물을 제작할 때 공차 범위라고 하는 것은?**

① 영점과 최대허용치수와의 차이
② 영점과 최소허용치수와의 차이
③ 오차가 전혀 없는 정확한 치수
④ 최대허용치수와 최소허용치수와의 차이

51 **논리식 A(A+B)+B를 간단히 하면?**

① 1 ② A
③ A+B ④ A·B

해설 A(A+B)+B=A·A+A·B+B
=A+B(A+1)=A+B

52 **전압계의 측정범위를 7배로 하려 할 때 배율기의 저항은 전압계 내부저항의 몇 배로 하여야 하는가?**

① 7 ② 6
③ 5 ④ 4

정답 45. ③ 46. ① 47. ① 48. ④ 49. ② 50. ④ 51. ③ 52. ②

해설 측정배율

$m = \frac{R_m}{R_v} + 1$ (R_m : 배율기의 저항[Ω], R_v : 전압계 내부저항[Ω])

$7 = \frac{R_m}{R_v} + 1$, $\frac{R_m}{R_v} = 7 - 1 = 6$

$\therefore R_m = 6R_v$

53 논리회로에 사용되는 인버터(inverter)란?

① OR회로 ② NOT회로

③ AND회로 ④ X-OR회로

54 물체에 하중을 작용시키면 물체 내부에 저항력이 생긴다. 이 때 생긴 단위면적에 대한 내부 저항력을 무엇이라 하는가?

① 보 ② 하중

③ 응력 ④ 안전율

해설 응력(Stress)

재료에 하중이 가해지면, 그 하중에 대응하는 내부적인 저항력(내력)이 발생하는데 이것을 응력(Stress)이라 한다.

$\text{응력} = \frac{\text{하중}}{\text{단면적}}$, $\sigma = \frac{F}{A}$[N/mm²]

55 100V를 인가하여 전기량 30C을 이동시키는데 5초 걸렸다. 이때의 전력(kW)은?

① 0.3 ② 0.6

③ 1.5 ④ 3

해설 전력[P]

$P = VI = V\frac{Q}{t} = 100 \times \frac{30}{5} = 0.6$[kW]

56 다음 중 측정계기의 눈금이 균일하고, 구동토크가 커서 감도가 좋으며 외부의 영향을 적게 받아 가장 많이 쓰이는 아날로그 계기 눈금의 구동방식은?

① 충전된 물체 사이에 작용하는 힘

② 두 전류에 의한 자기장 사이의 힘

③ 자기장내에 있는 철편에 작용하는 힘

④ 영구자석과 전류에 의한 자기장 사이의 힘

57 RLC 직렬회로에서 최대전류가 흐르게 되는 조건은?

① $\omega L^2 - \frac{1}{\omega C} = 0$

② $\omega L^2 + \frac{1}{\omega C} = 0$

③ $\omega L - \frac{1}{\omega C} = 0$

④ $\omega L + \frac{1}{\omega C} = 0$

해설 공진조건(유도성리액턴스=용량성리액턴스)

- 임피던스 최소
- 전류 최대

$\omega L = \frac{1}{\omega C}$

$\omega L - \frac{1}{\omega C} = 0$

$2\pi f L = \frac{1}{2\pi f C}$

공진주파수[f] $f = \frac{1}{2\pi\sqrt{LC}}$[Hz]

58 직류발전기의 기본 구성요소에 속하지 않는 것은?

① 계자

② 보극

③ 전기자

④ 정류자

해설 직류발전기 3요소

전기자, 계자, 정류자

정답 53. ② 54. ③ 55. ② 56. ④ 57. ③ 58. ②

59 **3상 유도전동기를 역회전 동작시키고자 할 때의 대책으로 옳은 것은?**

① 퓨즈를 조사한다.

② 전동기를 교체한다.

③ 3선을 모두 바꾸어 결선한다.

④ 3선의 결선 중 임의의 2선을 바꾸어 결선한다.

60 **웜(Worm)기어의 특징이 아닌 것은?**

① 효율이 좋다.

② 부하용량이 크다.

③ 소음과 진동이 적다.

④ 큰 감속비를 얻을 수 있다.

해설 웜 기어와 헬리컬 기어의 특징

구분	웜 기어	헬리컬 기어
특징	• 기어의 직경에 따라 감속비 설계가 가능하다. • 웜 쪽에서 기어 쪽으로 동력 이동은 쉬우나 기어 쪽에서 웜 쪽으로 동력이동은 어렵다. • 마찰에 의한 열 발생	• 동일용량의 웜기어에 비하여 감속기의 크기가 작다. • 정밀가공 기술의 발달로 소음을 크게 줄일 수 있어 현재 크게 각광 받고 있다.
적용	105m/min 이하의 중저속 기종	120~240m/min 고속 기종
효율	낮다(50~70%).	높다(80~85%).
소음	작다.	크다.
역구동	어렵다.	웜 기어식 보다는 쉽다.

정답 59. ④ 60. ①

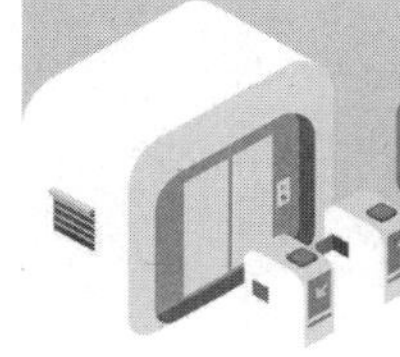

기출문제 2016년 제5회

제1과목 : 승강기개론

01 유압식엘리베이터에서 T형 가이드레일이 사용되지 않는 엘리베이터의 구성품은?

① 카

② 도어

③ 유압실린더

④ 균형추(밸런싱웨이트)

해설 가이드레일(Guide Rail)

승객 또는 화물을 싣고 오르내리는 카(Car)의 통로로써 카를 가이드 해 주는 것을 가이드레일(Guide Rail)이라고 한다. 이를 지지해 주는 브래킷(Bracket), 균형추(Counter Weight), 와이어 로프(Wire Rope) 및 각종 스위치류와 카의 각 정지층에 출입구가 설치되어 있으며, 피트(Pit)라 불리는 승강로 하부에는 완충기, 조속기 로프인장도르래(Governor Tension Pulley), 유압실린더, 안전스위치 등이 설치된다.

02 전기식엘리베이터에서 기계실 출입문의 크기는?

① 폭 0.7m 이상, 높이 1.8m 이상

② 폭 0.7m 이상, 높이 1.9m 이상

③ 폭 0.6m 이상, 높이 1.8m 이상

④ 폭 0.6m 이상, 높이 1.9m 이상

해설 출입문

출입문은 폭 0.7m 이상, 높이 1.8m 이상의 금속제 문이어야 하며 기계실 외부로 완전히 열리는 구조이어야 한다. 기계실 내부로는 열리지 않아야 한다.

03 엘리베이터의 도어머신에 요구되는 성능과 거리가 먼 것은?

① 보수가 용이할 것

② 가격이 저렴할 것

③ 직류 모터만 사용할 것

④ 작동이 원활하고 정숙할 것

해설 도어 머신의 구비 조건

- 동작이 원활할 것
- 소형 경량일 것
- 유지보수가 용이할 것
- 경제적일 것

04 건물에 에스컬레이터를 배열할 때 고려할 사항으로 틀린 것은?

① 엘리베이터 가까운 곳에 설치한다.

② 바닥 점유 면적을 되도록 작게 한다.

③ 승객의 보행거리를 줄일 수 있도록 배열한다.

④ 건물의 지지보 등을 고려하여 하중을 균등하게 분산시킨다.

05 교류 이단속도(AC-2)제어 승강기에서 카 바닥과각 층의 바닥면이 일치되도록 정지시켜 주는 역할을 하는 장치는?

① 시브 ② 로프

③ 브레이크 ④ 전원 차단기

정답 1. ② 2. ① 3. ③ 4. ① 5. ③

해설 제동기(브레이크)

전동기의 관성력과 카, 균형추 등 모든 장치의 관성을 제지하는 능력을 가져야 된다. 승객용, 화물용 엘리베이터는 125%의 부하로 전속력 하강 중인 카를 안전하게 감속, 정지시킬 수 있어야 한다.

06 에스컬레이터의 안전장치에 해당되지 않는 것은?

① 스프링(spring) 완충기
② 인레트 스위치(inlet switch)
③ 스커트 가드(skirt guard) 안전 스위치
④ 스텝 체인 안전 스위치(step chain safety switch)

해설 완충기

카가 어떤 원인으로 최하층을 통과하여 피트로 떨어졌을 때 충격을 완화하기 위하여 완충기를 설치한다. 반대로 카가 최상층을 통과하여 상승할 때를 대비하여 균형추의 바로 아래에도 완충기를 설치한다. 그러나 이 완충기는 카나 균형추의 자유낙하를 완충하기 위한 것은 아니다(자유낙하는 경우에는 비상정지장치가 작동한다). 완충기에는 에너지 축적형(스프링식, 우레탄고무식) 완충기와 에너지 분산형(유입식) 2종류가 있다.

07 유압식 승강기의 밸브 작동 압력을 전부하 압력의 140%까지 맞추어 조절해야 하는 밸브는?

① 체크밸브 ② 스톱밸브
③ 릴리프밸브 ④ 업(up)밸브

해설 압력 릴리프 밸브

- 압력 릴리프 밸브가 설치되어야 하며, 이 압력 릴리프 밸브는 펌프와 체크밸브 사이의 회로에 연결되어야 한다. 유압유는 탱크로 복귀되어야 한다.
- 압력 릴리프 밸브는 압력을 전 부하 압력의 140%까지 제한하도록 맞추어 조절되어야 한다.

08 문 닫힘 안전장치의 종류로 틀린 것은?

① 도어 레일 ② 광전 장치
③ 세이프티 슈 ④ 초음파 장치

해설 문닫힘 안전장치

도어의 선단에 이물질 검출 장치를 설치하여 그 작동에 의해 닫히는 문을 멈추게 하는 장치

- 세이프티 슈(Safety Shoe) : 카 도어 앞에 설치하여 물체 접촉 시 동작하는 장치
- 광전 장치(Photo Electric Device) : 광선 빔을 이용한 비접촉식 장치
- 초음파 장치(Ultrasonic Door Sensor) : 초음파의 감지 각도를 이용한 장치

09 군관리 방식에 대한 설명으로 틀린 것은?

① 특정 층의 혼잡 등을 자동적으로 판단한다.
② 카를 불필요한 동작 없이 합리적으로 운행 관리한다.
③ 교통수요의 변화에 따라 카의 운전 내용을 변화 시킨다.
④ 승강장 버튼의 부름에 대하여 항상 가장 가까운 카가 응답한다.

해설 군관리방식(Supervisory Control)

엘리베이터를 3~8대 병설할 때 각 카를 불필요한 동작 없이 합리적으로 운행 관리하는 조작방식이다. 운행관리의 내용은 빌딩의 규모 등에 따라 여러 가지가 있지만 출 · 퇴근 시의 피크 수요, 점심식사 시간 및 회의 종례 시 등 특정 층의 혼잡 등을 자동적으로 판단하고 서비스 층을 분할하거나 집중적으로 카를 배차하여 능률적으로 운전하는 것이다.

10 기계실 바닥에 몇 m를 초과하는 단차가 있을 경우에는 보호난간이 있는 계단 또는 발판이 있어야 하는가?

① 0.3 ② 0.4
③ 0.5 ④ 0.6

정답 6. ① 7. ③ 8. ① 9. ④ 10. ③

해설 기계실 바닥에 0.5m를 초과하는 단차가 있을 경우에는 보호난간이 있는 계단 또는 발판이 있어야 한다.

11 다음 중 조속기의 종류에 해당되지 않는 것은?

① 웨지형 조속기
② 디스크형 조속기
③ 플라이 볼형 조속기
④ 롤 세이프티형 조속기

해설 조속기의 종류
디스크(disk)형, 플라이볼(fly ball)형, 롤 세이프티(roll safety)형

12 엘리베이터용 전동기의 구비조건이 아닌 것은?

① 전력소비가 클 것
② 충분한 기동력을 갖출 것
③ 운전상태가 정숙하고 저진동일 것
④ 고기동 빈도에 의한 발열에 충분히 견딜 것

해설 전동기의 구비 조건
- 기동 토크가 클 것
- 기동 전류가 작을 것
- 회전 부분의 관성 모멘트가 적을 것
- 잦은 기동 빈도에 대해 열적으로 견딜 것

13 승강기의 안전에 관한 장치가 아닌 것은?

① 조속기(governor)
② 세이프티 블럭(safety block)
③ 용수철완충기(spring buffer)
④ 누름버튼스위치(push button switch)

14 가이드레일의 규격과 거리가 먼 것은?

① 레일의 표준길이는 5m로 한다.
② 레일의 표준길이는 단면으로 결정한다.
③ 일반적으로 공칭 8, 13, 18, 24 및 30K 레일을 쓴다.
④ 호칭은 소재의 1m 당의 중량을 라운드번호로 K레일을 붙인다.

해설 가이드레일의 규격
- **레일의 표준 길이** : 5m(특수 제작된 T형 레일)
- **레일 규격의 호칭** : 소재의 1m당 중량을 라운드 번호로 하여 K 레일을 붙여서 사용된다. 일반적으로 사용하고 있는 T형 레일은 공칭 8, 13, 18 및 24K, 30K 레일이지만 대용량의 엘리베이터는 37K, 50K 레일 등도 사용된다.
- 또한, 소용량 엘리베이터의 균형추 레일에서 비상정지장치가 없는 것이나 간접식 유압 엘리베이터의 램(RAM 구 : 플런저)을 안내하는 레일에는 강판을 성형한 레일이 사용되고 있다.

15 승강기의 카 내에 설치되어 있는 것의 조합으로 옳은 것은?

① 조작반, 이동 케이블, 급유기, 조속기
② 비상조명, 카 조작반, 인터폰, 카 위치표시기
③ 카 위치표시기, 수전반, 호출버튼, 비상정지장치
④ 수전반, 승강장 위치표시기, 비상스위치, 리미트 스위치

해설 카 실내에서 하는 점검 항목
- 카 실내 주벽, 천장 및 바닥
- 카의 문 및 문턱
- 카도어 스위치
- 문닫힘 안전장치
- 카 조작반 및 표시기, 버튼, 스위치류
- 비상통화장치
- 정지스위치
- 용도, 적재하중, 정원 등 표시
- 조명, 예비조명
- 카 바닥 앞과 승강로 벽과의 수평거리
- 측면 구출구

정답 11. ① 12. ① 13. ④ 14. ② 15. ②

16 엘리베이터 카에 부착되어 있는 안전장치가 아닌 것은?

① 조속기 스위치
② 카 도어 스위치
③ 비상정지 스위치
④ 세이프티 슈 스위치

해설 조속기는 속도검출장치이다.

17 다음 장치 중에서 작동되어도 카의 운행에 관계없는 것은?

① 통화장치
② 조속기 캐치
③ 승강장 도어의 열림
④ 과부하 감지 스위치

해설 통화 장치-인터폰

- 고장, 정전 및 화재 등의 비상시에 카 내부에서 외부 관계자와 연락이 되고 또 반대로 구출작업 시 외부에서 카 내의 사람에게 당황하지 않도록 적절한 지시를 하는데 사용된다.
- 정전 중에도 사용 가능하도록 충전 배터리를 사용하고 있다.
- 엘리베이터의 카 내부와 기계실, 경비실 또는 건물의 중앙 감시반과 통화가 가능하다.
- 보수 전문 회사와 통신 설비가 설치되어 통화가 가능하다.

18 비상용 승강기에 대한 설명 중 틀린 것은?

① 예비전원을 설치하여야 한다.
② 외부와 연락할 수 있는 전화를 설치하여야 한다.
③ 정전 시에는 예비전원으로 작동할 수 있어야 한다.
④ 승강기의 운행속도는 90m/min 이상으로 해야 한다.

해설 비상용 엘리베이터는 소방관이 조작하여 엘리베이터 문이 닫힌 이후부터 60초 이내에 가장 먼 층에 도착하여야 된다. 다만, 운행속도는 1m/s 이상이어야 한다.

19 사고 예방 대책 기본 원리 5단계 중 3E를 적용하는 단계는?

① 1단계　② 2단계
③ 3단계　④ 5단계

해설 사고예방 대책의 기본원리 5단계

- 1단계-안전조직편성(안전관리조직과 책임부여, 안전관리조직과 규정제정, 계획수립)
- 2단계-사실발견(현상파악) : 자료 수집, 작업 공정분석(위험확인), 정기 검사 조사 실시
- 3단계-분석 및 평가 : 재해조사분석, 안전성진단평가, 작업환경측정
- 4단계-시정책선정 : 기술적, 교육적, 관리적 개선안(Engineering, Education, Enforcement)
- 5단계-시정책의 적용, 3E 적용(Engineering, Education, Enforcement) : 재평가, 후속조치

20 승강기 안전관리자의 직무범위에 속하지 않는 것은?

① 보수계약에 관한 사항
② 비상열쇠 관리에 관한 사항
③ 구급체계의 구성 및 관리에 관한 사항
④ 운행관리규정의 작성 및 유지에 관한 사항

해설 제24조의 3(승강기 안전관리자의 직무 범위) 법 제16조의 2 제5항에 따른 승강기 안전관리자의 직무범위는 다음 각 호와 같다.

- 승강기 운행관리 규정의 작성 및 유지·관리에 관한 사항
- 승강기의 고장·수리 등에 관한 기록 유지에 관한 사항
- 승강기 사고 발생에 대비한 비상연락망의 작성 및 관리에 관한 사항
- 승강기 인명사고 시 긴급조치를 위한 구급체제의 구성 및 관리에 관한 사항
- 승강기의 중대한 사고 및 중대한 고장 시 사고 및 고장 보고에 관한 사항

정답 16. ① 17. ① 18. ④ 19. ④ 20. ①

- 승강기 표준부착물의 관리에 관한 사항
- 승강기 비상열쇠의 관리에 관한 사항

21 **저압 부하설비의 운전조작 수칙에 어긋나는 사항은?**

① 퓨즈는 비상시라도 규격품을 사용하도록 한다.

② 정해진 책임자 이외에는 허가 없이 조작하지 않는다.

③ 개폐기는 땀이나 물에 젖은 손으로 조작하지 않도록 한다.

④ 개폐기의 조작은 왼손으로 하고 오른손은 만약의 사태에 대비한다.

22 **재해 발생 시의 조치내용으로 볼 수 없는 것은?**

① 안전교육 계획의 수립

② 재해원인 조사와 분석

③ 재해방지대책의 수립과 실시

④ 피해자를 구출하고 2차 재해방지

해설 재해발생 시 조치순서

- 제1단계 : 긴급 처리
  (기계정지 → 응급처치 → 관계자 통보 → 2차 재해방지 → 현장보존)
- 제2단계 : 재해 조사
- 제3단계 : 원인 강구
- 제4단계 : 대책 수립(이유 : 동종 및 유사재해의 예방)
- 제5단계 : 대책 실시 계획
- 제6단계 : 대책 실시
- 제7단계 : 평가

23 **관리주체가 승강기의 유지관리 시 유지관리자로 하여금 유지관리중임을 표시하도록 하는 안전 조치로 틀린 것은?**

① 사용금지 표시

② 위험요소 및 주의사항

③ 작업자 성명 및 연락처

④ 유지관리 개소 및 소요시간

24 **전기에서는 위험성이 가장 큰 사고의 하나가 감전이다. 감전 사고를 방지하기 위한 방법이 아닌 것은?**

① 충전부 전체를 절연물로 차폐한다.

② 충전부를 덮은 금속체를 접지한다.

③ 가연물질과 전원부의 이격거리를 일정하게 유지 한다.

④ 자동차단기를 설치하여 선로를 차단할 수 있게 한다.

해설 가연물질과 전원부의 이격을 안전거리 이상으로 한다.

25 **재해의 직접 원인에 해당되는 것은?**

① 물적 원인　② 교육적 원인

③ 기술적 원인　④ 작업관리상 원인

해설 재해 직접원인

불안전 행동 (인적원인)	불안전한 상태(물적원인)
• 개인 보호구를 미착용 • 불안전한 자세 및 위치 • 위험장소 접근 • 운전 중인 기계장치를 수리 • 정리정돈 불량 • 안전장치를 무효화 • 불안전한 적제 및 배치를 한다. • 결함 있는 공구사용	• 복장, 보호구 결함 • 안전보호 장치의 결함 • 작업 환경 및 생산공정 결함 • 경계표시 설비 결함 • 물자체의 결함

26 **안전점검 시의 유의사항으로 틀린 것은?**

① 여러 가지의 점검방법을 병용하여 점검한다.

② 과거의 재해발생 부분은 고려할 필

정답 21. ④　22. ①　23. ②　24. ③　25. ①　26. ②

27 **안전점검 중에서 5S 활동 생활화로 틀린 것은?**

① 정리 ② 정돈
③ 청소 ④ 불결

28 **재해의 간접 원인 중 관리적 원인에 속하지 않는 것은?**

① 인원 배치 부적당
② 생산 방법 부적당
③ 작업 지시 부적당
④ 안전관리 조직 결함

해설 관리적 원인(Enforcement)
안전관리 조직결함, 안전수칙 미제정, 작업준비 불충분, 작업지시 부적당

29 **전기식 엘리베이터의 정기검사에서 하중 시험은 어떤 상태로 이루어져야 하는가?**

① 무부하
② 정격하중의 50%
③ 정격하중의 100%
④ 정격하중의 125%

해설 정기검사
전기식 엘리베이터의 정기검사 항목은 1.1.1부터 1.1.6까지에 따른다. 다만, 하중시험은 무부하 상태에서 이루어져야 한다.

30 **전기식 엘리베이터의 과부하방지장치에 대한 설명으로 틀린 것은?**

① 과부하방지장치의 작동치는 정격적재하중의 110%를 초과하지 않아야 한다.
② 과부하방지장치의 작동상태는 초과하중이 해소되기까지 계속 유지되어야 한다.
③ 적재하중 초과 시 경보가 울리고 출입문의 닫힘이 자동적으로 제지되어야 한다.
④ 엘리베이터 주행 중에는 오동작을 방지하기 위해 과부하방지장치 작동은 유효화 되어 있어야 한다.

해설 • 과부하는 최소 65kg으로 계산하여 정격하중의 10%를 초과하기 전에 검출되어야 한다.
• 과부하의 경우에는 다음과 같아야 한다.
 – 가청이나 시각적인 신호에 의해 카 내 이용자에게 알려야 한다.
 – 자동 동력 작동식 문은 완전히 개방되어야 한다.
 – 수동 작동식 문은 잠금 해제상태를 유지하여야 한다.
 – 7.7.2.1 및 7.7.3.1에 따른 예비운전은 무효화되어야 한다.

31 **균형추를 구성하고 있는 구조재 및 연결재의 안전율은 균형추가 승강로의 꼭대기에 있고, 엘리베이터가 정지한 상태에서 얼마 이상으로 하는 것이 바람직한가?**

① 3 ② 5
③ 7 ④ 9

해설 • 균형로프, 균형체인 또는 균형벨트와 같은 보상수단 및 보상수단의 부속품은 영향을 받는 모든 정적인 힘에 대해 5 이상의 안전율을 가지고 견딜 수 있어야 한다.
• 카 또는 균형추가 운행구간의 최상부에 있을 때 보상수단의 최대 현수무게 및 인장풀리 조립체(있는 경우) 전체 무게의 1/2의 무게가 포함되어야 한다.

32 **에스컬레이터의 스텝체인의 늘어남을 확인하는 방법으로 가장 적합한 것은?**

① 구동체인을 점검한다.
② 롤러의 물림상태를 확인한다.
③ 라이저의 마모상태를 확인한다.
④ 스텝과 스텝간의 간격을 측정한다.

정답 27. ④ 28. ② 29. ① 30. ④ 31. ② 32. ④

해설 스텝체인의 늘어짐은 스텝과 스텝간의 간격을 측정한다. 스텝체인 안전스위치를 설치하여 안전사고를 예방한다.

33 비상정지장치의 작동으로 카가 정지할 때까지 레일이 죄는 힘이 처음에는 약하게 그리고 하강함에 따라 강해지다가 얼마 후 일정한 값으로 도달하는 방식은?

① 슬랙로프 세이프티
② 순간식 비상정지장치
③ 플렉시블 가이드 방식
④ 플렉시블 웨지 클램프 방식

해설 점차작동형 비상정지장치
- F.G.C 형(Flexible Guide Clamp)
  - F.G.C 형은 레일을 죄는 힘이 동작 시부터 정지 시까지 일정하다.
  - 구조가 간단하고 복구가 용이하기 때문이다.
- F.W.C(Flexible Wedge Clamp)
  동작 후 일정 거리까지는 정지력이 거리에 비례하여 커진다. 그 후 정지력이 완만하게 상승, 정지 근처에서 완만해진다.

34 제어반에서 점검할 수 없는 것은?

① 결선단자의 조임상태
② 스위치접점 및 작동상태
③ 조속기 스위치의 작동상태
④ 전동기 제어회로의 절연상태

해설 조속기 스위치의 작동상태 피트에서 점검사항이다.

35 전기식엘리베이터에서 카 지붕에 표시되어야 할 정보가 아닌 것은?

① 최종점검일지 비치
② 정지장치에 “정지”라는 글자
③ 점검운전 버튼 또는 근처에 운행 방향 표시
④ 점검운전 스위치 또는 근처에 “정상” 및 “점검”이라는 글자

해설
- 카
  - 카 내부에는 kg으로 표시된 엘리베이터의 정격하중 및 정원이 표기되어야 한다. 정원은 8.2.3의 규정에 의해 결정되어야 하며 “...kg ...인승”으로 표기되어야 하며 사용되는 글자 크기의 높이는 다음과 같아야 한다. : 한글, 영문대문자 및 숫자는 10mm 이상 : 영문소문자는 7mm 이상
  - 카 내부에는 승강기의 용도 및 제조업체명(또는 로고)이 표기되어야 한다.
- 카 내부의 기타 정보
  - 정지장치의 조작장치(설치된 경우)에는 “정지” 라는 적색의 글자가 표기되어야 한다. 경보(통화) 스위치 버튼은 황색으로 하고, 다음과 같은 표시가 표기되어야 한다.
    적색 및 황색은 다른 버튼에는 사용되지 않아야 한다. 다만, 이러한 색은 “호출등록” 전광신호를 위해 사용될 수 있다.
- 조작장치는 기능에 의해 분명하게 식별되어야 하며, 이 목적을 위하여 다음과 같이 사용되도록 권장한다. : 조작버튼을 위한 표시는 … −2, −1, 1, 2, 3, … 등 : 문의 재-열림 버튼 표시는 ◁ | ▷

36 조속기의 점검사항으로 틀린 것은?

① 소음의 유무
② 브러시 주변의 청소상태
③ 볼트 및 너트의 이완 유무
④ 조속기 로프와 클립 체결상태 양호 유무

해설 조속기 점검사항
- 카 측
  - 각부 마모가 진행하여 진동 소음이 현저한 것
  - 베어링에 눌러 붙음이 생길 염려가 있는 것
  - 캐치가 작동하지 않는 것
  - 작동치가 규정 범위를 넘는 것
  - 스위치가 불량한 것
  - 비상정지장치를 작동시키지 못하는 것

정답 33. ④ 34. ③ 35. ① 36. ②

- 균형추 측
  - 각부 마모가 진행하여 진동 소음이 현저한 것
  - B의 상태가 심한 것
  - 베어링에 눌러 붙음이 생길 염려가 있는 것
  - 캐치가 작동하지 않는 것
  - 작동치가 규정 범위를 넘는 것
  - 스위치가 불량한 것
  - 비상정지장치를 작동시키지 못하는 것

37 승강기 정밀안전 검사 시 전기식 엘리베이터에서 권상기 도르래 홈의 언더컷의 잔여량은 몇 mm 미만일 때 도르래를 교체하여야 하는가?

① 1　② 2
③ 3　④ 4

해설 승강기 정밀안전검사 기준
도르래 홈의 언더컷의 잔여량은 1mm 이상이어야 하고, 권상기 도르래에 감긴 주 로프 가닥끼리의 높이차 또는 언더컷 잔여량의 차이는 2mm 이내이어야 한다.

38 이동식 핸드레일은 운행 중에 전 구간에서 디딤판과 핸드레일의 동일 방향 속도 공차는 몇 %인가?

① 0~2　② 3~4
③ 5~6　④ 7~8

해설
- 각 난간의 꼭대기에는 정상운행 조건하에서 스텝, 팔레트 또는 벨트의 실제 속도와 관련하여 동일 방향으로 −0%에서 +2%의 공차가 있는 속도로 움직이는 핸드레일이 설치되어야 한다.
- 핸드레일은 정상운행 중 운행방향의 반대편에서 450N의 힘으로 당겨도 정지되지 않아야 한다.

39 유압식 엘리베이터에서 실린더의 점검사항으로 틀린 것은?

① 스위치의 기능 상실여부
② 실린더 패킹에 누유여부
③ 실린더의 패킹의 녹 발생여부
④ 구성부품, 재료의 부착에 늘어짐 여부

해설 실린더의 점검사항
- 실린더 패킹에 녹, 누유가 있는 것
- 구성부품, 재료의 부착에 늘어짐이 있는 것

40 에스컬레이터의 스텝구동장치에 대한 점검사항이 아닌 것은?

① 링크 및 핀의 마모상태
② 핸드레일 가드 마모상태
③ 구동체인의 늘어짐 상태
④ 스프로켓의 이의 마모상태

해설 스텝구동장치 점검사항
- 구동체인의 신장이나 링크, 핀, 스프로켓의 이의 마모가 현저하지만 스프로켓축 등 부착에 늘어짐이 있는 것
- 구동체인에 부분적 파동이 있지만 스프로켓에 균열이나 치차에 결함이 있는 것

41 전기식엘리베이터의 기계실에 설치된 고정 도르래의 점검내용이 아닌 것은?

① 이상음 발생여부
② 로프 홈의 마모상태
③ 브레이크 드럼 마모상태
④ 도르래의 원활한 회전여부

해설 고정 도르래의 점검내용
- 로프 홈의 마모가 현저하게 진행되고 있는 것
- 회전이 원활하지 않은 것
- 이상 음이 있는 것
- 보호수단이 불량한 것
- 로프 홈의 마모가 심한 것 또는 불균일하게 진행하고 있는 것

42 가이드레일 또는 브라켓의 보수점검사항이 아닌 것은?

① 가이드레일의 녹 제거
② 가이드레일의 요철제거

정답 37. ① 38. ① 39. ① 40. ② 41. ③ 42. ④

③ 가이드레일과 브라켓의 체결볼트 점검
④ 가이드레일 고정용 브라켓 간의 간격 조정

해설 가이드레일 또는 브라켓의 보수점검사항
- 레일과 브라켓에 심하게 녹, 부식 등이 보이는 것
- 부착에 늘어짐이 있는 것
- 운행이 어려울 정도로 비틀림, 휨 등이 발생한 것

43 엘리베이터에서 현수로프의 점검사항이 아닌 것은?

① 로프의 직경
② 로프의 마모 상태
③ 로프의 꼬임 방향
④ 로프의 변형 부식 유무

해설 현수로프의 점검사항
- 로프의 마모 및 파손이 검사기준 별표 1의 부속서 XI에 가까운 것
- 로프의 변형, 신장, 녹 발생, 부식이 현저한 것
- 장력이 불균등 한 것
- 로프의 마모 및 파손이 검사기준 별표 1의 부속서 XI를 초과하는 것
- 상기 이외에 B의 상태가 심하여 위험하게 보이는 것
- 2중 너트, 핀 등의 조임 및 장착이 불확실한 것
- 단말처리가 불량한 것

44 유압식엘리베이터의 점검 시 플런저 부위에서 특히 유의하여 점검하여 야 할 사항은?

① 플런저의 토출량
② 플런저의 승강행정 오차
③ 제어밸브에서의 누유상태
④ 플런저 표면조도 및 작동유 누설 여부

해설 램(플런저) 점검사항
- 누유가 현저한 것
- 구성부품 재료의 부착에 늘어짐이 있는 것

45 비상정지장치가 없는 균형추의 가이드레일 검사 시 최대 허용 휨의 양은 양방향으로 몇 mm인가?

① 5　　② 10
③ 15　　④ 20

46 전동기의 점검항목이 아닌 것은?

① 발열이 현저한 것
② 이상음이 있는 것
③ 라이닝의 마모가 현저한 것
④ 연속으로 운전하는데 지장이 생길 염려가 있는 것

해설 라이닝의 마모는 브레이크 점검 사항이다.

47 18-8 스테인리스강의 특징에 대한 설명 중 틀린 것은?

① 내식성이 뛰어난다.
② 녹이 잘 슬지 않는다.
③ 자성체의 성질을 갖는다.
④ 크롬 18%와 니켈 8%를 함유한다.

해설 18-8 스테인레스강은 Cr 18%, Ni 8% 철에 가해서 만든다. 오스테나이트계 스테인레스강이다. 이 강은 내식성이 우수하다.

48 기계요소 설계 시 일반 체결용에 주로 사용되는 나사는?

① 삼각나사　　② 사각나사
③ 톱니 나사　　④ 사다리꼴나사

해설
- 삼각나사 : 체결용
- 보통나사 : 일반용
- 가는나사 : 강도, 내진성을 필요로 하는 곳, 두께가 얇은 곳에 사용
- 관용나사 : 관등의 두께가 얇고 기밀을 필요로 하는 곳에 사용
- 기타 : 자전거용, 시계용, 미싱용 등

정답 43. ③　44. ④　45. ②　46. ③　47. ③　48. ①

49 **직류기 권선법에서 전기자 내부 병렬회로수 a와 극수 p의 관계는?(단, 권선법은 중권이다)**

① $a=2$ ② $a=(1/2)P$
③ $a=p$ ④ $a=2p$

해설 전기자 내부 병렬회로수 중 a와 극수 p의 관계는 중권일 경우 $a=p$이다.

50 **다음 논리회로의 출력값 표는?**

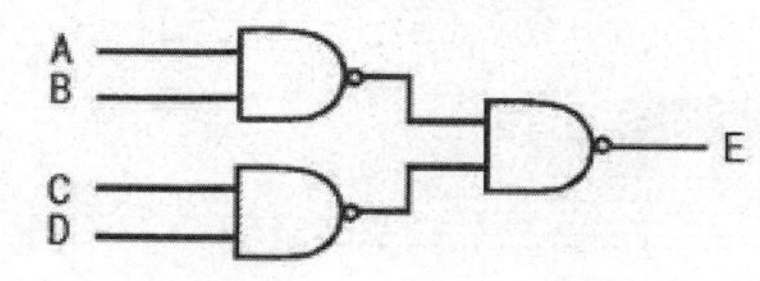

① $\overline{A \cdot B} + \overline{C \cdot D}$
② $A \cdot B + C \cdot D$
③ $A \cdot B \cdot C \cdot D$
④ $(A+B) \cdot (C+D)$

해설 출력식 E
$E=\overline{\overline{(A \cdot B)} \cdot \overline{(C \cdot D)}}=\overline{\overline{(A \cdot B)}}+\overline{\overline{(C \cdot D)}}$
$=(A \cdot B)+(C \cdot D)$

51 **직류전동기에서 자속이 감소되면 회전수는 어떻게 되는가?**

① 정지 ② 감소
③ 불변 ④ 상승

해설 속도제어
$N=k'\frac{V-I_a r_a}{\phi}$[rps], 자속 ϕ 감소 하면 속도 N은 증가한다.

52 **회전하는 축을 지지하고 원활한 회전을 유지하도록 하며, 축에 작용하는 하중 및 축의 자중에 의한 마찰저항을 가능한 적게 하도록 하는 기계요소는?**

① 클러치 ② 베어링
③ 커플링 ④ 스프링

해설 베어링(Bearing)
회전축의 마찰저항을 적게 하고, 축에 작용하는 하중을 지지하는 장치이다.

53 **계측기와 관련된 문제, 환경적 영향 또는 관측 오차 등으로 인해 발생하는 오차는?**

① 절대오차 ② 계통오차
③ 과실오차 ④ 우연오차

54 **유도기전력의 크기는 코일의 권수와 코일을 관통하는 자속의 시간적인 변화율과의 곱에 비례한다는 법칙은 무엇인가?**

① 패러데이의 전자유도 법칙
② 앙페르의 주회 적분의 법칙
③ 전자력에 관한 플레밍의 법칙
④ 유도 기전력에 관한 렌츠의 법칙

해설 패러데이 전자유도 법칙
유기 기전력의 크기는 코일을 지나는 자속의 매초 변화량과 코일의 권수의 곱에 비례한다.
유도기전력 $e=-N\frac{d\phi}{dt}$[V]

55 **직류 전동기의 속도 제어 방법이 아닌 것은?**

① 저항 제어법
② 계자 제어법
③ 주파수 제어법
④ 전기자 전압 제어법

해설 직류전동기의 속도 제어 방식
속도제어 $N=K\frac{V-I_a R_a}{\phi}$[rps]
- 전압제어[V] : 광범위 속도제어 방식으로 단자저압 V를 제어한다.
- 저항제어[R] : 저항(R)에 의하여 제어한다.
- 계자제어[ϕ] : 자속 ϕ를 제어한다.

정답 49. ③ 50. ② 51. ④ 52. ② 53. ② 54. ① 55. ③

56 그림은 마이크로미터로 어떤 치수를 측정한 것이다. 치수는 약 몇 mm인가?

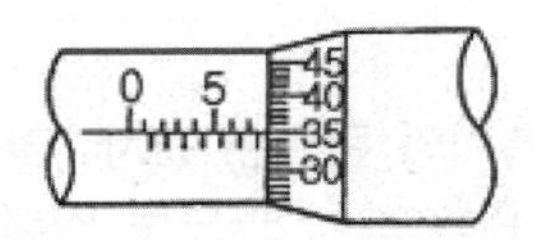

① 5.35　② 5.85
③ 7.35　④ 7.85

해설 측정값은 슬리브눈금(7.5)+딤플의 눈금(0.35)=7.85[mm]

57 다음 중 응력을 가장 크게 받는 것은? (단, 다음 그림은 기둥의 단면 모양이며, 가해지는 하중 및 힘의 방향은 같다)

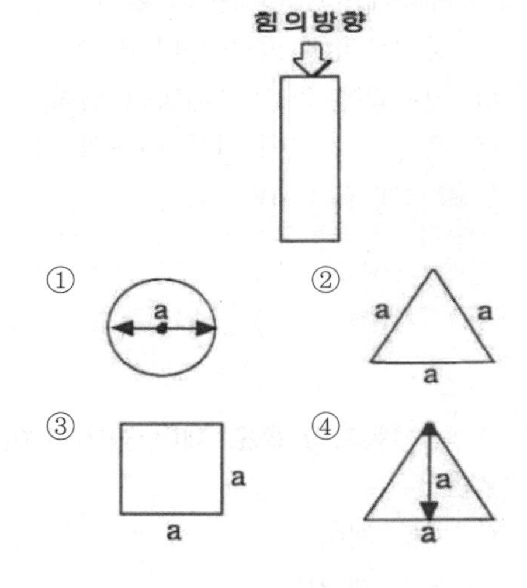

58 다음 그림과 같은 제어계의 전체 전달함수는?(단, $H(s)=1$이다)

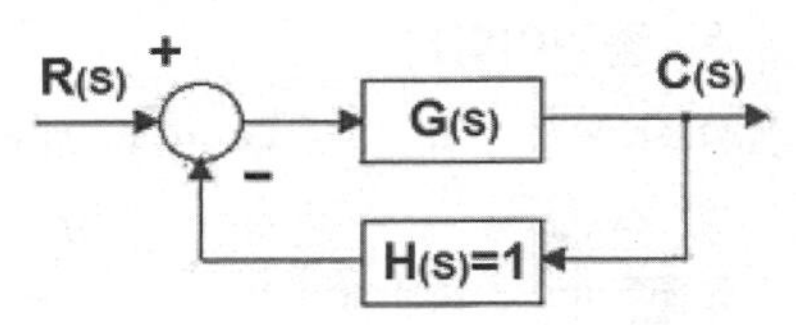

① $\dfrac{1}{G_{(s)}}$　② $\dfrac{1}{1+G_{(s)}}$
③ $\dfrac{G_{(s)}}{1+G_{(s)}}$　④ $\dfrac{G_{(s)}}{1-G_{(s)}}$

해설 전달함수

$$\frac{\text{경로}}{1-\text{폐로}}=\frac{G_{(S)}}{1-(-G_{(S)}H_{(S)})}=\frac{G_{(S)}}{1+G_{(S)}}$$

$(\because H_{(S)}=1)$

59 인덕턴스가 5mH인 코일에 50Hz의 교류를 사용할 때 유도 리액턴스는 약 몇 Ω인가?

① 1.57　② 2.50
③ 2.53　④ 3.14

해설 유도성 리액턴스

$$X_L=\omega L=2\pi fL=2\pi\times50\times5\times10^{-3}$$
$$=1.57[\Omega]$$

60 저항 100Ω의 전열기에 5A의 전류를 흘렸을 때 전력은 몇 W인가?

① 20　② 100
③ 500　④ 2500

해설 전력

$$P=I^2R=5^2\times100=2,500[\mathrm{W}]$$

정답 56. ④　57. ②　58. ③　59. ①　60. ④

승강기기능사
필기시험문제

발 행 일 2019년 1월 10일 개정판 1쇄 발행
2020년 3월 10일 개정판 3쇄 발행

저　　자 김인호

발 행 처 

발 행 인 이상원
신고번호 제 300-2007-143호
주　　소 서울시 종로구 율곡로13길 21
대표전화 02) 745-0311~3
팩　　스 02) 766-3000
홈페이지 www.crownbook.com
I S B N 978-89-406-2956-7 / 13550

특별판매정가 27,000원

이 도서의 문의를 편집부(02-6430-7020)로 연락주시면
친절하게 응답해 드립니다.